北京水问题
研究与实践
（2023年）

北京市水科学技术研究院　编

中国水利水电出版社
www.waterpub.com.cn
·北京·

内 容 提 要

本书集中展现和总结了近年来北京市水科学技术研究院围绕贯彻落实"节水优先、空间均衡、系统治理、两手发力"治水思路和"以水定城、以水定地、以水定人、以水定产"原则，在支撑首都水务高质量发展过程中形成的创新理论和技术方法，主要成果包括水资源管理、水环境治理、水生态修复、水旱灾害防御、水利工程管理、水务改革发展、智慧水务等方面。旨在为广大水务工作者加强学术交流、拓宽管理思路提供参考，为进一步推动水务科技创新起到积极作用。

本书可供从事水资源、水生态环境、水战略、水利工程、智慧水务等专业的科研、管理人员使用，也可供有关高校师生参考。

图书在版编目（ＣＩＰ）数据

北京水问题研究与实践. 2023年 / 北京市水科学技术研究院编. -- 北京：中国水利水电出版社，2023.8
ISBN 978-7-5226-1623-0

Ⅰ.①北… Ⅱ.①北… Ⅲ.①水资源管理－研究－北京－2023 Ⅳ.①TV213.4

中国国家版本馆CIP数据核字(2023)第128808号

书　　名	**北京水问题研究与实践（2023 年）** BEIJING SHUI WENTI YANJIU YU SHIJIAN (2023 NIAN)
作　　者	北京市水科学技术研究院　编
出版发行	中国水利水电出版社 （北京市海淀区玉渊潭南路1号D座　100038） 网址：www.waterpub.com.cn E-mail：sales@mwr.gov.cn 电话：（010）68545888（营销中心）
经　　售	北京科水图书销售有限公司 电话：（010）68545874、63202643 全国各地新华书店和相关出版物销售网点
排　　版	中国水利水电出版社微机排版中心
印　　刷	天津嘉恒印务有限公司
规　　格	184mm×260mm　16开本　33印张　803千字
版　　次	2023年8月第1版　2023年8月第1次印刷
印　　数	0001—1100册
定　　价	**228.00元**

凡购买我社图书，如有缺页、倒页、脱页的，本社营销中心负责调换
版权所有·侵权必究

《北京水问题研究与实践》（2023年）编辑委员会

主　　任：李其军

委　　员：石建杰　郑凡东　王丕才　黄俊雄

主　　编：孟庆义

副 主 编：孙凤华　刘洪禄

编　　委：杨　勇　马东春　张书函　金桂琴　陈建刚　王远航
　　　　　张　霓　邱苏闯　常国梁　杨默远　韩　丽　于　磊
　　　　　李　垒　李永坤　王建慧　綦中跃　汪元元　陈　楠
　　　　　杨　浩　原桂霞　林跃朝　侯旭峰　张　帆

前 言

水是经济社会发展的基础性、先导性、控制性要素，水安全是首都安全最重要的本底和支撑，水与城市发展和百姓生活息息相关。十八大以来，习近平总书记就治水发表了一系列重要讲话，提出了"节水优先、空间均衡、系统治理、两手发力"治水思路和"以水定城、以水定地、以水定人、以水定产"原则，为新时期首都水科学研究提供了强大的思想武器、根本遵循和行动指南。

北京市水科学技术研究院自1963年成立以来，六十载栉风沐雨，已由起初单一的盐碱地改良、农田节水灌溉试验研究发展成为综合性水利科研和咨询机构。水科学院一直秉承"严谨、求实、高效、创新"的科研和治学作风，紧密围绕北京水务改革发展的重点、难点问题，全面贯彻"安全、洁净、生态、优美、为民"水务高质量发展目标，坚定实施"转观念、抓统筹、补短板、强监管、惠民生"水务工作思路，聚焦主责主业强化智库支撑，聚焦问题导向推进科技创新，在水资源保障与集约利用、水生态修复与水环境治理、水灾害防御和海绵城市建设、水利工程运行管理、智慧水务建设、水战略和水文化等领域开展了大量技术攻关，取得了丰硕的研究成果，同时也培养了一批高素质的专业人才，有效地支撑和推动了北京水务高质量发展。

多年来，水科学院始终坚持"创新、支撑、引领"科研定位，依托重大科研项目，开展水科学技术研究和技术支撑服务，承担完成各类各级科研项目500余项，其中国家水专项、"863"计划、国家科技支撑计划、国家重点研发计划、水利部科技攻关、市科委重大科技攻关项目80余项。研究成果获得国家级奖励8项，出版专著42部，有效专利及软件著作权113项，发表论文760多篇。

为了更好地履行"保障首都安全、保障首都高质量发展、保障市民高品质生活"的水务使命，充分发挥我院首都水务"智库、人才库、种子库"作用，提升水务科技创新和支撑服务能力，北京市水科学技术院选择有代表性的成果，编辑成集为《北京水问题研究与实践（2023年）》，旨在宣传研究成果，推动知识共享，加强与水务同仁的沟通与交流。

限于编者学识水平，本书难免存在疏漏和不当之处，敬请广大同行和读者批评指正。

编者

2023 年 8 月

目 录

前言

水资源管理

潮白河补水对区域地下水位变化的影响分析
……………………………… 郭敏丽 郑凡东 杨 勇 李炳华（3）
地下水同位素测年方法及其在评价地下水更新能力中的应用研究综述
………………………………………… 索玉娇 杨 勇 吴 霞（9）
北京平原区地下水埋深与土地利用变化关系分析
……………………………… 李丽琴 黄上富 王 涛 胡远航（21）
北京市地下水超采综合治理效果评估研究
………………… 吴 霞 杨海涛 李炳华 杨默远 刘 畅 戈印新（34）
北京市密云区水资源承载力模型构建及评估分析
…………………………………………………… 周 娜 原桂霞（43）
北京市西郊地区地下水储量变化影响因素量化分析
………………………………………… 冯衍扉 于 帅 杨 勇（55）
基于GRACE卫星降尺度的北京平原地下水储量时空变化分析
………………………………………… 张梦琳 杨 勇 冯衍扉（65）
加强北京市集中式饮用水水源管理的几点建议
………………………………………… 许志兰 杨 勇 杨默远（73）
基于遗传算法的地下水突水灾害防控优化方案
……………………………… 张 文 张耀文 何江涛 李炳华（82）
基于主成分分析的露地青椒滴灌施肥制度
………………… 范海燕 刘洪禄 张 娟 马志军 丁子俊 甘 星（92）
北京市泉域管理保护及开发利用刍议
…………………………………………………………… 张 霓（103）

水环境治理

源头地块雨水调蓄设施实时调控技术应用初探
.... 战 楠 于 磊 高 琳 高小晨 张书函 严玉林 (111)

密云水库上游典型流域总氮流失与防治效益模拟
.... 叶芝菡 黄炳彬 方海燕 李 垒 (120)

关于北京市设立公益节水专项基金的设想
.... 杨兰琴 马 宁 邱彦昭 李兆欣 (128)

城市智慧排水管理方案要点设计探讨
.... 严玉林 于 磊 战 楠 张 蕾 (134)

基于监测与文献数据再分析的北京市典型下垫面面源污染现状分析
.... 王丽晶 史秀芳 潘兴瑶 卢亚静 刘 琦 (139)

基于WASP模型的水体富营养化模拟应用研究进展
.... 侯德窦鹏 于 磊 李 垒 智 泓 龚应安 (148)

水生态修复

北京城市降雨径流管控技术发展与展望
.... 张书函 于 磊 李永坤 岳修贤 加吾拉江·左尔丁 (159)

密云水库流域土地利用变化对生态系统质量的影响分析
.... 薛万来 范霄寒 李文忠 苏梓锐 刘可暄 (168)

基于长系列径流特征的永定河山区河道生态流量分析
.... 李晓琳 张 娟 杨默远 (177)

北京市城市河道水生态环境特征分析与建议
.... 张 蕾 于 磊 黄俊雄 张书函 孟庆义 严玉林 (186)

再生水河道水绵管控的生态响应研究
.... 冯一帆 李添雨 张耀方 黄炳彬 (196)

水位变动条件下的密云水库库滨带生境调查分析
.... 李兆欣 张文智 王 群 何春利 李 垒 (203)

基于稳定同位素技术对永定河北京段食物网的研究
.... 李卓轩 张耀方 李久义 薛万来 李 垒 叶芝菡 李添雨 (212)

污泥堆肥园林利用对土壤-草坪系统的影响
.... 李文忠 何春利 薛万来 (225)

密云水库上游流域水源涵养区生态补偿标准方法研究初探
.... 刘小丹 (234)

浅谈密云水库流域山水林田湖草系统治理与管理模式
.... 尹玉冰 (241)

永定河平原南段典型物种适宜栖息地情景模拟
.... 冯一帆 李添雨 薛万来 黄炳彬 (247)

水旱灾害防御

北京城市内涝模拟与防治对策研究
.... 李永坤　周宇飞　张　晋（261）
北京山区洪水精细化模拟系统应用
.... 胡晓静　张　焜　胡宏昌　李永坤　陈腊娇　周　猛（269）
基于预案结构化的防洪作战理念及其应用
.... 薛志春　李永坤　姜雪娇　周　星（275）
典型海绵设施降雨入渗过程中的污染物浓度变化规律研究
.... 杨思敏　潘兴瑶　杨默远　于　磊　欧阳友（283）
基于主成分聚类分析的北京市水文分区研究
.... 卢亚静　王官豪　李永坤　季明锋　高　强　王材源（298）
基于 InfoWorks ICM 模型的北京市西城区排涝能力分析研究
.... 周　星　李永坤　曹松涛（305）
特大城市外洪内涝综合防控关键技术需求与研究展望
.... 陈建刚　郑凡东　徐宗学　庞　博　刘　舒（315）
基于排水单元的城市内涝风险分析
.... 赵　飞　葛　俊　李　虎　杨思敏（322）
北京市各区多年年降水量特性分析
.... 陈建刚　薛志春　胡小红　李永坤（331）
北京市山洪沟道临界雨量值确定方法探讨
.... 龚应安　陈建刚　张　焜（342）
北京市中心城区特大暴雨洪涝灾害情景构建与风险分析
.... 胡小红　李永坤（348）
MIKE 模型和 HH 模型在雁栖河上游流域适用性分析
.... 张　焜　邢梦璇　胡晓静　周　猛　卢雪琦（363）
延庆冬奥设施山洪风险防治措施分析
.... 杨淑慧　杨晓春（375）

水利工程管理

水利设施运行管理综合风险评估方法研究
.... 王晓慧　关　彤　刘　野　黄　悦　邵　靖　樊　宇　陈　新（385）
密云水库调蓄工程安全监测自动化系统测试结果分析
.... 鲍维猛　智　泓　房艳梅　翟　栋　项　娜　化全利　刘秋生（390）
北京市农村供水工程消毒设施问题和工艺选择
.... 顾永钢　杜婷婷　朱晓峰　于　磊　孟庆义（397）
北京市农村供水设施运行管护政策研究
.... 邱彦昭　韩　丽　蔡　玉（406）

水务改革发展

北京市水生态保护补偿指标体系与核算方法研究
....居 江（417）

北京市水流资源所有权委托代理改革研究
................................韩 丽 范秀娟 韩中华 郑 科（425）

北京生态涵养区与平原区生态补偿协作机制研究
...............马东春 郑 华 范秀娟 于宗绪 李丽娟 高晓龙 张小侠（431）

"双碳"背景下水务碳减排实施路径
................................蔡 玉 邱彦昭 韩 丽 杨兰芹（441）

基于用水权交易的北京市绿色金融市场探析
................................陈瑞晖 韩 丽 孙桂珍 唐摇影（447）

智 慧 水 务

北京市逐月土壤水分微波遥感反演估算与应用研究
................邱苏闯 马春锋 肖冰琦 易维懿 李星贵 纪彬彬
　　　　　　李雪敏 昝糈莉 齐艳冰 张 岑 林跃朝 王 越（455）

变化环境下北运河防洪风险识别与防控研究
................张 岑 刘 勇 李雪敏 昝糈莉 王 晨 高 涛（467）

耦合遥感数据和 PM 模型的区域遥感蒸散发估算研究
................................李雪敏 唐荣林 王君蕊 龙伟贤（482）

基于全球经纬度剖分格网框架的水务多源数据管理方法研究
................................昝糈莉 邱苏闯 张 岑（490）

基于 AHP 和 GIS 的北京市不同季节干旱风险评估与区划
................张 娟 潘兴瑶 李炳华 柳 晨 邓艳霞 李晓琳（501）

其 他

发挥科技期刊优势　为首都水务高质量发展服务——以《北京水务》期刊为例
................................林跃朝 尤 洋 侯 德 邵译贤（513）

水资源管理

潮白河补水对区域地下水位变化的影响分析

郭敏丽　郑凡东　杨　勇　李炳华

（北京市水科学技术研究院，北京　100048）

【摘要】　本文针对近年来开展的潮白河河道补水工作，利用2015—2021年的持续跟踪监测数据，对河道补水后的地下水位变化及影响因素进行了分析。结果显示：2015年以来河道周边监测井地下水位上升显著，上升幅度18.61~45.45m，潮白河向阳闸以上区域地下水位升幅较大。研究区域地下水位变化主要受河道补水、降雨和地下水开采影响，2015—2021年河道补水对区域地下水位上升贡献为25%。

【关键词】　潮白河；河道补水；地下水位变化；影响分析

Analysis of the impact of the river replenishment in Chaobai River on regional groundwater level variation

GUO Minli　ZHENG Fandong　YANG Yong　LI Binghua

(Beijing Water Science and Technology Institute, Beijing　100048)

【Abstract】　In this paper, based on the river refilled work of Chaobai River in recent years, the variation of groundwater level after river replenishment and the impact factors about it were analyzed by the utilization of the monitoring data from 2015 to 2021. The results show that: The groundwater level of monitoring Wells around the river has increased significantly since 2015, with an increase range of 18.61-45.45m, and the lifting of the groundwater level in the area above Xiangyang Gate of Chaobai River is higher than other regions. The change of groundwater level in the study area is mainly affected by river replenishment, rainfall and groundwater exploitation, and the river replenishment from 2015 to 2021 contributes 25% to the rise of regional groundwater level.

【Key words】　Chaobai River; River replenishment; Groundwater level variation; Impact analysis

潮白河为海河水系四大河流之一，是北京市第二大河，也是首都重要的水源保障、生态廊道和城市的防洪安全屏障，承载着生态与城市发展的双重功能[1]。1999—2014年间由于连续干旱、密云水库上游来水量锐减，以及应急水源地开采对地表地下径流补排关系的影响，潮白河干流基本处于常年断流状态，地下水资源储备量也持续减少[2-6]。为缓解潮白河流域水资源紧缺形势，从2015年开始，分别利用南水北调中线水源、密云水库、怀柔水库，以及周边水库水源，对潮白河实施了河道补水[7-8]，潮白河流域水资源的紧缺状况得到一定缓解[9-11]，区域地下水位也有了显著上升。本文主要针对2015—2021年开展的河道补水，分析河道补水对区域地下水位变化的影响，研究成果对于潮白河生态补水调度决策具有指导意义。

1 基本情况

1.1 区域概况

研究区域地下水主要为第四系孔隙水，含水层介质主要由砂、砾石、卵石组成，从北往南颗粒由粗变细，含水层由单层变多层。区域总体富水性好，降深5m单井出水量大于1500m³/d，尤其是向阳闸以上区域降深5m单井出水量大于5000m³/d，渗透系数200~300m/d。区域地下水主要补给来源为大气降雨、山前侧渗、河道入渗、灌溉入渗等，地下水总体流向为由西北向东南。

区域内分布有第八水厂水源地、怀柔应急水源地、潮白河应急水源地等市级水源地，2000—2014年，这些水源地年均开采地下水水量1.9亿m³，为保障城区供水安全做出了较大贡献。2014年南水进京后，水源地逐步实施了减采、停采等措施，2015—2021年，第八水厂水源地、怀柔应急水源地、潮白河应急水源地年均开采地下水1.07亿m³，较最大开采年份（2004年）减少1.4亿m³。

区域内3个再生水厂出水排入潮白河流域，其中怀柔再生水厂出水排入怀河，密云新城再生水厂出水排入潮白河潮汇大桥下方，温榆河水资源利用工程（引温济潮调水工程）的再生水通过城北减河进入潮白河。3个再生水厂设计再生水生产能力39.5万m³/d，年排放量0.8亿m³。

1.2 补水概况

从2015年开始，政府陆续通过小中河调水路线，潮白河、怀河和雁栖河等河道开展了探索性的河道补水工作。2021年，北京市统筹密云水库、南水北调中线水、怀柔水库和北台上水库等水源，实施了大规模的河道生态补水。2015—2021年，潮白河流域累计补水1086d，补水量17.2亿m³，年度最大补水量10.5亿m³，最小补水量0.3亿m³（图1）。

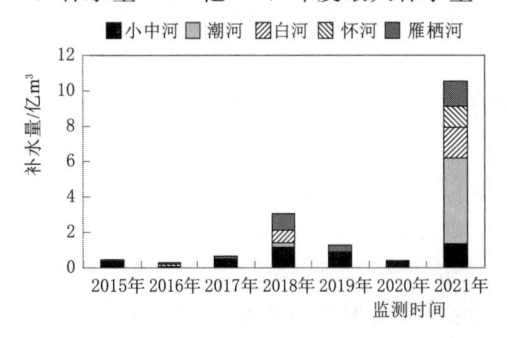

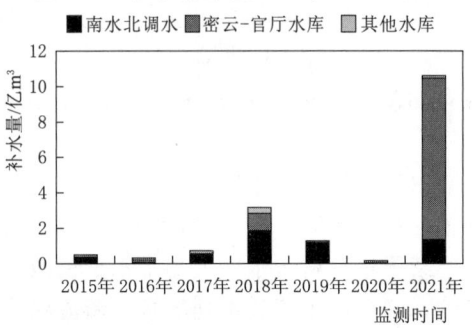

图1 2015—2021年潮白河流域河道补水情况统计图

2 地下水位变化及影响因素分析

2.1 地下水位变化

依据水文地质条件和补水情况不同，沿潮白河从北向南分别在潮汇大桥、牛栏山橡胶坝、向阳闸、彩虹桥附近选择 60～80m 深度地下水监测井，分析河道补水后各监测井的地下水位变化，如图 2 所示。

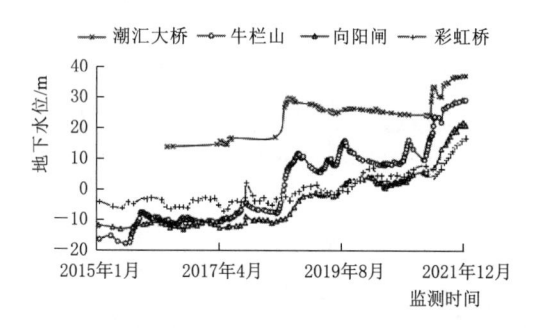

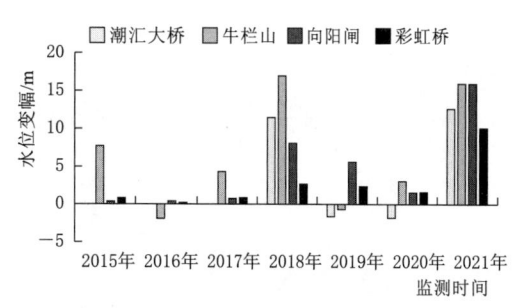

图 2 2015—2021 年密怀顺区域典型监测井地下水位变化

从监测井地下水位总体变化关系来看，2015 年以来，各监测井地下水位总体呈上升趋势，水位升幅 18.61～45.45m，按升幅大小排，依次为牛栏山橡胶坝＞向阳闸＞彩虹桥。2018 年和 2021 年为地下水位升幅较大年份，2021 年的地下水位升幅大于 2018 年，2018 年地下水位升幅大小为牛栏山橡胶坝＞潮汇大桥＞向阳闸＞彩虹桥，2021 年升幅大小则为牛栏山橡胶坝＞向阳闸＞潮汇大桥＞彩虹桥。不同河段监测井的地下水位变幅统计见表 1。

表 1　不同河段监测井的地下水位变幅统计

河　段	潮汇大桥	牛栏山橡胶坝	向阳闸	彩虹桥
2015 年	—	7.70	0.35	0.82
2016 年	—	−1.92	0.39	0.19
2017 年	—	4.34	0.74	0.86
2018 年	11.47	16.98	8.08	2.70
2019 年	−1.63	−0.69	5.63	2.36
2020 年	−1.81	3.08	1.53	1.60
2021 年	12.64	15.96	15.94	10.08

注　正值表水位上升，负值表水位下降。

2.2 补水对地下水位变化的影响分析

2015 年以来，潮白河流域河道陆续实施了河道补水工程，这对于区域地下水位变化有较大影响。分别绘制了潮白河潮汇大桥、牛栏山橡胶坝、向阳闸、彩虹桥河段附近地下水位变化和河道补水量的关系曲线，分析地下水位变化与河道补水量的关系，如图3所示。

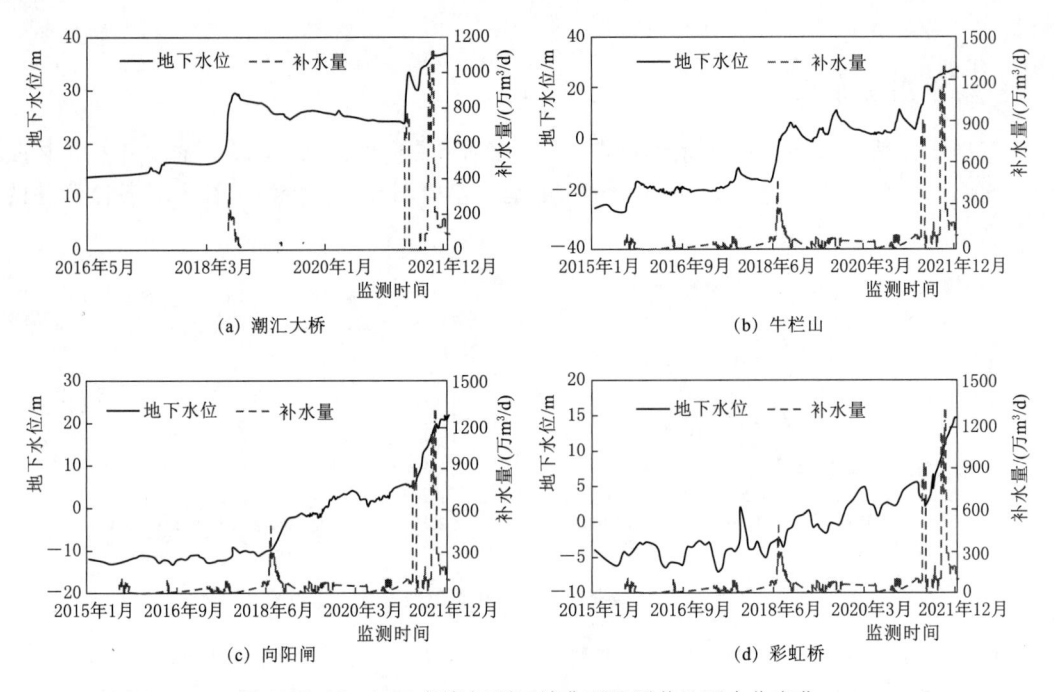

图3 2015—2021年密怀顺区域典型监测井地下水位变化

可以看到，2015—2021年河道补水对各监测井的地下水位变化均有较大影响，其中潮汇大桥、牛栏山橡胶坝、向阳闸河段的地下水位与河道补水量相关性显著，在补水量较大时地下水位上升幅度较大，在补水量减少时地下水位上升幅度也变小。2021年、2018年为补水量较大年份，潮汇大桥、牛栏山橡胶坝、向阳闸河段地下水位升幅8.08～16.98m，明显高于其他时间。

潮白河向阳闸以上河段均为富水性良好区域，含水层基本为单一砂卵砾石，从北向南含水层渗透性能逐渐减弱，从水文地质条件来看，河道补水后北部区域的潮汇大桥河段地下水位升幅应大于南部的牛栏山橡胶坝和向阳闸河段，但2018年的地下水位升幅为牛栏山橡胶坝＞潮汇大桥＞向阳闸，2021年为牛栏山橡胶坝＞向阳闸＞潮汇大桥。分析其中原因，2015年以前潮汇大桥河段常年有水，经过长期入渗，河道底部已经形成一定厚度的淤泥，河道入渗速率已经逐渐减小，因此地下水位升幅反而小于南部的牛栏山橡胶坝区域。向阳闸河段2015—2020年间均为干枯状态，2018年地下水位的上升主要受上游侧向补给增加的影响，2021年开展的大规模生态补水恢复了向阳闸区域河段水生态环境，因此，在2021年该区域地下水位出现显著上升，上升幅度与北部的牛栏山橡胶坝相近。牛栏山橡胶坝河段2015年前为干枯状态，2015年后开始利用小中河调水路线，将南水北调水源调入潮白河牛栏山橡胶坝河段，年补水量784万～11689万 m^3，补水时间15～217d，在补水时间段内潮白河牛栏山橡胶坝河段为有水状态，但补水结束一个月后河道又重新恢复干枯状态，在2015—2020年间该区域河道渗透性保持良好，地下水位升幅与补水量相关性均较大，但随着2021年实施的大规模河道补水，河道长期长期处于有水状态，河道入渗速率逐步降低，因此2021年大规模生态补水产生的地下水位升幅小于2018年。

彩虹桥河段在2015年之前为长期有水状态，水源来自引温济潮调水工程，2015—2020年的河道补水对该区域河水水面没有形成影响，但受上游侧向径流增加影响，该区域河段在2018年仍然表现出了较往年更大的地下水位升幅，2021年的补水则极大地增加了该区域河水水面面积，地下水位出现明显上升。

2.3 地下水位变化影响因素分析

研究区域地下水位变化主要受降雨、河道补水、地下水开采等因素影响，收集整理了四个监测井周边的降雨、河道补水、地下水开采量数据，应用SPSS软件，分析了各因素对地下水位的相关性（表2）。可以看到，不同区域地下水监测井水位变化影响因素的相关性不同，潮汇大桥和牛栏山橡胶坝河段地下水位变化受河道补水、地下水开采和降雨的共同影响，潮汇大桥河段地下水位影响作用为河道补水＞地下水开采＞降雨，牛栏山橡胶坝河段地下水位影响作用为河道补水＞地下水开采＞降雨。向阳闸和彩虹桥河段地下水位变化则主要受河道补水和降雨影响，其中向阳闸河段地下水位影响作用为河道补水＞降雨，而彩虹桥河段为降雨＞河道补水。

表2　　　　　　　　地下水位变化主要影响因素的相关性分析

监测井位置	地下水位变幅	降雨	河道补水	地下水开采
潮汇大桥	1.000	0.600	0.900	−0.800
牛栏山橡胶坝	1.000	0.371	0.548	−0.452
向阳闸	1.000	0.691	0.786	−0.071
彩虹桥	1.000	0.546	0.529	−0.048

2.4 河道补水对区域地下水位的影响

2015年以来，研究区域地下水位明显上升，与2014年相比，2021年研究区域平均地下水位上升了13.6m，平均上升幅度1.94m/a，现状地下水位已基本回升到2003年水平。根据绘制的2015—2021年地下水位升幅图（图4），地下水位上升面积1080km²，其中上升幅度0～10m的面积为402km²，上升幅度10～20m的面积为332km²，上升幅度大于20m的面积为346km²。地下水位上升显著区域主要分布于潮白河、怀河和雁栖河周边，说明河道补水对区域地下水位抬升有显著影响。应用构建的区域三维地下水流数值模型，计算了2015—2021年降雨、河道补水、地下

图4　2015—2021年密怀顺区域地下水位变幅图

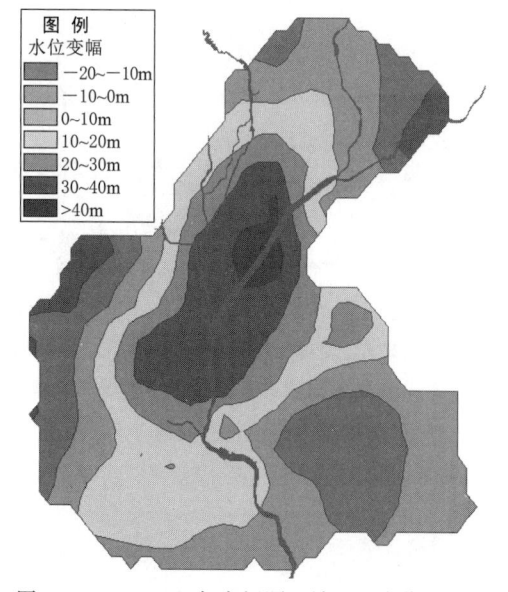

水开采等主要影响因素对区域地下水位的上升贡献，结果显示，潮白河河道补水对区域地下水位上升的贡献为25%。

3 结论

（1）潮白河河道生态补水以来，各监测井地下水位均呈上升趋势，地下水位上升幅度为18.61～45.45m，升幅大小为牛栏山橡胶坝＞向阳闸＞潮汇大桥＞彩虹桥。2018年和2021年为地下水位升幅较大时间段，2021年的地下水位升幅大于2018年。

（2）区域地下水位变化主要影响因素为河道补水、降雨和地下水开采，2015—2021年区域地下水位上升面积1080km²，河道补水对区域地下水位上升贡献为25%。

参考文献

[1] 许新瑶，蒲晓，刘训良，等.潮白河密云段水体溶解性有机碳和重金属时空变化特征[J].生态与农村环境学报，2020，36（9）：1177-1184.

[2] 赖瑾瑾，刘雪华.潮白河顺义段断流的生态损失评估[J].环境科学与管理，2008（1）：137-142.

[3] Yilei Yu, Xianfang Song, Yinghua Zhang. et al. Water quality of reclaimed water from treated urban wastewater in Chaobai River Basin, North China [J]. Chinese Jounal f opulation Resources and Environment, 2014, 12 (2): 103-109.

[4] Lei Yang, Jiangtao He, Yumei Liu, et al. Characteristics of change in water quality along reclaimed water intake area of the Chaobai River in Beijing, China [J]. Journal of Environmental Sciences, 2016, 50 (12): 93.

[5] 肖颖，单悦，李述，等.南水北调水源潮白河补水区地下水资源环境变化[J].北京水务，2017（4）：5-8.

[6] 安晨，方海燕，王奋忠.密云水库上游坡面产流产沙特征及降雨响应——以石匣小流域为例[J].中国水土保持科学，2020，18（5）：43-51.

[7] 张景华，范久达，李世君.南水北调进京后怀柔应急水源地地下水资源涵养研究[J].城市地质，2015，10（2）：17-20.

[8] 熊晓艳，刘立才，郭敏丽.南水北调水源补给潮白河水源地对地下水质的影响分析[J].北京水务，2018（3）：13-16.

[9] 何亚平，李世君，李阳，等.南水北调水对潮白河地区回补情况及水位影响分析[J].北京水务，2019（3）：21-26.

[10] 宋献方，李发东，于静洁，等.基于氢氧同位素与水化学的潮白河流域地下水水循环特征[J].地理研究，2007（1）：11-21.

[11] 李丽娟，郑红星.华北典型河流年径流演变规律及其驱动力分析——以潮白河为例[J].地理学报，2000（3）：309-317.

地下水同位素测年方法及其在评价地下水更新能力中的应用研究综述

索玉娇[1] 杨 勇[2] 吴 霞[2]

(1. 河海大学,南京 210024;2. 北京市水科学技术研究院,北京 100048)

【摘要】 地下水年龄是识别地下水补给源、确定地下水流动路径以及定性或定量评价地下水更新能力方面的重要指标。从20世纪50年代开始,同位素技术研究迅速发展,已建立了基于同位素在确定地下水年龄方面的研究应用方法。本文在对各种地下水同位素测年方法的原理、优缺点和适用性进行分析的基础上,探讨了其在地下水资源更新能力评价中的应用,分析地下水同位素测年方法研究的发展趋势和亟待加强研究的关键问题,期望能够为地下水资源管理和保护提供更加科学可靠的依据。

【关键词】 地下水;地下水年龄;同位素;地下水更新能力

A review of groundwater isotope dating methods and their application in evaluating groundwater renewal capacity

SUO Yujiao[1] YANG Yong[2] WU Xia[2]

(1. Hohai University, Nanjing 210024; 2. Beijing Water Science and Technology Institute, Beijing 100048)

【Abstract】 Groundwater age is an important indicator for identifying groundwater recharge sources, determining groundwater flow paths, and qualitatively or quantitatively evaluating groundwater renewal capacity. Since the 1950s, isotope technology research has developed rapidly, and research and application methods based on isotopes in determining groundwater age have been established. Based on the analysis of the principles, advantages and disadvantages and applicability of various groundwater isotope dating methods, this paper discusses its application in the evaluation of groundwater resource renewal ability, analyzes the development trend of groundwater isotope dating methods and the key issues that need to be strengthened. It is expected to provide a more scientific and reliable basis for groundwater resource management and protection.

【Key words】 Groundwater; Groundwater age; Isotope; Groundwater renewal capacity

近年来，地下水年龄测定已成为国际水文地质研究的热点问题。通过地下水年龄的测定，可以有效地解决地下水补给来源、补给强度、各种补给来源的比例，以及流向和流速等实际应用问题[1]。同时，测年结果是定性或定量研究地下水循环强度和地下水资源可更新能力的主要依据。因此地下水测年技术对地下水资源的可持续利用具有重要意义。

用于地下水年龄测定的研究方法很多[2]：一是传统的水动力学方法，是建立在认识流动过程中水头压力、渗透性和流速的动力学关系上，根据达西定律和连续方程计算地下水从补给点到取样点的流动时间，以此作为地下水的年龄；二是水化学动力学方法，根据地下水中所含化学成分含量变化计算出水化学反应时间，以此作为地下水的渗流时间，即地下水年龄；三是同位素方法，根据同位素的放射性衰变计时定年，或利用放射性衰变产生的稳定同位素在地下水中的积累估计地下水的年龄。

目前，由于渗透系数及其他水文地质参数在很多地方无法准确确定，因此，传统的动力学方法遇到瓶颈。而同位素作为地下水运动的有效示踪剂，在地下水测年方面具有无可比拟的优势，自20世纪50年代开始应用于地下水的研究中来，在过去的几十年来获得了长足的发展。目前可用于地下水测年研究的同位素已经达到几十种，但是不同的同位素具有不同的适用范围和优缺点，因此在具体应用时需要根据研究对象选择合适的同位素进行分析。国内外利用同位素示踪剂进行地下水测年的研究成果已有很多[2,14,16]。然而，由于地下水系统的复杂性和同位素技术的局限性，地下水测年中仍然存在许多未解决的问题和挑战。本文在前人研究的基础上，对现有同位素示踪剂的原理、优缺点、适用性进行了对比总结，重点对其在地下水资源更新能力评价中的应用方面进行了探讨，以期为地下水资源管理和保护提供更加科学可靠的依据。

1 地下水同位素测年方法

地下水年龄，是指某一特定水分子自补给进入地下水系统那一刻起，到研究时刻止所经历的时间[3]。由于地下水不断运动且与流经介质相互作用，所以地下水年龄也是指混合水在地下中的平均停留时间[2]。

根据地下水的年龄将地下水分为现代地下水（0～50a）、次现代地下水（50～1000a）和古地下水（>1000a）3种类型[4]，相应的地下水测年方法也分为现代地下水测年方法、次现代地下水测年方法和古地下水测年方法。在同位素水文学发展初期，比较成熟的测年方法只有^{3}H法和^{14}C法两种，随着同位素测试技术的发展，^{3}H–^{3}He、^{85}Kr、CFCs、SF$_6$、^{39}Ar、^{32}Si、^{32}P、^{36}Cl、^{81}Kr、^{4}He等新方法逐渐被引入到地下水年龄测定的研究中来，其测年范围如图1所示[5]。

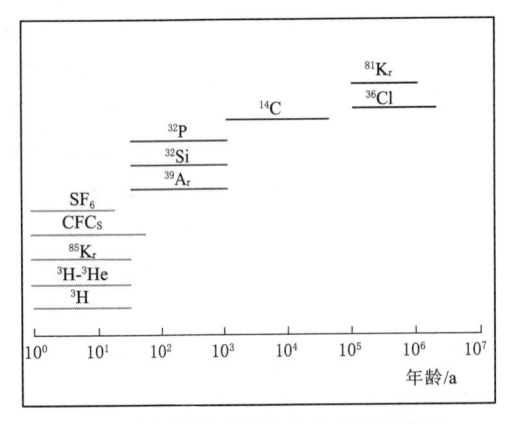

图1 常用同位素测年方法及测年范围

1.1 现代地下水测年方法

1.1.1 ³H 法

^3H 的半衰期为 12.43a,是现代地下水测年应用最普遍的方法[6]。^3H 的主要来源可分为宇宙射线和人工核爆,20 世纪 60 年代,热核爆炸试验使大气中 ^3H 浓度急剧增加,因此地下水中如果检测到了 ^3H,则代表是现代补给和现代地下水,这种地下水与大气降水或地表水联系密切,地下水更新能力强。但也因为受核试验的影响,^3H 含量有明显的时空不确定性,加上大部分地区缺乏 ^3H 浓度的连续观测资料,使得准确恢复一个地区的 ^3H 输入函数变得极为困难。同时,随着核爆试验的结束,大气和降水中 ^3H 含量逐渐减少,部分地区已经降至全球核爆前的水平(<10TU),使这一方法的精度逐渐降低,应用前景受到限制。

^3H 法主要用于浅层地下水测年,探讨浅层地下水的补给来源、循环速度、更新能力等。Solomon et al.[7] 通过测定加拿大安大略省附近地下水中 ^3H 年龄的垂向变化,计算出该地区潜水含水层中地下水的垂向补给量为 94mm/a;Boronina et al.[8] 基于地下水中 ^3H 的含量分布,揭示了该区地下水的流动路径和来源;Jerbi et al.[9] 测定了突尼斯地区地下水的 ^3H 年龄,明确了该区大多数地下水是雨水入渗补给,地下水补给量与地表径流和降雨量密切相关。陈宗宇等[10] 根据太行山前平原区 ^3H 的调查数据,估算出该区平均补给量为 242mm/a,与水均衡方法计算的天然资源补给模数接近,证实了该方法的合理性。黄先贵等[11] 则研究了安阳河中下游流域地下水 ^3H 年龄的分布特征,得出该地区小南海泉的多年平均更新速率仅为 3.6%,更新能力较差。

1.1.2 ³H-³He 法

提高 ^3H 法测年精度的一个途径是利用 ^3H-^3He 联合方法[4]。地下水中 ^3He 的起源主要有 4 种:①大气 ^3He 溶解;②^3H 衰变的产物;③对空气泡中的过量空气 ^3He 的捕获;④深部热水中地幔成因的 ^3He。通过测量地下水中 ^3H 和由 ^3H 生成的 ^3He 含量可确定地下水年龄。因此,与 ^3H 法相比,该方法的优点在于不用确定复杂的 ^3H 输入函数,但 ^3H 成因的 ^3He 从 ^3He 中分离出来较为困难,采样及测试费用成本高,制约了该方法的发展。

^3H-^3He 法在国外地下水测年中已有较多研究,在我国由于缺乏相关设备,研究较少。Szabo et al.[12] 同时用 ^3H 法和 ^3H-^3He 法对美国新泽西州浅层地下水年龄进行了详细测定,并与 CFCs 法进行比较,认为 ^3H-^3He 法适用于测定年轻水的年龄,且测得的地下水年龄有助于改进地下水流模型;韩庆芝等[13] 在第八届同位素地质年代学会议上报告了 ^3H-^3He 测年法在石家庄市浅层地下水的测年应用,并表示该方法总体上取得了比较理想的结果。

1.1.3 ⁸⁵Kr 法

^{85}Kr 的半衰期为 10.7a,主要来源为宇宙射线和人工核反应。通常将地下水中 ^{85}Kr 的比活度与大气 ^{85}Kr 比活度增长曲线作对比,获得地下水的年龄。目前,^{85}Kr 法与其他方法相比优势明显,一是 ^{85}Kr 在大气中的含量增长速度比较均匀,与 ^3H 法相比其输入函数较为简单;二是在利用 ^{85}Kr 定年时不受溶解度、补给温度及过量气体等的影响[14]。但由于 ^{85}Kr 溶解度较低且在空气中的含量较小,测试时至少需要采集 100L 水样,制约了该方

法的发展[15]。

20世纪90年代，Ekwurzel[16] 利用 ^{85}Kr 测年方法对美国东海岸的非承压水进行3年龄测定；21世纪初，Bauer et al.[17] 采用多个示踪物（^{3}H、^{85}Kr、CFC-113和 SF_6）对德国 Hessen 州浅层地下水的污染物扩散问题进行了研究；刘君[5] 运用 ^{85}Kr 对呼和浩特盆地的浅层地下水年龄进行了测定，得出该区地下水年龄为14~34a。总体来说，由于测试技术的限制，国内对 ^{85}Kr 法测年的研究实例仍较少。

1.1.4 CFCs 法

CFCs 是一类人造有机化合物的总称，没有天然来源，其中 CFC-11、CFC-12、CFC-113 可以用来进行地下水定年。CFCs 定年是基于亨利定律，通过将地下水中测定的 CFCs 浓度转化成补给温度条件下大气中的相应浓度，并与大气中 CFCs 浓度变化曲线对比，以此来确定地下水年龄[18]。CFCs 测年法被认为是确定1950年以来地下水年龄的有效方法[19]。对其 CFCs 浓度分析，若 CFC-113 未被测出，则说明地下水年龄相对较老，补给时间至少是20世纪70年代早期；若三种 CFC 均未测出，则说明地下水补给时间至少在20世纪40年代以前。相比其他测年方法，CFCs 定年具有取样方便、分析简单快速、分析费用便宜、定年精度更好等优点。但 CFCs 本身易被吸附和降解，大气中 CFCs 的浓度易受到城市和工业废气的污染，影响测年结果的准确性，因此 CFCs 测年常需要与其他测年方法联合使用才比较有效。

20世纪90年代，Busenberg[20] 运用 CFC-11 和 CFC-12 两种化合物研究了美国俄克拉荷马州中心区的地下水年龄，开启了 CFCs 地下水测年的新纪元。随后，该方法在世界范围内展开应用。Koh et al.[21] 运用 CFCs 法和 ^{3}H-^{3}He 法等测定了韩国济州岛地下水的年龄，并查明了该地区地下水中硝酸盐的污染程度；Bauer[17]、Alvarado[22]、Avrahamov[23] 等将 CFCs 法与其他示踪剂结合，分别在德国、丹麦、以色列等地开展了地下水测年工作。我国学者秦大军等[24] 运用 CFCs 法测定地下水的年龄，并与 ^{3}H-^{3}He 年龄进行对比研究；柳富田等[25] 也对鄂尔多斯白垩系地下水盆地浅层地下水进行了 CFCs 法测年研究。

1.1.5 SF_6 法

SF_6（六氟化硫）有天然产生和人工合成两种来源。自1953年以来，工业生产使大气中的 SF_6 浓度急剧增长。SF_6 经水循环进入地下水中，可以通过测定地下水中是否含有 SF_6 及含量的多少来对地下水定年[26]。SF_6 法适合于确定20世纪70年代以来补给的地下水的年龄，特别是1993年后补给的地下水年龄和城市环境下的补给水的年龄。其误差来源主要有三个：①过量空气混入产生的污染；②非大气来源的 SF_6 的混入；③生物降解作用。

SF_6 是目前最新的示踪剂，多数情况下与其他方法联合使用。Busenberg 等[27] 用 SF_6 法对美国马里兰州的地下水作了定年研究，将 SF_6 法测定的结果与 CFCs 法的测定结果对比发现，年龄在10~30a 之间的地下水相关性良好，说明其适用于年轻地下水定年；我国学者李小倩等[28] 运用 SF_6 方法对桂林地区岩溶水年龄进行了测定，结果显示岩溶裂隙水的 SF_6 年龄在5~10a，大于地下暗河的年龄，与前人研究一致，证明了 SF_6 法在地下水定年中的可靠性。

1.2 次现代地下水测年方法

次现代地下水测年比较困难，能够使用的同位素很少，至今仍未形成一个较成熟的同位素测年方法。^{32}Si 是一种宇宙成因的放射性核素，^{32}Si 的半衰期（144±11）a 正好介于 ^{3}H 的半衰期（12.43a）和 ^{14}C 的半衰期（5730a）之间，恰好适合 50～1000a 的定年。但 ^{32}Si 的放射衰变产生的 β 射线能量（0.1MeV）很低，很难直接测量，从而难以确定 ^{32}Si 的放射性年龄。毛绪美等[29] 提出 ^{32}Si 衰变生成的子同位素 ^{32}P，其放射衰变产生的 β 射线（1.7MeV）能量较高，^{32}P 的放射性浓度容易测量，而在年龄为 50～1000a 的地下水中，^{32}Si 和 ^{32}P 的放射性浓度天然状态下一致。因此，可以通过测定 ^{32}P 的放射性浓度计算地下水年龄。^{32}P 法与 ^{32}Si 法相比，具有前处理过程更简单、测试时间更短、探测效率更高等优点。国内外对 ^{32}Si 法测年进行了很多的研究。其中以 Nijampurkar et al.[30] 最具代表性，测算了印度地区地下水的年龄，并推断了地下水的运移方向，结果与水文地质条件分析基本一致；刘存富等[31] 运用 ^{32}Si 法对河北山前平原一亩泉的地下水年龄进行了测定，其 ^{32}Si 年龄为 920a，与 ^{14}C 年龄相差 9.89a。对于 ^{32}P 测年，目前只有毛绪美等[28] 在江汉平原西部地下水进行了测定，^{32}P 法和 ^{32}Si 法的定年结果大致相同，在 50～600a 范围内两者基本一致。在 600～1000a 范围内，^{32}P 的年龄略微较年轻。

另外，^{39}Ar 半衰期为 269a，也可测定 50～1500a 之间的地下水年龄。^{39}Ar 主要由宇宙射线产生，在大气中含量较为稳定，变化幅度不超过 7‰[32]，作为惰性气体，不参与化学过程，不需要进行地球化学过程修正[33]，且没有热核试验等人为活动的影响。目前，国外应用 ^{39}Ar 法研究地下水年龄多与其他测年方法结合使用，国内尚未见相关研究。Visser 等[34] 利用 ^{3}H - ^{3}He 法、^{85}Kr 法和 ^{39}Ar 法的离散年龄分布模型及现有数学模型估算了荷尔滕井田（荷兰）七口生产井的地下水龄分布，结果表明，四口浅层生产井汲取的 75% 以上的水的地下水龄不足 20a，三口深层生产井汲取的 50% 以上的水龄超过 60a；Avrahamov 等[23] 使用多重示踪剂（包括 ^{3}H - ^{3}He、^{85}Kr、CFCs、SF$_6$、^{39}Ar 和 ^{14}C）对以色列东山碳酸盐岩溶洞含水层的地下水年龄进行了评估，得出该区下游地下水年龄超过 800a。

但是，以上三种同位素在地下水中的含量均很低，取样量非常大，采样、提取和分析工作十分繁琐，费用较高。同时，与 ^{14}C 法测年结果相比，^{32}Si 法和 ^{39}Ar 法年龄测定值偏低，张之淦[35] 总结前人研究，推测可能是由于复杂的地球化学反应及土壤层中的某些元素的存在，导致产生了额外的 ^{32}Si 和 ^{39}Ar 补给源，从而造成年龄偏低。以上问题的存在，限制了次现代地下水测年方法的应用，需要进一步探索和解决。

1.3 古地下水测年方法

1.3.1 ^{14}C 法

^{14}C 法是目前古地下水测年方法中应用普遍的，其已经具有较为完善的理论基础。^{14}C 的半衰期为 5730a，测年上限为（5.5～6）万 a。^{14}C 法的定年原理是通过间接测定水中溶解无机碳（DIC）浓度而转化为地下水年龄数据，其测得的地下水年龄是指地下水和土壤 CO$_2$ 隔绝至今的时间。但在实际情况中，地下水在补给过程中会发生各种地球化学反应，如含碳酸盐矿物的溶解、与含水层基质的交换、生物化学反应等，改变了 ^{14}C 的初始浓

度，由此要对^{14}C的年龄进行校正，消除各种因素对其测年精度的影响。经过近60年的研究，发展了一系列^{14}C定年校正模型，其中比较经典的校正模型有8种[29]：①Vogel统计模型；②化学稀释校正模型（即Tamers碱度模型）；③化学质量平衡模型（Chemical Mass Balance Model）；④Pearson同位素混合模型（即δ^{13}C校正模型）；⑤同位素混合—交换校正模型；⑥Mook化学稀释—同位素交换校正模型；⑦化学稀释—同位素交换综合校正模型（即Fontes-Garnier模型）；⑧反向地球化学校正模型。

目前，^{14}C法从理论到应用都已开展了大量研究。Iwatsuki等[36]通过测定日本中部Tone研究区地下水的^{14}C年龄，确定该地区地下水从沉积岩的上部渗透到下部需要数千年的时间。^{14}C法在我国地下水定年研究中也迅速发展。例如，王宗礼等[37]提出了地下水^{14}C年龄样品制备新技术，用于加速器质谱对地下水年代的测试；朱东波等[38]针对排泄区地下水横向径流引起的^{14}C年龄变化这一问题，提出了可以利用ln（a^{14}C）/Cl来进行校正。利用^{14}C法对深层地下水的年龄测定也已十分普遍，苏小四等[39]测定银川平原深层承压水^{14}C年龄大于2000a；杨丽芝等[40]测定鲁北平原深层水^{14}C校正年龄在2620～25470a之间；阮云峰等[41]测定黑河流域深层地下水年龄在现代～14594a之间变化。

1.3.2 ^{36}Cl法

^{36}Cl的半衰期为30.1万a，测年上限达250万a，可以对极古老地下水年龄进行测定。由于^{36}Cl在地下水循环过程中不易被吸附或沉积的特点，使其在地下水系统中的迁移和分布比较容易研究，因此在测年时，也易于进行水文地质和地球化学校正。随着加速器质谱计的建立，^{36}Cl测年法得到发展。

Lehmann et al.[42]介绍了36Cl测年法原理和计算过程。Kulongoski e al.[43]对澳大利亚中部的Alice泉、Dune平原和Mututjulu含水层中的地下水进行^{36}Cl测年，结果与^{4}He和^{14}C测年结果均具一致性，表明^{36}Cl测年的可靠性。我国这方面起步较晚，董悦安等[44]计算了河北保定及沧州地区地下水的^{36}Cl同位素年龄，与地下水动力学方法进行了对比，结果具有较好的一致性。马致远等[45]运用^{36}Cl法对关中盆地深层地下热水的年龄进行尝试性研究，测得关中盆地深层地热水最大的^{36}Cl年龄范围为（988.69～1123.98）千a。但与^{14}C法相比，^{36}Cl法使用的制约因素比较多，实际研究中，最好与其他方法联合使用，相互对比印证。

1.3.3 ^{81}Kr法

^{81}Kr的半衰期为21万a，测年上限达100万a。^{81}Kr为惰性气体，化学性质不活泼。同时，其宇宙成因仅有一种，^{81}Kr在大气中的浓度十分稳定，受人类活动影响较小，避免了复杂的校正工作，用^{81}Kr法测定地下水年龄前景广阔。

国外应用^{81}Kr法进行地下水测年的研究较为深入，如澳大利亚大自流盆地、新墨西哥州、波罗的海自流盆地等都已成功运用^{81}Kr法进行地下水定年[46]，而国内研究相对较少。涂乐义[47]采用^{81}Kr法测定了华北平原深层地下水年龄，结果显示，华北平原最老的地下水年龄范围为（0.85～1.15）百万a；Li et al.[48]在关中盆地用原子阱痕量分析技术测试^{81}Kr含量，对关中盆地深达5000m地下水的年龄进行了测定，并与^{14}C、^{4}He和^{36}Cl等方法进行对比，^{81}Kr法估测的地下水年龄与其他方法的结果基本一致。Matsumoto[49]在中国华北平原结合^{81}Kr法与^{4}He法对地下水进行定年，二者测量的年龄结果呈一致性，证明了^{81}Kr定年方法的可行性。

2 地下水年龄测定方法在评价地下水更新能力中的应用

地下水更新能力是近些年地下水科学与工程领域的一个研究热点,它是指含水层中储存的地下水通过接受补给而得到更新或更替的能力[50]。

^{3}H法和^{14}C法是目前运用到地下水测年中比较成熟的两种方法,国内外研究学者通常将二者联合起来综合评价浅层及深层地下水的更新能力。例如,La Salle et al.[51]利用^{3}H法和^{14}C法建立同位素数学物理模型,估算Iulemeden盆地(尼日尔西部)无侧限含水层的补给率。陈宗宇等[52]和阮云峰等[41]利用^{3}H法和^{14}C法先后在黑河流域开展了地下水测年工作,通过识别了地下水的补给源,估算地下水的更新速率,对地下水的更新能力进行了讨论;苏小四等[39]提出地下水的更新能力与地下水的形成年龄,即周转时间成反比。他们利用^{3}H法和^{14}C法测定了银川平原地下水年龄,并估算出该地区浅层地下水的更新周期为30a,更新能力好,深层地下水更新周期约为几千年,更新能力差;杨丽芝等[40]利用^{3}H法和^{14}C法的通用测年技术,分别估算了鲁北平原浅、深层地下水的形成年龄,通过判断地下水的补给源及周转时间,评价地下水的可更新能力。结果表明,浅层地下水的主要补给来自当地的大气降水和引黄河灌溉水,循环速度较快,循环时间20～50a,更新能力较强。深层地下水主要起源于古代大气降水,循环速度较慢,循环时间(8～20)千a,更新能力较弱;刘峰等[53]也利用^{3}H法与^{14}C法在柴达木盆地的诺木洪开展了地下水测年工作,分析地下水年龄分布特征及其可更新能力。基于已有的研究,以地下水^{3}H法和^{14}C法的年龄信息为依据,前人将地下水更新能力进行了分级,见表1[16]。

表1　　　　　　　　　　地下水更新能力分级

同位素特征	^{14}C校正年龄/a	更新能力
含^{3}H	<60	强
无^{3}H	60～1000	中
无^{3}H	1000～10000	弱
无^{3}H	>10000	无

近年来,随着CFCs法发展逐渐成熟,众多学者将CFCs法和^{3}H法结合,引入浅层地下水更新能力评价的研究中。例如,张兵等[54]基于^{3}H法和CFCs法测定了三江平原浅层地下水年龄,结果显示该区浅层地下水缺失了0～39a的年轻水,由此推断出三江平原的地下水主要接受外源水的补给,深循环地下水越流补给地表水并形成湿地,最终补给到河流之中;石旭飞等[55]则结合^{3}H法和CFCs法计算了河南平原第四系浅层地下水的年龄,得出河南平原浅层地下水主要为近50a以来补给的现代水,地下水更新相对较快;常致凯等[56]对洞庭盆地浅层地下水^{3}H和CFCs年龄进行了计算并确定了地下水体中各种来源水的混合比例,在山前丘岗区地下水年龄普遍小于40a,新水补给比例为86.41%～96.36%,说明地下水循环更新较快,而在平原区地下水年龄基本大于50a,新水补给比例仅有37.09%,地下水循环更新慢。

3 地下水同位素测年中存在的问题

现有的地下水测年技术一方面已经能解决一些传统方法无法解决的关键问题，另一方面在解决不同问题时方法的精度相差很多，精度问题仍是当前限制应用领域拓展的一大难题。具体来说，地下水年龄测定的精度取决于取样、检测、水文地质和地球化学因素的校正、混合模型反映实际情况的程度等四个环节产生的误差。

3.1 取样

当前在取样过程中存在的问题包括：取样方法选择不当、取样点设置不合理、取样深度不够全面、样品保存和处理不规范等。为了提高测定精度，需要在取样过程中加强质量控制和质量保证，同时结合现代化技术手段优化取样方案。

3.2 检测

测试中所需样品数量大、耗费时间长、费用昂贵及测量效率低等问题制约了很多同位素测年技术的发展。例如，早期 ^{14}C 主要采用低本底辐射技术进行测量，这种方法样品前处理过程十分繁琐，对于 ^{14}C 含量极低的样品，需要进行多次化学反应、提取和分离等步骤。这些步骤消耗大量的时间和精力。但是加速器质谱的发明，大幅度地提高了分析 ^{14}C 等同位素的灵敏度与可靠性，且这种技术需要的样品量极少。

3.3 水文地质和地球化学因素的校正

为了准确测定地下水年龄，需要保证地下水系统是封闭的，避免示踪剂与外界交换。外界水的进入会导致地下水不断发生各种相互作用，即使是惰性气体也存在着与气相环境的交换作用。因此需要排除或降低这些干扰因素的影响，并建立各种假设条件和校正模型。但由于地下水受到多种自然条件的综合影响，其演变过程十分复杂，校正模型的可靠性随着时间增加而降低。

3.4 混合模型反映实际情况的程度

混合模型在地下水年龄测定中已经得到广泛应用，目前比较常用的模型有活塞流模型（PEM）、指数模型（EM）、指数-活塞流模型（EPM）、线型模型（LM）、线型-活塞流模型（LPM）、弥散模型（DM）等，并且不断有新的混合模型被提出。但目前存在不确定性和局限性、参数的复杂影响因素、适用范围有限等问题。未来需要进一步研究混合模型，提高其精度和适用性。

此外，人类活动也会对地下水年龄的测定产生影响。一方面，地下水开采和回灌会使地下水年龄和流场之间的对应关系发生改变，进而对其年龄的确定产生干扰。例如，张永杰等[57]研究了台兰河流域地下水库建设和人工回灌工作对地下水年龄分布规律的影响，结果表明，人工回灌使地下水年龄整体变年轻。另一方面，人类活动中常常会向地下水体系中输入各种污染物，这些污染物可能会改变地下水的化学成分和特征，进而干扰其年龄的测定。

4 结论

（1）地下水同位素测年技术发展迅速，其相关的理论已经较为成熟。对于现代地下水测年，随着大气中氚浓度的降低，氚法测年的精度也在降低，因此未来氚法的应用不可避免地会受到限制，相反，CFCs法和SF_6法测年发展迅速，当前已成为测定年轻水最有前景的方法。而对于次现代地下水测年，到目前为止还没有形成一个常用同位素测年方法，该时段的几个方法均还处于探索之中。古地下水定年仍以^{14}C法为主，其次^{36}Cl法、^{81}Kr法、^{4}He法近几年越来越受到关注。

（2）目前对于地下水年龄的测定，仅用一种方法定年是很难取得较好的效果的。由此，采用多种示踪剂，基于多种方法来验证和对比，以确定刻画地下水年龄的最佳手段和方式是未来研究的发展趋势。在地下水资源更新能力评价方面，地下水同位素测年具有巨大优势，其不需要利用长期且可靠的地下水位和流场的动态观测资料，就可以快速测定和评价，具有巨大的潜力和前景。

参考文献

[1] 文冬光. 用环境同位素论区域地下水资源属性 [J]. 地球科学，2002（2）：141-147.

[2] 孙继朝，贾秀梅. 地下水年代学研究 [J]. 地球学报，1998（4）：48-51.

[3] 翟远征，王金生，滕彦国，等. 地下水更新能力评价指标问题刍议——更新周期和补给速率的适用性 [J]. 水科学进展，2013，24（1）：56-61.

[4] Clarkid, Fritzp. Environmental isotopes in hydrogeology [J]. Boca Raton：Lewis Publishers, 1997.

[5] 刘君. 呼和浩特盆地地下水年龄结构与补给流动模式研究 [D]. 北京：中国地质科学院，2016.

[6] 吴秉钧. 我国大气降水中氚的数值推算 [J]. 水文地质工程地质，1986（4）：38-41+49.

[7] Solomon D K, Schiff S L, Poreda R J, et al. A validation of the $^{3}H/^{3}He$ method for determining groundwater recharge [J]. Water Resources Research, 1993, 29 (9)：2951-2962.

[8] Boronina A, Renard P, Balderer W, et al. Application of tritium in precipitation and in groundwater of the Kouris catchment (Cyprus) for description of the regional groundwater flow [J]. Applied Geochemistry, 2005, 20 (7)：1292-1308.

[9] Jerbi H, Hamdi M, Snoussi M, et al. Usefulness of historical measurements of tritium content in groundwater for recharge assessment in semi-arid regions：application to several aquifers in central Tunisia [J]. Hydrogeology Journal, 2019, 27 (5)：1645-1660.

[10] 陈宗宇，陈京生，费宇红，等. 利用氚估算太行山前地下水更新速率 [J]. 核技术，2006（6）：426-431.

[11] 黄先贵，平建华，禹言，等. 基于氚同位素的安阳河中下游流域地下水更新能力研究 [J]. 现代地质，2021，35（3）：693-702.

[12] Szabo Z, Rice D E. Age dating of shallow groundwater with chlorofluorocarbon, tritium/helium-3, and flow path analyses, southern New Jersey coastal plain [J]. Water Resources Research, 1996, 32 (4)：1023-1038.

[13] 韩庆芝，刘存富，刘果，等. 浅层地下水$^{3}H-^{3}He$法测年技术在石家庄市应用研究 [C] //中国

矿物岩石地球化学学会，中国地质学会. 第八届全国同位素地质年代学、同位素地球化学学术讨论会资料集. 地质出版社，2005：294-296.

[14] 韩永，王广才，邢立亭，等. 地下水放射性同位素测年方法研究进展［J］. 煤田地质与勘探，2009，37（5）：37-42.

[15] Lange T, Hebert D. A new site for ^{85}Kr measurements on groundwater samples［J］. Radiation Physics and Chemistry, 2001, 61 (3-6): 679-680.

[16] Ekwurzel B, Schlosser C, Ross J O, et al. Dating of shallow groundwater: Comparison of the transient tracers ^{3}H/^{3}He, chlorofluorocarbons, and ^{85}Kr［J］. Water Resources Research, 1994, 30 (6): 1693-1708.

[17] Bauer S, Fulda C, Schäfer W. A multi-tracer study in a shallow aquifer using age dating tracers ^{3}H, ^{85}Kr, CFC-113 and SF$_6$—indication for retarded transport of CFC-113［J］. Journal of Hydrology, 2001, 248 (1-4): 14-34.

[18] 郭永海，刘志强，吕川河，等. 一种新的地下水年龄示踪剂——CFC［J］. 水文地质工程地质，2003（6）：30-32.

[19] 郭永海，王驹，王志明，等. CFC 在中国高放废物处置库预选区地下水研究中的应用［J］. 地球学报，2006（3）：253-258.

[20] Busenberg E, Plummer L N. Use of Chlorofluoromethanes (CCl$_3$F and CCl$_2$F$_2$) as hydrologic tracers and age-dating tools: Example-The alluvium and terrace system of Central Oklahoma［J］. Water Resour Res, 1992, 28: 2257-2283.

[21] Koh D C, Plummer L N, Solomon D K, et al. Application of environmental tracers to mixing, evolution, and nitrate contamination of ground water in Jeju Island, Korea［J］. Journal of Hydrology, 2006, 327 (1-2): 258-275.

[22] Alvarado J A C, Purtschert R, Hinsby K, et al. ^{36}Cl in modern groundwater dated by a multi-tracer approach (^{3}H/^{3}He, SF$_6$, CFC-12 and ^{85}Kr): a case study in quaternary sand aquifers in the Odense Pilot River Basin, Denmark［J］. Applied geochemistry, 2005, 20 (3): 599-609.

[23] Avrahamov N, Yechieli Y, Purtschert R, et al. Characterization of a carbonate karstic aquifer flow system using multiple radioactive noble gases (^{3}H-^{3}He, ^{85}Kr, ^{39}Ar) and ^{14}C as environmental tracers［J］. Geochimica et cosmochimica acta, 2018, 242: 213-232.

[24] Qin D, Wang H. Chlorofluorocarbons and ^{3}H/^{3}He in groundwater: Applications in tracing and dating young groundwater［J］. Science in China Series E: Technological Sciences, 2001, 44: 29-34.

[25] 柳富田，苏小四，侯光才，等. CFCs 法在鄂尔多斯白垩系地下水盆地浅层地下水年龄研究中的应用［J］. 吉林大学学报（地球科学版），2007（2）：298-302.

[26] 李晶晶，周爱国，刘存富，等. 年轻地下水测年最新技术——SF$_6$ 法［J］. 水文地质工程地质，2005（1）：94-97+120.

[27] Busenberg E, Plummer L N. Dating young groundwater with sulfur hexafluoride: Natural and anthropogenic sources of sulfur hexafluoride［J］. Water Resources Research, 2000, 36 (10): 3011-3030.

[28] 李小倩，周爱国，刘存富，等. 桂林地区岩溶水 SF$_6$ 年龄研究［J］. 中国岩溶，2007（3）：207-211+236.

[29] 毛绪美，查希茜. 50~1000a 地下水定年新方法：放射性成因 ^{32}P 法［J/OL］. 地球科学进展：1-9［2023-04-09］.

[30] Nijampurkar V N, Amin B S, Kharkar D P, et al. 'Dating' ground waters of ages younger than 1,000-1,500 years using natural silicon-32［J］. Nature, 1966, 210: 478-480.

[31] 刘存富，王佩仪，周炼，等. 河北山前平原地下水 ^{32}Si 年龄初探［J］. 水文地质工程地质，1999（2）：3-5+11.

[32] Loosli H H. A dating method with ^{39}Ar [J]. Earth and planetary science letters, 1983, 63 (1): 51-62.

[33] 李惠娣. 测年方法在地下水中的应用 [J]. 水资源与水工程学报, 2008 (1): 1-6.

[34] Visser A, Broers H P, Purtschert R, et al. Groundwater age distributions at a public drinking water supply well field derived from multiple age tracers (^{85}Kr, ^{3}H/^{3}He, and ^{39}Ar) [J]. Water Resources Research, 2013, 49 (11): 7778-7796.

[35] 张之淦, 顾慰祖, 庞忠和. 同位素水文学 [M]. 北京: 北京科学出版社, 2011.

[36] Iwatsuki T, Xu S, Mizutani Y, et al. Carbon-14 study of groundwater in the sedimentary rocks at the Tono study site, central Japan [J]. Applied geochemistry, 2001, 16 (7-8): 849-859.

[37] 王宗礼, 何建华, 陈亚东. 地下水^{14}C年龄样品制备新技术 [J]. 甘肃水利水电技术, 2013, 49 (12): 5-6+16.

[38] 朱东波, 毛绪美, 何耀烨, 等. 排泄区地下水横向径流混合^{14}C年龄校正研究 [J]. 地质论评, 2020, 66 (S1): 51-53.

[39] 苏小四, 林学钰. 银川平原地下水循环及其可更新能力评价的同位素证据 [J]. 资源科学, 2004 (2): 29-35.

[40] 杨丽芝, 张光辉, 刘中业, 等. 鲁北平原地下水同位素年龄及可更新能力评价 [J]. 地球学报, 2009, 30 (2): 235-242.

[41] 阮云峰, 赵良菊, 肖洪浪, 等. 黑河流域地下水同位素年龄及可更新能力研究 [J]. 冰川冻土, 2015, 37 (3): 767-782.

[42] Lehmann B E, Love A, Purtschert R, et al. A comparison of groundwater dating with ^{81}Kr, ^{36}Cl and 4He in four wells of the Great Artesian Basin, Australia [J]. Earth and Planetary Science Letters, 2003, 211 (3-4): 237-250.

[43] Kulongoski J T, Hilton D R, Cresswell R G, et al. Helium-4 characteristics of groundwaters from Central Australia: Comparative chronology with chlorine-36 and carbon-14 dating techniques [J]. Journal of Hydrology, 2008, 348 (1-2): 176-194.

[44] 董悦安, 何明, 蒋崧生, 等. 河北平原第四系深层地下水^{36}Cl同位素年龄的研究 [J]. 地球科学, 2002 (1): 105-109.

[45] 马致远, 张雪莲, 何丹, 等. 关中盆地深层地热水^{36}Cl测年研究 [J]. 水文地质工程地质, 2016, 43 (1): 157-163.

[46] 凌新颖, 马金珠, 杨欢, 等. 古地下水定年新方法——^{81}Kr法 [J]. 地质与资源, 2019, 28 (1): 90-94.

[47] 涂乐义. 地下水溶解氪气分析用于放射性氪同位素测年 [D]. 合肥: 中国科学技术大学, 2015.

[48] Jie Li, Zhong he Pang, GuoMin Yang, Jiao Tian, Amin L, Tong, Xiang-Yang Zhang, Shui Ming Hu. Million-year-old groundwater revealed by krypton-81 dating in Guanzhong Basin, China [J]. Science Bulletin, 2017, 62 (17): 1181-1184.

[49] Matsumoto T, Chen Z, Wei W, et al. Application of combined ^{81}Kr and 4He chronometers to the dating of old groundwater in a tectonically active region of the North China Plain [J]. Earth and Planetary Science Letters, 2018, 493: 208-217.

[50] 王金生, 翟远征, 滕彦国, 等. 试论地下水更新能力与再生能力 [J]. 北京师范大学学报 (自然科学版), 2011, 47 (2): 213-216.

[51] La Salle C L G, Marlin C, Leduc C, et al. Renewal rate estimation of groundwater based on radioactive tracers (^{3}H, ^{14}C) in an unconfined aquifer in a semi-arid area, Iullemeden Basin, Niger [J]. Journal of Hydrology, 2001, 254 (1-4): 145-156.

[52] 陈宗宇, 聂振龙, 张荷生, 等. 从黑河流域地下水年龄论其资源属性 [J]. 地质学报, 2004 (4): 560-567.

[53] 刘峰，崔亚莉，张戈，等．应用氚和^{14}C方法确定柴达木盆地诺木洪地区地下水年龄［J］．现代地质，2014，28（6）：1322-1328．

[54] 张兵，宋献方，张应华，等．基于氚和CFCs的三江平原浅层地下水更新能力估算［J］．自然资源学报，2014，29（11）：1859-1868．

[55] 石旭飞，董维红，李满洲，等．河南平原浅层地下水年龄［J］．吉林大学学报（地球科学版），2012，42（1）：190-197．

[56] 常致凯，马斌，李静，等．基于氚和CFCs的洞庭盆地浅层地下水年龄及循环更新研究［J/OL］．地球科学：1-14［2023-04-09］．

[57] 张永杰，束龙仓，温忠辉，等．人工回灌对地下水年龄分布规律的影响［J］．水文地质工程地质，2018，45（1）：8-14+44．

北京平原区地下水埋深与土地利用变化关系分析

李丽琴[1]　黄上富[2]　王　涛[3]　胡远航[3]

(1. 北京市水科学技术研究院，北京　100048；2. 首都师范大学资源环境与旅游学院，北京　100048；3. 北京市水资源调度管理事务中心，北京　100089)

【摘要】 对照构建北京市四个中心战略定位新要求，研究地下水资源和土地利用类型之间的相互影响机制，对落实区域水资源刚性约束和"四水四定"国土空间适宜开发策略具有重要意义。本文以高度集约化城市的典型代表北京市平原区为研究区域，利用克里金插值、动态度、转移矩阵等方法，量化高度集约化城市地下水资源和土地利用变化关系，研究结果显示：（1）北京市平原区在2000—2020年间，耕地面积占比由原来的70%变化为44%，建筑用地面积占比由原来的22%变化为48%，该演变在2000—2015年间尤为突出；（2）2000—2015年间，近92%研究区域的地下水埋深处于增大的状态，主要集中在北部地区，埋深增加10m以上的区域占47%，2015—2020年间，72%研究区域的地下水呈现回升状态；（3）因北方高度集约化城市地下水水资源为其主要供水水源，建筑用地面积扩增所对应的地下水埋深增幅更为明显。

【关键词】 地下水埋深；土地利用类型；时空变化；北京平原区

Analysis on relationship between groundwater depth and land use change in the plain area of Beijing

LI Liqin[1]　HUANG Shangfu[2]　WANG Tao[3]　HU Yuanhang[3]

(1. Beijing Water Science and Technology Institute, Beijing　100048；2. Capital Normal University College of Enviroment and Tourism, Beijing　100048；3. Groundwater section, Beijing water resources dispatching and management affairs center, Beijing　100089)

【Abstract】 In accordance with the requirements for the strategic positioning of the four centers in Beijing, the study of the mutual influence mechanism between groundwater resources and land use types is of great significance to implement the rigid constraints of regional water resources and the appropriate development strategy of the "four water and four fixed" national land space. This paper takes Beijing of the typical representative of highly intensive cities as the research area, combining Kriging interpolation method, land use dynamic degree model and transfer matrix to study the relationship between groundwater depth and land use change and the impact mechanism of land use change on groundwater resources. The results showed that： （1）From 2000 to 2020, the proportion of cultivated land area changed from 70％ to 44％, and the proportion of construction land area changed from 22％ to 48％, which was particularly prominent from 2000 to 2015. （2）From 2000 to 2015, nearly 92％ of the groundwater depth in the study area was increased, mainly in the northern region, and the buried depth increased by more than 10m accounted for 47％. From 2015 to 2020, the groundwater in 72％ area of the study area showed a recovery state. （3）As groundwater resources are the main water supply sourcein in northern China of highly intensive cities, the increase of groundwater depth corresponding to the expansion of construction land area is more obvious.

【Key words】 Groundwater depth； Land use change； Spatiotemporal change； Beijing

1 研究背景

华北平原地区作为我国水资源压力最大的区域之一，地下水资源对城市发展具有战略性意义，是保障供水安全的重要组成部分，在政治和战略上具有十分重要的意义。气候变化和人类活动是造成华北平原地下水超采最主要的两大因素，人类活动（地下水开采、土地利用方式的改变、管网系统的渗漏、灌溉等）及其主要驱动因素改变了地下水自然循环模式，对其补径排方式造成一定影响[1-2]。以华北地区为例，大量研究成果表明[3-8]，在一定尺度上，土地利用及其变化对水文过程的影响效果比气候变化更为显著。因此，开展地下水埋深与土地利用变化关系研究对合理评估区域地下水资源量，并对区域水资源刚性约束和"四水四定"国土空间适宜开发策略具有重要的指导意义。

目前，随着地下水埋深的不断加剧，有关土地利用/覆被变化（Land Use/Cover Change，LUCC）对水文过程的影响以及衍生的资源环境问题研究陆续出现。尤其是随着3S技术的发展，地统计学方法逐渐在地下水模拟和空间变化分析中得到了充分发挥。束龙仓等[9]以三江平原典型区为例，探究土地利用类型变化对地下水位埋深的影响和城市化进程、耕地面积变化对流域水均衡状态的影响，结果表明土地利用类型的改变使得部分地区地下水补给恢复较慢，造成地下水位埋深不同程度地增大，耕地面积变化对灌溉回归补给量影响显著。张云等[10]以新疆维吾尔自治区喀什三角洲为例分析了我国干旱半干旱地区LUCC对地下水水位时空变异性响应，发现随着耕地与建筑用地面积的不断扩展，地下水位埋深主要呈增大趋势。胡鑫等[11]以新疆维吾尔自治区呼图壁县平原灌区为研究区，基于地统计学和GIS结合技术，叠加分析了不同时期地下水埋深变化与对应时期的土地利用类型转移之间的响应关系，研究表明地下水埋深动态变化与耕地面积变化高度相关。崔一娇等[12]以北京市大兴区具有城市发展模式转变的典型特征为例，分析了该地区浅层水在城市发展过程中的时空变化特征，结果表明城市化发展对大兴区浅层地下水资源量的影响，已从"负效应"为主表现为"正效应"为主，多利用透水性材料、再生水的使用和人工灌溉等人为措施已成为浅层地下水重要的补给来源之一。

虽然诸多学者已经采用不同方法对土地利用类型与水文变化关系进行了分析与研究[13]，但研究主要偏重于西北区域，对于人口最集中、产业最聚集、城市化水平最高的区域，却很少有学者研究土地变化对地下水位埋深空间分布、分异格局、分布规律及主要驱动因素之间的响应关系。本文寻求找到以下两个科学问题的答案：①高度集约化城市地下水水位埋深和土地利用之间存在什么样的关系？②高度集约化城市地下水水位埋深如何受土地利用类型变化影响？为回答以上科学问题，本文以高度集约化城市的典型代表北京市为研究区域，以量化高度集约化城市地下水资源和土地利用变化关系为研究目标，利用克里金插值、动态度、转移矩阵等方法，分析不同区域多年地下水埋深与土地利用变化关系及地下水埋深与土地利用的时空变化趋势。本文研究方法和结果可为高度集约化城市地下水水资源保护和合理开发及可持续发展提供有力理论依据。

2 区域概况及研究方法

2.1 区域概况

北京市位于华北平原的西北部，位于东经 $115°25'$~$117°30'$、北纬 $39°28'$~$41°05'$，总面积为 $16410km^2$，地形西北高、东南低，其中山区占总面积的 61%，平原区占总面积的 39%。本次研究范围为北京市平原区（不含延庆盆地），面积约 $6400km^2$，主要包括东城、西城、朝阳、海淀、丰台、石景山、顺义、通州、昌平、大兴、房山等行政区域。

北京平原区属典型的暖温带半湿润半干旱大陆性季风气候，多年平均气温为 $11.7℃$。多年平均降水量为 $570mm$，年内分配极不均匀，一般年份汛期雨量约占全年降水量 85%，丰枯水年年际变化幅度大。北京市全境属海河流域，境内河网发育，共有干、支河流 100 余条，主要五大水系为：大清河水系、永定河水系、北运河水系、潮白河水系以及蓟运河水系。潮白河、永定河和大清河的流向为由西北向东南，北运河和蓟运河的流向为从北向南。

典型区含水层结构类型主要为第四系松散孔隙水，分为潮白—蓟运—温榆河平原松散孔隙水子系统（Ⅰ3）、永定河松散孔隙水子系统（Ⅱ3）和大石河—拒马河平原松散孔隙水子系统（Ⅲ3）。松散孔隙水系统是一个几何形态复杂、多种类型叠加的含水岩组结构，它是由永定河、潮白河、拒马河等不同时期的冲洪积作用形成的多层交叠、纵横交错的砂、砾石层以及间以黏性土层构成的孔隙含水岩组。冲洪积扇顶部及中上部地区砂、卵石裸露，故导水性、富水性好，单井出水量一般可达 3000~$5000m^3/d$（降深5m，下同），最大可达 $10000m^3/d$ 以上，调蓄能力强，地下水资源丰富，为北京市城市主要供水水源地。冲洪积扇中下部及冲洪积平原地区，含水层结构以多层结构为主，形成多层交叠、纵横交错的砂砾石、砂、粉细砂层以及间以黏性土层构成的孔隙含水岩组。单井出水量由 1500~$3000m^3/d$ 逐渐过渡到 500~$1500m^3/d$，含水层的调蓄能力较差。

2.2 数据来源

研究区内监测井共 103 眼，地下水埋深数据来源于北京市水文总站对监测井 2000—

2020年的实测数据，统一采用1月平均埋深数据，监测井分布较为均匀。获取得到地下水埋深数据来源可靠，满足研究地下水埋深与土地利用变化关系分析的需求。

选取的遥感影像数据源自中国科学院资源环境科学数据中心（https://www.resdc.cn），包含2000年、2015年及2020年的Landsat-MSS和Landsat8影像数据源，空间分辨率为30m×30m。根据徐新良等[14]的中国土地利用/覆盖数据分类体系，将研究区域内土地利用类型主要划分为6类，分别为耕地、林地、草地、水域、建筑用地和未利用土地。本文运用Arc GIS10.0对已有土地利用空间分布图进行区域掩膜提取与重分类分析。

2.3 研究方法

2.3.1 克里金（Kriging）插值法

克里金（Kriging）插值法是地统计学的主要内容之一，运用克里金插值方法进行的插值，不仅可以得到预测结果，而且可以得到预测误差，有利于评估预测结果的不确定性[15]。与其他插值方法相比，克里金插值法具备误差的方差最小、逼近程度高、外推能力强和适用范围广等特点[16]，插值效果优于距离加权法与最小二乘法[17]。

本文采用普通克里金法，普通克里金空间插值法是应用地统计学原理，通过已知部分空间样本信息对未知地理空间特征进行预测的方法[18]。该方法假设条件较少，参数计算比较简单，它的计算公式如下：

$$Z^*(x_0) = \sum_{i=1}^{n} \lambda_i Z(x_i) \tag{1}$$

式中 $Z^*(x_p)$——位置x_0的克里金插值的估算值；

$Z(x_i)$——x_i位置处的实测值；

N——参与计算的实测样本个数；

λ_i——第i个样本点的权重系数。

2.3.2 土地利用动态度模型

土地利用动态度是人类活动与自然环境在多种时间、空间尺度上相互作用的最直接的表现形式，它反映了在一定时间内，土地类型在面积数量上的变化情况，对描述区域土地变化的速度及预测未来土地利用变化趋势有极其重要的作用[19]，可以较为准确地表示在该研究区域上该研究时段内不同的土地利用类型面积转移变化的速度快慢，直观地反映研究区中不同土地利用类型的变化速度和幅度[20]，它的计算公式如下：

$$k = \frac{U_b - U_a}{U_a} \times \frac{1}{t_2 - t_1} \times 100\% \tag{2}$$

式中 U_a、U_b——初期与末期单一土地利用类型面积；

t_1、t_2——整个研究的初始时间和终止时间；

k——在该研究时间范围内的某一种土地利用类型的动态度。

2.3.3 土地利用转移矩阵

随着全球变暖、生态失衡和资源短缺等诸多全球性问题的出现，土地利用/覆被变化（LUCC）作为自然环境对人类活动响应的表现形式之一，逐渐成为全球变化研究的重要方向[21]。在土地利用/覆被变化研究中,常用的方法有转移矩阵法、数理统计法、构造参数法[22]。其中,土地利用转移矩阵是将土地利用变化的类型转移面积以矩阵的形式列出,作为用地结构与变化方向分析的基础,可以直观地反映出某一区域土地利用面积的变化,也可细致反映各土地类型之间的相互转化关系及来源概率,进而了解转移前后各土地类型的结构特征,因此在土地利用变化分析和土地类型模拟方面具有重要作用[23]。土地利用转移矩阵的通用形式为

$$s_{ij} = \begin{bmatrix} s_{11} & s_{12} & \cdots & s_{1n} \\ s_{21} & s_{22} & \cdots & s_{2n} \\ \cdots & \cdots & \cdots & \cdots \\ s_{n1} & s_{n2} & \cdots & s_{nn} \end{bmatrix} \tag{3}$$

式中　　　　　　　　s——面积;

　　　　　　　　　　n——转移前后的土地利用类型数;

i、$j(i,j=1,2,\cdots,n)$——转移前与转移后的土地利用类型;

　　　　　　　　　　s_{ij}——转移前的i地类转换成转移后的j地类的面积。

矩阵中的每一行元素代表转移前的i地类向转移后的各地类的流向信息,矩阵中的每一列元素代表转移后的j地类面积从转移前的各地类的来源信息。转移前后土地利用类型数可以有所不同,这时s_{ij}的行数和列数不同,它是一个一般的矩阵。为研究方便,转移前后通常采用相同的分类体系和分类精度,这样s_{ij}的行数和列数相同,它就是一个n阶方阵[24]。

3 结果与分析

3.1 土地利用时空变化分析

为分析研究区土地利用类型在20年间发生的变化和相互转换,同时考虑2014年年底南水北调水进京的影响,本研究将2000—2020年分为2个时间段(2000—2015年和2015—2020年),计算两个时间段内的土地利用类型的单一动态度与土地利用转移矩阵,分析土地利用类型的年变化率及相互转化关系。北京平原区2000年、2015年、2020年土地利用类型分布图如图1所示,表1为不同阶段不同土地利用类型的动态度计算结果。

从图1、表1可以看出,除林地的年变化率趋势有所不同外(两个时期同时存在增加趋势),其他土地利用类型两个阶段相同的年变化率均较为相似。2000年耕地在整个平原区所占比重最大,达到70%,2020年建筑用地在整个平原区所占比重最大,达到48%;随着经济社会发展,城镇化进程的加速,2000—2020年,耕地面积呈现显著减少趋势,年均减少率为1.8%,减少趋势主要集中在2000—2015年,年均减少率为2.9%;建筑用地面积相应地呈现显著增长趋势,年均增长率为5.5%,增长趋势主要集中在2000—2015

年，年均增长率为9.4%；2015—2020年随着国家提出对基本农田保护及高质量农田的发展要求等，耕地面积年均增长率凸显，年均增长率为2.4%，建筑用地随着退耕还林措施的实施，呈现减少趋势，年均减少率为2.5%。相应地，研究区水域及未利用地面积总体呈现不同程度的先增后减趋势，草地呈现不同程度的先减后增趋势。

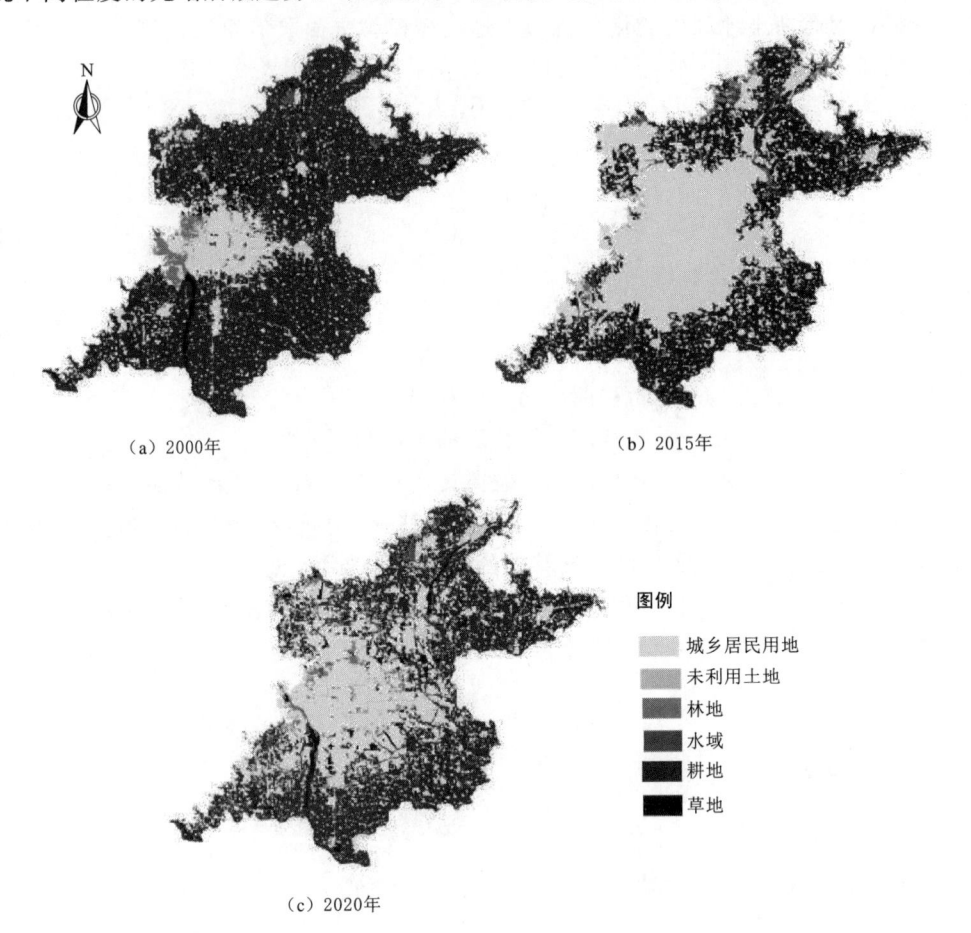

（a）2000年

（b）2015年

（c）2020年

图1　北京市平原区2000年、2015年、2020年土地利用分布图

表1　北京市平原区2000—2020年不同时期土地利用类型的单一动态度

土地利用类型	面积/km²			单一动态度/%		
	2000年	2015年	2020年	2000—2015	2015—2020	2000—2020
耕地	4489.8	2538.6	2838.2	−2.9	2.4	−1.8
林地	143.9	164.5	183.2	1.0	2.3	1.4
草地	244.6	39.6	214.7	−5.6	88.4	−0.6
水域	67.8	141.5	90.8	7.3	−7.2	1.7
建筑用地	1461.2	3522.0	3080.2	9.4	−2.5	5.5
未利用土地	0.0	0.9	0.1	306.7	−18.3	15.0

两个时期（2000—2015 年和 2015—2020 年）土地利用类型的转移矩阵见表 2、表 3 和图 2。在两个时期内，不同土地利用类型在时间与空间上均呈现不同的变化。北京市平原区土地利用类型主要以耕地和建筑用地为主。2000—2015 年期间，该时期研究区主要的用地类型为耕地向建筑用地的转变，随着经济社会的发展，城市化进程加快，村庄逐渐趋于城镇化，城市周边大量的土地被转变为建筑用地，研究区建筑用地面积由原来的 22.8% 变化为 55%，除原有的 21.3% 的建筑用地面积较之前维持不变外，以耕地面积的转移为主，29.2% 的耕地面积转化为建筑用地，草地、林地、水域分别有 2.5%、1.5%、0.5% 的面积转移为建筑用地。2015—2020 年期间，该时期土地利用类型呈现小幅度波动，随着一系列的农业生态保护工程与措施的推进以及城市化的进一步发展，耕地稳定性得以恢复和提高，除原有的 32.8% 的耕地面积较之前维持不变外，建筑用地与耕地进行了小浮动的转换，8.7% 的建筑用地转换为耕地，5.7% 的耕地转换为建筑用地。

表 2　　　　　　　　　2000—2015 年土地利用类型转移矩阵　　　　　　　　单位：%

年份		2000 年						
	土地利用类型	草地	建筑用地	耕地	林地	水域	未利用土地	总计
2015 年	草地	0.1	0.0	0.4	0.1	0.0	0.0	0.6
	建筑用地	2.5	21.3	29.2	1.5	0.5	0.0	55.0
	耕地	0.4	1.4	37.4	0.3	0.1	0.0	39.6
	林地	0.4	0.0	1.8	0.3	0.0	0.0	2.5
	水域	0.4	0.1	1.3	0.0	0.4	0.0	2.2
	未利用土地	0.0	0.0	0.0	0.0	0.0	0.0	0.0
	总计	3.8	22.8	70.1	2.2	1.1	0.0	100.0

表 3　　　　　　　　　2015—2020 年土地利用类型转移矩阵　　　　　　　　单位：%

年份		2015 年						
	土地利用类型	草地	建筑用地	耕地	林地	水域	未利用土地	总计
2020 年	草地	0.1	1.9	0.6	0.2	0.5	0.0	3.3
	建筑用地	0.1	41.9	5.7	0.3	0.2	0.0	48.1
	耕地	0.2	8.7	32.8	1.6	1.0	0.0	44.3
	林地	0.2	1.7	0.4	0.5	0.0	0.0	2.8
	水域	0.0	0.7	0.1	0.0	0.5	0.0	1.4
	未利用土地	0.0	0.0	0.0	0.0	0.0	0.0	0.0
	总计	0.6	55.0	39.6	2.5	2.2	0.0	100.0

3.2　地下水位埋深动态变化分析

根据研究区地下水位埋深数据，通过克里金插值法得到北京市平原区 2000 年、

(a) 2000—2015年 (b) 2015—2020年

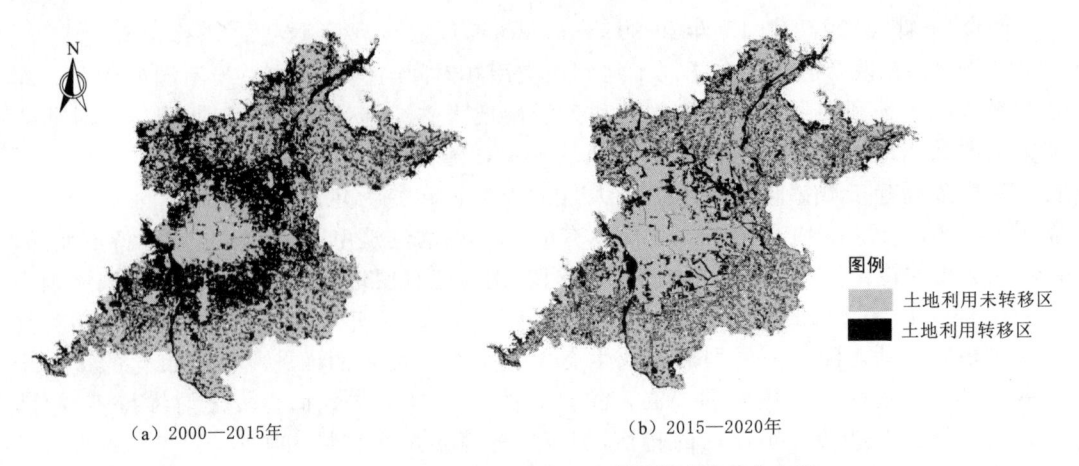

图 2 2000—2020年不同时期土地利用类型转移分布图

2015年和2020年地下水位埋深空间分布（图3）。研究区地下水的补给方式主要是降水入渗补给，其次是地表水入渗补给、境外流入、农田灌溉补给（地表水灌溉和地下水灌溉）、渠系及城市管网渗漏补给等，其中，降水入渗补给、地表水入渗补给和境外流入补给为自然补给。北京平原区研究区地下水位埋深空间分布特征主要表现为东南部埋深小，一般介于5~25m之间；西北部埋深大，一般介于25~40m之间，从西北

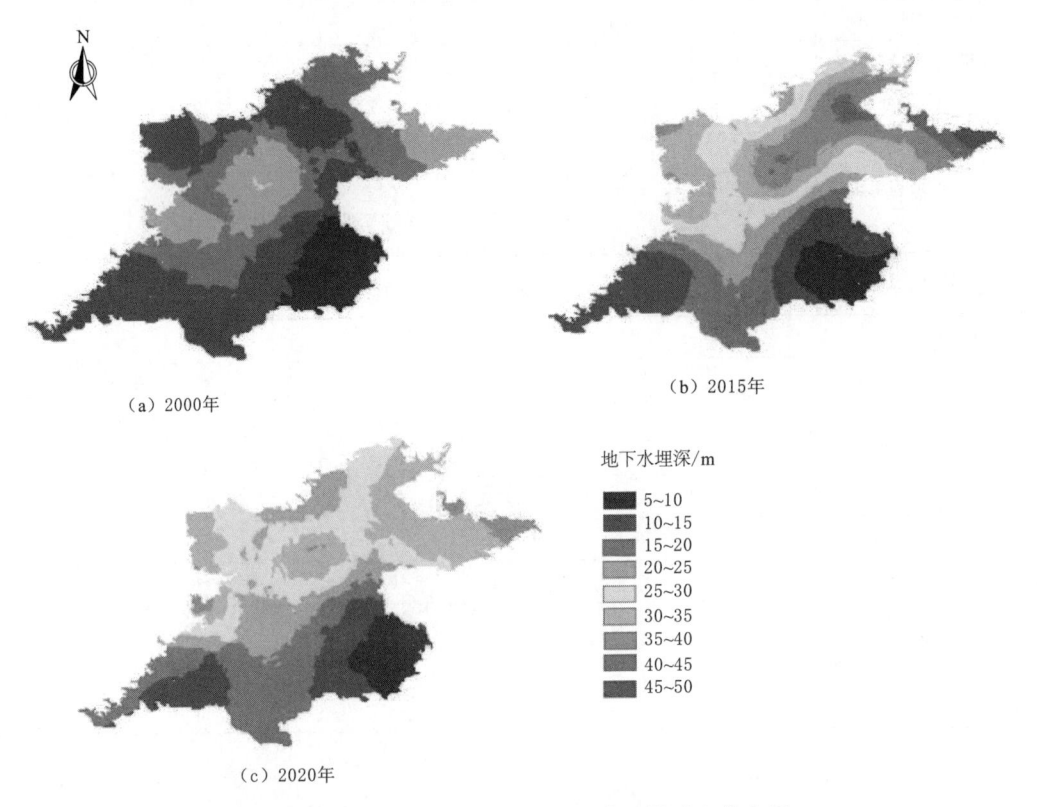

(a) 2000年 (b) 2015年

(c) 2020年

图 3 2000—2020年不同时期地下水埋深时空分布图

到东南地下水埋深逐渐变小,符合北京市平原区地势西北高东南低的特征,地下水总体是由山区向平原、由北西向南东流动,埋深范围为5~54m。2015年地下水埋深明显比2000年增大,具有深埋区面积明显增大、浅埋区面积明显减小的特征;因受连续丰水年和南水北调江水进京、地下水压采及生态补水等因素影响,2020年地下水状况得到显著缓解,地下水位上升显著。

基于2000年、2015年和2020年地下水埋深统计数据,插值计算得到地下水位埋深变化分布图(图4)。2000—2015年间,近92%的研究区域的地下水埋深处于增大的状态,主要集中在北部地区,尤其是东北部地区。其中,埋深增加0~10m的区域占47%;埋深增加10m以上的区域占47%,主要分布于顺义、密云、怀柔等地区,主要原因是随着城市化进程明显,城市周边大量的土地被转变为建筑用地,建筑用地的扩张导致用水需求增大,1999年以后北京地区遭遇了多年连续干旱,地表水资源量锐减,为保障城市供水安全,几大应急水源地相继启动应用,加大了城区集中位置的地下水用量,地下水资源连年超采,地下水位普遍加速下降,特别是潮白河冲洪积扇的顶部及山前地区,地下水位下降速率增大十分明显,其中顺义北小营地区最大下降值超过30m。2015—2020年间,72%的研究区域地下水呈现回升状态,其中55%的区域呈现地下水位0~5m的抬升,14%的区域呈现5~10m的抬升,14%的区域呈现10~15m的抬升,回升超过10m的区域主要位于平谷和密云、怀柔、顺义水源地以及西山山前部分区域,地下水回升范围广,回升幅度较为显著,水位上升除受降水增加及地表水系补给影响外,还与水源地压采和区域生态补水等因素有关。

(a) 2000—2015年　　　　　　　　(b) 2015—2020年

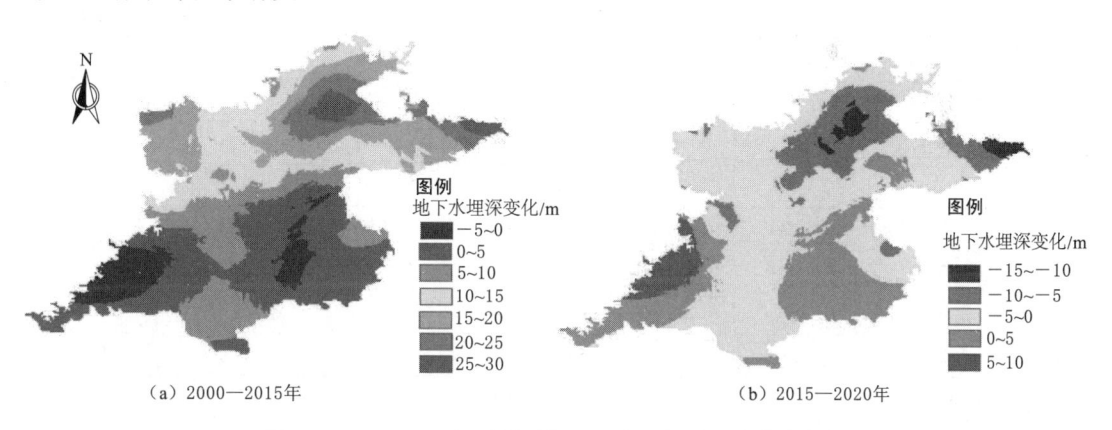

图4　2000—2020年不同时期地下水埋深时空变化分布图

3.3　地下水位埋深与土地利用变化关系分析

利用2000年、2015年及2020年土地利用类型分布,本文提取出各土地利用类型的不同地下水埋深范围,计算得到土地利用类型的地下水位埋深占比(表4)。总体来说,2015年较2000年整体呈现地下水埋深增大的趋势,2000年各土地利用类型的地下水埋深10~25m范围的占比较大,其他埋深区间占比较小;2015年各土地利用类型的地下水埋深逐渐向25~45m范围内扩大;2020年比2015年稍微好转,主要在地下水埋深35m以内均匀分布。说明研究区大部分地下水位埋深在不同程度地增大,其原因为城市规模扩大、人口增加导致需水量逐渐增大，这种刚性的用水需求和快速增加趋势是当前北京市水资源安全供给面临的最大压力，面对社会经济的快速发展和水资源日益衰减的趋势，在地表水资源匮乏的情况下，只有依靠过量开采地下水来保障发展的需要。地下水资源作为工业生产、农业灌溉以及生产生活用水的重要来源，受到人类活动不同程度的影响。

表4　北京市平原区2000年、2015年、2020年土地利用类型的地下水埋深占比

年份	埋深/m	不同土地利用类型地下水埋深占比/%					
		耕地	林地	草地	水域	建筑用地	未利用土地
2000	5~10	13.31	0.00	0.03	9.88	5.55	0.00
	10~15	46.04	10.24	35.61	44.33	31.08	0.00
	15~20	28.89	33.24	31.31	29.50	32.41	0.00
	20~25	11.66	56.52	32.67	16.29	30.88	100.00
	25~30	0.11	0.00	0.39	0.00	0.08	0.00
2015	5~10	12.65	0.00	4.55	4.74	4.00	100.00
	10~15	20.08	11.18	23.77	17.84	16.45	0.00
	15~20	18.79	0.91	18.76	18.73	12.49	0.00
	20~25	3.02	12.44	5.84	3.22	11.22	0.00
	25~30	10.73	22.50	4.36	14.53	19.82	0.00
	30~35	14.79	19.15	5.73	14.11	21.00	0.00
	35~40	13.21	22.67	23.83	16.46	12.90	0.00
	40~45	4.93	9.17	10.56	6.56	1.77	0.00
	45~50	1.80	1.99	2.60	3.81	0.36	0.00
2020	5~10	11.25	0.04	1.00	7.88	4.25	0.00
	10~15	16.07	0.46	8.89	12.04	10.57	0.00
	15~20	22.22	11.11	27.14	9.59	19.71	0.00
	20~25	8.49	20.75	15.64	23.80	18.93	0.00
	25~30	16.71	41.60	22.83	30.92	26.55	52.75
	30~35	22.15	22.61	20.04	12.57	18.45	3.98
	35~40	3.11	3.42	4.47	3.19	1.54	43.27

为进一步分析北京市平原区地下水埋深与土地利用变化关系，将2000年、2015年和2020年地下水位埋深与土地利用数据叠加，将其划分为地下水埋深增大与减小两个区域，并分别计算其土地利用变化率，分析土地利用变化对地下水位埋深的响应机制。由表5和表6可看出，2000—2015年两类地下水埋深分区中，除草地外，其他土地利用类型变化相似：耕地呈减小趋势，建筑用地、林地、水域及未利用土地面积均呈增长趋势；2015—2020年两类地下水埋深分区中呈现与上一时期相反的趋势，水域、建筑用地呈减小趋势，耕地、林地、草地均呈增长趋势。面积增大的土地利用类型（例如，耕地和草地所占面积

较大）所对应的地下水位埋深变化更为明显。由3.2节分析可知，2000—2015年地下水埋深增大的区域主要分布在研究区东北部。该部分地区为城市聚集区，人口密集，地下水为主要的供水源且用水量较大，加之随着城市的发展，城镇内道路和建筑覆盖面积增大，降水入渗补给量比以往自然条件下有所减少；农田灌溉补给量则随着城市的发展、农田面积的减少而减少；目前北京地区大多数渠系已衬砌，与以往相比渠系渗漏补给地下水量也有所减少，综合导致该地区地下水埋深增大。2015—2020年，随着建筑用地面积的减少，耕地面积的增加，通过采取节水、用水结构调整等措施，强化再生水及雨洪资源利用，多渠道增加水源补给，压减地下水超采量，地下水埋深多年持续下降趋势得到抑制，地下水埋深逐渐回升。

表5 北京市平原区2000—2015年不同地下水埋深变化分区的土地利用类型变化

地下水埋深变化	项目	耕地	林地	草地	水域	建筑用地	未利用土地
地下水埋深减小	2000年/km²	387.8	1.5	0.2	2.5	125.3	0.0
	2015年/km²	191.5	11.6	3.3	8.7	302.1	0.0
	变化率/%	−50.6	690.4	1745.4	246.4	141.0	0.0
地下水埋深增大	2000年/km²	4066.5	134.9	234.5	62.8	1331.1	0.0
	2015年/km²	2327.1	136.7	30.9	129.9	3204.2	0.9
	变化率/%	−42.8	1.4	−86.8	106.9	140.7	14341.2

表6 北京市平原区2015—2020年不同地下水埋深变化分区的土地利用类型变化

地下水埋深变化	项目	耕地	林地	草地	水域	建筑用地	未利用土地
地下水埋深减小	2015年/km²	1715.7	128.3	24.2	109.9	2585.4	0.0
	2020年/km²	1925.2	137.5	164.1	64.1	2272.4	0.0
	变化率/%	12.2	7.2	577.8	−41.7	−12.1	—
地下水埋深增大	2015年/km²	805.2	20.1	10.1	28.8	923.9	0.9
	2020年/km²	886.4	38.0	44.5	24.1	796.0	0.0
	变化率/%	10.1	88.9	339.5	−16.3	−13.8	−100.0

高度集约化城市地下水位的变化由多种因素共同影响。基于以上分析，高度集约化城市地下水位埋深对因人类活动导致的土地利用类型变化敏感，表明高度集约化城市地下水水资源与土地利用类型息息相关。随着建筑用地面积的不断扩展，地下水位埋深主要呈增大趋势。受人类活动影响，如地表岩土体性质、耕种农作物种类、灌溉制度的改变，地下水水位埋深发生不同的变化。因此在进行区域水资源规划时，应全面综合地考虑人类活动的影响，包括土地利用变化在内的多种因素，以便为合理利用水、土地资源提出对策和措施。

4 结论

本文以高度集约化城市的典型代表北京市平原区为研究区域，利用克里金插值、动态度、转移矩阵等方法，分析了研究区地下水埋深与土地利用变化之间的关系及二者之间的影响机制，对文章开始所提出的两个科学问题进行了深入分析探讨。结果如下：

（1）北京市平原区在2000—2020年期间，建筑用地面积均呈增大趋势，耕地呈现减小态势，其他面积呈现小幅波动；耕地面积占比由原来的70%变化为44%，建筑用地面积占比由原来的22%变化为48%，这种演变趋势在2000—2015年间尤为突出，耕地面积年均减少率为2.9%；建筑用地面积年均增长率为9.4%。

（2）2000—2015年间，近92%的研究区域的地下水埋深处于增大的状态，主要集中在北部地区，尤其是东北部地区。其中，埋深增加10m以上的区域占47%，主要分布于顺义、密云、怀柔等地区。2015—2020年间，72%的研究区域地下水呈现回升状态，回升超过10m的区域主要位于平谷和密云、怀柔、顺义水源地以及西山山前部分区域。

（3）研究结果显示因北方高度集约化，城市地下水水资源为其主要供水水源，建筑用地面积扩增所对应的地下水埋深增幅更为明显。

本文研究方法与成果可对高度集约化城市地下水水资源保护和合理开发，及区域生态文明建设提供有力理论依据。在今后进行土地与水资源规划时，高度集约化城市应更多考虑合理规划土地利用，减少人工活动干扰等。

参考文献

[1] 王浩，游进军．中国水资源配置30年[J]．水利学报，2016，47（3）：265-271+282．

[2] 王超，董少刚，刘晓波，等．城市化对呼和浩特市潜水补给影响研究[J]．现代地质，2018，32（3）：574-583．

[3] Chithra S V, Nair M V H, Amarnath A, et al. Impacts of impervious surfaces on the environment [J]. International Journal of Engineering Science Invention，2015，4（5）：2319-6726．

[4] 朱琳，刘畅，李小娟，等．城市扩张下的北京平原区降雨入渗补给量变化[J]．地球科学（中国地质大学学报），2013，38（5）：1065-1072．

[5] 王新娟，张院，孙颖，等．人类活动对北京平原区地下水的影响[J]．人民黄河，2017，39（2）：77-81．

[6] 夏军，张永勇，张印，等．中国海绵城市建设的水问题研究与展望[J]．人民长江，2017，48（20）：1-5．

[7] 张成凤，杨晓甜，刘酌希，等．气候变化和土地利用变化对水文过程影响研究进展[J]．华北水利水电大学学报（自然科学版），2019，40（4）：46-50

[8] 黄婉彬，鄢春华，张晓楠，等．城市化对地下水水量、水质与水热变化的影响及其对策分析[J]．地球科学进展，2020，35（5）：497-512．

[9] 束龙仓，王哲，袁亚杰，等．近40年三江平原典型区土地利用变化及其对地下水的影响[J]．水利学报，2021，52（8）：896-906．

[10] 张云，李升，高远，等．干旱半干旱地区地下水埋深与土地利用变化关系分析——以喀什三角洲为例［J］．中国农村水利水电，2022（5）：38-44．

[11] 胡鑫，吴彬，高凡，等．呼图壁县地下水位动态对土地利用变化响应［J］．水土保持学报，2021，35（5）：227-234．

[12] 崔一娇，杜旋，孙赵爽，等．城市发展模式变化对地下水补给的影响——以北京市大兴区为例［J］．城市地质，2021，16（1）：9-17．

[13] 张晓明，曹文洪，余新晓，等．黄土丘陵沟壑区典型流域土地利用/覆被变化的径流调节效应［J］．水利学报，2009，40（6）：641-650．

[14] 徐新良，庞治国，于信芳．土地利用/覆被变化时空信息分析方法及应用［M］．北京：科学技术文献出版社，2014．

[15] 李俊晓，李朝奎，殷智慧．基于ArcGIS的克里金插值方法及其应用［J］．测绘通报，2013（9）：87-90．

[16] 勾启泰，岳建平．克里金插值法在大地坐标系转换中的应用研究［J］．测绘通报，2011（9）：6-7．

[17] 牛文杰，朱大培，陈其明．泛克里金插值法的研究［J］．计算机工程与应用，2001（13）：73-75．

[18] Bhattacharjee S，Mitra P，Ghosh S K．Spatial Interpolation to Predict Missing Attributes in GIS Using Semantic Kriging［J］．IEEE Transactions on Geoscience and Remote Sensing，2014，52（8）：4771-4780．

[19] 何玲，贾启建，郭云继．河北省黄骅市土地生态系统服务价值测算及动态变化研究［J］．水土保持研究，2015，22（3）：236-240．

[20] 包勤跃，谷正楠，张震．近30年铜陵市土地利用时空变化分析［J］．矿山测量，2021，49（5）：78-83．

[21] Lambin E F，Turner B L，Geist H J，et al．The causes of land-use and land-cover change：moving beyond the myths［J］．Global Environmental Change，2001，11（4）：261-269．

[22] 陆平．基于转移矩阵的城市土地利用变化分析［J］．北京测绘，2017（1）：13-16．

[23] 张建国，李晶晶，殷宝库，等．基于转移矩阵的准格尔旗土地利用变化分析［J］．水土保持通报，2018，38（1）：131-134．

[24] 乔伟峰，盛业华，方斌，等．基于转移矩阵的高度城市化区域土地利用演变信息挖掘——以江苏省苏州市为例［J］．地理研究，2013，32（8）：1497-1507．

北京市地下水超采综合治理效果评估研究

吴 霞[1]　杨海涛[2]　李炳华[1]　杨默远[1]　刘 畅[2]　戈印新[3]

(1. 北京市水科学技术研究院，北京　100048；2. 北京市水务局，北京　100038；
3. 北京工业大学，北京　100124)

【摘要】 实施地下水超采治理是保护地下水资源、改善生态环境、保障民生、实现可持续发展的迫切需要。自2019年开展地下水超采综合治理工作以来，北京市综合采取"一减、一增"治理措施，重点推进"控、管、节、调、换、补"等六项治理任务，有序开展治理工作。本研究在开展北京市地下水开发利用历史分析的基础上，从水位及超采区面积变化两方面对2018—2021年超采治理各项措施效果进行评估。研究结果表明：通过各项治理措施的落实，北京市地下水超采治理取得了显著成效，地下水位显著回升，地下水超采区面积大幅度缩减。但北京市水资源总体情势仍将处于"紧平衡"状态，仍需继续做好各项治理措施，合理调增调减区域性地下水开采量，科学利用和保护地下水资源。

【关键词】 地下水超采；超采治理；水源置换；管控措施；北京市

Evaluation of the comprehensive control effect of groundwater overextraction in Beijing

WU Xia[1]　YANG Haitao[2]　LI Binghua[1]　YANG Moyuan[1]　LIU Chang[2]　GE Yinxin[3]

(1. Beijing Water Science Technology Institute，Beijing　100048；2. Beijing Water Authority，Beijing　100038；3. Beijing University of Technology，Beijing　100124)

【Abstract】 Implementing groundwater overdraft control is an urgent need to protect groundwater resources, improve the ecological environment, ensure people's livelihood and achieve sustainable development. Since the comprehensive regulation and management of groundwater over-extraction was launched in 2019, Beijing has comprehensively taken "one reduction and one increase" management and control measures, focusing on promoting six governance tasks such as "control, management, conservation, diversion, replacement, and supplementation", and carried out the governance work in an orderly manner. Based on the historical analysis of groundwater development and utilization in Beijing, this study evaluated the effectiveness of various measures for controlling overexploitation from 2018 to 2021 in terms of water level and overexploitation areas' extent changes. The results showed that after these implementations of various treatment measures, the groundwater overexploitation treatment achieved obvious promotion, with a significantly rebounded in groundwater level and a remarkable reduction of groundwater overdraft areas' extents. However, the overall situation of water resources in Beijing will still be in a "tight balance" state, and it is still necessary to continue to do a good job in various governance measures, reasonably increase and reduce the regional groundwater extraction, and scientifically utilize and protect groundwater resources.

【Key words】 Groundwater overexploitation; Over-extraction regulation; Water source replacement; Control measures; Beijing

1 引言

实施地下水超采治理是保护地下水资源、改善生态环境、保障民生、实现可持续发展的迫切需要，海河流域水资源开发利用已远超过资源环境承载能力，要加强华北地下水漏斗区治理[1]。2019年2月，水利部、财政部、国家发展改革委、农业农村部联合印发了《华北地区地下水超采综合治理行动方案》，明确提出坚持以问题为导向，以京津冀地区为重点，加快华北地区及其他重点区域地下水超采综合治理。

地下水是北京市重要的供水水源的重要组成部分，全市供水量一半以上源于地下水。长期以来，为保障首都生活、生产用水需求，北京市地下水持续保持在高强度、超负荷开采状态[2]。2019年8月，经北京市政府同意，北京市水务局等四委办局联合印发了《北京市地下水超采综合治理行动方案》，综合采取"一减（即减少地下水开采）、一增（即增加地下水补给）"治理措施，重点推进"控""管""节""调""换""补"治理任务。近年来，北京市地下水超采治理取得显著成效，特别是2014年年末南水北调江水进京以来，地下水位持续下降的趋势得到遏止，且从2016年起实现止跌回升，地下水超采和漏斗区面积大幅度缩减。然而，由于长期持续超负荷开采，北京市地下水储量存在巨大亏空，局部地下水漏斗区在没有新的外调水源补充情况下，依然会在一定时期内存在。

地下水超采治理工作已开展多年，对其治理效果的评估对区域地下水资源修复具有重要意义，且已有多名学者开展了相关研究[2]。陈飞等[3]分析了治理前后地下水灌溉用水量差异，评价了河北省农业措施压采效果及其经济合理性。刘蓉等[4]以海河平原区为研究对象，为客观准确评价地下水累计可恢复超采量，提出了深浅地下水超采量评价方法[4]。于翔等[5]采用组件技术、综合集成技术将地下水超采治理评价方法进行组件化，并基于综合集成平台实现了对河北省衡水市地下水超采治理效果的过程化评价。水利部将在华北地区地下水超采治理工作基础上逐步开展全国地下水超采重点区域的治理，在汲取华北地区治理工作经验的基础上，广泛开展地下水压采、水源置换工程、农业高标准节水及再生水等非常规水源利用等措施[6]。北京等区域的先行先试超采治理经验对全国地下水超采治理工作的开展具有重要的借鉴和指导意义，亟需对各项治理措施效果进行合理评价。

2 研究区概况

2.1 水文气象

北京市属暖温带、半湿润半干旱大陆性季风气候区，四季分明，春季干旱多风，夏季炎热多雨，秋季凉爽湿润，冬季寒冷干燥。据北京市气象台多年观测资料显示，多年平均气温为 11.7℃，日最高气温为 42.6℃（1942 年 6 月 15 日），极端最低气温为 -27.4℃（1966 年 2 月 22 日）。区域多年平均降水量为 571.4mm（1956—2021 年），降水量在时间和空间上分布极不均匀，如图 1 所示。大气降水主要集中在 6—9 月，占年降水总量的 60%~80%。1951—2021 年降水量年际变化较大，最大年降水量出现在 1956 年，达 938.8mm，最小年降水量出现在 1999 年，仅为 266.9mm，且常出现连续的干旱或丰水年份。1999—2011 年（2008 年除外），北京市降水量 12 年低于历年平均降水量。根据《北京市水资源调查评价》成果，北京市 1956—2016 年多年平均降水量为 569.4mm，水资源总量 27.35 亿 m^3。其中，地表水资源量 9.61 亿 m^3，地下水与地表水不重复量为 17.74 亿 m^3，平原区多年平均水资源总量为 13.34 亿 m^3。北京市 2001—2016 年多年平均地下水可开采量为 17.8 亿 m^3，其中平原区地下水可开采量 16.0 亿 m^3，占平原区地下水总补给量的 76.5%。

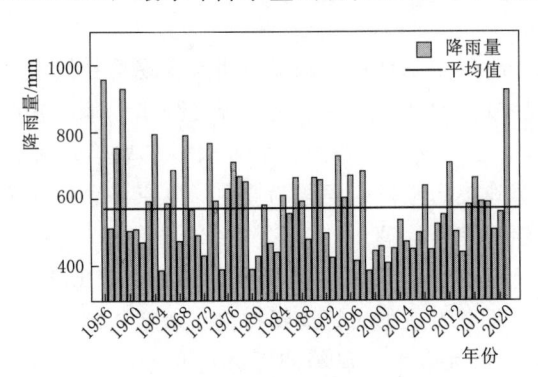

图 1　北京市 1956—2021 年降水量与多年平均降水量图

2.2 地下水开发利用历史概述

2.2.1 地下水水量变化动态特征

根据《北京市水资源公报》（1986—2021 年）成果，北京市 2021 年地下水资源量为 17.51 亿 m^3，绘制了 1988—2021 年北京市地下水开采量过程线（图 2）。20 世纪 80—90 年代，地下水开采量维持在 26 亿~28 亿 m^3。自 1981 年起，由于水源八厂输水进城和管理制度措施的实施，城近郊区地下水开采量由 20 世纪 70—80 年代初期的 8.5 亿~9.5 亿 m^3，逐渐降至 7.0 亿~8.0 亿 m^3。进入 21 世纪以来，由于地下水压采和外调水水源的补充，使全市地下水开采量逐渐减少，2001—2016 年平均地下水开采量 22.51 亿 m^3，其中：平原区（6900km^2，含延庆盆地）地下水开采量 20.93 亿 m^3，占 93%；山区地下水开采量 1.58 亿 m^3，占 7%。2014 年南水北调水进京以后，通过水源置换及实施地下水超采综合治理，已累计压减地下水开采超过 4 亿 m^3，地下水资源得到了有效涵养。从图 2 还可看出地下水开采量存在以下特点：

（1）全市地下水开采量变化呈现先升后降趋势，最大开采量为 27.64 亿 m^3（1994 年），最小开采量为 2020 年的 13.49 亿 m^3，且除 1990 年、2008—2021 年以外其他年份地下水开采量都大于 24 亿 m^3。

（2）全市地下水开采量在 1990—2004 年上升和下降交替出现，而在 2004 年后下降趋势明显，主要由于地下水超采综合治理、南水北调水源置换、节水优先等工作的逐步推进，地下水开采量不断减少，同时降雨补给也为地下水回升提供了良好的自然条件。

（3）由全市地下水资源量和地下水开采量的变化情况可以得出，2000—2015 年中除了 2012 年都是地下水开采量大于地下水开采量的情况，从水量上来说都是处于地下水超采的年份。自 2016 年南水北调进京后，地下水可开采量一直大于地下水开采量的状态，从水量上来说处于不超采的状态，但历史超采亏欠的水量太多，因此到现在一直有地下水超采区的划定。

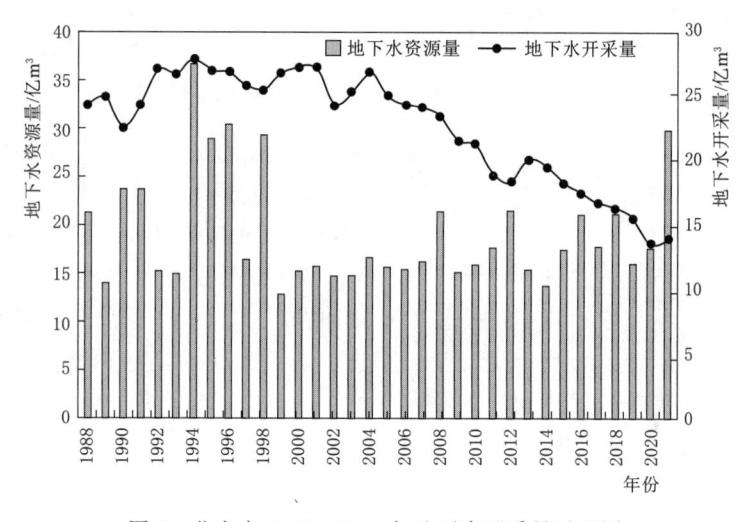

图 2　北京市 1988—2021 年地下水开采量过程图

2.2.2　地下水水位动态特征

本文收集了 1978—2021 年北京市地下水埋深数据绘制年际变化趋势（图 3），平原区地下水位多年动态直接反映出该地区地下水补排条件的变化。根据北京市平原区地下水补给、径流及排泄条件，地下水动态类型属于渗入—水平径流—开采型。1978—2021 年北京市平原区地下水水位变化过程总体可分为波动下降期（1978—1998 年）、快速下降期（1999—2015 年）和持续回升期（2016—2021 年）等三个阶段。

1978—1998 年，年均降水量 575mm，接近多年均值，期间地下水水位为波动下降期，地下水位累计下降 5.46m，年均下降 0.27m。1999—2015 年，年均降水量 497mm，较多年均值偏少 15%；为支撑经济社会快速发展，地下水被大量超采，地下水水位快速下降，地下水位累计下降 13.87m，年均下降 0.82m。2016—2021 年，年均降水量 578mm，接近多年均值，同时 2014 年年底南水北调江水进京、地下水压采工作不断强化、生态补水等超采治理措施相继落实，期间地下水水位持续回升，累计回升 9.35m，年均回升 1.56m，尤其是 2021 年为降水丰水年，地下水位回升迅速。

基于收集的地下水多年平均埋深数据绘制了年内变化趋势图（图 4）。北京市地下水

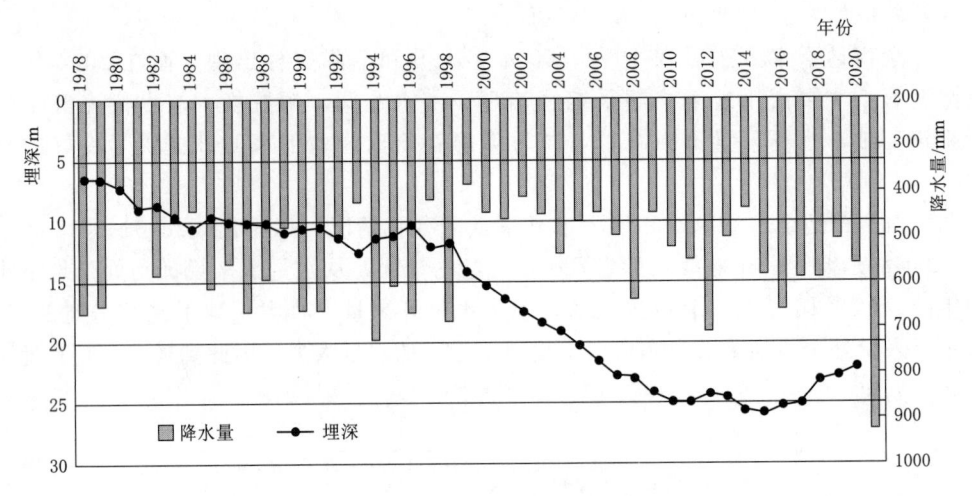

图 3 1978—2021年年末地下水历年埋深过程线图

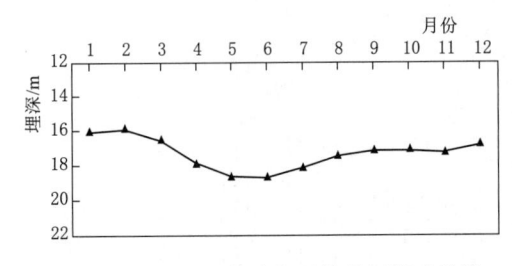

图 4 1978—2021年多年平均月埋深过程线

年内变化特征是：1—2月受侧向补给及开采量相对平稳影响，地下水位相对稳定；3—6月受春季灌溉影响，地下水位呈持续下降态势；7—10月受降水补给影响，地下水位持续回升；11月受冬季灌溉且降水量减少的影响，地下水位小幅度下降；12月受冬季灌溉结束及侧向补给作用，地下水位缓慢回升。

2.3 地下水超采状况

根据新版《北京市平原区地下水超采区划定》（资料来源：北京市水文总站）中划定结果：2021年的平原区地下水超采区总面积为1200km²，与2019年评估结果（地下水超采区总面积为4134km²）相比减少了2934km²，降幅达71%。其中，严重超采区面积减少1037km²，减幅比例达93.6%，一般超采区面积减少1897km²，缩减比例达62.7%。超采区涉及的行政区由2019年评估的8个减少为3个，延庆一般超采区消失，昌平、海淀、平谷、房山地下水超采区变为地下水临界区，朝阳、大兴和通州地下水超采区面积缩小，部分超采区变为临界区。

北京市地下水资源超采是由多种原因造成的，既有历史遗留问题，也有现状水资源供给结构改变及气候变化等自然因素的共同作用。北京市地处干旱半干旱地区，水资源禀赋条件较差，且呈持续衰减趋势。据《北京市水资源调查评价》，1956—2016年北京市多年平均降水量569.4mm，形成的水资源总量27.35亿m³，与1956—2000年系列相比，降水量衰减了2.6%，水资源总量衰减了33%。2020年北京人均水资源量约118m³，仅占全国水平的1/20，尽管南水北调水已进京，但人均水资源量仅增加50m³，距离国际一流和谐宜居之都建设要求尚有差距。特别是1999—2011年间，北京市降水整体偏枯，本地地表水资源性缺水问题突出，城镇化发展及人口数量的快速增加带来用水需求增加，本地地表水水资源总量大幅度减少的情况下，地下水资源被大量超采使用。

3 地下水超采综合治理效果评估

北京市积极响应国家号召,自2019年开始开展了地下水超采综合治理工作,综合采取"一减、一增"治理措施,重点推进"控—严控地下水开采""管—严格地下水利用管控""节—强化重点领域节水""调—做好水资源优化调度""换—做好水源置换工作""补—有序开展生态补水"等治理任务。通过总结已开展的大量地下水超采与压采等相关工作,结合野外调研的各项治理措施落实情况,本研究拟对2018—2021年超采治理效果进行评估。

3.1 地下水水位变化趋势

根据《北京市水务统计年鉴》及《北京市平原区地下水动态情况》通报数据,收集了北京市平原区2018—2021年145眼人工地下水位监测井月尺度数据,对分布在各个超采区范围内的各监测井数据进行地下水动态分析。2018—2021年间,2021年12月底北京市地下水水位埋深较2020年同期大幅降低;较2018年同期相比,地下水水位回升6.47m,其中2019年地下水位年回升0.32m,2020年地下水位年回升0.68m,2021年地下水位年回升5.64m,地下水位的回升是逐年增加的状态,2021年地下水水位回升十分显著。

2021年与2018年同期相比,地下水水位大幅回升。对比北京市不同行政区的地下水水位回升数据,石景山区平均回升幅度最大,为26.33m,平谷区平均回升25.53m,其次为怀柔区、海淀区、丰台区和密云区,分别为13.11m、9.56m、9.11m和8.04m,通州区平均回升幅度最小,为0.84m。地下水水位平均升幅比例最大的为平谷区,升幅比例为57.42%。与2018年同期对比,2021年枯水期(1—3月)与丰水期(6—8月)地下水水位均有较大幅度回升。其中,枯水期地下水水位回升4.22m,丰水期地下水水位回升4.71m。

3.2 超采区面积变化趋势

(1)水位动态法。根据《全国地下水超采区评价技术大纲》要求,北京市地下水开发利用活动主要集中在平原区(包括延庆盆地),且以开发利用第四系地下水为主,故选择以水位动态法研究为主来划定地下水超采区分布范围。水位动态法以水位年均下降速率值作为主要衡量指标划分超采区,即需计算地下水监测井水位(埋深)年均变化速率。根据北京2010—2020年年末平原区地下水埋深分析水位变化趋势主要分为两个阶段:2010—2014年,波动下降期;2015—2020年,为持续回升期,结合北京地下水水位变化趋势,2020年评价的代表时间段为2018—2020年。2010—2020年地下水埋深变化趋势图如图5所示。

采用式(1)计算代表时段各监测井地下水水位(埋深)变化速率,判断是否呈持续下降趋势。以地下水水位为例,地下水水位年均变化速率按以下计算:

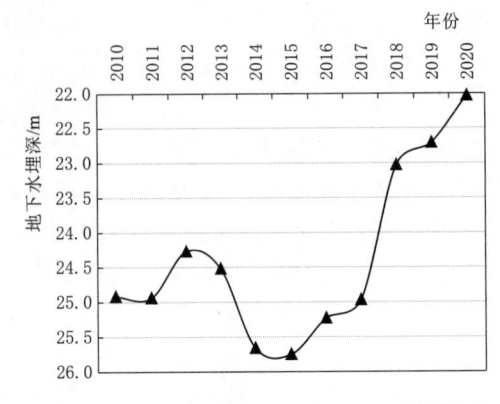

图 5 2010—2020年地下水位埋深变化趋势图

$$\nu = \frac{H_1 - H_2}{\Delta t} \quad (1)$$

式中 ν——年均地下水水位变化速率，m/a，正值为地下水水位下降；

H_1——起点年份地下水水位，m；

H_2——终点年份地下水水位，m；

Δt——起点与终点时间段，a。

（2）绘制地下水水位变化与圈定地下水超采区边界。根据历年监测资料确定工作区初始水平年、现状水平年各观测站水位埋深，计算了评价期内水位年均下降速率值。根据地下水水位年均下降速率的大小，圈出不同类型地下水超采区边界（包括一般超采区和严重超采区）。严重超采区划分标准为地下水水位年均下降速率大于1.0m/a；一般超采区划分标准为地下水水位年均下降速率为0～1.0m/a；未超采区划分标准为地下水水位年均下降速率小于0。研究结果表明，2020年年末全市范围内72.4%的区域地下水回升，27.6%的区域地下水位下降。

（3）地下水超采区综合划定。采用水位动态法划分北京市浅层地下水超采区面积（表1）。其中2019年超采区面积为2612.74km²，占平原区总面积的38%，其中一般超采区面积占30%，严重超采区占8%；2020年超采区面积为1714.61km²，占平原区总面积的25%，其中一般超采区面积占18.4%，严重超采区占6.6%；2021年超采区面积为488.98km²，占平原区总面积的7%，其中一般超采区面积占5%，严重超采区占2%。整体的超采区变化幅度是逐年下降的，且严重超采区比例在2019—2021年下降了6%。

表 1　　　　　　　　　　水位动态法划分超采区面积情况　　　　　　　　　　单位：km²

年　份	2019 年	2020 年	2021 年
评价期	2018—2019 年	2018—2020 年	2018—2021 年
未超采区	4288.06	5186.16	6411.82
一般超采区	2056.89	1258.69	353.41
严重超采区	555.84	455.92	135.57
超采区总面积	2612.74	1714.61	488.98

2021年北京市平原区地下水超采区面积为1140km²，均为一般超采区面积，无严重超采区。一般超采区主要分布在朝阳区东南部、通州区西南、大兴区东部及北部，在顺义区东南部和平谷区南部也有小范围分布，房山区有零星分布。北京市不断强化"量水发展"理念，坚持"节水优先、空间均衡、系统治理、两手发力"新时期治水思路，扎实推进首都地下水超采综合治理，尽最大潜力压减地下水开采量，有效促进了地下水水源涵养。

一是地下水开采量不断减少。近年来通过地下水超采综合治理及最严格水资源考核等工作，进一步压减了地下水开采量，北京市地下水开采量由2015年的18.19亿m³减少到 2021 年的 13.92 亿 m³，减少了 27.45％。二是 2014 年底南水进京后，按照"节、喝、存、补"的用水原则，最大限度发挥南水效益，南水已成为北京城市供水的重要水源，有效置换了地下水。三是 2018—2021 年降水相对较丰。2015—2020 年全市平均年降水量为 582mm，与我市多年平均降水量 585mm 基本持平，但 2021 年降水量为 924mm，比多年平均降水量 585mm 多 58％，为全市地下水位回升提供了良好的自然条件。

4 结论与建议

北京市积极落实党中央、国务院关于华北地区地下水超采综合治理的决策部署要求，地下水超采治理工作取得了显著成效，但北京市水资源总体情势仍将处于"紧平衡"状态，需继续有效疏解非首都功能，严控用水总量，建设节水型社会，仍需进一步做好"控、管、节、调、换、补"等治理措施，合理调增调减区域性地下水开采量，科学利用和保护地下水资源。

4.1 结论

4.1.1 北京市地下水超采治理成效显著，但超采压力仍然存在

水位动态法进行超采区评价复核成果表明，北京市超采区范围面积大幅度缩小，已开展的地下水超采治理措施取得了很好的效果，地下水位逐步回升，与 2018 年同期相比，2021 年地下水水位平均回升 6.47m。由于经济社会高速发展，加之持续多年的干旱，导致地下水连续多年超采。朝阳区、通州区、大兴区、顺义区、平谷区、房山区等局部区域城镇供水中地下水仍是主力水源，仍然存在地下水超采。

4.1.2 强化超采区地下水源置换和地下水减采，促进区域地下水采补平衡

继续落实"节水优先"战略，坚定不移推进节水行动，实施全行业全过程节水，从源头控制地下水取水总量。优化调整水资源供用水结构，充分利用好南水北调水源，持续推进地表水厂与配套管网建设，持续推进地下水源置换，涵养与保护地下水。

4.2 建议

4.2.1 继续压实多方责任，开展地下水超采治理

继续用好地下水超采综合治理工作协调机制，有效推进地下水超采综合治理工作。强化属地政府责任，各区政府要高度重视地下水超采综合治理工作，完善工作机制，分解目标任务，制定实施方案，细化措施政策，统筹协调推进工作，抓好各项任务落实，确保完成工作目标。

4.2.2 加大浅层地下水利用置换深层地下水的开发利用

浅层地下水的快速回升可能会造成一定的负面影响，且北京市大部分城近郊区园林绿化、农业灌溉用水仍然主要来源于地下水。局部区域水位过度回升可能增加城市地下交通、地下空间等城市基础设施安全运行的风险，此外，也存在水位过高导致非正规垃圾填埋场浸泡和包气带污染析出而引起地下水水质劣变的隐患。故可增加浅层地下水开发利用，对地下水开采量进行适度的层位控制，减少深层地下水的开采量，同时增加深层地

水的回补，涵养和保护深层地下水。

参考文献

[1] 丁跃元，陈飞，李原园，等. 华北地区地下水超采综合治理行动方案编制背景及思路 [J]. 中国水利，2020，No. 895 (13)：22-25.

[2] 吴霞，赵志龙，刘畅，等. 北京市无替代水源区地下水超采管控探究 [J]. 北京水务，2022，No. 224 (3)：48-54.

[3] 陈飞，羊艳，史文龙，等. 河北省地下水超采综合治理农业措施压采效果与技术经济性分析 [J]. 南水北调与水利科技（中英文），2022，20 (5)：1019-1026.

[4] 刘蓉，赵勇，何鑫，等. 海河平原区地下水累计可恢复超采量评价 [J]. 水利学报，2022，53 (11)：1336-1349.

[5] 于翔，解建仓，姜仁贵，等. 河北省地下水超采治理效果过程化评价 [J]. 排灌机械工程学报，2021，39 (4)：364-371.

[6] 陈飞，丁跃元，李原园，等. 华北地区地下水超采治理实践与思考 [J]. 南水北调与水利科技（中英文），2020，18 (2)：191-198.

北京市密云区水资源承载力模型构建及评估分析

周 娜 原桂霞

（北京市水科学技术研究院，北京 100048）

【摘要】 本文以北京市密云区为研究对象，紧密结合密云区城市功能定位，针对密云区密云水库指标水、本地地表、地下、再生水等不同水源，以及城市农村生活、工业、农业、生态等不同用户，以及水资源保护、水生态修复、水污染防治等要求，基于荷载均衡的思想，研究构建了密云区水资源承载力评价模型，结合已有工程实例和河网数据，绘制了密云区水资源系统网络拓扑关系图。以2035年为规划水平年，通过模型模拟计算出，不同情景方案下，密云区水资源优化配置结果，并对配置结果的水资源承载能力进行了评估。研究结果表明，2035年密云区在用水红线约束下水量承载力已超载，从保障生态环境用水的角度，提出了生态补用水量不计入红线总量和积极增加密云用水指标，压减区域地下水开采量的政策建议。

【关键词】 水资源；承载力；生态修复；用水红线

Construction and evaluation of water resources carrying capacity model in Miyun District, Beijing

ZHOU Na YUAN Guixia

(Beijing Water Science and Technology Institute, Beijing 100048)

【Abstract】 This paper takes Miyun District of Beijing as the research area, closely combines the urban functional orientation of Miyun District, and targets different water sources such as the indicator water of Miyun Reservoir, local surface, underground, and reclaimed water in Miyun District, as well as different users such as urban and rural living, industry, agriculture, and ecology. In addition, it considers requirements for water resource protection, aquatic ecological restoration, and water pollution prevention and control. Based on the idea of load balancing, a water resource carrying capacity evaluation model for Miyun District is constructed. By combining existing project cases and river network data, the network topology relationship diagram of the water resource system in Miyun District is drawn. With 2035 as the planning horizon year, the model is used to simulate the optimal allocation results of water resources in Miyun District under different scenarios, and the carrying capacity of the allocated water resources is evaluated. The research results show that by 2035, the water carrying capacity of Miyun District has been overloaded under the constraints of the water use red line. From the perspective of ensuring ecological and environmental water use, this paper puts forward policy suggestions for not including the ecological supplementary water quantity in the red line total and actively increasing the water use index of Miyun District, as well as reducing the regional groundwater exploitation.

【Key words】 Water resources; Carrying capacity; Ecological restoration; Water use red line

1 研究背景

2017年发布实施的《北京市城市总体规划（2016年—2035年）》中，密云区定位为"首都最重要的水源保护地及区域生态治理协作区""国家生态文明先行示范区""特色文化旅游休闲及创新发展示范区。"[1] 近年来，密云区经济社会发展步伐明显加快，国际化程度不断提高，社会格局与经济结构发生了很大变化，土地利用方式与城镇化进程不断加快，城市下垫面硬化面积不断增大，水资源供需关系以及经济社会可持续发展对水资源的要求也发生了一系列的变化。与此同时，随着南水北调进京，密云区的水资源格局发生了重大改变，密云新城水厂和配套输水管网及附属设施的建设完工，输供水能力不断提升。再生水利用量和可供地表水量的增加为密云区推进水生态文明城市建设试点和建设密云新城增加了更多保障，同时也对密云区水资源配置提出了更高的要求。

本研究立足密云区的雨情、水情，分析区域水资源状况及供需发展趋势，预测未来水平年生活、工业、农业、生态需水，诊断密云区现状水资源承载状况，基于密云区水资源承载力评价模型，评估密云区未来水资源承载力。通过对密云水资源承载力的研究，可以提出更为科学的水资源承载力提升和调控方案。本研究收集密云区2010—2015年社会经济数据、2000—2015年降雨径流监测数据、2010—2015年供用水数据等数据资料，整理筛选北京城市总规、密云区分区规划等相关资料。本研究现状年选择2015年，规划水平年选择2035年。

2 模型构建

2.1 水资源配置思路、原则和策略

2.1.1 配置思路

（1）符合国家要求，落实"节水优先"战略，满足最严格水资源管理目标。

（2）保障发展需求，适应经济社会发展和密云区生态涵养区的需求。

（3）履行保水职责，水源保护工作全方位加强，生态建设走在全国前列。

（4）发挥引导作用，坚持以水定城、以水定地、以水定人、以水定产。

（5）统筹水源用户，统筹水源用户、效益成本、近期远期，分质配水。

(6) 考虑丰枯遭遇，保障本地水丰枯遭遇情境下的配置安全。

2.1.2 配置原则

(1) 节水优先、科学开源[2]。

(2) 空间均衡、统筹兼顾[3]。

(3) 优水优用、高效利用。

(4) 生态保护、持续发展。

2.1.3 配水策略

(1) 优先利用密云水库指标水，用于城乡生活和生产，兼顾景观环境[4]。

(2) 合理开发地表水，用于城镇生活、生态环境以及部分农业。

(3) 严格控制地下水，在其他水源不能满足的情况下使用地下水。

(4) 充分利用再生水，深处理再生水主要用于工业、市政杂用和生态。

(5) 优先保障经济社会和基本生态用水，兼顾生态环境景观用水[5]。

2.2 密云区水资源承载力评价模型

2.2.1 模型构架

本研究基于二元水循环的理论及调控体系，开发了区域水资源承载力评价模型（图1），模型分解为六大模块：分布式水循环模拟模块、非常规水计算模块、水资源供需平衡配置模块、水资源优化决策模块、用水需求计算模块、水资源承载力评估模块。

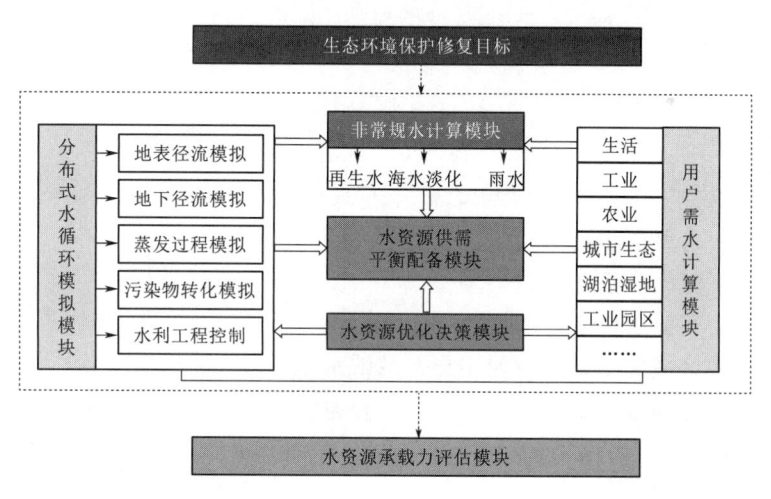

图 1　区域水资源承载力评价模型结构示意图

模型在生态环境保护恢复等约束边界条件下，通过基于水循环的多水源多用户水资源优化调配，结合区域水资源本底情况和最严格水资源红线要求，提出适应性的水资源优化调控方案，得到相应的水量承载力和水质承载力[6]，最后给出区域的水资源承载力阈值。

2.2.2 目标函数

本研究采用一种面向时空均衡的水资源优化配置方法，通过单元内部荷载均衡、不同单元空间均衡、不同时段的时间均衡开展水资源优化配置，从而实现水资源开发利用和水资源承载的荷载均衡。

1. 荷载均衡目标——缺水率最小

$$\mathrm{Min}L(xt) = \sum_{h=1}^{mh} q_h SW(X_{ht}) \tag{1}$$

$$SW(X_{ht}) = \frac{1}{mu} \sum_{u=1}^{mu} |(x_{ht}^u - Sob_{ht})| \tag{2}$$

其中 $0 \leqslant x_{ht}^u \leqslant 1$，$0 \leqslant Sob_{ht} \leqslant 1 - B_h$

式中 $L(xt)$——时段荷载均衡目标；

$SW(X_{ht})$——时段供水胁迫函数；

q_h——行业用户惩罚系数；

x_{ht}^u——时段区域单元 u 中行业用户 h 的缺水率；

Sob_{ht}——时段区域行业用户 h 的供水胁迫目标理想值；

B_h——区域行业用户 h 的最低用水保证率；

h——区域行业用水户类型；

mh——区域行业用水户类型的最大数目；

u——区域单元；

mu——区域单元最大数目。

2. 空间均衡目标——公平性最优

$$\mathrm{Min}S(xt) = \sum_{h=1}^{mh} q_h GP(X_{ht}) \tag{3}$$

$$GP(X_{ht}) = \sqrt{\frac{1}{mu-1} \sum_{u=1}^{mu} (x_{ht}^u - \overline{x_{ht}})^2} \tag{4}$$

其中 $0 \leqslant x_{ht}^u \leqslant 1$，$0 \leqslant \overline{x_{ht}} \leqslant 1$

式中 $S(xt)$——时段空间均衡目标；

$GP(X_{ht})$——时段公平性函数；

q_h——行业用户惩罚系数；

x_{ht}^u——区域单元 u 中行业用户 h 的缺水率；

$\overline{x_{ht}}$——区域单元 u 中行业用户 h 的缺水率均值。

3. 时间均衡目标——行业全时段保障率高

$$\mathrm{Max}T(x) = \sum_{h=1}^{mh} q_h PW(X_h) \tag{5}$$

$$PW(X_h) = 1 - \sqrt{\frac{1}{mt-1} \sum_{t=1}^{mt} (x_{ht}^u - \overline{x_{hm}})^2} \tag{6}$$

其中 $0 \leqslant x_{ht}^u \leqslant 1$，$0 \leqslant \overline{x_{hm}} \leqslant 1$

式中 $Y(x)$——时间均衡目标；

$PW(X_h)$——行业供水保证率函数；

q_h ——行业用户惩罚系数；

$\overline{x_{ht}^u}$ ——区域单元 u 中行业用户 h 时段 t 的缺水率；

$\overline{x_{hm}}$ ——区域单元 u 中行业用户 h 在全部时段 mt 的缺水率均值。

2.2.3 约束条件

约束条件包括区域耗水量约束、人饮安全约束、地下水超采约束和入河湖排污总量约束。

1. 区域耗水量约束

即区域经济社会总耗水量小于区域允许的水资源消耗总量。

$$E_l + E_i + E_f + E_e \leqslant ET_{obj} \tag{7}$$

式中　E_l——生活耗水量，万 m³；

　　　E_i——工业耗水量，万 m³；

　　　E_f——农业各种植面积下作物补水耗水量，万 m³；

　　　E_e——人工生态补水耗水量，万 m³；

　　ET_{obj}——区域允许的水资源消耗总量，万 m³。

2. 人饮安全约束

人饮安全得到保障，生活用水全部得到保证。

$$Q_l \geqslant Q_l^{bs} \tag{8}$$

式中　Q_l——生活用水量，万 m³；

　　　Q_l^{bs}——生活用水基本保障量，万 m³。

3. 地下水超采约束

即地下水开采量小于允许开采量。

$$Q_{ko} \leqslant Q_{ko\max} \tag{9}$$

其中：

$$Q_{ko} = \sum_i^m \sum_j^n Q_{ko}^{ij}$$

式中　Q_{ko}——目标年地下水开采量，万 m³；

　　$Q_{ko\max}$——规划年地下水允许开采量，万 m³；

　　Q_{ko}^{ij}——i 计算单元 j 行业地下水开采量，万 m³。

4. 入河湖排污总量约束

即经济社会入河湖排污量小于允许入河湖排污总量。

$$WA_l + WA_i + WA_f \leqslant WA_{obj} \tag{10}$$

式中　WA_l——生活入河湖排污量，万 m³；

　　　WA_i——工业入河湖排污量，万 m³；

　　　WA_f——农业入河湖排污量，万 m³；

　　WA_{obj}——允许入河湖排污总量，万 m³。

5. 河道生态流量约束

$$Q_r \geqslant Q_{rb} \tag{11}$$

式中 Q_r——河流的生态水量，万 m^3；

Q_{rb}——河流的最小生态流量，万 m^3。

2.2.4 计算流程

1. 模型程序流程

模型的程序设计遵循模块化的原则，以利于模型的应用、修订及升级。模型由前处理模块、模拟计算模块和后处理模块三大部分组成。

在输入包括需水量、工程参数、供用水拓扑关系等数据和信息后，模型生成各种水源向各用水部门的供水量、各用水部门缺水量、各种水源的盈余情况等中间数据，最终输出各环节供水量、供水过程、缺水量、缺水率等指标，为详细的供需平衡和承载力分析提供基础。模型程序设计框图如图2所示。

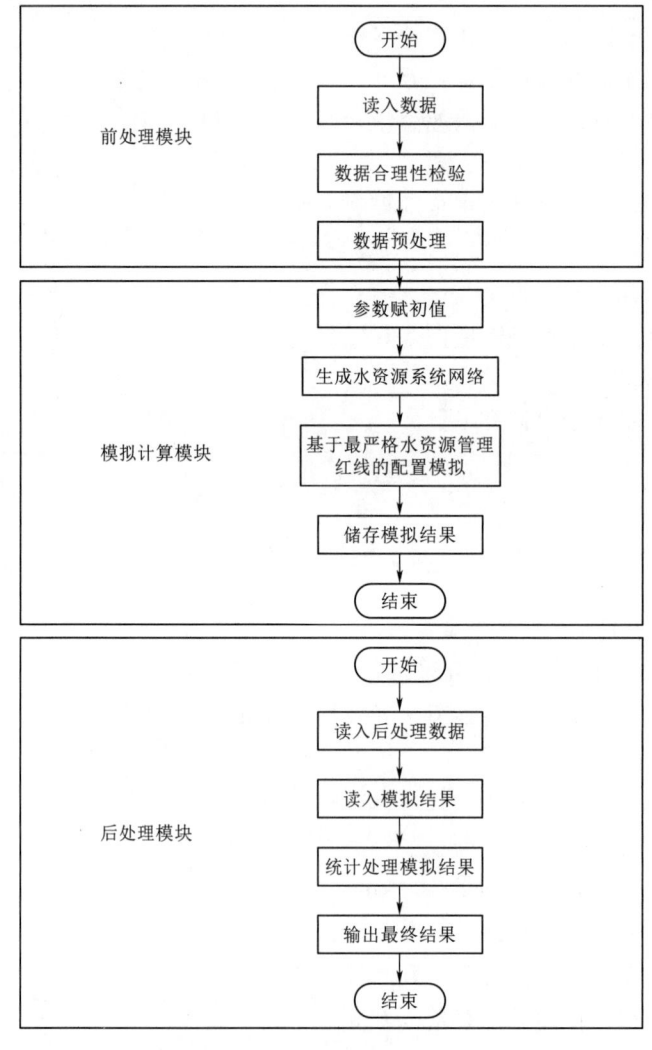

图 2 模型程序设计框图

2. 模型求解计算流程

本研究用基于精英策略的非支配遗传改进算法,考虑水资源配置时间和空间尺度,以及单元和行业尺度,进行求解,外层用来解决不同行业各时段代际均衡目标,内层用来求解逐时段单元的空间均衡和荷载均衡目标,从而实现四种尺度融合与统一,实现单元内部负荷均衡、不同单元空间均衡、不同时段的代际均衡,进而实现面向时空均衡的水资源优化配置。模型求解计算流程如图3所示。

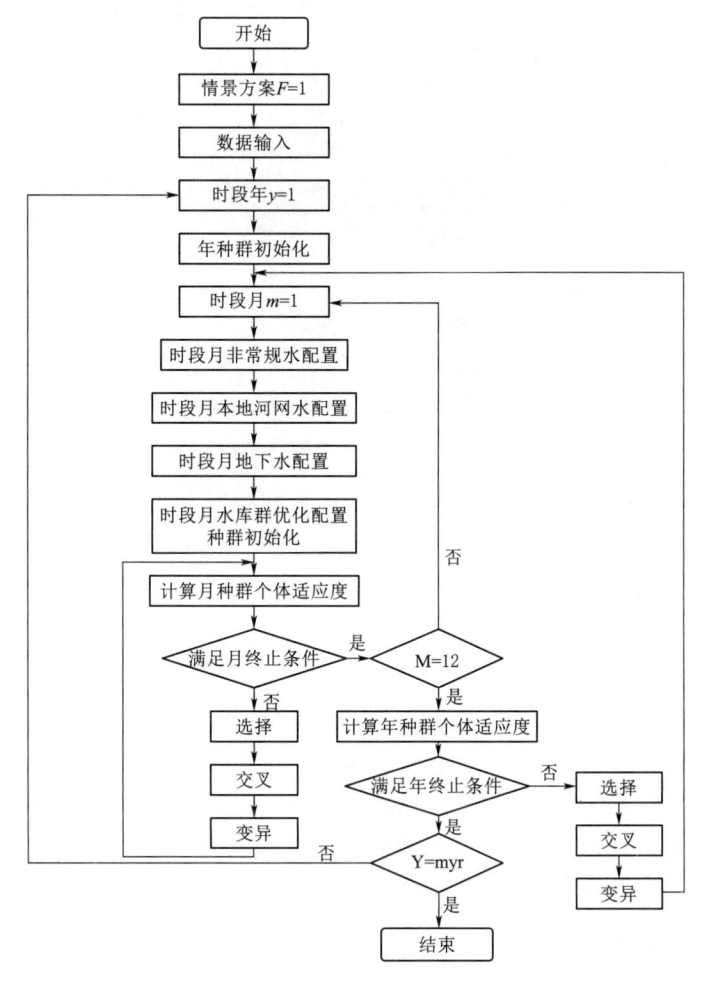

图3 模型求解计算流程

2.2.5 计算单元与水资源系统网络

根据密云区的实际情况,按照17个乡镇的行政面积划分17个单元,在每个单元中,分为需水和供水两个部分。需水包括生活需水、工业需水、农业需水和生态需水;供水包括单元内的地下水、地表水、密云水库指标分水以及再生水。结合已有工程实例和河网数据,建立供水工程—用水户供水关系、供水工程—供水工程的弃水关系、用水户—用水户的弃水关系、行业节水或退水的转移对象关系等拓扑关系,梳理密云区水资源系统网络(图4)。

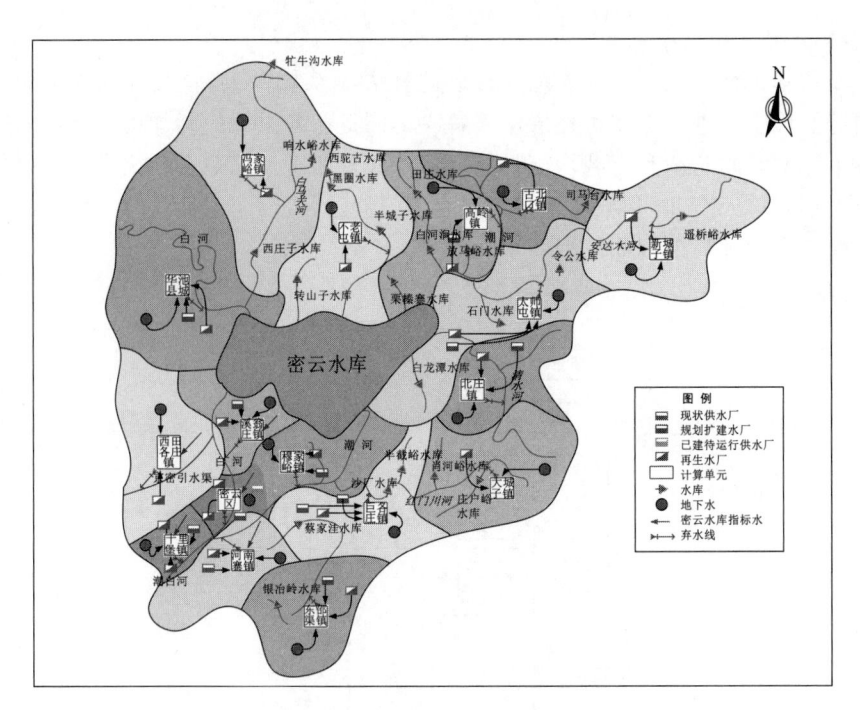

图 4　密云区水资源系统网络拓扑关系图

3　模型输入

3.1　情景方案设置

供水侧考虑地下水压采和控制情景，再生水按照新增处理设施及规划供水能力；需水侧生活、农业按照密云地区用水水平方案，考虑工业进一步节水工业需水按照北京整体用水水平方案，生态补水按照"可满足河道内基本环境流量要求，维持现状地下水位不下降且趋向抬升"的生态修复目标和"地下水位恢复到1999年水位，河道有一定的生态基流"的生态修复目标采用良好生态需水和适宜生态需水两个方案。

3.2　2035年预测量

需水预测：到2035年，在京津冀协同发展的政策指引下，密云区社会经济全面提升，基本需水总量为13544.93万 m^3，立足于区域生态涵养的功能定位，构建完善的生态保障体系，同时在北京市实施南水北调中线二期、万家寨引水等调水工程后，积极增加密云用水指标，营造良好的生态环境，需水总量为18511.98万 m^3。

水源及规划：2035年，密云区完全接受密云水库的5700万 m^3 指标水；全区再生水可供水量达到3423万 m^3，其中新城可产再生水2875.3万 m^3，中心镇可产再生水547.7万 m^3；地表水可利用量为5860万 m^3，多年平均地下水可开采量为0.64亿 m^3。

水生态恢复：根据生态需水预测，需水量总共设置良好生态和适宜生态两个方案。良好生态需水量为 5104.4 万 m³，适宜生态需水量为 9028.3 万 m³。

4 模型输出

4.1 2035年良好生态修复目标的水资源优化配置

良好生态修复目标下，模拟密云区供水总量为 12023 万 m³，需水总量 13338 万 m³，全区总缺水量为 1315 万 m³，详情见表1。

表1 2035年良好生态下水平年密云区供用水格局平衡表 单位：万 m³

水源	再生水	密云水库	地表水	地下水	合计
供水量	2996	3062	1866	4099	12023
用水户	生活	工业	农业	生态	—
需水量	3682	1166	3386	5104	13338
缺水量	0	0	680	635	1315

4.2 2035年适宜生态修复目标水资源优化配置

在适宜生态修复目标下，全区供水总量为 13051 万 m³，需水量 17262 万 m³，总缺水量为 4211 万 m³，详情见表2。

表2 2035年适宜生态下水平年密云区供用水格局平衡表 单位：万 m³

水源	再生水	密云水库	地表水	地下水	合计
供水量	2996	4263	1962	3830	13051
用水户	生活	工业	农业	生态	—
需水量	3682	1166	3386	9028	17262
缺水量	0	0	680	3531	4211

4.3 2035年良好生态修复目标年水资源承载力评估

4.3.1 自然禀赋情况下水量承载力评估

根据密云区长系列各水源规划及生态环境目标情况，通过水资源合理配置，密云区可用再生水量为 3423 万 m³，根据区域内总水资源量，密云区可以承载人口 89 万～102 万人，可以承载工业 249.3 亿～293.3 亿元，可以承载农业 36.8 万～44.3 万亩。

将不同定额对应的承载力求均值，可以得到密云区的水量承载力，密云区可以承载人口 95.5 万人，可以承载工业 271.3 亿元，可以承载农业 40.5 万亩，见表3。

表3 2035年密云区自然禀赋情况下区域禀赋承载力

水源	水量/万 m³	承载人口/万人	承载工业/亿元	承载农业/万亩
再生水	3423.0	1.4	37.5	0.0
密云水库	5700.0	44.6	31.3	3.1

51

续表

水源	水量/万 m³	承载人口/万人	承载工业/亿元	承载农业/万亩
地表水	4727.0	33.4	84.0	11.5
地下水	6400.0	16.1	118.4	26.0
合计	20250.0	95.5	271.3	40.5

对比 2035 年预测人口 52 万人，预测工业 171 亿元，预测农业 31 万亩，按照水量承载指标评估方法，对于经济社会发展还是有一定的承载空间，密云区在水量承载上属于不超载区。

4.3.2 用水红线情况下水量承载力评估

根据密云区红线指标和分水方案，通过水资源合理配置密云区可以承载人口 47.4 万～54.3 万人，可以承载工业 180.1 亿～211.8 亿元，可以承载农业 32 万～38.6 万亩。

将不同定额对应的承载力求均值，可以得到密云区的水量承载力，密云区可以承载人口 50.8 万人，可以承载工业 196 亿元，可以承载农业 35.3 万亩，见表 4。

表 4　　　　2035 年密云区用水红线情况下区域用水红线承载力

水源	水量/万 m³	承载人口/万人	承载工业/亿元	承载农业/万亩
再生水	1328.0	0.5	14.5	0.0
地表水	1992.0	14.1	35.4	4.8
地下水	9519.0	36.2	146.0	30.5
合计	12839.0	50.8	196.0	35.3

人口已经超过承载力，工业和农业还是有一定的承载空间，按照水量承载指标评估方法，密云区在用水红线约束下水量承载力属于超载区。

4.3.3 密云区对北京市承载贡献的潜力

通过对密云区区域禀赋承载力和用水红线承载力进行对比可以看出，在人口承载力上，用水红线承载力比自然禀赋承载力减少了 44.7 万人，总体承载力下降了 46.8%；在工业承载力上，用水红线承载力比自然禀赋承载力减少了 75.3 亿元，总体承载力下降了 27.8%；在农业承载力上，用水红线承载力比自然禀赋承载力减少了 5.2 万亩，总体承载力下降了 12.9%，其中密云水库指标水承载农业减少了 3.1 亩，地表水承载农业减少了 6.6 万亩，承载力下降了 57.9%，地下水承载农业增加了 4.5 万亩，承载力上升了 12.9%。

密云区在用水红线指标的控制下，水资源承载人口减少了 44.7 万人，承载能力下降了 46.8%，承载工业减少了 75.3 亿元，承载能力下降了 27.8%，承载农业减少了 5.2 万亩，承载能力下降了 12.9%。

4.4　2035 年生态修复目标水资源承载力评估

4.4.1　自然禀赋情况下水量承载力评估

根据密云区长系列各水源规划及生态环境目标情况，通过水资源合理配置，考虑区域内总水资源量，密云区可以承载人口 58.4 万～67 万人，可以承载工业 187.4 亿～220.5

亿元，可以承载农业 28.9 万～34.8 万亩。

将不同定额对应的承载力求均值，可以得到密云区的水量承载力，密云区可以承载人口 62.7 万人，可以承载工业 204 亿元，可以承载农业 31.9 万亩，见表 5。

表 5　　　　　　　　2035 年密云区自然禀赋情况下区域禀赋承载力

水　源	水量/万 m³	承载人口/万人	承载工业/亿元	承载农业/万亩
再生水	3423	1.2	32.8	0.0
密云水库	5700	32.1	22.5	2.2
地表水	4727	14.0	35.3	4.8
地下水	6400	15.4	113.3	24.8
合计	20250	62.7	204.0	31.9

按照水量承载指标评估方法[7]，对于经济社会发展还是有一定的承载空间，密云区在水量承载上属于不超载区。

4.4.2　用水红线情况下水量承载力评估

根据密云区红线指标和分水方案，通过水资源合理配置[8]，密云区可用再生水量为 1328 万 m³，密云区多年平均地表水可利用量为 1992 万 m³，密云区多年平均地下水可利用量为 9519 万 m³，根据区域内总水资源量，密云区可以承载人口 30.2 万～34.7 万人，可以承载工业 134.5 亿～158.2 亿元，可以承载农业 23.2 万～28 万亩，见表 6。

表 6　　　　　　　　2035 年密云区用水红线情况下区域用水红线承载力

水　源	水量/万 m³	承载人口/万人	承载工业/亿元	承载农业/万亩
再生水	1328.0	0.5	14.5	0.0
地表水	1992.0	13.4	33.7	4.6
地下水	9519.0	18.5	98.1	21.0
合计	12839.0	32.5	146.4	25.6

在区域内红线用水指标下，密云区可以承载人口 32.5 万人，承载工业 146.4 亿元，承载农业 25.6 万亩，对比 2035 年预测人口 52 万人，预测工业 171 亿元，预测农业 31 万亩，人口、工业、农业已经超过承载力，按照水量承载指标评估方法，密云区在用水红线约束下水量承载力属于超载区。

4.4.3　密云区对北京市承载贡献的潜力

通过对密云区区域禀赋承载力和用水红线承载力进行对比可以看出，在人口承载力上，用水红线承载力比自然禀赋承载力减少 30.2 万人，总体承载力下降 48.2%；在工业承载力上，用水红线承载力比自然禀赋承载力减少 57.6 亿元，总体承载力下降 28.2%；在农业承载力上，用水红线承载力比自然禀赋承载力减少 6.3 万亩，总体承载力下降 19.6%。

密云区在用水红线指标的控制下，水资源承载人口降至 30.2 万人，承载能力下降 48.2%，承载工业减少 57.6 亿元，承载能力下降 28.2%，承载农业减少 6.3 万亩，承载能力下降 19.6%，可以看出，本方案对北京的贡献高于 2035 年保障良好生态情况的承载力贡献。

5　建议

5.1　密云区生态补用水量不计入红线总量

通过对用水红线情况下密云区承载力分析，2035年按照同步北京市2030年用水红线变化阈值，密云区水资源承载力将处于超载状态，且承载力将大幅下降，在适宜生态保障情况下甚至无法承载现状的人口[9]，考虑密云生态涵养区功能定位[10]，建议密云区将河湖生态补水不计入红线总量之内。

5.2　南水北调二期通水后，积极增加密云用水指标，压减区域地下水开采量

密云区的供水结构较为单一，主要以地下水供水为主，现状地下水供水超过60%，随着密云水库分水指标增加，在2035年进一步减小到30%。外调水的增加能够有效置换地下水的开采，起到涵养地下水源、压采地下水的作用，考虑密云区是北京重要的水源地和生态保护屏障[11]，以及北京市整体的地下水压采计划，建议在北京市实施南水北调中线二期、万家寨引水等调水工程后，积极增加密云用水指标，进一步压减区域地下水开采量[12]。

参考文献

[1] 北京市规划和国土资源管理委员会. 北京城市总体规划（2016年—2035年）[EB/OL]. (2017-09-29)[2023-04-23] https://www.beijing.gov.cn/gongkai/guihua/wngh/cqgh/201907/t20190701_100008.html.

[2] 北京：推进"取供用排"全链条节水[N]. 人民日报，2022-11-29（012）.

[3] 凌文翠，王灏，孙浩，等. 基于"三水统筹"的水环境承载力评价预警——以北京市密云区为例[J]. 环境保护与循环经济，2023，43（1）：35-40.

[4] 方源. 北京市水生态功能区划及分级管控策略研究[D]. 武汉：湖北大学，2022.

[5] 刘可暄，王冬梅，魏源送，等. 密云水库流域多尺度景观生态风险时空演变趋势[J]. 生态学报，2023，43（1）：105-117.

[6] 高玉琴，吴迪，刘海瑞，等. 城市化影响下区域水资源承载力评价[J]. 水利水电科技进展，2022，42（3）：1-8.

[7] 董涛. 基于承载过程的区域水资源承载力动态评价[D]. 合肥：合肥工业大学，2018.

[8] 陈玉婷，李晓光. 浅谈水资源管理中的资源配置优化[C]//河海大学，南阳市人民政府，南阳师范学院，南水北调集团中线公司. 2022（第十届）中国水生态大会论文集，2022：54-60.

[9] 许纪校，王尧，唐勇军. 红线控制下高质量水资源优化配置——以南京市为例[J]. 资源与产业，2022，24（5）：70-80.

[10] 刘可暄，王冬梅，张满富，等. 密云水库流域水生态空间管控思路探讨[J]. 北京水务，2021（4）：43-46.

[11] 孟琳琳. 北京市密云水库上游水生态系统涵养策略研究[J]. 水利水电技术（中英文），2022，53（S2）：271-278.

[12] 科技保障密云水库水源保护和管控——北京市水科学技术研究院[J]. 北京水务，2021，No.216（1）：8.

北京市西郊地区地下水储量变化影响因素量化分析

冯衍扉[1,2]　于　帅[2]　杨　勇[2]

［1. 中国地质大学（北京）水资源与环境学院，北京　100083；2. 北京市水科学技术研究院，北京　100048］

【摘要】北京市西郊地下蓄水区作为北京市西部地区地下水重要战略水源地，在北京市用水安全保障过程中起关键作用。为进一步解决该区地下水生态环境问题，恢复地下水储量，本文收集了研究区2019—2022年降水量、各项生态补水量、地下水开发利用量及地下水侧向径流补给等数据，采用水均衡方法，利用ArcGIS信息处理等技术手段，对该区地下水储量变化影响因素进行量化分析，得出以下结论：（1）2019—2022年研究区内降水入渗、生态补水及地下水减采等措施对地下水位抬升累计贡献水量91118.1万 m^3；（2）降水入渗、生态补水及地下水减采对地下水位抬升贡献率分别为35.0%、53.2%、9.4%及2.4%；（3）研究区内平均地下水位每抬升1m，所需要地下水量为8056.4万 m^3。

【关键词】降水入渗量；生态补水；地下水开采；水均衡

Contributing factors to changes in groundwater storage capacity in the western suburbs of Beijing Quantitative analysis

FENG Yanfei[1,2]　YU Shuai[2]　YANG Yong[2]

［1. China University of Geosciences (Beijing), Beijing　100083; 2. Beijing Water Science and Technology Institute, Beijing　100048］

【Abstract】The underground water storage area in the western suburbs of Beijing, as an important strategic source of groundwater in the western region of Beijing, plays a crucial role in the process of ensuring water safety in Beijing. In order to further solve the ecological environment problems of groundwater in the area and restore groundwater reserves, this article collected data on precipitation, various ecological replenishment amounts, groundwater development and utilization amounts, and groundwater lateral runoff recharge from 2019 to 2022 in the research area. Using water balance methods and ArcGIS information processing techniques, the influencing factors of groundwater reserve changes in the area were quantitatively analyzed, the following conclusions are drawn: (1) From 2019 to 2022, measures such as precipitation infiltration, ecological replenishment, and groundwater reduction in the study area have contributed a cumulative amount of 911181 million m³ to the rise of groundwater level. (2) The contribution rates of precipitation infiltration, ecological replenishment, and groundwater reduction to groundwater level rise are 35.0%, 53.2%, 9.4%, and 2.4%, respectively. (3) For every 1 meter increase in the average groundwater level in the research area, the required groundwater volume is 80564 million m³.

【Key words】 Precipitation infiltration amount; Ecological water replenishment; Groundwater extraction; Water balance

1 引言

随南水北调水进京,北京市已基本形成地表水、南水北调水、地下水、再生水、雨洪水五水联调的水源保障格局[1]。以2020年全市水资源配置结构进行分析,南水北调水与地表水供水占比为45%,地下水占比为40%,其他水占比为15%[2]。为应对极端天气或重大突发事件以及南水北调和地表水供水工程遭受破坏,进而严重威胁区域水资源安全保障的情况,在北京市内建立西郊地下蓄水区。

其中,西郊地区作为北京市重要的地下水源地之一,第三水厂、第四水厂、石景山自来水公司等皆以该区地下水作为长期主要水源,自1967年首次提出建立西郊水源地以来,地下水开采规模逐步扩大,长期过量开采地下水引起了区域地下水水位下降及地面沉降等环境问题[3],自2015年以来,南水北调水进京、地下水超采治理及各项生态补水措施使得该区地下水用水压力有较为明显的缓解[4]。

为更好恢复西郊地下水储量,改善区域地下水环境,保障首都地下水安全,本研究将针对影响西郊地下蓄水区地下水储量变化的影响因素进行研究,为接下来西郊地区地下水储量恢复相关工作的开展提供理论依据。

2 研究区概况及数据情况

2.1 自然地理

西郊地下蓄水区位于北京市平原区冲洪积扇永定河地下水子系统中上部,地形为西北高东南低,西部为太行山脉,属中低山地形,研究区西起西山边界,北至海淀昆明湖,南到大兴狼垡,东至陶然亭,面积约350km²[5]。区内上部为40~260m厚的第四系砂卵砾石层,下部主要为不透水的第三系砂岩和泥岩,在玉泉山泉域范围一带下伏有奥陶系碳酸盐岩[6]。北京冲洪积扇地下含水层介质总体规律为自西北向东南沉积物颗粒逐渐变细,至研究区东南边界,含水层由单一含水层变为多层含水层[7]。西郊地区四面环山,在山区和平原交汇处形成地下水蓄水区自然汇水边界,研究区范围如图1所示。

2.2 数据来源

西郊地区地下水水位的变化主要受大气降水、河渠渗漏、地下水开发利用，生态补水等因素的影响。本次研究时间主要集中在2019—2022年，分别涉及研究区内9个雨量站点、1533眼自备井、3个集中供水水源地、3个永定河水文监测站点以及28个地下水位监测井，分别提取研究区内降水量、地下水开采量、生态补水量及地下水位埋深等数据。

3 储量变化影响因素分析

根据前人研究以及研究区的特点，分析确定影响研究区地下水储量变化的主要因素有大气降水、地下水侧向径流补排差、永定河与"三山五园"生态补水、集团水厂水源井及城镇自建供水井开采[8]，研究区内蒸发排泄量相对于其他主要因素量级较小，在本研究中忽略不计。

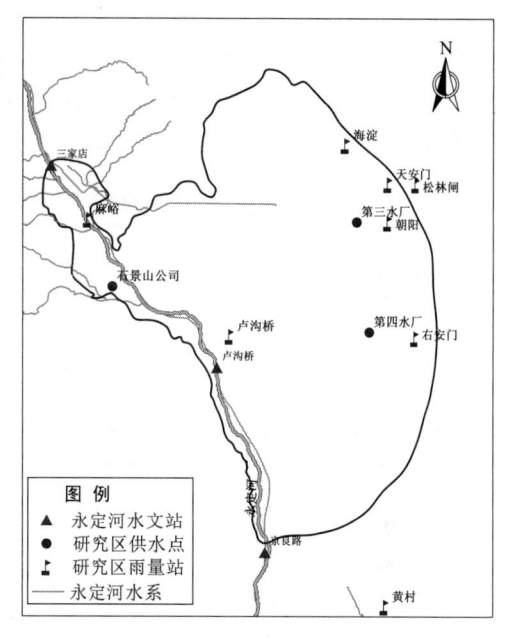

图1 西郊地下蓄水区研究区概况

3.1 降水入渗量分析

根据研究区雨量站分布情况，基于泰森多边形的方法对研究区降水量进行分区[9]，同时叠加研究区内不同区域降水入渗系数，将研究区划为8个区域，如图2所示。

分别根据各个区域降水量、降水入渗系数及区域面积，依据降水入渗计算公式（1）计算出研究区降水入渗量。

$$Q_{\text{precipitation}} = \sum_{i=1}^{n} \alpha_i P_i A_i \quad (1)$$

式中 $Q_{\text{precipitation}}$——降水入渗量，万 m^3；

α_i——第 i 个分区中的降水入渗系数；

P_i——第 i 个分区中的降水量，mm；

A_i——第 i 个分区的面积，km^2。

图2 研究区降水入渗分区图

如表1所示，经计算2019—2022年研究区内8个区域一共降水97955.3mm，降水入渗补给量合计31863.1万 m^3。其中2021年为降水丰沛年，降水量为 38175mm，降水入渗补给量为 12258m³；2019 年研究区降水量为 17872mm，降水入渗补给量为 5865 万 m³；2020 年研究区降水量为 22204mm，降水入渗补给量为 7460 万 m³；2022 年降水量为 19704mm，降水入渗补给量为 6281 万 m³。研究区降雨及降水入渗量全年统计图如图 3 所示。

表 1　　　　　　　　　研究区降水入渗量计算表

指　标	Ⅰ区	Ⅱ区	Ⅲ区	Ⅳ区	Ⅴ区	Ⅵ区	Ⅶ区	Ⅷ区	合计
降水入渗系数 α	0.8	0.65	0.55	0.45	0.4	0.2	0.15	0.14	
降水量 p/mm	5223.3	10264.4	17363.2	6450.3	9498.3	5636.8	16507.7	27011.3	97955.3
面积 A/km²	1.1	95.8	56.0	7.4	17.9	9.9	4.5	157.8	350.4
降水入渗量 Q/万 m³	233.2	15743.9	7374.8	676.9	1643.1	558.5	179.2	5453.2	31863.1

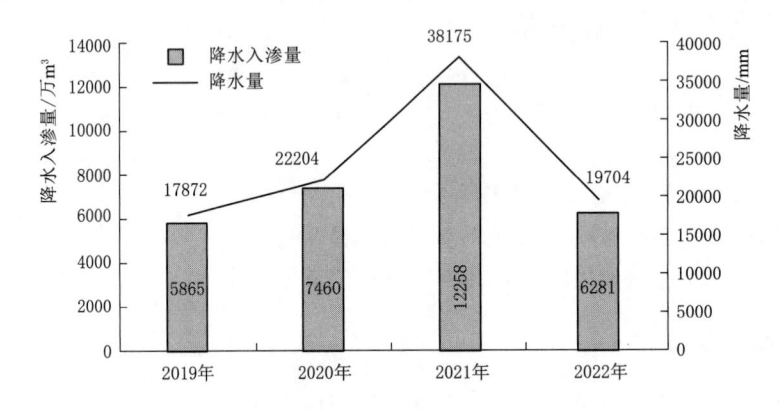

图 3　研究区降雨及降水入渗量分年统计图

3.2　生态补水量分析

为加快地下水环境生态恢复，北京市自 2019 年开始，通过万家寨引黄调水及侧田、友谊及洋河等水库集中出水向官厅水库放水，再由官厅水库向下游永定河北京段河道进行生态放水，截至 2022 年秋季，永定河一共进行生态补水 6 次。研究区内涉及三家店、卢沟桥及京良路水文监测站点，对三家店—卢沟桥段流量数据进行分析计算，求得研究区内生态补水补给地下水量。

运用水均衡法分别计算三家店—卢沟桥段、卢沟桥—京良路段地下水补给量，补给项为上游来水量、南水北调中线补给永定河水量，排泄项为下游出水量、蒸发量及地下水入渗量，水均衡方程式如下。

$$Q_{补渗}=Q_{来水}+Q_{南水}-Q_{出水}-Q_{蒸发}-Q_{槽蓄} \tag{2}$$

计算结果见表 2，研究区内 2019—2022 年永定河生态补水补给研究区地下水共计 43849 万 m³，其中三家店—卢沟桥段补水 23312 万 m³，卢沟桥—京良路段补水 20537 万 m³。

表 2　　　　　　　　　　　永定河生态补水入渗量计算表　　　　　　　　　单位：万 m³

河段	三家店—卢沟桥				卢沟桥—京良路			
河道面积/km²	2.57				1.42			
年份	2019	2020	2021	2022	2019	2020	2021	2022
断面入流/万 m³	9890	19500	6371	32540	4010	11940	2664	20930
区间入流/万 m³	—	—	—	—	—	—	8184	3800
断面出流/万 m³	4010	11940	2664	20930	277	7346	3590	16533
蒸发水量/万 m³	121	56	32	72	27	10	10	35
槽蓄量/万 m³	791	1560	510	2603	320	955	213	1674
补给地下水量/万 m³	4968	5944	3465	8935	3385	3629	7035	6488

除永定河生态补水外，研究区内通过北长河补给"三山五园"地下水 2782 万 m³，通过西黄村砂石坑及阜石路砂石坑补给地下水 2160 万 m³，见表3。

表 3　　　　　　　　各类生态补水量统计　　　　　　　　单位：万 m³

年　份	三 山 五 园	西黄村砂石坑	阜石路砂石坑
2019	790	—	—
2020	764	—	—
2021	190	121	1381
2022	1038	137	521

3.3　地下水开发利用分析

2019 年北京市机井台账核查结果显示，研究区内地下水取水类型分为集团水厂水源井及城镇自建供水设施机井。

（1）集团水厂水源井：研究区内集团水厂水源井共计 247 眼，其中第三水厂水源井 119 眼，目前可开采水源井 96 眼；第四水厂水源井 40 眼，目前可开采水源井 15 眼；石景山公司水源井 88 眼，目前可开采水源井 69 眼。

（2）城镇自建供水设施机井：研究区内共有自建供水设施机井 1533 眼，其中 1146 眼在用。

机井分布情况如图 4 所示。

自 2019 年以来，研究区各水源机井地下水开采量分类统计见表4。研究区内四年总开采量为 45933 万 m³。2019—2022 年，地下水开采量逐年递减，递减量分别为 3727 万 m³、2274 万 m³ 及 2616 万 m³，共计 8617 万 m³。

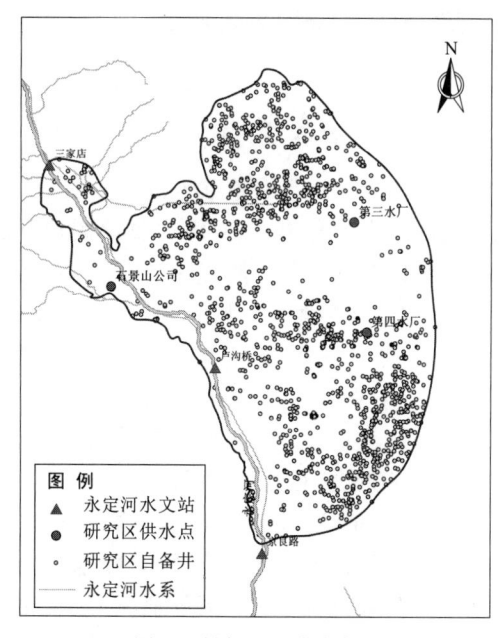

图 4　研究区机井分布图

表4　　　　　　　　　　　　　研究区地下水开采量统计表　　　　　　　　　单位：万 m³

年份	第三水厂	第四水厂	石景山公司	自备井	合计
2019	6918	402	4045	4704	16069
2020	4346	263	3806	3927	12342
2021	3176	182	3333	3377	10068
2022	2697	361	1644	2750	7452
合计	17137	1208	12828	14760	45933

3.4　侧向径流补给与排泄

依据研究区地下水径流规律，可以判断出 2019—2022 年地下水流动路径基本不变，为自西北向东南流动，分别在研究区西北边界及东南边界设置地下水侧向补给断面及排泄断面。地下水侧向补给量可按照达西断面法进行计算，计算公式如下。

$$Q_{侧补} = KMBI \tag{3}$$

式中　$Q_{侧补}$——侧向补给量，万 m³；

K——渗透系数，m/d；

M——含水层厚度，m；

B——断面长度，m；

I——水力坡度。

经计算，研究区自 2019 年 1 月 1 日至 2022 年 12 月 31 日，侧向补给量为 10436 万 m³。侧向径流流出量计算公式同式（3），侧向排泄量为 8288 万 m³，侧向径流补给地下水共 2148 万 m³。

4　地下水储量变化计算

4.1　地下水位变化

根据研究区已掌握地下水位监测数据，本研究选取地下水位监测井 28 眼，均布在研究区范围以内。利用 ArcGIS 软件绘制地下水水位等值线图及地下水位变幅图，分析研究区地下水位变化情况。研究区 2019 年及 2022 年水位等值线图分别如图 5、图 6 所示。

分析 2019 年地下水位等值线图，研究区内地下水自西北流向东南，地下水水位呈递减趋势，其中五里坨区域地下水位最高，为 94.63m，草桥地区地下水位最低，为 18.01m。通过对比 2022 年与 2019 年地下水位等值线图可以看出该区地下水流场形态基本一致，仍为自西北沿河道向东南流动。其中地下水位最高仍为五里坨地区，为 96.53m，草桥地区地下水位最低，为 26.64m。

自 2019 年以来，研究区内不同区域均出现了不同程度的地下水位抬升，抬升情况如图 7 所示。研究区地下水位平均抬升 11.31m，其中侯庄子、西郊砂石坑及梧桐苑区域地下水位抬升最为明显，升幅分别为 17.72m、15.87m 及 15.15m，五里坨、杨树庄及北京预增汽车维修厂水位变幅较小，分别为 1.9m、6.34m 及 7.15m。

图 5 2019 年地下水位等值线图

图 6 2022 年地下水位等值线图

4.2 地下水储量变化

为精确计算研究区地下水储变量变化情况，根据研究区给水度分区与地下水位变化，将研究区分为 39 个区域，如图 8 所示。

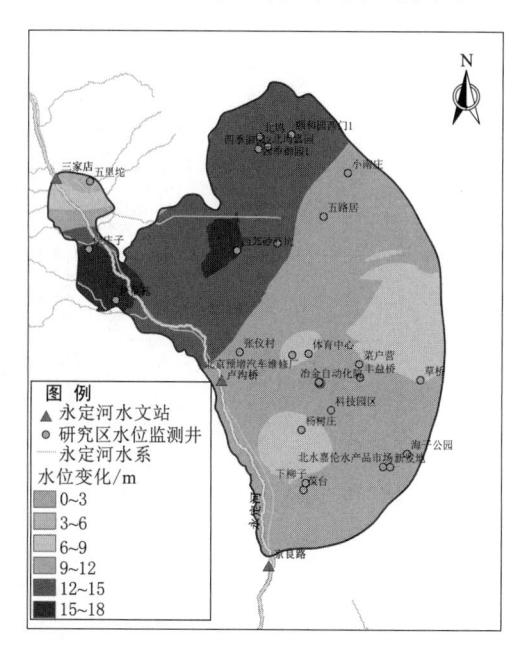

图 7 2019—2022 年地下水位变幅图

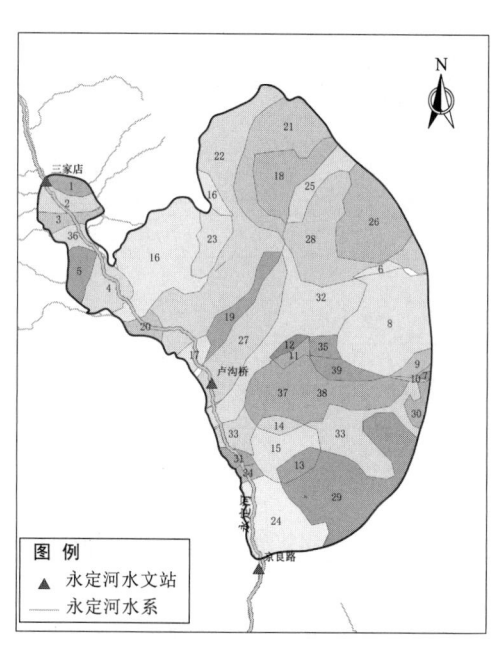

图 8 基于地下水位变幅的给水度分区图

根据数据统计结果，对研究区地下水储量变化进行计算，计算公式如下。

$$Q_{储变} = \mu F \Delta H \tag{4}$$

式中 $Q_{储变}$——区域地下水储量增加量，万 m³；

　　　μ——给水度；

　　　F——区域面积，km²；

　　　ΔH——区域地下水位增加量，m。

各分区根据地下水位计算储变量结果见表5，研究区2019—2022年地下水储量变化总量为84589.7万 m³。

表5　　地下水储量变化计算表

分区编号	面积/km²	给水度	水位变化/m	储变量/万 m³	分区编号	面积/km²	给水度	水位变化/m	储变量/万 m³
1	2.2	0.2	4.5	199.3	21	17.6	0.2	13.5	4744.3
2	4.2	0.2	7.5	628.3	22	37.2	0.22	13.5	11045.4
3	2.8	0.2	10.5	591.4	23	6.0	0.24	16.5	2393.5
4	6.7	0.24	16.5	2663.9	24	15.3	0.17	10.5	2737.6
5	3.9	0.24	16.5	1550.1	25	5.6	0.17	10.5	992.4
6	1.1	0.2	7.5	168.2	26	17.0	0.17	10.5	3035.7
7	0.2	0.17	7.5	30.2	27	15.3	0.19	10.5	3053.1
8	25.7	0.24	7.5	4627.8	28	20.3	0.2	10.5	4269.1
9	2.1	0.2	7.5	318.8	29	26.6	0.2	10.5	5596.4
10	0.7	0.2	7.5	100.0	30	2.3	0.17	10.5	416.4
11	1.6	0.2	7.5	245.0	31	1.5	0.18	10.5	290.7
12	1.2	0.22	7.5	200.1	32	22.1	0.22	10.5	5104.0
13	3.0	0.2	7.5	446.6	33	17.5	0.2	10.5	3672.5
14	2.0	0.2	7.5	296.9	34	1.2	0.2	10.5	244.4
15	7.4	0.2	7.5	1106.8	35	2.2	0.24	10.5	546.9
16	25.3	0.24	13.5	8203.5	36	2.6	0.24	13.5	843.8
17	2.3	0.18	13.5	567.6	37	22.0	0.2	7.5	3298.5
18	11.5	0.17	13.5	2629.9	38	22.0	0.2	10.5	4617.9
19	5.8	0.19	13.5	1476.1	39	3.6	0.24	10.5	913.5
20	2.4	0.22	13.5	723.4		17.6	0.2	13.5	4744.3

5　地下水储变量影响因素量化分析

2019—2022年研究区各项地下水储量变化影响因素补给地下水量共计91118.1万 m³，对比地下水位变化计算研究区地下水储量增加84589.7 m³，误差为7.2%，故认定统计分析结果可信。根据统计结果建立水均衡方程如下。

$$Q_{增量}=Q_{降水}-Q_{补水}+Q_{减采}+Q_{侧补} \tag{5}$$

式中 $Q_{增量}$——地下水储量增加量,万 m^3;

$Q_{降水}$——降水入渗补给量,万 m^3;

$Q_{补水}$——各项生态补水补给地下水量,万 m^3;

$Q_{减采}$——地下水开采减少量,万 m^3;

$Q_{侧补}$——侧向径流补给量,万 m^3。

各影响因素补给量见表6,将区域内各地下水补给项与地下水储量变化量进行比例分析,结果显示各项影响因素对地下水储量变化贡献率为:降水入渗补给34.9%、生态补水53.2%、地下水减采9.4%、地下水侧向径流补排差2.3%。

表6　　　　　　　　　　　　地下水补给量统计表

影响因素	$Q_{降水}$	$Q_{补水}$	$Q_{减采}$	$Q_{侧补}$	$Q_{增量}$
补给量/万 m^3	31863.1	48490.0	8617.0	2148.0	91118.1
影响比例/%	35.0	53.2	9.4	2.4	100

为确定研究区内地下水储量变化与地下水位抬升变化关系,结合地下水位平均抬升量11.31m,对补水量及水位变化进行平均计算,分析结果得出研究区地下水位每抬升1m所需地下水补给量为8056.4万 m^3。

6　结论与建议

6.1　结论

通过对研究区降水入渗、生态补水、地下水开发利用情况及地下水侧向径流补排差的计算分析以及研究区地下水位变化情况分析,得到以下结论:

(1) 根据研究区地下水位平均抬升情况及各项补水措施计算分析得出,地下水位每抬升1m,所需要地下水量为8056.4万 m^3。

(2) 2019—2022年西郊地下蓄水区降水入渗量共计31863.1万 m^3,各项生态补水量共计48490.0万 m^3,地下水减采量共计8617.0万 m^3,地下水侧向径流补给2148.0万 m^3,对地下水储量增加累计贡献水量91118.1万 m^3。

(3) 根据研究区降水入渗量、各项生态补水量、地下水减采及地下水侧向径流补排差的计算结果,各影响因素对地下水储量增加贡献比例分别为35.0%、53.2%、9.4%及2.4%。

6.2　建议

本次研究并未将研究区内各影响因素根据地下含水层性质区分为第四系地下水与岩溶水,而是将其作为一个整体进行量化分析计算。若要进行更为精细化的地下水管理,则需在现有基础上进行更为深入的分层分析。

西郊地下蓄水区作为北京市西部地区重要战略水源地及首都用水安全保障,加强生态补水工程建设的同时，更应注重影响地下水储量变化的根源问题出发，以节代补，加强对研究区内地下水开发利用单元的管理，减少不必要的地下水开采，以此来缓解西郊地下蓄水区地下水储量恢复的压力。

参考文献

[1] 刘颖超．北京市西郊地下水库调蓄能力与利用模式研究［D］．长春：吉林大学，2012．
[2] 杨芬，王萍，黄大英，等．基于调配管理的北京市多水源水量联合调度研究［J］．水利水电技术，2020，51（1）：70-76．
[3] 王新娟，许苗娟，周训．北京市西郊区地表水地下水联合调蓄模型研究［J］．勘察科学技术，2005（5）：16-19．
[4] 李国英调研北京市地下水超采综合治理和复苏河湖生态环境工作［J］．中国水利，2022，（5）：9．
[5] 杨庆，崔文君，林健，等．北京市西郊地下水污染特征［J］．城市地质，2016，11（4）：75-78．
[6] 王丽亚，张国飞，王立发，等．北京市平原区中深层地下水位动态浅析［J］．城市地质，2013，8（1）：35-37．
[7] 李鹏，许海丽，潘云，等．北京市平原区地下水补给量计算方法对比研究［J］．水文，2017，37（2）：31-35．
[8] 刘立红．平谷区平原区地下水水位动态变化及影响因素［J］．水土保持应用技术，2022，No.209（5）：47-49．
[9] 张金男，吴剑，魏国振，等．优选雨量站权重改进降雨输入的洪水预报方法［J］．大连理工大学学报，2020，60（5）：537-546．

基于 GRACE 卫星降尺度的北京平原地下水储量时空变化分析

张梦琳[1] 杨 勇[1] 冯衍扉[1,2]

[1. 北京市水科学技术研究院，北京 100048；2. 中国地质大学（北京）水资源与环境学院，北京 100083]

【摘要】 本文基于 GRACE/GRACE-FO 重力卫星数据，联合随机森林模型的降尺度技术，将 GRACE 数据的空间分辨率从 0.5°提高到 0.05°（~5km），分析了 2003—2021 年北京平原区地下水储量变化（GWSA）的时空分布特征。结果表明：2003—2021 年研究区的年均 GWSA 等效水高变化范围为 -67.30~63.09mm，南水北调中线通水前后，GWSA 年变化趋势分别为 -0.0037 亿 m^3/a、0.005 亿 m^3/a；降尺度前后反演的平原区地下水储量变化等效水高与《北京市水务统计年鉴》中统计的地下水位变化间的相关系数分别 0.34、0.33，均方根误差分别为 35.43mm、34.94mm。降尺度前后反演的地下水动态变化基本一致，降尺度过程保留了原始数据的特征，且精度有所提升。研究成果为北京市地下水监测提供了一种新的卫星监测技术手段，可大范围实时地监测地下水储量变化分布，为全市水资源管理提供新的决策依据。但受限于 GRACE 卫星数据粗糙的分辨率，现阶段建议作为北京市辅助地下水监测手段。

【关键词】 地下水储量变化；GRACE 降尺度；随机森林方法；北京平原

Analysis of spatiotemporal variations of groundwater storage in Beijing Plain based on downscaled GRACE solutions

ZHANG Menglin[1] YANG Yong[1] FENG Yanfei[1,2]

[1. Beijing Water Science and Technology Institute, Beijing 100048;
2. China University of Geosciences (Beijing), Beijing 100083]

【Abstract】 Based on the GRACE/GRACE-FO gravity satellite data, and combined the random forest-based downscaling techniques, the spatial resolution of GRACE solutions was increased from 0.5° to 0.05° (~5km). The spatiotemporal characteristics of groundwater storage anomalies (GWSA) were analyzed during the period from 2003 to 2021. The results show that the annual GWSA vary from -67.30 to 63.09 mm between 2003 and 2021, and the annual GWSA trends are -0.0037 and 0.005 billion m³/a, respectively. Moreover, the correlation coefficients between GRACE-based GWSA and in-situ measurements in Beijing Water Statistical Yearbook are 0.34 and 0.33 before and after the South-to-North Water Diversion Project (SNWDP), and the root mean square errors are 35.43 mm and 34.94 mm respectively. The dynamic changes of groundwater are basically the same before and after downscaling, and the downscaling process retains the characteristics of the original data, and the accuracy is improved. This research provides a new satellite monitoring technology for groundwater monitoring in Beijing, which can monitor the groundwater storage in a large scale, and provide a new decision-making basis for water resources management. Currently, due to the coarse resolution of GRACE satellite data, it is suggested to be used as an auxiliary measure for groundwater monitoring in Beijing.

【Key words】 Groundwater storage change; GRACE downscaling; Random Forest; the Beijing Plain

0 引言

北京市是典型的资源性缺水的特大城市，地处我国水资源压力最大的地区之一的华北平原，地下水是极为重要的供水水源[1]。虽然近年来地下水超采状况有所缓解，但目前地下水储量仍有较大亏空，缺水少水仍是首都需要长期面对的市情水情[2]。

地下水储量变化是了解区域地下水动态以及支撑管理决策的关键要素，目前常规手段是利用地下水位监测数据通过水均衡公式计算，受地下水监测井分布及参数非均质性等条件约束，地下水储量计算不够准确[1,3]。GRACE（Gravity Recovery and Climate Experiment，重力恢复与气候实验室）是一种新的监测全球水资源变化的方法，为地下水储量的估算提供了新方法[4-7]。然而，由于 GRACE 卫星数据的空间分辨率（~450km×450km=~200000km²）比较粗糙，该技术在小尺度地区水资源管理中的应用比较受限，就北京市而言，其分辨率尚显不足[8]。

统计降尺度方法是目前最常用的降尺度方法之一，其原理简单且方法众多，通过在粗糙分辨率下建立输入变量和目标变量间的联系，然后将高分辨率的输入变量导入到训练好的模型中实现降尺度。目前常采用的降尺度方法包括多元线性回归、机器学习和水文模型等多种方法[9]。早期研究表明，基于随机森林模型的降尺度结果明显优于其他的机器学习模型[10]。

因此，本文基于随机森林方法，构建了 GRACE 卫星数据降尺度模型，将 GRACE 数据的空间分辨率从 0.5°提高到 0.05°（~5km），确定了 2003—2021 年北京平原区的地下水储量变化，分析了南水北调中线通水前后地下水储量的时空分布特征，初步探讨了应用 GRACE 数据评估北京平原区地下水储量变化的适用性。

1 研究区介绍

北京市位于北纬 39°28′~41°05′、东经 115°25′~117°30′，地处华北平原的西北端，本文研究范围为北京市东南部的平原区，总面积约 6200km²。北京平原主要由永定河、潮白河、温榆河、大石河、蓟运河等河流的冲湖积作用形成，平均海拔为50～70m，向东南倾斜，坡度为1‰～2‰。多年平均降水量约585mm，且时空分布高度不均。

2 数据与方法

2.1 研究数据

2.1.1 GRACE/GFO数据

本文采用由美国得克萨斯大学空间研究中心（Center for Space Research，CSR）和美国宇航局喷气推进实验室（Jet Propulsion Laboratory，JPL）发布的月尺度mascon产品，包括CSR Mascon RL06（CSR-M）和JPL Mascon RL06（JPL-M）解决方案，时间跨度为2003年1月至2021年12月，其中JPL-M经过了模型CLM4.0的校正[11]。针对"电池管理"引起的独立月份缺失值，本文采用三次插值（cubic interpolation）分别对CSR-M和JPL-M进行处理，然后将CSR-M重采样为与JPL-M相同的分辨率（0.5°×0.5°），GRACE TWSA为二者的平均值，代表相对于2004—2009年的陆地水储量变化。考虑到GRACE卫星与其后继星GRACE-FO之间存在11个月的数据间隔，本文参考Chen等[12]对这一间隔进行填补，以得到研究期内连续的GRACE数据。

2.1.2 气象数据

本文使用的气象数据包括陆面地表温度、归一化植被被指数、降水、温度和蒸散发五种变量。其中，陆面地表温度和归一化植被指数数据均由MODIS卫星提供，空间分辨率为0.05°。ERA5表示欧洲中期天气预报中心（European Centre for Medium Range Weather Forecasts，ECMWF）最新的气候再分析数据，可以提供1950年至今小时尺度的大气、陆地表面和海洋状态参数。利用ERA5数据提供本文所需要的降雨、温度和蒸散发产品，空间分辨率为0.05°。

2.1.3 地下水资料

地下水位实测资料及地下水储量变化资料来源于《北京市水务统计年鉴》，该数据主要用于对比分析GRACE卫星反演结果的准确性。

2.2 研究方法

2.2.1 基于GRACE数据确定地下水储量变化方法

地下水储量（Ground Water Storage，GWS）是陆地水储量（Terrestrial Water Storage，TWS）的一部分，地下水储量变化（Ground Water Storage Anomaly，GWSA）计算如下：

$$GWSA_i = TWSA_i - SMSA_i - SWSA_i - SNSA_i - CNSA_i \tag{1}$$

式中　　　　　　GWSA——地下水储量变化；

TWSA——陆地水储量变化；

SMSA、SWSA、SNSA和CNSA——土壤水分变化、地表水储量变化、雪水当量和冠层水变化量；

i——第i个格网。

2.2.2 降尺度方法

首先根据水均衡方程[式（1）]计算得到 GWSA，并以此作为目标变量，将陆面地表温度、归一化植被指数、降水、温度和蒸散发五种数据作为模型的输入变量，用来训练随机森林模型，从而得到粗糙分辨率下（0.5°×0.5°）训练后的降尺度模型。将高分辨率的气象数据导入训练后的降尺度模型中，将训练集的预测结果和目标数据之间的误差进行重采样，加到降尺度后的 GWSA 数据即可得到目标分辨率（0.05°×0.05°）下的降尺度结果。

随机森林（Random Forest，RF）是基于 Bagging 集成学习理论和随机子空间方法提出的[13]。该方法是新兴起的、高度灵活的一种机器学习算法，拥有广泛的应用前景。随机森林就是通过集成学习的思想将多棵树集成的一种算法，它的基本单元是决策树。决策树是基于逻辑的机器学习方法[14]。该种模型基于表达式，采取自上而下的方式采取逻辑运算式（2）。RF 包含多个由 Bagging 集成学习技术训练得到的决策树，当输入待分类样本时，最终结果由众多决策树以投票的方式输出结果。该法在当前所有算法中，具有极好的准确率，在大数据集中能有效地运行，且对高维数据分类问题有良好的并行性和扩展性，而且不需要降维，对噪声和异常值有较好的容忍性。

$$f = \frac{1}{N_{\text{tree}}} \sum_{i=1}^{N_{\text{tree}}} f_i(Var) \tag{2}$$

式中　N_{tree}——决策树的数目；

Var——解释变量，该变量既可以是一个单独的数列也可以是一个矩阵；

$f_i(Var)$——预测因子和预测变量之间的回归函数。

3 结果与讨论

3.1 降尺度前后北京地下水储量变化分析

相比于 GRACE 原始产品数据，降尺度后基本保留了原始分辨率下的空间分布特征，降尺度后的地下水储量变化明显更平滑，更能反映局部细节变化。总体上，2003—2021 年间整个平原区地下水均呈下降趋势，研究区中北部区域 GWSA 要大于南部大部分地区，北部大部分地区地下水储变量的减少量小于南部区域，南部区域地下水储量下降较为严重。

就南水北调工程影响而言，经统计，东城区、西城区、朝阳区、海淀区的东部和丰台区的东部等地区南水北调后的 GWSA 年均值有所减小，地下水储量的年减少量大约在 8 亿~10 亿 m^3，而南水北调后的 GWSA 年变化趋势又负转正，说明这些地区虽然地下水储量还在减少，但是减少量已经得到了缓解，有回升的趋势。南水北调后，地下水储量变化较显著的是房山区南部、门头沟区东部、海淀区西部、石景山区、昌平区南部及丰台区东部，这几个地区南水北调后的 GWSA 年均值有所下降，减少量大约在 10 亿~12 亿 m^3，这些地区的地下水储量依旧呈减少趋势，需要重点关注。而延庆区大部分地区和怀柔区北部年均 GWSA 转正，增加量约 1 亿 m^3，地下水储量已经有所回升。2021 年北京大部分地区

GWSA年变化趋势有所上升，虽然从年均GWSA看研究区整体地下水储量仍在减少，但减少的趋势逐渐缓解。

3.2 北京平原地下水储量变化随时间变化分析

图1给出了降尺度前后研究区2003—2021年间年均GWSA等效水高变化图，从图中可知，北京平原2003—2021年年均GWSA等效水高变化在$-67.30 \sim 63.09$mm之间。总体上，北京市地下水储量呈逐年递减趋势，但是2015年以后随着南水北调工程的实施地下水储量有所回升。南水北调前后，GWSA年变化趋势分别为-0.0036亿m^3/a、0.005亿m^3/a，2015—2021年地下水总体呈回升态势。

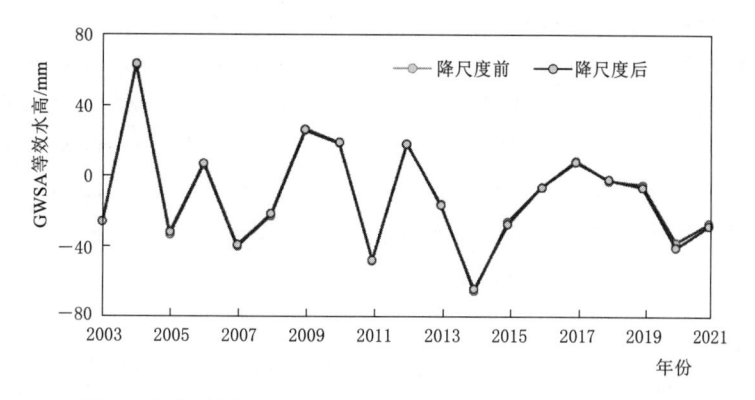

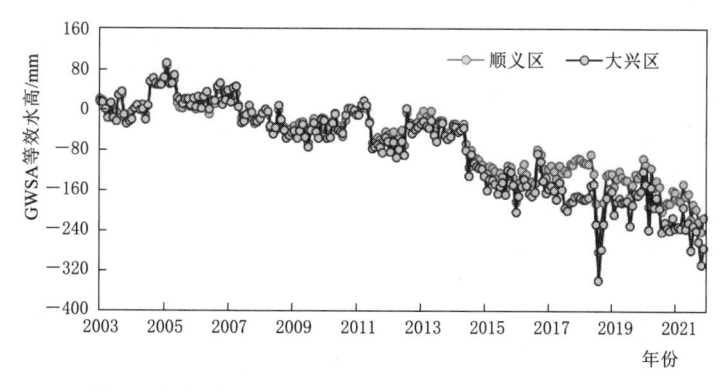

图1 北京平原2003—2021年间年均GWSA等效水高变化

图2给出了两个典型区2003—2021年地下水储量变化，黑色实线和灰色虚线分别表示大兴区及顺义区，从图中可知，顺义区2003—2021年月尺度GWSA等效水高变化在$-280.95 \sim 85.46$mm之间，自2005年以后地下水储量呈下降趋势，2015年以来地下水位有所回升，除南水北调工程外，也与该区域实施生态补水以涵养地下水高度相关；大兴区2003—2021年月尺度GWSA等效水高变化在$-346.78 \sim 92.85$mm之间，地下水整体呈下降趋势，2015年以后地下水位有所回升，但相比于顺义区，地下水储量下降趋势较为明显。

图2 北京平原2003—2021年间GWSA等效水高变化

3.3 精度评价

本文分别整理了研究区2005—2021年间地下水位实测数据以及地下水储量变化数据，并根据给水度推算出GRACE反演的GWSA，以对比分析降尺度结果的精度。图3和图4分别给出了北京平原区降尺度前后年均GWSA等效水高与实测地下水位变化对比图、年均GWSA与统计年鉴地下水储变量对比结果。由图可知，降尺度前后反演的地下水动态变化基本一致，降尺度过程保留了原始数据的特征，且精度有所提升，与平原区实测数据相比，GRACE反演的结果误差较大，但在一定程度上能反映地下水储量的变化趋势。

利用相关系数和均方根误差作为评估指标，相关系数越大且均方根误差越小，表明降尺度结果的可靠性越高。结果表明，降尺度前后GWSA等效水高与实测地下水位变化间的相关系数分别为0.34、0.33，均方根误差分别为35.43mm、34.94mm；GRACE反演的GWSA与《北京市水务统计年鉴》中统计的地下水储变量间的相关系数分别为-0.42、-0.41，均方根误差分别为6.32亿m³、6.29亿m³，结合图4可知，GRACE与年鉴结果呈负相关关系，相比年鉴结果存在一定的滞后性，考虑GRACE结果滞后一年的情况下，相关系数与均方根误差分别为0.38和3.77亿m³。

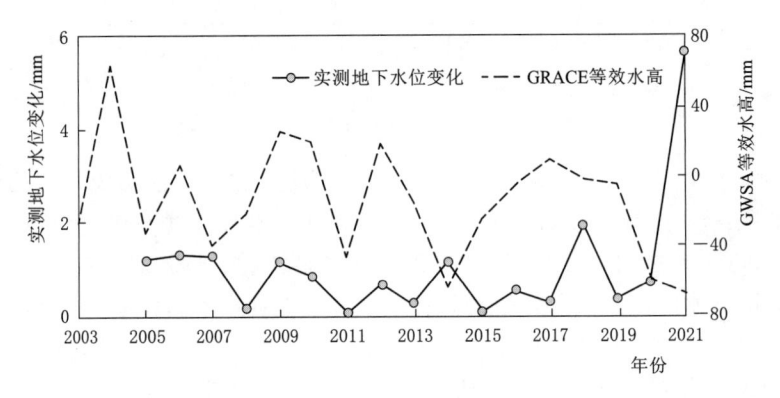

图3 降尺度前后平原区年均GWSA等效水高与实测地下水位变化对比图

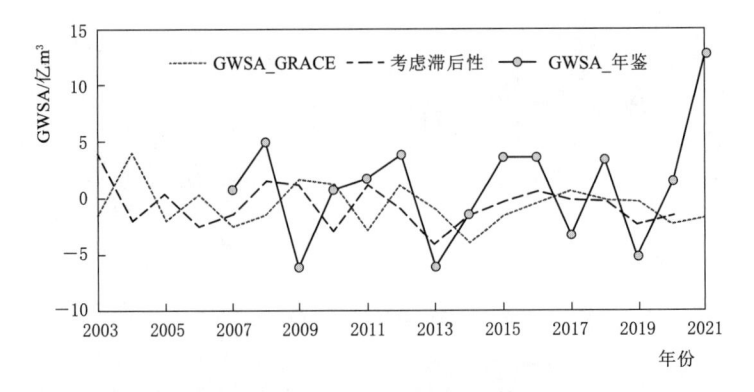

图4 降尺度前后平原区年均GWSA与统计年鉴地下水储变量对比图

4 结论

本文利用随机森林方法，研究了 GRACE 地下水储量变化降尺度技术，进而获取 2003—2021 年的北京平原 0.05°×0.05°分辨率下的地下水储量变化，并量化分析了北京平原地下水储量的时空演变规律。主要结论如下：

（1）降尺度前后 GWSA 等效水高与实测地下水位变化间的相关系数分别为 0.34、0.33，均方根误差分别为 35.43mm、34.94mm；GRACE 反演的 GWSA 与《北京市水务统计年鉴》中统计的 GWSA 间的相关系数分别为 －0.42、－0.41，均方根误差分别为 6.32 亿 m^3、6.29 亿 m^3。降尺度前后反演的结果基本一致，与平原区实测数据相比，GRACE 反演的结果误差较大，但在一定程度上能反映地下水储量的变化趋势。研究成果为北京市地下水监测提供一种新的卫星监测技术手段，可大范围实时地监测地下水储量变化分布，为全市水资源管理提供新的决策依据。但受限于 GRACE 卫星数据粗糙的分辨率，现阶段建议作为北京市辅助地下水监测手段。

（2）分析了基于 GRACE 反演的北京平原地下水储量变化的空间分布特征。结果表明：总体上，2003—2021 年间整个平原区地下水均呈下降趋势，研究区北部大部分地区地下水储变量的减少量小于南部区域。

（3）分析了基于 GRACE 反演的 2003—2021 年间北京平原区地下水储变量随时间变化规律，并分析了南水北调工程对地下水储量的影响。结果表明：北京市 2003—2021 年年均 GWSA 等效水高变化在－67.30～63.09mm 之间。总体上，北京市地下水储量呈逐年递减趋势；南水北调前后，GWSA 年变化趋势分别为 －0.0036 亿 m^3/a、0.005 亿 m^3/a，2015 年以后随着南水北调工程的实施地下水储量有所回升。

受限于 GRACE 卫星粗糙的分辨率、降尺度过程中可能带来的误差及不确定性等因素，利用 GRACE 卫星监测地下水储量变化目前在北京的应用有限，但随着遥感卫星及机器学习等技术的发展，该方法具有很大的应用潜力。

参考文献

[1] Long, D, Yang, W, Scanlon, B, et al. South-to-North water diversion stabilizing Beijing's groundwater levels [J]. Nature Communications, 2020, 11: 3665.

[2] 孙晋炜, 汪珊, 姜体胜, 等. 北京市地下水超采成因分析及治理效果评价 [J]. 北京水务, 2022, 226 (5): 1-4.

[3] Yin, W, Yang, S, Hu, L, et al. Improving understanding of spatiotemporal water storage changes over China based on multiple datasets [J]. Journal of Hydrology, 2022, 612: 128098.

[4] Feng, W, Zhong, M, Lemoine, J. M, et al. Evaluation of groundwater depletion in North China using the Gravity Recovery and Climate Experiment (GRACE) data and ground-based measurements [J]. Water Resources Research, 2013, 49 (4): 2110-2118.

[5] 任永强, 潘云, 宫辉力. 海河流域地下水储量时变趋势分析 [J]. 首都师范大学学报（自然科学版）, 2013, 34 (4): 88-94.

[6] 尹文杰,胡立堂,王景瑞. 基于GRACE重力卫星的甘肃北山地区地下水储量变化规律研究[J]. 水文地质工程地质, 2015, (42) 4: 29-34.

[7] Long, D, Chen, X, Scanlon, B, et al. Have GRACE satellites overestimated groundwater depletion in the Northwest India Aquifer? [J]. Scientific Reports, 2016, 6 (1): 24398.

[8] Yin, W, Hu, L, Zhang, M, et al. Statistical Downscaling of GRACE-Derived Groundwater Storage Using ET Data in the North China Plain [J]. Journal of Geophysical Research-Atmopsheres, 2018, 123 (11): 5973-5987.

[9] Yin, W, Fan, Z, Tangdamrongsub, N, et al. Comparison of physical and data-driven models to forecast groundwater level changes with the inclusion of GRACE - A case study over the state of Victoria, Australia [J]. Journal of Hydrology, 2021, 602: 126735.

[10] He, Q, Liu, K, et al. Downscaling of GRACE-Derived groundwater storage based on the random forest model [J]. Remote Sensing, 2019, 11 (24): 2979.

[11] Nie S, Zheng W, Yin W, et al. Improved the Characterization of Flood Monitoring Based on Reconstructed Daily GRACE Solutions over the Haihe River Basin [J]. Remote Sensing, 2023, 15 (6): 1564.

[12] Chen J. Satellite gravimetry and mass transport in the earth system [J]. Geodesy and Geodynamics, 2019, 10 (5): 402-415.

[13] Chen W, Wang Y, Cao G, et al. A random forest model-based classification scheme for neonatal amplitude-integrated EEG [J]. BioMedical Engineering OnLine, 2014, 13 (6): 2116-2124.

[14] Safavian S R, Landgrebe D. "A Survey of decision tree classifier methodology." IEEE Transactions on Systems [J]. Systems, Man and Cybernetics, IEEE Transactions on, 1991, 21: 660-674.

加强北京市集中式饮用水水源管理的几点建议

许志兰　杨　勇　杨默远

（北京市水科学技术研究院，北京　100048）

【摘要】　饮用水水源的规范管理在保障北京市供水安全方面起着极其重要的作用。本文在分析北京市集中式饮用水水源现状、水源管理要求与现状的基础上，对水源管理中存在的问题进行分析，对饮用水水源管理中易混淆的概念、不清晰的管理界线进行了分析和明确，从完善保护区划定与标识，加强技防、人防措施，强化规划及管控评估等方面对规范化水源管理提出了建议。

【关键词】　饮用水；水源；管理

Some suggestions on strengthening centralized drinking water source management in Beijing

XU Zhilan　YANG Yong　YANG Moyuan

(Beijing Water Science and Technology Institute, Beijing　100048)

【Abstract】　The normalized management of drinking water source plays an extremely important role in ensuring the safety of water supply in Beijing. Based on the analysis of the current situation, management requirements and status of centralized drinking water sources in Beijing, this paper analyzes the existing problems, analyzes and clarifies the confusing concepts and unclear management boundaries in centralized drinking water source management. Some suggestions are put forward for the normalization of water resources management from the aspects of improving the delineation and sign construction of protected areas, strengthening technical defense and human defense measures, and strengthening planning and assessment.

【Key words】　Drinking water; Water source; Management

　　饮用水水源的规范管理在保障北京市供水安全方面起着极其重要的作用。中共北京市委生态文明建设委员会2020年工作要点，北京市打好碧水保卫战2020年行动计划均对加强饮用水水源保护管理提出了要求。目前北京市的集中式饮用水水源，仍存在着管理不规范、底数不清晰、监管责任不明确等问题，未建立起有效的管控制度和约束机制，迫切需要通过建立台账、分级管理、制定水源管理技术规程等手段，推进饮用水水源规范化管理。

1 集中式饮用水水源现状

饮用水水源指水体满足一定水量、水质要求，可供饮用、生活及公共服务用水的特定取水水域或特定地下含水层。包括地表水水源和地下水水源。集中式饮用水水源指为集中供水厂（站）提供原水的取水水域或地下含水层。

2019年北京市共有城镇公共供水厂72个、乡镇集中供水厂104个、村庄供水站3157处[1]。经市政府批准，北京市已划定集中式饮用水水源地377个，其中市级集中式饮用水水源地10个、区级30个、乡镇级116个、村级221个。

市级在用地表水源包括密云水库水源、怀柔水库水源；市级在用外调水源为南水北调水源；市级在用地下水源包括第一水厂水源、第二水厂水源、第三水厂水源、第四水厂水源、第五水厂水源、第七水厂水源、第八水厂水源；市级应急水源包括怀柔应急水源、平谷应急水源、引潮入城水源、张坊应急水源、拒马河水源。

2 集中式饮用水水源的管理要求与现状

2.1 法律法规要求

国家层面涉及饮用水水源保护的法律主要有《中华人民共和国水法》《中华人民共和国水污染防治法》。其中，《中华人民共和国水法》明确规定："国家建立饮用水水源保护区制度""禁止在饮用水水源保护区内设置排污口"。《中华人民共和国水污染防治法》第五章专门对饮用水水源保护作出明确规定，包括饮用水水源保护区划定流程、饮用水水源保护区禁止行为、饮用水水质检测等方面。

北京市涉及饮用水水源保护的法规主要有《北京市实施〈中华人民共和国水法〉办法》《北京市水污染防治条例》。其中，《北京市实施〈中华人民共和国水法〉办法》明确规定禁止在饮用水水源保护区内设置排污口。《北京市水污染防治条例》第四章，结合北京市实际对饮用水水源保护区划定流程、饮用水水源保护区禁止行为、地下水开采保护等作出了明确规定。

2.2 相关标准规范

为依法落实饮用水水源保护区制度，环境保护部陆续出台了《饮用水水源保护区划分技术规范》《饮用水水源保护区标志技术要求》《农村饮用水水源地环境保护技术指南》《集中式饮用水水源地规范化建设环境保护技术要求》《集中式饮用水水源地环境保护状况评估技术规范》等规范指南[2-6]，对水源保护区的划分、标志标识的设置、水源地的规范化建设、环境保护状况的评估等提出了要求。

水利部于2015年印发《全国重要饮用水水源地安全保障评估指南》（试行），从水量、水质、监控和管理四个方面建立了饮用水水源地安全保障评估指标体系。

2.3 水源管理现状

目前，北京市的集中式饮用水水源，市级水源多数由市级单位来管理，如地表水源、外调水源、应急水源是由市水行政管理部门下属的水管单位或市自来水集团来管理和维护，地下水源均由市自来水集团来管理和维护。

区级水源中，除昌平、顺义、平谷的区级水源由区自来水公司管理外，其他各区的区级水源均由市自来水集团管理和维护。

镇级和村级水源的管理维护，各区不尽相同。区水行政主管部门有下属水务站的，多数镇、村水源由水务站管理维护，没有下属水务站的，多数由镇、村自行管理。

3 集中式饮用水水源管理的问题与分析

3.1 水源管理的概念混淆、界线不清晰

在水源管理中，水源管理人员经常将几个概念混淆，如水源的取水与供水，水源保护与水源地保护，水源的取水量等同于水厂的供水量等。

水源监督管理涉及的部门较多，生态环境部门涉及水源保护区划定，水利部门涉及水源工程；城市供水厂水源的建设运行执行城建部门标准规范，农村地区供水厂站水源的建设运行执行水利部门标准规范。不同部门针对水源的监督管理存在交叉，管理界线不是很清晰。如2015年水利部水资源司下发的《全国重要饮用水水源地安全保障评估指南》和2015年环境保护部（现生态环境部）发布的《集中式饮用水水源地环境保护状况评估技术规范》（HJ 774—2015）均对水源的水量、水质、保护区整治、监控能力、管理状况等提出了要求。

由于多数地下水源与供水厂是一个管理主体，因此集中供水工程存在的问题，在水源管理中同样存在。2019年水利部印发《关于建立农村饮水安全管理责任体系的通知》，其中提到的农村饮水工程存在的运行管理能力薄弱、未建立起工程长效管理机制、管理责任体系不健全等问题在北京市的镇村水源管理中同样不同程度地存在。不同级别水源的责任主体是谁？需承担哪些主体责任？由谁来监管？监管责任是什么？管理责任单位的职责是什么？这些问题对于基层的水源管理人员来说不是太清楚，水源监管人员同样存在疑惑。

3.2 水源保护区的划定未全部覆盖

北京市各级水源的保护区划定目前未实现全覆盖，部分镇级、村级水源没有划定保护区。

分析其原因，主要有以下三点：一是水务部门和生态环境部门协同不够，水源保护区的划定由生态环境部门牵头，水源的位置由水务部门提出，由于两部门的协同工作不充分，造成少数市、区级水源已建立，但保护区划定工作相对滞后的局面；二是镇级、村级水源数量较多，相对分散，水务和生态环境部门有限的监管力量，目前仍以市级、区级等较大水源为监管重点，难以兼顾到全部镇村水源；三是各区对于划定水源保护区的主动性

不够，水源保护区一旦划定，现有法规中针对水源保护不同程度的禁止、限制建设项目的规定，势必会影响各区水源周边的项目开发。

3.3 水源保护的技防、人防措施不完善

目前，部分水库型饮用水水源一级保护区边界建设了隔离网，实现了封闭管理，对于水源的污染防护起到了重要作用。但仍有部分河流型饮用水水源，如京密引水渠，以及大量镇村级地下水水源的一级保护区未实现封闭管理，水源周边仍存在着较多的潜在污染风险源。

水源保护的现状技术防范措施偏重于传统的硬隔离、生态隔离带、功能有限的摄像头，新型的周界防范、摄像监控等技防措施的应用还不广泛，监控范围小。针对水质污染的预警监控还不完善，针对取水量的预警监控系统还未建立，未形成对水源地水质、水量的精细化管控。

市级、区级水源管理单位多数具有较为完善的管理制度，管理人员具备一定的专业知识，但镇级、村级水源管理人员的专业知识相对薄弱，管理单位的巡查制度、定期运维制度等还不完善。

3.4 监管部门的管控措施不到位

3.4.1 地下水源的水量保证率评估有待完善

2015年水利部水资源司下发的《全国重要饮用水水源地安全保障评估指南》（试行）中，有个指标为年度供水保证率，评估方法为"年度供水保证率达到95％以上的，得满分；不能达到95％的，得0分"。地下水水源的年度供水保证率为"年度实际供水量与设计供水量的百分比"，对于地下水型水源来说，年度供水保证率达到95％以上，即年度实际供水量与可开采量的比值大于95％为满分，低于95％为零分。水源地的可开采量一段时间内变化不会太大，若供水区域采取了有力的节水措施，供水量大幅减少，供水量与可开采量的比值很有可能会低于95％，此项指标为零分。但实际上供水减少了，可开采量不变，水源的供水保证率反而提高了。

2015年环境保护部发布的《集中式饮用水水源地环境保护状况评估技术规范》（HJ 774—2015）中针对取水量保证状况的评估方法为："地下水饮用水单个水源取水量保证状况用取水量保证率WGR表示，实际取水量小于或等于设计取水量时，取水量保证率（WGR）为100％，否则为0"。区域水源的取水量保证率为参与评估水源取水量保证率的均值。设想一种情况，地下水源开采几年后，可开采水量一定程度地减少，实际取水量随之减少，实际取水量仍然小于设计取水量，评估得出取水量保证率为100％，但实际上这个水源的保证率降低了。

3.4.2 集中式饮用水水源的规划引领作用不强

近年来，在北京市编制《"十二五"水务发展规划》《"十三五"水务发展规划》过程中，同步在编制节水、排水、海绵城市等专项规划，但中心城区及各郊区对于集中式饮用水水源的专项规划未要求编制。针对农村的集中饮用水水源规划，在2016年全市及各区编制的《农村饮水提质增效规划》中，只是有个水资源的章节，数据相对较少，集中式饮

用水水源的规划引领作用不强。

4 集中式饮用水水源管理的几点建议

4.1 明确概念，厘清管理界线

针对水源管理中的易混淆概念、不清晰的管理界线，有必要进行明确。

4.1.1 区分水源与水源地

水利部对于饮用水水源地的定义是"水体满足一定水量、水质要求，可供饮用水取水的特定区域或特定地下含水地层"，生态环境部对于饮用水水源地的定义是"提供居民生活及公共服务用水的取水水域和密切相关的陆域"[4]，对于饮用水水源均没有明确定义。综合两个部门对于饮用水水源地的定义，个人认为饮用水水源，是指满足一定水量、水质要求，可供饮用、生活及公共服务用水的特定取水水域或特定地下含水层。

可以看出，水源指的是取水的水域，水源地不仅包括水域，还包括保护区内的陆域。水利部门监管的重点是水源，即要保证取水水域的水量，对取水水域的水质进行保护，主要针对水源工程管理范围内的水量、水质管理、设施运行维护；生态环境部门监管重点是水源地，即取水水域和保护区陆域的污染防护、划定保护区、设置标识等，主要针对水源工程范围以外、保护区内的水质保护、污染风险防控。

4.1.2 区分水源取水与水厂供水

集中供水工程指从水源集中取水，经必要的净化消毒后，通过配水管网输送到用户的供水工程[6]。包括取水工程、输水管网、净水厂、配水管网等设施。从水源的取水量，到水厂的进水量，到水厂的出水量，中间存在着输水损失、水厂自用水损失，数量不可能相等，因此水源取水量不能用水厂供水量来替代。

一个水源可能供给多个水厂，比如张坊应急水源，供给中心城区、房山区多个水厂和单位；一个水厂也可能不是单一水源，比如房山、顺义的城区水厂多数是多水联调，因此应对水源取水量和水厂供水量分别计量、统计，进行合理配置。

水厂供水量指供给用户，水源供水量指供给水厂，二者都称为供水量，如果对水源和水厂的对应关系不是很清楚，很容易将两者混淆，因此建议水源供给水厂的水量称为水源取水量。

4.1.3 水源分级管理、明确管理界线

建议集中式饮用水水源按照对应水厂的供水范围，进行市、区、镇、村分级管理，有利于管理责任主体的确定。各级饮用水水源应明确水源管理责任单位，落实水源管理责任人与职责，健全水源管理制度，建立水源管理队伍。

地表水源的管理责任单位，多数是水行政主管部门下属的水管单位，如密云水库管理处、京密引水管理处；中心城区、各区城区的地下水源管理责任单位，多数是供水企业，如市自来水集团、顺义区自来水公司；镇集中供水厂、村级供水站地下水源的管理责任单位，应为镇政府、村委会，由镇村组建管理队伍，或委托第三方进行水源设施的运行维护管理。

针对水源管理责任体系不健全的问题，应明确水源管理的"三个责任"——地方人民政府的主体责任、水行政主管部门的行业监管责任、水源管理责任单位的运行管理责任。

1. 地方人民政府的主体责任

地方人民政府是饮用水水源管理的责任主体，统筹负责所辖范围内饮用水水源安全的组织领导、制度保障，管理机构、人员和工程建设及运行管理经费落实工作，明确有关部门饮用水水源管理职责分工。

区级以下（含）水源管理的责任主体是各区政府，应明确区级、镇级、村级水源的管理责任单位、运行维护单位。

2. 水行政主管部门的行业监管责任

市级水行政主管部门作为行业管理部门，负责抓好市级水源工程规划、项目实施方案等前期工作和组织实施，负责市级水源的调度、取水管理、水资源评估、水文监测的组织实施，指导、监管全市水源工程建设和运行管理等工作。

区级水行政主管部门负责抓好区级以下（含）水源工程规划、项目实施方案等前期工作和组织实施，负责区级以下（含）水源的调度、取水管理、水资源评估、水文监测的组织实施，指导、监管全区水源工程建设和运行管理等工作。

水行政主管部门应掌握集中式饮用水水源信息，建立信息台账，并进行动态更新。应对水源地水质进行抽查，至少一年一次。

3. 水源管理责任单位的运行管理责任

水源管理责任单位负责向供水厂（站）提供符合水质、水量要求的供水服务，保障正常供水，落实相应人员，做好水源巡查、工程运行管理和维修养护、水源水质检测、水源自评估等工作。

不具备相应的专业技术能力时，水源管理责任单位可通过招投标委托专业化运行维护公司开展以上工作，并签订运行维护合同，运行维护合同应明确运行维护范围、内容及标准。同时建立依效付费监督考核机制，水源管理责任单位应设置考核量化指标进行运行维护质量考核，考评结果作为运行维护费支付依据。

4.2 完善水源保护区的划定和标识

4.2.1 水源保护区的划定

各级集中式地表水饮用水水源（包括在用、备用和规划）都应按《北京市水污染防治条例》要求划分饮用水水源保护区，依法审批并颁布实施。现状的审批程序为：市级水源保护区和准保护区的划定，由市生态环境主管部门会同市水行政、规划与自然资源、卫生健康、住房城乡建设、园林绿化等相关行政主管部门提出方案，报市人民政府批准。区级以下（含）水源保护区和准保护区的划定，由区人民政府提出方案，报市人民政府批准。

保护区划分方法应符合《饮用水水源保护区划分技术规范》（HJ 338—2018）的要求。

目前还没有划定保护区的，水源管理责任单位应提出申请，并配合生态环境主管部门进行划定。

4.2.2 水源保护区的标志标识

水源保护区应设置界标、交通警示牌和宣传牌等标志标识，且状态完好。标志标识的设置应符合《饮用水水源保护区标志技术要求》（HJ/T 433—2008）的规定，该规定明确，水源保护区标志由各级人民政府设立，生态环境行政主管部门监制，管理与维护由生态环境行政主管部门负责。

当水源保护区的标志标识不全时，水源管理责任单位应提出申请，并配合生态环境行政主管部门进行安装。

4.3 加强水源保护的技防措施、人防措施建设

4.3.1 加强新型周界防范设施应用

集中式饮用水水源一级保护区原则上应全封闭管理，封闭界线最好与保护区陆域界线一致。近期不能实现全封闭管理的，至少应在人类活动频繁区域设置隔离设施。

新建的水源保护区周界防范形式，在有条件的情况下，建议采用电子围栏，可根据场地条件选择脉冲式电子围栏、张力式电子围栏。

脉冲电子围栏与红外对射、振动电缆等其他周界安防技术比较具有主动防御、强适应性、低误报率、安全、经济节能等独特的优势。脉冲电子围栏的阻挡作用首先体现在威慑功能上，金属线上悬挂警示牌，使入侵者一看到便产生心理压力，且触碰围栏时会有触电的感觉，足以令其望而却步；其次电子围栏本身又是有形的屏障，安装适当的高度和角度，很难攀越；如果强行突破，主机会发出报警信号。

张力式电子围栏与脉冲式电子围栏类似，区别是张力式不带电，通过感应围栏的张力值变化，来实现防范入侵报警的功能。

通过电子围栏的安装，可以减轻水源管理人员的巡查压力，实现从被动探测的"关门寻找"到主动防御的"拒之门外"的根本转变。

4.3.2 增大监控范围、提高视频监控能力建设

地表水饮用水水源及一级保护区应建设视频监控系统，实现取水口、水源全域、一级保护区全界、引调水明渠全域、调蓄设施涉及水域、交通穿越区域和重点风险区域的监控全覆盖，有条件的可实现一级保护区全域的监控全覆盖。

地表水饮用水水源二级保护区应建设视频监控系统，实现二级保护区重要节点、重要交通节点、重点风险区域的监控覆盖。

地下水饮用水水源应建设视频监控系统，实现水源井、井房内、井房周边、一级保护区全域、交通穿越区域和重点风险区域的监控全覆盖。井房内应建设监控系统，设置水池溢流、机组故障、水池人孔及房门被打开等异常情况的报警装置，报警信号自动接入监控系统控制中心。

水源管理责任单位的监控中心应有人 24 小时值守，对水源和保护区内的违法行为进行实时监控、在线警告。

视频监控系统至少应具备以下功能：白天、夜晚、恶劣天气（阴雨、雾霾天气）24 小时自动动态监控，具有视频图像的高清摄制、存储、检索和回放等功能；支持多通道同时录像、多画面回放、系统报警屏幕、声音提示等功能；具备广播对讲功能，便于对违法

行为警告劝退；视频资料至少保存1个月。人类活动频繁的区域、重点区域，监控系统可增加智能识别功能（人脸识别、车牌号识别）、图像抓拍功能等，便于对违法行为进行取证。

4.3.3 加强预警监控能力建设

针对重要集中式饮用水水源地、引调水工程沿线，应对重要控制断面实施必要的水质在线预警监控。水质在线预警监控点位至少应包括取水口或主要支流汇入口上游2h及以上流程水域、风险源汇入口、省界及区界。水质在线预警监控指标至少应包括常规五参数（水温、电导率、溶解氧、浊度和pH值）、氨氮、COD、TP。营养状态指数EI大于60的水库型水源应开展水华预警监控。

针对水源地取水量的预警监控，应以各区为单元，结合用水需求，合理设置取水量红线阈值，对超过取水红线的区域及时提醒，及早调整用水行为，减少新水用量。

4.3.4 强化人防技术水平

饮用水水源管理责任单位应结合实际，针对取水设施（设备）、输水管渠及附属设施的运行、维护，制定相应的运行、巡查、维护保养、大修理制度，落实人员，划清责任，做好记录。

市级、区级饮用水水源取水设施（设备）、输水管渠及附属设施的运行、维护要求可参照《城镇供水厂运行、维护及安全技术规程》（CJJ58—2018）[7]，镇级、村级饮用水水源取水设施（设备）、输水管渠及附属设施的运行、维护要求可参照《村镇供水工程技术规范》（SL 310—2019）[8]。

4.4 加强管控评估、强化规划引领

4.4.1 加强地下水源的水量评估和设计取水量复核

建议对地下水源地的水量保证状况进行评估，参考供水安全系数的提法，水源地的水量保证状况用水源水量保证安全系数来表示：单个水源或水源地的水量保证安全系数为设计取水能力（设计取水量）与实际平均取水量的比值。该指标从保障供水水源水量的角度来评估，比值越大，说明水源的水量越有保证、越可靠；比值接近于1，说明水源的水量存在不够用的风险。

如水源的设计取水能力是1.2万 m^3/d，实际取水量是1万 m^3/d，那么水源的水量保证安全系数是1.2/1=1.2。水源井群的计算同理，如水源井群的设计取水能力合计是100万 m^3/d，井群的实际取水量是80万 m^3/d，那么水源的水量保证安全系数是100/80＝1.25。

针对水源运行一段时间后设计取水量可能衰减的问题，建议定期对水源地的设计取水量进行复核，如每3~5年复核一次，避免由于设计取水量恒定造成水量保证安全系数偏高、与实际不符的情况。

4.4.2 重视水源规划编制、加强水源规划布局

一个区域供水水源的规划布局，关系着整个区域的水资源配置，除了应对集中式饮用水水源进行规划外，还应对备用水源、非常规水源（再生水、雨水等）进行规划，这关系着区域整体新水的配置原则、数量，关系着地下水压采的成效。

集中式饮用水水源规划即使不形成单独的专项规划,也应在集中供水规划中占据较大的比重,在说明供水厂站规划布局的同时,应分析供水厂站水源水量保证、水质合格的可行性,建设供水水源调蓄工程的必要性,分析水源保障程度和应急能力。

水行政主管部门内部的水资源管理、供水管理、地下水管理人员应加强协同工作,根据全市地下水水位监测数据,定期绘制地下水超采图,为加强供水水源系统之间的联网调度提供参考和依据。

参考文献

[1] 北京市水务局.2019北京市水务统计年鉴［EB/OL］.（2020－10－27）［2023－04－23］.http://www.swj.beijing.gov.cn/zwgk/swtjnj/202010/t20201027_2122646.html.
[2] HJ/T 338—2007 饮用水水源保护区划分技术规范［S］.
[3] HJ/T 433—2008 饮用水水源保护区标志技术要求［S］.
[4] HJ 2032—2013 农村饮用水水源地环境保护技术指南［S］.
[5] HJ 733—2015 集中式饮用水水源地规范化建设环境保护技术要求［S］.
[6] HJ 774—2015 集中式饮用水水源地环境保护状况评估技术规范［S］.
[7] CJJ 58—2018 城镇供水厂运行、维护及安全技术规程［S］.
[8] SL 310—2019 村镇供水工程技术规范［S］.

基于遗传算法的地下水突水灾害防控优化方案

张　文[1]　张耀文[2]　何江涛[1]　李炳华[3]

[1. 中国地质大学（北京）水利部地下水保护重点实验室（筹），北京　100083；
2. 防灾科技学院，三河　065201；3. 北京市水科学技术研究院，北京　100048]

【摘要】 地下水突水问题是诸多地下工程中最为棘手的问题之一。本文分别采用传统响应矩阵法和遗传算法建立了相应的地下水疏放优化管理模型。研究表明，基于遗传算法的管理模型优化效果更佳，具体改进体现在模型由总疏水量作为单目标函数改进为总疏放量和总降深量组合作为多目标函数；计算方法由LINGO编程求解改进为MATLAB中遗传算法函数求解。计算结果表明，疏水方案优化前后：①疏水井利用率提高了7%；②水位降幅提升10.7%，地下工程安全性得以提高；③疏水方案平均相对误差由11.2%降至6.3%，结果准确性、可靠性得到提高。该研究结果可为地下水突水灾害防控提供理论依据及技术方案。

【关键词】 地下水；突水灾害；遗传算法；多目标优化管理

Optimization scheme of groundwater inrush disaster prevention and control based on genetic algorithm

ZHANG Wen[1]　ZHANG Yaowen[2]　HE Jiangtao[1]　LI Binghua[3]

[1. Key Laboratory of Groundwater Conservation of MWR, China University of Geosciences (Beijing), Beijing　100083； 2. Institute of Disaster Prevention, Sanhe　065201； 3. Beijing Water Science and Technology Institute, Beijing　100048]

【Abstract】 The problem of groundwater inrush is one of the most difficult problems in many underground engineering. This paper uses the traditional response matrix method and the genetic algorithm to establish the corresponding groundwater drainage optimization management model. The research shows that the optimization effect of the management model based on the genetic algorithm is better, and the specific improvement is reflected in the improvement of the model from the total drainage as a single objective function to the combination of the total drainage and the total water level drop depth as a multi-objective function; The calculation method is improved from the LINGO programming solution to the Genetic Algorithm function solution in MATLAB. The calculation results show that after the drainage scheme is optimized: ①The utilization rate of drainage wells has increased by 7%；②The water level has decreased by 10.7%, and the safety of underground engineering has been improved; ③ The average relative error of the drainage scheme was reduced from 11.2% to 6.3%, and the accuracy and reliability of the results were improved. The results of this study can provide theoretical basis and technical solutions for the prevention and control of groundwater inrush disasters.

【Key words】 Groundwater; Water inrush disaster; Genetic algorithm; Multi-objective optimal management

随着城市化的快速发展，地下工程逐渐增多，在工程实施期间常常伴随有地下水突水问题。当地下水快速流动、井水压力增大或遇断层时会出现突水、突泥等安全事故[1]，为有效防止突水灾害的发生，工程前期需进行地下水疏排，将地下水水位降至安全水位以下。地下水疏放方案的确定极其重要，若无节制、无计划地疏放会导致市区及其周边地下水水位大幅度下降，不仅影响市区居民的供水需求，还会造成水资源枯竭，破坏了一定范围的生态环境[2]；若地下水的疏放量不足，将会对施工作业人员的生命安全造成威胁。因此，在实际疏水降压过程中，既要保护地下水资源，又要防止地下工程突水灾害的发生。合理的疏水方案对安全生产和生态环境保护都具有十分重要的意义。

近几十年，地下水管理模型被广泛用于地下水资源优化管理工作中，由于地下水管理模型的快速发展，建立的模型考虑因素单一，基本归结为水力约束[3]。水力管理模型主要有"响应矩阵法"和"嵌入法"，其中响应矩阵法是根据线性系统原理[4]，地下水水位降深是开采量与地下水水位降深响应系数的卷积积分。以总疏放量作为目标函数，由地下水模拟模型求得表征系统结构特征的单位脉冲响应矩阵，然后根据线性系统的叠加原理，求得各节点水头分布，作为管理模型的水位约束条件。不足之处在于求解线性、单目标规划并且需多次计算才能得到较多较准确的信息[5-6]。本文针对目标函数和计算方法两个方面进行改进，采用基于遗传算法[7]的多目标优化提高计算结果的准确性和合理性。

1 研究区突水风险分析

研究区位于华北地区某地级市，属中高山区，断裂构造发育多见深大陡坎和倾角大于50°的单面山，地下工程丰富，地下水类型为寒武系、奥陶系岩溶水，而喀斯特地区隧道突水灾害频发[8]，在高水头地下水作用下地下水和地质材料一起突出，将已经挖成的隧道埋死。为防止地下水突水灾害的发生，国内外专家学者进行了大量的试验和研究工作，提出了很多理论和学说。其中突水系数法[9]具有公式简单、易于计算，能够反映突水因素的综合作用等特点，目前在地下工程突水风险的评估中得到广泛应用。突水系数指单位隔水层厚度所承受的水压，而临界突水系数为单位隔水层厚度所能承受的最大水压。其数学表达式如下：

$$T=\frac{P}{M} \tag{1}$$

式中 T——突水系数，MPa/m；

P——弱透水层承受的水压，MPa；

M——弱透水层厚度，m。

通常构造发育地段的临界突水系数值[10]为0.06MPa/m，突水系数大于0.1MPa/m的区域为危险区，突水系数为0.06～0.1MPa/m的区域为突水临界区，突水系数为0.01～0.06MPa/m的区域为带压区，突水系数小于0.01MPa/m的区域为相对安全区。

首先，通过弱透水层厚度和承受的水压计算出各个控制点的突水系数；其后，利用克里金插值法绘制突水风险分布区，研究区突水风险评价结果示意图如图1所示。

研究区内危险区面积约0.17km²，主要分布在研究区南部居中的位置；突水临界区面积约4.31km²，呈环状分布在危险区周围；带压区面积约7.84km²，以不规则形状位于相对安全区和突水临界区之间；相对安全区由两部分组成，北部面积约9.74km²，东部面积约1.95km²。研究区南部突水灾害发生的可能性较高，应选择在危险区和突水临界区周围的水井作为疏排点。

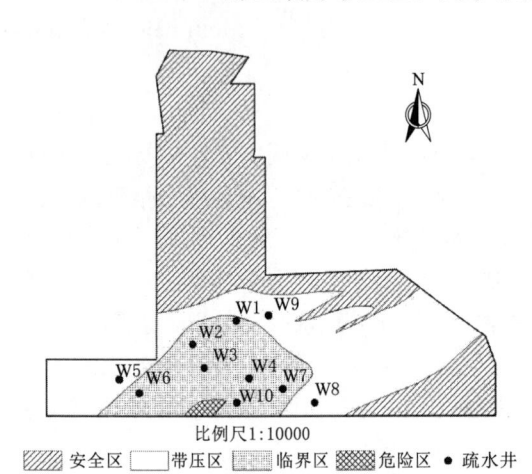

图1 研究区突水风险评价结果示意图

2 疏水方案计算方法

2.1 数学模型

为降低含水层的地下水位，保证疏水降压区地下水水位满足带压开采的安全需要。取总疏水能力和总降深量的最小值作为目标函数，安全水位和单井最大抽水量作为约束条件。目标函数与约束条件表达式为

目标函数：

$$\mathrm{Min} f(1) = \sum_{i=1}^{n} Q_i \tag{2}$$

$$\mathrm{Min} f(2) = \sum_{i=1}^{n} S_i \tag{3}$$

约束条件：

$$s(i,1) = \sum_{i=1}^{n} B(k,i,1) Q(i,1) \tag{4}$$

$$s(i,2) = \sum_{i=1}^{n} B(k,i,2) Q(i,1) + \sum_{i=1}^{n} B(k,i,1) Q(i,2) \tag{5}$$

$$s(i,3) = \sum_{i=1}^{n} B(k,i,3) Q(i,1) + \sum_{i=1}^{n} B(k,i,2) Q(i,2) + \sum_{i=1}^{n} B(k,i,1) Q(i,3) \tag{6}$$

$$Q(i,j) \leqslant q(i) \quad (7)$$

$$Q(i,j) \geqslant 0 \quad (8)$$

式中 $f(1)$——水量目标函数，$100\text{m}^3/\text{d}$；

$f(2)$——降深目标函数，m；

Q_i——第 i 口井的疏水量，$100\text{m}^3/\text{d}$；

S_i——第 i 口井产生的实际总降深，m；

$B(k,i,j)$——i 井在 j 时期施加单位抽水量 k 井产生的降深，m；

$Q(i,j)$——j 时期第 i 口井的疏水量，$100\text{m}^3/\text{d}$；

$s(i,j)$——j 时期第 i 口井产生的允许降深，m；

$q(i)$——排水点的额定抽水能力，$100\text{m}^3/\text{d}$。

研究区弱透水层厚度取 20m，在突水危险区周围选择有代表性的点进行约束。根据各点突水系数计算结果，反算出各个约束点的临界安全水位，然后应用现有的水位减去安全水位和附加降深，即降深约束。

2.2 遗传算法

遗传算法（Genetic Algorithm，GA）是通过模拟自然进化中个体结构重组优化的迭代处理过程[11]，搜索最优解的方法。在求解较为复杂的组合优化问题时，相对一些常规的优化算法能够较快较好地获取优化结果。通过利用 MATLAB 软件调用多目标遗传算法函数，获取多个目标的最优解。

将地下水模拟模型与优化模型进行耦合[12-13]，建立保证工程安全条件下的地下水疏放优化管理模型，使之具有处理井下疏放量与地下水水位间关系的功能。在获得研究区响应矩阵的基础上采用 MATLAB 中 gamultiobj 函数，该函数是基于遗传算法的多目标优化函数，其组织架构如图 2 所示。

由图 2 可以看出，在 gamultiobj 函数中，先是调用函数 gacommon 来确定优化问题的约束类型，然后调用 gamultiobjsolve 函数对多目标函数进行求解。具体流程如下：①gamultiobjsolve 函数调用 gamultiobjMakeState 函数产生初代种群；②判断结果精度是否符合要求，若符合则退出，输出 Pareto 最优解，若未达到要求，调用 stepgamultiobj 函数使种群进化一代；③调用 gadsplot 函数进行绘图；④调用 gamultiobjConverged 判断终止条件，返回②。

MATLAB 软件中基于遗传算法的多目标优化算法在运行过程中自动绘制第一前端个体分布情况，并且随算法进化一代而更新一次。当

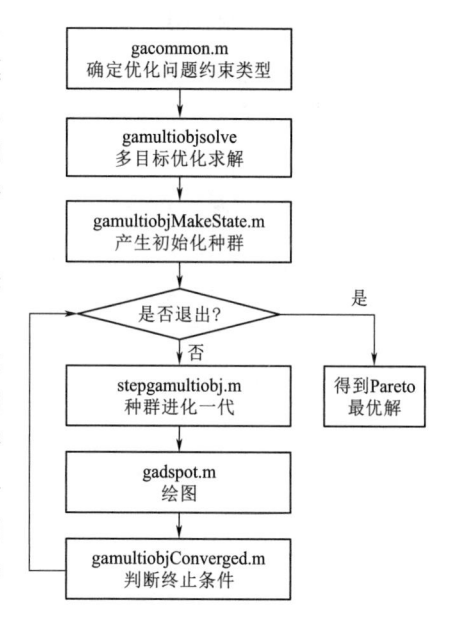

图 2 函数 gamultiobj 的组织架构

迭代停止后，得到第一前端个体分布图，同时会将 Pareto 解集 x 及与 x 对应的目标函数值返回至 Workspace 中。

2.3 误差分析

研究区疏水量经过响应矩阵法和基于遗传算法的多目标求解方法分别求出结果，其中各个疏水井通过计算得到的降深，称为计算降深 S_c；将求得的各个疏水井的疏水量数据代入 Visual Modflow 软件建立的地下水三维水流模型，计算出各井产生的降深，称为验证降深 S_v。相对误差表达式如下：

$$E=\frac{|S_{ci}-S_{vi}|}{S_{ci}} \tag{9}$$

式中 E——相对误差；
S_{ci}——第 i 口井的计算降深，m；
S_{vi}——第 i 口井的验证降深，m。

由式（9）求取各决策点的相对误差，比较两者平均相对误差，若基于遗传算法的多目标优化方案的平均相对误差低于传统的遗传算法，则说明优化方案计算结果准确性、可靠性提高。

3 结果与讨论

3.1 响应矩阵的构建

使用 Visual Modflow 求取数学模型中 $B(k,i,j)$ 的值，通过对各疏水点逐个施加单位抽水量 $100\text{m}^3/\text{d}$，连续抽水 122d 后输出响应矩阵 $B(k,i,1)$，然后停止抽水恢复水位 123d 后输出响应矩阵 $B(k,i,2)$，继续停止抽水恢复水位 120d 后输出响应矩阵 $B(k,i,3)$。研究区单位脉冲响应矩阵见表1。

表1 研究区单位脉冲响应矩阵

i \ j \ k	W1 1	W1 2	W1 3	W2 1	W2 2	W2 3	W3 1	W3 2	W3 3	W4 1	W4 2	W4 3	W5 1	W5 2	W5 3
W1	1.06	0.09	0.05	0.33	0.09	0.06	0.3	0.08	0.06	0.29	0.08	0.06	0.12	0.08	0.06
W2	0.33	0.09	0.05	1.11	0.09	0.06	0.5	0.09	0.05	0.26	0.09	0.05	0.24	0.1	0.06
W3	0.3	0.09	0.05	0.51	0.09	0.06	1.07	0.1	0.06	0.33	0.1	0.06	0.23	0.11	0.07
W4	0.28	0.09	0.05	0.27	0.09	0.06	0.93	0.1	0.06	1.04	0.1	0.06	0.13	0.1	0.07
W5	0.12	0.07	0.05	0.24	0.1	0.06	0.24	0.1	0.06	0.14	0.09	0.06	1.4	0.14	0.08
W6	0.13	0.08	0.05	0.28	0.1	0.06	0.27	0.11	0.06	0.15	0.1	0.06	0.67	0.14	0.08
W7	0.2	0.08	0.05	0.17	0.08	0.05	0.2	0.09	0.06	0.38	0.09	0.06	0.08	0.08	0.06
W8	0.14	0.07	0.05	0.11	0.08	0.05	0.13	0.08	0.05	0.22	0.08	0.05	0.05	0.07	0.05
W9	0.4	0.09	0.06	0.2	0.08	0.05	0.19	0.08	0.05	0.22	0.08	0.05	0.07	0.07	0.05
W10	0.21	0.09	0.06	0.24	0.09	0.06	0.33	0.1	0.07	0.47	0.1	0.06	0.16	0.1	0.07

续表

i	W6			W7			W8			W9			W10		
j k	1	2	3	1	2	3	1	2	3	1	2	3	1	2	3
W1	0.14	0.08	0.06	0.2	0.08	0.05	0.14	0.07	0.05	0.4	0.09	0.06	0.21	0.08	0.06
W2	0.27	0.1	0.06	0.16	0.08	0.05	0.1	0.07	0.05	0.2	0.08	0.05	0.24	0.09	0.05
W3	0.27	0.11	0.07	0.2	0.09	0.06	0.12	0.08	0.05	0.19	0.08	0.05	0.32	0.1	0.06
W4	0.15	0.1	0.07	0.38	0.09	0.06	0.22	0.09	0.06	0.23	0.09	0.06	0.46	0.1	0.06
W5	0.67	0.14	0.08	0.09	0.08	0.05	0.06	0.08	0.06	0.08	0.06	0.04	0.16	0.1	0.06
W6	1.18	0.14	0.08	0.1	0.08	0.05	0.06	0.07	0.05	0.1	0.08	0.05	0.18	0.1	0.06
W7	0.1	0.08	0.06	1.04	0.09	0.06	0.38	0.08	0.05	0.2	0.08	0.06	0.32	0.09	0.06
W8	0.06	0.07	0.05	0.38	0.08	0.05	1.03	0.09	0.15	0.08	0.05	0.2	0.08	0.05	
W9	0.08	0.07	0.05	0.18	0.08	0.05	0.15	0.08	0.05	1.05	0.09	0.06	0.16	0.08	0.05
W10	0.19	0.1	0.07	0.33	0.09	0.06	0.21	0.08	0.06	0.17	0.08	0.06	1.05	0.1	0.07

单位脉冲响应系数常以矩阵形式表达，并作为优化管理模型中的一组水位降深约束条件，以实现与优化模型的耦合。将响应矩阵 $B(k,i,j)$ 数值代入式（4）、式（5）、式（6）求解 $s(i,j)$，其中地下水水位下降 $s(i,j)$ 后须低于安全水位才能避免突水灾害事件的发生。

3.2 基于传统响应矩阵法的地下水突水防控方案

使用交互式的线性和通用优化求解器（LINGO）求解出各井疏水量及降深值，以总疏水量作为目标函数，疏水井额定抽水能力100（100m³/d），约束条件同式（4）～式（6）计算结果见表2。

表2　　　　　　　　研究区突水灾害防控疏水分配方案

井号	丰水期		平水期		枯水期	
	抽水量/(100m³/d)	降深/m	抽水量/(100m³/d)	降深/m	抽水量/(100m³/d)	降深/m
W1	4.62	47.75	0	47.02	0	46.80
W2	27.09	81.10	22.02	80.52	20.49	80.34
W3	57.85	102.21	51.64	101.76	49.08	101.60
W4	0	74.55	0	74.23	0	74.10
W5	0	22.78	0	22.52	0	22.41
W6	23.83	62.27	12.67	62.01	9.16	61.89
W7	9.30	47.35	2.51	47.19	0	47.11
W8	5.30	31.68	0	31.68	0	31.65
W9	0	12.39	0	11.79	0	11.57
W10	50.57	88.37	43.05	88.11	38.25	88.00
总和	178.56	570.45	131.89	566.83	116.98	565.47

由表2可以看出，排水点W2、W3、W6、W10号井排水量比较大，而位于突水临界区的W4号井未被利用（图1），丰水期总疏水量为17856m³/d，平水期总疏水量为13189 m³/d，

枯水期总疏水量为11698m³/d。随着管理时段不同,水量有所变化,原因是丰、平、枯时期的补排关系变化引起的。

3.3 基于遗传算法的地下水突水防控优化方案

程序中定义最优前端个体系数为0.2,初始种群大小为100,最大进化代数为500,停止进化代数也为500,适应度值偏差1×10^{-100},目标函数$f(1)$、$f(2)$分别为总疏水量和总降深量,最优解计算结果见表3。

表3 研究区突水灾害防控疏水分配优化方案

井 号	丰 水 期 抽水量/(100m³/d)	降深/m	平 水 期 抽水量/(100m³/d)	降深/m	枯 水 期 抽水量/(100m³/d)	降深/m
W1	4.65	47.75	0	49.38	0	51.82
W2	30.99	81.10	24.68	80.52	21.81	81.10
W3	37.41	102.21	36.82	101.76	37.14	102.21
W4	22.55	74.55	16.34	74.23	13.67	74.55
W5	0	44.81	0	51.22	0	54.10
W6	25.29	62.27	13.76	62.01	9.08	62.27
W7	4.97	47.35	0	47.87	0	51.04
W8	4.83	31.68	0	33.84	0	38.11
W9	0	32.27	0	38.08	0	42.05
W10	48.09	88.37	41.03	88.11	37.58	88.37
总和	178.78	612.36	132.62	627.03	119.28	645.63

由表3可以看出,优化后处于突水临界区的4号井在丰、平、枯三个时期均被利用,因排水点W1、W5、W7、W8、W9号井位于带压区和临界区边缘,故仅在丰水期时有少量或者无地下水进行疏放;总疏水量与响应矩阵法相比仅提高了0.76%,丰水期的总降深量为612.36m,平水期总降深量为627.03m,枯水期总降深量为645.63m。整体水位降深幅度远大于响应矩阵法的疏水方案。

3.4 响应矩阵法与遗传算法结果对比分析

对比传统响应矩阵法和基于遗传算法的多目标优化算法计算结果,主要区别在于产生的总降深量、疏水井数量,见表4。

表4 突水灾害防控方案结果对比

时 段	指 标	响应矩阵	遗传算法
丰水期	总疏水量/(100m³/d)	178.56	178.78
	总降深量/m	570.45	612.36
	疏水井数量/口	7	8

续表

时段	指标	响应矩阵	遗传算法
平水期	总疏水量/(100m³/d)	131.89	132.62
	总降深量/m	566.83	627.03
	疏水井数量/口	5	5
枯水期	总疏水量/(100m³/d)	116.98	119.28
	总降深量/m	565.47	645.63
	疏水井数量/口	4	5

由表4可知传统响应矩阵法计算结果为丰水期利用7口疏水井，平水期利用5口疏水井，枯水期利用4口疏水井；基于遗传算法的多目标优化方案分别在丰水期和枯水期比传统方法多利用一口疏水井，水井利用率提高了7%。在丰水期、平水期和枯水期两种疏水方案的总疏水量接近，总降深量由原方案1702.75m增加到1885.02m，提高了10.7%；体现目标函数和求解方法优化的优势，使用基于遗传算法的多目标优化算法求解出的疏排方案无论是水井利用率还是水位降深幅度均优于传统响应矩阵法的计算结果。

3.5 结果可靠性分析

通过Visual MODFLOW回带两种方案计算结果获取验证降深，由式（9）可计算两种方案的相对误差，计算结果见表5。

表5　　　　　　　　突水灾害防控方案相对误差

疏水井	丰水期 改进前	丰水期 改进后	平水期 改进前	平水期 改进后	枯水期 改进前	枯水期 改进后
W1	0.045	0.053	0.106	0.091	0.009	0.087
W2	0.053	0.04	0.053	0.07	0.017	0.06
W3	0.02	0.114	0.107	0.063	0.024	0.053
W4	0.198	0.004	0.406	0.016	0.192	0.011
W5	0.214	0.199	0.079	0.204	0.104	0.179
W6	0.07	0.066	0.038	0.091	0.013	0.076
W7	0.009	0.005	0.272	0.037	0.126	0.02
W8	0.038	0.048	0.215	0.077	0.113	0.038
W9	0.015	0.041	0.133	0.095	0.067	0.055
W10	0.025	0.015	0.518	0.002	0.085	0.005
合计	0.687	0.585	1.927	0.745	0.749	0.584

响应矩阵法的计算结果与回带产生的验证结果存在较大偏差，丰水期、平水期、枯水期三个阶段的相对误差总和分别为0.687、1.927、0.749；而基于遗传算法的多目标优化

方法计算的结果偏差较小,丰水期、平水期、枯水期三个阶段的相对误差总和分别为 0.585、0.745、0.584,疏水方案平均相对误差由 11.2% 降至 6.3%。综上,优化后的计算结果准确性提高,疏水方案更加可靠。

4 结论

(1) 采用基于遗传算法的多目标优化算法得到的优化方案在丰水期、枯水期各增加一口疏水井,利用率提高了 7%;总疏水量由原方案 42743m³/d 增加到 43068m³/d,提高了 0.76%;总降深量由原方案 1702.75m 增加到 1885.02m,提高了 10.7%;疏水井的分布变得广泛,在疏水量相近的情况下地下水整体水位的下降幅度优于响应矩阵法,地下工程安全性提高。

(2) 对比两种方案平均相对误差,结果显示原方案丰水期相对误差之和为 0.687,平水期相对误差之和为 1.927,枯水期相对误差之和为 0.749;基于遗传算法的多目标优化算法结果显示丰水期相对误差之和为 0.585,平水期相对误差之和为 0.745,枯水期相对误差之和为 0.584,疏水方案平均相对误差由 11.2% 降至 6.3%。基于遗传算法的多目标优化算法计算结果的准确性提高。准确性和安全性均优于传统响应矩阵法计算结果,可为地下水突水灾害防控提供一定的理论依据和技术方案。

参考文献

[1] Geng P, Quan Q, Wang S, et al. Study of the formation process of mud and water bursts during tunnel construction and the influence of fault dip angles [J]. Modern Tunnelling Technology, 2015, 52 (2): 102-109.

[2] Huang F, Wang G H, Yang Y Y, et al. Overexploitation status of groundwater and induced geological hazards in China [J]. Natural Hazards, 2014, 73 (2): 727-741.

[3] 宋颖霞. 蔚县煤矿区地下水模拟与矿井水资源评价研究 [D]. 北京:中国矿业大学(北京), 2012.

[4] 季叶飞, 罗建男. 基于响应矩阵法的地下水系统开采方案 [J]. 东北水利水电, 2017, 35 (12): 33-35+41.

[5] Eduardo Aguado, Nicholas Sitar, Irwin Remson. Sensitivity analysis in aquifer studies [J]. John Wiley & Sons, Ltd, 1977, 13 (4): 733-737.

[6] 李文渊. 多阶段地下水管理优化模型 [J]. 武汉水利电力学院学报, 1989 (5): 21-32.

[7] 邵景力, 魏加华, 崔亚莉, 等. 用遗传算法求解地下水资源管理模型 [J]. 地球科学, 1998 (5): 98-102.

[8] 郑仕跃, 周权峰, 张仁坤, 等. 岩溶隧道突水灾害形成机制及风险评价研究进展 [J]. 四川水泥, 2021 (10): 313-314.

[9] 王计堂, 王秀兰. 突水系数法分析预测煤层底板突水危险性的探讨 [J]. 煤炭科学技术, 2011, 39 (7): 106-111.

[10] 国家安全生产监督管理总局, 国家煤矿安全监察局. 煤矿防治水规定 [M]. 北京:煤炭工业出

版社，2009.

[11] 刘芳，王俊德. 遗传算法及其在谱图解析中的应用 [J]. 光谱学与光谱分析，2001（3）：331-335.

[12] 张晓烨，董增川. 地下水模拟模型与优化模型耦合技术研究进展 [J]. 南水北调与水利科技，2012，10（2）：142-144+149.

[13] 杨蕴，吴剑锋，林锦，等. 控制海水入侵的地下水多目标模拟优化管理模型 [J]. 水科学进展，2015，26（4）：10.

基于主成分分析的露地青椒滴灌施肥制度

范海燕[1,2]　刘洪禄[1,2]　张　娟[1,2]　马志军[1,2]　丁子俊[1,3]　甘　星[1,3]

(1. 北京市水科学技术研究院，北京　100048；2. 北京市非常规水资源开发利用与节水工程技术研究中心，北京　100048；3. 河海大学，南京　211100)

【摘要】 本文以露地青椒为供试材料开展试验研究。试验通过设置不同灌水施氮处理，观测分析水氮耦合对青椒叶片叶绿素含量、产量、品质、氮肥偏生产力、耗水量的影响，并以节水节肥优质高产为目标，采用主成分分析法确定露地青椒最优滴灌施肥制度。研究结果表明：露地青椒适宜灌水量为70%ET_0，适宜施氮量为84kg/hm²，盛果期追肥2次；根据适宜灌水量和施氮量，确定了青椒全生育期作物系数为1.19，该作物系数值可作为农田水利工程设计和管理的参考指标。

【关键词】 露地青椒；滴灌；主成分分析；灌溉施肥制度

Optimal subsurface drip irrigation regime and N fertilization supply for open-field green pepper: exploring water-nitrogen coupling effects based on principal component analysis (PCA)

FAN Haiyan[1,2]　LIU Honglu[1,2]　ZHANG Juan[1,2]　MA Zhijun[1,2]
DING Zijun[1,3]　GAN Xing[1,3]

(1. Beijing Water Science and Technology Institute, Beijing　100048; 2. Beijing Engineering Technique Research Center for Exploration and Utilization of Non-Conventional Water Resources and Water Use Efficiency, Beijing　10048; 3. Hohai University, Nanjing　211100)

【Abstract】 This study investigated the water-nitrogen coupling effect on chlorophyll content, yield, quality, nitrogen use efficiency, and water consumption in open-field green pepper by applying different water and nitrogen treatments. The objective of the study was to optimize subsurface drip irrigation and N fertilization regimes for open-field green pepper based on the goals of achieving water and fertilizer conservation, high quality, and high yield. The optimal irrigation amount for open-field green pepper was determined to be 70% of the reference crop evapotranspiration (ET_0), and

---

基金项目：2021 工程技术中心开放项目（ERC-KF-2021-008-SZY）。

the suitable nitrogen application rate was 84 kg/hm^2 with two applications of nitrogen fertilizer during the fruiting period. Principal component analysis (PCA) was used to explore the optimal drip irrigation and fertilization regime for open-field green pepper. The results showed that the crop coefficient of green pepper for the entire growth period was 1.19, which can serve as a reference index for the design and management of agricultural water conservancy projects.

【Key words】 Open-field green pepper; Drip irrigation; Principal component analysis; Irrigation and fertilization regime

当前，水肥一体化灌溉技术是当今世界上公认的提高水肥资源利用率的最佳技术。滴灌施肥系统可以根据作物的需要，灵活准确地控制水分和肥料施入时间、数量和施入点。它既能保证作物必需的养分，又可以提高养分利用效率，避免养分淋失。2021年，北京市灌溉面积为322万亩，其中微灌面积为37万亩，不足灌溉面积的12%；水肥一体化灌溉面积不足灌溉面积的10%。这表明节水高产型的灌水施肥方式在北京地区运用相对较少，水肥一体化灌溉技术仍具有很大的推广前景，并且已有的施肥设备没有充分发挥其效应，其主要原因在于缺乏作物水分养分协同管理技术。

前人关于灌水或施肥对作物的水分养分利用进行了大量的研究，以往的研究多集中在灌水方法、灌水量或者施肥量等单一因素通过产量和水分或养分利用效率等来寻求最佳处理。近些年来，国内外较多学者将灌溉和施肥结合起来，提出了水肥一体化技术，并对作物的生长发育、产量品质、土壤养分残留及水肥利用效率等方面进行了大量的研究[1-6]。灌溉与施肥在时间、数量和方式方法上配合不当，会降低水分和肥料的有效利用效率，增加损失，造成土壤盐渍化、水资源等环境污染，产品中硝酸盐含量增加，降低蔬菜品质[7-20]。因此，开展不同水肥管理措施对蔬菜土壤及植物系统的综合影响研究是十分必要和迫切的。通过研究水分和养分之间的耦合关系，提出灌溉施肥条件下作物对不同水肥供应的响应机制，从而寻求最优的供水供肥模式。

1 材料与方法

1.1 试验区基本情况

试验于2021年4—9月在北京市水科学技术研究院永乐店试验基地露地蔬菜试验区内进行，试验基地地处北纬39°20′、东经116°20′，海拔12m，多年平均降水量565mm，多年平均水面蒸发量1140mm，多年平均气温11.5℃，无霜期185天。地下水埋深8m，因此地下水补给可忽略不计。试验区内土壤为壤土，田间持水量为30%，表层20cm容重为1.36g/cm^3，20～40cm容重为1.62g/cm^3。

1.2 试验设计

试验作物青椒的生长周期为：幼苗期、花果期、盛果期、尾果期，采用穴盘育苗、幼苗移栽。共设置 27 个小区，每小区辖四垄，每垄种植两行，垄长 5m，上垄宽 70cm，下垄宽 90cm，垄高 15cm，行距 45cm，株距 50cm。灌水方式采用膜下滴灌，滴头间距 30cm，为内镶式压力补偿滴头，额定工作压力 0.1MPa，设计流量 1.38L/h。试验各处理设置表见表 1。

青椒于 4 月 25 日定植，9 月 7 日拉秧，全生育期共 136 天。种植前统一施复合肥 1.5kg/小区、有机肥 75kg/小区；N 素分 2 次施入。追肥日期：6 月 22 日、7 月 16 日。

表 1 试验各处理设置表

处 理	灌水量/mm	施 N 量/(kg/hm^2)	小区编号	备 注
W1N1	100%ET_0	120	1、2、3	高水高肥
W1N2	100%ET_0	102	4、5、6	高水中肥
W1N3	100%ET_0	84	7、8、9	高水低肥
W2N1	85%ET_0	120	10、11、12	中水低肥
W2N2	85%ET_0	102	13、14、15	中水低肥
W2N3	85%ET_0	84	16、17、18	中水低肥
W3N1	70%ET_0	120	19、20、21	低水低肥
W3N2	70%ET_0	102	22、23、24	低水低肥
W3N3	70%ET_0	84	25、26、27	低水低肥

1.3 观测指标及方法

（1）株高、茎粗、叶绿素含量：每个处理选 3 株用标签标记，每 10 天测定 1 次。

（2）土壤水分：用 TRIME–IPH 管式土壤水分仪，分层监测，7 天测定 1 次。采用取土烘干法在典型时期进行土壤含水量测试结果校核。

（3）气象因子：采用 ENVIdata–Thies 科研级生态气象站测定全生育期的太阳辐射、温度、湿度、风速等气象因子。

（4）耗水量：作物耗水量采用水量平衡法计算，公式如下：

$$ET_C = P + I + \Delta W - R - D \tag{1}$$

式中 ET_C——作物耗水量，mm；

P——有效降水量，mm；

I——灌水量，mm；

ΔW——1m 深度范围内土壤贮水变化量，mm；

R——地表径流量，mm，试验灌水方式期间采用滴灌，无地表径流发生，此处 $R=0$；

D——深层渗漏量，mm，土壤水分的最大湿润深度为 40~50cm，无深层渗漏发生，此处 $D=0$。

（5）产量：采用精度为 1g 的台秤测定各试验小区采摘的果实鲜重，计算各处理总产量。计算产量水平的水分利用效率，公式如下：

$$YUE=\frac{Y}{ET_C} \quad (2)$$

式中　YUE——产量水平水分利用效率，kg/m³；
　　　Y——产量，kg/m³；
　　　ET_C——各处理耗水量，mm。

（6）氮肥偏生产力：

$$PPN=\frac{Y}{N_{施氮}} \quad (3)$$

式中　Y——产量，kg/hm²；
　　　$N_{施氮}$——施氮量，kg/hm²；
　　　PPN——氮肥偏生产力，kg/kg。

2　结果与分析

2.1　不同水氮处理对对青椒叶片叶绿素含量的影响

试验期间共对叶片叶绿素含量进行了11次测定，不同处理叶片叶绿素含量变化详见图1，叶片叶绿素含量随植株生长大致呈先增加后减小的趋势，于盛果期达到峰值，但因8月1日观测日为阴天，影响叶片叶绿素含量的观测，各处理叶绿素含量值均较低；W1灌水水平下，叶片叶绿素含量呈现N3＞N2＞N1，W2灌水水平下，叶片叶绿素含量呈现N1＞N2＞N3，W3灌水水平下，叶片叶绿素含量呈现N1＞N3＞N2；N1、N2施氮水平下，叶片叶绿素含量均呈现W2＞W3＞W1，N2施氮水平下，叶片叶绿素含量呈现W3＞W1＞W2，N3施氮水平下，叶片叶绿素含量呈现W1＞W3＞W2。

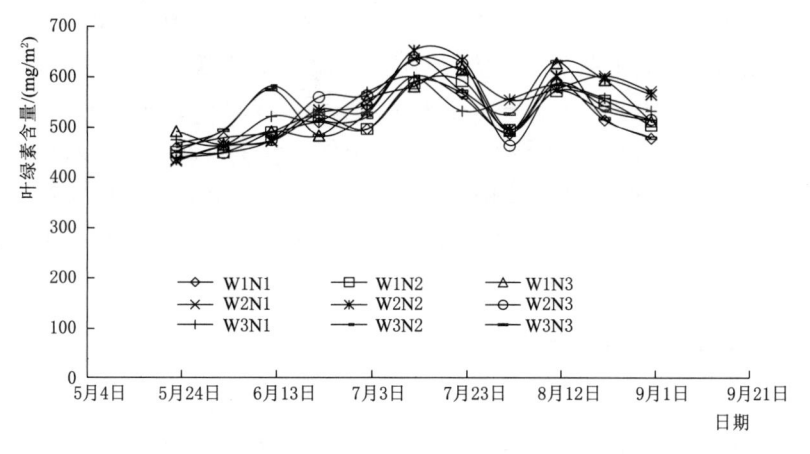

图1　不同处理青椒叶片叶绿素含量变化

由表2可知，灌溉对不同处理青椒全生育期的平均叶片叶绿素含量的影响达到极显著水平，水氮交互效应对平均叶片叶绿素含量的影响达到显著水平，但施氮量对叶片叶绿素含量的影响不显著；水氮交互作用下，以W2N1处理的叶片叶绿素含量最大，各处理呈现 W2N1＞W2N2＞W1N3＞W3N1＞W3N3＞W2N3、W3N2＞W1N2＞W1N1，结果表明中水高肥处理叶片叶绿素含量增长效应明显。

表2　　　　　　　　　各处理青椒叶片叶绿素含量显著性分析

日期 处理	5.23	6.2	6.12	6.22	7.2	7.12	7.22	8.1	8.11	8.21	8.31	平均叶绿素 含量/(mg/m²)
W1N1	460	480	489	511	497	592	568	488	589	515	479	515
W1N2	451	451	491	525	498	589	594	496	574	555	505	521
W1N3	493	466	493	484	556	583	618	494	629	596	514	539
W2N1	433	463	472	529	548	638	613	556	578	604	573	546
W2N2	436	463	475	536	534	654	635	497	604	598	567	545
W3N1	476	465	523	514	571	601	534	558	586	560	534	538
W3N2	467	494	583	517	521	603	560	489	573	534	515	533
W3N3	452	496	576	484	529	637	573	528	632	519	480	537
												显著性P值
灌水												0.009**
施氮量												0.716
灌水×施氮量												0.035*

注　*代表显著，**代表极显著。

2.2 不同水氮处理对青椒土壤含水量的影响

系统分析了不同处理条件下土壤水分动态变化规律，生育期计划湿润层内平均土壤含水率动态变化详见图2。总体来看，滴灌条件下，苗期受土壤含水率初始值及未做控水处理影响，各处理土壤水分变化基本趋势一致，定植时灌水量较大，土壤含水率迅速提升，定植后由于蹲苗需要到花果期前灌水量较小或不予灌水，土壤含水率逐渐降低。盛果期，随着根系发育及气温的升高，作物根系吸水能力增强，棵间蒸发强度增大，土壤含水率整体呈下降趋势，但同时随降雨及灌水起伏变化剧烈。全生育期内，各处理灌水在268～321mm，有效降雨量为406mm，盛果期中后期及尾果期，由于降雨量较大且频繁，降雨即已满足作物生产需求，无需灌溉，因此灌溉、施肥以及水氮交互响应对土壤含水量变化影响不显著。

2.3 不同水氮处理青椒耗水规律

青椒全生育期共计136天，其中苗期22天、花果期31天、盛果期61天、尾果期22天。各处理全生育期内耗水量为696.40～796.41mm，日均耗水强度为5.13～5.86mm/d。全生育期内以盛果期耗水量最大，占全生育期的44.87%～55.66%，这是由于盛果期分布在6月中下旬至8月中上旬，受气温及太阳辐射等影响，作物为保证正常的生长需求，对水分的需求量较大，且盛果期生长周期较长，该生育阶段耗水量相应较大；相同施氮条件下，青椒全生育期内耗水量随灌水量的增加而增加，高、中灌水处理较低灌水处理耗水

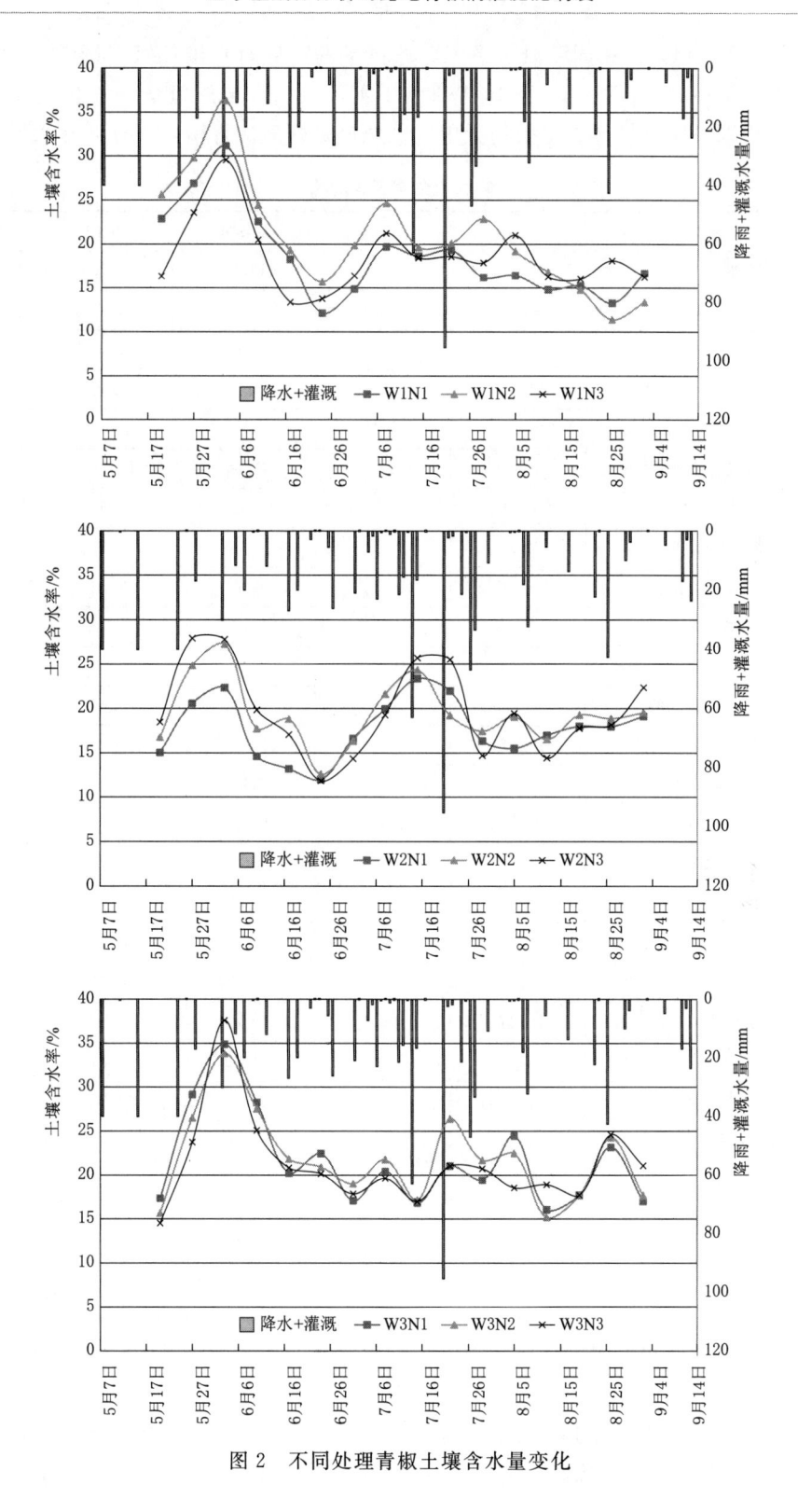

图 2 不同处理青椒土壤含水量变化

量分别增加 3%～14%；相同灌溉水平下，施氮量的高低对青椒耗水量影响不大，W1 水平下，耗水量呈 N3＞N1＞N2，W2、W3 水平下，耗水量与施氮量呈正相关关系，总体上，耗水量均以高施氮量最大，稍高于中、低施氮量处理。青椒全生育期耗水量见表 3。

表 3　　青椒全生育期耗水量

处理	指标	苗期	花果期	盛果期	尾果期	全生育期
W1N1	耗水量 ET_C/mm	104.00	169.26	411.89	67.15	752.30
	耗水强度/(mm/d)	4.73	5.46	6.75	3.05	5.53
	阶段所占比例/%	13.82	22.50	54.75	8.93	100.00
W1N2	耗水量 ET_C/mm	113.64	161.64	385.81	90.92	752.01
	耗水强度/(mm/d)	5.17	5.21	6.32	4.13	5.53
	阶段所占比例/%	15.11	21.49	51.30	12.09	100.00
W1N3	耗水量 ET_C/mm	106.64	153.36	431.77	104.64	796.41
	耗水强度/(mm/d)	4.85	4.95	7.08	4.76	5.86
	阶段所占比例/%	13.39	19.26	54.21	13.14	100.00
W2N1	耗水量 ET_C/mm	93.36	151.00	353.10	134.76	732.23
	耗水强度/(mm/d)	4.24	4.87	5.79	6.13	5.38
	阶段所占比例/%	12.75	20.62	48.22	18.40	100.00
W2N2	耗水量 ET_C/mm	126.80	140.28	325.14	132.40	724.63
	耗水强度/(mm/d)	5.76	4.53	5.33	6.02	5.33
	阶段所占比例/%	17.50	19.36	44.87	18.27	100.00
W2N3	耗水量 ET_C/mm	112.49	114.80	395.61	99.16	722.06
	耗水强度/(mm/d)	5.11	3.70	6.49	4.51	5.31
	阶段所占比例/%	15.58	15.90	54.79	13.73	100.00
W3N1	耗水量 ET_C/mm	120.24	124.64	386.03	87.72	718.63
	耗水强度/(mm/d)	5.47	4.02	6.33	3.99	5.28
	阶段所占比例/%	16.73	17.34	53.72	12.21	100.00
W3N2	耗水量 ET_C/mm	103.26	114.99	387.69	90.60	696.54
	耗水强度/(mm/d)	4.69	3.71	6.36	4.12	5.12
	阶段所占比例/%	14.82	16.51	55.66	13.01	100.00
W3N3	耗水量 ET_C/mm	101.32	115.44	386.63	93.01	696.40
	耗水强度/(mm/d)	4.61	3.72	6.34	4.23	5.12
	阶段所占比例/%	14.55	16.58	55.52	13.36	100.00

作物系数是指作物不同发育期中需水量与参照作物蒸发蒸腾量的比值，用 K_C 表示。

$$K_C = ET_C / ET_0$$

各处理全生育期内作物系数值详见表 4，各处理全生育期内耗水量为 696.40～796.41mm，参照作物蒸发蒸腾量为 583.51mm，各处理作物系数值范围为 1.19～1.36。

表 4　　作物系数

指标	W1N1	W1N2	W1N3	W2N1	W2N2	W2N3	W3N1	W3N2	W3N3
ET_C/mm	752.30	752.01	796.41	732.23	724.63	722.06	718.63	696.54	696.40
ET_0/mm	583.51									
$K_C=ET_C/ET_0$	1.29	1.29	1.36	1.25	1.24	1.24	1.23	1.19	1.19

2.4　不同水氮处理对青椒产量、水分生产效率及氮肥偏生产力的影响

不同处理对青椒产量、水分生产效率及氮肥偏生产力的影响详见表5。灌溉、施氮以及水氮交互响应对青椒产量、水分生产效率均未到到显著水平,施氮量及水氮交互响应对青椒的氮肥偏生产力达到极显著水平,灌溉对青椒氮肥偏生产力的影响未达到显著水平。

由表5可知,青椒产量以W3N2最大,较其他处理产量提高3%～24%。W1灌水水平下,青椒产量呈N3＞N1＞N2；W2灌水水平下,青椒产量呈N2＞N1＞N3；W3灌水水平下,青椒产量呈N2＞N3＞N1；青椒水分生产效率以W3N2最大,较其他处理水分生产效率提高3%～34%；W1灌水水平下,青椒水分生产效率呈N1＞N3＞N2；W2灌水水平下,青椒水分生产效率呈N2＞N1＞N3；W3灌水水平下,青椒水分生产效率呈N2＞N3＞N1,产量与水分生产效率的变化趋势基本一致。结果表明底水中氮处理的增产效果明显,且水分生产效率最高。

各处理氮肥偏生产力以W3N3最大,为888.33kg/kg；相同灌水水平下,氮肥偏生产力均呈现N3＞N2＞N1,随施氮量的增加而减小,施氮量对青椒氮肥偏生产力的影响达到极显著水平；水氮交互作用下,W3N3处理氮肥偏生产力最大,较其他施氮处理的氮肥偏生产力增加12%～68%,结果表明低水低肥处理可提高青椒肥料利用效率。

表 5　　不同处理青椒产量、水分生产效率及氮肥偏生产力变化

处理	ET_C/mm	产量/(kg/hm²)	水分生产效率/(kg/m³)	氮肥偏生产力/(kg/kg)
W1N1	752.30	63540.00	8.45	529.50
W1N2	752.01	61725.33	8.21	605.15
W1N3	796.41	66433.33	8.34	790.87
W2N1	732.23	65466.67	8.94	545.56
W2N2	724.63	71640.00	9.89	702.35
W2N3	722.06	62913.33	8.71	748.97
W3N1	718.63	72318.67	10.06	602.66
W3N2	696.54	76566.67	10.99	750.65
W3N3	696.40	74620.00	10.72	888.33
因子	显著性P值			
灌水	0.636	0.084	0.075	0.79
施氮量	0.471	0.09	0.443	0.000*
灌水×施氮量	0.682	0.058	0.154	0.000*

注　*代表显著,**代表极显著。

2.5 基于主成分分析法的灌溉施肥制度

本文选取青椒的灌水量、施氮量、叶片平均叶绿素含量、产量、全生育期耗水量、水分生产效率、氮肥偏生产力等7项指标，采用主成分分析法对各指标进行标准化处理，构建相关矩阵，选取累计贡献率达到70%以上且特征值大于1的成分作为主成分替代原有7项指标，主成分特征值及累积贡献率详见表6。前2项主成分特征值均大于1，且累积贡献率达到72%，满足选取要求，因此可将前2项主成分替代7项指标信息。

表6　主成分贡献率及累积贡献率

成分	特征值	贡献率/%	累积贡献率/%
1	3.468	49.54	49.54
2	1.602	22.89	72.43

由表6可知，共得到2个主成分及各指标的线性组合。

$$Z = Z_1 F_1 + Z_2 F_2$$

F_k表示第k个主成分的贡献率，代入公式即可得到各处理下的综合评分，详见表7。各处理综合排序为W3N3＞W3N2＞W2N2＞W2N3＞W3N1＞W1N2＞W2N1＞W1N1＞W1N3，以W3N3处理最优，综合评分明显高于其他处理，即灌水量为W3（70%ET_0）、施氮量为N3（84kg/hm²）时，青椒的氮肥偏生产力、水分生产效率最大，耗水量最小，叶片平均叶绿素含量、产量等相对较高。

表7　各指标综合评价表

处理	Z_1	Z_2	Z	排名
W1N1	−0.49	−0.61	−2.68	8
W1N2	−0.52	0.46	−1.08	6
W1N3	−2.20	0.58	−6.68	9
W2N1	0.06	−1.20	−1.72	7
W2N2	0.55	0.38	2.50	3
W2N3	0.16	1.10	2.33	4
W3N1	0.86	−1.12	1.19	5
W3N2	1.27	−0.10	4.26	2
W3N3	1.30	1.36	6.68	1

3 结论

（1）灌溉对不同处理青椒全生育期的平均叶片叶绿素含量的影响达到极显著水平，水氮交互效应对平均叶片叶绿素含量的影响达到显著水平，但施氮量对叶片叶绿素含量的影响不显著；水氮交互作用下，以中水高肥处理的叶片叶绿素含量最大，叶片叶绿素含量增长效应明显。

(2) 青椒全生育期内耗水量为 696.40～796.41mm，日均耗水强度为 5.13～5.86mm/d，全生育期内以盛果期耗水量最大，占全生育的 44.87%～55.66%，水氮交互作用对青椒的耗水量影响不显著。

(3) 灌溉、施氮以及水氮交互响应对青椒产量、水分生产效率均未到显著水平，施氮量及水氮交互响应对青椒的氮肥偏生产力达到极显著水平，灌溉并未对青椒氮肥偏生产力产生显著影响。

(4) 以节水节肥高产为目标，提出露地青椒滴灌高效灌溉施肥制度，青椒适宜灌水量 $70\%ET_0$，灌水周期为 5 天 1 次（自有效降雨量不能满足参照作物需水量之日算起），适宜施氮量为 $84kg/hm^2$，盛果期追肥 2 次，由此确定青椒全生育期作物系数为 1.19。

参考文献

[1] 刘影，张玉龙，张凯，等. 灌溉方法对温室栽培番茄产量及水分利用效率的影响 [J]. 干旱地区农业研究，2015，33 (2)：141-145.

[2] 姬景红，李杰，李玉影，等. 不同施肥措施对保护地番茄产量、品质及经济效益的影响 [J]. 中国土壤与肥料，2012，(5)：35-39.

[3] 王峰，杜太生，邱让建，等. 亏缺灌溉对温室番茄产量与水分利用效率的影响 [J]. 农业工程学报，2010，26 (9)：46-52.

[4] 张国红，袁丽萍，郭英华，等. 不同施肥水平对日光温室番茄生长发育的影响 [J]. 农业工程学报，2005，21 (增刊)：151-154.

[5] 徐坤，郑国生，王秀峰. 施氮量对生姜群体光合特性及产量和品质的影响 [J]. 植物营养与肥料学报，2001，7 (2)：189-193.

[6] 范海燕，杨胜利，郝仲勇，等. 膜下滴灌不同灌水限额对青椒耗水规律及灌溉制度影响研究 [J]. 灌溉排水学报，2017，36 (增2)：24-28.

[7] 王新，马富裕，刁明，等. 不同施氮水平下加工番茄植株生长和氮素积累与利用率的动态模拟 [J]. 应用生态学报，2014，25 (4)：1043-1050.

[8] 邢英英，张富仓，吴立峰，等. 基于番茄产量品质水肥利用效率确定适宜滴灌灌水施肥量 [J]. 农业工程学报，2015，31 (S1)：110-121.

[9] 李建明，潘铜华，王玲慧，等. 水肥耦合对番茄光合、产量及水分利用效率的影响 [J]. 农业工程学报，2014，30 (10)：82-90.

[10] 樊兆博，刘美菊，张晓曼，等. 滴灌施肥对设施番茄产量和氮素表观平衡的影响 [J]. 植物营养与肥料学报，2011，17 (4)：970-976.

[11] 栗岩峰，李久生，饶敏杰. 滴灌施肥时水肥顺序对番茄根系分布和产量的影响 [J]. 农业工程学报，2006，22 (7)：205-207.

[12] 韦泽秀，梁银丽，周茂娟，等. 水肥组合对日光温室黄瓜叶片生长和产量的影响 [J]. 农业工程学报，2010，26 (3)：69-74.

[13] Mahajan G, Singh K G. Response of greenhouse tomato to irrigation and fertigation [J]. Agricultural Water Management，2006，84 (1/2)：202-206.

[14] Rajput T B S, Patel N. Water and nitrate movement in drip-irrigated onion under fertigation and irrigation treatments [J]. Agricultural Water Management，2006，79 (3)：293-311.

[15] Šturm M, Kacjan-Marši N, Zupanc V, et al. Effect of different fertilisation and irrigation practices on yield, nitrogen uptake and fertiliser use efficiency of white cabbage (Brassica oleracea var. capita-

ta L.）[J]. Scientia Horticulturae，2010，125（2）：103-109.
[16] Zhang Q，Wu S，Chen C，et al. Regulation of nitrogen forms on growth of eggplant under partial root-zone irrigation [J]. Agricultural Water Management，2014，142：56-65.
[17] 吴立峰，张富仓，周罕觅，等．不同滴灌施肥水平对北疆棉花水分利用率和产量的影响 [J]. 农业工程学报，2014，30（20）：137-146.
[18] 张竣豪．水肥组合对番茄生长、产量、土壤特性影响及管理策略 [D]. 扬州：扬州大学．2022.
[19] 鲍慧．水氮调控条件下日光温室青椒奢侈蒸腾的研究 [D]. 沈阳：沈阳农业大学．2022.
[20] 王超．水肥一体化对番茄生理及水氮利用效率的影响 [D]. 北京：中国农业科学院．2019.

北京市泉域管理保护及开发利用刍议

张 霓

（北京市水科学技术研究院，北京 100048）

【摘要】 本文以2022年全市泉水普查成果为基础，分析了北京市泉水管理保护及开发利用现状，总结了存在的问题。综合考虑各泉域的重要程度、自然条件、对泉域的研究调查深度、近期实施目标可达性等因素，提出了总体、重点、出露点三级泉水管理保护方案以及开发利用建议。

【关键词】 泉水；泉域；管理保护；开发利用

A humble opinion on the management, protection, development and utilization of spring area in Beijing

ZHANG Ni

(Beijing Water Science and Technology Institute, Beijing 100048)

【Abstract】 Based on the results of spring water survey in 2022, this paper analyzes the status of spring water management, protection, development and utilization in Beijing, and summarizes the existing problems. Considering the importance of each spring domain, natural conditions, depth of research and investigation of the spring domain, the accessibility of recent implementation targets and other factors, this paper puts forward three levels of spring management and protection schemes, including the overall, key and dew-point, as well as development and utilization suggestions.

【Key words】 Spring water; Spring filling; Management and protection; Development and utilization

2021年10月，国务院公布的《地下水管理条例》中指出"有关县级以上地方人民政府水行政主管部门会同本级人民政府有关部门编制重要泉域保护方案，明确保护范围、保护措施，报本级人民政府批准后实施。"

1 泉水资源开发利用及管理现状

1.1 开发利用现状

北京曾经是建在湿地上的城市，历史上泉水在北京城的供给饮用、补给漕运、点缀园林风景等方面都发挥了重要作用。今天，在泉水流量不断减小甚至部分泉水断流、消失的情况下，除了作为饮用水源外，部分泉水资源与当地生态、旅游、文化相结合，仍然发挥了重要的环境效益、经济效益和社会效益。根据2022年北京市水文总站组织开展的全市泉水普查成果，北京市泉点记录1361个，其中有水在流泉点880个、季节性断流泉点10个、断流后复涌泉点13个。

从泉点、在流泉点数量以及在流率来看，怀柔区是泉水资源最丰富的，达到81.5%，其次是密云区75.3%。门头沟区单从泉点和在流泉点数量来看，泉水资源也颇为丰富，但是在流率却是全市最低的，仅有47.4%。

从流量上来看，在流泉中1~10L/s的泉点有133个，大于10L/s的泉点有43个。怀柔区大泉数量占比最高达25.6%，其次是门头沟区和密云区分别是17.6%、16.5%。全市最大泉是房山区长沟镇的甘池泉群，流量达315L/s。

从开发利用情况来看，北京市泉水利用类型目前以生活、生态景观利用为主，生产利用为辅。在流泉中，供村镇集中饮用的泉130个，占15%；引水灌溉的泉64个，占7%；28%的泉被封闭或引入管道零星供水，45%的泉水自然溢流。生活、生态开发利用程度较高的是中心城近郊，开发利用率74.1%，其次是平谷区68.0%，房山区61.4%。密云区、怀柔区泉水资源禀赋好，还有较大的开发利用空间。

1.2 管理现状

泉水具有水资源和矿产资源的双重属性，它的所有权归属国家。按照泉所处位置以及利用方式，目前北京市泉水主要是由村委会或景区管委会对它享有使用权并负责日常管理。

北京市泉水管理保护总体情况良好。作为生活、生产水源的泉水，各区县均已纳入水资源管理，安装了计量设施，下发了取水许可证，并有村民负责管理、看护和巡查。

北京市持续开展水环境治理、农村地区生活污水治理专项工作，山区农村大都新建了集中污水处理站和配套的污水管网，处理达标后的污水经污水管线排入下游河道。村镇风貌、卫生环境都有大幅提升。由于北京市山区农村耕地面积极少，大多数退耕还林，以种植核桃、柿子、板栗为主，基本不需灌溉，也不施肥，因此对泉域的地下水环境影响较小，基本不存在面源污染风险。

2 泉水开发利用及管理存在的问题

2.1 泉流量整体衰减严重

基岩水是北京山区的主要水源，由于地下水超采，加上进入2000年后北京持续十余年的干旱少雨，生态系统发生退化，泉流量衰减严重。据《北京泉志》记载，20世纪80年代北京市流量大于10L/s的泉点有54个。但根据2022年泉水调查统计，流量大于10L/s的泉点有43个，缩减了20%，有481个泉点断流。

2.2 农村生活水资源浪费现象亟待管控

随着北京郊区旅游的蓬勃发展，精品民宿在农村也是日益兴起，很多精品民宿内都建有大型浴缸甚至泳池。而农村居民并不缴纳水资源费，虽然取水许可证上规定了取水许可指标，但农村生活用水基本还是处于随意取水状态。一方面是外来游客的大量涌入，另一方面没有经济手段加持的管控措施，浪费水资源现象常有发生，大幅增加地下水资源开采，增加泉水流量减小甚至断流的风险。

2.3 泉水资源开发利用方式有待探索

目前仍有许多泉由于各种原因，开发利用程度不高，尤其是一些流量较大、具备开发利用潜力的泉，因缺乏有效的引导、投资和管理，埋没于荒野之间，没有充分发挥泉水资源的生态效益及其衍生的经济效益和社会效益。大都自然溢流后直接排入下游河道，没有系统规划和提升打造，深度挖掘泉水资源的开发利用空间。

2.4 科学研究投入不足，未建立系统的监测与管理机制

对山区岩溶系统的专项勘察、监测、研究比较薄弱，对泉水补径排条件、水资源保护的技术路径和科学研究还处在探索阶段。北京市已经建立了完善的地下水监测站网，但只有10个泉点纳入了监测网。此外在保护设施建设、饮用风险标示、泉口景观维护、巡查等管理方面也存在滞后，未形成有效的泉水资源保护机制。

3 泉域资源管理保护方案

基于地下水文地质单元及其对应的地上地貌特征，共同构成汇集泉水的相对独立的特定区域，即为泉域。综合考虑自然地理条件、经济基础、产业布局、区域供排水格局等多种因素，将人类活动对泉水资源、环境的影响范围和泉域共同划定为泉域保护范围。

泉域保护应以"在保护中利用，在利用中发展，以发展反哺保护"理念为统领，以维护完整的泉水生态系统为关键，通过制度、规划、工程、宣传等综合管理措施，加强泉域保护管理。在管理保护方案中要坚持系统管理与全程保护统筹、管理约束与指导服务一体、政府主导与社会共同参与的原则。

全市1361个泉点，根据各泉域的重要程度、自然条件、对泉域的研究调查深度、近期实施目标可达性等因素的综合考虑，按照不同等级保护方案，实行分级管理。现阶段可分为总体方案、重点泉域方案、泉水出露点方案。

3.1 总体保护方案

总体保护方案是指导北京市各级人民政府管理、保护本辖区泉域的系统性、综合性、基础性方案，遵循"涵养、增渗、限采、禁堵、防污、综治"的总体策略，保护泉水形成的全过程。

3.1.1 加强山区水土保持，涵养地下水源

采取绿化造林、生态护岸等措施保持水土、涵养水源，加强裸露土地的植被绿化，丰富植被种类和层次，促进泉域生态自然修复。加强对坑、塘、沟、渠等农田水利设施的保护治理工作。

3.1.2 提高源头补给能力，回补地下水

保护、修复、提升泉域的入渗补给能力，充分利用自然条件补充地下水。根据地貌及水文地质条件，因地制宜兴建雨洪拦蓄措施、人工生态湿地净化设施，延长雨水存蓄时间，多途径增加地表入渗能力。持续采用地表水、南水北调水等水源，做好重点区域生态补水工作。

3.1.3 严控地下水开采，细化地下水管理

3.1.3.1 深度挖潜各行业节水

结合高标准农田建设，统筹规划、同步实施山区高效节水灌溉，持续加强农艺节水技术集成和推广示范。泉域保护范围内实施用水总量控制和人均生活用水限额管理。充分利用村民自治、村民公约等形式，杜绝水资源浪费，实施超额累进加价。开展乡村节水改造，重点加强宾馆、精品民宿，节水、用水的监督管理。严格监管泉域内现有的特殊行业取用地下水，单独安装计量设施，落实用水定额管理与特殊行业水价。

3.1.3.2 推进地下水源置换

按照《地下水管理条例》的要求，泉域保护范围内严格限制岩溶地下水开采。进一步优化南水北调等水源置换工程的水量分配方案，加快推进泉域保护范围内地表水置换地下水的输配水工程设施。优先保障大泉、名泉泉域保护范围内的水源井置换。

3.1.3.3 严格取水许可制度

严格禁止擅自在泉域保护范围内非法取水活动。取水单位和个人应当依照批准的取水许可规定条件取水，不得超计划或者超定额取水。公共供水管网覆盖区域严禁取用地下水。

3.1.4 强化规划选址，保护泉水径流通道

轨道交通、隧道、民防等深基础设施工程选址之前，应征求泉域保护主管部门意见，禁止工程建设阻断、堵塞泉水径流通道，上述工程的建设项目水影响评价报告中，应开展工程施工后对泉域径流通道的影响论证，防止因工程建设活动破坏泉脉、堵塞泉眼，或者对泉水水质造成破坏性影响。

3.1.5 防治水环境污染，保障水生态安全

在泉域保护范围内，不得新建、改建、扩建可能造成地下水污染的建设项目。进一步完善乡村污水集中处理设施及配套管网建设，严控污水未经处理达标，随意排放。禁止倾倒、堆放、填埋城市生活垃圾、工业固体废物和危险废物。

3.1.6 建设泉域管理机制，践行生态文明

3.1.6.1 健全泉域管理机制

实行泉域管理和行政区域管理相结合、统一管理和分级管理相结合的管理体制；结合河长制，建立三级泉域管理体系；制定泉域保护条例或者管理办法；建立泉水动态管理制度，开展泉域地下水动态观测和水质监测工作。

3.1.6.2 建立补偿奖励制度

健全泉域利益补偿机制，因泉域保护而产生的生态移民和产业转移应纳入到生态保护补偿机制中；建立奖励机制，对在泉域水资源保护和管理工作中做出显著成绩的单位和个人，给予表彰或者奖励。

3.1.6.3 实行"大泉、名泉"保护名录制度

各区人民政府应当尽快组织专家论证，提出保护名录名单。保护名录认定标准，一是流量较大，是当地生活生产主要供水水源的；二是虽然流量很小或不能溢流，但历史悠久的名泉；三是地处名胜风景区的。各区政府应加大投资和研究力度，尽快科学划定大泉、名泉的泉域保护范围。

3.1.6.4 坚持规划先行，加强科研保障

开展"北京市泉水保护及开发利用专项规划"，并纳入城乡发展、水资源保护规划、生态保护等相关规划中。

开展泉域水资源调查评价。以泉域保护范围为单元，定期开展水资源调查评价，明确泉域范围岩溶水可开发利用量，划定泉水复涌、稳流的地下水位警戒红线、水资源开发利用上线，为泉域范围地下水开采实行水量、水位双控提供技术依据。

开展示范研究。为了精准保护大泉、名泉，建议集成遥感、地球物理勘探、同位素示踪、水化学等多种技术方法，开展详细的调查、试验和研究工作，摸清补径排条件，科学划定泉域保护范围，形成"一泉一策"。以玉泉山泉、白浮泉修复研究为示范，探索泉域修复的科学路径。

3.2 重点泉域管理保护方案

对纳入"北京市大泉、名泉保护名录"的泉域，尤其是三山五园地区、大运河文化带、西山永定河文化带上的泉，在总体保护方案的基础上，进一步深入研究，实施重点管理和保护，泉水属地区政府应加快划定保护范围。岩溶裂隙发育、生态控制线与河流水系管理范围线内进一步划定为禁止建设区，其管控措施遵照《北京市人民政府关于发布北京市生态保护红线的通知》（京政发〔2018〕18 号）、《北京市生态控制线和城市开发边界管理办法》、《北京市河湖保护管理条例》、《北京市市属河道管理和保护范围内建设项目管理规定》执行。

3.3 泉水出露点管理保护方案

禁止填埋、占压、损毁名泉泉池、泉渠及其人文景观；泉水出露点周边，禁止新建、扩建任何与名泉保护无关的建（构）筑物；禁止私自圈占出露点及非法取水行为；集中分布的泉水出露点应结合周边环境特征划定集中的保护范围，特色鲜明的泉水出露点应规划建设为以泉水为主题的旅游景点或公园；合理规划出露点周围景观及附属设施，健全出露点标识系统，按照《北京市河湖水系及水利程标识标牌设置导则》中"文化宣传类"要求，在泉水出露点周边设置标识牌。

4 泉水开发利用方案

在满足泉域管理保护要求的基础上,合理开发利用泉水资源,丰富泉水开发利用模式。

4.1 弘扬泉水文化

市、区、镇、村各级政府都应重视大泉名泉的历史文化挖掘与保护传承,讲好泉水故事,延续泉水历史文脉,提升泉水风貌,弘扬泉水文化。

4.2 打造泉域经济

北京市目前流量较大(大于10L/s)、但未得到有效开发利用的大泉约25处。流量稳定、出水量满足灌溉要求的泉域,在优先满足当地居民生活饮用水,不影响泉水可持续出流量、下游河湖生态基流量的前提下,因地制宜、适当发展小规模高品质泉水种植,打造农业、生态、观光为一体的精品泉水灌溉产业,促进当地农民多渠道增收,最大限度发挥泉水资源效益,实现保护与合理利用共赢的新局面。

各区政府应积极谋划,拓宽融资渠道,加大投资力度,在做好泉域系统的保护和涵养工作的同时,让山间的泉水"活"起来。统筹山水林田湖草一体化规划与开发,尊重传统空间格局和自然山水特征,打造以泉为主题,串联主要泉水景观节点的特色生态空间;应鼓励建设科学适度、合理健康的生态旅游,提升生态环境效益的同时,拉动当地经济效益,助力乡村振兴。

5 建议

(1)为了加强泉域水资源及历史水文化保护,维护完整的泉水生态系统,合理开发利用泉水资源,应根据有关法律、法规规定,结合本市实际,尽快制定并出台泉域管理保护办法或条例,明确目标、适用范围、管理保护内容、泉域管理协调机构及职责分工、保障及奖惩措施等。泉域管理保护办法是节约、保护、利用、修复、治理泉水的基本依据。

(2)水行政主管部门应加大泉域水资源调查、开发利用研究力度,科学指导各区政府发展特色泉域经济,同时做好各区对泉域的管理和保护的督导工作。

水环境治理

源头地块雨水调蓄设施实时调控技术应用初探

战 楠[1,2] 于 磊[1,2] 高 琳[1,2] 高小晨[1,3] 张书函[1,2] 严玉林[1,2]

(1. 北京市水科学技术研究院,北京 100048;2. 流域水环境与生态技术北京市重点实验室,北京 100048;3. 河海大学水文水资源学院,南京 210098)

【摘要】 随着北京市海绵城市建设全域化推进,人工雨水调蓄设施在城市雨水管理中得到日益广泛的应用,成为全市最主要的源头设施类型之一。但其具有数量众多、单个设施调蓄容积量小、位置分散的特征,且存在"孤岛"化、自动化运行能力不足等问题。本文基于海绵设施精细化管控需求,构建以数学模型为核心,耦合在线感知、物联设备的管控系统,形成源头地块雨水调蓄设施实时调控技术,可实现一个或多个调蓄设施自动化调度,汇水范围内排水雨水管网峰值削减率达1%~11%。技术的应用有效促进雨水调蓄设施效益提升,为北京市源头调蓄设施智慧化运行管理提供新思路。

【关键词】 调蓄设施;实时调控;调控方式

Preliminary study on the application of real-time regulation and control technology of rainwater storage facilities in source plot

Zhan Nan[1,2] Yu Lei[1,2] Gao Lin[1,2] Gao Xiaochen[1,3] Zhang Shuhan[1,2] Yan Yulin[1,2]

(1. Beijing Institute of Water Science and Technology, Beijing 100048; 2. Beijing key laboratory of Watershed Water Environment and ecological technology, Beijing 100048; 3. Hohai University College of Hydrology and water resources, Nanjing 210098)

【Abstract】 with the development of sponge city construction in Beijing, artificial rainwater storage facilities have been widely used in urban rainwater management, and become one of the main types of source facilities. However, it has the characteristics of large quantity, small storage volume of single facility, scattered location, and "Isolated Island", insufficient automatic operation capacity and so on. Based on the need of fine management and control of sponge facilities, a management and control system with mathematical model as the core, coupled with online perception and IOT equipment, formed the real-time regulation and control technology of storm water storage facilities in source plots, the automatic dispatching of one or more storage facilities can be realized, and the peak reduction rate of drainage and storm water pipe network in catchment area can reach 1%-11%. The application of technology effectively promotes the benefit of storm water storage facilities, and provides a new idea for intelligent operation and management of source storage facilities in Beijing.

【Key words】 Storage facilities; Real-time regulation; Regulation mode

自1998年起，北京市开始逐步推广雨水综合利用。2017年，《北京市人民政府办公厅关于推进海绵城市建设的实施意见》（京政办发〔2017〕49号）明确提出："统筹发挥自然生态功能和人工干预功能，实施源头减排、过程控制、系统治理，切实提高城市排水、防涝、防洪和防灾减灾能力。以解决城市内涝、雨水收集利用、黑臭水体治理为突破口，推进区域整体治理，逐步实现小雨不积水、大雨不内涝、水体不黑臭、热岛有缓解"。

以此文件要求为指引，北京市紧密围绕首都城市战略定位，聚焦解决积水内涝、面源污染、水资源紧缺[1]等"大城市病"中的水问题，坚持"源头减排、过程控制、系统治理"路径，不断完善机制体制、强化雨水径流全过程管控、增强城市韧性保障。截至目前，全市共推进海绵城市建设项目5520项，人工雨水调蓄[2-3]设施在城市雨水管理中得到越来越广泛的应用，与透水铺装、下凹式绿地等，成为全市最主要的源头设施类型。

与此同时，随着海绵城市建设进入全域[4]推广阶段，雨水调蓄设施数量和规模将持续增加，然而数量众多的雨水调蓄池普遍存在投资大、设计功能单一、利用效率较低等问题。为此，本文在全面分析北京市源头雨水调蓄设施建设和管理现状基础上，基于智慧水务发展和海绵设施精细化管控需求，研究构建雨水调蓄池智慧化调度[5]模式，形成雨水源头调蓄设施智慧化运行管理新模式，实现排水系统削峰控捞等目标智能调控[6]，旨在发挥源头地块人工雨水调蓄设施最大的功能和效益。

1 北京市人工雨水调蓄设施建设运维现状

1.1 整体建设情况

北京市地方标准《海绵城市雨水控制与利用工程设计规范》（DB11/685—2021）明确提出："每千平方米硬化面积配建调蓄容积不小于30m³的雨水调蓄设施；当总硬化面积达到10000m³，每千平方米硬化面积应配建调蓄容积不小于50m³的雨水调蓄设施"。依据DB11/685—2021的要求，北京海绵城市建设全域推广过程中，人工雨水调蓄设施数量和规模总量呈持续增长趋势。

基于北京市海绵城市管理系统平台统计结果，截至2022年12月，全市建成区范围内建有分布式人工调蓄设施数量2376个，调蓄总能力达300.74万 m³。根据已建成人工雨水调蓄设施所属项目类别分析，人工雨水调蓄设施主要分布于建筑小区类、公园绿地两类项目，涉及项目数量为1429项和22项（图1）；其中建筑小区类项目中建成人工雨水调蓄设施占全市已完工调蓄设施总数量92%（图2）。

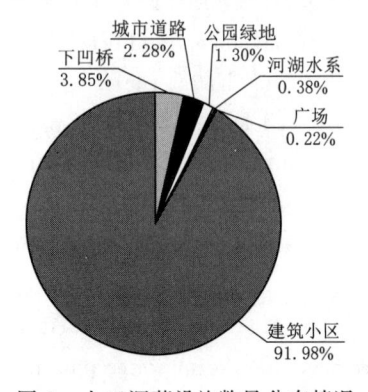

图1 人工调蓄设施数量分布情况

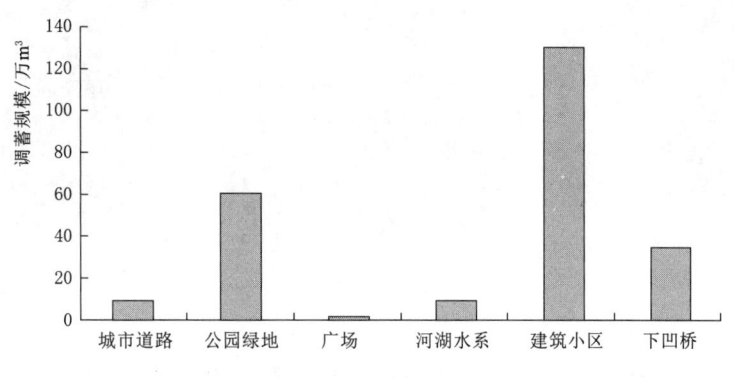

图2 人工调蓄设施调蓄能力

全市人工调蓄池数量分布具有一定空间差异性,如图3所示。基于单个雨水设施调蓄设施规模分析,已建成人工雨水调蓄池容积介于10~10000 m³,其中100~500 m³的设施数量占比约46.25%,如图4所示。但上述设施中配备抽排设备的仅301个,占比不足18%;具有自排功能的调蓄设施仅52个。

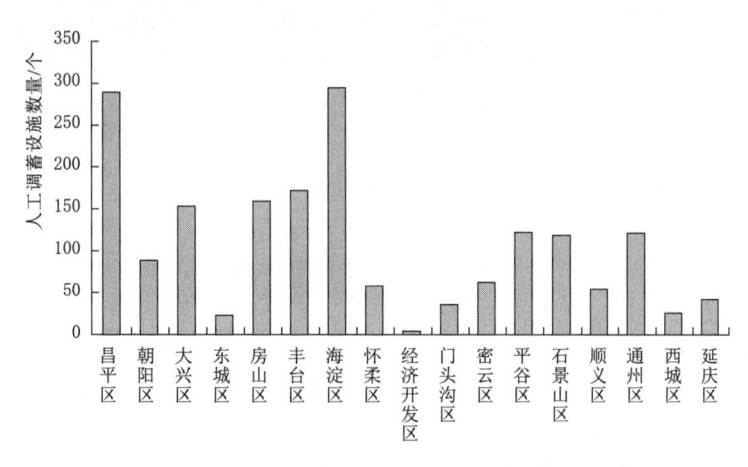

图3 人工调蓄设施空间分布特征

1.2 设施运行情况

根据全市建成区范围内近140座已建雨水调蓄设施现场调研结果,近26%调蓄设施处于失管状态;71.6%的调蓄设施,以小区物业(部分仍由建设单位运维,待1~2年质保期后移交物业管理)为主体进行运行维护。现场调研所涉及的调蓄设施中,配套排空水泵及配套管路的占比仅67.9%,其余设施无配套排空设备或信息不详。无配套排水及回用设备见图5。

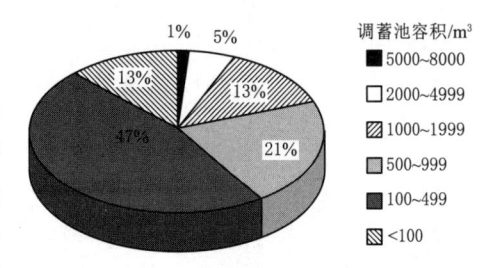

图4 人工调蓄设施容积分布特征

图5 无配套排水及回用设备

对雨水蓄集后回用于景观、绿化等（其中包含5座采用临时水泵回用），占比仅约50%；其余设施仅具有收集功能，后期将雨水通过配套设备排入市政管网；此外，不足1%的设施对雨水回用信息不详，如图6所示。

图6 配套排水及回用设施完善

2 人工雨水调蓄设施存在的主要问题

全市范围内已建成的人工雨水调蓄设施，具有数量众多、单个设施调蓄规模量小、位置分散的特征；与此同时，随着海绵城市建设进入全域推广阶段，各类雨水调蓄设施数量和规模将持续增加。然而由于存在部分调蓄池失管或维护状态不佳、配套排水设施不完善等原因，导致人工雨水设施建成后处于未运行或只蓄不排的状态，未能实现调蓄设施对汛期场次降雨的削峰调蓄作用。基于现场调研结果，数量超过50%的人工雨水调蓄设施未配套回用设备或采用移动式水泵替代，待场次降雨过后将蓄水设施内雨水排入市政雨水管网，导致雨水资源利用率低。

与此同时，分散式的调蓄设施"孤岛"问题显著、调控方式单一、自动化运行能力不足，导致项目、地块空间尺度上无法实现基于降雨条件、汇水区下垫面特征的调度和联动，未能实现雨水调蓄设施在削峰调控、雨水资源回用等方面的效益最大化。

3 雨水调蓄设施实时调控技术与模式构建

3.1 实时调控技术整体思路

针对目前人工雨水调蓄池存在的运行管控问题，研究提出源头地块雨水调蓄设施实时调控技术。该技术基于区域雨水管网系统、雨水调蓄设施现状，集成计量传感装置、控制阀门和控制系统，耦合在线监测数据、雨量采集数据，以 SWMM 数学模型构建为核心，整体构建形成具备排水系统削峰控捞目标的实时调控和智能调度模式。

源头地块雨水设施实时调控技术，适用于建设项目、排水分区等不同尺度范围内单个或多个雨水调蓄设施。基于雨水收集回用、排水系统削峰控捞等多目标，进行雨水调蓄设施智能调控，既能有效降低和缓滞降雨期间下游排水管道流量峰值，提高排水系统能力，又可实现基于关键水质指标浓度要求的雨水收集回用。

3.2 系统构建与调控方式

3.2.1 系统构建方式

对已建或新建人工雨水调蓄设施连接方式进行优化，增设调蓄池进水口和出水口，其中进水口与上游雨水管道直接连接，具备上游汇水范围内雨水的收集、调蓄、存储、传输功能；通过出水口实现与下游雨水管网主干管或支管连接。雨水调蓄设施设置与之并联的旁路雨水管道，该旁路雨水管道具备对上游汇水分区雨水的收集、传输功能，且与下游雨水管网主干管或支管连接。

增加雨水调蓄设施控制设施和计量传感装置。与雨水调蓄设施连接的雨水管道、旁路雨水管道中，设置控制阀门，与控制系统实现信号联通并具备远程调控功能，可控雨水的水量和传输路径。布设于雨水调蓄设施、雨水管道中的流量、液位监测装置，可实现对调蓄池水位、雨水管网流量的实时监测和传输功能。

基础设施和硬件配置的基础上，构建以数值模拟为核心具备数据耦合、调度控制等功能的实时感知和控制系统。其中数值模型基于地块范围内管网、下垫面、地面高程、雨水调蓄设施参数等多源数据信息构建，通过数值模型拟合测算结果，实现对阀门装置的远程控制，对雨水排水系统中雨水调蓄设施的智能调控。

3.2.2 调控模式

以排水系统末端主管道峰值流量削减的控制目标时，调控模式分为以下几个步骤：

（1）基于排水系统内分布式的单个或多个雨水调蓄设施的设计参数，分别核算每个调蓄池调蓄容积，识别单个设施雨水调蓄能力下对应的降雨量，即可调蓄雨量。

（2）降雨初期，排水系统处于初始运行状态，即与调蓄池进水口连接的雨水管网上阀门处于关闭状态；与雨水调蓄设施并联的旁路雨水管道上阀门处于开启状态，雨水通过旁路管道向下游排水管网排水。

（3）控制系统接收降雨量、雨水调蓄设施液位、雨水管道流量等数据信息，通过数值模型模拟结果，识别管网流量峰值（Q_0）及峰值出现的时间（T_0）；根据调蓄设施调蓄能力，计算可调控峰值雨量（Q_2）及调控时段（$T_1 \sim T_2$）。如图 7 所示，Q_2 等于调蓄设施调蓄能力，表征对雨水管网的可调蓄雨量值；$T_1 \sim T_2$ 时间点表征调蓄操作起止时间，此时 T_1 和 T_2 时间点对应的雨水管道流量为 Q_1。

（4）当调蓄池下游雨水干管中流量达到 Q_1，对应时间达到 T_1 时，向管网系统中控制阀门发出远程控制

图 7 调蓄雨量与降雨历时关系示意图

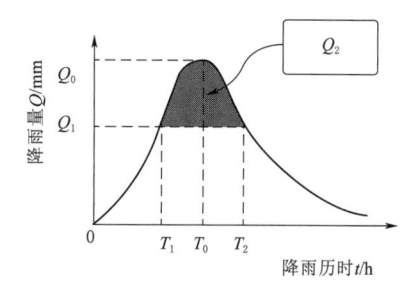

指令。与调蓄设施进水口连接雨水管道上的阀门开启，旁路雨水管道控制阀门关闭，雨水进入调蓄设施。当调蓄设施雨量达到最大调蓄规模 Q_2，对应时间达到 T_2 时，调整为调蓄设施进水口连接雨水管网的阀门关闭，雨水经旁路雨水管道自流入下游管道。

排水系统中单个或多个雨水调蓄设施可进行单独或同步控制，以达到下游雨水系统中管网峰值流量削减的目标。

4 实时调控技术应用效果

以某片区为例，基于地块雨水调蓄设施分布、雨水管道等基础设施情况，构建 SWMM 数值模型，如图 8 所示。如图 9 所示，该区域内分布式设有雨水调蓄设施共 4 处，分别为 S1、S2、S3 和 S4；上述 4 个雨水调蓄设施进水口分别与雨水管道 L11、L21、L31、L41 连接，并设有控制阀门 ORI1、ORI3、ORI5、ORI7；4 个雨水调蓄设施出水口分别与排水系统中干管管段 L1、L2、L3 和 L4 连接；与雨水调蓄设施连接的雨水管道处，设置与之并联的旁路雨水管道 L12、L22、L32、L42，并分别设有控制阀门 ORI2、ORI4、ORI6、ORI8。该区域雨水管网末端干管以 L0 表示。

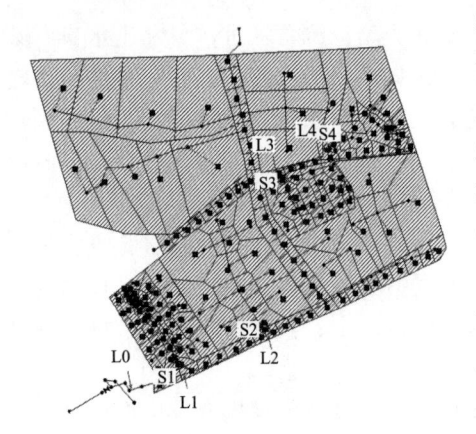

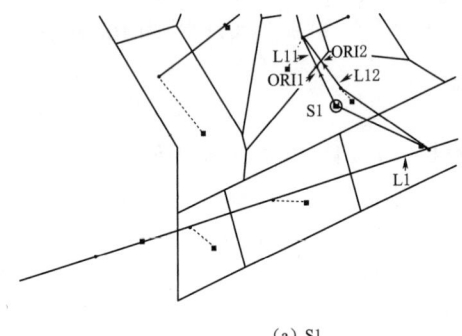

图 8 雨水排水系统布设示意图

(a) S1

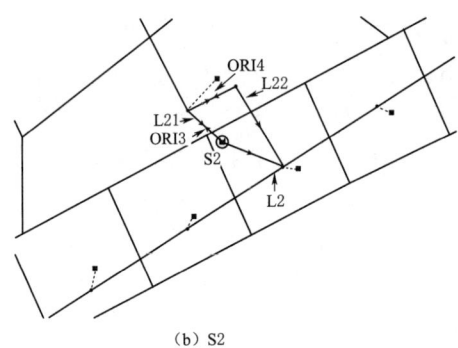

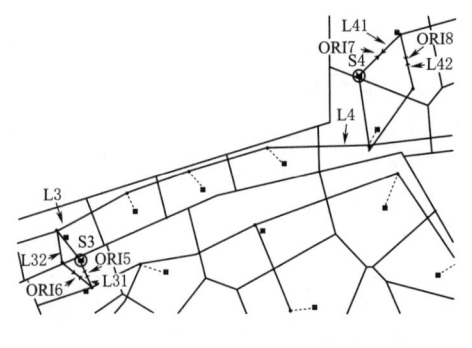

(b) S2

(c) S3与S4

图 9 雨水调蓄设施与管网连接示意图

基于排水系统内分布式的 4 个雨水调蓄设施的设计参数,分别核算每个设施调蓄容积,识别单个设施可调蓄雨量,见表 1。

表 1 雨水调蓄设施调蓄能力

调蓄设施名称	高/m	面积/m²	有效容积/m³	可调蓄雨量 Q_2/mm
S1	4	85	340	16.19
S2	4	105	420	20.2
S3	3	40	120	10.189
S4	4	49	196	18.56

两年一遇降雨条件下,降雨初期与调蓄设施进水口连接的雨水管网上阀门处于关闭状态,即 ORI1、ORI3、ORI5、ORI7 关闭;与雨水调蓄设施并联的旁路雨水管道上阀门 ORI2、ORI4、ORI6、ORI8 处于开启状态;雨水通过旁路管道 L12、L22、L32、L42 向下游排水干管 L1、L2、L3、L4 排水;最终从末端干管 L0 排出。

基于降雨、雨水调蓄设施液位、管道流量等数据,通过 SWMM 数值模型,预测雨水管道(L1、L2、L3、L4)流量信息,识别管网流量峰值(Q_0)及峰值出现的时间(T_0);计算调控峰值雨量(Q_2)及操作时段($T_1 \sim T_2$),见表 2。

表 2 排水系统调蓄雨量和调控时间识别

雨水管道名称	流量峰值 Q_0/(m³/s)	T_0	T_1	T_2
L1	7.71	0:55:00	0:50:00	01:05:00
L2	7	0:54:00	0:48:00	01:08:00
L3	0.58	01:02:00	0:56:00	01:12:00
L4	0.28	0:50:00	01:01:00	02:01:00

当降雨时间达 T_1 时,经系统远程控制指令发布,旁路雨水管道上游的控制阀门关闭,雨水进入调蓄设施;达到最大调蓄雨量规模(Q_2)和对应时间达到 T_2 时,系统调整为旁路雨水管道上游阀门开启、调蓄设施关闭,雨水由旁路雨水管道自流入下游管道,见表 3。

表 3 雨水调蓄设施智能调控

调蓄设施名称	T_1	控制指令	T_2	控制指令
S1	00:50:00	ORI1 开启,ORI2 关闭	01:05:00	ORI2 开启,ORI1 关闭
S2	00:48:00	ORI3 开启,ORI4 关闭	01:08:00	ORI4 开启,ORI3 关闭
S3	00:56:00	ORI5 开启,ORI6 关闭	01:12:00	ORI6 开启,ORI5 关闭
S4	01:01:00	ORI7 开启,ORI8 关闭	02:01:00	ORI8 开启,ORI7 关闭

通过对排水系统中 4 个雨水调蓄设施分别进行实时调控,最终达到下游雨水系统中管网峰值流量削减的目标;基于每个调蓄设施布置位置及上游汇水区域区别,对比传统雨水调蓄设施运行状态,排水雨水管网峰值削减率可达到 1%～11%,见表 4 和如图 10 所示。

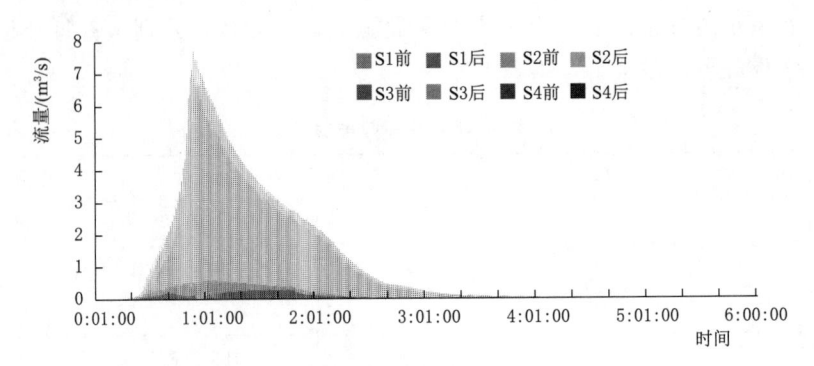

图10 调蓄前后管道流量过程对比图

表4　雨水调蓄设施实时调控技术应用效果对比

雨水管道名称	未调控流量 $Q_0/(m^3/s)$	T_0	调控后流量 $Q_0/(m^3/s)$	T_0	调控效果 %
L1	7.71	0:55:00	6.84	1:00:00	11.28
L2	7	0:54:00	6.94	0:55:00	0.86
L3	0.58	1:02:00	0.53	1:12:00	8.62
L4	0.28	0:50:00	0.27	1:28:00	3.57

5　结论

基于智慧水务发展和海绵设施精细化管控需求，通过人工调蓄设施局部改造、增设感知设施等方式，构建以模型算法为核心，耦合在线感知、物联设备的管控系统，构建形成源头地块雨水调蓄设施实时调控技术，可实现基于削峰控涝、雨水收集等多目标智能调度方式。研究表明，基于预测或监测降雨数据，以SWMM数值模拟技术为核心、集成入流条件自动识别与判断功能的调度运行模式下，可实现一个或多个调蓄设施自动化调度，汇水范围内排水雨水管网峰值削减率达1%～11%。技术的应用有效解决现状分散式调蓄设施自动化运行能力不足等问题，为北京市雨水源头调蓄设施智慧化运行管理提供新模式和思路。

参考文献

[1] 张伟，王家卓，车晗，等．海绵城市总体规划经验探索——以南宁市为例［J］．城市规划，2016，40（8）：44-52.

[2] 宫永伟，李小宁，李俊奇，等．建筑与小区雨水调蓄设施的径流控制效果分析［J］．给水排水，2015，51（6）：57-61.

[3] 焦春蛟，吕谋，张士官，等．不同模式雨水调蓄池与低影响开发组合对雨洪控制的效果［J］．科学技术与工程，2019，19（34）：336-342.

[4] 张辰，吕永鹏，邓婧，等．上海市系统化全域推进海绵城市建设体系与技术研究［J］．环境工程，

2020, 38 (4): 5-9+107.

[5] 钟晔, 紫檀, 甄晓玥. 实时控制系统提升调蓄池处理能力的模拟研究[J]. 给水排水, 2021, 57 (4): 144-150.

[6] 刘鹏, 王经盛. 不同模式雨水调蓄池提升排水系统雨洪控制效果的模拟评估[J]. 给水排水, 2012, 48 (S1): 475-478.

密云水库上游典型流域总氮流失与防治效益模拟

叶芝菡[1]　黄炳彬[1]　方海燕[2]　李垒[1]

(1. 北京市水科学技术研究院，北京　100048；2. 中国科学院地理科学与资源研究所
陆地水循环及地表过程重点实验室，北京　100101)

【摘要】水体氮污染是重要的环境问题之一，识别氮流失特征是面源污染防治的重要前提。基于 SWAT 模型及情景模拟的方法，揭示了密云水库上游半城子水库流域 TN 输出的时空特征，并量化了废弃矿区、坡地水土流失和农村污水排放控制对流域 TN 输出的影响。在研究区，SWAT 模型能够准确模拟流域径流和 TN 输出特征，半城子水库流域 TN 输出存在明显的时空分异特征，进入半城子水库的 TN 负荷与汛期几场暴雨洪水相关。在半城子水库流域，废弃矿区治理的效益最大，其次是板栗林地和农村污水治理，它们全年 TN 负荷削减率分别为 18.9%、6.0% 和 0.13%，最大月份径流氮浓度分别削减 1.6mg/L、0.5mg/L 和 0.03mg/L。在密云水库上游流域治理中，应特别重视废弃矿区、坡地板栗林地水土流失以及污水治理，可为流域面源污染防控和首都人民饮用水安全提供支撑。

【关键词】总氮；小流域；时空特征；治理效益

Simulation of Nitrogen loss and management in a typical catchment in Miyun Reservoir watershed

YE Zhihan[1]　HUANG bingbin[1]　FANG Haiyan[2]　LI Lei[1]

(1. Beijing Water Science and Technologic Institute, Beijing　100048; 2. Institute of Geographical Sciences and Natural Resource Research, CAS, Beijing　100101)

【Abstract】Total nitrogen (TN) is one of the most import nutrients inducing non-point pollution source (NPS) in water body, and therefore identification of TN source and its spatiotemporal transport characteristics are the precise to control NPS in catchments. In the present study, the SWAT (Soil and Water Assessment Tool) was used with scenario analysis to disclose TN spatiotemporal transporting characteristics and to quantify the impacts of soil loss control from abandoned mines restoration, chestnut forest field, and polluted water

资助项目：北京市科技计划课题资助（Z221100005222013）。

treatment in two villages on TN output from the catchment. In the Banchengzi catchment, the TN output amounts varied greatly in a year. Most of the TN was transported in several floods in rainy season. In the catchment, restoration of wasted mines had the biggest efficiency in reducing TN pollution, followed by soil loss control from chestnut forest field, and polluted water control in villages. Scenario analysis indicated that the TN concentrations in the rainy season decreased by 1.6, 0.5, and 0.03mg/L, and their reduction efficiencies were 18.9%, 6.0%, and 0.13.0%, respectively. In the upper catchments of Miyun Reservoir, special attentions should be given to wasted mines, water erosion from sloping lands such as chestnut field, and polluted water. Efficient controls of these pollution sources can provide scientific and technological support for NPS pollution control and maintain drinking water security for the people in Beijing.

【Key words】 Total nitrogen; Small catchment; Spatiotemporal characteristics; Reduction efficiency

1 前言

水体污染导致水质下降已成为全球性环境问题，影响和制约着国家和地区的全面发展[1]。特别是在发展中国家，随着经济的快速发展和耕地农药的实施，面源污染进一步引发和加剧了水资源短缺和水生态功能退化等环境问题[2-3]。

农业面源污染是水体污染物的主要来源。有研究表明，土壤中的氮流失对水体污染的贡献率达到了57%，而水体中的氮有83%来自农业面源污染[4]。在我国，多地湖泊水体中的总氮（TN）含量增高，氮磷富营养化已成为水体污染的主要原因[5]。北京市官厅水库即是由于水体氮磷污染，水库里的水成为非饮用水[6]。目前，北京市居民70%的饮用水来自密云水库。然而，近年来密云水库及入库河流中TN偏高且持续上升，对水体富营养化防治提出了挑战[7-8]。

水土保持措施可通过减少水土流失拦截径流和泥沙，进而减少水体污染[9]。在密云水库上游流域，研究表明，坡面水土保持措施能够有效减少氮磷流失[6,10]。然而，尺度效应的存在，使得坡面上水土保持措施效果难以推广到更大的空间尺度上[11]，因而亟待深入开展流域尺度面源污染特征及对水土保持措施的响应研究。

非点源污染模型是开展流域面源污染研究的重要手段。SWAT（soil and water assessment tool）是目前应用最为广泛和成功的模型之一，研究证实该模型在密云水库上游流域有很好的适用性[6,12]。因此，本文将以密云水库上游半城子水库控制流域为研究对象，结合野外实测，以SWAT模型为研究手段，识别并模拟污染物的时空分布特征，揭示废弃矿修复、水土保持治理和农村污水处理等对流域TN输出的效益。该研究可支撑密云水库上游流域入库TN削减的制定，保护首都重要地表水源地和饮用水安全。

2 研究区与研究方法

2.1 研究区

半城子水库位于密云水库上游，水库控制的流域面积为66km^2。流域海拔高度介于

254~1093m，坡度大，大于15°的山地面积占52.44%。水库上游有牤牛河和史庄子沟2条主要入库河流，这两条支流控制流域面积分别为47.0km²和16.1km²。

流域土壤类型以褐土为主，土地利用以林地主，占流域面积的87.45%，果园和旱地面积占9.58%，经果林中板栗种植普遍。板栗主要施用绿肥，配合施用化肥，耕地普遍施用二胺、尿素等化肥等。研究区属于大陆性季风气候，冬季盛行偏北风，寒冷干燥，夏季盛行偏南风，炎热多雨。研究区年均气温10.4℃，年均降水量474.03mm，主要集中在6—9月，占全年降水量的58.00%~90.20%。

2.2 SWAT模型及数据来源

SWAT模型在非点源污染模拟领域应用广，运行该模型需要空间和属性数据。空间数据主要包括数字高程模型（DEM）、土地利用和土壤类型图，属性数据包括气象、水文、水质、各类污染源调查和农业管理措施等（表1）。

因缺乏流域长序列泥沙数据，无法对产沙进行率定，然而，刘宝元[13]在北京市开展的工作可为本模型提供适宜的参数值。结合北京市山区径流小区产流产沙观测和北京市水土流失方程，对模型植被因子C和水土保持措施因子P进行赋值，其中有林地、灌木、草地和果树（板栗林）的C值分别为0.1、0.03、0.03和0.23，梯田和树盘措施P因子分别为0.1和0.08。

从2019年4月开始，在半城子水库入库河流断面和典型污染源逐月采集水样。样品送往北京市理化中心检测总氮TN含量（mg/L），并根据入库流量和TN含量，得到TN负荷（kg）。

表1　　　　　　　　　　　SWAT模型运行数据主要来源

名称	描述	时段	来源
气象	1个气象站点日气象数据、5个雨量站点日雨量数据	2010—2016年	中国气象数据网
地形	数字高程模型30m×30m	—	地理空间数据云
土壤	空间分辨率100m×100m	—	HWSD土壤数据库
水文	月入库流量	2010—2019年	半城子水库管理处
土地利用	空间分辨率30m×30m	2017年	中科院资源环境科学数据中心

2.3 模型率定

本文利用SWAT-CUP软件SUFI-2算法，结合密云水库流域相关研究[6,12]及半城子水库流域特征，首先选取初始参数，然后以2010—2011年为模型预热期，2012—2016年为参数率定期，2019年为模型验证期，对径流、泥沙和TN含量进行参数率定和验证。

本文采用决定系数R^2和纳什效率系数（Nash-Sutcliffe efficiency，NSE）作为模型模拟的效果评价指标，计算公式如下：

$$R^2 = \frac{[\sum_{i=1}^{n}(Q_{o,i}-\overline{Q}_o)(Q_{s,i}-\overline{Q}_s)]^2}{\sum_{i=1}^{n}(Q_{o,i}-\overline{Q}_o)^2 \sum_{i=1}^{n}(Q_{s,i}-\overline{Q}_s)^2} \tag{1}$$

$$\mathrm{NSE} = 1 - \frac{\sum_{i=1}^{n}(Q_{s,i}-Q_{o,i})^2}{\sum_{i=1}^{n}(Q_{o,i}-\overline{Q}_o)^2} \qquad (2)$$

式中　$Q_{o,i}$ 和 $Q_{s,i}$——次洪水流量实测值和模拟值；

$\overline{Q}_o$——流量实测值的平均值。R^2 体现模拟值与实测值之间的拟合度，其值越接近于1，模拟值与实测值变化趋势越一致。NSE用于衡量实测值与模拟值拟合度，其值越接近于1，则模拟值越接近实测值。

2.4 情景模拟

半城子水库流域土壤侵蚀、废弃金矿区以及未正常运行的农村污水站对入库 TN 将会有影响。因此，本文设计三种情景：情景一，完善流域坡地板栗林下梯田和树盘措施，水土保持措施因子 P 设为 0.1；情景二，废弃金矿区的修复，即在矿区清除污染层、增加植被覆盖并在下游沟道修复多塘湿地系统；情景三，通过加强运行维护并结合湿地处理等技术提升污水站的退水水质，使其达到《农村生活污水处理设施水污染物排放标准》（DB 11/612—2019）一级 B 标准。

3 结果与分析

3.1 模型率定

经过不断选择参数和调整参数范围，多次运行后，最终得出了适合半城子水库流域月径流模拟的主要参数值（表2）。在校正期径流模拟值和真实值 R^2 达到了 0.85，NSE 达到了 0.69（图1）。模型验证期（2019年）径流模拟与观测值具有较好的吻合度，径流模拟值与观测值 R^2 为 0.98，NSE 为 0.94（图1）。有研究[14]指出，当径流模拟值与实测值的 $R^2 \geqslant 0.85$ 和 $\mathrm{NSE} \geqslant 0.75$ 时，模型模拟结果为"很好"。根据该研究，SWAT模型在半城子水库模拟径流是令人满意的。

(a) 2012—2016年校正期

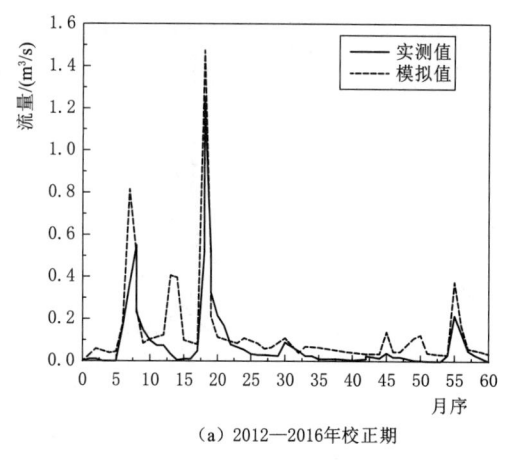

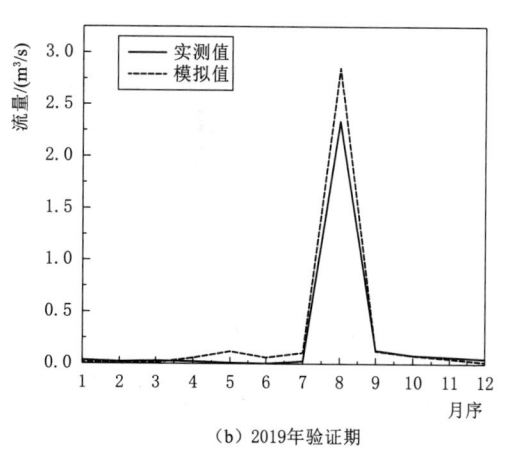

(b) 2019年验证期

图1　模型 2012—2016 校正期和 2019 年验证期径流模拟值与观测值

表 2　　SWAT 模型参数率定结果

参数名称	定　义	取值范围	参　数　值
R＿＿CN2.mgt	径流曲线系数	[−0.80, 0.80]	−0.11
V＿＿ALPHA＿BF.gw	基流消退系数	[0, 1]	0.25
V＿＿GW＿DELAY.gw	地下水滞后系数	[0, 500]	224.56
V＿＿GWQMN.gw	浅层地下水径流系数	[0, 5000]	3081.29
V＿＿GW＿REVAP.gw	地下水再蒸发系数	[0.02, 0.20]	0.08
V＿＿ESCO.hru	土壤蒸发补偿系数	[0.00, 1.00]	0.23
V＿＿CH＿K2.rte	河道有效水力传导度	[0.01, 500]	157.66
V＿＿ALPHA＿BNK.rte	基流 ALPHA 系数	[0, 1]	0.41
R＿＿SOL＿AWC.sol	土壤可利用有效水	[0, 1]	1.75
R＿＿SOL＿BD.sol	土壤湿密度	[0.60, 0.50]	−0.01
V＿＿CANMX.hru	最大蓄水量	[0, 100]	67.34
V＿＿RCHRG＿DP.gw	深层含水层渗透系数	[0, 1]	0.45
V＿＿REVAPMN.gw	浅层地下水再蒸发临界深度	[0, 500]	303.51
R＿＿OV＿N.hru	坡面漫流曼宁系数	[0.01, 30]	0.17

3.2　TN 模拟

图 2（a）显示，入库河流的 TN 模拟值与实测值接近，年入库 TN 负荷模拟值与实测值相差 26.3%。半城子水库流域 TN 入库负荷时空变异性大。在 2019 年，90% 以上的 TN 是在 8 月输入的，该月份 TN 模拟与实测值相差 3.65%，其他月份 TN 输入少。这与该月流量大以及 TN 含量高有关［图 1（b）和图 2（a）］。本文结果与其他研究有类似的规律。例如，在密云水库流域，Cui et al.[15] 发现，除了针叶林地外，其他不同土地利用上 TN 含量 8 月也是最高的。在淮河支流，也有研究发现不同气候情境下 8 月 TN 输入水体的负荷最大[16]。

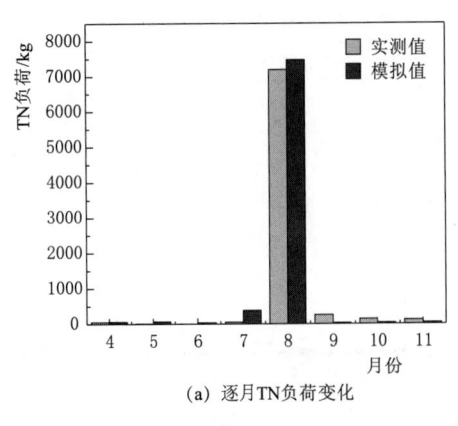

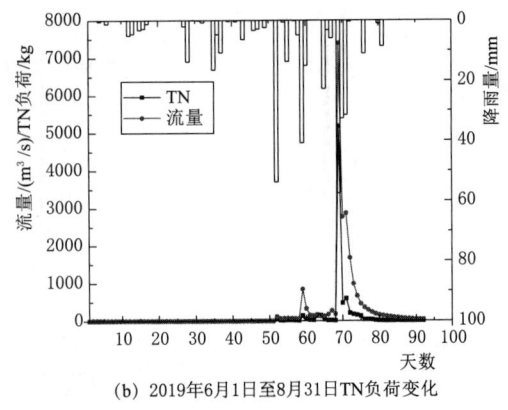

(a) 逐月 TN 负荷变化

(b) 2019 年 6 月 1 日至 8 月 31 日 TN 负荷变化

图 2　史庄子沟月和日 TN 负荷时间变化特征

进一步研究发现，TN 输出主要由几场洪水引起的。在暴雨洪水较集中的年份，全年 TN 负荷往往可由最大的一场洪水决定［图2(b)］。在 2019 年 6—8 月，从史庄子沟（入库支流之一）进入水库的 TN 量为 7886 kg，而在 8 月初发生的一场暴雨洪水输出 TN 则达到 7056 kg，占到期间总负荷的 89.5%。相比之下，其他月份 TN 入库量很少。由此来看，TN 输出在时间上是高度集中的。

从空间分布来看，TN 主要来源于牤牛河支流，涉及其中上游地区的西台子沟、东驼古沟等地（图3）。这一方面与当年的降水量空间分布相关，另一方面也受到 TN 来源地的影响。图3显示，陈家峪村牤牛河支流废弃金矿区对 TN 输出作用明显。这除与废弃金矿有关外，与牤牛河支流沿河分布的耕地和果园有关。在潮白河流域，张敏等[17] 研究发现，TN 含量与耕地呈现显著的正相关关系。

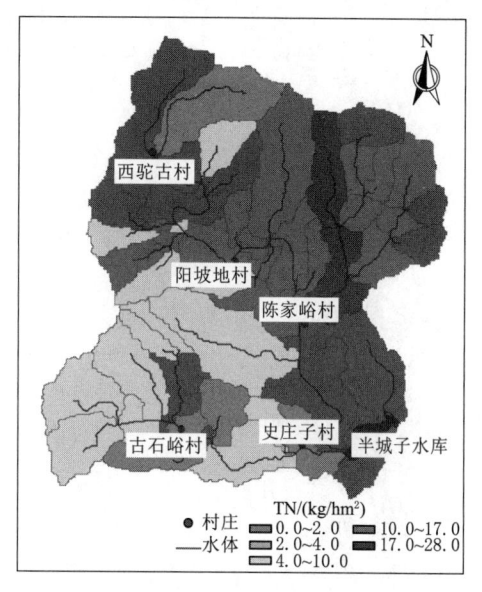

图 3　研究区 2019 年总氮输出空间分布图

3.3　情景分析

燕山山区板栗林地跑水、跑土和跑肥严重，已成为当地水土流失的主要策源地[18]。丁新辉[19] 指出，该区的水土流失对潮白河水库上游非点源污染有重要影响。研究区板栗林地全部实施水土保持治理后，进入水库的 TN 有所减小，8 月减少最多，径流总氮浓度降低了 0.5 mg/L，全年 TN 负荷降低了 6.0%［图4(a)］。在研究区，除了坡面上的水土保持措施外，一些沟道措施如谷坊、小型水库和坑塘等均对径流和泥沙有拦截和过滤作用[20]。因而，模型模拟结果可能低估了水土保持措施的治理效益。

废弃金矿区治理对入库 TN 也有重要影响［图4(b)］。在废弃矿治理前，TN 负荷近 80000 kg，而实施治理后，半城子流域全年总氮负荷降低了 18.9%，最大月径流总氮浓度降低约 1.6 mg/L。野外调查显示，废弃矿已有近 20 年，植被恢复较好，较少居民和农业，该沟道高 TN 可能与开矿历史残留的氮有关。毛景文等[21] 发现，金矿床的氮同位素和氮含量较高，北祁连西段金矿氮含量高达 2509 μg/g。因此，尽管目前还没有对矿区岩石和土壤进行测试，但已有研究证实，牤牛河支流高 TN 输出与废弃金矿相关。因而，废弃矿区治理对下游水体的面源污染非常重要。

然而，相比于土壤侵蚀防治和矿区治理，农村污水处理效果不明显。图4(c) 显示，农村污水治理后全年 TN 输入削减 0.13%，其中非汛期 4.1%，汛期 0.05%，以非汛期的削减较为显著。非汛期月径流总氮平均浓度降低 0.17 mg/L，汛期浓度降低不明显，仅为 0.03 mg/L［图4(c)］。这与研究区内的人口及其产生的污水量总体较少有关。

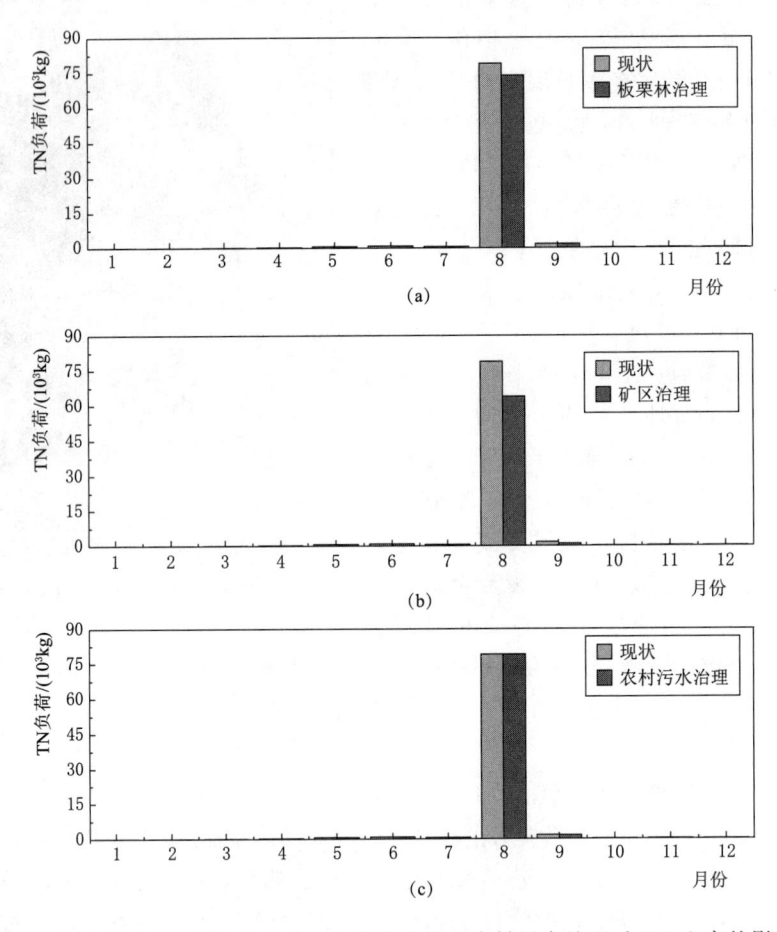

图 4　不同情景下板栗林地治理、废弃矿治理和农村污水处理对 TN 入库的影响

4　结论

本文基于 SWAT 模型，以密云水库上游半城子水库流域为研究对象，研究了 TN 流失时空特征及对不同措施的响应特征，得到了如下结论：

（1）建立了适宜于密云水库上游的流域面源污染模型，径流模块 R^2 为 0.85、NS 为 0.69，TN 模拟误差为 26.3%。

（2）半城子水库流域 TN 输出时空分异明显。TN 主要来源于牤牛河支流，不同月份 TN 负荷差异显著，大部分 TN 的输出仅发生在几场洪水事件中。

（3）在半城子水库流域，废弃金矿区治理控制对 TN 入库的效果最佳，其次是板栗林地治理，农村污水治理效果最小。废矿区和板栗林水土流失治理全年 TN 负荷削减率分别为 18.9% 和 6.0%，最大月径流氮浓度分别削减 1.6mg/L 和 0.5mg/L。农村污水治理在非汛期效果明显，非汛期 TN 负荷降低 4.1%、平均 TN 浓度降低 0.17mg/L。

参考文献

[1] Li Y, Are KS, Huang Z, et al. Particulate N and P exports from sugarcane growing watershed are more influenced by surface runoff than fertilization [J]. Agricultural Water Management, 2020, 302: 107087.

[2] 王云鹏, 闵育顺, 傅家谟, 等. 水体污染的遥感方法及在珠江广州河段水污染监测中的应用 [J]. 遥感学报, 2001, 5 (6): 460-465.

[3] Guan TS, Xue, BL, A YL, et al. Contribution of nonpoint source pollution from baseflow of a typical agriculture-intensive basin in northern China. Environmental Research, 2022, 212: 113589.

[4] Daniel TC, Sharpley AN, Lemunyon JL, et al. Agricultural phosphorus and eutrophication: A symposium overview [J]. Journal of Environment Quality, 1998, 27 (1): 251-257.

[5] 王丹. 三峡库区氮磷面源污染负荷模拟及水质评价 [D]. 重庆: 西南大学, 2016.

[6] Qiu JL, Shen ZY, Huang MY, et al. Exploring effective best management practices in the Miyun reservoir watershed, China [J]. Ecologial Engineering, 2018, 123: 30-42.

[7] 张平, 刘云慧, 宇振荣, 等. 基于SWAT模型的密云水库沿湖区氮磷流失养分控制策略研究. 陕西师范大学学报 (自然科学版) [J], 2010, 38 (6): 82-88.

[8] 叶芝菡, 黄炳彬, 常国梁, 等. 密云水库上游半城子水库流域氮素时空变化特征及源解析研究. 北京师范大学学报 (自然科学版) [J], 2021, 57 (4): 533-537.

[9] Hou GR, Zheng JK, Cui XL, et al. Suitable coverage and slope guided by soil and water conservation can prevent non-point source pollution diffusion: A case study of grassland [J]. Ecotoxicology and Environmental Safety, 2022, 241: 113804.

[10] 王晓燕, 胡秋菊, 朱风云, 等. 密云水库流域降雨径流土壤中氮磷流失规律——以石匣试验区为例 [J]. 首都师范大学学报 (自然科学版), 2001, 22 (2), 79-85.

[11] 方海燕, 蔡强国, 李秋艳. 产沙模数与流域面积关系研究进展 [J]. 地理科学进展, 2008, 27 (6): 63-69.

[12] Yan TZ, Bai JW, Arsenio T, et al. Future climate change impacts on streamflow and nitrogen exports based on CMIP5 projection in the Miyun Reservoir Basin, China [J]. Ecohydrology and Hydrobiology, 2019, 19: 266-278.

[13] 刘宝元. 北京土壤流失方程 [M]. 北京: 科学出版社, 2010.

[14] Moriasi D, Arnold J, Van Liew M, et al. Model evaluation 636 guidelines for systematic quantification of accuracy in watershed simulations [J]. Trans. ASABE, 2007, 50637 (3): 885-900.

[15] Cui GN, Wang X, Li CH, et al. Water use efficiency and TN/TP concentrations as indicators for watershed land-use management: A case study in Miyun District, north China [J]. Ecological Indicators, 2017, 92: 239-253.

[16] Yang XY, Warren R, He Y, et al. Impacts of climate change on TN load and its control in a River Basin with complex pollution sources [J]. Science of the Total Environment, 2018, 615: 1155-1163.

[17] 张敏, 李令军, 赵文慧, 等. 密云水库上游河流水质空间异质性及其成因分析 [J]. 环境科学学报, 2019, 39 (6): 1852-1859.

[18] 尚润阳, 张亚玲. 燕山山区板栗林林下水土流失危害及防治建议 [J]. 海河水利, 2015: 12-14.

[19] 丁新辉. 燕山山区板栗林地水土流失分区协同防治模式研究 [D]. 北京: 中国科学院, 2017.

[20] 李子君. 潮河流域水土保持措施对年径流量的影响 [D]. 北京: 中国科学院, 2007.

[21] 毛景文, 张作衡, 王义天, 等. 华北克拉通周缘中生代造山型金矿床的氮同位素和氮含量记录 [J]. 中国科学 (D辑), 2002, 32 (9): 705-716.

关于北京市设立公益节水专项基金的设想

杨兰琴[1,2]　马　宁[3]　邱彦昭[1,2]　李兆欣[1,2]

(1. 北京市水科学技术研究院，北京　100048；2. 流域水环境与生态技术北京市重点实验室，北京　100048；3. 北京市排水管理事务中心，北京　100195)

【摘要】　本文探讨了北京市公益节水专项基金的设立。从国内外节水相关基金的运转现状及成效着手，对北京市设立节水专项基金短期和中长期的融资渠道，基金管理和使用，基金设立的重点、难点和关键点进行分析，提出"两步走"方针，为促进北京市节约用水提供了参考。

【关键词】　节水基金；融资渠道；两步走

Assumptions about the building of public welfare water efficiency special fund in Beijing

YANG Lanqin[1,2]　MA Ning[3]　QIU Yanzhao[1,2]　LI Zhaoxin[1,2]

(1. Beijing Water Science and Technology Institute，Beijing　10048；2. Beijing Key Laboratory of Water Environmental and Ecological Technology for River Basins，Beijing　100048；
3. Beijing Municipal Drainage Management Center，Beijing　100195)

【Abstract】　The building of public welfare water efficiency special fund of Beijing was investigated. First, the operation status and effect of foreign and domestic water saving fund were introduced. Then, short-term and long-term financing channels, management and employment, difficult and key points were analyzed. "Two-step policy" was innovatively present. The building of water efficiency special fund could provide a reference to saving water in Beijing.

【Key words】　Water efficiency special fund；Financing channel；Two-step policy

1　引言

　　北京是一座人口密集、水资源严重短缺的特大型城市。根据北京市2020年用水量统计[1]，北京市人均水资源占有量为118m³，远低于国际公认的人均1000m³的下限。同

资金项目：北京市机关事业单位青年"我为改革献一策"创新项目支持资金。

时，北京市降水量偏少，地表水资源可利用量少。南水北调中线工程通水后，虽然在一定程度上缓解了北京市水资源短缺的状况，但水资源供需矛盾仍未得到根本解决[2]。解决水问题，节水是根本性出路[3]，减少水资源浪费、推进城市节约用水工作，成为北京城市生态文明建设和可持续发展的重大战略举措之一。

2023年3月1日，《北京市节水条例》正式实施，明确规定北京市将实施全过程节水，任何单位和个人都有节水义务，浪费水的行为已经涉嫌违法，将大大提高节水的效果。同时，自《北京市十三五时期节水型社会建设规划》实施以来，北京通过一系列产业调整、政策法规的颁布实施等措施，在节水方面取得了很好的成果。但是，用水方式粗放、公众节水意识偏低、节水企业和个人得不到回报等问题依然存在。如能设立公益节水专项基金（以下简称节水基金），旨在提高社会节水意识，贯彻落实"坚持市场在资源配置的决定性作用"的深化改革指导思想，充分发挥市场和社会的巨大力量，不仅可在节水事业上实现专款专用、一事一议、集中力量办大事的作用，而且有利于促进和号召全市居民乃至全社会参与节水事业。

2 国内外节水基金现状

经调查发现，国外节水基金设置比较普遍，无论该国水资源是否充沛。其中德国、新加坡等国家均设置了节水基金。德国水利部门用水资源费建立节水基金补助节水工程[4]，新加坡设立的"节水基金会"[5]，主要用于提高公众和企业的节水积极性，以及一些与节水相关的学术研究及社会活动。英国环境署设置了节水奖，以表彰对节水作出突出贡献的个人和组织[6]。

在国内，关于建立节水基金的呼声也此起彼伏。例如，石家庄孙广志委员曾提出"由政府节水办牵头，采取'政府出一点、民间捐一点、企业赞助一点'的方式募集资金"的提案。"中华环境保护基金会东陶水环境基金"旨在开展有关保护水环境、节约用水的宣传。可口可乐（中国）公司通过可口可乐基金会开展的"留住一桶水"项目，旨在将环保理念从青少年抓起，带动每个家庭、学校、社区一起来保护珍贵的水资源[7]。深圳市于2019年成立"深圳市慈善会节水公益基金"，用于传播节水文化，宣传节水知识，提高全民节水意识，促进社会的可持续发展，动员全社会的力量，共建节水型社会。2015年3月成立的国泰一新（北京）节水投资基金管理有限公司，出资2亿元认购节水基金，旨在促进节水产品开发和应用。

从以上事例中可以看出，国外和国内，民间、个人和企业都在用自己的方式力争节水。但是，这些基金会涵盖项目众多，规模较小，侧重面不同，居民对其认知度也很低。且国内大部分节水基金没有得到水利部、生态环境部以及各级政府的主导和支持，所以在基金设立与使用、相关政策落实和节水宣传等方面存在一定的阻力。

3 节水基金设置设想

3.1 节水基金设立与融资

在"节水基金"设立方面，最终目标是既站在高平台、具有权威性，又不给政府带来负担同时解决融资难题。首先建议通过水务主管部门统筹谋划，设立"节水专项基金"，确定节水基金管理部门权责及其与政府关系；其次，建立基金经费支出公开机制，定期接受第三方机构的审计；最后，通过资本运作实现基金可持续性。其基本思路是前期融资以政府资金引导为主，吸引北京市国有企业和知名民营企业投入启动资金，初步创造良好的市场化、社会化管理监督条件；中长期融资通过构建企业与社会融资平台，充分发挥社会宣传效益、通过对企业引导鼓励与广大市民互动的形式，形成市场化运作、社会化管理与监督的良性循环。

3.1.1　短期融资渠道

在节水基金的融资运作方面，重点突出创新融资渠道。短期内可采用的有效方法与措施包括以下内容：

（1）建立切实可行的用水计划，通过经济手段加大浪费水资源的违法成本。尤其对耗水特种行业，应全部安装水量计量设施，并按水量依法征收水资源费；对于高耗水企业应逐步清退，确需保留的应在收取水资源费的同时增收节水费。

（2）通过政策引导，鼓励公司、企业或单位等社会各机构设置"一元节水基金"。通过月末员工自发捐助一元，作为基金会的一部分稳定来源。如果条件允许，公开每个公司、单位、企业的用水量，如果人均用水高于我市人均用水量的50%，则每人需捐助2元。

（3）吸引节水器具、水务环保相关厂家和公司协商赞助，扩充节水基金筹集途径。提供基金冠名权和企业投融资优惠政策，切实提高企业的赞助积极性；建立上述企业与本市知名大型基金会、耗水型企业沟通和合作平台。

3.1.2　中长期融资建议

（1）参与国有水利基础设施建设投资。当设施投入使用后，按最初的投资份额所占比例等之前洽商好的条件获取投资收益，这些收益方式也需要依据设施投入的实际盈利模式来确定。这种运作方式可使节水基金的资金在保值的同时，使节水基金得到可持续扩充。

（2）参与有关节水设备、设施、生产或技术开发、获得高评级的民营优秀企业的初期建设以及参与部分成长型企业中期成长时的资本运作。当企业获得了资金支持，在产品、技术出厂获利后，节水基金按前期投资约定回报方式进行盈利。

（3）拓宽多渠道、多方式（如 App 嵌入功能等）的资助和捐赠途径，广泛接受国家财政及有关部门的资助，广泛接受国内外社会团体、企业、组织和个人的捐赠；与电商、高耗水企业等单位展开合作，每卖出一件商品，就将部分利润投入到节水基金中；基于公开透明的原则，将资助款进一步用于社会投资，实现合法收益。

3.2　基金的管理与使用

"节水基金"的管理使用，可采用的有效方法与措施，具体包括以下几方面。

（1）设置节水模范，对典型节水先进个人和团体（包括志愿者个人和团体）进行奖励。基金用于补贴生产节水型电器的企业、买家，补贴高效智能节水型器具的研发。在公众宣传上，每月通过联机地铁、公交、社区显示屏等公共媒体对奖励的个人和企业进行公示，确保"节水光荣"的理念深入人心。

（2）丰富节水宣传形式，重点开展校园节水教育活动和社会公益活动。设置独立"大学生节水宣传"校园基金。鼓励大学生参与节水嘉年华，到高新节水企业参观，参加节水讲座，在校园内、公园、广场、社区、农村宣传节约用水的常识、新技术、小技巧，宣传节水的相关政策和法规。

（3）充分发挥节水志愿者的作用，在节假日期间展开节水宣传工作，宣传节水护水精神。基金会在吸纳部分志愿者参与到节水管理中时，也对提供创新性、有效的工作建议和提案给予奖励，让社会公众都参与到节水活动中。

（4）鼓励企业或产品供应商在学生用品（如铅笔、作业本、文具盒、书包等）上印"节约用水"字样或标志，或在家居用品上（如围裙、水龙头、水管、水池、水桶等）上印"节约用水"标志。对印有该字样的企业给予表扬、象征性的补助或上节水光荣榜，在节水基金网页上进行宣传或表扬。

（5）投资小成本节水公益广告和微电影，可在北京市电视媒体、地铁公交等公共媒体平台，以及各大主流媒体网站播放。可以以基金会的名义投资公益节水广告和微电影，主角从节水先进模范中选取。如果条件成熟也可以投资小成本节水电影，在小学、社区和农村无偿放映。

3.3 节水基金设立的重点、难点及关键问题

3.3.1 明确"节水基金"的性质、作用与定位

目前的公益基金主要可分为政府性基金和社会公益基金，社会公益基金又可分为公募性公益基金和非公募性公益基金。根据我国现行的《政府性基金管理暂行办法》和《基金会管理条例》，提出"节水基金"两步走的可行性方案，即"节水基金"由"北京市节水专项基金"和"首都节水公益基金"构成，通过先设立政府性基金"北京市节水专项基金"的方式，促进和推动公募性公益基金"首都节水公益基金"的成立，并制定落实引导推动措施和机制，将"节水基金"从行政化逐步向社会化过渡。政府性基金的作用是通过政府主导提高节水基金知名度，提高公众及企业的节水意识和参与度，促进公募性公益基金的申请设立；公募性公益基金将在政府性基金实践成果的基础上，通过社会组织公募性公益基金的理事会、法人确立和申请工作，并按照相关规程于成立后直接面向公众募捐，广泛吸收各类捐款，并实现社会化公募运作机制和保障制度，以逐渐形成包容、开放、可持续的公益基金。

3.3.2 设立"节水基金"的管理机构，明确监管职责

节水基金管理机构是推动创新型"节水基金"顺利实施的主体。根据"两步走"的初步设想，首先应制定《北京市节约用水专项基金筹集和使用管理办法》，并根据该办法组织成立由水务部门、财政部门及其他相关部门领导组成的北京市节水基金管理领导小组，并通过领导小组设立北京市节水专项基金管理办公室，办公室工作人员可由北京市具备丰富节水宣传及推广工作行业经验等相关部门工作人员组成。

随着"北京市节水专项基金"的设立运作，通过实施影响及相关政策支持，为社会性"首都节水公益基金"理事会的成立做好工作铺垫和基础。时机成熟时，从节水事业及公

益活动中推荐并筛选人员成立公募性节水公益基金理事会。理事会将面向社会募捐筹集原始资金，制定章程，申请"首都节水公益基金"并获成功后，充分发挥政府公益基金的引导作用，实现向公募性公益基金的过渡。北京市水务局将作为"首都节水公益基金"理事会的业务指导部门。

3.3.3 出台与"节水基金"相关的监督考核保障管理制度

作为政府性基金，"北京市节水专项基金"将严格执行上述"两步走"方针中制定的《北京市节约用水专项基金筹集和使用管理办法》，对基金的使用管理和绩效保障均采取相应的措施。基于前期政府引导、后期社会化运作的"两步走"设想，当节水基金通过"首都节水公益基金"的方式实现社会化后，借助于专业化运作与管理，开展公众募捐、企业无偿捐助、行业众筹专用、依法投资收益等系列活动，实现"首都节水公益基金"的可持续性，并适时进一步扩大基金用途，全面开展节水型社会建设。在绩效保障上，也按基金会评估指标体系定期评估并公开，落实法人责任制，建立并实施社会化监督机制。

3.3.4 制定具体实施方案，推动"节水基金"的引导推动和落实

"节水基金"的落实措施主要包括：①管理机构设立，陆续设立"北京市节水基金管理领导小组""北京市节水专项基金管理办公室"，通过以上机构，促进"首都节水公益基金"理事会等成立；②引导资金保障，引导资金为政府专项基金，可主要从上一年度超过第一阶梯用水量中收取的水资源费提取；③监督管理制度，建立健全内部财务审计制度，自觉接受财政、审计等部门的监督检查，如实向公众公开节水基金收支情况；④法律约束机制，推行法人责任制，对于节水基金筹集和使用管理过程中出现的违法行为，按相关法律法规予以处理处罚，如构成犯罪的，依法追究刑事责任。

4 展望

节水基金的设立可以充分发挥政府和市场两手发力的作用，最大限度调动社会节水的积极性。目前国内的节水公益事业基金较少，但是其他公共事业领域公益性质的政府专项基金和公募公益基金均有部分已市场化运行较成功。"中国扶贫基金会"的成功转型以及"壹基金"转型的相关经验，都将成为节水基金"两步走"战略的宝贵借鉴。因此，设立节水基金可填补节水公益基金的空白，是一项取之于民、用之于民的民生项目，其设立将会产生较好的社会效益和环境效益，也将为其他类似基金的开展起到积极的推动作用。

参考文献

[1] 北京市统计局．国家统计局北京调查总队．北京市统计年鉴2020[M]．北京：北京统计出版社，2020．

[2] 王海珍，谢浩然，王丽艳．关于节水立法若干问题的思考——以北京市为例[J]．水利发展研究，2022，22(09)：30-34．

[3] 王亚华，许菲. 当代中国的节水成就与经验 [J]. 中国水利，2020，889 (7)：1-6.
[4] 何斌. 德国、荷兰的节水政策及措施 [J]. 四川水利，1998 (1)：3-6.
[5] 倪易洲. 新加坡、澳大利亚节水管理体系研究 [C] //中国科学技术协会，福建省人民政府. 经济发展方式转变与自主创新——第十二届中国科学技术协会年会：第1卷. 2010：7.
[6] 戴丽. 节水：世界各国在行动 [J]. 节能与环保，2014，242 (8)：74-75.
[7] 可口可乐节水实践——留住一桶水 [J]. 世界环境，2009，5：78-80.

城市智慧排水管理方案要点设计探讨

严玉林　于　磊　战　楠　张　蕾

（北京市水科学技术研究院，北京　100048）

【摘要】 本文系统性分析北京市排水业务管理概况、业务流程及业务现状，结合智慧排水建设必要性，针对性提出排水业务目标，探讨涉及排水户、排水设施及海绵城市相关的智慧排水管理方案设计要点，为其他区域的城市智慧排水系统建设及管理方案设计提供参考。

【关键词】 排水管理；业务现状；业务需求；要点设计

Discussion on the key points of urban smart drainage management scheme design

YAN Yulin　YU Lei　ZHAN Nan　ZHANG Lei

(Beijing Water Science and Technology Institute, Beijing　100048)

【Abstract】 The study systematically analyzed the general situation, process and status of drainage management in Beijing. By combined with the necessity of smart drainage construction, the study put forward the drainage management objectives, systematically analyzed the demands of drainage households, drainage pipe network, sewage sludge treatment facilities and sponge city construction, and discussed the key points of smart drainage management design involving drainage households, drainage facilities and sponge city. The study provided a reference for the construction and management scheme design of urban intelligent drainage system in other regions.

【Key words】 Drainage management; General situation; Demand; Scheme design

0　前言

结合新时代水利行业发展要求，水利信息化水平需要不断提升[1]。《北京市"十四五"时期智慧城市发展行动纲要》[1]明确了建设统筹规范的城市感知体系发展目标，提升城市科学化决策水平，实现全局统揽、精准服务、高效决策。智慧排水是城市智慧水务建设的重要组成部分，其中强化已建排水设施的智能化管理水平对城市智慧排水管理及决策能够发挥核心作用。《北京市全面打赢城乡水环境治理歼灭战三年行动方案（2023年—2025年）》明确提出加快排水设施智慧感知监测系统建设，完善排水设施地理信息系统，通过信息化手段，全面提升行业监管水平。目前在排水信息化及智慧感知端完善的基础上，逐步实现智能决策是城市智慧排水发展的核心内容[2]。智慧排水管理系统在技术研发、功能设计和网络建设方面研究较多[3]，针对不同地区的智慧排水管理系统还需要结合排水业务现状、业务短板及具体需求、历史建设系统整合等方面综合设计方案。通过总结北京市排水业务现状，分析排水系统建设的业务需求，探讨智慧排水管理方案设计的要点，为其他区域的城市智慧排水系统建设及管理方案设计提供参考。

1 北京市排水业务现状

1.1 排水管理概况

北京市实行集中与分散相结合的排水管理体制。中心城区由北京市水务局直管，具体以区域特许经营模式，授权北京排水集团负责中心城区污水处理和再生水利用相关工作，负责运营城六区的污水处理厂（再生水厂）、管网、泵站、污泥处理处置等排水设施，社会运营单位参与中心城区除北京排水集团所属以外污水处理厂、再生水厂的运营。其他区水务局承担本区排水管理具体工作，北京市水务局负责行业监督、指导。

中心城区以《城镇排水与污水处理条例》及特许经营服务协议为抓手，采取委托第三方专业性监督、行业抽查性监督、商业运营性监督、委托第三方水质检测单位等多种方式开展中心城区污水处理与再生水利用设施的运行监管工作。根据运行监管结果，依据特许经营服务协议相关条款的约定，核算和拨付中心城区特许经营设施的运行服务费。郊区排水管理工作主要通过拟订污水处理和再生水利用行业的政策、规程、规范、标准，开展行业运行情况抽查等方式进行行业监督与指导。

为加强北京市农村污水处理和再生水利用设施运营管理，由北京市水务局负责组织实施全市农村污水处理和再生水利用设施运营考核和市级补贴资金核算工作发放奖补资金，用于保障农村污水处理设施正常、有效运行，并且组织对全市农村污水处理设施运营考核，组织相关人员单位对全市农村污水处理和再生水设施运行情况进行巡查或抽查，根据巡查报告、运营单位运行记录、巡查抽检情况等，核算各区农村污水处理和再生水设施运营市级奖补资金。

为全面落实城市总体规划，加快推进海绵城市建设，北京市不断完善海绵城市建设的体制机制，构建了市、区两级组织保障体系，将海绵城市建设纳入相关法律法规，先后制定出台了十多项推进雨洪控制与利用等海绵城市建设政策文件，建立了涵盖多专业的技术标准体系，不断完善配套政策和长效保障机制。并且北京市建立了海绵城市建设联席会议制度，加强海绵城市建设领导，各区政府为本区海绵城市建设的责任主体，明确工作职责，落实各项规划建设任务。开展市级海绵城市示范建设，各区参照市级试点模式开展区级海绵城市建设试点工作。

1.2 排水业务流程

现有排水业务包括北京市中心城区、郊区城镇及农村地区3类区域，覆盖业务板块包括排水户、污水处理、污泥处理、排水管网、再生水、水环境及海绵城市7类。其中排水户管理方面，市级统筹建立中心城区排水户清单，区级摸清核实排水户清单，通过完善排水户清单，结合宣传告知排水许可制度，许可受理办理服务、材料初审、现场核查及审核批复等，对审定排水户发放排水许可证及电子标签。污水处理流程通过汇总全市污水处理利用情况，分析污水厂（再生水厂）安全稳定运行状况、水质水量处置情况方面存在的问题，研究提出对应的解决措施和具体方案，督促相关单位落实责任。污泥处置流程，通过城镇污水处理厂（再生水厂）运营单位将泥质检测数据、污泥转运结果、处理处置后产物的去向、用途、用量等跟踪、记录情况报送备案，排水主管部门监督对污泥产生、运输、处置等环节进行监督管理、现场检查及重点核查。

1.3 智慧排水的必要性

目前排水业务数据资源中，城镇污水厂（再生水厂）、农村污水处理站等排水设施的在线监测数据未实现全部汇聚整合，并且郊区排水设施实时远传数据存在缺失，数据质量待提升。现有排水业务系统主要以行政区为单位统一展示，缺乏以排水分区为单位的多类型监测数据关联性展示，涉及排水业务相关的降雨量数据、河道水质数据等目前尚未与排水业务数据进行有效整合，不利于排水业务监管体系的建立。排水业务信息化监管与海绵城市管理有效联系待强化，排水业务监管侧重于已建污水处理厂（再生水厂）、农村污水等排水设施的日常运转和维修养护的监督管理和考核，确保其在城市日常运行管理过程中充分发挥其工程效益，而具备海绵城市建设的城市智慧排水系统可以通过统一数据共享平台实现信息实时反馈[4]，因此需要优化排水业务监管方式，与海绵城市管理建立有效联系，健全监管制度，细化监管措施。

2 排水业务需求

2.1 排水业务目标

排水业务管理以排水数据为基础，以业务需求为主线，构建排水业务整合管理模式，提升污水处理设施、污泥处置设施及排水户监管水平及保障能力，强化对排水管网、再生水、水环境及海绵城市业务管理水平，实现污水污泥协同监管，提高业务精细化管理水平，支撑社会共治共享水环境建设成果。

2.2 排水需求分析

排水户管理方面，根据《城镇排水和污水处理排水条例》《城镇污水排入排水管网许可管理办法》及北京市水务局相关工作要求，需要加强排水许可过程管理以及后续日常监管，提升污水排入排水许可的精细化、标准化、规范化管理水平[5]，强化排水户台账信息管理，支撑排水户信息及排水许可数据统计精细化管理，提高排水许可事中、事后监管程度，减少监管重复性，增强监管效果，提升政府端和社会端服务效果。

污水污泥处理设施管理方面，提高污水处理设施运行监管水平[6]，加大行业监管能力,及时提供应急响应决策依据,针对城镇污水处理厂、村级污水处理站,在污水处理设施运行状况管理、设施在线监测预警、设施巡查及抽查业务管理、设施统计核算分析等业务内容具有升级改造业务需求,提高污水处理设施抽查、巡查报告结果工作质量及工作效率,对第三方定期巡查、监管单位不定期抽查及检查结果展示业务内容进行升级优化,形成抽查、巡查业务闭环监管。

排水管网监管方面,提升公共排水干线、重点区域排水管线、汇水积水区域排水设施的监管水平,强化排水管网设施台账管理及分布展示水平,实现排水管网GIS数据动态更新[7]。提升排水管网在线监测能力[8],结合中心城区管网在线监测数据,集成雨量、泵站等在线监测数据,实现泵站等运行状态实时监控,便于雨污水泵站运行状况监督管理,为城区防汛提供数据支撑[9]。

海绵城市管理方面,《北京城市总体规划(2016年—2035年)》明确提出保障水安全,防治水污染,保护水生态,建设海绵城市。到2020年20%以上的城市建成区实现降雨70%就地消纳和利用,到2035年扩大到80%以上的城市建成区。按照国家要求,开展北京市海绵城市建设现状评估,借助河长制督导各区开展海绵城市建设。

3 智慧排水管理要点设计

3.1 排水户管理

在排水户信息管理方面,与用水户信息关联,掌握用水户名称、地址、联系人、联系方式、企业信用代码、日用水量、是否办理排水许可等基础信息,通过企业信用代码实现数据关联。排水许可事中监管未进行水质复核的排水户信息,事后建立排水户信息与排水设施相关性,根据排水户位置,关联排水设施的排水分区范围,分析排水户排放水体流向,根据数据逻辑建立空间关联关系,强化对大水量、超标排污的排水户监管,减少监管重复性,增加监管效果。

3.2 污水污泥处理设施管理

针对污水污泥等不同类型的排水设施,对基本信息进行分类管理,包括设施编码、维护、分布、规模等多维度管理,提高基础信息查询效率。增强水量水质等在线监测数据汇聚、校核、趋势预测分析能力,以行政区、排水范围为基础,展示河道流水水量、污水处理负荷率等指标,分析实际处理水量与设计水量差距,标识水量负荷率偏低的污水处理厂,判断污水调度时可承载的处理余量。根据排水设施标准、多指标参数联合,提升排水设施监测预警能力,包括设备离线提示、水质超标提醒、报警阈值设置等功能。加强农村污水处理站运营精细化管理,根据设施规模、水质标准等优化运营补贴核算方式。

设施巡查、抽查业务实施闭环管理。在排水设施巡查流程中,巡查单位可按照巡查要求在移动端填报巡查情况,按照设施类型、巡查问题等分类同步上传巡查图片、填报巡查路线,形成巡检信息库,辅助管理巡检重点区域。按照不同排水设施情况,实现线上权重统计及排名。并根据填报内容生成巡检报告。

3.3 排水管网管理

排水管网信息台账及 GIS 数据可视化展示、统计分析及定期更新，排水管网相关泵站的运行状态、抽升量等实时数据耦合降雨量，进行动态化展示及管理。排水管网巡查管理为创建下达巡查任务、管网养护考核评估、巡查结果统计管理、问题反馈整改处理及管网清掏情况动态跟踪。依据排水管网流量液位数据、提升泵运行状态、细格栅栅前液位、厂前溢流污染浓度等指标信息，实现排水管网跨越溢流监管。

3.4 海绵城市管理

基于海绵城市管理的数据资源，以服务市、区两级海绵城市管理人员为核心，对达标面积统计、各区海绵城市建设情况、海绵项目及海绵设施规模等整体管理，分析北京海绵城市建设效果。依托"区级填报—市级汇总—抽样校核—整理入库—分级使用"的模式，形成海绵现状及规划项目的海绵城市资产管理，实现区级掌握信息及时上报，市、区两级同步更新，消除信息孤岛，公开透明，互相督促。

4 结论

智慧排水是城市智慧水务的重要组成部分，有利于排水业务管理更加智能化和专业化。本文通过系统性分析北京市排水业务现状，结合智慧排水建设必要性，针对性提出排水业务目标，系统分析排水户、排水管网、污水污泥处理设施及海绵城市建设方面相关的具体业务需求，探讨涉及排水户、排水设施及海绵城市相关的智慧排水管理设计方案要点，为其他区域的城市智慧排水系统建设及管理方案设计提供参考，提升排水监管信息化水平。

参考文献

[1] 深入贯彻水利改革发展决策部署 推进水文和水利信息化工作取得新发展——访水利部水文局局长（水利信息中心主任）蔡建元 [J]. 中国水利, 2016, 810 (24): 35-36.

[2] 尹海龙, 张惠瑾, 徐祖信. 城市排水系统智慧决策技术研究综述 [J]. 同济大学学报（自然科学版）, 2021, 49 (10): 1426-1434.

[3] 赵泉中, 张强, 杨志勇, 等. 扬州市智慧排水安全综合监管平台设计与实践 [J]. 水利信息化, 2022 (4): 82-87+92.

[4] 刘钰坤. 城市智慧排水系统与海绵城市设计研究 [J]. 智能城市, 2021, 7 (23): 46-47.

[5] 邹海英, 陈文韬, 袁素芬, 等. 排污许可制度实施的精细化管理探索 [J]. 四川环境, 2019, 38 (2): 129-133.

[6] 卜晓明. 城镇污水处理厂运行管理评价方法研究 [D]. 北京: 北京工业大学, 2012.

[7] 刘阳. 基于 GIS 技术的城市排水管网系统应用研究 [J]. 信息记录材料, 2022, 23 (1): 192-195.

[8] 苗小波. 基于在线监测诊断城市排水管网问题研究 [J]. 工程建设, 2022, 54 (5): 55-61.

[9] 张金城. GIS 在城区防汛排水泵站智能可视化管理系统中的应用研究 [J]. 智能城市, 2019, 5 (9): 134-135.

基于监测与文献数据再分析的北京市典型下垫面面源污染现状分析

王丽晶[1]　史秀芳[1,2]　潘兴瑶[3]　卢亚静[1]　刘　琦[4]

(1. 北京市水科学技术研究院，北京　100048；2. 首都师范大学资源环境与旅游学院，北京　100048；3. 北京市水务局，北京　100048；4. 北京市城市河湖管理处，北京　100089)

【摘要】　本文在全面查阅北京市面源污染规律研究文献的基础上，提取了22篇文献中关于2015—2021年间北京市典型下垫面雨水径流污染物浓度的监测数据成果，系统分析了北京市典型下垫面的面源污染规律。数据资料覆盖北京市9个行政区，监测对象包括屋面、道路和绿地，分析指标包括SS、COD、NH_3-N、TP和TN。文献数据分析结果表明，北京市屋面、道路和绿地初期雨水径流中污染物浓度超过国家Ⅳ类水标准；绿地雨水径流污染中SS与COD、NH_3-N、TN相关性较高（$R^2>0.70$），SS指标在一定程度上能够表征绿地面源污染的整体情况；与全国城市面源污染研究结果对比，北京市屋面、道路和绿地的SS浓度为全国平均浓度的50%左右。研究成果可为北京市面源污染控制提供基础数据与总体规律参考，以支撑北京市面源污染科学管控。

【关键词】　北京市；面源污染；降雨径流；污染负荷；下垫面

Evaluation of non-point source pollution in Beijing based on monitoring and reanalysis of literature data

WANG Lijing[1]　SHI Xiufang[1,2]　PAN Xingyao[3]　LU Yajing[1]　LIU Qi[4]

(1. Beijing Water Science and Technology Institute, Beijing　100048; 2. College of Resources, Environment and Tourism, Capital Normal University, Beijing　100048; 3. Beijing Water Authority, Beijing　100048; 4. Beijing Urban River and Lake Management Division, Beijing　100089)

【Abstract】　Based on a comprehensive review of non-point source pollution law research literatures in Beijing, the monitoring data of non-point source pollution in 22 literatures were extracted to monitor the concentration of rainwater runoff pollutants on typical underlying surface in Beijing from 2015 to 2021, and the non-point source pollution law of typical underlying surface in Beijing was systematically analyzed. The data covers 9 administrative districts of Beijing. The monitoring objects include roof, road and green land. The analysis indexes include SS, COD, NH_3-N, TP and TN. Literature data analysis results show that the roof, road and green land all pollutant indexes in the Incipient rainwater runoff concentration exceeded the national level IV water standard; The correlation analysis results showed that there was a high correlation between SS and COD, NH_3-N and TN ($R^2>0.70$) in rainwater runoff pollution of green land. SS index could represent the overall situation of non-point source pollution of green lands to a certain extent. Compared with other non-point source pollution research results, the SS concentration of roof, road and green land in Beijing is about 50% of the national average concentration. The research results can provide basic data and general law reference for non-point source pollution control in Beijing, and support the scientific control of non-point source pollution in Beijing.

【Key words】 Beijing; Non-point source pollution; Rainfall runoff; Pollution load; Underlying surface

0 引言

北京市作为国家第二批海绵城市建设试点，在全市范围内采取了一系列源头—过程—末端措施，初步缓解了一部分城市面源污染问题，但由于北京市建成区人口密度高、人类活动强度大，面源污染问题依旧存在。城市面源污染主要是降雨径流冲刷城市下垫面产生的污染排放所致，且径流污染初期作用十分明显[1]，尤其是老城区由于合流制管道老旧、管网不达标[2]，在发生大雨、暴雨等降雨事件时，城市排水管道超负荷运行，发生合流制溢流，污染负荷巨大，进一步加重了城市面源污染[3]。面源污染通常具有分散性、累计性等特点，受刮风、降水等气象因素影响，污染物以广域的、分散的、微量的形式进入地表及地下水体，同时面源污染还具有随机性、模糊性等特点，导致其不易监测、难以量化[4]。

本文通过文献分析整合了相对分散的研究成果，并对典型下垫面进行了监测，针对北京市建成区屋面、道路和绿地3种典型下垫面，选取悬浮颗粒物（SS）、化学需氧量（COD）、氨氮（NH_3-N）、总磷（TP）和总氮（TN）5个水质指标进行统计分析，识别了北京市不同下垫面的面源污染特征和污染指标相关关系，对比了北京市和全国面源污染差异。研究成果可为北京市面源污染研究的测点布设、模型参数设置和规律分析提供支撑，进而服务于北京市面源污染科学管控。

1 数据与方法

1.1 数据资料

收集并查阅了近100篇北京市面源污染分析相关文献，发现北京市的面源污染研究成果主要集中在2000年后，且在2000年后北京市政府开始重视环境保护，采取道路拓宽、交通限行政策、平屋顶改斜屋顶等一系列措施。为了掌握北京市面源污染现状，本文从

100篇文献中选取了位于建成区范围内监测时间主要分布在2000年以后（表1）的文献共计22篇，对22篇文献中监测数据资料进行提取和整理，2015—2021年选取不同典型下垫面进行了监测（表2和表3）；文献分析数据和监测结果形成具有代表性的形成面源污染负荷监测数据集。数据集监测范围主要分布9个行政区，分别为东城区、西城区、朝阳区、海淀区、丰台区、石景山区、房山区、顺义区和昌平区[2,4-24]，监测资料主要针对屋面、道路和绿地3种代表性城市下垫面，监测方法均采用收集不同下垫面的降雨径流的方式，考虑SS、COD、NH_3-N、TP和TN共5种常规水质指标。3种下垫面的有效监测样本数见表4，根据文献中提取的数据来看，北京市面源污染研究中对屋面和道路两种下垫面的关注较多，对绿地下垫面面源污染的研究相对不足，能提供的有效监测样本偏少。

表1　文献数据监测时间

序号	监测时间	序号	监测时间	序号	监测时间
1[2]	2008年7月、8月 2009年6月	9[11]	2008年3月、4月、8月	17[19]	2008年3月—2009年6月
2[4]	2008年、2009年7—8月	10[12]	2008年7月—2009年6月	18[20]	1999年至2000年6—9月
3[5]	2001年6月、2003年6月	11[13]	2004年6—9月	19[21]	2006
4[6]	2008年6—8月	12[14]	2015年3月、5月	20[22]	2003年至2004年4月
5[7]	2004年至2006年6—8月	13[15]	2008年	21[23]	2008年4—10月
6[8]	2009年7月、8月；2010年7月、8月	14[16]	2015年6—9月	22[24]	2004年6—9月
7[9]	2008年3月、8月	15[17]	2016年8月—2018年6月		
8[10]	2010年7—10月	16[18]	2011年4月		

表2　屋面污染物监测数据

监测地点	监测时间	污染指标/(mg/L)				
		SS	COD	NH_3-N	TP	TN
北京市水科学技术研究院建筑屋面	2019-07-22	16.10	293.20	3.79	0.14	7.64
	2019-08-02	22.26	136.30	4.91	0.02	6.78
	2019-08-19	10.34	128.57	5.19	0.02	8.68
	2021-06-23	476.00	39.50	0.13	0.11	0.40
北京工业大学建筑屋面	2016-07-19	408.83	31.24	1.45	0.06	4.78
未来科学城建筑屋面	2015-09-04	129.32	19.02	1.04	0.11	4.87

表3　道路污染物监测数据

监测地点	监测时间	污染指标/(mg/L)				
		SS	COD	NH_3-N	TP	TN
北京工业大学西大望路	2016-07-19	520.11	173.46	2.40	0.29	2.59
北京工业大学校园道路	2016-07-19	453.22	58.89	1.95	0.17	6.09

续表

监测地点	监测时间	污染指标/(mg/L)				
		SS	COD	NH$_3$-N	TP	TN
未来科学城道路	2016-08-18	125.09	31.74	1.93	0.13	4
东城区东河沿小区附近道路	2021-06-23	68	87.33	0.17	0.13	1.71
东城区宝钞胡同	2021-06-23	1046	478.67	0.64	1.37	8.69
北京市水科学技术研究院道路	2021-06-23	57.5	13	0.025	0.05	0.41

表4　　　　　　　三种下垫面的有效监测样本数

水质指标	屋面	道路	绿地
SS	50	29	6
COD	54	37	9
NH$_3$-N	48	32	7
TP	57	39	8
TN	37	33	7

1.2　污染物浓度分布及变化范围确定

北京市面源污染分析利用SPSS25.0，采用单样本（Kolmogorov-Smirnov）检验方法，分析文献监测数据的分布规律并计算其均值的90%置信区间。分布规律包括指数分布、均匀分布、正态分布和泊松分布等[26]。

1.3　相关性分析方法

利用SPSS 25.0，采用Pearson法对数据进行相关性分析。Pearson相关分析用于确定两个变量之间的相关性，相关系数r无量纲，其值介于-1.0与+1.0之间，当r的绝对值越接近1，则变量之间的相关关系越显著（$p<0.05$）；当r的绝对值接近0，则表示变量之间不存在相关关系。

2　北京市不同下垫面面源污染负荷统计分析

2.1　北京市面源污染总体特征

对不同下垫面的污染物浓度监测数据进行单样本（K-S）检验，明确各污染物指标的分布规律，计算其均值的90%置信区间，进一步缩小污染物浓度的变化范围，污染物浓度分布特点见表5～表7。就均值而言，屋面、道路和绿地中的COD、NH$_3$-N、TP和TN浓度均远超出GB 3838—2002《地表水环境质量标准》中的Ⅳ类水标准。屋面雨水径流污染中SS浓度均值为99.74mg/L，远超出GB 8978—1996《污水综合排放标准》城镇污水处理厂二级排放标准（30mg/L），比国标中规定的"其他排污单位"一级排放标准（70mg/L）略高；道路和绿地雨水径流污染中SS指标均值分别为289.46mg/L和240.89mg/L，超出国标中规定的"其他排污单位"二级排放标准（200mg/L）。说明就SS指标而言，未经处理的雨水径流形成的城市面源污染比国标中规定的"其他排污单位"一级排放标准高，其污染程度超出一般的点源污染事件。

表5　　　　　　　　　　屋面雨水径流污染物浓度统计结果

水质指标		SS	COD	NH_3-N	TP	TN
北京均值/(mg/L)		99.74	171.09	7.68	0.42	10.14
分布		指数分布	指数分布	指数分布	指数分布	—
均值的90%置信区间/(mg/L)	下限	71.53	139.43	5.70	0.24	8.16
	上限	127.95	202.75	9.66	0.61	12.12
最小值/(mg/L)		10.00	16.25	0.13	0.02	0.01
最大值/(mg/L)		476.00	550.00	47.12	5.24	39.90
Ⅳ类水标准/(mg/L)		—	30.00	1.50	0.30	1.50
均值超标倍数		—	5.70	5.12	1.40	6.76

表6　　　　　　　　　　道路雨水径流污染物浓度统计结果

水质指标		SS	COD	NH_3-N	TP	TN
北京均值/(mg/L)		289.46	216.70	4.88	0.76	8.13
分布		指数分布	指数分布	指数分布	指数分布	指数分布
均值的90%置信区间/(mg/L)	下限	211.57	166.63	3.56	0.52	5.86
	上限	367.35	266.76	6.20	1.01	10.41
最小值/(mg/L)		38.18	13.00	0.03	0.03	0.02
最大值/(mg/L)		1046.00	687.00	19.17	4.27	34.52
均值超标倍数		—	7.22	3.25	2.53	5.42

表7　　　　　　　　　　绿地雨水径流污染物浓度统计结果

水质指标		SS	COD	NH_3-N	TP	TN
北京均值/(mg/L)		240.89	70.68	2.49	0.34	6.21
分布		指数分布	正态分布	正态分布	指数分布	正态分布
均值的90%置信区间/(mg/L)	下限	27.58	38.84	1.41	0.11	5.26
	上限	454.21	102.52	3.57	0.57	7.15
最小值/(mg/L)		95.00	4.90	0.80	0.10	5.51
最大值/(mg/L)		320.68	120.37	3.95	0.74	7.00
均值超标倍数		—	2.36	1.66	1.13	4.14

2.2　污染指标相关性分析

城市面源污染研究中，任玉芬等人研究认为SS与其他污染物指标存在一定的相关性，一定程度上可以用SS指标表征其他污染物[13]。基于此，对SS与其他4种指标（COD、NH_3-N、TP、TN）的相关性进行了分析，分析结果见表8和如图1所示。

表 8　污染物浓度相关指数表

下垫面类型	R^2（SS-COD）	R^2（SS-NH$_3$-N）	R^2（SS-TP）	R^2（SS-TN）
屋面	0.01	0.03	0.02	0.03
道路	0.72*	0.08	0.00	0.23
绿地	0.85*	0.72*	0.23	0.71*

注：*表示相关性较高，$R^2>0.70$

屋面 SS 与其他污染物指标的相关性均较差（$R^2<0.10$），由于屋面受人类活动影响小，面源污染程度轻，所以其浓度均值远低于其他 2 种下垫面。绿地 SS 与 COD、NH$_3$-N、TN，道路 SS 与 COD 相关性较高（$R^2>0.70$）。其中绿地的 SS 与 COD 相关性最高，R^2 为 0.85，SS 与 NH$_3$-N、TN 的 R^2 分别为 0.72 和 0.71；道路的 SS 与 COD 存在较高的相关性，R^2 为 0.83，SS 指标在一定程度上能够表征绿地面源污染的整体情况。

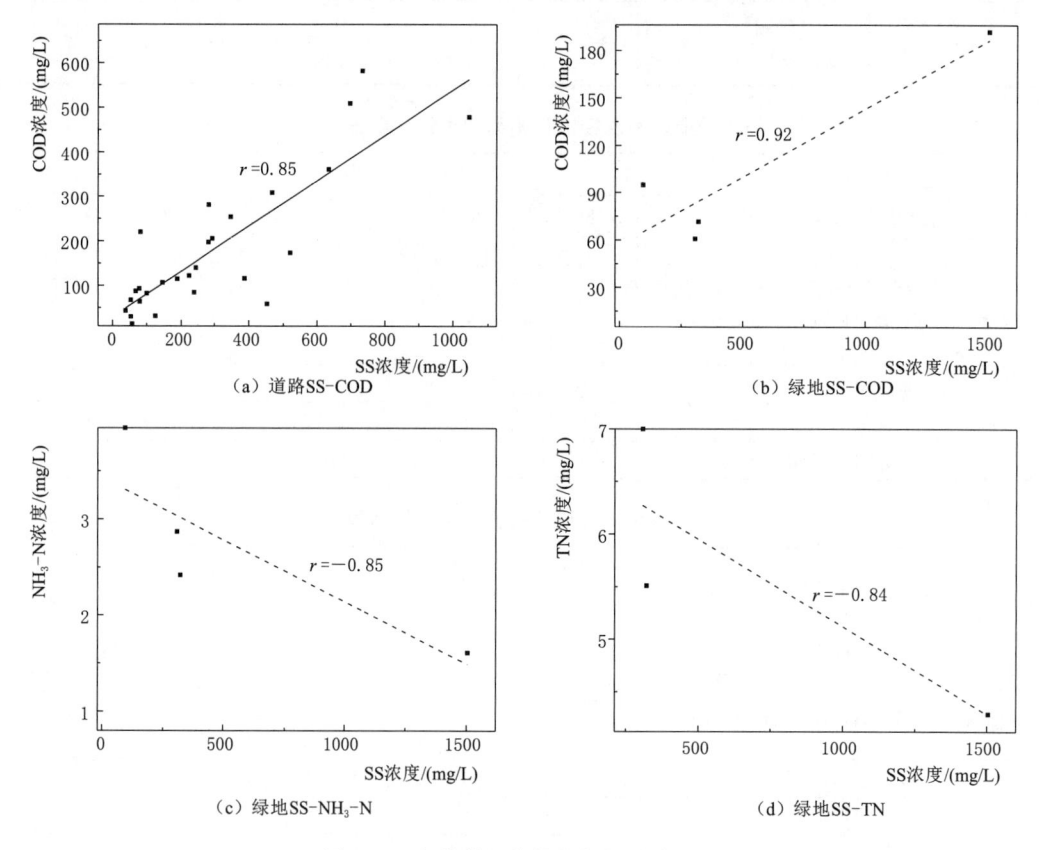

(a) 道路SS-COD

(b) 绿地SS-COD

(c) 绿地SS-NH$_3$-N

(d) 绿地SS-TN

图 1　SS 与其他污染物指标相关关系图

3　北京市与全国污染负荷对比

根据杨默远等[26]对全国面源污染的研究，将北京与全国污染物浓度均值进行对比（表 9），发现在所有下垫面类型中，屋面、道路和绿地 SS 浓度均为全国均值的 50% 左右。

屋面中 COD、NH_3-N、TP 和 TN 浓度、道路中 NH_3-N 和 TN 浓度均高于全国平均浓度。屋面的污染物累积主要来源为大气沉降，而道路受交通因素和大气沉降双重影响，道路的污染主要包括大气沉降、路面破损、轮胎磨损等[27]，但北京市下垫面清扫力度较全国其他城市较大，所以 SS 与全国相比整体偏低。北京氮沉降在全国处于较高水平[28]，且城市中心氮沉降普遍高于郊区[29]，因此北京市氮类污染比全国水平高。由于北京市人口密度大，人类活动频繁，行车数量多，轮胎磨损等造成了道路有机物的污染[10]，因此道路污染指标较全国高；绿地中 NH_3-N、TN 浓度均高于全国平均浓度，绿地中污染物的主要来源为植物施肥，北京市作为首都城市，绿化养护频率较全国较高，因此氮类污染较全国较高。

大气沉降和交通因素造成的下垫面污染应重点关注，控制重污染的产业规模，减少污染气体排放，改善空气质量，同时加强下垫面清扫力度，执行交通限行政策，提倡绿色出行，减少交通因素造成的污染；绿地施肥时采用少次多量施肥，降低因 N、P 元素的流失造成的降雨径流污染。

表 9　　　　　　　　　　北京/全国径流污染对比结果[26]

参　数	屋面/(mg/L)				
	SS	COD	NH_3-N	TP	TN
全国均值	153.57	131.07	6.43	0.39	8.85
北京均值	99.74	171.09	7.68	0.42	10.14
北京均值/全国均值	0.65	1.31	1.19	1.08	1.15

参　数	道路/(mg/L)				
	SS	COD	NH_3-N	TP	TN
全国均值	505.04	267.92	4.17	0.89	7.54
北京均值	289.46	216.70	4.88	0.76	8.13
北京均值/全国均值	0.57	0.81	1.17	0.85	1.08

参　数	绿地/(mg/L)				
	SS	COD	NH_3-N	TP	TN
全国均值	441.53	72.92	1.90	0.57	4.35
北京均值	240.89	70.68	2.49	0.34	6.21
北京均值/全国均值	0.55	0.97	1.31	0.60	1.43

4　结论

本文在对北京范围内城市面源污染监测数据成果进行全面整理与系统分析的基础上，从北京市不同下垫面面源污染负荷统计分析和北京市与全国污染负荷对比两个方面，综合评估了北京市建成区城市面源污染规律，以期为北京的面源污染控制研究提供基础数据与总体规律参考。主要结论如下：

（1）就均值而言，屋面、道路和绿地的 COD、NH_3-N、TP 和 TN 浓度，均远超出

GB 3838—2002《地表水环境质量标准》中的Ⅳ类水标准。就 SS 指标而言，未经处理的雨水径流形成的城市面源污染比国标中规定的"其他排污单位"一级排放标准高，其污染程度超出一般的点源污染事件。三种下垫面的降雨径流直接排入水体均会对水体造成污染，因此在降雨径流入河湖排口前应进行处理，可建造调蓄池，截取降雨径流中污染较高的初期雨水，在降雨结束后，再将调蓄池存储的初期雨水送入污水处理厂，经过处理后再排入水体，或采用末端渗滤净化技术，对雨水径流进行过滤。

（2）对于污染物浓度的变化范围，绿地 SS 变化范围较大；道路 TP 和 COD 浓度均值比屋面和绿地偏高约 40%～70%。不同下垫面之间，NH_3-N 和 TN 的变化规律较一致，道路比屋面降低 20% 左右，绿地比道路降低 50% 左右。绿地下垫面，其 SS 与 COD、NH_3-N 和 TN 相关性较高（$R^2>0.70$），SS 指标在一定程度上能够表征绿地面源污染的整体情况。目前绿地下垫面径流收集困难，监测难度大，相关监测较少，绿地径流收集装置有待改进，应加强绿地径流监测与研究，尤其重视绿地径流中携带大量的污染物质的 SS 指标。

（3）北京与全国污染物浓度均值进行对比，就 SS 浓度而言，屋面、道路和绿地均低于全国水平。屋面中 COD、NH_3-N、TP 和 TN 浓度、道路中 NH_3-N 和 TN 浓度均高于全国平均浓度，绿地下垫面中 NH_3-N、TN 浓度均高于全国平均浓度。北京市应重视大气沉降污染，提高市内及周边城市空气质量，实行交通限行政策。改善绿地施肥方法，根据绿地土壤、植物用途和气候条件等控制施肥量和施肥次数，合理施肥；尽量使用沟状施肥、穴状施肥和打孔施肥等方式，减少化肥流失。若使用地表施肥方式，则在施肥时应松土和浇水，使肥料进入土层。

参考文献

[1] 车武，汪慧珍，任超，等. 北京城区屋面雨水污染及利用研究 [J]. 中国给水排水，2001，17 (6)：57-61.

[2] 荆红卫，华蕾，陈圆圆，等. 城市雨水管网降雨径流污染特征及对受纳水体水质的影响 [J]. 环境化学，2012，31 (2)：208-215.

[3] 李海燕，徐尚玲，黄延，等. 合流制排水管道雨季出流污染负荷研究 [J]. 环境科学学报，2013，33 (9)：2522-2530.

[4] 鹿海峰，华蕾，王浩正，等. 城市合流制管网降雨径流污染特征分析 [J]. 中国环境监测，2012，28 (6)：94-99.

[5] 侯立柱，丁跃元，冯绍元，等. 北京城区不同下垫面的雨水径流水质比较 [J]. 中国给水排水，2006，22 (23)：35-38.

[6] 郭婧，马琳，史鑫源，等. 北京城市道路降雨径流监测与分析 [J]. 环境化学，2011，30 (10)：1814-1815.

[7] 任玉芬，王效科，欧阳志云，等. 北京城市典型下垫面降雨径流污染初始冲刷效应分析 [J]. 环境科学，2013，34 (1)：373-378.

[8] 李青云，田秀君，魏孜，等. 北京典型村镇降雨径流污染及排放特征 [J]. 给水排水，2011，37 (7)：136-140.

[9] 王婧，荆红卫，王浩正，等. 北京市城区降雨径流污染特征监测与分析 [J]. 给水排水，2011，

(Z1): 135 - 139.

[10] 侯培强，任玉芬，王效科，等. 北京市城市降雨径流水质评价研究 [J]. 环境科学, 2012, 33 (1): 71 - 75.

[11] 华蕾，邹本东，鹿海峰，等. 北京市城市屋面径流特征研究 [J]. 中国环境监测, 2012, 28 (5): 109 - 115.

[12] 荆红卫，华蕾，郭婧，等. 北京市水环境非点源污染监测与负荷估算研究 [J]. 中国环境监测, 2012, 28 (6): 106 - 111.

[13] 任玉芬，王效科，韩冰，等. 城市不同下垫面的降雨径流污染 [J]. 生态学报, 2005, 25 (12): 3225 - 3230.

[14] 赵树旗，王中正，周玉文，等. 城市不透水地表降雨径流污染监测与研究——以北京工业大学校园为例 [J]. 人民长江, 2016, 47 (4): 12 - 16.

[15] 杨龙，孙长虹，王永刚，等. 城市面源污染负荷动态更新体系构建研究 [J]. 环境保护科学, 2015, 41 (2): 63 - 66.

[16] 马慧雅. 北京城区降雨径流污染特征研究 [D]. 郑州：河南大学，2016.

[17] 张伟，罗乙兹，钟兴，等. 北京市中心城区某沥青屋面和金属屋面径流污染特征 [J]. 科学技术与工程, 2019, 19 (23): 365 - 371.

[18] 杨龙，孙长虹，范清，等. 城郊环境梯度下地表径流污染特征研究 [J]. 安徽农业科学, 2014, (24): 8311 - 8313.

[19] 杨龙，孙长虹，齐珺，等. 城市径流污染负荷动态更新研究 [J]. 环境科学动态, 2014, (3): 135 - 137.

[20] 车伍，欧岚，汪慧贞，等. 北京城区雨水径流水质及其主要影响因素 [J]. 环境污染治理技术与设备, 2020, 3 (1): 33 - 37.

[21] 廖日红，丁跃元，胡秀琳，等. 北京城区阵雨径流水质分析与评价 [J]. 北京水务, 2007, (1): 14 - 16.

[22] 韩冰，王效科，欧阳志云. 北京市城市非点源污染特征的研究 [J]. 中国环境监测, 2005, 21 (6): 63 - 65.

[23] 李俊奇，毛坤，向璐璐. 京承高速公路径流污染负荷及初期冲刷效应研究 [J]. 中国给水排水, 2010, 26 (18): 59 - 63.

[24] 任玉芬，王效科，欧阳志云，等. 沥青油毡屋面降雨径流污染物浓度历时变化研究 [J]. 环境科学学报, 2006, 26 (4): 601 - 606.

[25] 黄金良，杜鹏飞，欧志丹，等. 澳门城市小流域地表径流污染特征分析 [J]. 环境科学, 2006, 27 (9): 1753 - 1759.

[26] 杨默远，潘兴瑶，刘洪禄，等. 基于文献数据再分析的中国城市面源污染规律研究 [J]. 生态环境学报, 2020, 29 (08): 1634 - 1644.

[27] 张千千，李向全，王效科，等. 城市路面降雨径流污染特征及源解析的研究进展 [J]. 生态环境, 2014, (2): 352 - 358.

[28] 郑丹楠，王雪松，谢绍东，等. 2010 年中国大气氮沉降特征分析 [J]. 中国环境科学, 2014, 34 (5): 1089 - 1097.

[29] 杨文琴，刘思慧，苗淼，等. 北京市内到郊区氮沉降时空变化特征 [J]. 环境科学学报, 2016, 36 (5): 1530 - 1538.

基于 WASP 模型的水体富营养化模拟应用研究进展

侯 德 窦 鹏 于 磊 李 垒 智 泓 龚应安

(北京市水科学技术研究院，北京 100048)

【摘要】 WASP 模型是国内外研究水环境问题的重要工具，因其具有较强的功能，一直被广泛应用于各类水体的水质模拟、预测和决策制订。本文对 WASP 模型在解决富营养化问题方面的应用进行了系统总结，主要包括 WASP 模型发展概况、原理、富营养化模块的框架与功能特点，着重介绍富营养化模块的组件构成、内容和布局特点、功能特性，阐述了国内外在水体富营养化研究中的应用进展，总结和分析了 WASP 模型的应用前景和不足之处，为水环境研究及模型选用提供参考。

【关键词】 WASP 模型；富营养化；氮循环；磷循环；溶解氧；营养成分

A review of WASP model applied to water eutrophication

HOU De   DOU Peng   YU Lei   LI Lei   ZHI Hong   GONG Ying'an

(Beijing Hydraulic Research Institute, Beijing 100048)

【Abstract】 WASP model is an important tool for studying water environmental problems at home and abroad, and has been widely used in water quality simulation, prediction and decision making of all kinds of water bodies because of its strong function. In this paper, the application of WASP model in solving the eutrophication problem is summarized systematically, including the development overview, principle of WASP model, the framework and functional characteristics of eutrophication module, focusing on the component composition, content, layout and functional characteristics of eutrophication module, and expounded the application progress in the research of water eutrophication at home and abroad. The application prospect and shortcomings of WASP model are summarized and analyzed to provide reference for water environment research and model selection.

【Key words】 WASP model; Eutrophication; Nitrogen cycle; Phosphorus cycle; Dissolved oxygen; Nutrient composition

富营养化是当今全球河湖、水库等水体突出的水环境问题，我国情况也不容乐观。2020 年《中国生态环境状况公报》显示，在开展营养状态监测的 110 个重要湖库中，处于中富营养状态的高达 90.9%[1-2]。水环境模型是研究水体富营养化问题的重要工具，在水体富营养化模拟、评价、预测与预报中发挥着重要的作用。根据建模核心，潘婷等[2]将众多的水体富营养化模型划分为 3 类：以营养盐为核心的模型；以水体初级生产力为核心的模型；以湖泊、水库等水体整体为核心的生态动力学模型，WASP（The Water Quality Analysis Simulation Program）模型属于生态动力学模型一类。WASP 模型因模拟水体类型广、流态和维度全面、污染物类型众多而被广泛应用，被称为万能水质模型[3-5]。

1 WASP 模型概述

WASP 模型是由美国环境保护局（EPA）于 1983 年开发并发布的一个通用的水质建模程序系统，用于模拟解决多种水环境、水资源管理问题。WASP 采用灵活的箱式法建立模型基本单元，构建水体网格体系，在此基础上构建水动力和水质演变模拟系统，可以应用于一维、二维或三维结构的水体[6]。

自 1983 年原始模型建立以来，在实际应用中，WASP 模型在利用其优势解决许多实际水环境问题的同时，总结正、反两方面经验，得到不断完善和扩展，先后于 1986 年（WASP3）、2001 年（WASP6）、2005 年（WASP7）、2017 年（WASP8）更新。WASP6 的出现，使得 WASP 模型发生质的飞跃：由 DOS 环境提升到基于 Windows 的友好界面；增加一个预处理器 pre-processor，用于帮助建模人员将数据处理成可用于 WASP 模型的格式；增加一个后处理器 post-processor，采用动画、曲线图等可视化方式展示、查看模拟结果，并与观察到的现场数据进行比较。WASP7 进一步添加了水生附着生物的影响[7-8]。

WASP 模型既可模拟水文动力学特征，也可模拟水质转化和藻类生态学规律，包括常规水质（氮循环、磷循环、溶解氧、固体颗粒物、盐度等），以及有毒物质（有机化合物、重金属等）的动力学特点。

WASP 模型力求逼真呈现水体复杂的水文过程和物质演化过程，复制其内在的动力学机制，同时 WASP 具有开放性的框架结构，便于模型自身的不断改进和外接其他资源，尤其是外接其他水文动力模型的运行结果。

2 WASP 模型原理

WASP 模型在模拟河流、湖泊、水库等水环境污染问题时，其基本原理是水体流动的动量与体积守恒、内含水质成分的质量守恒，其遵循的质量守恒原理表述为以下方程[7]：

$$\frac{\partial C}{\partial t}=-\frac{\partial}{\partial x}(U_x C)-\frac{\partial}{\partial y}(U_y C)-\frac{\partial}{\partial z}(U_z C)+\frac{\partial}{\partial x}\left(E_x\frac{\partial C}{\partial x}\right)+\frac{\partial}{\partial y}\left(E_y\frac{\partial C}{\partial y}\right)$$

$$+\frac{\partial}{\partial z}\left(E_z\frac{\partial C}{\partial z}\right)+S_L+S_B+S_K$$

式中　　C——水体中某水质成分浓度，mg/L；

U_x、U_y、U_z——x、y、z方向上的流速，m/d；

E_x、E_y、E_z——x、y、z方向上的扩散系数，m^2/d；

　　　　S_L——直接加载速率；

　　　　S_B——边界加载速率；

　　　　S_K——转化速率，mg/(L·d)。

方程表明：特定时空的水体包含的某种水质成分浓度来自3个主要部分：经对流、扩散运动分布于特定时空的运输部分（transport），特定时空与其他物质发生反应的转化部分（transformation），特定时空内、外输入或输出的负载部分（loading）。这3个部分代表了水质成分来源的三大类，也在总体上反映了物质质量守恒的基本原理。

3　WASP富营养化模块内容与布局

WASP模型主要围绕河湖、近海岸等水体的两大环境问题开展模拟，即富营养化和毒理性。由于这些问题的产生是建立在水体动力学基础上，因此WASP模型包括三大独立组件：水动力（DYNHYD）、富营养化（EUTROWASP）和毒理性（TOXIWASP）组件。

3.1　富营养化模块组成及内容

WASP模型是对水体内含水质成分的主要物理流态和核心生化反应等这些动力学过程的数值描述，再现其内在动力学机制，并且实现了计算机程序化。WASP富营养化模块围绕水体富营养化问题这一核心，是由2组独立组件联动实现的，DYNHYD组件模拟水体流动的水动力过程，EUTROWASP组件模拟水质成分的演变过程，相互具有独立性。有时受DYNHYD组件局限性的影响，需要利用WASP模型框架的开放性，外接其他水动力模型EFDC、RIVMOD、CE-QUAL-RIV1、SWMM等，获取这些模型的运行结果数据。

3.1.1　水动力DYNHYD组件

利用水动力DYNHYD模型的水文动力学模拟功能，WASP模型将其作为一个独立的组件调用。此组件模拟了水体平流和弥散两种模式的输移过程，就平流方式，模拟挟带污染物的6种水动力流态（fields）：表面流（water column flow）、孔隙流（pore water flow）、固体颗粒物的沉降-悬浮-沉积（particulate pollutants settling, resuspension and burial）、降水和蒸发（evaporation or precipitation from or to surface water）[7]。

就河道、河口、近海岸等水体常见的表面流（water column flow）而言，DYNHYD组件概化为6种输移模式，其中运动流（kinematic flow）、积水流（ponded flow）、动态流（dynamic flow）等3种模式为DYNHYD组件的主导模式，可以模拟由推流控制、闸坝高度控制或水坡面控制的一维支、干流网状河流、积水堰、河口等水域；开放性的外接模式,通过对外调用其他水动力模型,模拟一维至三维的河流、水库或河口非稳态流,通过 WASP 具开放性的外接口来实现。DYNHYD 组件可以为水体单元网格（segment）提供流量、流速、体积和深度的时间变化值[7]。

3.1.2 富营养化 EUTROWASP 组件

针对水体存在的富营养化问题,EUTROWASP 组件以浮游植物（藻类）的新陈代谢为核心,根据水体营养元素循环的质量平衡规律,按照主要水体成分与关键外界环境因素的互动机制,模拟营养物富集、富营养化、溶解氧消耗等的物理—化学—生物转移转化过程,包括浮游植物的同化与异化、氮循环、磷循环、碳循环、溶解氧循环以及温度、光照、pH 值等动态变化,其动态互动机制如图 1 所示[8]。

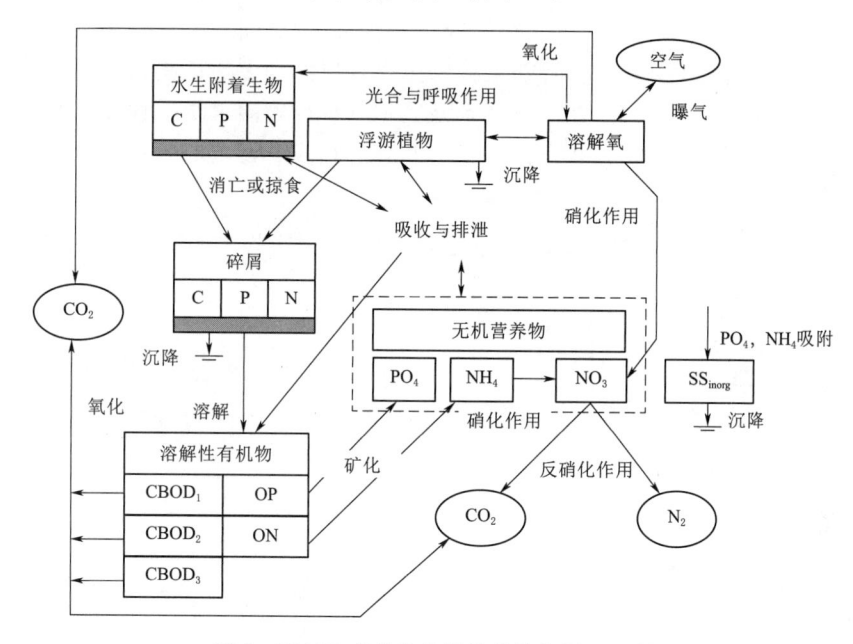

图 1 WASP 富营养化模块营养物循环机制

N、P、C、O、Si 是对富营养化具有限制性的主导元素,EUTROWASP 组件围绕这些元素的不同形态开展模拟。氮素（氮循环）主要赋存形态：氮气（N_2）、氨（Ammonia）、硝酸盐（Nitrate）、溶解有机氮（Dissolved Organic Nitrogen）、碎屑氮（Detrital nitrogen）、藻类细胞内的氮；磷元素（磷循环）主要赋存状态：正磷酸盐（Orthophosphate）、溶解有机磷（Dissolved Organic Phosphorus）、碎屑磷（Detrital phosphorus）、藻类细胞内的磷；碳元素（碳循环）概化为 4 种赋存形态：$CBOD_1$、$CBOD_2$、$CBOD_3$、碎屑碳（Detrital carbon）；氧元素（氧循环）赋存形态为溶解氧（DO）[9]。

在每个元素的多个主要赋存形态中,WASP6 模型的 EUTROWASP 组件选取多达 8 个作为主要状态变量[7],采用互相联系而又独立的技术性模块结构,建立每个状态变量的质量平衡方程,与 DYNHYD 组件共同构建一系列的质量平衡方程,伴随时间和水体空间开展模拟计算。

随着 WASP 模型的不断改进,EUTROWASP 组件考虑的影响机制和方面更加全面,

WASP7增加了底栖藻类Benthic Algae的部分，EUTROWASP组件发展为标准藻类模块和底栖藻类模块部分[8]。根据水体类型和模拟需求，WASP6模型EUTROWASP组件提供了3个复杂程度的模拟版本选择：简化富营养化；中间富营养化；有底栖生物的中间富营养化。[7]

3.2 富营养化模块布局

WASP模拟富营养化及其常规水质部分，需要EUTROWASP组件与DYNHYD组件联合，共同构建水体富营养化水质的模拟系统。模型采取结构化的布局，包括数据前处理块、数据后处理块、模拟运行块。数据前处理块负责前期数据的准备，满足程序调用的要求，数据后处理块展示模拟结果、比较或检验与实际数据间的差异。从实现的局部功能角度来看，其模块主要由刻画水体流态及内部生化反应的动力学机制的程序代码、选择环境状态变量、输入边界、初始、污染源负荷及其他外界环境因素条件数据、设置模拟方式（模拟时间、输出间隔）、输出模拟结果数据等几部分组成，如图2所示。

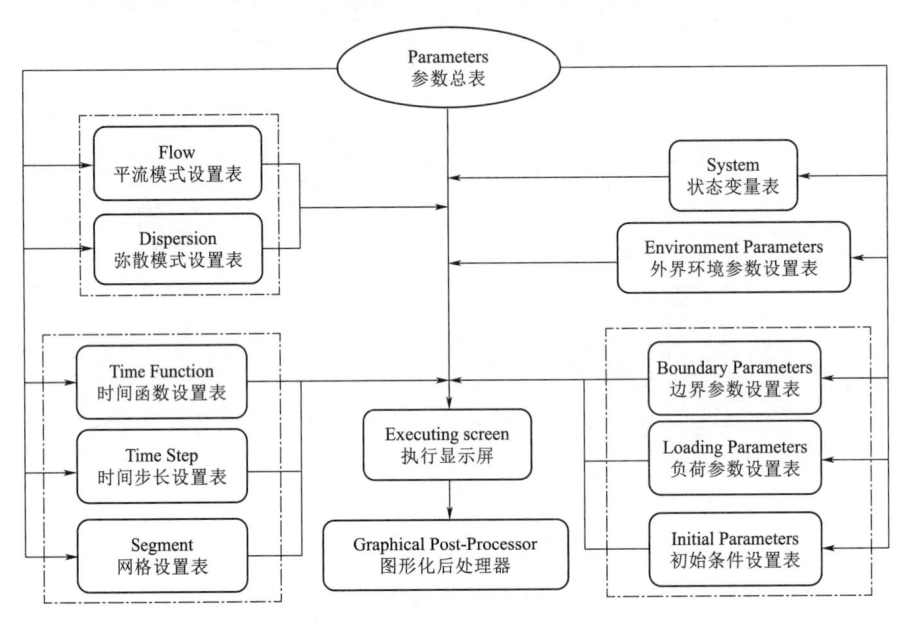

图2 富营养化EUTROWASP模块结构图

Parameters参数总表为用户开发个性化项目提供一个总的设计架构，统领和导出Segment设计表、System设计表、Dispersion设计表、Flow设计表、Environment Parameters设计表、Loading Parameter设计表等[7]。

这些布局框架特点，考虑到了多种模拟情况的出现，比如通过在System设计表中设定Dispersion和Flow的选项，把输移的4种情况都给出了模拟可能：水体既有平流又有弥散流态的水质变化；水体只有平流或弥散流态的水质变化；水体没有流态的水质变化。

输出模拟结果数据主要为：①特定时间（Time）特定水质成分（System）的质量或浓度在整个模拟水体网格（Segment）上的空间分布；②特定水体网格（Segment）特定水质成分（System）的质量或浓度随时间的分布。

4 WASP 富营养化模块的功能及应用

迄今为止，WASP 已被应用于很多水环境建模中，实践已经证明 WASP 模型是一个有效的多功能模型，能够模拟稳态或非稳态，一维、二维或三维，线性或非线性的水质变化。模拟富营养化现象下水质成分的内在变化是其主要功能。

4.1 模拟富营养化水体特征

WASP 模型的原始目标之一是模拟富营养化水体的内在变化机制和特征，WASP6 阶段此项功能完善得较为成熟，能较好地反映富营养化问题的内在制约机制和过程。Ernst 和 Owens 在美国得克萨斯州 Cedar Creek 水库中应用 WASP 模型，以判断水体富营养化主要限制因素和控制措施[10-11]；张永祥等[12]将 WASP 模型应用于北京市长河水体富营养化分析，结果表明：影响浮游植物生物量最主要的参数为 20℃时浮游植物最大生长速率常数，其次为水中碳源与叶绿素的比值。

4.2 模拟水体常规水质时空动态变化

WASP 模型可以模拟包括但不限于富营养化水体的主要水质成分动态变化情况，WASP6 阶段考虑了 8 种主要的水质成分[7]，WASP8 增加了硅元素成分[13]。张玲霞[14]用 WASP7 对 2015—2017 年鄱阳湖富营养化趋势进行预测，基于现状污染物排放浓度且不考虑人工调控，枯、平、丰水期氨氮、总氮和总磷浓度逐步升高，到 2017 年大部分水体超出Ⅲ类水体限值；吉塞拉[15]用 WASP5 模拟预测江苏省吴江水系的富营养化变化趋势，预测化学需氧量和氨氮的削减量分别需达到 40% 和 75%，才能满足Ⅲ类水功能要求；杨平等[16]运用 WASP 模拟浑河支流细河 2007 年富营养化指标的动态变化，结果显示：7 月在靠近工业园区和居民区附近河段生化需氧量、溶解氧超标严重，有机污染物含量高，富营养化特征明显。

4.3 计算水环境容量

水环境容量是水环境目标管理的基本依据，是水环境规划的重要环境约束条件，也是污染物总量控制的关键参数[17]。在 WASP 模型众多应用中，计算不同水体水环境容量是其主要功能。美国环境保护局（EPA）将 WASP 模型应用于最大年负荷总量（total maximum yearly loads，TMYL）及最大日负荷总量（total maximum daily loads，TMDL）的水环境容量计算中[8]；钟晓航等[19]基于 WASP 模型与基尼系数的总氮总量分配方法，根据太湖支流苕溪入湖口区域不同水质改善目标估算相应的水环境容量；郭卫鹏[20]基于 WASP7.2 构建黄家湖水质模型，估算化学需氧量的水环境容量为 154.40 t/a，污染负荷削减率为 63.78%，总磷的水环境容量为 0.32 t/a，污染负荷削减率为 90.55%；金梦[21]运用 WASP 模型对辽河支流清河已确定河段，计算枯水期和丰水期 50%、75% 和 90% 等 6 种不同水期、不同保证率水文条件下的水环境容量，按照总量控制目标进行分配，确定每个直排干流排污口和企业的允许排放量，以及各支流的控制目标。

4.4 用于水质预报预警

利用 WASP 水质模型对水环境发展趋势进行预测，从而分析有富营养化倾向的水体动态变化趋势，并根据结果和不同警度采取相应的防范措施。孟祥仪[22] 基于 WASP 模拟宁夏清水河污染物预警与控制，发现三营断面污染常年处于橙色警情中，东至河影响最大，将东至河水质控制在Ⅲ类水标准时，三营断面水质可改善至Ⅲ类水标准，警度由黄色、橙色预警等级降低至绿色预警等级。

4.5 模拟水质目标管理及水资源规划

目前，我国水环境管理越来越注重改善水环境质量，由总量控制逐渐转向为质量目标管理，WASP 模型用于水环境容量计算和水质目标管理模拟，形成包括水环境容量计算、水质目标管理、水污染治理、水资源管理广域意义上的水资源规划模拟体系。胡晞[23] 采用 WASP 模型计算湘江湘潭段水域 2010 年的水环境容量，丰水期化学需氧量、氨氮的水环境容量分别为 128269t/a、7674t/a，枯水期化学需氧量、氨氮的水环境容量分别为 88094t/a、5219t/a，借鉴美国环境保护局提出的 TMDL 计划[24]，建立湘江湘潭段水质目标管理技术体系；史铁锤等[25] 以 WASP7.3 模型为基础，估算了浙江省湖州市环太湖河道化学需氧量和氨氮的水环境容量，为了满足整个流域水体功能要求，按照该区域 2005 年排污状况，未达标河段的化学需氧量、氨氮最高削减率需要分别达到 70%、87.5%。

5 WASP 富营养化模块的优缺点及展望

不断改进的 WASP 模型，在实际应用中具有明显的优点：①模拟功能强大，适用范围广。适用于池塘、湖泊、水库、河流、河口和沿海一维稳定到三维不稳定水体，可模拟多种常规水质成分、重金属和难降解污染物[7]。②具有灵活性。最初模型源代码的开放，为用户灵活拓展特定功能提供了条件；模型外接口的设置，弥补了 DYNHYD 组件带来的不足；开放性的架构让用户根据自己的需求，开拓诸如自定义模拟条件等更多模拟功能。③界面友好。WASP6 开始采用了 Windows 可视化界面，采用模块化结构，数据前处理、模拟、后处理界面布局合理、互动性强。

与其他有类似功能的模型相比，WASP 富营养化模块也存在一些不足，主要来源于 DYNHYD 组件的局限性[11]：①DYNHYD 为一维水动力模型，如果 WASP 富营养化模块不采用外接水动力模型方式，其模拟维度受限；②数值计算方法采用显式差分格式，其计算稳定性和精确度限制了时间与网格步长的灵活性；③不能应用于干湿交替的水域，不能设置干湿空间网格；④WASP 富营养化模块由于其参数多且设置要求烦琐，给参数率定和水体空间概化带来的工作量偏大，过多的概化造成模拟偏差较大。同时，虽然 WASP 富营养化模块经过多年的本土化应用，模型适应性得到部分检验，但由于水环境的复杂性，以及一些机理和经验的不完整性，其不确定性明显存在。

针对这些不足，建议在以下方面进行更深入的研究：①利用目前快速发展的人工智能技术，如机器学习、数据挖掘、智能仿真等大数据技术，在减少其输入数据繁杂、避开遴选和率定参数烦琐、增强模拟确定性等方面发展辅助或替代方法；②加强 WASP 模型本土化，进一步增强其开放性，在发展中实现与其他水环境模型高度互补和融合，弥补其不足。

自原始模型出现以来，WASP 模型在实践应用与模型完善互动过程中功能逐渐强大，其发展和应用前景会进一步拓展。

参考文献

[1] 中华人民共和国生态环境部.2020 年中国生态环境状况公报（摘录）［J］.环境保护，2021，49（11）：47-68.

[2] 潘婷，秦伯强，丁侃.湖泊富营养化机理模型研究进展［J］.环境监控与预警，2022，14（3）：1-6+26.

[3] 李炜.环境水力学进展［M］.武汉：武汉水利电力大学出版社，1995：43.

[4] 唐大元.WASP 水质模型国内外应用研究进展［J］.安徽农业科学，2011（34）：21265-21267.

[5] 李广梁，滕洪辉.WASP 水质模型功能及应用［J］.广州化工 2014，42（12）：36-37+56.

[6] Robert B. Ambrose, SCARLETT B. VANDERGRIFT, TIM A. WOOL. WASP3, A Hydrodynamic and Water Quality Model Theory, User's Manual, and Programmer's Guide［R］. U. S. EPA, Environmental Research Laboratory, 1986.

[7] Tim A. Wool, Robert B. Ambrose, James L. Martin, et al. Water Quality Analysis Simulation Program（WASP）DRAFT：User's Manual［R］. Version 6.0. US Environmental Protection Agency, 2001.

[8] Robert B. Ambrose, James L. Martin, Tim A. Wool. WASP7 Benthic Algae——Model Theory and User's Guide：Supplement to Water Quality Analysis Simulation Program（WASP）User Documentation［R］. EPA, Office of Research and Development National Exposure Research Laboratory Ecosystems Research Division, 2006.

[9] Robert B. Ambrose, Tim A. Wool. WASP7 Stream Transport：Model Theory and User's Guide：Supplement to Water Quality Analysis Simulation Program（WASP）User Documentation［R］. U. S. EPA, Office of Research and Development, 2009.

[10] Ernst M R, Owens J. Development and application of a WASP model on a large Texas reservoir to assess eutrophication control［J］. Lake and Reservoir Management, 2009, 25（2）：136-148.

[11] 龚然，徐进，邵燕平.WASP 模型湖库水环境模拟国内外研究进展综述［J］.环境科学与管理，2014，39（10）：15-18.

[12] 张永祥，王磊，姚伟涛，等.WASP 模型参数率定与敏感性分析［J］.水资源与水工程学报，2009，20（5）：29-31.

[13] Tim A. Wool, Robert B. Ambrose, James L. Martin. WASP8 Multiple Algae——Model Theory and User's Guide：Supplement to Water Quality Analysis Simulation Program（WASP）User Documentation［R］. U. S. EPA, Water Management Division, 2017.

[14] 张玲霞.鄱阳湖区富营养化时空分布特征分析及 WASP 模型水质预测［D］.南昌：南昌大学，2015.

[15] 吉塞拉.吴江水系富营养化控制水质模拟研究［D］.南京：河海大学.2006.

[16] 杨平，王童，陶占盛，等.WASP 水质模型在河流富营养化问题中的应用［J］.世界地质.2011，30（2）：265-269.

[17] 陈振宇.WASP 模型水环境模拟研究进展综述［J］.四川水泥.2019（5）：309.

[18] 金菊香. 干旱地区河流水动力水质模型及水环境容量的研究与应用 [D]. 天津：天津大学，2012.

[19] 钟晓航，王飞儿，俞洁，等. 基于 WASP 水质模型与基尼系数的水污染物总量分配：以南太湖苕溪入湖口区域为例 [J]. 浙江大学学报（理学版）. 2015，42（2）：181-188.

[20] 郭卫鹏. 基于 WASP 模型的黄家湖 TMDL 管理研究 [D]. 武汉：华中科技大学，2016.

[21] 金梦. 基于 WASP 水质模型的水环境容量计算：以清河流域为例 [D]. 沈阳：辽宁大学，2011.

[22] 孟祥仪. 基于 WASP 模型的宁夏清水河水质预警研究 [D]. 西安：长安大学，2016.

[23] 胡晞. 基于 WASP 模型的湘江湘潭段水质目标管理研究 [D]. 湘潭：湘潭大学，2013.

[24] U. S. EPA. Overview of Current Total Maximum Daily Load-TMDL, Program and Regulations [R]. Washington DC：U. S. EPA，office of water regulations and standards，2000.

[25] 史铁锤，王飞儿，方晓波. 基于 WASP 的湖州市环太湖河网区水质管理模式 [J]，环境科学学报. 2010，30（3）：631-640.

水生态修复

北京城市降雨径流管控技术发展与展望

张书函[1]　于　磊[1]　李永坤[1]　岳修贤[1,2]　加吾拉江·左尔丁[1,2]

(1. 北京市水科学技术研究院，北京　100048；2. 河海大学，南京　210098)

【摘要】　系统分析了30多年来北京城市降雨径流管控方面的技术发展，介绍了从雨水控制利用到健康城市水生态环境构建的四个发展阶段，从雨水资源综合利用、城市洪涝防治、城市水生态环境提升方面总结了北京城市降雨径流管控的主要技术成果及应用成效，提出了近期需要进一步研究解决的科技问题，有助于推进北京的绿色生态城市建设和人与自然和谐共生。

【关键词】　城市；径流管控；雨水利用；海绵城市；内涝防治；水生态环境

Development and prospect of urban rainfall runoff management and control technology in Beijing

ZHANG Shuhan[1]　YU Lei[1]　LI Yongkun[1]　YUE Xiuxian[1,2]
JIAWULAJIANG Zuoerding[1,2]

(1. Beijing Water Science and Technology Institute，Beijing　100048；2. Hohai University，Nanjing　210098)

【Abstract】　This article systematically analyzes the technological development of urban rainfall runoff management and control in Beijing in the past 30 years. Four development stages from rainwater control and utilization to the construction of healthy urban water ecological environment have been introduced. The main technological achievements and application results of urban rainfall runoff control in Beijing has been summarized, Including the aspects of comprehensive utilization of rainwater resources, urban flood prevention and control, and urban water ecological environment improvement. Some scientific and technological problems need to be solved in the near future has been proposed , which contribute to promoting the construction of green eco-city in Beijing and promoting the harmonious coexistence between humans and nature.

【Key words】　city；runoff management and control；rainwater utilization；sponge city；waterlogging control，water ecological environment

北京是一个严重缺水的城市，同时又面临积水内涝风险。为改善城市发展过程中的水文状况，调节城市水文循环，缓解城市缺水局面，提高城市防汛排水能力，自20世纪90

年代以来，北京持续开展了城市降雨径流管控技术的研究与应用，逐步建立了较完善的城市雨洪控制与利用技术体系，在2008年奥运工程和城市副中心等城市建设中得到了广泛应用[1-3]。自2013年12月建设"海绵城市"的要求提出以来，北京市积极响应，把城市降雨径流管控技术与海绵城市建设相结合，初步形成了具有北京特色的海绵城市建设技术模式和管理方式[4]。值此北京市水科学技术研究院（以下简称"研究院"）建院60周年之际，本文总结研究院在城市降雨径流管控方面的技术发展历程和成果，提出需要进一步研究的方向和重点，既作为对研究院60周年献礼，又为下一步的研究工作提供指导思路。

1 发展历程

城市降雨径流管控是解决城市发展过程中产生的内涝频发、水体径流污染、水生态脆弱等问题的有效措施。北京市水科学技术研究院自20世纪90年代初开始城市雨控制与利用技术研究至今，大体经历了四个发展阶段。

1.1 雨水控制利用阶段（1989—2008年）

20世纪90年代初，在国家自然科学基金的资助下，研究院联合清华大学等单位开展了"北京市水资源开发利用的关键问题之一——雨洪利用研究"，首次提出了"寓资源利用于灾害防范之中"的雨洪利用理念，探索了相关理论和技术[5]。2000—2005年，依托中德国际合作项目暨北京市重大科技专项"北京城区雨洪控制与利用技术研究与示范"，进一步深入开展了城市雨洪利用研究和示范应用，建设了我国第一批城市雨洪控制与利用示范工程，构建了城市雨洪利用的技术框架[6]。随后，在国家自然基金项目和国家科技支撑计划项目等的支持下，进一步完善了雨洪控制利用技术体系，并在2008年奥运工程中进行了应用。这一阶段主要采取收集利用、调蓄减排、增加下渗等工程手段，强调雨水的资源利用和排水峰值的削减。2005年5月31日北京市防汛抗旱指挥部将沿用多年的"防汛"口号首次改为"迎汛"，要求各有关部门在切实做好防灾工作的同时，应尽可能为北京多留住些雨水[7]。

1.2 城市生态下垫面构建阶段（2008—2013年）

城市发展改变了下垫面，使城市变成了生态相对脆弱区。因此，从2008年开始借鉴国外低影响开发（LID）的理念，在水利部公益性行业专项课题"水源涵养型城市生态下垫面构建技术集成与示范"的支持下开展了构建城市生态下垫面的研究，并进行了工程示范，对前期的雨洪控制与利用技术进行了生态化升级，建立了屋面—绿地—硬化地面—排水管网—河网水系五位一体控制利用城市雨洪、削减面源污染、增加入渗涵养水源的技术体系[2]。2009年开始，市水务局、市环保局和发展改革委联合发文要求将建设项目水保方案作为环评审批的前置条件，进一步推进了雨洪利用技术在建设项目中的应用工作[8]。这一阶段在控制雨洪、防治内涝、资源化利用雨水的同时，开始关注径流污染减控和以治污为核心的生态措施。

1.3　海绵城市与韧性城市研究阶段（2013—2022年）

2013年，通过水利部重大课题"城市雨洪资源综合利用现状、问题及对策研究"，提出了应对从小到大不同量级重现期降雨，以保障城市防洪排涝安全、兼顾雨水资源化利用和污染减控的城市雨洪综合利用理念[9]。为支撑北京市2013年启动的"水影响评价"工作，研究院将包含雨水利用、排水系统评估和内涝评估的径流管控编入《北京市建设项目水影响评价报告编制指南（试行）》，编制了全国首个包含水资源论证（评价）、水土保持方案、洪水影响评价内容的建设项目水影响评价报告《华能北京热电厂三期扩建工程水影响评价报告》。

2013年12月，"建设自然存积、自然渗透、自然净化的海绵城市"的要求提出。2014年11月，在第九届中国城镇水务发展国际研讨会与新技术设备博览会上，研究院首次提出基于雨洪资源综合利用建设海绵城市的理论，以应对从小到大不同重现期降雨，统筹内涝防治与雨水资源利用。从"海绵"吸水、持水、释水的水分特性和压缩、回弹、恢复的力学特性明晰了海绵城市既要在中小重现期（排水系统设计重现期以下）降雨情况下能资源化利用雨水，又能在较大重现期（排水系统设计重现期以上）降雨情况下有效防治内涝灾害的基本内涵，建立了应对不同重现期降雨、工程与非工程措施相结合并具有"韧性"的，设施-小区（地块）-区域-流域相结合的海绵城市多尺度径流管控理论（图1）。中小重现期降雨以减控径流与污染并资源化利用雨水为核心进行径流管控，较大重现期降雨以防控洪涝灾害为核心进行径流管控，通过降雨预报和积水内涝预报预警，对雨水调蓄设施、河湖水系等进行调度管理，在防治内涝的同时兼顾雨水资源化利用。

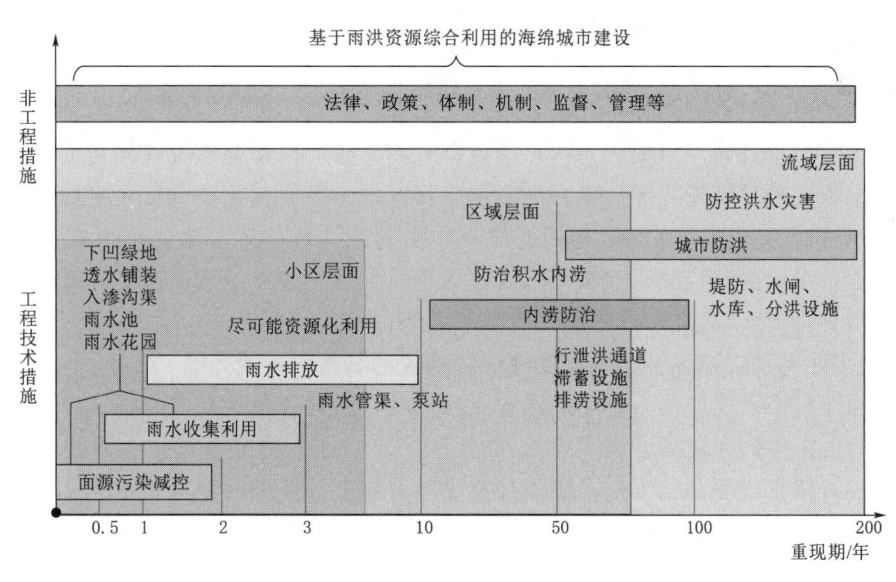

图1　基于雨洪资源综合利用的海绵城市建设理论框架

2015年国家开始进行海绵城市建设试点。研究院支撑北京以城市副中心作为示范区入选第二批试点城市。为全面推进北京的海绵城市建设，北京市政府办公厅于2017年12月印发了《北京市推进海绵城市建设的实施意见》（京政办发〔2017〕49号），进一步明确了北京市到 2020 年和 2030 年的海绵城市建设目标。这一阶段秉承"生命至上、安全第一"的工作理念，将城市防汛排水纳入了海绵城市建设中，对城市雨洪实施集成风险防控、多级调节、化害为宝、水量管理、水质提升和资源利用进行的综合管控。截至 2022 年年底，全市海绵城市建设达标面积共计 444.39km^2，占建成区比例为 31.13%，海绵城市达标区域基本实现了标准内降雨无积水内涝，同时增加了雨水资源利用量。

1.4 健康城市水生态环境构建阶段（2022 年至今）

城市发展和社会进步对城市水生态环境提出了更高的要求。为进一步贯彻落实习近平生态文明思想和党的二十大报告关于"推动绿色发展，促进人与自然和谐共生"等重要精神，2022 年研究院依据《北京城市更新条例》《北京市国民经济和社会发展第十四个五年规划和 2035 年远景目标》《北京市城市更新专项规划（北京市"十四五"时期城市更新规划）》等新出台政策法规的有关要求，及时调整研究重点，将海绵城市、韧性城市建设与城市更新相结合，与打造绿色生态城市相结合，开启了基于海绵城市和韧性城市建设进行降雨径流的量、质过程统筹管控，构建健康水生态环境的新研究阶段。

2 主要科技成果

针对北京城市发展带来的下垫面变化及水文生态关系改变造成的诸多城市水问题，研究院持续开展了降雨径流综合管控技术研究，逐步构建了北方缺水超大城市雨水资源综合利用的理论、技术与模式，创新了首都城市洪涝灾害防控的理论与技术，探索了水陆一体多措并举的城市水生态环境提升技术模式。

2.1 北方缺水超大城市雨水资源综合利用的理论、技术与模式

针对北京严重缺水与汛期大量雨水排放流失的矛盾，依据北京气象水文条件和下垫面特点，围绕雨水的集、渗、滞、蓄、净、用、排七个环节，量化了城市水文过程规律，丰富了统筹内涝防治与雨水资源化利用的城市水文理论，研发了一系列雨水利用技术与设备，创建了基于污染减控的大规模雨水资源化利用技术，建立了基于海绵城市建设的雨水资源化利用管理模式。

2.1.1 强人类活动影响下城市水文过程规律的监测与量化表达方法

提出超大城市水文监测雨量站的优化设置方法，构建"单项措施—小区—排水分区—流域—市域"多空间尺度嵌套的城市水文监测场[10]。量化城市降雨时空特性，建立城市雨水系统设计降雨过程表达方法。研发具有"零时捕获"功能的降雨和径流全过程智能化自动水质采样技术与不透水地表沉积物负荷的采样检测法，提出考虑大气污染影响修正的新型地表冲刷模型。明确城市 9 种产流地表、6 种典型调控设施的径流水量、水质过程特征，量化降雨—径流—入渗—蒸发—补给地下水过程的水分转化规律，建立了基于动态径流系数和污染物削减系数的水量水质过程定量表达方法。

2.1.2 减控径流削减污染并资源化利用雨水的系列技术与设备

研发了增强雨水下渗的透水与不透水立体铺装、结构透水铺装、透水铺装下渗集用、

辐射井渗蓄利用雨水、高强度透水停车场植草地坪、渗排一体化设施，减控道路雨水污染的生物滞留槽、透水型硬路肩、环保型雨水口、截污挂篮、树阵雨水渗集自灌树木，减控利用屋顶与地下设施顶雨水的雨养型屋顶绿化、自灌溉屋顶绿化、构筑物顶雨水下渗集用、屋顶雨水滞蓄控排、屋顶雨水自助洗车，传输途中调节净化雨水的旋流沉砂池、智能调控蓄水池、季节性河道与砂石坑调蓄下渗河道雨洪等 20 多项在源头和过程中减控径流削减污染的资源化利用雨水新技术新装置[11]。

2.1.3 可大规模雨水资源化利用的多层级雨水调控利用技术

提出雨水径流资源化利用的污染物排放标准，和基于受纳水体环境容量的合流制溢流量与调蓄容积确定方法。建立径流调控净化设施的优化配置技术。提出基于支持向量机算法的合流制溢流污染控制次数、控制量和调蓄池容积的确定方法，建立"现状评估—目标确定—方案优化—运维管控"一体化的合流制溢流污染调控技术[12]。创建了基于源头设施串联促渗减排＋传输途中调控减污＋末端排前控流提质的多层级雨水径流调控，将雨水径流变为"清水活源"，恢复城市水系基流的大规模雨水资源化利用技术。建立海绵型城市院落雨水系统，建成了基于智能监测的海绵型雨水径流管控与资源化利用示范庭院，实现了降雨入渗、收集、调蓄、净化、利用的全过程管控，雨水资源利用率 11%，年径流总量控制率 95% 以上。

2.1.4 基于海绵城市建设的雨水资源化利用管理体系与管控模式

构建涵盖典型设施、项目/地块、排水分区和城市的多尺度海绵城市建设效果评价技术，形成地方标准。主编参编 10 项海绵城市技术标准和图集，构建了市、区两级海绵城市建设的标准规范体系。开发北京市海绵城市建设智慧化管理系统，实现了服务市、区 2 级部门，面向政府、企业、公众 3 类用户，践行"开放、共享、协同、智慧" 4 大理念，和成效展示、资产管理、监测评估、绩效考核与市区联动 5 项主要功能。起草并支撑政府部门出台了《关于进一步加强城市雨洪控制与利用工作意见》（京政办发〔2013〕48 号）、《北京市人民政府办公厅关于推进海绵城市建设的实施意见》（京政办发〔2017〕49 号）、《北京市城市积水内涝防治及溢流污染控制实施方案（2021 年—2025 年）》（京政办发〔2021〕6 号）等一系列海绵城市建设的政策文件，和《北京市水土保持条例》《北京市节水条例》等地方法规，逐步支撑构建了一套全过程海绵城市建设管控制度，形成了基于海绵城市建设的雨水资源化利用管理体系和管控模式。

2.2 首都城市洪涝灾害防控的理论与技术

针对北京城市暴雨洪涝特点，从保障首都安全角度系统开展洪涝灾害综合防控技术的研究与应用，在暴雨预警、洪涝模拟、风险管控、灾害防治等方面取得了创新性成果[13]。

2.2.1 基于多源数据的精准化暴雨研判与预警技术

建立基于雨量站、气象雷达、卫星影像等多源数据的暴雨量反演方法，精度达 62%。明晰了城市雨岛效应多尺度时空演变规律，研发了基于雷达和云团图像判别的临近期降雨预报技术和产品。构建了涵盖暴雨量级、空间分布、内涝指标、特殊气象指标、下垫面指标等 5 大类 17 项指标的综合化暴雨预警指标体系，提出新的北京市四色暴雨预警的降雨量阈值，修订了北京市暴雨内涝预警发布指标体系，大大提高了防汛效能。

2.2.2 多源数据驱动的城市洪涝灾害精细化模拟技术

提出了考虑堵塞因子的雨水篦过流计算公式和城市生态型河道糙率取值范围，建立了精细化产流模型；采用自适应网格剖分和分层耦合模拟技术建立了垂向分辨率0.1m、平面分辨率2m的精细化二维积水模型；自主研发了城市雨洪综合模拟与管理平台（URSAT），实现降雨产流、河网汇流、管网汇流、地面漫流等子模型的耦合；建立了应用多源数据驱动的多过程耦合的精细化城市雨洪综合模拟与管理平台。

2.2.3 城市洪涝风险精细管控和灾害精准防控的技术体系

构建涵盖31种情景的内涝风险数据库，研发内涝积水实时监测系统，提出河道防汛特征水位划定方法，建立了城市洪涝精准预报预警技术体系。研发内涝点积水原因诊断和雨水管网、行洪河道排水排涝能力评估技术，构建建成区易积水点内涝积水台账，绘制了全国第一套包含典型历史积水内涝点位分布图、下凹式立交桥分布图和积水内涝风险分布图的城市积水内涝风险地图，支撑有关部门面向社会公众统一发布。提出低洼开发建设区"分区配湖＋局地垫高"内涝防控模式，量化城市蓄滞洪区启用风险，精准核算城市河道防洪抢险物资队伍规模，构建了"源头控制—中段调度—末端应急"全链条的洪涝风险防控技术体系。建立包括17项指标的韧性城市评价体系，提出极端暴雨防御"31631"指引模式，建立包含6大功能模块的防洪排涝作战指挥系统，构建城市极端暴雨风险应对系统化防控技术，支撑防汛应急管理走向科学化和规范化。

2.3 水陆一体多措并举的城市水生态环境提升技术模式

针对首都发展对水生态环境要求越来越高的现状，探索了基于地表控源、过程减污、水体康复和智慧化协同管控的城市水生态环境提升技术模式。通过海绵城市建设削减源头污染和减少过程污染；通过内涝防控减轻暴雨对河道水质的冲击。研发了水体富营养化防治技术、河道淤积物清理与资源化利用技术、水生生物生境构建技术，沉水植物管控技术和基于图像识别的鱼类监测技术。初步建立了以排水分区为单元，统筹陆地、管网和水体，增渗减排、调节净化、溢流控制、多级调控等措施综合施策的城市水生态环境提升技术模式。

3 主要成果产出与应用成效

3.1 主要成果产出

基于上述技术，研究院以相关政策草案、专项规划、实施方案、监测报告、设计方案、研究报告等形式产出了一系列成果，应用到了北京的城市建设和水务管理工作中。截至目前，共获得国家专利授权38项，其中发明专利9项、使用新型专利29项，涉及水文监测和雨水增渗、滞留、蓄存、净化、回用雨水等方面。共发表有关方面的论文198篇，其中北大核心87篇，EI25篇，SCI23篇，综合影响因子37.3。先后编写出版关于雨水利用、内涝防治、海绵城市建设方面的专著9部。研究成果共获得各类科技奖项34项，其中省部级一等奖1项、二等奖7项、三等奖7项，北京水利学会科技奖（含水务奖）一等奖6

项、二等奖 5 项、三等奖 5 项，其他奖 3 项。支撑发布相关地方法规 2 项，政策文件 9 项。

3.2 成果应用成效

按照"研究＋示范＋总结＋推广"同步推进的思路，研究院为水务部门、应急部门以及社会单位提供包含决策咨询、规划设计、效果监测与评价等技术服务，推动成果广泛深入地应用于北京城市建设，并辐射京津冀、推进全国海绵城市建设。

由研究院支撑建设的北京未来科学城地表径流管控与面源污染削减综合示范工程、北京城市副中心海绵城市示范工程，成为了海绵城市建设的典范，为来自全国各地的技术和管理人员提供了参观学习样板。推进北京市海绵城市达标建设比例超过了 31%，首都抵御积水内涝风险的韧性明显提升，河湖水生态环境显著提升，健康水体从 60% 提升到 86%，水生动植物种群稳步增加。构建的 1800km^2 精细化积水内涝模型，支撑了汛期雨前城市内涝风险预警的精准发布和场次降雨后 200 处积水点的研判与台账实时更新。编制的《北京市建成区积水内涝风险地图》首次向社会公众公开发布，为百姓汛期安全出行和内涝风险防范提供了有力的科技支撑。参编的《海绵城市雨水控制与利用工程设计规范》（DB11/685—2021）《海绵城市雨水控制与利用工程施工及验收标准》（DB11/T 1888—2021）已成为京津冀协同标准。参编的《建筑与小区雨水控制及利用工程技术规范》（GB 50400—2016）引领着全国海绵城市建设。基于 2018 年欧盟立项的"中欧海绵城市合作项目"（CECoSC），与荷兰、丹麦、瑞典、芬兰的研究机构合作，将北京的海绵城市建设理论和技术传播到欧洲，促进基于雨洪资源综合利用建设海绵城市的理论念转化为"三点法"（3PA），纳入该项目成果《中欧海绵城市合作政策简要报告》和《中欧海绵城市合作政策指南》。

4 研究展望

根据北京市城市降雨径流管控及海绵城市建设、积水内涝防治、水生态环境治理等相关工作的实际需求，提出近期需开展的技术研究方向如下。

4.1 城市降雨径流管控与资源化利用的新技术新模式

面向超大型缺水城市降雨径流管控与资源化利用的现实需求，研发源头、过程、末端各类雨水调控设施的运维管理与效能提升技术。量化雨水管网径流排放与河道水体水质的关系，以受纳水体水质达标为约束，考虑暴雨的冲击，提出城区重要河道分区域、分河段、分时段、分用地类型的雨水排放水质控制阈值。研发城市径流管控系统的资源利用、防洪减灾、污染减控等效益的识别与定量评估方法。研发城市雨水径流全过程在线净化新方法与新装备，进一步优化以清水活源构建为目标的雨水径流水量水质联合调控技术。以流域出口为控制节点，分别提出子流域、排水分区不同尺度的径流管控峰值和流量阈值，形成流量分摊体系，并探索纳入水生态区域补偿中，发挥经济调控效能，支撑北京市海绵城市与蓄滞洪涝区建设。

4.2 城市外洪内涝灾害链联防联控应急技术

针对城市外洪内涝链生灾害脆弱性分析方法不足、预警指标体系不完善以及定向发布技术不成熟等问题，在解析人口、建筑、地下空间和生命线等关键承载体脆弱性特征的基础上，研究进一步提升城市暴雨内涝预报精准度的新技术，基于人口、建筑、地下空间和生命线等关键承载体脆弱性分析建立外洪内涝链生灾害预警技术，研发地铁出入口、地下通道等重要三维承载体洪涝风险分析模型，更加精准快速的综合风险动态评估方法和洪涝预警模型，以及基于大数据的内涝位置、水情、灾情等预警信息的精准靶向发布技术。

4.3 城市河湖健康水生态环境构建与智慧化管控技术

研究城市雨污水管道及水体污染物溯源与减控技术；建立更加便捷实用的河道淤积物管控与资源化利用技术；建立基于环境 DNA 和 AI 技术的水生态监测与评价方法；建立基于自动割草船的水草智能管控技术；建立基于源—网—厂—河一体化模拟的河道水生态环境管控技术。

4.4 乡村雨水排放与积水内涝防控技术

为落实乡村振兴战略，结合北京农村的特点，研究不同类型村庄的雨水排放与积水内涝防治技术，及适宜的雨水资源化利用技术模式。

5 结语

城市降雨径流管控是解决城市发展过程中产生的内涝频发、水体径流污染、水生态脆弱等问题的有效措施。北京市水科学技术研究院在这方面持续开展了 30 多年的研究与应用，经历了雨水控制利用、城市生态下垫面构建、海绵城市与韧性城市研究、健康城市水生态环境构建四个阶段，在雨水资源综合利用、城市洪涝防治、城市水生态环境提升方面取得了一系列重要的创新性技术成果，以政策草案、专项规划、实施方案、监测报告、设计方案、研究报告等形式，支撑了首都雨水资源综合利用、海绵城市建设、内涝防治和水生态环境提升等方面工作，也在一定程度上引领了我国其他城市的降雨径流管控，并在国际上产生了积极重要影响。结合新时期城市建设和水务相关工作的实际需求，近期需要在城市降雨径流管控与资源化利用的新技术新模式、城市外洪内涝灾害链联防联控应急技术、河湖健康水生态环境构建与智慧化管控、乡村雨水排放与积水内涝防控等方面进行深入研究，以助力北京的绿色生态城市建设和人与自然和谐共生。

参考文献

[1] 潘安君，张书函，陈建刚，等. 城市雨水综合利用技术研究与应用 [M]. 北京：中国水利水电出版社，2010.

[2] 李其军，王理许，陈建刚，等. 水源涵养型城市生态下垫面构建技术研究 [M]. 北京：中国水利

水电出版社，2014.
[3] 郭再斌，张书函，邓卓智，等. 奥运场区雨水利用技术研究［M］. 北京：中国水利水电出版社，2012.
[4] 李其军，潘兴瑶，杨默远. 北京海绵城市建设中的关键问题探讨［J］. 北京水务，2020（3）：10-13.
[5] 北京市水利科学研究所，北京市水资源开发利用的关键问题之一——雨洪利用研究［R］. 北京，1992.
[6] 张书函，丁跃元，陈建刚. 城市雨水利用工程设计中的若干关键技术［J］. 水利学报，2012，43（3）：308-314.
[7] 王毅. 北京市防汛工作20年回顾与展望［J］. 中国防汛抗旱，2015，25（5）：1-3+28.
[8] 北京市水务局，等. 关于加强开发建设项目水土保持工作的通知［京水务农〔2009〕20号］［Z］，北京，2009.
[9] 张书函. 基于城市雨洪资源综合利用的"海绵城市"建设［J］. 建设科技，2015（1）：26-28.
[10] 潘兴瑶，杨默远，于磊，等. 海绵城市水文响应机理研究与模拟［M］. 北京：中国水利水电出版社，2022.
[11] 潘兴瑶，于磊，卢亚静，等. 北京城市副中心海绵城市建设实践［M］. 北京：中国水利水电出版社，2020.
[12] 于磊，王丽晶，周星. 合流制溢流模拟分析技术研究［M］. 北京：中国水利水电出版社，2022.
[13] 张书函，邱苏闽，赵飞，等. 从城市雨洪控制与利用到海绵城市建设——近30年北京城市防汛排水科技支撑巡礼［J］. 北京水务，2021（3）：52-57.

密云水库流域土地利用变化对生态系统质量的影响分析

薛万来[1]　范霄寒[1,2]　李文忠[1]　苏梓锐[1]　刘可暄[1]

(1. 北京市水科学技术研究院，北京　100048；2. 华北水利水电大学，郑州　450046)

【摘要】密云水库上游流域跨越北京市和河北省，是重要的生态屏障和水源保护地。本文基于1990年、2000年、2010年、2020年四期土地利用数据和生态系统质量数据，利用土地利用动态度、土地利用面积转移和生态系统质量评价方法，分析1990—2020年密云水库上游流域土地利用类型变化特征及其对生态系统质量的影响。结果表明：①1990—2020年林地、不透水面、水体、湿地呈增加趋势，草地、耕地、灌木、荒地呈减少趋势；从结构上看不同时期土地利用均以林地、草地与耕地为主，三者占比97％以上。②各生物量指标在1990—2020年中时空变化趋势基本一致，皆呈现逐年上升趋势，生态系统质量（EQI）亦稳定上升；从结构上看，生态系统质量等级以优、良为主。③在密云水库上游研究区内，林地面积与生态系统质量呈显著正相关，耕地面积与生态系统质量呈显著负相关；其他土地利用类型与生态系统质量之间没有明显相关关系。

【关键词】　土地利用变化；生态系统质量；密云水库流域

Effect of land use changes on the quality of the ecosystem in the Miyun Reservoir Basin

XUE Wanlai[1]　FAN Xiaohan[1,2]　LI Wenzhong[1]　SU Zirui[1]　LIU Kexuan[1]

(1. Beijing Water Science and Technology Institute，Beijing　100048；2. North China University of Water Resources and Electric Power，Zhengzhou　450046)

【Abstract】The basin of Miyun Reservoir spans Beijing and Hebei Province，which is an important ecological barrier and water protection place. Based on the four phases of land use data and ecosystem quality data from 1990 to 2020 to analyze the characteristics of land use and the quality of the ecosystem. The results showed that (1) From 1990 to 2020，forest land，impermeable surface，water bodies，and wetlands showed an increasing trend，while grasslands，arable land，shrubs，and wasteland showed a decreasing trend；From a structural perspective，land use in different periods is mainly dominated by forest land, grassland, and farmland, with the three accounting for over 97%; (2) The spatiotemporal variation trend of various biomass indicators is basically consistent from 1990 to 2020, showing an increasing trend year by year, and the ecosystem quality (EQI) has also steadily increased; From a structural perspective, the quality level of the ecosystem is mainly excellent and good; (3) There is a significant positive correlation between forest land area and ecosystem quality in the upstream research area of Miyun Reservoir, while there is a significant negative correlation between cultivated land area and ecosystem quality; There is no significant correlation between other land use types and ecosystem quality.

【Key words】 Land use; Ecosystem quality; Miyun Reservoir Basin

土地利用方式反映了人类生产活动对自然环境的影响程度及过程,体现了人类活动以及人与土地交互机制[1]。流域土地利用变化改变了流域营养物富集、颗粒物沉降、水文情势、栖息地环境等生态过程,并导致生态系统质量也发生变化[2-3]。深入研究土地利用变化产生的生态环境效应问题及动态演变规律,对了解区域生态环境变化,促进区域经济与环境的协调发展具有重要意义[4-5]。

目前,生态系统质量评估通常以数学模型为基础,通过构建评估指标体系,量化评估生态系统质量[6]。如2015年环境保护部发布了《生态环境状况评价技术规范》(HJ 192—2015),提出了EI指数的评价方法,该评价方法根据生物丰度指数、植被覆盖度、水网密度指数、土地退化指数和环境质量指数等因素进行评价[7]。相关学者也对生态系统质量进行了大量研究,如陈永林等[8]利用景观格局指数的变化反映生态系统质量的变化,阐明红树林湿地生态系统质量;欧阳志云等[9]利用遥感数据和地面监测数据,基于生物量密度和植被覆盖度评估了2000—2010年我国生态系统质量及功能变化。本研究以密云水库上游流域为研究对象,分析了1990—2020年密云水库上游流域土地利用类型变化特征及其对生态系统质量的影响,以期为提高密云水库流域生态系统质量与生态空间资源配置优化提供支撑和参考。

1 研究区概况

密云水库上游流域属于典型的山区流域,地势西北高、东南低,以山地为主,其西部为白河流域,东部为潮河流域,地处东经115.44°~117.55°与北纬40.34°~41.61°之间。流域总面积15397.6km²,东西向最大距离约184km,南北向最大距离约130km。该流域位于我国半干旱与半温润区过渡带,具有大陆性季风气候特点,四季分明,多年平均气温范围10~15℃,多年平均年降水量约555mm,降水主要集中在6—8月。流域内密云水库是华北最大的水库和北京市重要的地表水饮用水水源地,水库建成于1960年,总库容44亿m³,是北京市重要的水资源战略储备基地。特殊的地理环境和水源地的重要地位,也决定了密云水库上游流域是典型的生态敏感区和生态脆弱区[10-11]。

2 研究方法

2.1 数据来源

2.1.1 土地利用数据

土地利用数据来源是武汉大学黄昕教授团队制作的中国30m年度土地覆盖产品，该数据基于Landsat影像，结合现有产品自动稳定样本和目视解译样本生产获得[12]。该数据集基于5463个独立参考样本，产品整体精度为79.31%。在土地利用分类系统上，考虑到中国地况，该数据定义了包括农田、森林、灌丛、草地、水、冰雪、荒芜、不透水、湿地9大土地利用的分类体系。这种分类系统与FROM-GLC[13]类似，可以方便地重新映射到联合国粮食及农业组织（FAO）和国际地圈生物圈计划（IGBP）。

2.1.2 生态系统质量数据

主要利用1990—2020年的Landsat系列（Landsat 5、Landsat 8）反射率数据。对1990年、2000年、2010年、2020年8月的生物量指标进行最大值合成。由于云覆盖等不良观测条件的影响，某些年份的8月数据会有部分缺失。采用时间序列谐波分析的方法，对缺失数据进行重构，以构建空间连续的生物量数据。

2.2 土地利用研究方法

2.2.1 单一土地动态度

土地利用动态度表示区域土地利用类型的变化率，其绝对值越大，面积变化速率的幅度也就越快[14]。计算公式如下：

$$K = \frac{U_b - U_a}{U_a} \frac{1}{T} \times 100\% \tag{1}$$

式中 K——单一土地类型的动态度；

U_a——某一土地类型在研究初期面积，km^2；

U_b——某一土地类型在研究末期面积，km^2；

T——研究时间长度。

2.2.2 土地利用转移矩阵

土地利用转移矩阵代表不同土地利用类型之间转移方向与面积变化[15]，见表1。

表1 土地利用变化矩阵示例表

年份	土地利用类型	T2				Pi+
		A1	A2	...	An	
T1	A1	P11	P12	...	P1n	P1+
	A2	P21	P22	...	P2n	P2+
	...	...	...	...	...	...
	An	Pn1	Pn2	...	Pnn	Pn+
P+j		P+1	P+2	...	P+n	1

在土地利用转移矩阵中，$A1\sim An$ 表示不同土地利用类型，列 $A1\sim An$ 表示 $T1$ 时间土地利用类型，行 $A1\sim An$ 表示 $T2$ 时间土地利用类型。Pij 表示 $T1\sim T2$ 期间土地类型 i 转换为 j 的面积，Pii 表示 $T1\sim T2$ 期间土地类型 i 保持不变的面积。$P+j$ 表示 $T2$ 时间土地类型 j 的总面积，$Pi+$ 表示 $T1$ 时间地类 i 的总面积。

2.3 生态系统质量评价方法

2.3.1 生态系统质量（EQI）

生态系统质量反映区域生态系统质量整体状况，由植被覆盖度、叶面积指数和总初级生产力三类遥感生态参数计算而得，并进行生态参数相对密度归一化处理，具体计算公式如下：

$$EQI_{i,j}=\frac{LAI_{i,j}+FVC_{i,j}+GPP_{i,j}}{3}\times 100 \qquad (2)$$

式中　$EQI_{i,j}$——第 i 年第 j 分区生态系统质量；
　　　$LAI_{i,j}$——第 i 年第 j 分区叶面积指数相对密度；
　　　$FVC_{i,j}$——第 i 年第 j 分区植被覆盖度相对密度；
　　　$GPP_{i,j}$——第 i 年第 j 分区总初级生产力相对密度。

2.3.2 生态系统质量分级

根据生态系统质量评估结果，将生态系统质量分为五级，即优、良、中、低、差，具体见表2。

表 2　　　　　生态系统质量分级

级别	优	良	中	低	差
EQI	$EQI\geqslant 75$	$55\leqslant EQI<75$	$35\leqslant EQI<55$	$20\leqslant EQI<35$	$EQI<20$
描述	生态系统质量为优	生态系统质量良好	生态系统质量为中等水平	生态系统质量较低	生态系统质量较差

3　结果与分析

3.1　土地利用变化

3.1.1　土地利用类型的时空变化

从表3中可知，30年来研究区每种土地利用类型的面积基本都发生了变化。林地是研究区的主要用地类型，2020年占比64.6%；其次为草地，2020年占比22.7%；2020年耕地占比10.4%，不透水地面占比1.2%，大多数不透水地面被耕地环绕，耕地位置与城镇位置联系紧密；荒地、灌木、水体面积占比很少，基本不到1%，荒地多数毗邻不透水地面，灌木基本均匀分布于密云水库上游研究区，绝大多数水体位于密云水库。

表 3　　　　　　　密云水库上游研究区 1990—2020 年土地利用结构表

土地覆盖	1990 年 面积/km²	占比/%	2000 年 面积/km²	占比/%	2010 年 面积/km²	占比/%	2020 年 面积/km²	占比/%
耕地	2460.5	16.0	2202.0	14.3	1792.6	11.7	1603.8	10.4
林地	8076.6	52.5	8896.4	57.8	9213.6	59.9	9934.4	64.6
灌木	170.1	1.1	47.1	0.3	41.2	0.3	33.0	0.2
草地	4476.5	29.1	4026.8	26.2	4116.6	26.8	3484.3	22.7
水体	125.7	0.8	115.0	0.8	87.6	0.6	137.6	0.9
荒地	0.7	0.0	0.2	0.0	0.2	0.0	0.3	0.0
不透水面	72.6	0.5	95.3	0.6	131.2	0.9	189.3	1.2
湿地	0.0	0.0	0.0	0.0	0.0	0.0	0.0	0.0

3.1.2　土地利用动态度

根据单一土地动态度公式，计算得到各年份变化率见表 4、图 1。

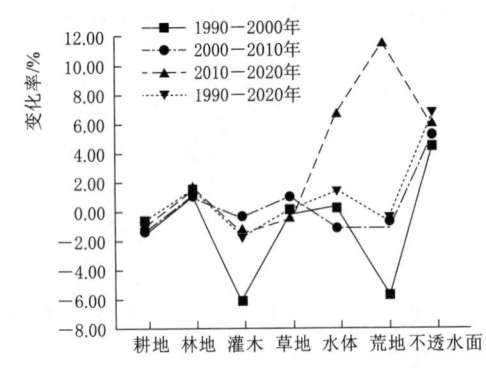

表 4　　　　　　　1990—2020 年土地利用变化率表

土地覆盖	1990—2000 年	2000—2010 年	2010—2020 年	1990—2020 年
耕地	-1.10	-1.90	-1.10	-1.20
林地	1.00	0.40	0.80	0.80
灌木	-7.20	-1.30	-2.00	-2.70
草地	-1.00	0.20	-1.50	-0.70
水体	-0.90	-2.40	5.70	0.30
荒地	-7.20	-2.20	10.20	-1.90
不透水面	3.10	3.80	4.40	5.40

图 1　1990—2020 年土地利用变化率

从单一土地利用动态度来看，1990—2000 年、2000—2010 年、2010—2020 年、1990—2020 年研究区内动态度变化较大的土地利用类型为荒地、不透水面和灌木，荒地分别为 -7.2%、-2.2%、10.2%、-1.9%，不透水面分别为 3.1%、3.8%、4.4%、5.4%，灌木分别为 -7.2%、-1.3%、-2%、-2.7%，水体仅在 2010—2020 年间为 5.7%；其余耕地、林地、草地、水体等土地利用类型的动态度较小。2010—2020 年不同土地利用动态度差异较大，为 0.8%～10.2%，主要原因是荒地的土地利用动态度较高，为 10.2%。而不同年份土地利用变化在数量和趋势上有所不同，其中 1990—2000 年灌木、荒地变化量与其他年份显著不同；2010—2020 年水体、荒地与其他年份在变化量与变化趋势上显著不同。

3.1.3 土地利用面积转移

从1990—2020年研究区土地利用转移矩阵（表5、图2）可以看出1990—2020年间林地转入面积最多（1917.8km²），其次为草地（627.01km²）；转出面积中草地最多（1619.18km²），其次为耕地（997.85km²）。在1990—2020年中转入和转出面积中湿地、不透水面、荒地、水体和灌木都较少。整体上来说30年间，耕地面积减少856.63km²，林地面积增加1857.74km²，主要原因是近30年我国实行退耕还林政策与加强密云水库水质保护，而不透水面面积增加116.65km²，是由于城市人口增加、经济发展水平和产业结构的调整等因素导致不透水面面积不断增加。水体面积增加11.9km²，可能与近年来上游来水增加导致蓄水量增加，同时南水北调工程的实施缓解了密云水库供水压力。

表5　　　　　　　　　　1990—2020年土地覆盖转移矩阵　　　　　　　　　单位：km²

年份	土地利用类型	2020年							总计
		耕地	林地	灌木	草地	水体	荒地	不透水面	湿地	
1990年	耕地	1462.6	348.1	0.1	552.9	11.3	0.1	85.5	0.0	2460.5
	林地	34.7	8016.6	7.9	8.0	1.6	0.0	7.9	0.0	8076.6
	灌木	0.1	91.7	12.6	65.7	0.0	0.0	0.1	0.0	170.1
	草地	104.4	1476.1	12.5	2857.3	1.6	0.3	24.4	0.0	4476.5
	水体	1.3	1.8	0.0	0.0	122.3	0.0	0.3	0.0	125.7
	荒地	0.2	0.0	0.0	0.4	0.0	0.0	0.1	0.0	0.7
	不透水面	0.6	0.1	0.0	0.0	0.9	0.0	71.0	0.0	72.6
	总计	1603.8	9934.4	33.0	3484.3	137.6	0.3	189.3	0.0	

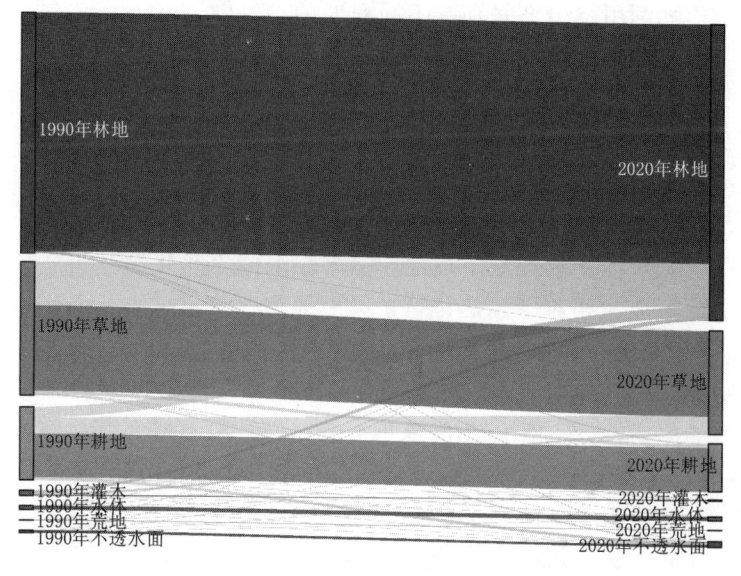

图2　1990—2020年土地利用/覆盖转移矩阵

3.2 生态系统质量等级面积变化

分别选取1990年、2000年、2010年、2020年为研究对象，四期生态系统质量分级结果处理见表6。总体来看，优级在30年中占比逐步上升，由1990年的18.34%升至2020年的56.59%，成为研究区内主要生态系统质量等级；良级在过去30年中逐步减少，由1990年的64.14%降至2020年的37.49%，在1990年、2000年中为研究区主要生态系统质量等级，且大致均匀分布于整个研究区，并且30年中减少幅度较大，良级减少面积大致均匀分布于整个研究区；中级在1990—2020年中逐步减少；生态质量为低的地区在1990—2020年中总体减少；生态质量等级为差的地区占比逐年小幅增加，推测与城镇、建筑用地逐年增加有关。总体来说，30年间优和差级面积增加，而其他生态质量等级面积逐渐减少。

表6 密云水库上游研究区1990—2020年生态系统质量结构表

等级	1990年 面积/km²	占比	2000年 面积/km²	占比	2010年 面积/km²	占比	2020年 面积/km²	占比
优	2824.71	18.34%	4479.76	29.09%	6759.65	43.90%	8636.79	56.09%
良	9876.63	64.14%	9251.17	60.08%	7179.24	46.62%	5773.08	37.49%
中	2393.39	15.54%	1442.75	9.37%	1136.15	7.38%	675.09	4.38%
低	159.66	1.04%	61.35	0.40%	118.36	0.77%	91.36	0.59%
差	143.76	0.93%	162.66	1.06%	205.03	1.33%	222.02	1.44%

3.3 相关性分析

EQI与不同土地利用类型之间有着不同程度的相关性，一定意义上可以揭示研究区内生态系统质量与不同土地利用类型的特征关系，在不同尺度将EQI与不同土地利用类型的关系。

相关分析结果表明（表7），EQI和林地之间的相关系数值为0.992，并且呈现出0.01水平的显著性，因而说明EQI和林地之间有着显著的正相关关系。EQI和耕地之间的相关系数值为-0.979，并且呈现出0.05水平的显著性，因而说明EQI和耕地之间有着显著的负相关关系。EQI和湿地、荒地、灌木、水体之间并没有相关关系。出现以上无相关关系的原因可能为相对于总变化量，以上地类变化量过小。EQI和草地之间的相关系数值为-0.935，接近于0，并且p值为0.065，大于0.05，因而说明EQI和草地之间并没有相关关系。EQI和草地无明显相关关系可能由于在1990—2020年间草地的变化呈现出减-增-减的波动趋势，而EQI值逐年上升。EQI和不透水面之间的相关系数值为0.987，并且呈现出0.05水平的显著性，从相关系数上看EQI和不透水面之间有着显著的正相关关系，但从常识看显然不可能不透水面面积越大生态系统质量越好，数据出现这种结果可能是由于对生态系统质量影响最大的林地增加面积较多，不透水面增加面积较少，林地对生态系统质量的正面影响盖过了不透水面对生态系统质量的负面影响，在数据上表现为不透水面面积逐年增长，生态系统质量逐年上升。

表7　　　　　　　　　　皮尔逊相关性系数

EQI	土地利用类型	耕地	林地	灌木	草地	水体	荒地	不透水面	湿地
	皮尔逊相关性	-0.979*	0.992**	-0.816	-0.935	0.119	-0.602	0.987*	0.813
	Sig.（双尾）	0.021	0.008	0.184	0.065	0.881	0.398	0.013	0.187

* 在 0.05 级别（双尾），相关性显著。
** 在 0.01 级别（双尾），相关性极显著。

4　结论

本文以密云水库上游流域为研究对象，计算 1990 年、2000 年、2010 年、2020 年四期土地利用数据及生态系统质量（EQI）数据，并分析各生态系统质量变化的土地利用转移矩阵，总结区域土地利用变化对于生态系统质量的影响，得到以下结论：

（1）1990—2020 年不同土地利用类型中林地、不透水面、水体、湿地呈增加趋势，草地、耕地、灌木、荒地呈减少趋势；从结构上看不同时期土地利用均以林地、草地与耕地为主，三者占比 97% 以上。

（2）生态系统质量（EQI）亦稳定上升，优级在 30 年中占比逐步上升，成为研究区主要生态系统质量等级，良、中、低级在这 30 年中所占比例逐渐下降。

（3）在密云水库上游研究区内林地面积与生态系统质量呈显著正相关，耕地面积与生态系统质量呈显著负相关；其他土地利用类型与生态系统质量之间没有明显相关关系。

参考文献

[1]　左玲丽，彭文甫，陶帅，等. 岷江上游土地利用与生态系统服务价值的动态变化 [J]. 生态学报，2021，41（16）：6384-6397.

[2]　王大尚，李屹峰，郑华，等. 密云水库上游流域生态系统服务功能空间特征及其与居民福祉的关系 [J]. 生态学报，2014，34（1）：70-81.

[3]　Foley, J. A. Global Consequences of Land Use [J]. Science, 2005, 309 (5734): 570-574.

[4]　苏迎庆，张恩月，刘源，等. 汾河流域土地利用变化及生态环境效应 [J]. 干旱区研究，2022，39（3）：968-977.

[5]　WANG S, GE Y. Ecological Quality Response to Multi-Scenario Land-Use Changes in the Heihe River Basin [J]. Sustainability, 2022, 14: 36-39.

[6]　满卫东，刘明月，李晓燕，等. 1990—2015 年三江平原生态功能区生态功能状况评估 [J]. 干旱区资源与环境，2018，32（2）：136-141.

[7]　何念鹏，徐丽，何洪林. 生态系统质量评估方法——理想参照系和关键指标 [J]. 生态学报，2020，40（6）：1877-1886.

[8]　陈永林，孙永光，谢炳庚，等. 不同景观格局的红树林湿地生态系统质量比较研究——以广西北部湾地区为例 [J]. 生态环境学报，2015，24（6）：965-971.

[9]　欧阳志云，王桥，郑华，等. 全国生态环境十年变化（2000—2010 年）遥感调查评估 [J]. 中国科学院院刊，2014，29（4）：462-466.

[10]　黄俊雄，刘兆飞，张航，等. 土地利用与气候变化对密云水库来水量变化的影响研究 [J]. 水文，

2021，41（1）：1-6.

[11] 姚安坤，张志强，郭军庭，等.北京密云水库上游潮河流域土地利用/覆被变化研究［J］.水土保持研究，2013，20（2）：53-59.

[12] Yang J，Huang X. The 30 m annual land cover dataset and its dynamics in China from 1990 to 2019［J］. Earth System Science Data，2021，13（8）：3907-3925.

[13] Peng G，Jie W，Yu L，et al. Finer resolution observation and monitoring of global land cover：First mapping results with Landsat TM and ETM+ data［J］. International Journal of Remote Sensing，2013，34（7）：48.

[14] 王秀兰，包玉海.土地利用动态变化研究方法探讨［J］.地理科学进展，1999（1）：83-89.

[15] 乔伟峰，盛业华，方斌，等.基于转移矩阵的高度城市化区域土地利用演变信息挖掘——以江苏省苏州市为例［J］.地理研究，2013，32（8）：1497-1507.

基于长系列径流特征的永定河山区河道生态流量分析

李晓琳[1,2] 张 娟[1,2] 杨默远[1,2]

(1. 北京市水科学技术研究院,北京 100048;2. 北京市非常规水资源开发利用与节水工程技术研究中心,北京 100048)

【摘要】 科学确定流域不同河段河道生态需水,是开展永定河生态补水、保障河道内生态水量的重要前提。本文基于长系列日径流数据,采用考虑年内流量差异的流量历史曲线法与 Tennant 法综合确定永定河河道内不同断面生态需水量,分析大规模生态补水实施前后河道内生态水量亏缺及恢复情况,为流域生态补水与水资源配置的优化提供基础支撑。

【关键词】 永定河山区;河道生态流量;生态需水;流量历时曲线

Analysis of river ecological discharge in mountain area of Yongding River based on long series runoff characteristics

LI Xiaolin[1,2] ZHANG Juan[1,2] YANG Moyuan[1,2]

(1. Beijing Water Science and Technology Institute, Beijing 100048; 2. Beijing Unconventional Water Resources and Water Saving Engineering Technology Research Center, Beijing 100048)

【Abstract】 Scientific determination of ecological water demand in different stages is an important prerequisite for ecological water replenishment and protection of ecological water quantity in Yongding River. Based on a long series of daily runoff data, this paper comprehensively determined the ecological water requirement of different sections in the Yongding River channel by using the historical flow curve method and Tennant method considering the difference of annual flow. The ecological water deficit and restoration in the river channel before and after the implementation of large-scale ecological water replenishment was analyzed, and it provided basic support for the optimization of ecological water replenishment and water resource allocation in the river basin.

基金项目:2021 工程技术中心开放项目(ERC-KF-2021-008-SZY)。

【Key words】 Yongding River mountain area; River ecological discharge; Ecological water demand; Flow duration curve

0 引言

永定河流域是我国北方典型的水资源匮乏型流域之一，近几十年来，随着人类用水活动增加，水资源供需矛盾加剧，山区地表径流呈明显衰减趋势[1-2]，部分时段出现水源枯竭、河道干涸现象[3]。2001—2018年天然径流与1961—2000年相比减少了47%，地表水资源开发利用率达到90%，流域平原段出现了连续断流现象[4]。永定河流域水资源过度开发、水质污染严重、生态系统退化等问题突出，已严重制约着京津冀的协同发展，长期的资源型缺水也使得其依靠自身难以恢复生态系统功能[5]。因此，为推动流域生态修复和系统治理，永定河实施了生态用水跨区域调配及引黄补水工程[5-6]，生态补水作为恢复河道水量的重要手段之一，越来越成为流域研究关注的要点。保障生态需水量是恢复河流生态功能、维持河流生态健康、打造河流生态廊道的关键因素。合理确定山区河流生态需水量，分析生态水量现状及亏缺的原因，提出相应的保障措施，对于永定河生态治理与修复具有重要意义。

对流域径流本身变化规律及水循环特征的识别，科学制定流域不同河段河道生态需水，是科学开展永定河生态补水、保障河道内生态水量的重要前提。河流生态流量计算方法多达数百种，尚无统一的方法和标准，目前常用的方法有水文指标法和水力学法等[7-10]，不同的计算方法各有适用条件和范围。考虑到河道生态需水是河流为了维持某一特定生态系统不被破坏时河道内应保持的流量，本文基于长系列日径流数据，采用考虑年内流量差异的流量历史曲线法与Tennant法综合确定永定河河道内生态需水量，分析生态水量现状及亏缺，为流域生态补水与水资源配置方案的制定提供基础。

1 数据收集与研究方法

1.1 流域概况

永定河流域（东经112°~117°45′，北纬39°~41°20′）地跨内蒙古、山西、河北、北京、天津共5个省（自治区、直辖市），全长747km，流域面积47016km^2，是海河北系最大的一条河流，也是全国四大防洪重点江河之一。永定河上游有桑干河和洋河两大支流，在河北省怀来县朱官屯汇合后称永定河（图1），流域干流山区段包括桑干河、洋河、永定河官厅水库—三家店段[11]。

流域多年平均年降雨量约410mm（1960—2018年），且年内分布不均，汛期降雨量占全年的78%，多年平均年径流量为5.3亿m^3，1961—1980年平均年径流量10.4亿m^3，1981—2000年为4.1亿m^3，2001—2018年为1.0亿m^3，河道径流随年份大幅减少。流域降雨量及径流量年际变化情况如图2所示。

图 1　流域概况图

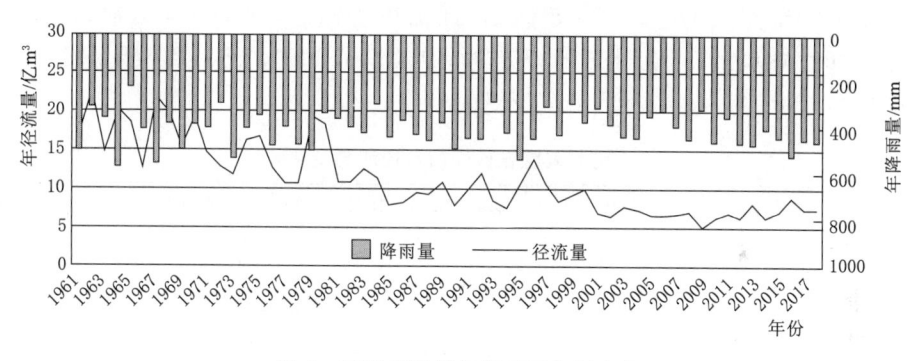

图 2　流域径流量与降雨量年际变化

1.2　数据收集

本研究选取 1961—2018 年永定河流域及周边 14 个气象站的逐日降雨数据，永定河流域干流山区段（桑干河、洋河、永定河官厅水库—三家店段）代表性水文站点日径流量数据资料，其中桑干河流域选取册田水库、石匣里，洋河流域选取响水堡，永定河山区流域选取官厅水库、三家店为代表站点，数据来源于《海河流域水文年鉴》（1961—2018 年）。

1.3　数据分析

基于长系列逐日平均流量数据，以保障河道基流为主要目标，采用 Tennant 法和流量历时曲线法综合计算桑干河册田水库、石匣里，洋河响水堡，永定河官厅水库、三家店控制站河道内生态需水量。

流量历时曲线法分析流域不同河段和不同年代流量历时曲线（Flow Duration Curve，FDC），反应不同等级流量频率域上的变化。流量历时曲线表示给定流域某一时段（日、月或年）流量发生频次与流量之间的关系，其间不必考虑时间的连续性，它表示了在整个时间序列中，不小于某一流量发生的时间百分比。

Tennant 法依据历史水文资料建立流量（径流量）与河流生态环境状况之间关系，通过设定不同生态环境状况等级，利用历史水文资料确定年内不同时段的生态环境需水量。

2　结果与分析

2.1　径流变化特征分析

2.1.1　年径流量变化

由 1961—2018 年各代表站的径流量变化分析结果（表 1）可见，石匣里多年平均年径流量 2.9 亿 m^3，响水堡多年平均年径流量为 2.6 亿 m^3，官厅水库多年平均年径流量为 5.3 亿 m^3。各站点趋势均为显著下降的趋势，显著水平 0.01。年代间各代表站点径流量均值明显降低，1961—1980 年石匣里、响水堡、官厅水库的年均径流量分别为 5.6 亿 m^3、4.7 亿 m^3 和 10.4 亿 m^3，1981—2000 年分别为 2.1 亿 m^3、2.2 亿 m^3 和 4.1 亿 m^3，2001—2018 年分别为 0.8 亿 m^3、0.8 亿 m^3 和 1.0 亿 m^3。与 2000 年以前相比，2001—2018 年石匣里、响水堡、官厅水库的径流量分别减少了 40％、55％及 47％。通过 Mann-Kendall 检验，1983 年为径流序列的突变点。

表 1　永定河流域各代表站点径流量变化　　　　单位：亿 m^3

站点名称	多年平均	趋势	显著水平	1961—1980 年	1981—2000 年	2001—2018 年
石匣里	2.9	↓	0.01	5.6	2.1	0.8
响水堡	2.6	↓	0.01	4.7	2.2	0.8
官厅水库	5.3	↓	0.01	10.4	4.1	1.0

2.1.2　年降雨径流关系

结合降雨和径流的变异分析结果，流域内的年降雨序列未发生显著变异，而年径流序列在 1983 年出现变点，表明流域从 1983 年开始降雨径流关系发生变化。变点前后时段的降雨径流关系，如图 3 所示。从图中可以看出，降雨和径流关系存在不同时段随着降雨增加径流量增加的趋势，1983 年以后相同降雨情况下，径流量明显减少。且降雨径流拟合成度不高，说明径流量受到降雨因素的干扰较大。

进一步分析降雨径流关系特征值可见，径流、径流系数和降雨径流相关系数明显降低，但与此同时，降雨量值没有明显变化，说明降雨量虽然对径流产生了一定影响，但是影响程度不大，主要是由于人类活动引起的降雨径流关系波动，人类活动多样性决定了对水文循环影响的复杂性，对流域径流影响深远，因此永定河流域降雨-径流关系受到的干扰因素较多。

已有研究表明[12-18]，随着人口增长和社会经济发展，工农业、生活用水量也随之增加。地下水是该地区的主要供水水源，地下水超采严重，在该区域形成了地下漏斗，地下水水位下降严重，改变了流域的水文过程，使地表径流减少，降雨径流关系更为复杂，变化更为剧烈。20 世纪 80 年代，永定河上游被列为国家水土保持重点治理区域，流域耕地面积减少，林地增加，对地表持水能力产生影响，导致植物截留增加，产流过程中初损增加，导致地表产流减少。此外，随着流域水利工程的不断修建，水利工程设施建设拦蓄改变径流量时空分布，人工调节方式不合理，上游来水逐渐减少，永定河出现了连续断流现象。

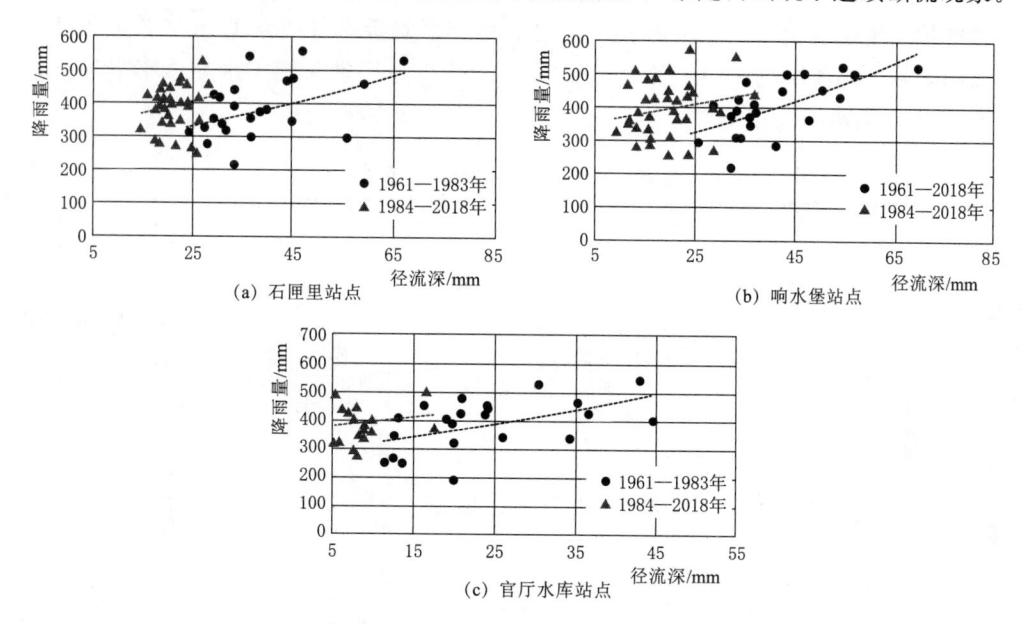

图3 流域不同河段降雨量与径流关系曲线

2.1.3 日流量历时曲线

不同河段控制断面多年序列的日均流量历时曲线（FDCs）如图4所示，石匣里、响水堡和官厅水库三个控制断面的曲线来看，频率50%对应的流量值（Q_{50}）分别为4.46m³/s、5.39m³/s和10.71m³/s。各河流的流量历时曲线分布基本相似，日均流量多数情况下分布在频率10%～90%，且曲线变化缓慢。官厅水库在80%频率以内的日均径流最大，响水堡在10%以内高流量部分最小，40%～80%频率间的日均径流向上发生偏移，各站点在90%频率低流量时均发生显著下降趋势。表明各河段除高流量和低流量以外，年内多数情况下日径流量大小相似，变化较小。

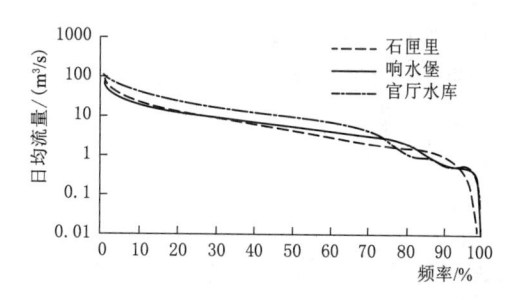

图4 各河段控制断面多年序列日均流量历时曲线

2.2 河道内生态需水流量计算

选取永定河流域干流山区段（桑干河、洋河、永定河官厅水库—三家店）的桑干河、洋河和永定河生态流量代表站点，册田水库、石匣里、响水堡、官厅水库（坝下）、三家店5个水文站数据，1961—2018年共58年的逐日平均流量数据为实例，以保障河道基流为主要目标，采用Tennant法和流量历时曲线法综合计算桑干河册田水库、石匣里，洋河响水堡，永定河官厅水库、三家店控制站河道内生态需水量。

181

应用流量历时曲线法，统计各水文站点所有逐日流量数据，绘制得到各站点总流量历时曲线，根据该流量历时曲线，取保证率为50%和75%所对应的流量Q_{75}和Q_{50}作为多年平均最小生态需水量和适宜生态需水量的参考流量，将计算结果同Tennant法进行对比，其中最小生态流量采用丰水期（6—9月）多年平均天然径流量的30%，枯水期（10月至次年5月）多年平均天然径流量的10%；适宜生态流量采用丰水期多年平均天然径流量的50%，枯水期多年平均天然径流量的30%，计算结果见表2。

表2　　　　　　　　　永定河生态流量控制站计算成果　　　　　　　　单位：m³/s

河流	控制站	流量历时曲线法 最小生态流量 Q_{75}	流量历时曲线法 适宜生态流量 Q_{50}	Tennant法 最小生态流量 丰水时段	Tennant法 最小生态流量 枯水时段	Tennant法 最小生态流量 年平均	Tennant法 适宜生态流量 丰水时段	Tennant法 适宜生态流量 枯水时段	Tennant法 适宜生态流量 年平均	最小生态流量	适宜生态流量
桑干河	册田水库	2.6	4.8	4.1	0.7	1.8	6.9	2.1	3.7	2.6	4.8
桑干河	石匣里	3.8	4.5	6.9	1.5	3.3	11.5	4.6	6.9	3.8	4.5
洋河	响水堡	3.7	5.4	6.1	1.2	2.9	10.2	3.7	5.9	3.7	5.4
永定河	官厅水库	7.0	10.7	13.6	2.6	6.3	22.7	7.9	12.9	7.0	10.7
永定河	三家店	0.8	6.3	13.6	2.2	6.0	22.6	6.7	12.0	6.0	6.3

由于人类活动的原因，官厅水库（坝下）及三家店20世纪80年代以后的水库入库出库的径流量与天然径流相差较大，所以计算得到的生态流量偏小，因此采用较大结果，其中三家店最小生态流量选取流量历时法和Tennant法计算结果的较大值，即6m³/s。经计算，最小生态需水量桑干河册田水库控制站维持2.6m³/s生态基流，石匣里控制站维持3.8m³/s生态基流，洋河响水堡控制站维持3.7m³/s生态基流，永定河官厅水库控制站维持7.0m³/s生态基流，三家店控制站维持6m³/s生态基流。

2.3　生态补水前后河道流量分析

2.3.1　生态补水前河道缺水量分析

考虑到永定河流域目前仍处于水资源短缺的状态，拟先期恢复生态流量的最小生态流量目标，根据表2中最小生态流量，计算到最小生态流量目标下的河道最低生态需求量。根据2001—2018年桑干河册田水库、桑干河石匣里、洋河响水堡、永定河官厅水库、永定河三家店5个多年平均天然径流量及可下泄的水量，与河道生态需水量对比后，得出各控制站生态水量的亏缺情况见表3。

表3　　　　　　　　永定河各控制站点河道内生态水量亏缺量

河流	控制站	天然径流/亿 m³	下泄水量/亿 m³	河道需水量/亿 m³	亏缺量/亿 m³	缺水率/%
桑干河	册田水库	3.87	0.41	0.83	0.42	50
桑干河	石匣里	4.58	0.77	1.20	0.44	36

续表

河流	控制站	天然径流/亿 m³	下泄水量/亿 m³	河道需水量/亿 m³	亏缺量/亿 m³	缺水率/%
洋河	响水堡	2.21	0.84	1.17	0.33	28
永定河	官厅水库	7.04	0.99	2.20	1.21	55
	三家店	6.58	0.05	1.90	1.85	97

总的来说，现状基准年永定河山区生态水量处于较为严重的亏缺状态，山区总控制站三家店缺水程度最大，其中多年平均缺水 1.85 亿 m³，缺水率 97%。上游两大支流桑干河、洋河水生态状况均较差，其中桑干河生态缺水程度更为严重，册田水库控制站和石匣里控制站多年平均年生态缺水分别为 0.42 亿 m³、0.44 亿 m³，缺水率分别为 50%、36%；响水堡控制站多年平均年生态缺水 0.33 亿 m³，缺水率 28%。

2.3.2 生态补水后的径流变化

如图 5 所示，2019 年官厅水库入库径流量为 3.08 亿 m³，2020 年入库径流量为 2.33 亿 m³，较之前大幅增加。同时年内分配也发生了变化，其中补水期间（3—5 月、10—12 月）的径流量，分别增加到多年平均月径流量值的 1.3~6.6 倍，生态补水工作显著提高了河道的径流量与官厅水库收水量。

生态补水后官厅水库生态流量满足率（分别为入库流量/最小生态流量，入库径流/适宜生态流量）见表 4。除 2020 年的 3 月和 5 月官厅入库径流未满足适宜生态流量外（满足率 70%），生态补水期间（3—5 月、9—11 月）径流量均满足了最小生态流量和适宜生态流量，且 12 月的生态流量满足率也达到了 70%~190%。

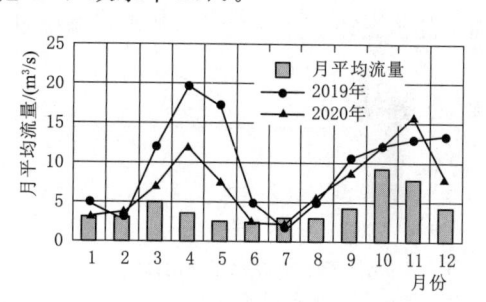

图 5 生态补水前后官厅水库入库月平均径流量对比图

表 4　生态补水后官厅水库生态流量满足率

年份	生态流量	1月	2月	3月	4月	5月	6月	7月	8月	9月	10月	11月	12月
2019	最小生态流量	0.7	0.4	1.7	2.8	2.4	0.7	0.2	0.7	1.5	1.7	1.9	1.9
	适宜生态流量	0.5	0.3	1.1	1.8	1.6	0.5	0.1	0.5	1.0	1.1	1.2	1.2
2020	最小生态流量	0.5	0.5	1.0	1.7	1.1	0.4	0.3	0.8	1.2	1.7	2.2	1.1
	适宜生态流量	0.3	0.3	0.7	1.1	0.7	0.2	0.2	0.5	0.8	1.1	1.5	0.7

研究结果表明永定河流域开展生态补水工作以后，流域生态流量满足率有所提升，现状条件下河道流量恢复的效果较好，尤其是补水关键期，在一定程度上对河道内水量及生态缺水的情势起到了缓解作用。

3　结论

本文综合计算永定河干流关键断面的生态流量需求，分析生态补水前后生态水量情况分析，得到以下结论。

流域年径流量总体上呈现显著逐年减少趋势，变异检验结果显示，年径流量存在变点（1983 年），1983 年后在流域降雨没有明显趋势和突变的情况下径流量显著减少，尤其是 2000 年以后流域径流量相对于年度降雨量呈现强烈减少的趋势，表明降雨已不是变异后时段径流减少的主要原因。

为满足河道最小生态需水量，桑干河册田水库控制站维持 2.6m³/s 生态基流，石匣里控制站维持 3.8m³/s 生态基流，洋河响水堡控制站维持 3.7m³/s 生态基流，永定河官厅水库控制站维持 7.0m³/s 生态基流，三家店控制站维持 6m³/s 生态基流。

随着永定河引黄补水及上游集中输水工程的实施，使得官厅水库入库径流大幅增加，同时 3—5 月、10—12 月的径流量较多年平均值分别增加了 1.3~6.6 倍，补水效果显著，且补水期间流量均满足最小生态流量和适宜生态流量需求。未来考虑恢复河道天然特性前提下的生态补水是补水计划及水资源配置方案优化的关注重点。

参考文献

[1] 侯蕾，彭文启，董飞，等. 永定河上游流域水文气象要素的历史演变特征 [J]. 中国农村水利水电，2020 (12)：1-8.

[2] 王立明，李文君. 永定河山区河流生态水量现状及亏缺原因分析 [J]. 海河水利，2017 (2)：25-28.

[3] 张建云，贺瑞敏，齐晶，等. 关于中国北方水资源问题的再认识 [J]. 水科学进展. 2013, 24 (3)：303-310.

[4] 杜勇，万超，杜国志，等. 永定河全线通水需水量及保障方案研究 [J]. 水利规划与设计. 2020 (7)：14-17+27.

[5] 杨柠. 永定河引黄生态补水长效机制初步探索 [J]. 水利发展研究，2020 (2)：13-16.

[6] 纪玉琨，武春侠，朱毕生. 新时期永定河流域生态修复思考 [J]. 水利发展研究，2018 (11)：31-34.

[7] 王慧玲. 河流生态流量应用实例 [J]. 治淮，2020 (8)：4-6.

[8] 钟华平，刘恒，耿雷华，等. 河道内生态需水估算方法及其评述 [J]. 水科学进展，2006 (3)：430-434.

[9] 宋铮，吴彦昭，张昌顺. 甘肃省黑河流域河道生态需水量核算与分析 [J]. 地下水，2020, 42 (5)：201-203.

[10] 王立明，李文君. 永定河山区河流生态水量现状及亏缺原因分析 [J]. 海河水利，2017 (2)：25-28.

[11] 丁晓雯，刘卓. 河北省永定河流域水文循环及时空分布规律 [J]. 南水北调与水利科技，2011, 9 (5)：40-44.

[12] 张建中，刘江侠，任涵路. 流域下垫面变化对永定河官厅水库径流影响分析 [J]. 海河水利，2016 (6)：7-10.

[13] 张伟丽. 气候变化和人类活动对永定河流域径流的影响 [J]. 人民黄河，2015, 37 (5)：27-30.

[14] 张利平，于松延，段尧彬，等. 气候变化和人类活动对永定河流域径流变化影响定量研究 [J]. 气候变化研究进展，2013, 9 (6)：391-397.

[15] 姜青青，康月娥. 人类活动对流域径流的影响——以海河流域北系为例 [J]. 水利科技，2010

(4): 26-30.

[16] 程大珍, 陈民, 史世平, 等. 永定河上游人类活动对降雨径流关系的影响 [J]. 水利水电工程设计, 2001 (2): 19-21.

[17] 丁爱中, 赵银军, 郝弟, 等. 永定河流域径流变化特征及影响因素分析 [J]. 南水北调与水利科技, 2013, 11 (1): 17-22.

[18] 孙宁, 李秀彬, 冉圣洪, 等. 潮河上游降水-径流关系演变及人类活动的影响分析 [J]. 地理科学进展, 2007 (5): 41-47.

北京市城市河道水生态环境特征分析与建议

张 蕾[1,2]　于 磊[1,2]　黄俊雄[1,2]　张书函[1,2]　孟庆义[1,2]　严玉林[1,2]

(1. 北京市水科学技术研究院，北京　100048；2. 流域水环境与生态技术北京市重点实验室，北京　100048)

【摘要】　为探究北京城市河道水生态环境特征，开展了主要城市河道物理生境、水文情势、水生态环境特征研究与分析，并提出相应工作建议。结果表明，北京城市河道形态稳固，物理生境主要特征为宽度小（平均宽度11~90m）、蜿蜒度较低（1.02~1.32），纵坡比降为0.11‰~2.54‰，河道渠道化特征显著。水文情势特征为非汛期流量稳定、流态平稳、水质稳定，汛期水位降低、水面面积变化较小、水质易恶化。水生态健康水平逐年提升。研究提出合流制溢流污染控制和内源淤泥释放控制是水质保障和关键，水生态系统进一步提升的关键是河道生态系统的精细化管护和资源化利用。研究成果能够为城市水生态环境提升提供基础。

【关键词】　北京城市河道；水生态环境；特征分析

Study on distribution variation of fish habitat based on 2D habitat model in Beijing urban river

ZHANG Lei[1,2]　YU Lei[1,2]　HUANG Junxiong[1,2]　ZHANG Shuhan[1,2]
MENG Qingyi[1,2]　YAN Yulin[1,2]

(1. Beijing Water Science and Technology Institute, Beijing　100048;
2. Beijing Key Laboratory of Water Environmental and Ecological Technology for
River Basins, Beijing　100048)

【Abstract】　In order to explore the water ecological environment characteristics of urban river in Beijing, the physical habitat, hydrological situation and water ecological environment characteristics of major urban river were studied, and corresponding suggestions were put forward. The results showed that the urban river shape is stable and channelization, with small width (average 11 - 90m), low meandering degree (1.02 - 1.32), longitudinal slope gradient of 0.11‰ - 2.54‰. The hydrological situation is characterized by stable flow, stable flow pattern and stable water quality in non-flood season, and lower water level, small change of water surface area and easy deterioration of water quality in flood season. Water ecological health is improving year by year. The research points out that the control of overflow, internal pollution and the management, resource utilization are the key to water quality and ecosystem. The research can provide a basis for the improvement of urban water ecological environment.

【Key words】 Beijing urban river；Water ecological environment；Feature analysis

城市水生态系统是水的自然循环和社会循环在城市空间内的耦合，城市河道是自然与人的活动双重作用下形成的景观格局。为控制河流变化对人类活动的影响，城市建设中在自然形态的基础上渠化河流、固化河岸，造成河道蜿蜒度降低，排水系统密度提高[1]。城市河道作为城市生态廊道的重要组成，随着社会发展和水生态环境提升，除防洪、排水功能外，逐渐具有了亲水、自然生态功能等特征，但作为城市水利基础设施，为保障城市防洪安全仍保留渠化形态[2]。因此，城市河道现存特征与功能需求之间的不协调，已成为制约城市河道水生态功能提升的重要因素。生态水利工程学要求水利工程的规划、建设和提升过程，在发挥自身水利工程功能的基础上，要充分考虑水生态系统的健康和可持续发展要求[3]。城市河道作为重要的水利基础设施，与水生态环境、生物群落共同形成相互联系的统一体，健全的水生态系统是城市河道健康与稳定的保障[3]。基于生态文明建设要求，城市河道在管理与维护中应充分提升生态功能，提升城市河流在城市公共空间中发挥的综合作用。开展城市河道水生态修复综合技术方法在生境构建方面包括河道形态近自然塑造、河岸缓冲带建设、河道栖息地营造，在水环境提升方面包括河道生态水量保障、入河污染控制、水动力提升等，在水生态系统优化方面包括水生植物种植和水生动物投放等[4-7]。

北京市城市河道生态系统是北京城市可持续发展的重要支撑系统，基于城市化建设与防洪排涝安全的需求，使得河道纵向结构和横向结构发生改变，引起河道水文规律、物质交换、生物栖息的变化。基于河道形态的稳固性和水生态系统的复杂多样，河道生态修复的技术方法直接应用于北京城市河道存在着不确定性，因此，明确北京市城市河道特征，提出生态系统修复关键因素和着力点，是北京城市河道水生态系统提升的基础和关键。

1 研究区域

北京市河流隶属于海河流域，选取其中22条城市河道开展研究分析，包括永定河引水渠、通惠河、北运河、凉水河、京密引水渠昆玉段、土城沟、亮马河等，如图1所示。河道跨越北京市东城、西城、石景山、门头沟、昌平、丰台、海淀、朝阳、大兴、通州等10个区，主要承担防洪排涝、水景观等功能，与广大居民生活密切联系。

2 研究方法

研究所用物理生境和水文数据采用实地勘测数据，水量数据来自《2020年北京市水务统计年鉴》，水质数据来自北京市生态环境局网站，水生态数据来《自北京市水生态系统监测及健康评价报告》（2019—2021年）。

蜿蜒度（S）计算采用河道两个端点之间弯曲弧线长度与两端点之间直线长度的比值。计算公式如下：

$$S = L/D \tag{1}$$

式中　L——河流实际弯曲长度，m；

　　　D——河流两段的直线长度，m。

纵坡比降（i）计算采用河流起始点与终点之间高程差与其水平距离的百分比。计算公式如下：

$$i = (h/l) \times 100\% \tag{2}$$

式中　h——起始点与终点之间高程差；

　　　l——起始点与终点之间水平距离。

3 结果与分析

3.1 物理生境空间差异性

3.1.1 河道宽度

城市河道宽度稳定，且总体而言河道宽度较窄。选取北京市22条主要城市河道开展统计分析，河道平均宽度最大分别为北运河959m、温榆河355m和运潮减河138m，其他河道平均河宽处于11~90m。北运河、温榆河、凉水河、清河、运潮减河、萧太后河最大河宽均超过100m，其中最大值为北运河的2804m，如图1所示。

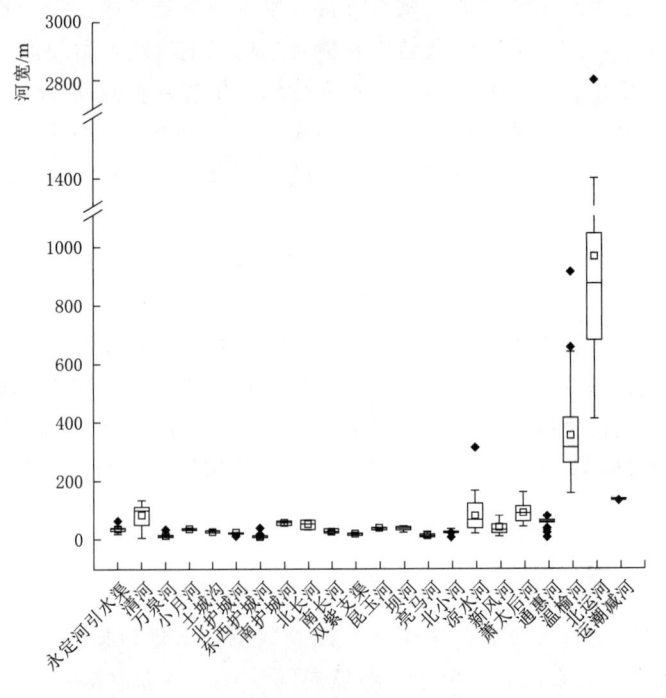

图1　河道宽度分布图

3.1.2 蜿蜒度

在河流廊道尺度内，城市河道岸坡、河底物理形态较为稳固，河道形态变化较小，从而在一定程度上引起河道物理生境空间差异性。自然条件下河流呈现蜿蜒的形态，具有更为丰富、多样的生境条件和地貌特征。弯曲率为 1.0～1.29 的河道称为顺直微弯河道，弯曲率为 1.3～3.0 的河道称为蜿蜒型河道[8]。有研究表明，蜿蜒度较大的河道具有更大的生物栖息面积。为增强城市河道排水功能和行洪安全，在河道建设中普遍经过裁弯和渠道化治理，减小水流在河道中滞留时间，造成城市河道蜿蜒度较小，生境条件单调化。对北京 18 条城市河道进行统计分析（护城河等人工修建渠道不列入分析），蜿蜒度处于 1.02～1.32，其中凉水河和北运河分别为 1.31 和 1.32，其他河道均低于 1.29，如图 2 所示。整体来看，北京城市河道蜿蜒度较低，基本均属于顺直型河道。

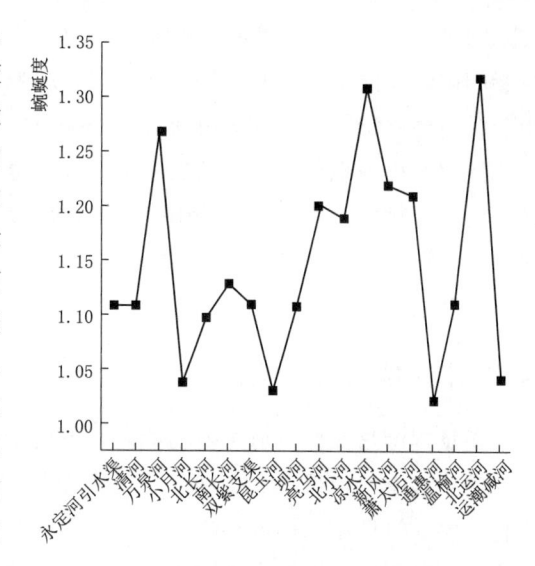

图 2 河道蜿蜒度分布图

3.1.3 纵坡比降

北京城市河道纵坡比降变化基本遵循上游较陡、中下游纵坡逐渐变缓的变化规律。以清河为例，自起始端安河闸至河道下游汇合口沙子营闸，河纵坡比降由 3.38‰ 逐渐降至 0.58‰，总体呈现下凹型曲线，如图 3 所示。对北京 22 条城市河道进行统计分析，纵坡比降处于 0.11‰～2.54‰，其中永定河引水渠最大，京密引水渠昆玉河段最小，如图 4 所示。护城河、双紫支渠等人工修建渠道纵坡比降较小。北运河作为北京水系出境的主要通道，是北京平原面积最大的水系，纵坡比降显著低于其他城市河流。

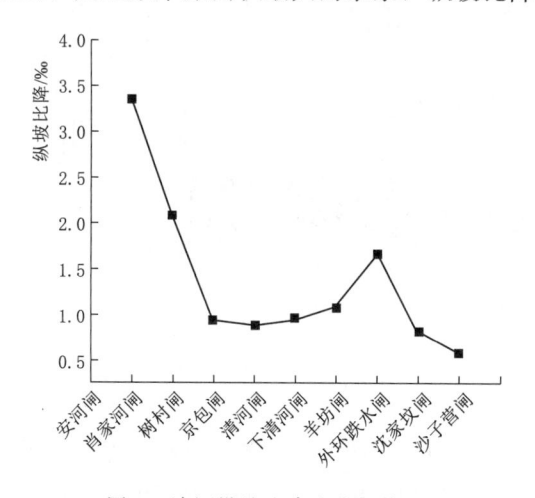

图 3 清河纵坡比降变化规律图

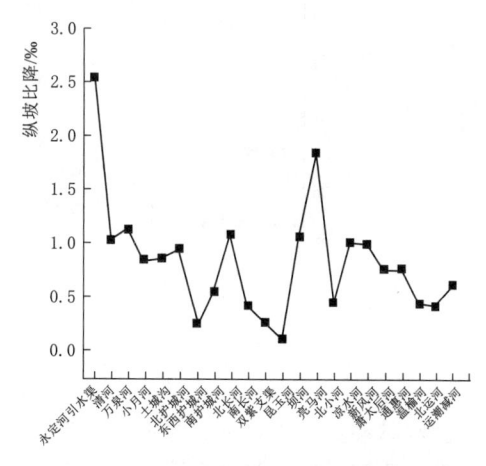

图 4 城市河道纵坡比降分布图

3.1.4 渠道化

河道断面一般为衬砌规则断面、硬质护底和护坡，缺乏自然河流的深潭-浅滩特性，且影响水体垂向交换。两侧缺乏河滨带，影响水流横向波动带来的物质交换和生物流动。由于河道底质特征，河流纵向受力在同水平位置基本相同，水流对河道底部的长期作用会造成河道淤积等现象。河道蜿蜒度减小和渠道化同时造成水能消耗降低，更多的能量用于输送泥沙等物质，导致河道淤积现象加深[8]。研究表明，温榆河、清河、小中河、中坝河、北运河淤积深度为 0.4～1.3m[9-12]。渠道化引起的河道淤积加深已成为北京城市河道管理中存在的主要问题之一。

3.2 水文情势时空差异性

防洪排涝是城市河道主要功能之一，由于受到河岸固定形态影响，城市河道水流横向波动受到影响，使得水文条件变化下主要呈现水位大幅度变化的特征[13]。城市河道水文变化主要受汛期洪水调度影响，变化过程主要划分为非汛期稳态过程、汛期低水位过程和洪水脉冲过程，由于城市河道物理生境较为稳定，流量变化对水面面积影响很小，主要影响河道水深和流速变化。

非汛期稳态过程中，城市河道流量稳定，水体流速较小、流态平稳（图5）。城市河道在 6—9 月进行汛期低水位控制，水深降低。以清河为例，2021 年沈家坟闸 6—9 月平均水位 25.75m，平均流量 9.23m³/s，其中水位最大值 26.39m，流量最大值 60.71m³/s。其他月份平均水位 26.45m，平均流量 5.64m³/s，其中水位最大值 26.85m，流量最大值 16.69m³/s（图6）。6—9 月平均水位比非汛期低 0.70m，平均流量比非汛期高 3.59m³/s，6—9 月流量最大值是非汛期最大值的 3.64 倍。

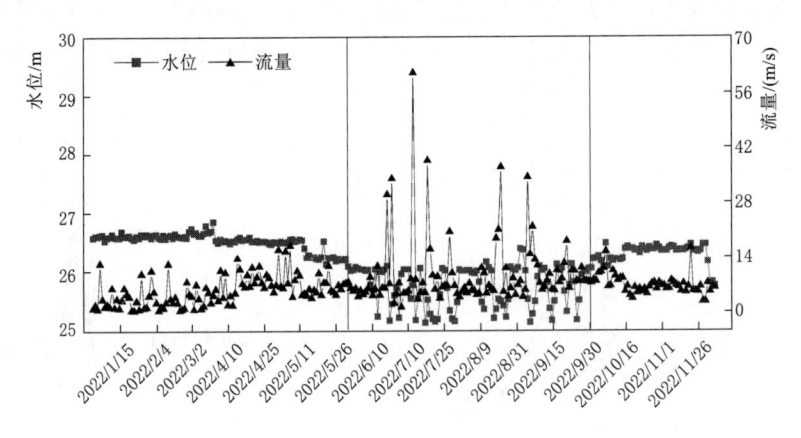

图 5　清河 2021 年河道水位和流量变化图

洪水脉冲过程中，随着汛期降雨进行，城市河道出现短期洪水脉冲过程，但由于汛期河道洪水调度开展，除极端降雨外，河道水流很少出现溢出主河道的现象，由于河道断面形态稳固，河道水面面积变化较小。

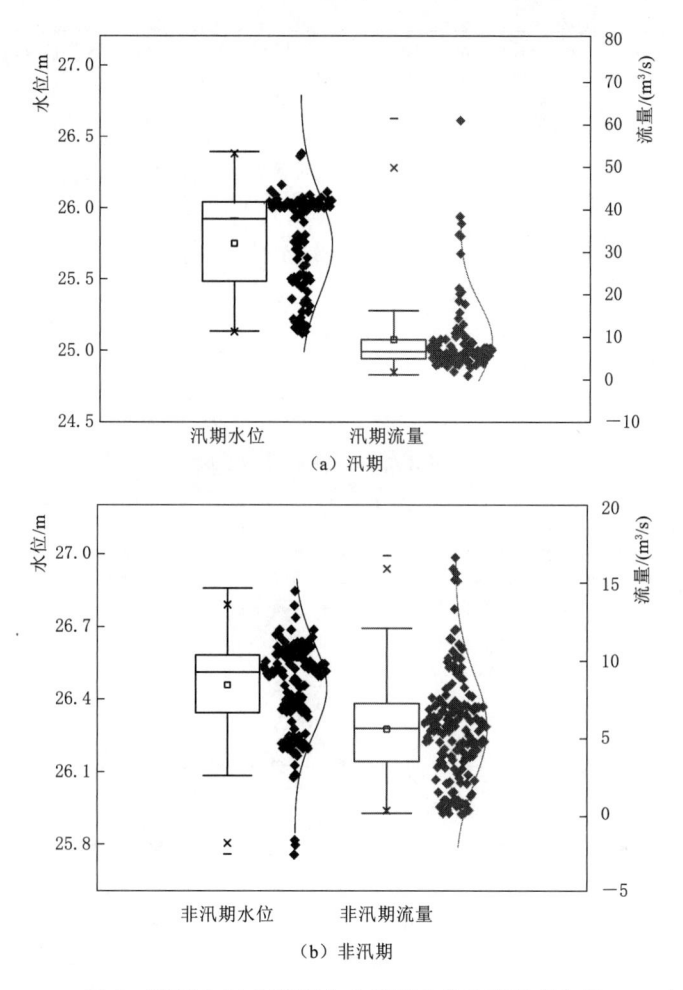

图 6 清河 2021 年汛期与非汛期水位和流量变化图

3.3 水生态环境特性

3.3.1 汛期水质变化显著

北京城市河道补水水源主要为新水和再生水，根据 2020 年统计数据，全市河湖补水量为 7.05 亿 m³，其中新水用水量为 3.12 亿 m³，再生水用水量为 3.93 亿 m³（数据来自《2020 年北京市水务统计年鉴》）。对 18 条城市河道 2021 年水质结果进行分析统计，全年平均水质达到地表水Ⅲ类标准，其中 6—8 月水质较差，7 月 50% 河道水质超过地表水Ⅳ类标准，部分河道超过地表水Ⅴ类标准。清河等 10 条河道在 7 月水质恶化明显，迅速由Ⅱ类水体变为Ⅴ类，甚至超过Ⅴ类标准（图 7）。永定河引水渠等 8 条河道冬季水质基本稳定在Ⅲ类标准，春季过后变为Ⅳ类水体标准（图 8）。

河道水质差异与补水水源密切相关，中心城区水系补水水源包括南水北调来水和再生水，凉水河、北运河等河道补水水源主要为再生水。南水北调来水水质良好，相比之下，再生水补给河道存在冬季水温偏高、以及氮、磷营养盐浓度较高的问题。自南水北调来水

图 7　清河等河道水质变化图

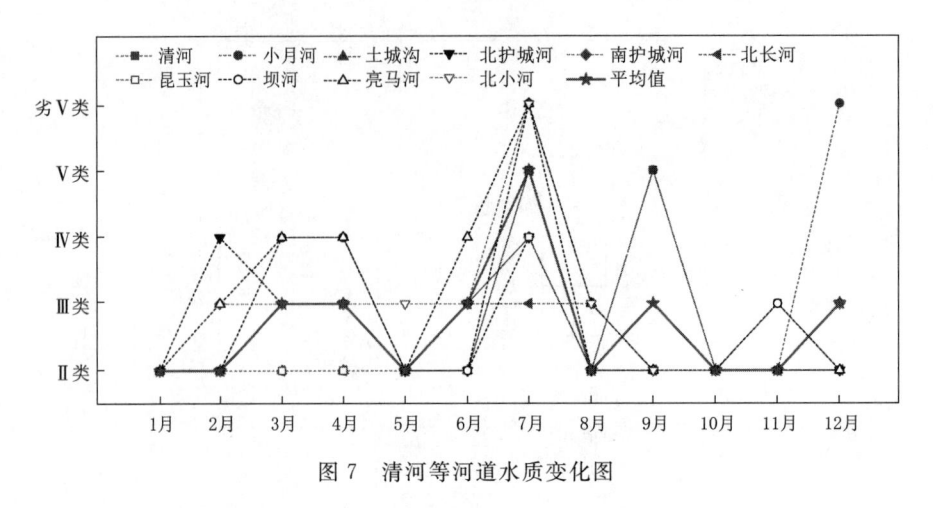

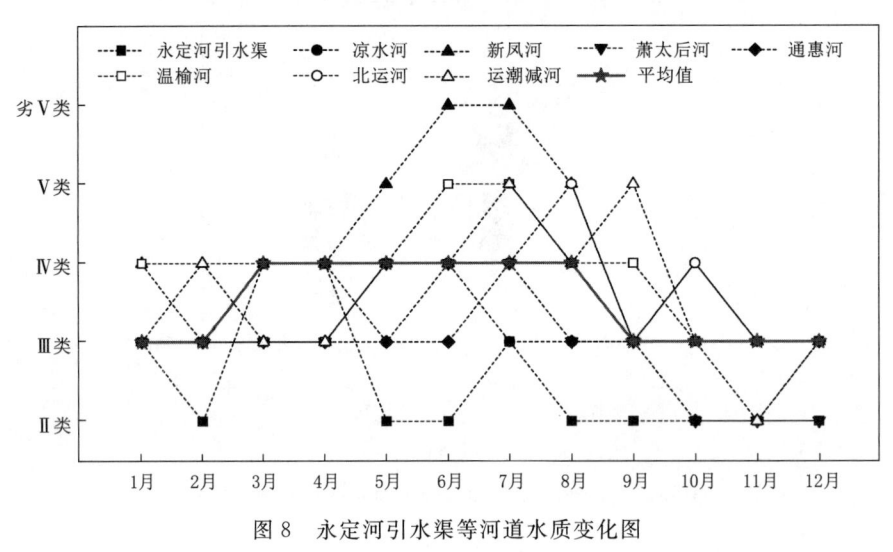

图 8　永定河引水渠等河道水质变化图

进京后,每年用于环境用水的南水北调配置水量逐年提升,据 2020 年统计数据,用于环境用水的南水北调水量超过 9000 万 m^3,对于城市河道水生态环境的保障起到重要作用。河道汛期普遍水质恶化,与降雨过程中进入合流制管道的雨水超过管道截流能力,造成雨污混合水发生溢流有关[14]。除雨水外,溢流水体中还包含生活污水、地表径流冲刷污染物以及管道淤积污染,进入河道后引起水体短时间内污染物急剧增高,从而影响河道水质,影响指标包括总氮、总磷、化学需氧量、悬浮物等[15-17]。

3.3.2　水生态健康水平逐年提升

根据《2021 年北京市水生态监测及健康评价报告》,对其中 15 条城市河道进行统计分析,结果表明 2021 年水生态监测中 10 条河段达到健康水平,5 条为亚健康水平[18]。其中健康综合指数最高的是长河,为 92.29 分;最低为南护城河,为 73.50 分(图 9)。

北京城市河道大多属于北运河流域平原河段,根据 2019—2021 年全市水生态监测结果,2019 年北运河流域监测的 7 个河段中,健康河段 3 个,占比 42.86%;亚健康河段 4

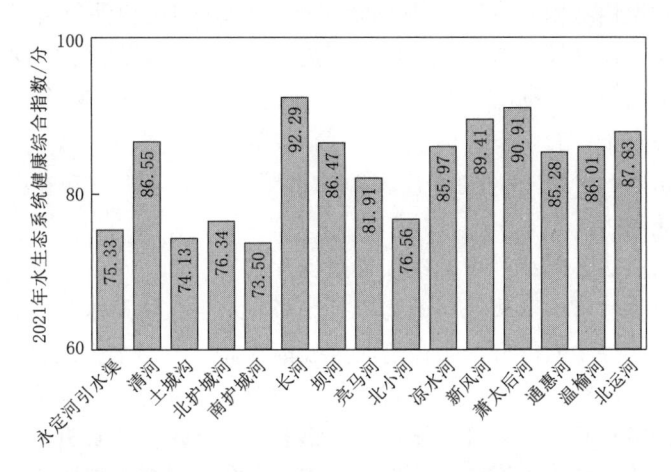

图 9 典型城市河道 2021 年水生态系统健康指数变化图

个，占比 57.14%。2020 年北运河流域监测河段 14 个，其中健康河段 11 个，占比 78.57%；亚健康河段 3 个，占比 21.43%。2021 年北运河流域共监测河段 38 个，其中 31 个达到健康水平，占比 81.58%，7 个为亚健康水平，占比 18.42%（图 10）。

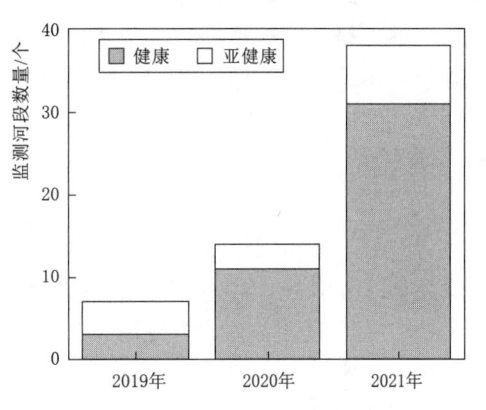

图 10 北运河流域平原河流水生态系统健康水平变化图（2019—2021 年）

4 讨论

城市河道作为景观廊道，连接着其他河流、湖泊等城市景观斑块，不仅承担着城市防洪排涝的工程基本功能，还具备城市水生态环境调节的功能[15]，构成城市"蓝绿灰"空间统一格局。城市河道在水流过程中，河道"三面光"渠化导致横向和垂向水体连通受阻，河道形态稳固性减少了河道物理地貌的动态变化，主要为河道侧向摆动形成的蜿蜒型变化，进而导致物质运输、水生生物迁徙的通道受到阻隔。在纵向连通中，通过水系连通增强河流连续性，使得城市河流在贯穿和连接整个城市水系的过程中，促进了生态系统物质、能量流动，为生物多样性创造了有利条件。城市水生态体系构建中，应强化节点和边界的建设[19]。通过关键节点（如湖泊、汇水区）的连接和调节，增加城市河道缓冲性，为极端降雨条件下生物栖息提供避难所。以河道为骨架的城市滨水空间通过延伸，可以将城市中孤立的绿地空间连接起来，形成城市水生态系统结构。在城市河道规划建设中，逐步弱化边界属性，通过口袋公园、城市绿地建设，也可以减弱河道横向连通的阻隔。

北京市城市河道水质基本稳定，除中心城区河道外，其他城市河道基本为再生水补水。再生水补水河道 pH 值和含氮营养盐浓度较高，汛期合流制溢流污染成为影响城市河道水质稳定的主要因素[17]。另一方面，城市河道由于堤岸形态稳固，不可随意调整，河宽较窄，两侧与建设用地紧邻[20]。渠化河流由于纵向受力在相同位置基本保持稳定，造成了河底淤积现象，而岸坡结构稳固限制了河道形态变化，淤积造成的水流断面减小对河道行洪保障产生威胁[2]。有研究表明，氮磷、重金属等污染物容易在河道底泥中发生富集，而在水体扰动等条件影响下，河道底泥存在释放氨氮、总磷、有机质的现象，会对河道水质产生不利影响[21]。城市河道水质保障的重要环节是汛期合流制溢流污染控制和河道内源淤积资源化利用。

城市河流在水流的不断冲刷下，逐渐带来泥沙淤积形成沉淀，在植物附着作用下，演变形成水下水生植物群落，形成水生生物栖息场所。水生植物对水生态系统的健康稳定至关重要，随着城市河道水质提升，水体透明度逐渐提高，引起水生植物的大量生长，部分河段（如清河、昆玉河等）水生植物覆盖度大于90%，给河道管理部门带来诸多困难[22]。城市河道水生态健康水平逐步提升，城市河道形态稳固，水生态提升的重要内容是对水生态系统的管护。在这一过程中，应充分调查分析系统演替过程，明晰水生态管护关键时间和关键物种。目前的水生态管护主要以人工经验为准，应针对不同物种开展有差别的管护工作，逐步提升管护精细化水平和科学程度[22]。对于河道管护中清理的淤泥和水生植物，资源化利用是城市河道可持续发展的重要内容。

5　结论

（1）北京城市河道形态稳固，物理生境主要特征为宽度小（平均宽度11～90m），蜿蜒度较低（1.02～1.32），纵坡比降为0.11‰～2.54‰，河道渠道化特征显著。

（2）城市河道水文情势特征为非汛期流量稳定、流态平稳，汛期水位降低、水面面积变化较小。非汛期水质稳定，汛期水质恶化，合流制溢流污染控制和内源淤泥释放控制是水质保障的关键。

（3）城市河道水生态健康水平逐年提升，生态系统进一步提升的关键是河道生态系统精细化管护和资源化利用。

参考文献

［1］　张义，王军，魏保义，等. 从水岸割裂到水城共融的探索——以《北京市河道规划设计导则》为例［C］. 面向高质量发展的空间治理——2021中国城市规划年会论文集（03城市工程规划），2021：35-42.

［2］　吴丹子. 河段尺度下的城市渠化河道近自然化策略研究［J］. 风景园林，2018，25（12）：99-104.

［3］　顾晶. 城市水利基础设施的景观化研究与实践［D］. 杭州：浙江农林大学，2014.

［4］　梁尧钦，梅娟. 人水共生视角下城市河流生态修复研究与实践［J］. 人民黄河，2022，44（2）：89-93+99.

［5］　朱萌，钟胜财，郑小燕，等. 上海宝山区老市城市河道水生态修复实践应用［J］. 环境生态学，2021，3（4）：67-72.

［6］　纪俊双. 资源性缺水地区城市行洪河道生态修复目标和途径——以滹沱河生态修复工程为例

[J]. 河北水利，2021（2）：13+15.
- [7] 李志伟. 健康河流城市河道生态修复的研究与分析[J]. 河北水利，2020（9）：37+46.
- [8] 于子钺. 河道适宜蜿蜒度的研究与分析[D]. 保定：河北农业大学，2019.
- [9] 杨兰琴，樊华，赵媛，等. 北方河道清淤判定及深度初探[J]. 水利规划与设计，2021（6）：88-93+136.
- [10] 杨兰琴，胡明，王培京，等. 北京市中坝河底泥污染特征及生态风险评价[J]. 环境科学学报，2021，41（1）：181-189.
- [11] 张家铭，李炳华，毕二平，等. 北运河流域（北京段）沉积物中PAHs污染特征与风险评估[J]. 环境科学研究，2019，32（11）：1852-1860.
- [12] 胡明，薛娇，严玉林，等. 北京市特征河流沉积物重金属污染评价与来源解析[J]. 中国给水排水，2021，37（23）：73-81.
- [13] 邢露露. 城市河道弹性防洪景观规划和设计途径研究[D]. 北京：北京林业大学，2019.
- [14] 于磊，黄瑞晶，李容，等. 基于河道纳污能力的北运河城市副中心段合流制溢流污染控制研究[J]. 河海大学学报（自然科学版），2022，50（5）：41-48.
- [15] 汪健. 合流制排水系统污染处理技术探析[J]. 环境工程，2022，40（7）：259.
- [16] 海永龙，郁达伟，刘志红，等. 北运河上游合流制管网溢流污染特性研究[J]. 环境科学学报，2020，40（8）：2785-2794.
- [17] 李兆欣，赵斌斌，顾永钢，等. 北京典型再生水补水型河道水质变化分析[J]. 北京水务，2016（5）：17-20.
- [18] 北京市水文总站. 2021年北京市水生态监测及健康评价报告[R]. 北京：北京市水文总站. 2021.
- [19] 吴丹子. 城市河道近自然化研究[D]. 北京：北京林业大学，2015.
- [20] 梁尧钦，梅娟. 人水共生视角下城市河流生态修复研究与实践[J]. 人民黄河，2022，44（2）：89-93+99.
- [21] 李莲芳，曾希柏，李国学，等. 北京市温榆河沉积物的重金属污染风险评价[J]. 环境科学学报，2007（2）：289-297.
- [22] 楼春华，何春利，赵鹏，等. 北京城区河流沉水植物分布特征及环境因子关系研究[J]. 北京水务，2021（4）：61-65.

再生水河道水绵管控的生态响应研究

冯一帆[1,2]　李添雨[2]　张耀方[2]　黄炳彬[2]

(1. 河海大学，南京　210098；2. 北京市水科学技术研究院，北京　100048)

【摘要】 为了探究有效控制再生水河道中水绵生长的方法，本次研究设置了5个观测组，共22个水桶培育从凉水河中采集的水绵，分别监测鲫鱼、鲤鱼、草鱼及米虾在正常光照并加氧的条件下对水绵生长的控制作用。结果表明，鲫鱼对水绵的控制作用并不显著，草鱼对水绵的控制能力最强，而鲤鱼和米虾对水绵的控制能力较为稳定，在150g/m³丰度下可以有效控制水绵的生长。为了在凉水河进行安全高效的水绵管控工作，建议鲤鱼、米虾按照150g/m³的丰度进行投放，草鱼按照100g/m³丰度进行投放。

【关键词】 水绵；凉水河；再生水；生物操纵

Study on ecological response of *Spirogyra* control in reclaimed water channel

FENG Yifan[1,2]　LI Tianyu[2]　ZHANG Yaofang[2]　HUANG Bingbin[2]

(1. Hohai University, Nanjing　210098; 2. Beijing Water Science and Technology Institute, Beijing　100048)

【Abstract】 In order to explore effective ways to control the growth of *Spirogyra* in reclaimed water channels, five observation groups were set up in this study, with a total of 22 buckets to cultivate *Spirogyra* collected from Liangshui River, and to monitor the control effect of *Carassius auratus*, *Cyprinus carpio*, *Ctenopharyngodon idella* and *Caridina* on the growth of *Spirogyra* under the condition of normal light and oxygen. The results showed that *Carassius auratus* had no significant effect on the growth of spirogyra, *Ctenopharyngodon idella* had the strongest control ability on it, while *Ctenopharyngodon ideua* and *Caridina* had stable control ability on *Spirogyra*, and could effectively control the growth of *Spirogyra* at 150g/m³ abundance. In order to carry out safe and efficient control of *Spirogyra* in Liangshui River, it is suggested that the abundance of *Cyprinus carpio* and *Caridina* should be 150g/m³, and the abundance of Ctenopharyngodon idella should be 100g/m³.

【Key words】 *Spirogyra*; Liangshui River; Reclaimed water; Biomanipulation

1 引言

水绵（*Spirogyra*）俗名青苔，属于绿藻门（*Chlorophyta*），接合藻纲（*Conjugatophyceae*），双星藻目（*Order Zygnematales*），双星藻科（*Family Zygnemataceae*）[1]，广泛分布于淡水水域。水绵通常群生分布在透明度高、光线充足、水流缓慢的水域中，水绵可以充分进行光合作用，可生殖产生孢子，由孢子形成新的个体，并沿着水流扩散[2-3]。水绵适宜生存在15～25℃的温度范围，极易爆发于富营养化的河湖中，初期会附着在靠近河岸的岩石或水生植物上，然后漂浮在水面上，覆盖整个河岸[4]，死亡后会在水体中腐烂并且产生异味，易引起水体污染，威胁水生生物的生存，引发水生态系统的失衡[5]，最终对景观环境产生严重影响。

目前针对水绵爆发的防治方法主要是物理法、化学法和生物法。物理法主要是人工有针对性地进行打捞，但是水绵附着力强、丝状易断裂等特点导致完全清理的工作量很大，容易反复爆发。化学法是通过投加化学药剂的方式，初期往往见效很快，但是药剂难降解，对水体容易造成很大的污染，引起更大的影响。

对于生物法，其无害、高效的特点已经逐渐被广泛关注。Shapiro 等[6] 在1984年提出了"生物操纵"理论，对以浮游动物为食的鱼类进行清除，或放养肉食性鱼类、增加浮游动物以摄食藻类。水绵作为一种丝状藻类，可通过水生生物的直接摄食实现清除。张饮江等[7] 为探究高效与安全抑制丝状藻藻华的方法，利用光倒刺鲃、白鲢的食性特点，研究了不同密度与不同投放比例协同作用下，对水绵的抑制效果。其结果表明，光倒刺鲃可以显著摄食水绵，且在低密度、高比例时，对水绵的生长具有明显抑制作用。

北京市水资源短缺、供水紧张一直是限制社会发展的重要因素，有效利用再生水对缓解水资源短缺，实现绿色发展有重要意义。截至2020年，北京市再生水利用率达到58.8%，其中环境用水占再生水利用总量的92.5%，再生水已经作为北京市公园湖泊、河道主要补水水源[8]。北京市镜河水源为河东再生水厂提供的再生水和北运河岸侧土壤砂滤水，自2018年10月开始运行后，随即出现了水绵过量繁殖的情况，2019年春季水绵再次出现爆发性生长[9]。北京市再生水河道中水绵爆发的现象已经成为人们关注的焦点。

目前利用鱼类的增殖放流控制北京市再生水河道水绵爆发的研究较少，故本文针对北京市典型再生水河道——凉水河的丝状藻类生态管控进行分析，设计研究了鲫鱼、鲤鱼、草鱼和米虾对水绵生长的控制能力，对于目前北京市河湖丝状藻类暴发的问题提出了明确的管护建议，可有效规范本市水生态管护方法，促进河湖水生态管护水平提升。

2 研究区域概况

凉水河位于北京城南部，属北运河水系，流经石景山区、丰台区、朝阳区、大兴区、通州区，于榆林庄闸上游汇入北运河，全长68.41km，流域面积629.7km²[10]。凉水河是典型的再生水补给型城市河流[11]，承担着城南地区排水、河道分洪工作，是北京市一条重要的排水、防洪的景观河道[12]。凉水河目前水源主要为再生水、雨洪水、城市建设的施工降水以及城乡接合处的农村生活污水，汛期溢流污染严重。王蕊等[13]在2019年6—12月对凉水河水质监测结果表明，河水受人类活动影响，有机污染较为严重，总氮、COD浓度较高。本研究在2022年9月对凉水河沿线进行监测的结果显示，大多数河段的水深在0.6m左右，流速处于0.1～0.3m/s，总氮和总磷的平均浓度为13.72mg/L和0.10mg/L，浊度平均为2.3NTU。通过对这些指标的分析，凉水河极易成为培养水绵等丝状藻类的温床，所以加强对丝状藻类的监测和安全高效的管控，成为河湖管理工作的重要一环。

3 材料与方法

3.1 试验材料

本文试验所用的水绵随机取自凉水河河段，长势一致且生长状况良好，并同时采集大量无明显漂浮物的河水。采集的水质总氮平均为9mg/L，总磷为0.03mg/L。试验鱼种采用体长4～5cm的鲫鱼苗和鲤鱼苗，0.5kg约500尾，平均1尾约1g；采用体长6～7cm的草鱼苗，0.5kg约300尾，平均1尾约2～3g；米虾［匙指虾科（Atyidae）米虾属（Caridina）］的规格约1.5～3cm，0.5kg约2000只。试验的培养容器为上口径51cm、下口径44cm、高70cm的白色塑料桶，容积为160L。水绵生长所需光源和氧气由实验室的补光灯和增氧泵提供。

3.2 试验方法

试验时间为2022年9月23日—10月28日。如图1所示，在实验室内将22个白色塑料桶整齐排放成两列，设置5个观测组：1个对照组和4个处理组。试验开始前先在所有观测组水桶中统一加入采集到的凉水河河水至桶高52cm处（约120L），同时每个桶内分别加入等量（约230g）的水绵培养1周。培养时设定补光灯开启时间为7：00—17：00，每日光照时间为10h，经测量水面光照强度为4180lx，水底光照强度为1604lx。然后进行处理前采样，采集固着态和悬浮态水绵，之后每隔2～4d进行悬浮态水绵采样，试验最后一次采样，收集固着态水绵进行测定。试验开始后，不再引入其他的水生生物，无投饵，视情况曝气。之后按照100g/m³、150g/m³、200g/m³、250g/m³、300g/m³五个生物量梯度分别投放鲫鱼、鲤鱼、草鱼、米虾，见表1。每个处理组有5个桶，对照组仅加入水绵，后不做处理。

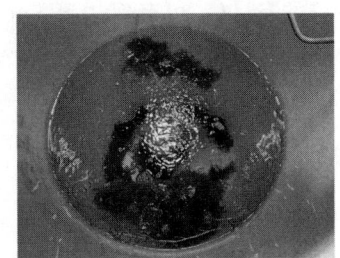

图1 实验室装置及试验水绵细节展示

表 1　　各桶中投加鱼类的丰度情况表

序号	组别	水绵初始生物量/g	序号	组别	水绵初始生物量/g
S1	对照组	230.45	S12	鲤鱼 300g/m³	230.56
S2	对照组	230.35	S13	草鱼 100g/m³	230.17
S3	鲫鱼 100g/m³	230.75	S14	草鱼 150g/m³	230.56
S4	鲫鱼 150g/m³	230.39	S15	草鱼 200g/m³	230.62
S5	鲫鱼 200g/m³	230.29	S16	草鱼 250g/m³	230.41
S6	鲫鱼 250g/m³	230.49	S17	草鱼 300g/m³	230.77
S7	鲫鱼 300g/m³	230.50	S18	米虾 100g/m³	230.80
S8	鲤鱼 100g/m³	230.69	S19	米虾 150g/m³	230.81
S9	鲤鱼 150g/m³	230.12	S20	米虾 200g/m³	230.59
S10	鲤鱼 200g/m³	230.42	S21	米虾 250g/m³	230.58
S11	鲤鱼 250g/m³	230.14	S22	米虾 300g/m³	230.15

固着态和悬浮态的水绵采样方法为通过刮取或捞取约 100cm² 的水绵样品进行称重测量，包括湿重和干重，再通过样品占水绵固着态、悬浮态面积百分比进行估算。

水绵培养 1 周后，对各理化指标进行检测，包括室温、光照、透明度、pH 值、总磷、氨氮、COD_{Cr} 等，其中光照需检测水面、水面下 30cm、水底。理化指标检测频率与水绵生物量保持一致。

3.3　数据处理

本文采用 Excel 2016 对试验测量的数据作简单的整理分类并进行初步分析，并采用 Origin 2021 软件绘制折线统计图。

4　结果与分析

试验所设定的培养温度为室温状态，每次测量水绵生物量的同时用温度计测量水温和室温，结果如图 2 所示。在试验期间室内温度基本稳定在 18.8～19.9℃，桶中的水温最低为 17.5℃，最高为 18.8℃，变化较小，基本处于水绵和鱼类正常生长的温度范围内。

9 月 23 日将相同生物量的水绵放入 22 个试验桶培育一周，在 10 月 2 日放入设计的种类和梯度的鱼种，每 2～4d 测量一次，截至 10 月 28 日，5 个观测组的水绵平均生物量变化及各桶内水绵生物量如图 3 和图 4 所示。

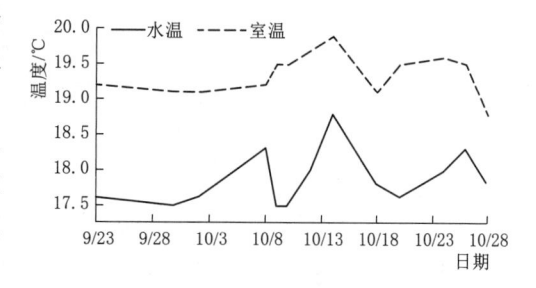

图 2　试验期间水温与室温变化情况

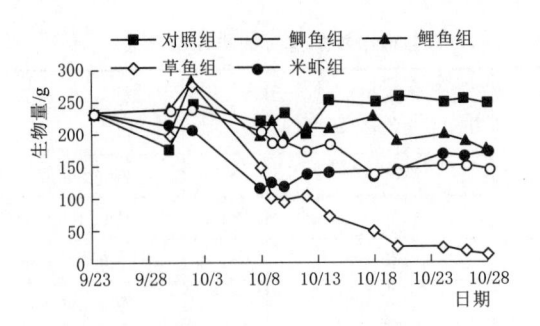

图 3 各观测组水绵平均生物量变化折线图

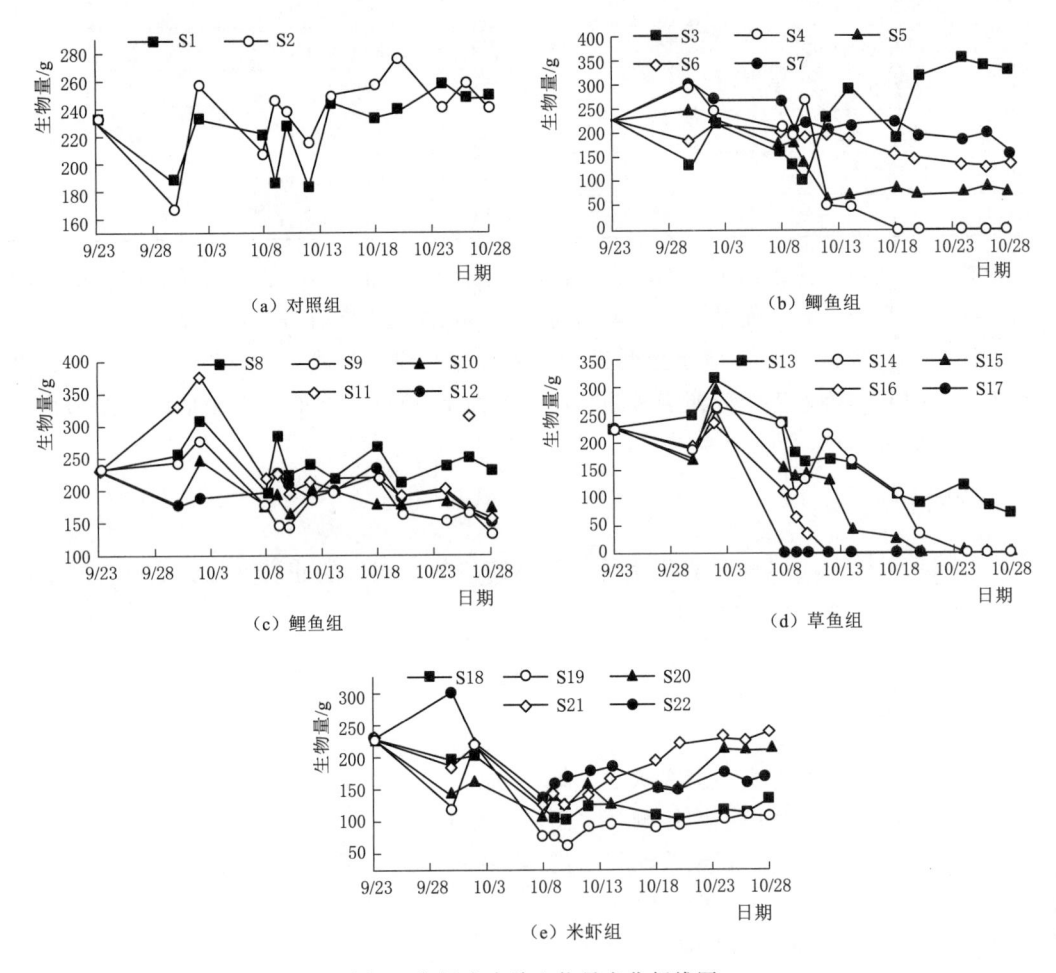

图 4 各桶内水绵生物量变化折线图
(a) 对照组
(b) 鲫鱼组
(c) 鲤鱼组
(d) 草鱼组
(e) 米虾组

对照组中两组数据变化基本一致，虽然有几次明显增加和减少的现象，但试验结束时水绵生物量与初始相比基本无变化。鲫鱼组整体变化规律不稳定，S3 组即投加 100g/m³ 的鲫鱼后，水绵的生长并没有得到有效的控制；而 S4～S7 组中的水绵皆有所减少，其中 S4 组即投加 150g/m³ 鱼苗后的第 17 天，水绵就被生物量为 150g/m³ 的鲫鱼苗消耗殆尽。鲤鱼组整体变化规律较为稳定，S8～S12 组在试验结束时水绵生物量均有减少，其中 S9 组即投加 150g/m³ 后水绵的消耗量最大，减少了 40.93%；而 S8 组即投加 100g/m³ 后水绵消耗量极少，基本无变化。草鱼组对水绵表现出的控制能力最强，S13 组即投加 100g/m³ 后在试验期间高效地控制了水绵的生长，其消耗率为 69.33%；其余各小组均在试验期内完全消耗初始加入的水绵，S13～S17 组对水绵的消耗速率随草鱼生物量的增加而增加，即试验组中最大生物量为 300g/m³ 的草鱼消耗速率最大，完全消耗仅用了 7 天时间。米虾组中 S20 组投加 200g/m³ 和 S21 组投加 250g/m³ 的，水绵基本无变化，其余均对其有一定的控制能力；其中 S19 组即投加 150g/m³ 的，对水绵的控制能力最强，其消耗率为 53.62%。

通过对鲫鱼组、鲤鱼组、草鱼组和米虾组的分析可得，各组中对水绵生物量控制能力最强的均为 150g/m³ 这一生物量的鱼种，可能在此种生物量条件下，鱼类的种间竞争并不激烈，鱼类的生存空间和食物资源得到了最适宜的分配。

5 结论与建议

（1）在各个观测组中，草鱼对水绵的控制能力最强，且投加的草鱼丰度越大，水绵的消耗速率越快；鲫鱼对水绵的控制能力不稳定，且在结果中没有表现出不同丰度对水绵的控制能力的规律；鲤鱼和米虾对水绵的控制能力较为稳定，在 150g/m³ 丰度下可以有效控制水绵的生长。

（2）针对北京市再生水补给河湖水绵管控的实际问题，结合本次研究的结果来看，为了安全高效地调控水绵，建议鲤鱼、米虾按照 150g/m³ 的丰度进行投放，草鱼按照 100g/m³ 的丰度进行投放。

（3）丝状藻类暴发是近几年河流水环境的主要问题，所以河湖管控时应强化丝状藻类监测，防止生物量泛滥。建议对凉水河从水动力调控、生物操控等方面，继续开展进一步研究，对水绵等丝状藻类实现有效地管控。

参考文献

[1] 胡鸿钧，李英，魏印心. 中国淡水藻类 [M]. 上海：上海科学技术出版社，1981：570-578.

[2] 陈孝花，潘连德，张饮江. 水中丝状藻类有害藻华的形成与对策 [J]. 南方水产科学，2011，7 (2)：77-82.

[3] SULFAHRI, AMIN M, SUMITRO S B, et al. Comparison of biomass production from algae Spirogyra hyalina and Spirogyra peipingensis [J]. Biofuels (London), 2017, 8 (3)：359-366.

[4] 凡传明，刘云国，郭一明，等. 水绵 (Spirogyra) 对蓝藻复苏及藻类群落结构的影响 [J]. 环境科学学报，2011，31 (10)：2132-2137.

[5] 张贵锋. 水绵发生原因分析与防除技术 [J]. 农药科学与管理，2004 (8)：19-20.

[6] Shapiro Joseph. Lake restoration by biomanipulation——a personal view [J]. Environmental reviews, 1995, 3 (1)：83-93.

[7] 张饮江，黎臻，王芳，等. 光倒刺鲃、白鲢协同投放抑制丝状藻 (水绵) 藻华围隔研究 [J]. 环境科学学报，2015，35 (3)：780-788.

[8] 刘璐. 北京市再生水利用现状、问题及建议 [J]. 水利发展研究，2022，22 (5)：83-88.

[9] 李凤霞.镜河水绵季节性爆发综合治理对策研究[J].北京水务,2019(6):36-40.
[10] 常松,黎小红,王培京,等.北京市凉水河底栖动物现状调查与评价[J].北京水务,2019,No.205(2):35-39.
[11] 王永刚,王旭,孙长虹,等.再生水补给型城市河流水质改善效果模拟[J].环境科学与技术,2017,40(6):54-60.
[12] 王馨慧,单保庆,唐文忠,等.典型城市河流表层沉积物中汞污染特征与生态风险[J].环境科学学报,2016,36(4):1153-1159.
[13] 王蕊,何春利,黄炳彬,等.基于主成分分析法的再生水补给河道水质评价[J].北京水务,2021(1):38-43.

水位变动条件下的密云水库库滨带生境调查分析

李兆欣[1] 张文智[1,2] 王 群[3] 何春利[1] 李 垒[1]

[1. 北京市水科学技术研究院，北京 100048；2. 中国地质大学（北京），北京 100083；3. 北京市密云水库管理处，北京 101512]

【摘要】 密云水库蓄水量不断增加，库滨带的生境条件发生变化，通过调查分析，确定密云水库现状水位条件下的库滨带生境状况，获取基础数据，有助于维持密云水库的生物多样性。结果表明，2022年9—11月，库北水陆交错区域，水体总氮浓度维持在 0.8~1.8mg/L，沉积物中各项指标的时空尺度浓度变化无明显规律。在库北区域发现穗花狐尾藻、菹草等沉水植物生长。本文基于水体样本测序得到，微生物门水平的群落主要为变形菌门、放线菌门、绿弯菌门、蓝细菌门和拟杆菌门，在靠近陆地一侧的微生物群落多样性相对较高。

【关键词】 密云水库；水位变动；库滨带；生境

Habitat investigation and analysis of the reservoir riparian zone of Miyun Reservoir under water level fluctuation conditions

LI Zhaoxin[1] ZHANG Wenzhi[1,2] WANG Qun[3] HE Chunli[1] LI Lei[1]

[1. Beijing Key Laboratory of Water Environmental and Ecological Technology for River Basins, Beijing Water Science and Technology Institute, Beijing 100048; 2. School of Water Resources and Environment, University of Geosciences (Beijing), Beijing 100083; 3. Beijing Administration Office of Miyun Reservoir, Beijing 101512]

【Abstract】 Because of the increased water storage in Miyun Reservoir, the habitat conditions of the reservoir's riparian zone have changed. The survey and analysis were carried out to assess the habitat conditions of the reservoir's riparian zone under the current water level of Miyun Reservoir, as well as to acquire fundamental data that can aid in the preservation of Miyun Reservoir's biodiversity. The results showed that from September to November 2022, the total nitrogen concentration in the water column was maintained between 0.8mg/L and 1.8mg/L in the water-land interface area in the north of the reservoir, and there was no obvious pattern in the spatial and temporal scale concentration changes of various indicators in the sediment. The growth of submerged plants such as spicebush foxtail and minced grass was also found in the north area of the reservoir. We discovered that the communities at the microbiological phylum level were primarily Proteobacteria, Actinobacteria, Chloroflexi, Cyanobacteria, and Bacteroidetes. On the land side, microbial community diversity was relatively high.

【Key words】 Miyun Reservoir; Water level fluctuation's; Reservoir's riparian zone; Habitat

1 引言

密云水库位于北京市密云区，拦蓄白河和潮河之水，作为北京重要的地表饮用水水源地、水资源战略储备基地，已成为"无价之宝"[1-2]。2014年12月27日，南水北调水正式进入北京，2015年9月11日，南水北调水进入密云水库，2021年密云水库区域的降水量、降雨场次均创历史之最，水位从年初148.27m不断升高，10月1日库水位达到155.30m，相应蓄水量35.793亿 m^3 ，创建库以来历史最高水位[3]。

目前，南水北调水已成为北京市的重要饮用水水源，在一定程度上降低了密云水库的用水量。同时，上游来水的增加，使得库区水位不断升高，在此过程中，密云水库库区水质状况良好，除总氮外，其余主要水质指标均优于地表水Ⅱ类标准。但是，密云水库蓄水量不断增加，库滨带新增淹没面积不断增加，库滨带的生境条件也不断发生变化，新的库滨带产生新的生物群落。2015年南水北调水进入密云水库之前，曾调查发现，库滨带的水生维管束植物主要为菹草、狐尾藻、金鱼藻、大茨藻、水毛茛、菱角、芦苇等。水位快速上升后，库区水生维管束植物资源量大幅减少，2021年密云水库高水位运行之后，库岸带水生植物的种类及分布情况进一步发生变化，水生生物群落正在逐步恢复。今后一段时期内，密云水库可能将处于高水位运行状态，也可能根据来水情况，动态调整运行水位，但不论在哪种水位运行条件下，调查掌握库区现存水生生物物种资源情况都是必须的。在此基础上，开展水位变动条件下的密云水库库滨带生境调查，获取基础数据，将有助于维持密云水库的生物多样性。

2 材料与方法

2.1 调查、监测点位布设

结合库区前期水生植物主要生长分布区域，确定实际调查地点。在库北区域，以现状水位线为基准，垂直布设3条采样线，每条样线上设置5个采样点（图1）。从现状水位线向靠近河岸方向垂直延伸50m，为监测点1，现状水位线为监测点2，靠近水面方向垂直延伸50m、100m和200m，分别为监测点3、监测点4和监测点5。

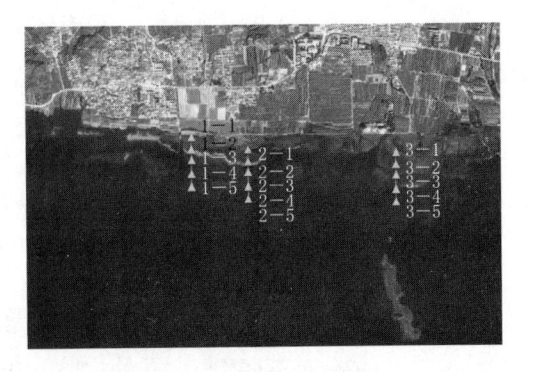

图1 采样点位示意图

2.2 指标选取与调查过程

调查之前水生植物的生长区域，确定水生植物的现状生长情况，按照布设的监测点位，分布采集水体样品和沉积物样品。

水样采集表层水，每个点位采集 5L 水样，带回实验室检测高锰酸盐指数、总氮、总磷、叶绿素 a 等水质指标；沉积物样品采集表层沉积物，每个点位用抓泥斗采集 1~2 次，沉积物装袋，带回实验室测试氮、磷、有机物的含量，以及粒径分布等其他理化指标。相关测试方法参考《水和废水监测分析方法（第四版）》进行[4]。

除此之外，应用基因测序技术，分析库滨带的微生物群落分布状况，测序区间 338F_806R，用引物 338F（5′- ACTCCTACGGGAGGCAGCAG - 3′）和 806R（5′- GGACTAC-NNGGGTATCTAAT - 3′）扩增细菌 16Sr RNA 基因的 V3~V4 区，进而进行测序分析。

2022 年 9—11 月，按月进行调查监测，2022 年 9 月 16 日、2022 年 10 月 18 日、2022 年 11 月 16 日，分别采集水样和沉积物样品，进行具体指标的测试分析。

3 结果与讨论

3.1 现场测试指标

2022 年 9—11 月，现场调查发现库滨带有少量穗花狐尾藻、菹草生长，未见其他水生植物。

现场监测指标变化情况如图 2 所示。其中，水温变化受气温降低影响，11 月水温较 10 月降低 5℃左右，水陆交错点位 1-2、2-2 和 3-2 的水温明显高于向水库纵向延伸的其他点位，主要靠近岸边的点位更容易受到气温变化的影响。溶解氧的变化趋势与水温类似，水陆交界处的 DO 浓度明显高于其他监测点位，可能是由于水浪冲刷导致的，2022 年 10 月、11 月整体 DO 浓度差距不大，水陆交界处的浓度 10 月略高于 11 月，DO 浓度基本维持在 10mg/L 左右，优于地表水 Ⅰ 类标准。

各采样点的电导率变化不大，整体上 10 月的电导率结果略高于 11 月，在 2-2 采样点，10 月与 11 月的电导率差异较大，可能是 11 月采样时风浪致使岸边水体较浑浊，使得监测的电导率值较高。溶解性总固体的浓度整体保持稳定，10 月和 11 月的差距不大，需要注意的是，在 2-2 采样点，11 月 TDS 值同样较大，这也解释了电导率在 11 月异常升高的原因。pH 值整体位于 6~9，符合地表水环境质量标准的要求，相较于 10 月，11 月的 pH 值明显较低，这可能与水陆交错带附近的藻类等水生生物的活动有关，温度降低，影响藻类等水生生物的光合/呼吸作用，进而影响水体 pH 值。11 月，浊度整体略微下降，2-2 采样点的浊度高于其他点位，与电导率和溶解性总固体的变化趋势基本一致。

3.2 主要水质

高锰酸盐指数浓度变化情况如图 3（a）所示。经过数据可视化后以图表的形式展示数据，高锰酸盐指数基本保持在 4mg/L 以下，达到 Ⅱ 类水质标准。空间上，库北 1，

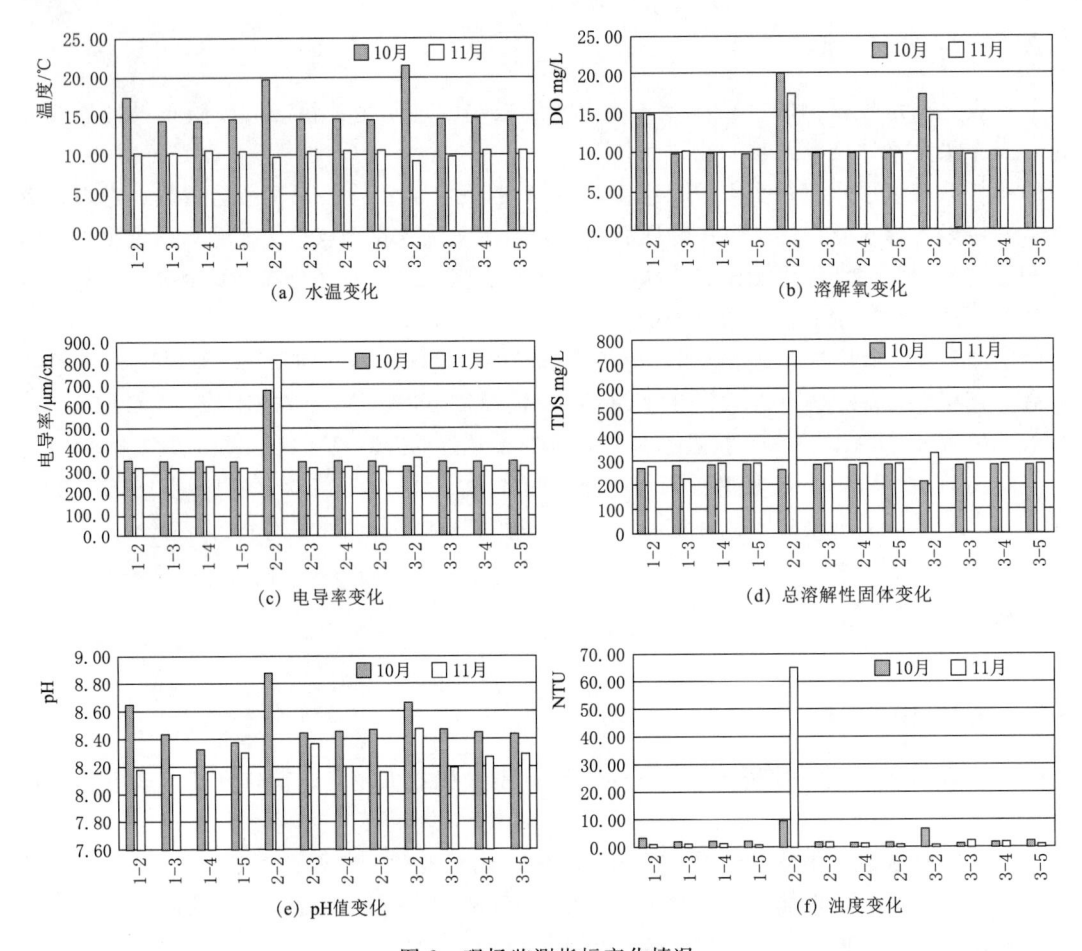

图 2 现场监测指标变化情况

1-2采样点至1-5采样点，在9月纵向上表现出逐渐升高的趋势，而在10月和11月则是逐渐减小的趋势，这种现象可能是由于温度变化引起的。在库北2和库北3，高锰酸盐指数变化相对平缓。

按采样时间进行比较，9—11月的高锰酸盐指数变化保持着下降的趋势。在11月高锰酸盐指数基本上优于地表水Ⅰ类水质标准限值要求。其中11月的两个异常值可能是在取样过程中由于风浪影响采集到了泥沙，导致高锰酸盐指数异常升高。

总氮浓度变化情况如图3（b）所示。空间上，总氮在单个月份内的所有点位的值变化不大，整体分布平缓。时间上，9月、10月、11月之间，整体表现出先升高再下降的变化规律。9月总氮在0.8~1.2mg/L，10月在1~1.8mg/L，11月在0.8~1.5mg/L，总氮的浓度整体分布在0.83~1.97mg/L。

总磷浓度变化情况如图3（c）所示。空间上总磷浓度整体趋于平缓，各采样点之间的差异不大，但在每个月的水陆交界处发现总磷的浓度大多高于纵向的其他点位，可能是由于位于水陆交界处，受水浪冲刷，导致其浓度较高。在10月、11月除去水陆交界处点位外基本都达到了Ⅱ类水标准，在10月和11月出现了总磷浓度异常高的点，推测为采集

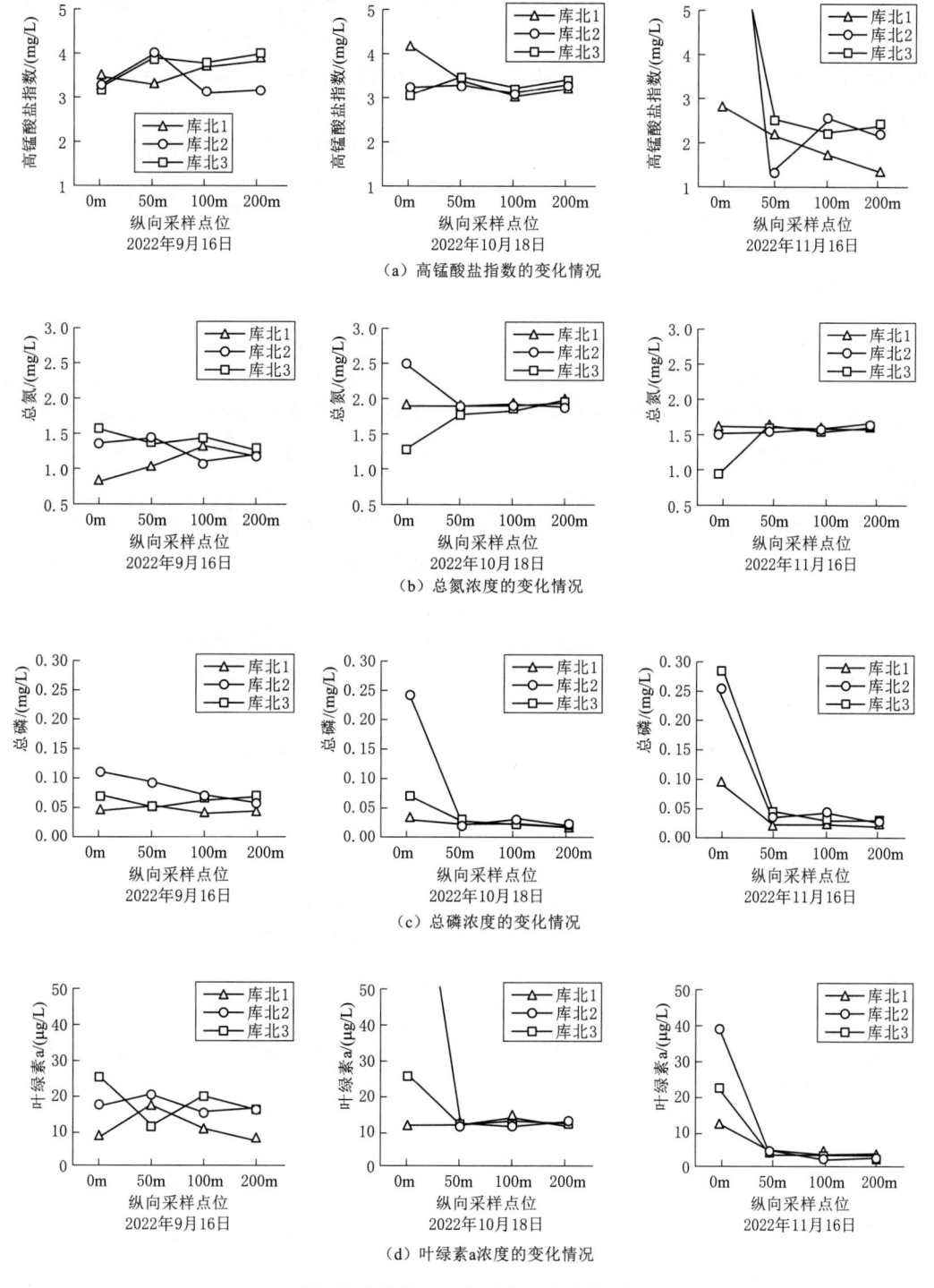

水位变动条件下的密云水库库滨带生境调查分析

（a）高锰酸盐指数的变化情况

（b）总氮浓度的变化情况

（c）总磷浓度的变化情况

（d）叶绿素a浓度的变化情况

图 3 库岸带主要水质指标变化情况

水陆交界处的样品时混入了泥沙导致总磷浓度的异常升高。

叶绿素 a 浓度变化情况如图 3（d）所示。叶绿素 a 浓度普遍低于 $20\mu g/L$，而在空间

207

上叶绿素 a 分布除 9 月起伏不定外,10 月、11 月都较为平缓,10 月有一异常值,推测为采样时混入颗粒物导致。在 10 月、11 月叶绿素 a 分布逐渐集中于水陆交界处,浓度高于其他纵向点位。时间上,叶绿素 a 表现出逐渐下降的趋势,推测是因为天气转冷,藻类等浮游生物减少的原因。

总体上,2022 年 9—11 月,主要监测点位的相关水质指标,除总氮外水质优于地表水 Ⅱ 类水质标准,并且高锰酸盐指数在 11 月优于 Ⅰ 类水质标准。总氮浓度整体偏高,基本维持在 0.8~1.8mg/L。

3.3 主要沉积物指标

沉积物全氮浓度变化如图 4(a)所示。沉积物中,库北 1 监测断面、库北 2 监测断面和库北 3 监测断面的各点位纵向变化无明显规律,在时间尺度上,整体而言沉积物全氮浓度变化不大。整体上,监测区域内的沉积物全氮浓度变化规律不明显,与沉积物分布情况有关,总体浓度较为稳定,在 900~1200mg/kg 之间,后续若开展水位变动条件下的连续监测,可减少对沉积物全氮浓度的测试频率。

沉积物总磷浓度变化情况如图 4(b)所示。各采样点的监测结果无明显规律,整体保持平稳,总磷浓度在 400~600mg/kg 之间变化。监测区域内的沉积物总磷浓度变化规律不明显。

沉积物有机质浓度变化如图 4(c)所示。各采样点的沉积物有机质变化规律不明显,整体保持平稳,有机质浓度在 15~25g/kg 之间变化。监测区域内的沉积物有机质浓度变化规律不明显。

沉积物粒径分布情况如图 4(d)所示。比较各监测点位的沉积物平均粒径,2022 年 9 月,平均粒径在离岸 100~200m 时达到最小,10 月的平均粒径规律和 9 月份差距较大,但也基本在纵向上遵循先上升后下降的规律。横向上的平均粒径变化没有明显规律。整体上,监测区域的沉积物平均粒径在 40~200μm 之间变化。

监测区域内的沉积物各指标的变化规律均不明显,这与沉积物分布情况有关,后续若开展水位变动条件下的连续监测,可减少对沉积物各项指标的测试频率。

3.4 微生物群落分析

图 5(a)为基于密云水库库北水体样品进行的基因测序分析,得到门水平微生物群落构成。丰度排前 5 的分别为变形菌门(Proteobacteria)、放线菌门(Actinobacteria)、绿弯菌门(Chloroflexi)、蓝细菌门(Cyanobacteria)和拟杆菌门(Bacteroidetes)。其中,变形菌门占据占比最高,为优势微生物群落。

变形菌门(Proteobacteria)是细菌中最大的一门,其中的细菌包括亚硝化细菌、硝化细菌和反硝化类的细菌等,可以利用水体内的有机物、氮元素推动氮循环,其丰度较高可能是因为水体中氮含量较高。变形菌门(Proteobacteria)丰度一般在离岸 100m 左右达到最高。

放线菌门(Actinobacteria)是原核生物中的一个类群。放线菌主要能促使土壤中的动物和植物遗骸腐烂。绿弯菌门(Chloroflexi)是一类通过光合作用产生能量的细菌,又

水位变动条件下的密云水库库滨带生境调查分析

（a）全氮浓度的变化情况

（b）总磷浓度的变化情况

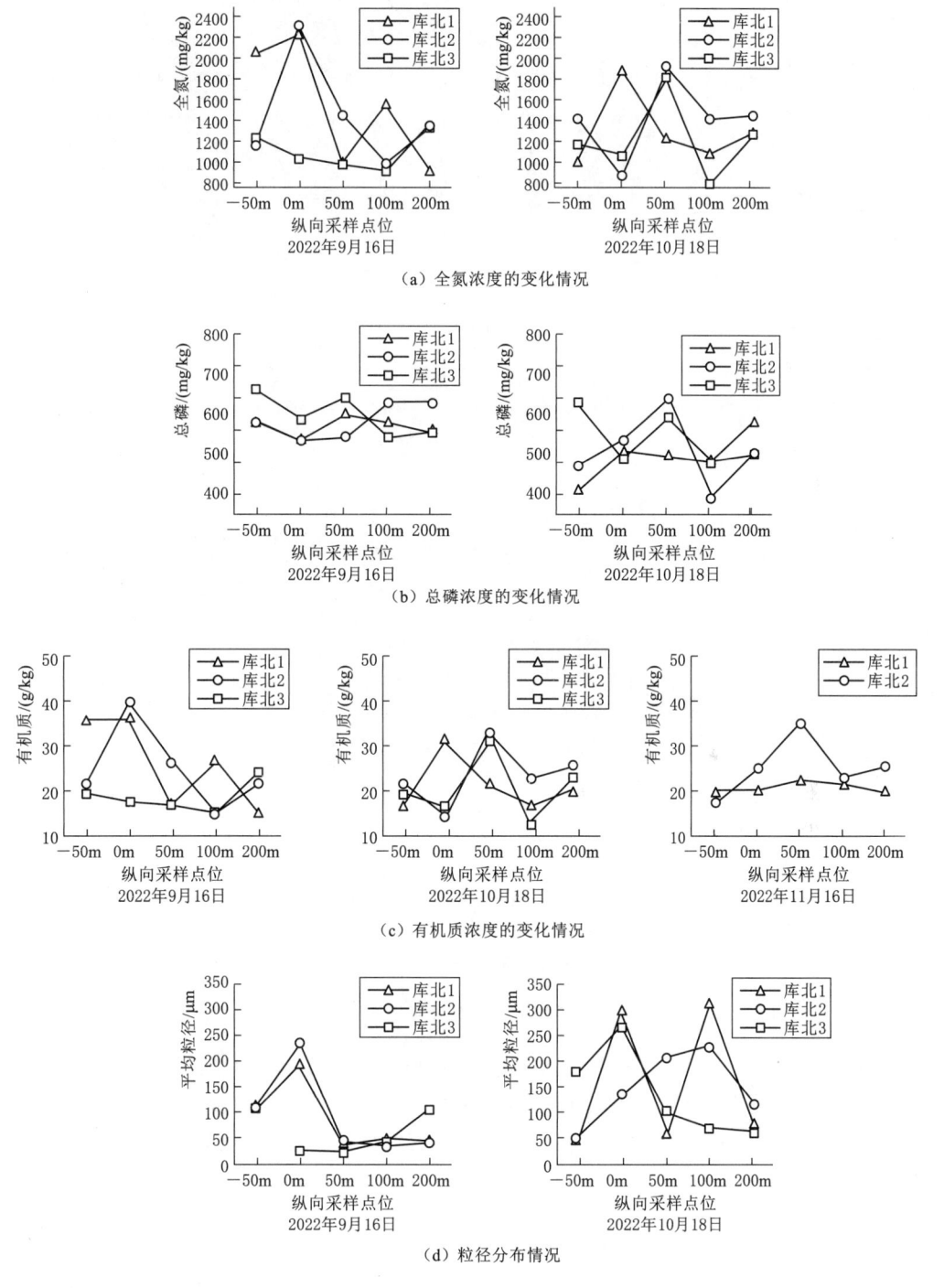

（c）有机质浓度的变化情况

（d）粒径分布情况

图 4 库岸带主要沉积物指标的变化情况

称作绿非硫细菌。Cyanobacteria（蓝细菌门）是一种能通过光合作用产生能量的微生物，与绿弯菌门（Chloroflexi）均属于产氧光合细菌，许多蓝细菌具有固氮功能，其丰度与温

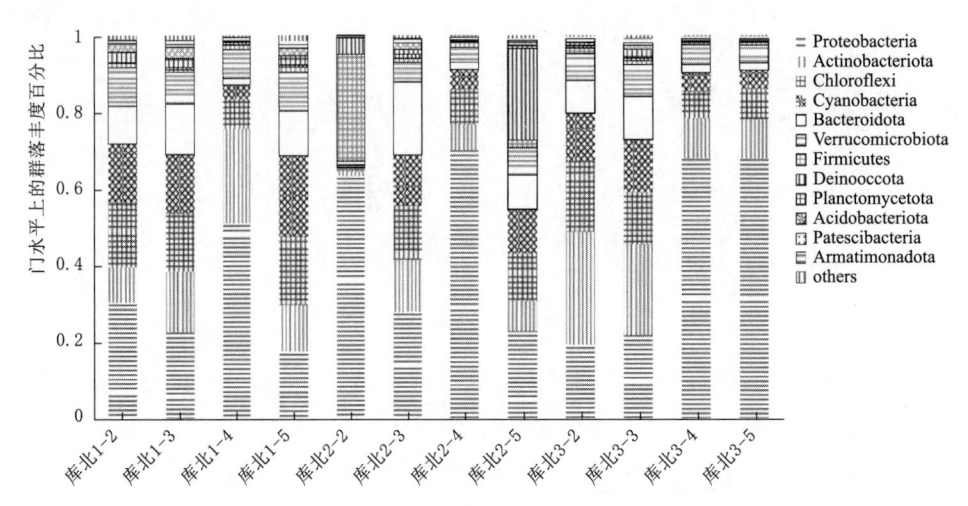

(a) 密云水库9月微生物群落(门水平分析)

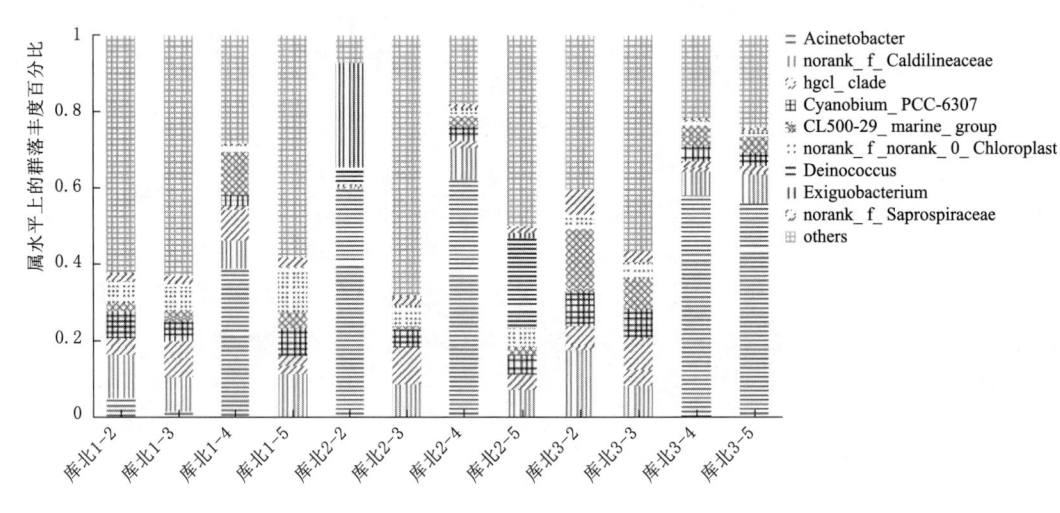

(b) 密云水库9月微生物群落(属水平分析)

图5 密云水库9月水样微生物群落分析

度和光照均有关系。拟杆菌门（Bacteroidetes）包括三大类细菌，即拟杆菌纲、黄杆菌纲、鞘脂杆菌纲。黄杆菌纲主要存在于水生环境中，多数黄杆菌纲细菌对人无害。

进一步对属水平微生物群落进行分析，由图5（b）可知，丰度排前5的属分别为不动杆菌属（Acinetobacter）、norank_f_Caldilineaceae、hgcl_clade 蓝细菌属（Cyanobium_PCC-6307）和 CL500-29_marine_group。OUT 丰度＜0.05 的群落合并为其他属（others）。

不动杆菌属（Acinetobacter）其中的一些物种可从湿地、河水、活性污泥和废弃矿石等外界环境中分离得到，为常见菌种。Cyanobium_PCC-6307（蓝细菌属）是能够在光合作用时释放氧气的原核微生物，蓝细菌广泛分布于河流、湖泊等各种水体，具有固氮能力和对不良环境的抵抗能力，不过，蓝细菌过度增殖会形成水华，危害其他的水生生物。

$CL500-29\_marine\_group$ 属于放线菌门，其检出可能指示着水体有轻度富营养化状态。

Shannon index（香浓指数）可以表征微生物群落的生物多样性状态，密云水库 9 月微生物群落多样性指数结果如图 6 所示，2022 年 9 月水位条件下，微生物多样性在靠近陆地一侧的微生物群落多样性相对较高，可能是由于水陆交错带微生物的栖息环境更为多样，有助于提高微生物的物种多样性。

4 结论与展望

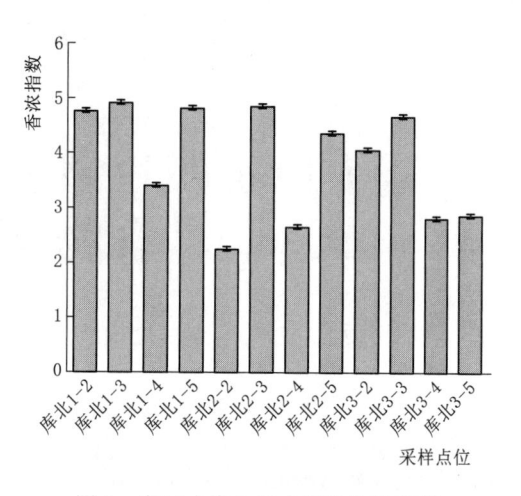

图 6 密云水库 9 月水样微生物群落多样性指数分析

通过监测 2022 年 9—11 月库北水陆交错区域的水质及沉积物各项指标，整体上，水质优于地表水Ⅱ类标准限值要求，且水质呈现逐渐变好的趋势。高锰酸盐指数基本保持在 4mg/L 以下，水陆交界处的采样点；总磷浓度曾出现异常升高情况，主要是由于受水体风浪冲刷等影响；总氮浓度偏高，基本维持在 0.8～1.8mg/L 之间。沉积物中各项指标的时空尺度浓度变化，整体稳定，无明显变化规律，这与沉积物分布情况有关，后续若开展水位变动条件下的连续监测，可减少对沉积物各项指标的测试频率。通过基因测序技术，分析密云水库库北水陆交错区域的微生物群落和鱼类群落，基于水体样本测序得到，2022 年 9 月微生物门水平的群落主要为变形菌门（Proteobacteria）、放线菌门（Actinobacteria）、绿弯菌门（Chloroflexi）、蓝细菌门（Cyanobacteria）和拟杆菌门（Bacteroidetes），微生物多样性在靠近陆地一侧相对较高，可能是由于水陆交错带微生物的栖息环境更为多样，有助于提高微生物的物种多样性。

此次调查过程中仅在库北区域发现少量的狐尾藻等沉水植物生长，后续建议按不同季节进行库滨带水生植物的专项调查，及时掌握密云水库在水位变动条件下的水生植物生长演替情况。同时，基因测序技术手段用于分析微生物群落组成具有其优势，后续可尝试进行鱼类组成等测序分析，结合现场网捕等鱼类调查，将测序技术应用于密云水库鱼类资源调查过程。

参考文献

[1] 康欣，王晓羽，李淼，等. 南水入京后密云水库水质与营养状态分析 [J]. 水利技术监督，2022（7）：122-125+130.

[2] 李春喜. 密云水库强降雨及高水位运行安全保障措施 [J]. 北京水务，2022（4）：1-4.

[3] 周上梯，张丽娟，李宾，等. 密云水库高水位运行工程安全保障体系探索与研究 [J]. 北京水务，2022（4）：61-65.

[4] 国家环境保护总局. 水和废水监测分析方法 [M]. 4 版. 北京：中国环境科学出版社，2002.

基于稳定同位素技术对永定河北京段食物网的研究

李卓轩[1,2] 张耀方[1] 李久义[2] 薛万来[1] 李垒[1] 叶芝菡[1] 李添雨[1]

(1. 北京市水科学技术研究院,北京 100048;2. 北京交通大学,北京 100044)

【摘要】 食物网研究可以指示群落的组成、联系和整体性,对探究河流生态系统中能量流动和物质循环具有重要意义。本文基于碳氮稳定同位素技术,将永定河北京段 12 个采样点分为山区与平原段,对生态系统中的水生生物种类及生物量进行调查,并检测其碳氮同位素,分析关键物种的稳定同位素分布特征及食源贡献率,构建食物链与食物网,致力于恢复和维持健康的河湖生态环境系统,为构建良好的水生生物栖息地提供依据,有助于河流生态修复的开展与评估。主要研究结果有:①永定河北京段生态系统内部,杂食性鱼类如(黄黝鱼、麦穗鱼、高体鳑鲏等)$\delta^{13}C$ 均值集中分布在 $-25\sim-23$,种群内生态位重叠度高,存在一定程度的种间竞争;泥鳅、黄颡鱼、高体鳑鲏碳同位素跨度大于其他鱼类,生态位多样化程度高,在生物种群种间竞争中具备一定优势。②生态系统内,肉食性鱼类对杂食性鱼类的摄食占比在 60%~85%,杂食性鱼类主要以底栖动物中捕食者与牧食者为食,占比 30%~70%,其中银鮈鱼、鳘、麦穗鱼对捕食者的摄食具有明显偏好性。

【关键词】 食物网;稳定同位素;关键物种;营养关系

Food web in the Beijing section of Yongding River based on stable isotope technique

LI Zhuoxuan[1,2] ZHANG Yaofang[1] LI Jiuyi[2] XUE Wanlai[1] LI Lei[1]
YE Zhihan[1] LI Tianyu[1]

(1. Beijing Institute of Water Science and Technology, Beijing 100048;
2. Beijing Jiaotong University, Beijing 100044)

【Abstract】 Food web research can indicate the composition, connection and integrity of communities, which is of great significance for exploring energy flow and material cycling in river ecosystems. Based on carbon and nitrogen stable isotope technology, 12 sampling points in the Beijing section of Yongding River were divided into mountainous and plain sections to investigate the species and biomass of aquatic organisms in the ecosystem. Carbon and nitrogen isotopes were detected, stable isotope distribution characteristics of key species and contribution rate of food source were analyzed, and food chain and food web were constructed. It is committed to restoring and maintaining a healthy river and lake ecological environment system, providing basis for building a good aquatic habitat, and contributing to the development and evaluation of river ecological restoration. The main results are as follows: ①Within the ecosystem of the Yongding River, the mean values of $\delta^{13}C$ of omnivorous fishes (Hypseleotris swinhonis, Pseudorasbora parva, Rhodeus ocellatus, etc.) are clustered between -25 and -23, indicating high niche overlap within the population, and interspecific competition exists to a certain extent. The carbon isotope span of Misgurnus anguillicaudatus, Pelteobagrus fulvidraco, Rhodeus ocellatus were larger than that of other fish, and they had a high degree of niche diversity, so they had a certain advantage in the interspecific competition of biological populations. ②In the ecosystem, the feeding ratio of carnivorous fishes to omnivorous fishes ranges from 60% to 85%. Omnivorous fishes mainly feed on predators and grazers among benthic animals, account for 30%-70%, among which Squalidus argentatus, Hemiculter leucisculus and Pseudorasbora parve have obvious preference to predators.

【Key words】 Food web; Stable isotope; Keystone species; Trophic relationship

　　食物网是生态系统中多种生物及其营养关系的网络,它描述了生物群落内不同生物体之间复杂的营养相互作用[1],食物网研究能有效地了解生态系统中物质和能量的流动过程、生物群落组成、结构以及物种之间复杂的摄食关系,并能为基于生态系统的生态保护和修复提供决策依据[2]。其中,生态系统内物种的营养关系是群落内各生物成员之间最重要的联系,是了解生态系统能量流动的核心,也是群落赖以生存的基础,了解流域食物网、营养级状况对解释生态系统的特征和过程有着重要意义[3]。目前,碳氮稳定同位素技术是近年来生态学研究中新兴的食物网研究手段,广泛应用于流域生态系统中食物网结构及营养关系的研究,为揭示水域生态系统中的物质交替变化和能量流动提供了量化指标[4]。

　　永定河北京段由于自然干旱与人类活动的影响,历史上水质恶化,水量逐渐减少甚至断流,河流生态功能丧失,生态环境的严重退化与北京经济社会的快速发展形成了强烈反差,成为制约区域经济可持续发展的重要因素[5]。永定河于2016开始重点整治,提高水质环境,保障内部水量,部分河段进行河道生态修复,2020年至今,多次从官厅水库及南水北调中线工程中补水[6],意在解决永定河季节性断流问题。为贯彻落实习近平生态文明思想,推进水生态文明建设[7],本文以碳氮稳定同位素技术为基础,分析永定河北京段生态系统内的关键物种鱼类、底栖动物、浮游动物、浮游植物和水生植物的同位素分布特征及食源贡献,从而搭建食物链与食物网,对永定河北京段河流生态系统内部的营养关系、能量流动及成熟度进行研究。结合水文地质,探讨其原因,致力于维持和恢复健康的流域生态环境系统,为构建适宜的水生生物的栖息地提供依据,有助于河流生态修复的开展与评估,推动永定河北京段生态系统的向上发展。

1 研究背景

1.1 研究地点

永定河是北京的母亲河,为海河水系最大的一条河流,位于东经 $112°06′\sim117°45′$、北纬 $39°18′\sim41°20′$,流域总面积 4.7 万 km^2,干流全长 369km。其中永定河北京段自河北进入北京市界,流经门头沟、石景山、丰台、房山和大兴五个区,该河段长 160km,流域面积 3168km^2[8]。本文在对永定河流域水体现场考察的基础上,根据水体的环境条件、水文特征和具体的工作需要布设采样点,将其分为永定河山区段与永定河平原段。在永定河北京段共设置 12 个采样点。永定河山区段主要包括采样点永定河 1~永定河 7 在内的 7 个采样点,地形地貌多变,有多条山区径流汇入,具有较强的空间异质性,位于门头沟区内,距离人口聚居地较远,受人为因素干扰较小。永定河平原段包括永定河 8~永定河 12 在内的 5 个采样点,主要分布在永定河平原段,穿过丰台区、大兴区与房山区交界处,此地有较多的高尔夫球场、垂钓园等休闲娱乐场地,受人为因素干扰较大。

1.2 研究方法

本文于 2022 年 9 月对永定河北京段水生生物种类及生物量进行调研并进行采集。样本主要为采样点内的鱼类、底栖动物、浮游动物、浮游植物、有机碎屑,将采集的样本送到实验室进行保存,采样及调查方法参照《水生生物调查技术规范》(DB11/T 1721—2020)。以往研究对底栖动物的划分存在一定问题,部分研究对底栖动物以物种划分,过于详细冗杂;部分研究以体积大小进行划分,忽略了物种的种间差异[10-11]。本研究根据摄食功能群对底栖动物进行划分,将摄食习惯类似、食性相近的底栖动物划为一类,将底栖动物分成了捕食者、牧食者、刮食者、钻食者、滤食者五类[12]。

将采集的水生生物样本进行碳氮同位素的测定,以碳氮稳定同位素为基础,借助 R 语言贝叶斯混合模型得到主要消费者的摄食营养关系[13],在流域内部比较差异。通过主要消费者的营养关系搭建相关区域的食物网,分析食物网结构及特征。

1.3 数据的处理及分析

碳氮稳定同位素分析的样品是水生生物体的一部分,能反映生物长期生命活动的结果,定量反映摄食者的食物组成,并且能够建立连续的营养级谱,可用同位素比率质谱仪(isotope ratio mass spectrometer,IRMS)测得[14]。随着同位素技术的发展,碳($\delta^{13}C$)、氮($\delta^{15}N$)稳定同位素技术广泛地应用于探究消费者摄食策略和食性组成,其中,$\delta^{15}N$ 值主要用来评估消费者在食物网中所处的营养级位置,$\delta^{13}C$ 值则用于示踪消费者食物来源[15]。

碳、氮稳定同位素分析计算公式如下:

$$R = (X_{sample} - X_{standard})/X_{standard} \times 1000 \tag{1}$$

式中　　　R——$\delta^{13}C$ 或 $\delta^{15}N$ 比值；

X_{sample}、X_{standard}——样品和标准物质中的 $\delta^{13}C$ 或 $\delta^{15}N$[16]。

营养级计算公式如下：

$$TL = \frac{\delta^{15}N_{\text{sample}} - \delta^{15}N_{\text{baseline}}}{\Delta\delta^{15}N} + 2 \qquad (2)$$

式中　$\delta^{15}N_{\text{sample}}$——样品的氮同位素比值；

$\delta^{15}N_{\text{baseline}}$——基准生物氮同位素比值；

$\Delta\delta^{15}N$——营养富集因子，本文取 3.4‰[15]。

碳氮同位素数据通过 R 语言贝叶斯混合模型（Bayesian mix model）处理转化为水生生物主要消费者的食源贡献比例[17]。当生物食物来源在两种或者两种以上时，可以用稳定性同位素混合模型来评价不同食物在其消费者食源中所占的比例，根据同位素混合模型估算初级生产者对水生态系统不同消费者的贡献，构建碳收支模型。本文采用基于贝叶斯混合模型的 R 语言 MIXSIAR 程序包，贝叶斯混合模型使多种食物来源的变异和不确定性都被考虑到，能计算出每种食源贡献比例的概率分布，可以提高数据准确性和可靠性，R 语言软件中基于贝叶斯混合模型的 MIXSIAR 程序包使数据的处理更加简便、快捷[4]。

2　结果与分析

2.1　区域水生生物种类、生物量及同位素分布

在本次北运河山区段水生生物调查中，共调查到浮游植物 61 种，分属于硅藻门、甲藻门、隐藻门、蓝藻门、绿藻门。硅藻门 21 种，平均生物量为 18.29μg/L；甲藻门、隐藻门各 1 种，平均生物量分别为 0.86、0.04μg/L；蓝藻门 7 种，平均生物量为 0.91μg/L；绿藻门 31 种，平均生物量为 5.74μg/L。浮游动物 43 种，分属于轮虫、枝角类、桡足类、原生动物。轮虫 25 种，平均生物量为 0.98μg/L；枝角类 1 种，平均生物量为 0.32μg/L；桡足类 3 种，平均生物量为 0.92μg/L；原生动物 14 种，平均生物量为 0.67μg/L。底栖动物 30 种，分属于牧食者、捕食者、钻食者、刮食者、滤食者。牧食者 10 种，平均生物量为 0.93g/m²；捕食者 11 种，平均生物量为 2.82g/m²；钻食者 2 种，平均生物量为 0.08g/m²；刮食者 5 种，平均生物量为 1.24g/m²；滤食者 2 种，平均生物量为 0.04g/m²。鱼类 13 种，分别为棒花鱼（*Abbottina rivularis*）、大鳞副泥鳅（*Paramisgurnus dabryanus*）、鳘（*Hemiculter leucisculus*）、红鳍原鲌（*Cultrichthys erythropterus*）、黄黝鱼（*Hypseleotris swinhonis*）、高体鳑鲏（*Rhodeus ocellatus*）、黄颡鱼（*Pelteobagrus fulvidraco*）、宽鳍鱲（*Zacco platypus*）、马口（*Opsariichthys bidens*）、麦穗鱼（*Pseudorasbora parva*）、银鮈鱼（*Squalidus argentatus*）、泥鳅（*Misgurnus anguillicaudatus*）、兴凯鱊（*Acanthorhodeus chankaensis*）、子陵吻虾虎鱼（*Ctenogobius giurinus*）。

在本次永定河平原段水生生物调查中，共调查到浮游植物 82 种，分属于硅藻门、红藻门、金藻门、蓝藻门、隐藻门、裸藻门和绿藻门。硅藻门 35 种，平均生物量为 506.04μg/L；红藻门、金藻门各 1 种，平均生物量分别为 5.01μg/L 和 4.59μg/L；隐藻

门、裸藻门各3种，平均生物量分别为2.01μg/L和1.96μg/L；蓝藻门14种，平均生物量为246.48μg/L；绿藻门26种，平均生物量为30.89μg/L。浮游动物45种，分属于轮虫、枝角类、桡足类、原生动物。轮虫30种，平均生物量为12.42μg/L；枝角类4种，平均生物量为22.74μg/L；桡足类3种，平均生物量为0.92μg/L；原生动物8种，平均生物量为1.01μg/L。底栖动物19种，分属于牧食者、钻食者、捕食者、刮食者。牧食者4种，平均生物量为1.37g/m²；钻食者2种，平均生物量为0.04g/m²；捕食者9种，平均生物量为0.194g/m²；刮食者4种，平均生物量为2.84g/m²。鱼类6种，分别为棒花鱼（*Abbottina rivularis*）、鰲（*Hemiculter leucisculus*）、红鳍原鲌（*Cultrichthys erythropterus*）、黄黝鱼（*Hypseleotris swinhonis*）、麦穗鱼（*Pseudorasbora parva*）、子陵吻虾虎鱼（*Ctenogobius giurinus*）。

总体来看，永定河平原段的浮游动物、浮游植物种数与生物量都高于山区段，山区段鱼类、底栖动物种数高于平原段，两区域内底栖动物的生物量偏低。

在一定程度上，$\delta^{13}C$跨度能指示物种生态位的多样化，该跨度越大，生态位多样化程度越高；$\delta^{15}N$跨度在一定程度上指示营养的多样性，该跨度越大，营养的多样性越高[14,18]。永定河山区段中，鱼类样品$\delta^{13}C$的变化范围为$-28.68\sim-20.94$，总跨度为5.92；$\delta^{15}N$的变化范围为$7.55\sim16.42$，总跨度为8.87。底栖动物$\delta^{13}C$的变化范围为$-26.86\sim-18.80$，总跨度为8.06；$\delta^{15}N$的变化范围为$8.04\sim13.36$，总跨度为5.31。浮游动物$\delta^{13}C$的变化范围为$-23.54\sim-19.21$，总跨度为4.32；$\delta^{15}N$的变化范围为$6.17\sim9.74$，总跨度为3.57。浮游植物$\delta^{13}C$的变化范围为$-23.06\sim-18.03$，总跨度为5.02；$\delta^{15}N$的变化范围为$7.14\sim8.93$，总跨度为1.78。水生植物$\delta^{13}C$的变化范围为$-30.03\sim-27.67$，总跨度为2.33；$\delta^{15}N$的变化范围为$6.45\sim8.56$，总跨度为2.11。有机碎屑$\delta^{13}C$的变化范围为$-14.67\sim-8.09$，总跨度为6.57；$\delta^{15}N$的变化范围为$6.96\sim11.76$，总跨度为4.8。其中底栖动物碳同位素跨度最大，生态位多样化程度较高；鱼类氮同位素跨度最大，营养的多样化程度较高。

永定河平原段中，鱼类样品$\delta^{13}C$的变化范围为$-27.34\sim-21.01$，总跨度为6.33，$\delta^{13}C$值由高到低分别是棒花鱼、麦穗鱼、子陵吻虾虎鱼、鰲、红鳍原鲌、黄黝鱼；$\delta^{15}N$的变化范围为$11.17\sim16.34$，总跨度为5.17，由高到低分别是鰲、麦穗鱼、棒花鱼、黄黝鱼、子陵吻虾虎鱼、红鳍原鲌。底栖动物$\delta^{13}C$的变化范围为$-27.17\sim-19.19$，总跨度为7.98；$\delta^{15}N$的变化范围为$9.77\sim12.87$，总跨度为3.10。浮游动物$\delta^{13}C$的变化范围为$-25.71\sim-20.84$，总跨度为4.87；$\delta^{15}N$的变化范围为$6.60\sim11.32$，总跨度为4.71。浮游植物$\delta^{13}C$的变化范围为$-25.80\sim-19.62$，总跨度为6.17；$\delta^{15}N$的变化范围为$6.48\sim8.65$，总跨度为2.16。水生植物$\delta^{13}C$的变化范围为$-15.20\sim-14.64$，总跨度为0.55。$\delta^{15}N$的变化范围为$3.47\sim5.46$，总跨度1.99。有机碎屑$\delta^{13}C$的变化范围为$-19.39\sim-13.41$，总跨度为5.98；$\delta^{15}N$的变化范围为$4.54\sim12.02$，总跨度为7.48。其中底栖动物碳同位素跨度最大，生态位多样化程度较高；有机碎屑氮同位素跨度最大，推测原因有永定河平原段受人为因素的影响较大，人类的生产活动会将部分外源性有机物带入河流，使得河流中有机碎屑氮同位素跨度大。

总体来看，永定河山区段水生生物的碳同位素跨度高于永定河平原段，永定河山区段生态位多样性程度更高，但永定河平原段氮稳定同位素跨度高于永定河山区段，其营养多样性程度更高。永定河山区段中，鱼类 δ^{13}C 集中分布在 $-24\sim-22$，占总鱼类的 73%；永定河平原段中，鱼类 δ^{13}C 集中分布在 $-25\sim-23$，占总鱼类的 66%。

2.2 主要消费者食源贡献

本研究通过文献分析与实地调查，初步确定消费者的食源种类，再根据贝叶斯数理模型，借助 R 语言中的 MIXSIRA 程序包，进一步确定各种食源所占的比例[19]。

永定河山区段中，肉食性鱼类食源贡献如图 1 所示，肉食性鱼类包括红鳍原鲌、黄颡鱼、马口，总体来看对中小型杂食性鱼类的摄食比例在 70%～85%，对浮游动物的摄食比例低于 5%。其中，红鳍原鲌摄食杂食性鱼类最多，并偏好摄食银鮈鱼、宽鳍鱲。黄颡鱼与马口对杂食性鱼类的偏好不显著，对底栖动物的摄食比例在 20%～25%。三种肉食性鱼类中，只有黄颡鱼会摄食少量的刮食者。

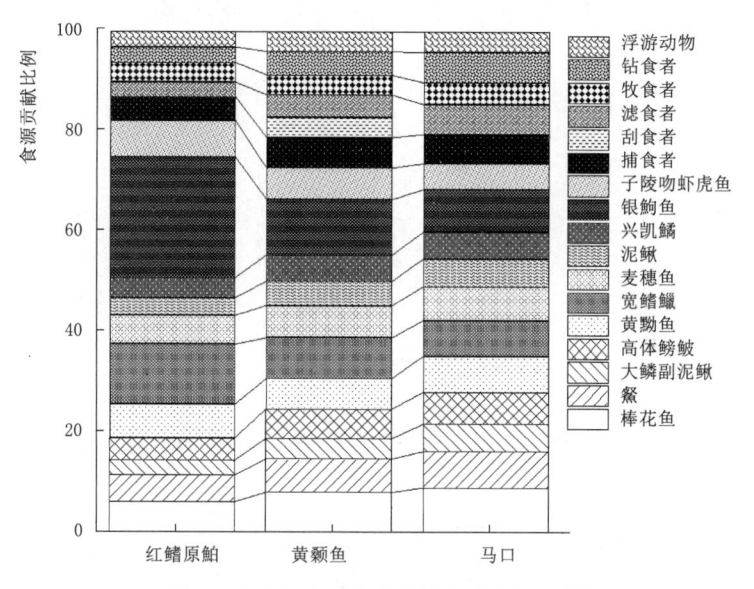

图 1 永定河山区段肉食性鱼类食源贡献

永定河山区段杂食性鱼类食源贡献如图 2 所示，总体来看杂食性鱼类对底栖动物的摄食比例在 40%～85%，对浮游动植物与水生植物的摄食存在较大的个体差异。其中，高体鳑鲏、黄黝鱼、棒花鱼、鳘、宽鳍鱲、麦穗鱼、银鮈鱼对底栖动物中捕食者的摄食具有显著偏好性。子陵吻虾虎鱼偏好摄食底栖动物中的牧食者。宽鳍鱲、麦穗鱼、鳘对底栖动物的摄食比例超过 80%，对浮游生物的摄食较少。大鳞副泥鳅对浮游动植物的摄食在 40%～50%，兴凯鱊、泥鳅对浮游植物底栖动物中的捕食者与水生植物摄食较多。

永定河山区段杂底栖动物食源贡献如图 3 所示，各类底栖动物的摄食差距较大，捕食者对牧食者的摄食比例接近 40%，对滤食者与浮游动物的摄食比例在 20%～30%，对浮游植物的摄食较少；钻食者主要摄食刮食者，食源比例超过 40%；牧食者、刮食者对水生植物的摄食比例较高；滤食者主要摄食有机碎屑，食源比例超过 40%。

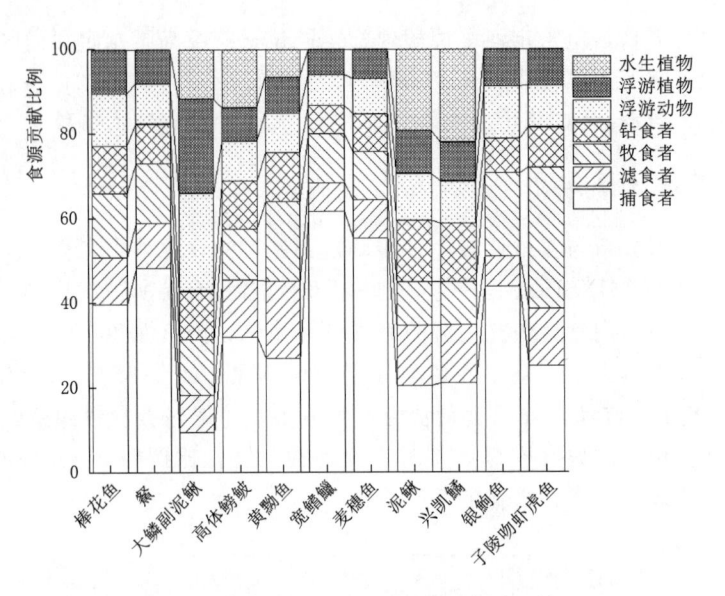

图 2　永定河山区段底栖动物食源贡献

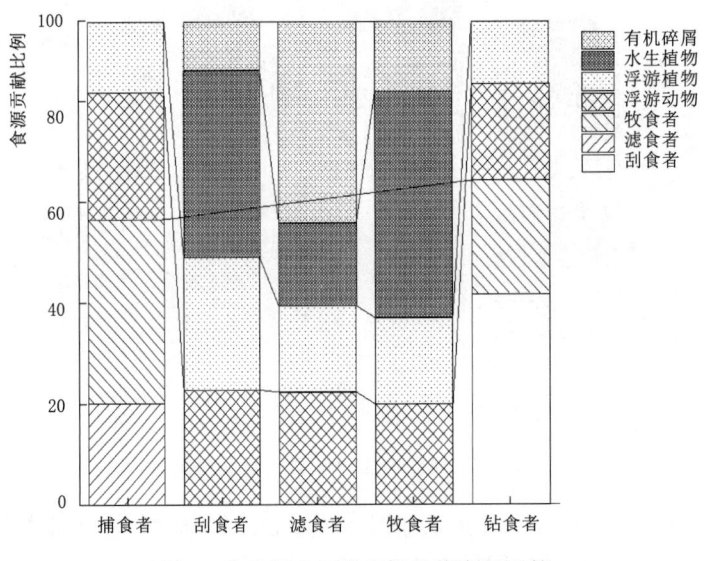

图 3　永定河山区段底栖动物食源贡献

永定河平原段鱼类食源贡献如图 4 所示，肉食性鱼类为红鳍原鲌，其主要食源为杂食性鱼类，占比超过 60%，并偏好摄食麦穗鱼。总体来看，杂食性鱼类主要以底栖动物为食，摄食比例在 70%～85%。其中黄黝鱼、鳘、子陵吻虾虎鱼对底栖动物中的捕食者摄食比例最高，麦穗鱼、棒花鱼对底栖动物中的牧食者摄食比例最高，黄黝鱼会摄食部分水生植物的营养器官，但摄食比例极少。

底栖动物的食源贡献如图 5 所示，捕食者主要以牧食者为食，占比 60%～70%。刮食者对初级生产者的摄食比例最高，但各类食源间摄食比例差距较小，牧食者对浮游动物的摄食比例最高，占比 40%～50%。钻食者对刮食者的摄食比例最高，占比 35%～40%。

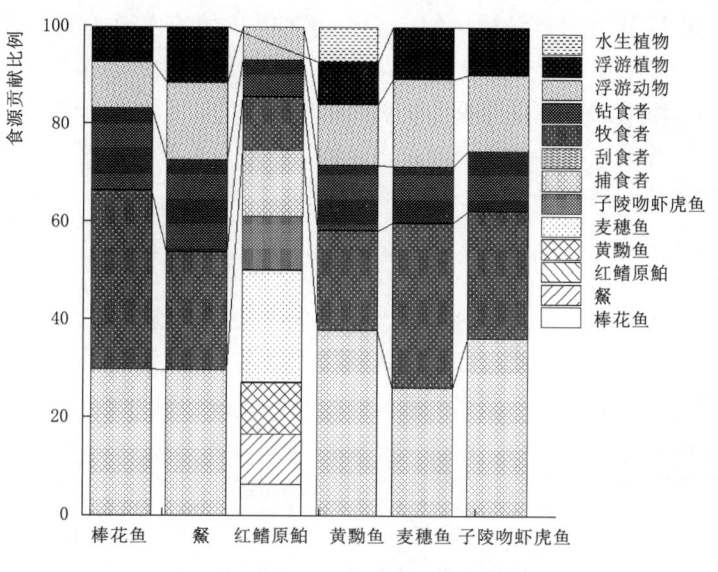

图 4　永定河平原段鱼类食源贡献

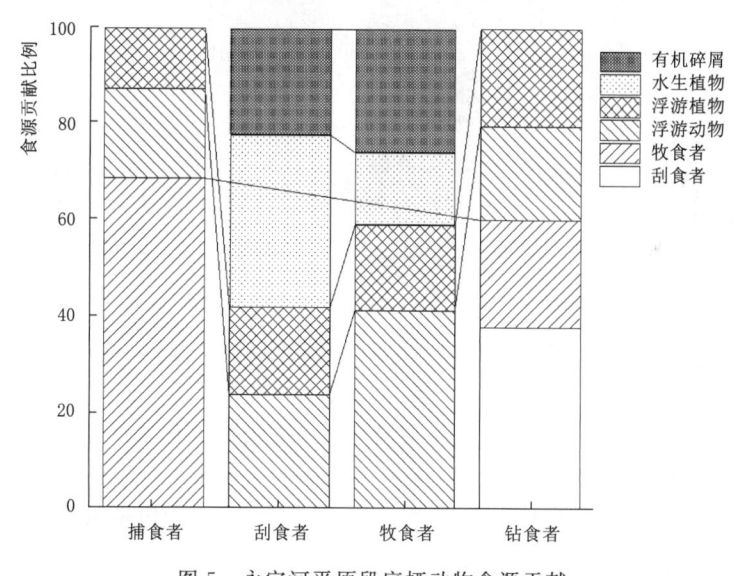

图 5　永定河平原段底栖动物食源贡献

总体来看，永定河山区段中，肉食性鱼类对中小型杂食性鱼类的摄食比例高于永定河平原段，永定河山区段中杂食性鱼类对底栖动物中的捕食者摄食较多，永定河平原段杂食性鱼类对底栖动物中的捕食者与牧食者摄食较多。两区域内，底栖动物中捕食者、刮食者、钻食者对各类食源的摄食比例趋势一致，永定河山区段牧食者对水生植物的摄食比例最高，永定河平原段牧食者对浮游动物的摄食比例最高。

2.3　永定河食物网结构

根据水生生物物种间的营养关系及生物量，搭建永定河山区段与永定河平原段的食物网。永定河山区段食物网如图 6 所示。食物网有效营养级主要集中在第Ⅰ营养级与第Ⅳ营养级间，分别是由浮游植物、水生植物、有机碎屑组成的第Ⅰ营养级；以牧食者、刮食者、浮游动物为代表的第Ⅱ营养级；以棒花鱼、高体鳑鲏为代表的第Ⅲ营养级；由红鳍原鲌、黄颡鱼、马口组成的第Ⅳ营养级。该食物网的起点有3个，分别为浮游植物、水生植物、有机碎屑。浮游植物与水生植物是最主要的生产者。根据食物网起点进行分类，主要有两种类型的食物链，牧食链与腐食链，牧食链的主要结构为：从第Ⅰ营养级（浮游植物，水生植物）开始，流经第Ⅱ营养级（牧食者，浮游动物），进入第Ⅲ营养级（杂食性鱼类）与第Ⅳ营养级（肉食性鱼类）；腐食链为再循环有机物转化为有机碎屑，流经刮食者、滤食者、捕食者，再到杂食性鱼类、肉食性鱼类之间的能量流动。永定河山区段中，鱼类的种类及生物量较大，因此对底栖动物的摄食较多，底栖动物的生物量偏少。永定河山区段地势较高，水体流速块，会在一定程度上导致浮游动植物生物量偏低。

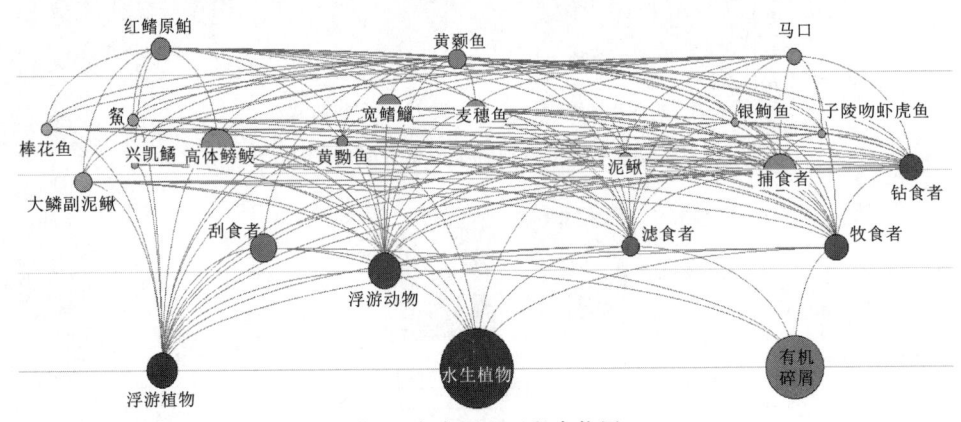

图6 永定河山区段食物网

永定河平原段食物网如图7所示。食物网有效营养级主要集中在第Ⅰ营养级与第Ⅳ营养级间，分别是由浮游植物、水生植物、有机碎屑组成的第Ⅰ营养级；以牧食者、刮食者、浮游动物为代表的第Ⅱ营养级；以麦穗鱼、鳌为代表的第Ⅲ营养级；由红鳍原鲌组成的第Ⅳ营养级。该食物网的起点有3个，分别为浮游植物、水生植物、有机碎屑。浮游植物与水生植物是最主要的生产者。该区域内，鱼类对底栖动物的摄食量较大，底栖动物生物量处于较低水平，底栖动物对浮游动植物的摄食量有限，导致浮游动植物的生物量较高。

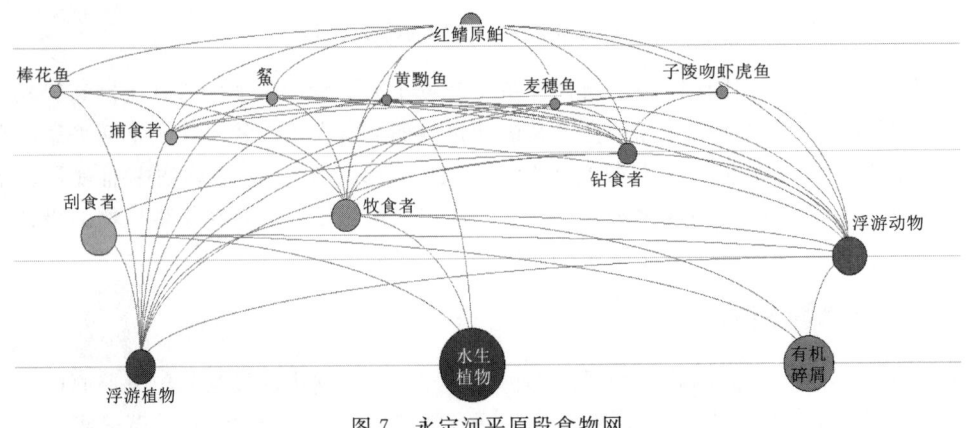

图7 永定河平原段食物网

一定程度上，食物网的复杂程度越高，对外界风险的抵抗能力更强[20]。总体来看，永定河山区段食物网复杂度高于永定河平原段，对外界干扰抵抗力更强。永定河山区段中小型杂食性鱼类较多，碳同位素分布较为集中，且都主要以底栖动物为食，因此，该区域内杂食性鱼类食源上的种间竞争激烈程度会远高于永定河平原段。两区域内，底栖动物的生物量较少。

3 讨论

3.1 永定河碳氮同位素分布特征

生态位宽度表示物种对栖息地和资源利用及竞争能力的强弱，而生态位重叠表示不同物种间的竞争关系程度，碳氮同位素的分布特征能在一定程度上指示物种的生态位[21]。在永定河北京段2022年度生物调查中，泥鳅、黄颡鱼、高体鳑鲏 $\delta^{13}C$ 值分别为 -27.66 ± 2.25、-23.95 ± 2.36、-24.14 ± 2.01，生态位多样性程度较高，三种鱼类对水质、溶解氧的要求较低，对生境的适应性较强，在生物种群种间竞争中具备一定优势。黄黝鱼、圆尾斗鱼、棒花鱼、银鮈鱼、兴凯鱊、黄颡鱼 $\delta^{13}C$ 均值在 $-24\sim-23$，麦穗鱼、宽鳍鱲、高体鳑鲏 $\delta^{13}C$ 均值都在 $-25\sim-24$，上述鱼种都为杂食性鱼类，以摄食底栖动物中的捕食者为主，因此生态位的重叠度较高。红鳍原鲌 $\delta^{15}N$ 值为 14.36 ± 3.38，$\delta^{15}N$ 变化范围大于其他鱼类。卢伙胜等[22]指出，鱼类在不同的生命阶段中摄取的食物不同，也相应处于不同的营养层次，占据不同的生态位，因而其稳定碳氮同位素受所处的生命阶段的影响，红鳍原鲌作为肉食性鱼类，同位素值受生命阶段的影响会略大于杂食性鱼类。在底栖动物中，捕食者 $\delta^{13}C$ 值为 -23.27 ± 4.68，$\delta^{15}N$ 值为 9.99 ± 2.01，$\delta^{13}C$ 与 $\delta^{15}N$ 变化范围大于其他底栖动物，生态位多样性程度高，与刮食者、滤食者等底栖动物相比，捕食者在活动能力上更强，对栖息地资源的利用率更高，具备一定程度的竞争优势；牧食者、滤食者 $\delta^{13}C$ 值分别为 -21.09 ± 3.47、-20.21 ± 1.37，两者大多生活在河流底部，以摄食有机碎屑和初级生产者为主，在底栖生物中生态位重叠度最高。水生植物、浮游植物 $\delta^{13}C$ 值分别为 -24.40 ± 7.38、-18.64 ± 3.84，变化范围偏大。河流地貌结构是在自然力作用下形成的，其生态系统空间结构具有持续变化特征，这种持续变化是水文情势、地貌变化和局地气候变化的反映，永定河北京段内，不同河段物理生境差异较大，初级生产者受自身种类以及水深、光强等物理因子的影响[23]，其 $\delta^{13}C$ 值会有一定差异。有机碎屑 $\delta^{13}C$ 值为 -22.27 ± 5.94，变化范围偏大，河流生态系统中有机碎屑一部分来自生态系统内其他生物的转化，一部分来自外界的输入，来源的不同会导致在稳定性同位素的值上存在一定差异。现代食物网动力学理论认为生物的营养"层次"是动态的而不是固定的，同种生物在不同时间和空间其食物组成也不相同，水生生物的杂食性和营养塑性普遍存在[24]。因此，永定河北京段生态系统在内部的演化及人为因素的影响下，生物群落的生态位的宽度与重叠度也会随之产生一定程度的变化。

3.2 生态系统内部关键物种

在2022年度永定河北京段9月的采样中，采集到北京市二级水生野生保护动物宽鳍鱲，属于北京市重点监测保护鱼类；在2.3节构建的永定河食物网中红鳍原鲌为顶级消费者，顶级消费者决定生态系统内食物链长度[3]，对生态系统内部的稳定性有一定影响；底栖动物作为水生生态系统中物质循环、能量流动积极的消费和转移者，一方面摄食有机碎屑与初级生产者，将初级生产者固定的有机物带入生态系统；另一方面，底栖动物是中小型杂食性鱼类的主要食源，在生态系统中起到了重要的承上启下作用[25-26]。因此，以宽鳍鱲、红鳍原鲌、鮎鱼与底栖动物为永定河北京段的关键物种进一步分析讨论。

宽鳍鱲样本主要来自永定河1～7（山区段）点位，栖息地方面，宽鳍鱲都生活于水域上层，通常集群活动在浅滩，底质为沙石的小溪或江河支流中，江河深水处少见[27]，这与本次采样结果相符，宽鳍鱲主要集中在永定河北京的山区段。由食源关系可以看出，宽鳍鱲与棒花鱼、鳘、银鮈鱼食物来源相似，对底栖动物中的捕食者摄食比例在40%～60%，彼此间存在一定程度的种群竞争，因此棒花鱼、鳘、银鮈鱼等杂食性鱼类种群数量的增长对宽鳍鱲有消极影响。红鳍原鲌、鮎鱼在永定河北京段为顶级消费者，其食源组成大体一致，都主要以小型鱼类（如麦穗鱼、高体鳑鲏）为食，其次会摄食部分底栖动物。但永定河山区段红鳍原鲌对银鮈鱼的摄食比例最高，平原段红鳍原鲌对麦穗鱼摄食比例最高，山区段内栖息地环境种类多样，杂食性鱼类种类更多，因此该段红鳍原鲌的食源范围更大，营养的多样性程度更高。

在2022年9月采集的底栖动物样本中，种群数量最多的为捕食者，其次为刮食者、牧食者、滤食者、钻食者的种群数量较少。食性方面，捕食者与钻食者偏肉食，会摄食其他底栖动物与浮游动物；牧食者、滤食者、刮食者偏植食，主要以初级生产者或者有机碎屑为食。永定河生态系统内部，底栖动物的种群数量总体上相对于其他生物较少，推测原因为中小型杂食性鱼类种类繁多，总种群数量较大，多以底栖动物为主要食源。且2022年永定河进行两次生态补水，增大了水流量，底栖动物活动范围小，生存受水体流速的影响，流量过大会对底栖动物的生存有一定程度的威胁[26]。因此短期内，生态补水改变了区域内部底栖动物原有的生存栖息环境，从而对底栖动物的生物量产生消极影响。

总体来看，永定河北京段生态系统中，中上层杂食性鱼类偏多，彼此存在种间竞争，中下层底栖动物、浮游动植物生物量偏少。且永定河北京段流域面积广，山区段平原段水文条件不同，生物种类及数量分布也有一定差异，但顶级肉食消费者可捕食的中小型鱼类种类较多，杂食性鱼类摄食范围较广，系统杂食程度较高。永定河作为北京市典型的季节性河流，在2020年以前，永定河北京段常出现断流状况，2020年以后开始生态补水[6]，断流情况得到改善，2022年共进行两次生态补水。生态补水总体来说对河流生境质量恢复、生态功能改善、物种多样性增加有积极作用，但短期内对原有生态系统内部的部分物种有较大冲击（如底栖动物、浮游动植物），使得原有生态系统稳定性下降。随着时间的推移，原有物种在对外界水文环境作出反应的基础上逐步适应环境，并建立新的种间关系，形成更加稳定的生态系统[28]。

参考文献

[1]　陈宇舒. 基于稳定同位素技术的东太湖水生生物食物网结构研究［D］. 南京：南京农业大

学,2019.

[2] 李云凯,刘恩生,王辉,等. 基于 Ecopath 模型的太湖生态系统结构与功能分析 [J]. 应用生态学报,2014,25 (7):2033-2040.

[3] Vander Zanden M, Fetzer W W. Global patterns of aquatic food chain length [J]. Oikos, 2007, 116 (8): 1378-1388.

[4] 李峥,魏延,马原野,等. 基于稳定同位素技术的南湾水库食物网结构研究 [J]. 水产学杂志,2021,34 (4):15-21.

[5] 黄勇. 永定河(北京段)生态治理成效及启示 [J]. 中国水利,2017 (8):10-12.

[6] 杨作明,李松,李天然,等. 永定河北京段生态补水分析 [J]. 中国水利,2022 (23):76-78.

[7] 罗小林,尹长文,张国新,等. 北京市水环境现状及流域综合治理措施 [J]. 水资源保护,2021,37 (5):140-146.

[8] 孙冉,潘兴瑶,王俊文,等. 永定河(北京段)河道生态补水效益分析与方案评估 [J]. 中国农村水利水电,2021 (6):19-24.

[9] 黄振芳. 水生生物调查技术规范 [J]. 北京市市场监督管理局,2020:3-18.

[10] 陈慈,朱昆鹏,刘玥,等. 流溪河底栖动物功能摄食类群组成及其水生态指示作用 [J]. 人民珠江,2022,43 (9):1-10.

[11] 张传鑫,陈静,纪莹璐,等. 基于碳氮稳定同位素技术的小清河口邻近海域底栖食物网结构研究 [J]. 海洋学报,2022,44 (1):89-100.

[12] 官昭瑛,林秋奇. 流溪河水系底栖动物群落多样性与生态监测 [M]. 广州:广东科技出版社,2021:104-109.

[13] 巴家文. 基于稳定同位素技术的长江中游干流生态系统食物网结构及能量来源研究 [D]. 重庆:西南大学,2015.

[14] Gu B, Schelske C L, Hoyer M V. Stable isotopes of carbon and nitrogen as indicators of diet and trophic structure of the fish community in a shallow hypereutrophic lake [J]. Fish Biol. 1996.

[15] Schwamborn R, Giarrizzo T. Stable Isotope Discrimination by Consumers in a Tropical Mangrove Food Web: How Important Are Variations in C/N Ratio? [J]. Estuaries & Coasts, 2015, 38 (3): 813-825.

[16] Harvey, Chris J. A stable isotope evaluation of the structure and spatial heterogeneity of a Lake Superior food web [J]. Canadian Journal of Fisheries and Aquatic Sciences, 2000, 57 (7): 1395-1403.

[17] Erhardt E B, Wilson R T. Foodweb Trophic Level and Diet Inference Using an Extended Bayesian Stable Isotope Mixing Model [J]. Open Journal of Ecology, 2022 (6): 333-359.

[18] Metillo, Ephrime B, Villanueva, et al. Stable C and N isotope analysis elucidated the importance of zooplankton in a tropical seagrass bed of Santiago Island, Northwestern Philippines [J]. Chemistry and Ecology, 2019 (35-1/5).

[19] Kadoya H, Osada Y, Takimoto G. IsoWeb: A Bayesian Isotope Mixing Model for Diet Analysis of the Whole Food Web [J]. Plos One, 2012, 7.

[20] Doi H, Chang K H, Ando H, et al. Resource availability and ecosystem size predict food-chain length in pond ecosystems [J]. Oikos, 2010, 118 (1): 138-144.

[21] 银利强,孔业富,吴忠鑫,等. 南海中西部海域春季三种金枪鱼类的营养生态位比较 [J]. 生态学杂志,2020,39 (12):4121-4130.

[22] 卢伙胜,欧帆,颜云榕,等. 应用氮稳定同位素技术对雷州湾海域主要鱼类营养级的研究 [J]. 海洋学报(中文版),2009,31 (3):167-174.

[23] 袁宇翔. 基于 C、N 稳定同位素技术的兴凯湖食物网结构研究 [D]. 长春:中国科学院大学(中

国科学院东北地理与农业生态研究所），2018.
[24] Jennings S，Reones O，Morales-nin B，et al. Spatial variation in the 15N and 13C stable isotope composition of plants，invertebrates and fishes on Mediterranean reefs：implications for the study of trophic pathways [J]. Mar Ecol Prog Ser，1997，146 (1-3)：109-116.
[25] 戴纪翠，倪晋仁. 底栖动物在水生生态系统健康评价中的作用分析 [J]. 生态环境，2008，17 (5)：2107-2111.
[26] 张续同，李卫明，张坤，等. 长江宜昌段桥边河大型底栖动物功能摄食类群时空分布特征 [J]. 生态学报，2022，42 (7)：2559-2570.
[27] 邢迎春，赵亚辉，张洁，等. 北京地区宽鳍鱲的生长及食性 [J]. 动物学报，2007 (6)：982-993.
[28] Odum E P. The Strategy of Ecosystem Development [J]. Science，1969，164 (3877)：262-270.

污泥堆肥园林利用对土壤-草坪系统的影响

李文忠　何春利　薛万来

(北京市水科学技术研究院，北京　100048)

【摘要】 本文研究了污泥堆肥园林利用对土壤-草坪系统的影响，旨在为北京市污泥堆肥园林利用提供理论依据，促进污泥土地资源利用。研究结果表明，施用污泥堆肥增加了草坪栽植小区土壤养分含量，特别是有机质含量增加趋势更加明显，污泥堆肥施用量为 1kg/m²、2kg/m²、4kg/m² 时，土壤有机质含量分别增加了 84.9%、126.3%、175.7%。施用污泥堆肥后，草坪栽植小区土壤中 Pb、Cd、Zn、Ni 含量均呈增加趋势，但均远低于标准限值，且土壤重金属污染综合指数均小于警戒限值 0.7，表明草坪栽植小区土壤未受到重金属污染。施用污泥堆肥对草坪生长具有显著的促进作用，地上部分鲜生物量分别增加了 43.4%、83.6%、115.9%，且草坪对土壤中的重金属 Pb、Zn、Ni 有一定的去除效果。综合分析试验结果，确定污泥堆肥用于草坪栽植的适宜量为 2kg/m²。

【关键词】 污泥堆肥；园林利用；土壤-草坪系统；重金属污染综合指数

Effect of sewage sludge composting garden utilization on soil – lawn system

LI Wenzhong　He Chunli　Xue Wanlai

(Beijing Water Science and Technology Institute，Beijing　100048)

【Abstract】 This paper studies the impact of sludge compost landscape utilization on soil-lawn system, aiming to provide theoretical basis for Beijing sludge compost landscape utilization and promote the utilization of sludge land resources. The results showed that the application of sludge compost increased the soil nutrient content, especially the increasing trend of organic matter content is more obvious. The content of Soil organic matter increased by 84.9%, 126.3% and 175.7% respectively when the sludge compost dosage was 1kg/m², 2kg/m² and 4kg/m². After application of sludge compost, the contents of Pb, Cd, Zn and Ni in the soil were increased, but all of them were lower than the standard limit value, and the comprehensive index of soil heavy metal pollution was less than the warning limit value 0.7, indicating that

---

基金项目：北京市财政计划项目"北京市污水厂污泥资源化利用全过程监测与技术标准研究"。

the soil was not polluted by heavy metals. The application of sludge compost can promote the growth of lawn, and the aboveground fresh biomass increased by 43.4%, 83.6% and 115.9% respectively, and the lawn had a certain removal effect on heavy metals Pb, Cd, Zn and Ni in the soil. According to the results of comprehensive analysis, the appropriate amount of sludge compost for lawn planting was determined to be 2kg/m².

【Key words】 Sludge compost; Landscape utilization; Soil-lawn system; Comprehensive index of heavy metal pollution

0 引言

随着中国城镇化进程的加快和经济快速发展，城镇数量逐年增加，污水处理厂数量也相应增加，污水处理能力得到提升，污泥的产出量迅速增加[1-3]，如何安全处置污泥成为污水处理领域中的一大难题。污泥中含有许多植物所需营养元素，如氮、磷、钾、有机质和其他微量元素等，是一种经济有效的肥料资源[4]。因此，污泥土地利用成为最有发展前景的污泥处置途径，美国及欧盟部分成员国污泥土地利用比例超过50%[5-6]。但污泥中也含有重金属、寄生虫卵和致病微生物等有害物质，若未经有效处理直接进行土地利用易对地下水、土壤等造成二次污染，威胁环境安全和公众健康[7]。污泥堆肥是利用好氧微生物的分解作用，把污泥中有机废弃物分解转化成为类腐殖质的过程[8]。高定等的研究表明，堆肥处理可钝化城市污泥中重金属，降低其土地利用中重金属污染风险，还可以杀灭病原菌和杂草种子，使有机质稳定化[9-10]。但是，污泥堆肥并不能去除污泥中的重金属，污泥土地利用过程中重金属环境污染风险的担心是制约其大规模土地利用的关键[11]。因此，本文通过研究污泥堆肥园林利用对土壤-草坪系统的影响，以便为北京市污水处理厂污泥堆肥在园林绿化上的规模化利用提供科学依据。

1 材料与方法

1.1 试验区概况

试验地位于北京市水科学技术研究院通州区永乐店试验基地，地理坐标北纬39°42′04.97″、东经116°46′51.86″，属于永定河、潮白河洪冲积洪积平原，地势平坦，海拔高程为12m。气候属暖温带大陆性半湿润季风气候，多年平均气温11.5℃，多年平均年日照时数2730h，多年平均年降水量561.6mm，降水多集中于7—8月。土壤类型为壤潮土，土壤质地为壤土。

1.2 试验设计

试验开始于2018年8月，采用5m×5m的小区进行草坪栽植试验。设置3种处理组，污泥堆肥施用量分别为1kg/m²、2kg/m²、4kg/m²；空白对照组（CK），土壤未进行任何改良处理。试验开始前，根据设计施用量将污泥堆肥均匀撒施到试验小区，翻耕土壤30cm，平整地面，撒播高羊茅（*Festuca arundinacea*）和黑麦草（*Lolium perenne*），混播比例为2∶1，每1m²撒播草籽12g（其中高羊茅8g、黑麦草4g）。每种处理设置3个重复，随机排列，小区间使用土工膜隔离，深度为120cm。

1.3 供试材料

供试污泥堆肥由北京市大兴区庞各庄污泥处置厂提供，北京市高碑店污水处理厂的湿污泥（含水率80%）采用好氧发酵处理工艺，进行条垛式堆肥处理，堆肥温度50～60℃，自然脱水，经过25～30d，有效去除病原体、寄生虫卵和杂草种子，完全腐熟而成为污泥堆肥。污泥营养成分及重金属等指标详见表1、表2。

表1 污泥堆肥中营养成分含量

项 目	含量/(g/kg)	
	总 养 分	有 机 质
污泥堆肥	61.4	305
标准限值	30	250

注　标准限值为《城镇污水处理厂污泥处置 园林绿化用泥质》（GB/T 23486—2009）；总养分为全氮、五氧化二磷、氧化钾之和。

表2 污泥堆肥中重金属含量　　　　　　　单位：mg/kg

项 目	含量/(mg/kg)								
	Pb	Cd	Cr	Hg	As	Cu	Zn	Ni	B
污泥堆肥	35.1	0.31	36	0.002	9.89	163	622	23	52.2
标准限值	<1000	<20	<1000	<15	<75	<1500	<4000	<200	<150

注　标准限值为《城镇污水处理厂污泥处置 园林绿化用泥质》（GB/T 23486—2009，pH≥6.5）。

由表1、表2可以看出，供试污泥堆肥总养分、有机质含量均高于《城镇污水处理厂污泥处置 园林绿化用泥质》（GB/T 23486—2009）限值；重金属含量（Pb、Cd、Cr、Hg、As、Cu、Zn、Ni、B）均远低于《城镇污水处理厂污泥处置 园林绿化用泥质》（GB/T 23486—2009，pH≥6.5）限值。

1.4 样品采集

试验于2018年10月23日同步采集土壤样品和植物样品。每个试验小区布设5个采样点，每个采样点分层0～20cm、20～40cm、40～60cm、60～80cm采集土壤样品，同层进行均匀混合，送具有专业资质的实验室进行检测，检测指标主要为营养学指标和重金属指标；每个土壤采样点同步采集草坪草样品，设置40cm×40cm样方，采取地上部分全部收割法，称重后均匀混合，送具有专业资质的实验室进行检测，检测指标主要为重金属指标。

1.5 测定方法

1.5.1 土壤样品测定

全氮（以 N 计）测定采用半微量凯氏定氮法，全磷（以 P_2O_5 计）测定用 $HClO_4$-H_2SO_4 消煮后采用钼锑抗比色法，有机质测定采用重铬酸钾法；土壤重金属采用 HF-$HClO_4$-HNO_3 法消煮，Pb、Cd、Cr、Cu、Zn、Ni、B 含量测定采用火焰原子吸收分光光度法，Hg、As 含量测定采用原子荧光法[12-13]。

1.5.2 草坪草样品测定

地上部分鲜生物量采取收割法，称重测定。重金属采用 HF-$HClO_4$-HNO_3 法消煮，Pb、Cd、Cr、含量测定采用火焰原子吸收分光光度法，Hg、As 含量测定采用原子荧光法[12-13]。

1.6 数据处理

试验数据应用 Excel 软件进行处理，应用 SPSS19.0 软件进行相关性分析。

重金属污染综合指数采用内罗梅综合污染指数，计算公式：

$$P_N = \sqrt{(\overline{P_i}^2 + P_{i(\max)}^2)/2} \tag{1}$$

式中　P_N——内罗梅综合污染指数；

$\overline{P_i}$——单项污染指数平均值；

$P_{i(\max)}$——单项污染指数最大值。

重金属富集系数为植物体内重金属含量与土壤中重金属含量的百分比。

2 结果与分析

2.1 污泥堆肥对土壤环境的影响

2.1.1 污泥堆肥对土壤营养成分的影响

施用污泥堆肥能够增加土壤中全氮、全磷、全钾及有机质等营养成分含量，可改良土壤结构，增加土壤肥力[14]。重点分析了施用污泥堆肥后，栽植草坪试验小区表层土壤（0~20cm）养分状况。

由表 3、表 4 可以看出，施用污泥堆肥明显增加了栽植草坪小区表层土壤营养成分。与空白对照组相比，施用污泥堆肥后，栽植草坪小区表层土壤中全氮、全磷、全钾及有机质含量均呈现增加趋势，特别是有机质含量增加趋势更加明显，当污泥堆肥施用量为 1kg/m^2、2kg/m^2、4kg/m^2 时，有机质含量分别增加了 84.9%、126.3%、175.7%，表明施用污泥堆肥对栽植草坪小区表层土壤养分状况具有较好的改良效果。同时，相关分析结果表明，污泥堆肥施用量与栽植草坪小区表层土壤中全钾含量在 0.01 水平上呈显著正相关，污泥堆肥施用量与栽植草坪小区表层土壤中有机质含量在 0.05 水平上呈显著正相关。

污泥堆肥园林利用对土壤-草坪系统的影响

表 3　　　　污泥堆肥对表层土壤（0～20cm）养分的影响

试验处理	含量/(g/kg)			
	全氮	全磷	全钾	有机质
CK	1.40	0.57	12.10	17.00
1kg/m²	1.77	0.59	13.70	31.43
2kg/m²	1.92	0.69	13.97	38.47
4kg/m²	1.88	0.70	16.53	46.87

表 4　　　　表层土壤（0～20cm）养分与堆肥施用量相关性分析

项目	全氮	全磷	全钾	有机质
相关系数	0.768	0.896	0.983**	0.953*

* $P<0.05$，表明在 0.05 水平上呈显著正相关；
** $P<0.01$，表明在 0.01 水平上呈显著正相关。

2.1.2　污泥堆肥对土壤重金属的影响

污泥堆肥施入土壤同时重金属也随之进入土壤，随着污泥施用量的增加，土壤中重金属含量基本呈递增趋势[15]。重点分析了施用污泥堆肥后栽植草坪小区土壤中重金属含量变化及污染风险。

表 5　　　　污泥堆肥对土壤重金属含量的影响　　　　单位：mg/kg

试验处理	深度/cm	Pb	Cd	Cr	Hg	As	Cu	Zn	Ni
CK	0～20	8.07	0.17	50.51	0.03	7.50	17.86	81.73	54.40
	20～40	10.28	0.23	71.77	0.04	9.05	29.09	115.64	63.29
	40～60	10.55	0.33	66.30	0.03	8.04	25.29	113.81	65.54
	60～80	10.94	0.29	75.38	0.05	7.60	38.79	131.66	69.52
1kg/m²	0～20	11.46	0.30	66.53	0.09	8.64	31.73	123.19	78.45
	20～40	10.91	0.30	68.69	0.04	8.90	32.98	130.83	87.80
	40～60	11.45	0.35	75.95	0.06	8.33	33.15	135.82	84.32
	60～80	10.79	0.30	56.97	0.04	8.12	25.58	148.43	79.58
2kg/m²	0～20	12.08	0.34	67.49	0.06	9.80	27.59	125.57	79.42
	20～40	11.25	0.36	74.68	0.04	10.60	33.34	144.99	80.14
	40～60	11.98	0.36	76.18	0.06	9.95	31.59	127.86	82.12
	60～80	11.20	0.36	73.30	0.11	9.08	30.52	122.14	79.55
4kg/m²	0～20	12.28	0.44	66.28	0.09	8.97	27.09	145.44	76.67
	20～40	11.48	0.51	63.99	0.03	9.02	25.36	152.60	78.59
	40～60	11.06	0.46	63.90	0.07	8.86	26.22	110.97	80.06
	60～80	11.08	0.44	77.46	0.05	7.56	31.19	129.92	84.77
标准限值		≤170	≤0.6	≤250	≤1	≤20	≤100	≤300	≤190

注　标准限值为《土壤环境质量　农用地土壤污染风险管控标准》（GB 15168—2018，pH＞7.5）。

由表 5 可以看出，施用污泥堆肥增加了栽植草坪小区土壤中重金属含量，但无明显规律。与空白对照组相比，施用污泥堆肥后，栽植草坪小区土壤中 Pb、Cd、Zn、Ni 含量均呈增加趋势，特别是表层土壤（0～20cm）中铅含量增加趋势更加明显，当污泥堆肥施用量为 1kg/m²、2kg/m²、4kg/m² 时，表层土壤（0～20cm）中 Pb 含量分别增加了 41.9%、49.6%、52.1%，但均远低于《土壤环境质量 农用地土壤污染风险管控标准》（GB 15168—2018，pH＞7.5）重金属限值要求。

由图 1、表 6 可以看出，施用污泥堆肥对栽植草坪小区土壤重金属污染指数存在显著影响。与空白对照组相比，随着污泥堆肥施用量的增加，栽植草坪小区土壤重金属污染综合指数呈明显增加趋势。0～20cm、40～60cm 栽植草坪小区土壤重金属污染综合指数与污泥堆肥施用量在 0.05 水平呈显著正相关；20～40cm、60～80cm 栽植草坪小区土壤重金属污染综合指数与污泥堆肥施用量在 0.01 水平呈显著正相关。虽然污泥堆肥施用量达到 4kg/m² 时，0～20cm、20～40cm、40～60cm、60～80cm 栽植草坪小区土壤重金属污染综合指数分别增加 87.2%、73.1%、34.5%、42.5%，但是均小于土壤警戒限值 0.7，表明栽植草坪小区土壤未受到重金属污染风险。综合考虑土壤环境安全，初步确定污泥堆肥适宜量为 2kg/m²。

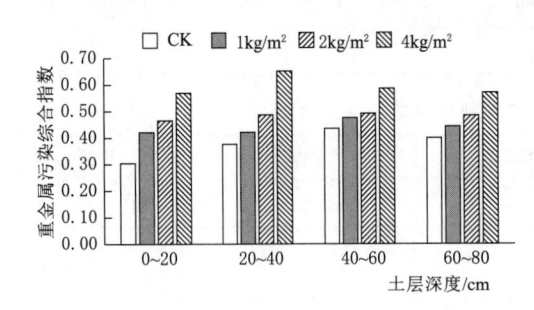

图 1 污泥堆肥对土壤重金属污染综合指数的影响

表 6 土壤重金属污染综合指数与堆肥施用量相关性分析

土层深度/cm	0～20	20～40	40～60	60～80
相关系数	0.976*	0.993**	0.988*	1.000**

* $P<0.05$，表明在 0.05 水平上呈显著正相关；

** $P<0.01$，表明在 0.05 水平上呈显著正相关。

2.2 污泥堆肥对草坪的影响

2.2.1 污泥堆肥对草坪生物量的影响

污泥堆肥施入土壤后，有机质、养分含量等与空白对照组相比发生了显著的变化，从而必然影响到草坪生物量[16]。重点分析一个生长季草坪地上部分鲜生物量。

由图 2 可以看出，与空白对照组相比，施用污泥堆肥后，草坪地上部分鲜生物量呈明显增加趋势，且污泥堆肥施用量与草坪地上部分鲜生物量呈显著正相关，当污泥堆肥施用量为 1kg/m²、2kg/m²、4kg/m² 时，草坪地上部分鲜生物量分别增加了 43.4%、83.6%、115.9%。表明施用污泥堆肥对草

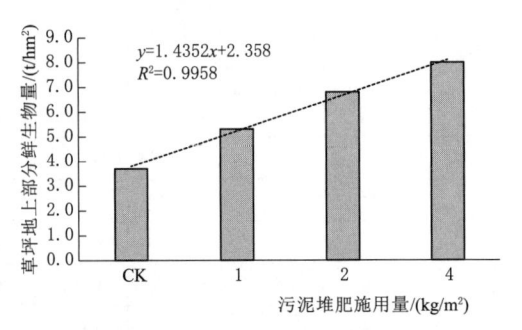

图 2 污泥堆肥对草坪地上部分鲜生物量的影响

坪生长具有显著的促进作用。

2.2.2 污泥堆肥对草坪重金属的影响

污泥堆肥施入土壤后,重金属向植物体内的迁移能力与土壤性质、重金属形态和植物种类有关[17]。重点分析了施用污泥堆肥对草坪重金属含量的影响。

由表7、表8可以看出,草坪对污泥堆肥中重金属具有选择吸收作用,与空白对照组相比,施用污泥堆肥后草坪中重金属Pb、As、Cu、Zn、Ni含量均呈现不同程度增加。草坪中重金属铅含量与施用污泥堆肥在0.05水平呈显著正相关,草坪中重金属As、Zn、Ni含量与施用污泥堆肥在0.01水平呈显著正相关。表明草坪对污泥堆肥中重金属Pb、Zn、Ni去除效果显著。

表7　污泥堆肥对草坪重金属的影响　　　　　　　　　　单位：mg/kg

试验处理	Pb	Cd	Cr	Hg	As	Cu	Zn	Ni
CK	0.48	0.036	14.10	0.014	0.32	8.28	29.50	2.54
1kg/m²	0.57	0.039	5.42	0.015	0.44	10.27	31.13	3.81
2kg/m²	0.82	0.038	9.76	0.015	0.64	9.38	33.48	5.82
4kg/m²	1.07	0.025	5.97	0.015	0.85	8.49	37.47	7.83

表8　污泥堆肥施用量与草坪重金属含量相关性分析

重金属	Pb	Cd	Cr	Hg	As	Cu	Zn	Ni
相关系数	0.988*	−0.801	−0.625	0.683	0.992**	−0.160	0.999**	0.990**

* $P<0.05$,表明在0.05水平上呈显著正相关;

* * $P<0.01$,表明在0.05水平上呈显著正相关。

3 结论与讨论

3.1 结论

(1)施用污泥堆肥后,栽植草坪小区表层土壤中全氮、全磷、全钾及有机质含量均呈现增加趋势,特别是有机质含量增加趋势更加明显。当污泥堆肥施用量为1kg/m²、2kg/m²、4kg/m²时,有机质含量分别增加了84.9%、126.3%、175.7%,且污泥堆肥施用量与栽植草坪小区表层土壤中有机质含量在0.05水平上呈显著正相关。

(2)施用污泥堆肥后,栽植草坪小区土壤中Pb、Cd、Zn、Ni含量均呈增加趋势,特别是表层土壤(0~20cm)中Pb含量增加趋势更加明显,当污泥堆肥施用量为1kg/m²、2kg/m²、4kg/m²时,表层土壤(0~20cm)中Pb含量分别增加了41.9%、49.6%、52.1%,但均远低于《土壤环境质量　农用地土壤污染风险管控标准》(GB 15168—2018,pH>7.5)的重金属限值要求。

(3)施用污泥堆肥对栽植草坪小区土壤重金属污染指数存在显著影响。与空白对照组相比,随着污泥堆肥施用量的增加,栽植草坪小区土壤重金属污染综合指数呈明显增加趋势,且与污泥堆肥施用量呈显著正相关。虽然污泥堆肥施用量达到4kg/m²时,0~

20cm、20～40cm、40～60cm、60～80cm 栽植草坪小区土壤重金属污染综合指数分别增加 87.2%、73.1%、34.5%、42.5%，但是均小于土壤警戒限值 0.7，表明栽植草坪小区土壤未受到重金属污染风险。综合考虑土壤环境安全，初步确定污泥堆肥适宜量为 $2kg/m^2$。

（4）与空白对照组相比，施用污泥堆肥后，草坪地上部分鲜生物量呈明显增加趋势，且污泥堆肥施用量与草坪地上部分鲜生物量呈显著正相关，当污泥堆肥施用量为 $1kg/m^2$、$2kg/m^2$、$4kg/m^2$ 时，草坪地上部分鲜生物量分别增加了 43.4%、83.6%、115.9%。

（5）与空白对照组相比，施用污泥堆肥后草坪中重金属 Pb、As、Cu、Zn、Ni 含量均呈现不同程度增加，草坪中重金属 Pb 含量与施用污泥堆肥在 0.05 水平呈显著正相关，草坪中重金属 As、Zn、Ni 含量与施用污泥堆肥在 0.01 水平呈显著正相关。表明草坪对污泥堆肥中重金属 Pb、Zn、Ni 去除效果显著。

3.2 讨论

（1）城市污泥成为当前研究热点，如何安全消纳、保护环境得到各级政府部门的高度重视，亟待进一步规范城市污泥处理处置工作。

（2）污泥土地利用成为污泥处置的主要途径，需要开展长期试验研究，为污泥土地资源化利用提供支撑。

参考文献

[1] 汤玉强，李伟清，王健. 污泥源头减量化技术研究进展 [J]. 中国环境管理干部学院学报，2018，28（6）：53-54.

[2] 薛重华，孔祥娟，王胜，等. 我国城镇污泥处理处置产业化现状、发展及激励政策需求 [J]. 净水技术，2018，37（12）：33-39.

[3] 汤玉强，李伟清，王健. 污水处理厂污泥处置及利用研究 [J]. 中国资源综合利用，2018，36（12）：41-43.

[4] 赵晓莉，徐德福，李泽宏. 城市污泥的土地利用对黑麦草理化指标和品质的影响 [J]. 农业环境科学学报，2010，29（S）：59-63.

[5] 王新，贾永峰. 沈阳北部污水处理厂污泥土地利用可行性研究 [J]. 农业环境科学学报，2007，26（4）：1543-1546.

[6] 程五良，方萍，陈玲，等. 城市污水处理厂污泥土地利用可靠性探讨 [J]. 同济大学学报（自然科学版），2004，32（7）：939-942.

[7] 曹秀琴，杜金海. 污泥处理处置技术发展现状及分析 [J]. 环境工程，2013，31（S）：561-564.

[8] 王占华，杨少华，崔玉波. 我国污泥堆肥的土地利用现状及对策 [J]. 吉林建筑工程学院学报，2005，22（2）：8-11.

[9] 高定，郑国砥，陈同斌. 堆肥处理对排水污泥中重金属的钝化作用 [J]. 中国给水排水，2007，23（4）：7-10.

[10] 葛晓，卞新智，王艳，等. 城市生活污泥堆肥过程中重金属钝化规律及影响因素的研究 [J]. 农业环境科学学报，2014，33（3）：502-507.

[11] 陈同斌，郑国砥，高定. 城市污泥堆肥处理及其产业化发展中的几个关键问题 [J]. 中国给水排水，2009，25（9）：104-108.

[12] 鲁如坤. 土壤农业化学分析方法 [M]. 北京：中国农业科技出版社，2000.

[13] 鲍士旦. 土壤农化分析 [M]. 北京：中国农业出版社，2000.

[14] 余杰，郑国砥，高定，等. 城市污泥土地利用的国际发展趋势与展望 [J]. 中国给水排水，2012，28 (20)：28-30.

[15] 王新，陈涛，梁仁禄，等. 污泥土地利用对农作物及土壤的影响研究 [J]. 应用生态学报，2002，13 (2)：163-166.

[16] 刘强，陈玲，黄游，等. 施用污泥堆肥对土壤环境及高羊茅生长的影响 [J]. 农业环境科学学报，2009，28 (1)：199-203.

[17] 黄游，陈玲，李宇庆，等. 模拟酸雨对污泥堆肥中重金属形态转化及其环境行为的影响 [J]. 生态学杂志，2006，25 (11)：1352-1357.

密云水库上游流域水源涵养区生态补偿标准方法研究初探

刘小丹

（北京市水科学技术研究院，北京 100048）

【摘要】 密云水库上游流域为密云水库重要的水源涵养区。为守护好水库水源，京冀两省市于2018年签订了为期3年的生态补偿协议，2022年又签订了为期5年的新一轮补偿协议，建立健全了符合北方少水地区生态补偿机制，为推进京冀跨省流域生态补偿长效机制建设打下了坚实基础。在补偿政策取得明显成效的同时，也面临着新形势新要求，亟待优化完善生态补偿标准体系。本研究在梳理国内外有关生态补偿实践的基础上，按照体现流域水资源、水生态、水环境"三水统筹"的管理要求，初步研究建立新的补偿标准计算模型，形成 A 值水质确定补偿的方向问题，B 值水量和 ΔGEP 变化决定补偿金额的一套完整的补偿机制，为流域生态补偿标准确定提供参考。

【关键词】 密云水库上游流域；生态补偿；标准方法；水质水量；ΔGEP

Research on calculating methods of ecological compensation standard in Miyun Reservoir upstream basin

LIU Xiaodan

(Beijing Water Science and Technology Institute, Beijing 100048)

【Abstract】 Miyun Reservoir upstream Basin is an important water source conservation area. In order to protect the water source of the reservoir, Beijing and Hebei province signed a three-year ecological compensation agreement in 2018, and a new round of compensation agreement for a period of five years was signed in 2022, which established and improved the ecological compensation mechanism in line with the northern water-poor areas, and laid a solid foundation for promoting the construction of a long-term mechanism for ecological compensation in Beijing and Hebei inter-provincial river basins. While the compensation policy has achieved remarkable results, it is also facing new situations and new requirements, and it is urgent to optimize and improve the ecological compensation standard system. On the basis of combing the practice of ecological compensation at home and abroad, this study establishes a new calculation model of compensation standard according to the management requirements of "three water coordination" of water resources, water ecology and water environment in the basin, and forms a complete compensation mechanism for determining the direction of compensation by A value (water quality), and determining the amount of compensation by B value (water quantity and ΔGEP), which provides a reference for ecological compensation standard in the basin.

【Key words】 Miyun Reservoir upstream Basin; Ecological compensation; Standard method; Water quality and quantity; ΔGEP

流域生态补偿是以水资源为核心，推动流域生态保护与经济发展协同共进的有效制度安排[1]，流域是生态补偿机制应用最广、发展最快的领域之一[2]，我国已在多条重要跨省河流流域中开展了实践。密云水库上游流域水源涵养区横向生态保护补偿协议是我国第 7 个跨省协议，在补偿政策取得明显成效的同时，也要看到制订实施过程中也逐步显现出一些现实问题和技术难点。同时"十四五"以来，国家在生态产品价值实现、结合"三水"统筹的流域生态环境管理、流域生态补偿等领域提出了新的要求，随着国家部委生态补偿资金支持的退出，继续推进流域生态补偿面临资金压力和协调压力，与时俱进提前开展流域生态补偿标准方法研究显得尤为重要。本研究在梳理国内外流域生态补偿案例中补偿标准常见计算理论方法的基础上，结合密云水库上游流域开展的新一轮生态补偿实践操作，进一步探讨研究流域生态补偿标准方法，为下一轮生态补偿协议签署提供参考。

1 国内外流域生态补偿实施情况

国外流域生态补偿方式有一对一补偿、市场补偿、生态标记和公共支付等方式，其中市场化机制运行为主要方式。流域补偿作为相对较低的费用支出而成为利益相关方自愿性的一种行为方式，通过补偿往往可以取得预期的生态环境效果。如美国纽约清洁供水交易补偿，纽约市 10 年内投资 10 亿美元通过购买利于生态环境服务的方式调动上游居民开展保护的积极性，从而获得清洁的、可饮用的、低成本的自来水；如法国"毕雷"矿泉水公司付费机制，通过付费租赁流域腹地居住的奶牛场主土地来补偿由于保护水资源所造成的经济损失。此外，国外除了货币补偿之外，实物补偿也是一种主要的补偿方式，如美国图拉丁河流域生态补偿，清洁水服务公司采用购买土地后转让使用权种植修复沿岸森林植被的方式进行实物补偿。总的来说，从国外流域补偿的实践中揭示出通过改善上游的生产生活方式，不额外开展过滤等水处理，下游流域水环境是可以达标的，因而，长效的、单向的流域补偿机制具备实施的基础。

国内流域生态补偿开展试点工作最早始于 2012 年，成效显著。如新安江流域生态补偿是全国首个跨省流域生态补偿机制试点，已持续开展三轮试点。在新安江流域补偿试点带动下，我国已有 18 个省（自治区、直辖市）参与开展了 13 个跨省（自治区、直辖市）流域生态补偿试点工作，探索制定了各具特色的补偿标准体系，初步建立了"受益者付费、保护者得到补偿"的运行机制。总的来说，国内流域生态补偿机制的构建以流域水污染防治和生态安全为目标,以政府部门的财政转移支付为主要方式,以水质水量的达标检测为考核指标[3]。党的十九大报告明确提出要"建立市场化、多元化生态补偿机制",2018年国家发展改革委等九部委联合印发《建立市场化、多元化生态保护补偿机制行动计划》,(发改西部〔2018〕1960号)为流域生态补偿机制研究提供了新方向。2021年《关于深化生态保护补偿制度改革的意见》印发,引导流域生态补偿研究更加多元化。新形势下加快探索市场化的补偿形式,建立科学合理的生态补偿标准,并利用政策引导,动员政府、企业、个人等多方利益主体均参与到流域生态补偿中,形成科学合理的、长期稳定的跨省流域补偿机制,才能够推动我国流域生态补偿取得更好效果并得以长足发展。

2 国内外流域生态补偿标准概述

目前,国外流域生态补偿标准确定方法主要包括生态系统服务功能价值法、市场价值法、意愿调查法、机会成本法、微观经济学模型法、生态效益等价分析法等,具体案例的方法使用应根据数据量掌握程度、计算结果要求等进行选取,有时可多种方法综合使用,见表1。

表1 生态补偿标准确定方法对比

方法名称	原理	适用对象	数据量	计算复杂度	结果适用性	典型案例
生态系统服务功能价值法	生态系统服务功能理论	能够度量生态系统服务功能经济价值的生态补偿	大	大	低	厄瓜多尔热带雨林经济价值核算
生态效益等价分析法	替代成本	能够找到参照点的生态补偿	大	大	中	石油泄漏生态价值损失衡量
微观经济学模型法	微观经济学	多种类型的生态补偿	中	大	低	厄瓜多尔生物多样性保护;哥斯达黎加森林生态补偿
意愿调查法	补偿者和受偿者的意愿	多种类型的生态补偿	大	大	高	波兰卡巴塔湿地生态补偿
机会成本法	机会成本理论	能够定量出保护者机会成本的情况	大	中	高	尼加拉瓜草牧生态系统补偿;美国环境质量激励项目
市场价值法	供求关系	水资源交易、碳排放交易、生物多样性	中	小	高	哥伦比亚瓜卡里河流域水资源交易;阿根廷碳折扣项目

国内流域生态补偿实施中的生态补偿标准基本由上下游协商议定或共同上级政府部门"拍板"决定,缺乏理论依据,其他利益相关方也鲜有考虑[4]。目前,新安江、赤水河、九洲江、渭河、闽江等多个流域补偿标准的研究均已开展,涉及的具体方法包括使用InVEST模型的生态系统服务价值法、成本核算+生态系统服务价值法、成本效益+支付意

愿、水足迹法、基于帕累托改进的方法等。

3 密云水库上游流域生态补偿制度概述

密云水库上游流域是密云水库重要的水源涵养区，对保障首都用水安全至关重要。上游流域可分为两支，其中潮河源于河北省丰宁县，南流经古北口入密云水库。白河源出河北省沽源县，沿途纳黑河、汤河等，东南流入密云水库。潮河流域面积5982.33km²，白河流域面积5825.61km²。

为守护好密云水库，加强流域生态涵养区建设，按照财政部等四部委《关于加快建立流域上下游横向生态保护补偿机制的指导意见》（财建〔2016〕928号），在国家有关部委支持和指导下，2018年11月，京冀共同签订了为期3年的《密云水库上游潮白河流域水源涵养区横向生态保护补偿协议》，建立了全国首个以水量、水质、行为管控为主导的水源保护横向生态补偿机制，成为推进流域上下游水环境质量改善，保障下游密云水库入境水质水量安全的重要政策创新机制。2022年8月，京冀又签署了《密云水库上游潮白河流域水源涵养区横向生态保护补偿协议（2021—2025年）》，按照水量核心、水质底线的原则，建立健全了符合北方少水地区的生态补偿机制。

4 流域生态补偿标准方法存在的问题

补偿标准的实质是补多少才能有效协调利益关系，激发保护者积极性[5]。补偿标准是流域生态补偿开展的关键，也是生态补偿领域未来研究的重点和难点。现有的补偿标准研究尚未形成统一共识，实践中常存在补偿偏高或偏低等问题。目前，密云水库上游生态补偿的考核目标与补偿资金标准依据主要为断面水质和入境水量，相关补偿指标支撑新时期保护需求的动力不足。一是补偿中水量补偿标准所占比重较大，由于水期的丰枯对河川径流流量有较大的影响，其是否达标受自然气候影响大，既不能充分体现上游地区的工作效果，也不能合理体现下游地区的实际需求；二是未能以密云水库上游流域生态系统服务价值为依据虽制定补偿标准，且未能考虑流域上下游经济发展水平的差异；三是单纯以水质、水量指标为考核依据虽利于实际操作，但尚未考虑水生态指标。

5 流域生态补偿标准模型探讨

基于现有的补偿标准预计很难促成下一轮的京冀两省市新一轮补偿协议的签署，为此，需要对现有的标准计算方法进行优化调整。

按照新一轮流域补偿协议，水质考核指标包括高锰酸盐指数、氨氮、总磷、总氮4项指标，各指标实施单因子评价，考核按照各指标年均值达到地表水环境质量不同标准类型来分档，确定是补偿还是扣减。目前水质考核操作简单，但未考虑各指标不同的重要性，应赋予各指标不同权重来确定补偿方向。引入A值水质概念，按照水质决定补偿方向，其中当$A \leqslant 1$时，北京补偿河北；当$A > 1$时，河北补偿北京。

计算公式如下:

$$A = k_0 \sum_{i=1}^{4} k_i \frac{c_i}{c_0} \quad (1)$$

式中　k_0——水质稳定系数,建议初步取0.80;

　　　k_i——指标权重系数,其中高锰酸盐指数、氨氮、总磷的指标权重均取0.20,由于密云水库上游流域重点问题是总氮偏高问题,为了强化总氮防控目标导向,此指标权重初定取0.40;

　　　c_i——某项指标年均浓度限值;

　　　c_0——某项指标的基本限值;以4项指标常年年平均浓度值(建议以近3年平均值)为基本限值。

若流域上游开展水环境保护,产生了额外的费用和损失,但优质的水资源传递到下游,则使下游受益;若上游区域过度排放污染物,而影响下游用水,则使下游利益受损。所以水质依然是生态补偿的决定性因素,需通过协定水质要求评判水资源保护效果,其中受益者补偿的衡量标准可以聚焦为流域上游为下游区域贡献的水量,将水资源费作为保护单方水量的成本,上游为水资源的供应方,下游为用水单位支付水费,水资源费则是保护单方水量的成本,水资源价值等于水资源费乘以供水量,并通过水量补偿系数,得出下游区域为水量支付的比例。

另外,考虑到仅仅用水量水质作为补偿标准无法全面体现区域的整体环境改善,为此引入了生态系统生产总值(gross ecosystem product,GEP)的概念,来以自然环境价值损益作为补偿依据。GEP指的是生态系统为人类提供的产品与服务价值的总和,将生态环境质量以价值的方式呈现,受益地区对增加的价值部分进行付费,受损地区按损失的价值部分接受补偿。通过GEP上游与下游的外溢系数,有效界定了补偿双方的责任与义务,有助于推进流域上下游的共建共享,弥补了因为补偿主体与受偿主体之间信息不对称所导致的补偿无效率。目前北京市及河北省张承地区均在开展GEP核算相关试点工作。按照新一轮流域补偿协议,水量按照年度总水量实施阶梯补偿。在现有水量、水质补偿的基础上尝试引入GEP变量计算流域的生态补偿标准,即水量和ΔGEP变化决定补偿金额。

在A值的基础上,补偿标准B值计算方法如下:

$$B = k_m V \pm k_n \Delta \text{GEP} \quad (2)$$

式中　B——补偿标准,亿元/年;

　　　k_m——水量补偿系数,北京与河北张承地区作为上下游各承担50%的治水责任与风险,取固定值0.5;

　　　V——水资源价值,等于密云水库上游流域入境北京水量(亿 m^3)乘以北京单位地表水水资源费,亿元/年;

　　　k_n——GEP补偿系数,由于GEP在中国尚处于生态补偿实践探索的初级阶段,对此仅赋予1%的补偿权重;

　　ΔGEP——密云水库上游流域(包括张家口市赤城县、沽源县;承德市丰宁满族自治县、滦平县、兴隆县)年度GEP变化量(取后一年数据减去前一年数据得到后一年的ΔGEP值),亿元/年,增加为正,减少为负。

注：①若 $A\leqslant 1$，公式中取加号；若 $A>1$，公式中取减号；②流域入境水量由上下游双方水利部门共同确认，并报海河水利委员会审定；③为提高补偿实践的可操作性，ΔGEP 也可以按照 2 年或 3 年一个周期进行核算，每年的补偿标准可先以水资源量部分实施并在开展 ΔGEP 核算后进行增补或扣减；④ΔGEP 值建议由京冀两省市共同认可的第三方负责具体核算工作，最终数据以上下游地方政府共同认定的为准。

流域的生态补偿标准不仅要通过上下游双方协商确认，更应根据实际科学的方法以及生态保护修复与社会经济发展特征进行动态调整。这里引入 GEP 变化量进行标准核算，将生态环境质量以价值的方式呈现，下游地区对上游地区生态价值增值补偿，上游地区为本地生态价值减损向下游地区补偿，形成水质、水量、水生态价值的综合补偿平衡。

6 政策建议

生态补偿机制对流域上下游地区经济与环境协调发展具有重要意义[6]。总的来说，密云水库上游流域生态补偿工作的开展使得流域上下游严格落实生态环境保护制度，倒逼发展质量不断提升，实现了环境、经济及社会效益多赢的效果。需要后期长久的生态补偿机制、政策才能为后续增加协议周期给予长久稳定的资金支持，从而提高生态补偿实施效果、巩固治理成效。

（1）在产业合作方面，密云水库上游流域的张承地区总体上属于经济较欠发达的地区，面临着发展经济和保护生态环境的双重任务；而下游的受益区为首都北京经济发达地区，具有人力、财力等多方面的优势。因此，建议在下游受益地区给予上游货币补偿为主机制外拓展补偿方式，鼓励北京与上游建立对口帮扶交流，开展上游与下游跨区域结对发展，通过技术交流、产业协作、生态产品开发、绿色产业扶持等方式，促进上下游地区的协同发展；鼓励生态产品受益地到生态产品供给地发展生态产业，建立合作园区，形成与供给地资源环境特点相协调的生态环境友好型产业集群，助推上游绿色生态产品价值实现。

（2）在政策机制建立方面，加强生态补偿相关的法律体系建设，明确法律关系主客体及权利义务，合理界定生态补偿范围及标准，建议优化完善生态补偿标准计算方法，建立责权利统一的生态补偿行政责任机制，深化流域生态保护补偿联席会议制度和沟通机制，推进省际水权、排污权交易方式。建立跨省污染防治区域联动长效机制，完善跨地区生态补偿联合监测、应急联动、上下游水生态环境信息共享、流域沿线污染企业联合执法等机制。

（3）在资金筹措方面，单纯依靠财政资金无法完全覆盖生态产品供给成本，须进一步推动建立政府引导、市场运作、社会参与的多元化投融资机制，积极调动企业与社会公众参与性质的市场化生态补偿模式，将被保护的、潜在的自然资源资产和生态产品以自愿交易的形式转化成现实的经济价值。在国家重点生态功能区、生态保护红线等生态功能重要区域探索建立生态产品价值与资金分配相挂钩的补偿机制。尝试建立生态补偿基金池，用于生态补偿的财政性支出。

总的来说，生态补偿的实施不仅要考虑上游的受偿意愿，也要兼顾下游的支付能力。

探索市场化、多元化补偿形式，多渠道多形式筹措资金，建立科学合理的生态补偿标准，并利用政策引导，将政府、企业、个人等多方利益主体均动员到参与流域生态补偿中，形成科学合理的、长期稳定的跨省流域补偿机制，才能够推动密云水库上游流域生态补偿取得更好效果并得以长足发展。

参考文献

[1] 虞锡君.构建太湖流域水生态补偿机制探讨[J].农业经济问题，2007，(9)：56-59.
[2] 刘桂环，王夏晖，文一惠，等.近20年我国生态补偿研究进展与实践模式[J].中国环境管理，2021，13（5）：109-118.
[3] 耿翔燕，李文轩.中国流域生态补偿研究热点及趋势展望[J].资源科学，2022，44（10）：2153-2163.
[4] 赵卉卉，张永波，王明旭.中国流域生态补偿标准核算方法进展研究[J].环境科学与管理，2014，39（1）：151-154.
[5] 李文华，刘某承.关于中国生态补偿机制建设的几点思考[J].资源科学，2010，32（5）：791-796.
[6] 胡熠，黎元生.论流域区际生态保护补偿机制的构建：以闽江流域为例[J].福建师范大学学报（哲学社会科学版），2006，(6)：53-58.

浅谈密云水库流域山水林田湖草系统治理与管理模式

尹玉冰

(北京市水科学技术研究院，北京 100048)

【摘要】 党的十九大以来，明确提出的"统筹山水林田湖草系统治理，实行最严格的生态环境保护制度，形成绿色发展方式和生活方式"系统治理理念，是近年来北京生态治理的重要指导。本文拟通过探究首都重要地表水源地——密云水库的治理与保护过程中的成效和不足，试图总结出一套适宜于北方地区大型地表水源地的系统治理与保护模式，指导后续的生产实践。

【关键词】 密云水库；生态环境保护；水源涵养

A brief discussion on the system governance and management mode of mountain, water, forest, field, lake and grassland in Miyun Reservoir basin

YIN Yubing

(Beijing Water Science and Technology Institute, Beijing 100048)

【Abstract】 Since the 19th National Congress of the Communist Party of China (CPC), the systematic governance concept of "coordinating the systematic management of mountains, rivers, forests, fields, lakes and grasslands, implementing the strictest system for ecological and environmental protection, and fostering a green development pattern and lifestyle" has been an important guideline for ecological governance in Beijing in recent years. By exploring the effectiveness and deficiencies in the governance and protection process of Miyun Reservoir, which is the most important surface drinking water source in the capital, this paper attempts to summarize a set of systematic governance and protection model suitable for large surface water sources in northern China and guide subsequent production practices.

【Key words】 Miyun Reservoir; Ecological environment protection; Water conservation

1 密云水库水源保护现状

1.1 水源保护成效

北京市围绕密云水库水质安全、水环境安全的保障目标，以"上游保水、护林保水、库区保水、依法保水、政策保水"为根本遵循，高标准履行保水职责，不断完善保水体系，全面推进保水工作，实施库区退耕禁种，退出规模养殖，加强库滨带建设和库中岛生态修复等一系列举措，取得了显著成效。

1.1.1 上游保水，提高水生态环境质量

2014年以来，围绕农业、畜禽养殖、农村面源污染，开展流域面源污染防治工作，155m高程内实现封闭管理。一是实施退耕禁种工程，退出库区155m高程以下耕地，拆除违法建，对清退土地实施生态修复，改善库区生态环境。二是实施畜禽禁养工程，将密云水库一级、二级保护区以及上游主要河道两侧50m范围划为畜禽养殖禁养区，全面退出上游主要地区有可能影响水质的水产养殖业，一级、二级保护区内规模养殖场全部关闭，清退一级保护区内散养大户，从源头消除畜禽粪便污染。三是不断完善垃圾、污水处理体系，推行农村生活垃圾"户分类、村收集、镇运输、区处理"的模式，建立智能化、规范化垃圾处理方式，杜绝垃圾污染水源。

1.1.2 护林保水，加强流域水源涵养

一是实施退耕还林工程。此前，密云水库周边是一片黄沙及荒地，水土流失严重。截至2018年，密云区围绕水库周边9镇完成退耕地造林7.91万亩，占全区退耕还林地面积的61.6%，有效减少水土流失。

二是持续实施荒山造林等生态建设工程。重点在公路和河道两侧开展百万亩造林，包括荒山造林、彩色树种造林、公路河道绿化等；积极推进森林健康经营林木抚育、国家级公益林管护、京津风沙源低效林改造、林场森林抚育，重点建设白河城市森林公园，把生态效益和旅游效益相结合。目前，密云水库周边石城等7个乡镇，有4个国有林场，森林覆盖率达到74.94%。总体来看，水库周边区域生态林结构和功能初步改善，森林多功能效益逐步凸显，发挥重要水土保持的效果。

1.1.3 库区保水，进一步确保水源安全

实施封闭管理及精细化管理。北京市新建了内湖三角地、潮河等3处封闭管理站，建设了围网300km，完善相关配套设施，实现内湖周边、10号坝、红光岛、潮河主坝、第九水厂取水口等区域封闭管理，建立人防、物防、技防"三位一体"的监管系统。全面落实密云水库一级保护区及上游河道网格化管理机制，落实属地主体责任，划定160个网格，设置2150个保水网格员，实现全天候、无缝隙、无盲区管护。

建设库滨缓冲带。按照北京市人民政府印发的《关于进一步加强密云水库水源保护工作的意见》等有关文件精神，北京市结合农业结构调整实施了水库库滨带水源保护工程，共涉及不老屯镇、高岭镇、太师屯镇、溪翁庄、穆家峪、石城、冯家峪7个乡镇，在密云水库148~155m高程之间，按照区域特点并结合树种特性，分为乔木带、湿生乔木带和

灌草带三种建设类型。

实施库中岛清理工程。对库区 94 个库中岛进行清理，全部退出生产经营，拆除房屋面积超 1 万 m^2、附属设施 4.6 万 m^2，将 1.2 万亩土地进行流转并实施生态修复。

1.1.4 依法保水，强化监督管理

率先在全国实现区域化综合执法。成立密云区密云水库综合执法大队，为密云区政府直属正处级行政执法机构，对外以自己的名义独立行使职权、开展工作。根据《中华人民共和国行政处罚法》规定，市政府授权密云区密云水库综合执法大队在其管理范围内集中行使区级农业、环保、城管 3 个部门 131 项行政处罚权。

加强一级保护区内 12 家单位环保监督检查。以"状态不松，力度不减"的态度继续紧抓水源保护工作，加强中央环保督察 12 家单位监督检查，建立工作台账，对其污水排放、垃圾处理、清洁能源改造等方面严格进行长效监督管理，排查污染隐患和污染源，建立健全问题清单、整改清单和责任清单，真正做到无死角、无漏洞，确保不对水质安全产生影响。

1.1.5 政策保水，推动保水工作长效运行

进行综合执法。在全国率先建立水库综合行政执法机构，统筹市、区两级执法部门，成立密云水库联合执法大队，变各执各法为综合统一执法，促进专业执法与属地管护有机结合，形成保水合力；强化属地管护责任，建立"定格、定人、定责、定章"的水源保护网格化管理机制，对库区 230 多个进出口实行全天候看护，推动保水向精细化转变。

全面推行"河长制"。建立区镇村三级河长体系，全区 63 条河道全部设立河长，在市委、市政府提出的"五无"目标基础上，结合实际创新提出了"十无"目标（增加形成无缝隙无死角的网格化管理体系、建立无遗漏的断面考核机制、实现河道管理范围无规模养殖场、中小河道无盗采盗运现象、无新增地下水超采区），以更高标准管护河道。

1.2 水源保护过程中存在问题解析

（1）存在农业面源污染风险。密云水库水源保护区共划定永久基本农田面积 5.92 亩，占全区永久基本农田面积的 36.5%。据市统计局统计数据显示，密云水库水源保护区现有粮食种植面积 6.14 万亩，其中一级保护区尚有 1.7 万亩耕地，上游河道两侧 1km 范围内依旧分布有大量耕地。截止到 2017 年，累计治理裸露板栗林地 3.21 万亩，但密云区仍有近 2 万亩板栗林地未进行治理，板栗林下水土流失严重。

（2）畜禽粪便污染负荷输出量大。密云水库二级保护区内仍有部分畜禽养殖场，主要养殖类型为生猪、牛、羊、家禽。采用《"十二五"主要污染物总量减排核算细则》，密云水库水源保护区畜禽产污量约为 1 万 t/年，其中牛产污量占 36%，其次为猪及肉鸡。

（3）一级保护区内尚有农村生活污染。密云水库水源保护区主要分布在溪翁庄镇、石城镇、不老屯镇、太师屯镇、穆家峪镇、冯家峪镇、高岭镇、西田各庄镇。密云区通过进一步加强污水处理和再生水利用设施建设，水源保护区污水处理得到很大改善。经调研，一级保护区内太师屯、不老屯、高岭等镇仍有部分村庄污水未达标处理，对密云水库水质造成威胁。

（4）生物栖息地受一定影响。密云水库已成为东亚—澳大利西亚迁徙鸟类通道上重要

的候鸟停歇地,随着南水北调进入密云水库,水位将上升一定的高程,多年来形成的候鸟栖息地受南水淹没,加之库滨带造林的影响,已有的栖息地环境发生变化,对越冬候鸟的迁徙、鸟种群结构、数量及水生生物多样性造成影响,需加强相关研究。

(5)流域管理机制尚需进一步完善。区级部门涉及水库一级保护区131项涉水执法权,执法过于分散,难以实施,缺乏统一、系统规划。产业生态化和生态产业化出现一系列与民生冲突的矛盾,导致后续水源保护长效运行难度大。相关长效运行管护机制、生态补偿政策、上游流域考核机制等均需完善。

2 密云水库流域山水林田湖草系统治理与管理模式现状

2.1 治理思路

在传统的生态清洁小流域治理模式基础上,围绕山水林田湖草一体化治理思路,根据有关前期文件和区域发展相关规划,确定流域功能定位,明确设计水平年流域建设目标。

通过源头-过程-末端系统治理的思路,统一规划,突出重点。用生态的办法解决生态的问题。

2.2 功能分区与措施体系

结合六大要素及相关规划,将其分为"深山水源涵养区、土壤侵蚀控制区、面源污染防治区、河湖生态修复区",其中土壤侵蚀控制区以板栗林下水土流失防治为重点,面源污染防治区以种植业面源污染防治、养殖粪污资源化利用、分散农村污水处理为重点,河湖生态修复区以水文地貌修复、湿地构建为重点,进行系统布设技术措施。治理措施布局应与乡镇规划、土地利用规划等相协调。

2.2.1 深山水源涵养区

坡度大于25°的区域,采取封禁治理措施,包括警示、人工巡护、标牌、设置围栏等措施,与生态移民等措施相结合。

2.2.2 土壤侵蚀控制区

板栗林分布集中,且坡度在8°~25°的区域。该区主要针对板栗林下水土流失进行治理。

水平林地采用林粮复合模式,在考虑生态环境的基础上,充分发掘其经济效益,以耕代抚;缓坡林地以工程措施石坎梯田、修筑树盘等工程措施为主,植物措施为辅,生态效益与经济效益兼顾;较陡林地以植物篱、林草复合的植物措施为主,水平阶为辅;陡坡林地进行封禁治理,利用自然的自我修复能力,逐步将板栗经济林改为生态林。同时在管理上禁施农药和除草剂,推广先进的板栗采摘技术。

2.2.3 面源污染防治区

坡度一般小于25°,采取坡地水土流失与农业面源污染防治措施、污水垃圾处理等措施。

坡地水土流失与面源污染防治应以地块为单元,综合考虑地貌、坡度、土层、土地利用等因素，因地制宜配置梯田整修、树盘、经济林、水土保持林（草）等水土保持措施，结合各区域现状，推行适宜的生态农业技术，减少农作物、经济林等的化肥和农药施用量。

二级保护区存在畜禽粪污，其处理必须坚持农牧结合的原则，经无害化处理后，根据就近原则充分还田和利用，实现粪污资源化利用。如果有足够的农田，则经厌氧处理后的污水可作为农田液肥直接利用，而不需要再进行处理；若消纳粪便污水的农田面积不够，则必须经过人工好氧处理或自然处理系统进行处理，达标排放。

农村污水处理应根据人口规模、自然条件、水源保护、水污染物排放标准等进行集中或分散处理。分布集中且污水量大的区域，建议进行集中处理，对于其他村庄根据村庄实际条件，可通过建设小型湿地、LPC污水处理等生态处理方式，对分散农村污水进行处理。水源保护区内人口密度大的村庄以及民俗旅游村应优先进行污水收集处理。

垃圾应按照"减量化、无害化和资源化"的原则处置。人口相对集中的平原和山区村庄，生活垃圾可按照"村收集—镇运输—区处理"的模式，纳入区级末端垃圾处理设施统一处理。人口相对分散的山区，在垃圾分类的基础上，可建设区域性垃圾处理设施就地处置；对有毒有害及难降解的有机垃圾应定期集中运送到区级处理站。

2.2.4 河湖生态修复区

应根据沟道调查、监测及水文地貌评价结果确定需生态修复的沟道，生态自然、功能完好的沟道（水文地貌等级Ⅰ级和Ⅱ级）应以保护为主、不宜采取工程治理措施。

应以沟道为单元，进行沟道生态修复的总体规划及其措施配置；宜采取防洪空间拓展、水质改善、水文地貌与生境多样性修复、纵向连续性修复、横向连通性修复和垂向连通性修复等生态修复措施。

应尽量扩大沟道的行洪空间，在满足沟道防洪的条件下，保持沟道平面形态多样性，维护沟道的纵向连续性、横向连通性及垂向连通性。在沟道常水位河床以外范围，可配置步道等人水相亲措施，但不得影响河道行洪和人身安全。

合理确定村庄、道路和耕地等的防洪标准，配置防护措施。

2.3 管理模式构建

目前，要建立密云水库生态文明文化体系、制度体系、经济体系、责任体系和生态安全体系。提出自然资源资产综合管理机制、经济政策机制、监管政策机制及省际协同政策机制四方面政策机制改革创新策略。

自然资源资产综合管理机制改革创新提出建立统一的自然资源资产确权登记和流转政策与制度，针对土地权属复杂问题，采用租赁和征用的办法，将一些集体纳入固有自然资源资产管理的大盘子。建立山水林田湖草自然资源资产综合管理体制和模式，设立密云水库国有自然资源资产管理局，对区域的山水林田湖草等自然资源开展综合性的保护和生态修复。密云水库和上游地区实施国有自然资源资产管理的配套政策和立法，对国有自然资源资产的范围、所有权和监管权的角色和权限进行界定，改革目前的生态补偿、排污权有偿使用、排污权交易、资源有偿利用等制度，与自然资源资产管理的模式相匹配，建立明晰流域与属地的权力（利）关系的体制、制度和机制，妥善处理自然资源资产管理职责和生态环境保护党政同责的关系。建立健全山水林田湖草综合监测和执法的体制，对山水林田湖草开展一体化管理。

经济政策机制方面，在北京市围绕基础设施完善，区域产业规划管控和产业结构优化相结合，将养殖治理及生态移民、生态补偿相结合，绿色生态农业补贴，原有一级保护区内就业扶持五方面进行产业生态化和生态产业化政策机制改革创新。在河北地区按照区际公平、权责对等、试点先行、分步推进的原则，不断完善横向生态补偿机制，鼓励生态受益地区与生态保护地区、流域下游与流域上游通过资金补偿、对口协作、产业转移、人才培训、共建园区等方式建立横向补偿关系。具体通过统筹北京河北产业发展、建立区域均衡的财政转移支付制度、改变就业和扶贫方式等进行产业生态化和生态产业化政策机制改革创新。

监管政策机制方面，通过规划引领加强顶层设计。采用网格化管理，深入开展水源保护区精细化管理模式。加强水源保护工程运行管护，有效提高污水削减效率及运行时间。进行垃圾统一收集处理，从源头减少污染。长效的资金筹集及使用政策，最大化地保障相应工程、管理的正常进行。建设山水林田湖草综合保护工作考核和奖惩机制，提高一体化管理的水平和成效。

3　建议

（1）调整农业用地格局。对水库一级保护区内 1.7 万亩耕地和上游 63 条河道两侧 1km 范围内耕地进行种植结构调整，制定政策进行土地流转，退出传统农业种植，实施生态廊道修复，减少农业面源污染，涵养水源、净化水质。其余二级保护区内农业用地，逐步推广生态农业技术，并通过建立绿色产业发展引导机制，引导发展绿色食品、观光休闲、创意体验等高端生态农业，形成绿色有机产业集聚区。

（2）一级保护区内村庄搬迁。研究制定长远规划和搬迁政策，将缓冲区内近水村庄逐步迁出，人员向二级保护区以外分流，减少人为造成的水质和环境污染。

（3）统筹山水林田湖草系统综合治理。加强生物栖息地恢复、生态系统修复相关研究；围绕"山水林田湖草"六大要素，通过山区生态修复、湿地建设与保护、河流沟道生态修复、高标准生态林、农业面源污染防治、生态清洁小流域建设等措施的统一规划、统一布局、统一实施、进行系统治理，实现生态系统修复与保护。

（4）完善政策机制。研究建立多元化的生态补偿机制，建立生态保护成效与资金分配挂钩的激励约束机制，对水库上游 11 个镇 164 个行政村的污水、垃圾、养殖、化肥农药、沟道等进行考核，依据考核结果落实生态补偿资金；建立完善生态林管护机制、有机肥增施补偿机制、建立绿色产业发展引导机制等，从政策层面加强面源污染防治及生态系统恢复。

参考文献

[1] 常纪文，刘天凤，吴雄，等. 山水林田湖草一体化保护和系统治理——湖南省宁乡市陈家桥村的案例经验与启示［J］. 中国水利，2023（4）：6-9.

[2] 王登举，刘世荣，何友均，等. 关于山水林田湖草沙系统治理的战略思考［J］. 林草政策研究，2022，vol.2 No.4：8-14.

永定河平原南段典型物种适宜栖息地情景模拟

冯一帆[1,2]　李添雨[2]　薛万来[2]　黄炳彬[2]

(1. 河海大学，南京　210098；2. 北京市水科学技术研究院，北京　100048)

【摘要】 本文根据2020年永定河补水后的实测地形资料构建了从三家店拦河闸至崔指挥营河段的 MIKE 21 模型。在耦合自然水文节律与生物节律的基础上，以鱼类栖息地适宜面积最大化为目标，提出了3种永定河生态水量调度方案进行模拟。通过分析鱼类生存的特定环境因子，结合永定河平原南段 MIKE 21 模型得出的流场空间分布数据，绘制目标鱼类栖息地适宜度曲线，基于栖息地适宜性指标 HSI 分析永定河平原南段目标鱼类的适宜栖息地的分布范围。结果表明：目标鱼类主要分布于1号坑、6号坑和7号坑之间及金门闸至崔指挥营之间的较窄河道；其中6号坑内流速较缓，几乎没有目标鱼类的有效栖息地，但其深度分布非常适宜作为越冬期的场所。另外，在第3种水文节律条件下目标鱼类的有效栖息地面积最大，更适宜构建目标鱼类的栖息地。

【关键词】 永定河；典型鱼类；Mike 21；栖息地适宜度指标

Scenario simulation of suitable habitat for typical species in the south part of the plain section of Yongding River

FENG Yifan[1,2]　LI Tianyu[2]　XUE Wanlai[2]　HUANG Bingbin[2]

(1. Hohai University, Nanjing　210098; 2. Beijing Water Science and Technology Institute, Beijing　100048)

【Abstract】 Based on the measured topographic data after the replenishment of Yongding River in 2020, this paper constructs a MIKE 21 model from Sanjiadian Dam to Cuizhihuiying reach. Based on the coupling of natural hydrological rhythm and biological rhythm, and aiming at maximizing the suitable area of flow habitat, three ecological water scheduling schemes of Yongding River were proposed for simulation. By analyzing the specific environmental factors for fish survival and combining with the spatial distribution data of flow derived from MIKE 21 model in the southern section of Yongding River Plain, the habitat suitability curve of target fish was drawn. Based on the habitat suitability index HSI, the distribution range of suitable habitat for target fish in the southern section of Yongding River Plain was analyzed. The results showed that the target fish mainly distributed in the narrow channel between Pit No.1, Pit

No. 6 and Pit No. 7 and between Jinmen Gate and Cuizhihuiying. In pit No. 6, the velocity is slow and there is almost no effective habitat for target fish, but its depth distribution is very suitable for overwintering. In addition, under the third hydrological rhythm condition, the effective habitat area of target fish is the largest, which is more suitable for the construction of target fish habitat.

【Key words】 Yongding River; typical fish; Mike 21; habitat suitability index

1 引言

人类社会的发展离不开对水资源的开发与利用，过度的汲取已经使水资源严重匮乏。与此同时，对水体环境的污染与破坏也导致鱼类适宜生存的空间日渐减少，因此针对鱼类适宜栖息地的研究与保护亟待开展。

鱼类栖息地是其完成捕食、产卵、越冬等过程所必需的水域范围[1]，其面积范围和适宜度优劣是对河流生态健康评价重要标准，也是河流生态发挥作用的重要指标[2-3]。探究鱼类与栖息地间的关系是生态河道的重要研究领域，温度、水深、流速、地形地貌、水质等因素是鱼类对栖息地选择的重要参数[4-5]，也是鱼类生境评价体系中的关键指标[6]。为了综合考虑不同环境因子对栖息地共同作用的影响，国内外不少研究利用栖息地适宜性分析以及鱼类生境评价模型分析了各类栖息地。Naman 等[7] 以鲑鱼为食的大型鱼类为研究目标，分析栖息地适宜性曲线对鱼类大小和捕食丰度等因素的敏感性，为河流模型量化栖息地适应性提供更可靠的手段。Kim 等[8] 利用鱼类和大型无脊椎动物的物理栖息地模拟，提出了目标鱼类的适宜摄食栖息地，进一步提高了鱼类丰度预测的准确性。

近几年我国对于此类问题也有大量研究。为了研究西北太平洋柔鱼冬春生群的早期生物过程和分布，李曰嵩等[9] 将生长、死亡等过程参数化，并建立了基于个体的生态模型。他们利用物理模型模拟北太平洋三维物理场，并采用拉格朗日质点追踪的方法将物理模型与生物模型耦合起来。最终，他们使用这个模型进行了1997—2010年柔鱼冬春生群的输运分布数值模拟。目前大多研究主要是基于鱼类栖息地适宜性模型得出河流生态流量，但对鱼类整个生命周期的研究重视不足。本文主要通过实测数据建立永定河平原南段的二维水动力模型，并提出了3种永定河生态水量调度方案进行模拟。通过分析鱼类生存的特定环境因子，结合永定河平原南段 MIKE 21 模型得出的流场的空间分布数据，绘制目标鱼类栖息地适宜度曲线，基于栖息地适宜性指标 HSI 分析永定河平原南段目标鱼类的适宜栖息地的分布范围。整体研究思路如图1所示。

2 研究区域及目标物种

2.1 河流概况

永定河是海河水系最大的一条河流，是京津冀地区重要的生态廊道[10]。进入北京市界后，流经门头沟、石景山、丰台、房山、大兴等5个区[11]，从宛平湖末端至崔指挥营

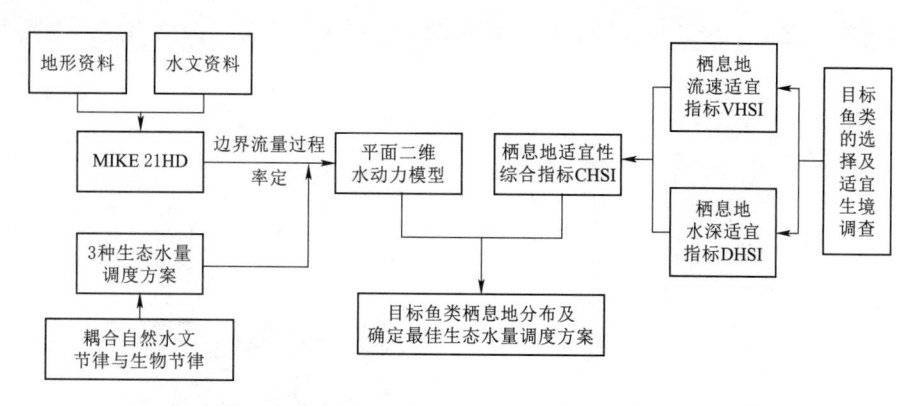

图 1　目标鱼类适宜栖息地情景模拟整体分析思路

属于永定河平原南段，该段全长约 60km，涵盖了如 1 号坑、6 号坑和 7 号坑等水量较大、物种较为丰富的区域。

2.2　目标物种的选择

为了便于研究河流中物种栖息地条件的变化，需要选择对栖息地变化最敏感的代表性物种，该典型物种能反映生态系统中其他物种的种群变化，其经济价值和物种资源还需具有特殊的重要性。而作为顶极群落的鱼类对其他物种的存在和丰度有着重要的作用[12]，宽鳍鱲是北京市二级保护动物，通常喜爱群游，易于调研观测且具有较高的研究价值，故本文选取宽鳍鱲作为研究的目标物种。

根据《北京鱼类和两栖爬行动物志》中记载，宽鳍鱲隶属于鲤形目鲤科，常栖居于水流较急、砂石底质的浅滩河段，江河的支流中较多，而深水湖泊中则少见。通常以浮游甲壳类为食，兼食一些藻类、小鱼及水底的腐殖物质[13]。受水资源紧缺等因素影响，有学者在对北京及其周边地区鱼类资源调查中发现，宽鳍鱲的数量和分布区均有减少的趋势，在一些河流中甚至已很难捕到[14]。针对这样的资源现状，深入准确地研究宽鳍鱲，加强对其种群的管理和持续利用是十分必要的。

3　平面二维水动力模型的建立

本文基于 DHI MIKE 21 模块建立二维水动力学模型，经率定后提供 3 种水文节律条件作为模拟工况，模拟在 3 种不同流量下，鱼类栖息地的相关因子适宜度指数 HSI 的适宜度时空分布特征，得到的鱼类栖息地评价指标适宜度范围是研究鱼类生境的重要依据。

在 CAD 中提取永定河的边界文件及地形高程文件，边界数据采用 NON－UTM 坐标输入 MIKE 21 模型，模型河段的模拟范围全长 80km，从三家店拦河闸至崔指挥营。

在建立模型边界后，对全部范围生成三角形网格（图 2），其中狭窄河道和浅滩等部分网格进行局部加密，共生成三角形网格数 62915 个，最小网格面积 43.27m^2，最大网格面积 28612.25m^2。利用 2020 年永定河生态补水后的地形资料导入模型中进行插值生成高程文件。运行 MIKE 21 HD 模型，模拟时段为 2022 年 5—8 月，设置时间步长为 28800s，并取模型运行时段的前10d作为预热期,对水动力模型进行率定。需要率定的参数主要为河道曼宁系数。

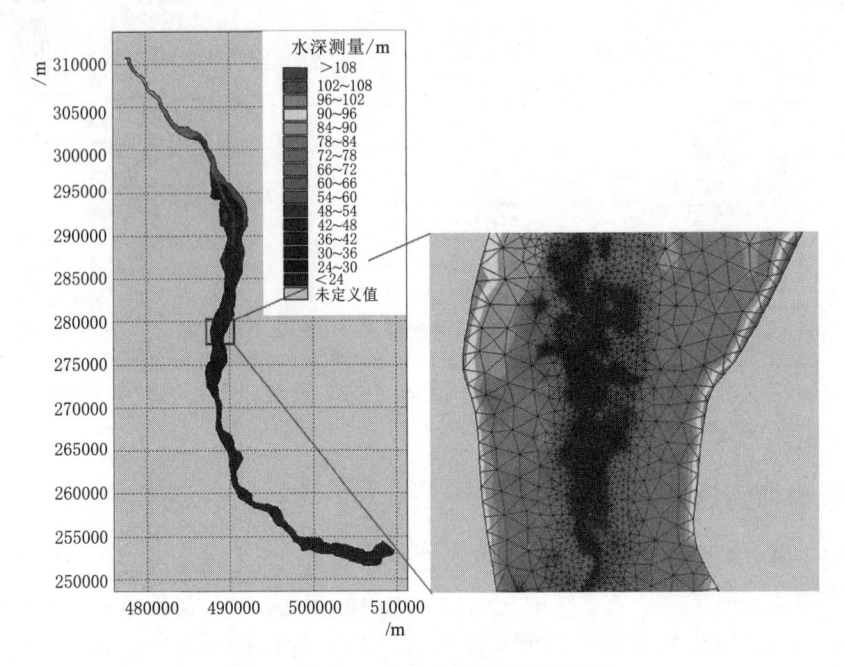

图 2　模型 mesh 文件及局部网格细节

选取卢沟桥、六环路、金门闸、固安站和崔指挥营5个站点的流量数据作为模型率定依据,以相对误差 RE 对模拟效果和精度进行评价,率定结果如图3所示,5个站点模拟流量的相对误差分别为1.74%、2.99%、5.74%、9.95%、6.48%,此结果表示流量模拟达到良好水平,基本满足项目要求,模型可较真实地反映永定河平原段水动力状况。

本文分析数据使用软件 Excel 2016,绘制统计图及鱼类栖息地分布图分别使用软件 Origin 2018、ArcGIS 10.7。

4　结果与分析

4.1　基于 MIKE 模型对环境因子分析

综合考虑春季动植物需求、鱼类产卵、秋季鸟类迁徙及鱼类越冬等敏感期需水特征,对年径流过程实施调整,3—5月为水生动植物生长繁育高峰期,宜大水量补给,6—9月为雨季可适当减小补水,10—11月为秋季候鸟迁徙季、生物越冬等,适当增加补水。

模型拟采取3种工况条件进行模拟分析(表1),工况1和工况2分别为保证率 $P=90\%$ 和 $P=95\%$ 时的调水过程,工况3是在春秋两季水鸟等生物需水期分别实施1次脉冲补水过程,取消生态补水实验期由卢沟桥闸实施脉冲调度的补水方式,改由官厅水库直接下泄,沿程库、闸平进平出。三家店拦河闸流量分配为3—5月平均18.0 m^3/s,6—9月平均7.9 m^3/s,10—11月平均9.0 m^3/s。

(a) 卢沟桥

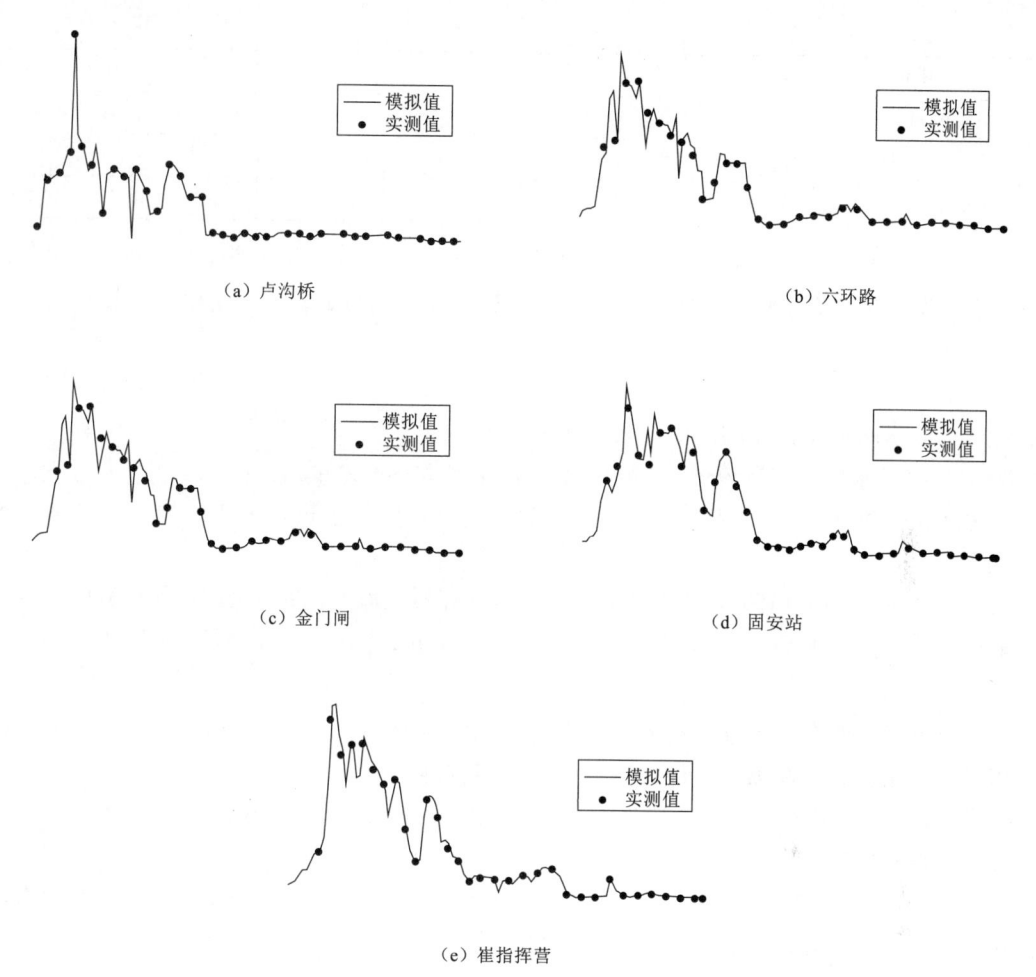

(b) 六环路

(c) 金门闸

(d) 固安站

(e) 崔指挥营

图 3　各断面率定结果

表 1　　　　　　　　　模型采取的三种工况条件　　　　　　　　单位：m³/s

月份	工况 1	工况 2	工况 3
1	4.9	4.7	0
2	6.3	5.6	0
3	21.6	20.8	20.8
4	10	9.3	17.6
5	10	9.3	17.6
6	10.6	10.4	10.4
7	14.3	12.6	6.3
8	17.8	16.6	8.3
9	13.6	13.5	6.8
10	11.1	6.9	13.6

续表

月份	工况 1	工况 2	工况 3
11	8.3	6.6	5
12	5.1	5.1	0
年补水总量/亿 m³	3.5	3.2	2.6

本模型模拟时段设定为 2022 年 1 月 1 日上午 8：00—2023 年 1 月 1 日上午 8：00，在充分平衡模型计算稳定性和效率的基础上，经过多次调试与试算，确定模型计算时间步长为 43200s。

模型范围从三家店拦河闸至崔指挥营，模拟面积为 10101.53hm²，模拟区域采用三角形网格，最小网格面积 43.27m²，模型模拟区域总共划分 62915 个三角网格。模型采用 2020 年生态补水后的实测地形，配合模型差值生成 Mesh 文件。

水动力模块（HD）边界：模型水动力数据基于永定河水量月报表统计数据获得，每 1 天记 1 个流量。

干湿边界：模型计算启用干湿边界，在进行计算的过程中，每一时间步长计算网格的平均水深，经过实际调研及多次试算，确定干点水深 $h_\mathrm{dry}=0.001\mathrm{m}$，半干湿点水深 $h_\mathrm{flood}=0.005\mathrm{m}$，湿水深 $h_\mathrm{wet}=0.01\mathrm{m}$。

其他条件：整个模拟范围糙率统一采用 $32\mathrm{m}^{1/3}/\mathrm{s}$。风场、冰层、柯氏力和潮汐力等条件不考虑。水面蒸发和降水条件采用 2022 年实测数据。

3 种工况下，补给水量最大皆在 3 月，本文选取 3 月的模拟结果进行重点分析。

4.1.1 水深分布

如图 4 所示，3 种工况条件下，平原南段水域面积随流量增大而增大，3 月份的水域面积分别为 16.35km²、16.27km²、16.36km²；其中 6 号坑的水域面积为 0.98km²、0.97km²、0.98km²，占整体水域面积的 6% 左右。

如图 5 所示，平原南段 1 号坑的水最深，最深处可达 14.10m 左右；3 种工况条件下，水深处于 1.0～3.0m 的分布范围最大，分别占水域面积的 38.78%、38.72%、38.69%；水深处于 0.3～0.6m 的分布范围最小，仅占水域面积的 8.44%、8.48%、8.56%。

4.1.2 流速分布

如图 6 所示，1 号坑、2 号坑、6 号坑和 7 号坑等水面较广，深度较大的区域流速很慢，基本处于 0～0.1m/s 的范围内，而流速较大的区域分布在各坑之间及金门闸以下的狭窄河道，最大流速为 2.68m/s。在 3 种工况条件下，流速处于 0～0.1m/s 的分布范围最大，分别占水域面积的 78.16%、78.67%、77.14%；流速大于 0.5m/s 的分布范围最小，仅占水域面积的 1.66%、1.54%、1.78%。

4.1.3 鱼类越冬场分布

鱼类越冬期间，北京市河湖水面冰封，冰层厚度在 15～20cm，越冬水体同外界空气隔绝，随气温下降和冰层加厚，水体温度逐渐降低，对鱼类的安全越冬造成了不利胁迫[15]。结合相关资料的查询和实际对鱼类的研究，综合考虑水深、水温、流速等因素对鱼类越冬的影响[16]，将 3～6m 的水深范围定为鱼类的越冬场范围。

(a) 工况1

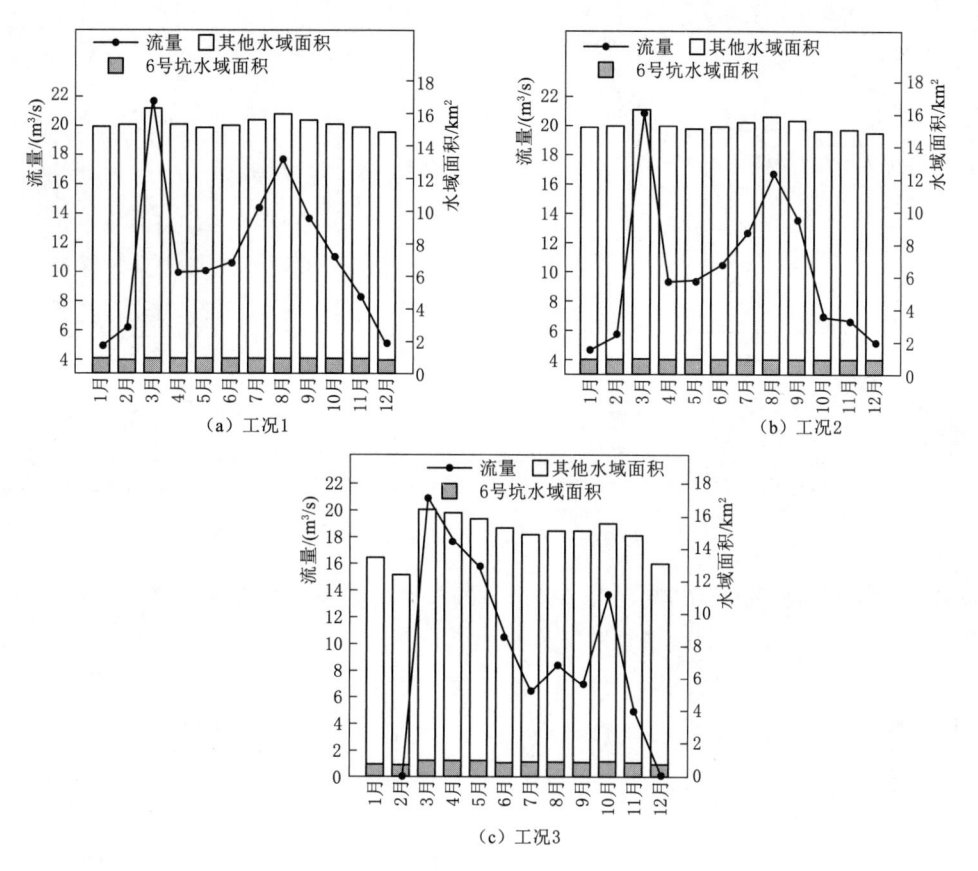

(b) 工况2

(c) 工况3

图 4 3 种工况下水域面积变化

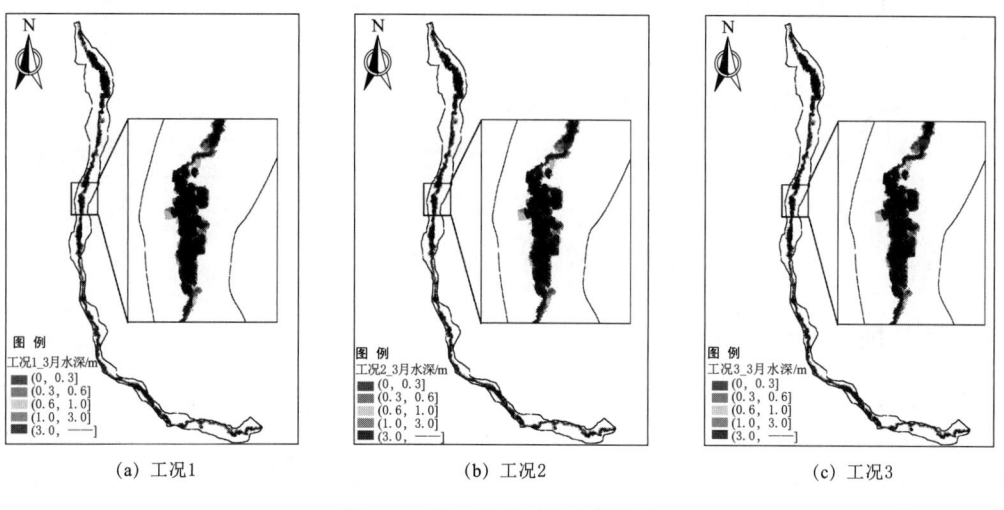

(a) 工况1

(b) 工况2

(c) 工况3

图 5 三种工况下 3 月水深分布

图 7 所示为 3 种工况条件下，宽鳍鱲越冬场的分布范围。越冬场基本分布在 1 号坑、2 号坑、6 号坑和 7 号坑等区域，其余河道几乎不具备作为越冬场的条件。模拟范围内越

(a) 工况1　　　　　　　　　(b) 工况2　　　　　　　　　(c) 工况3

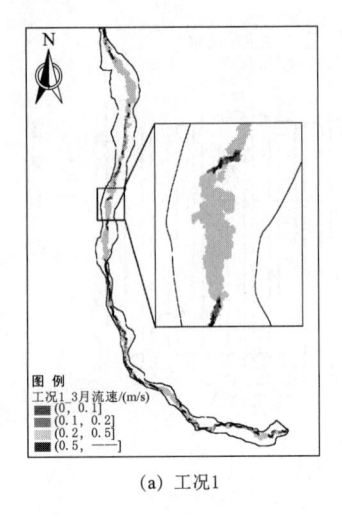

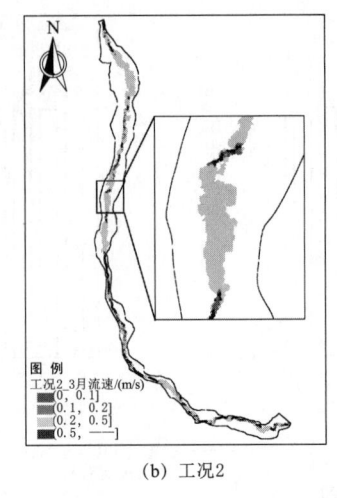

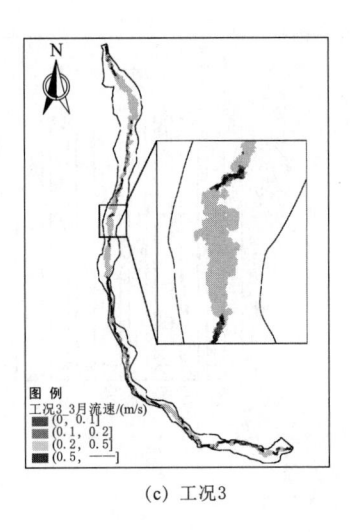

图 6　三种工况下 3 月流速分布

冬场分别占水域面积的 21.36%、21.38%、20.68%；其中 6 号坑中适宜作为越冬场的面积分别占 45.90%、46.10%、44.32%。

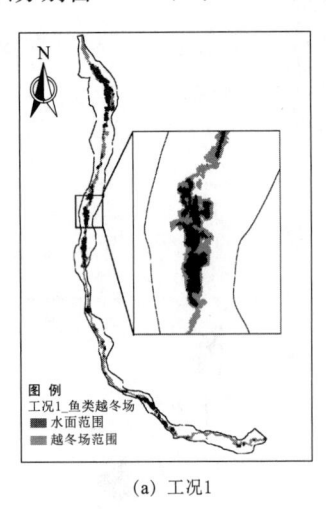

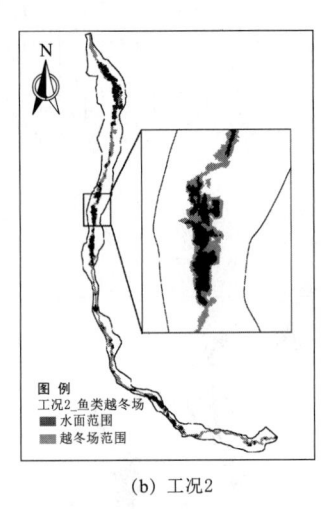

(a) 工况1　　　　　　　　　(b) 工况2　　　　　　　　　(c) 工况3

图 7　3 种工况下鱼类越冬场分布

4.2　栖息地适宜性分析

栖息地适宜性分析是栖息地评价的一种重要方法。它是基于河段的水力学计算成果，即已经掌握了河段的流速、水深分布，依据栖息地适宜性曲线，把河段划分为不同适宜度级别的区域，获得河段内栖息地质量分区图。所谓栖息地适宜性曲线（habitat suitability curve，HSC）[17]，需要在现场监测不同的流速、水深条件下，调查特定鱼类的多度，建立流速、水深等变量与种群丰度的关系曲线，也可以建立物理变量—鱼类丰度频率分布曲线，两者都可以反映特定鱼类物种生活史阶段对流速、水深等生境因子的需求。有了物理变量—鱼类丰度关系曲线，下一步就可以靠专家经验确定栖息地的阈值，即最佳栖息地指标和最差栖息地指标。高低阈值之间用曲线或直线连接，就构建了单变量栖息地适宜性曲线。对几种单变量栖息地适宜性曲线进行数学处理，就可以建立多变量的栖息地适宜性综合指标和相关曲线[18]。图8为本研究结合了实验和相关文献，针对永定河流域宽鳍鱲对流速和水深的需求绘制的栖息地适应性曲线。

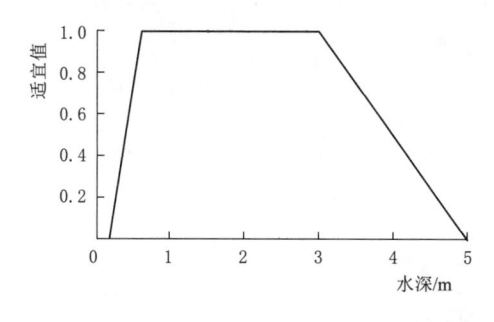

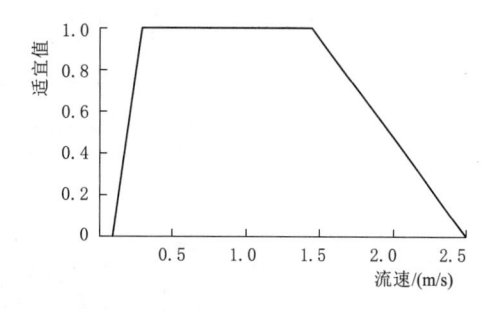

图8 宽鳍鱲栖息地适应性曲线

利用模型的计算结果输出河段的水深、流速数据，通过栖息地适宜性曲线HSC，计算网格上每个节点适宜性指标。针对水深，可以算出各节点栖息地水深适宜性指标（Depth Habitat Suitability Index，DHSI）。针对流速，可以计算出各节点栖息地流速适宜性指标（Velocity Habitat Suitability Index，VHSI）。DHSI和VHSI都是无量纲数值，取值范围0～1.0。基于计算结果，可以分别绘制水深和流速的栖息地质量分区图。

为获得栖息地适宜性综合指标GHSI，可以在计算网格的每个节点上计算DHSI和VHSI的几何平均数[19-20]：

$$GHSI=\sqrt{DHSI\times VHSI}$$

式中　GHSI——栖息地适宜性综合指标；

DHSI——栖息地水深适宜性指标；

VHSI——栖息地流速适宜性指标。

栖息地适宜性综合指标GHSI分级标准，当GHSI=0时，栖息地不复存在；0<GHSI≤0.2时，为质量差栖息地；0.2<GHSI≤0.4时，为低质量栖息地；0.4<GHSI≤0.6时，为中等质量栖息地；0.6<GHSI≤1.0时，为高质量栖息地；另外当GHSI>0.4时即为有效栖息地。

如图9所示为3种工况条件下，宽鳍鱲12个月有效栖息地（GHSI>0.4）的面积变化情况，其中1月、2月、11月、12月为越冬期，有效栖息地即为越冬场面积。宽鳍鱲喜欢栖息于流速较大、水深较深的区域，故在春季和秋季大流量补水的月份，其有效栖息地面积较大。6号坑虽然存在水深较大区域，但总体流速较缓，适宜宽鳍鱲生存的范围较少。

图10为三种工况下宽鳍鱲栖息地分布，其有效栖息地面积分别为1.52km²、1.46km²、1.59km²，占总水域面积的9.29%、8.97%、9.72%，其中6号坑中有效栖息地面积分别占水域面积的5.22%、4.73%、5.21%。流量对于宽鳍鱲的适宜栖息地面积的影响起着至关重要的作用，3—5月为鱼类生长繁育的高峰期，在此期间，工况3进行大流量补水，有效促进宽鳍鱲适宜栖息地面积增加。由此可见，在水资源紧缺条件下，总

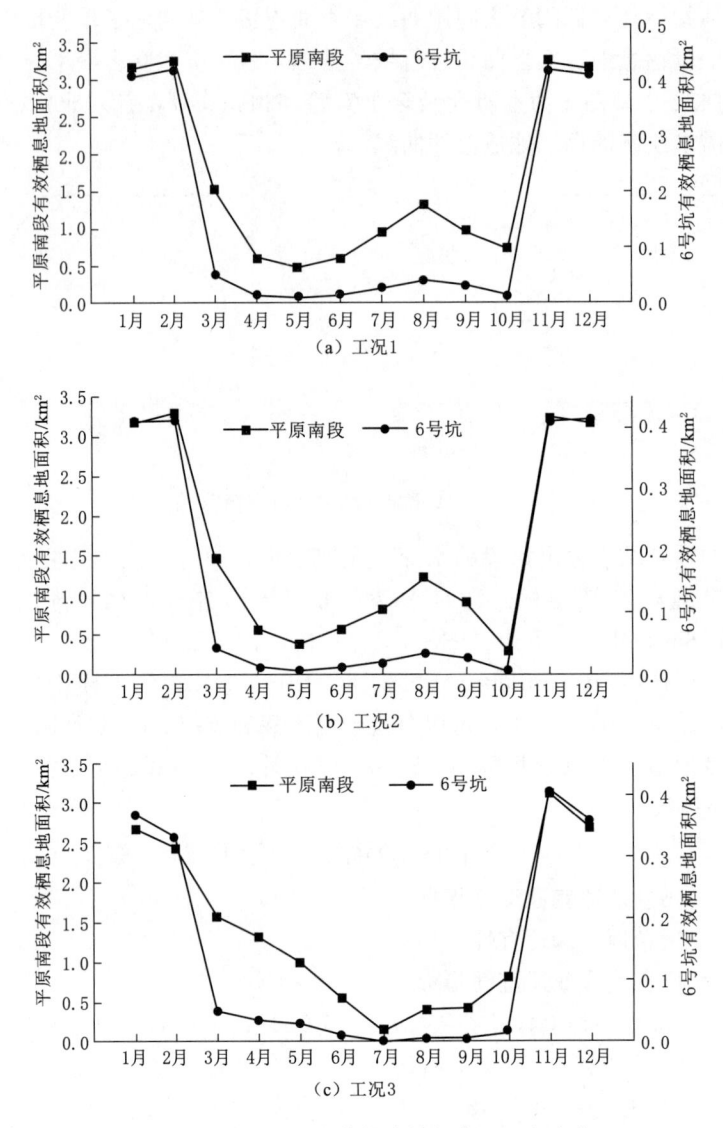

图 9 三种工况下宽鳍鱲有效栖息地面积变化

水量相对较小的工况 3 的补水调度方案更具优势。

5 结论

（1）本文根据 2020 年永定河补水后的实测地形资料构建了从三家店拦河闸至崔指挥营河段的 MIKE 21 模型。在耦合自然水文节律与生物节律的基础上，以鱼类栖息地适宜面积最大化为目标，提出了 3 种永定河生态水量调度方案进行模拟。结果显示在永定河平原南段，1 号坑的深度最大，为 14.10m 左右，大约 38.7% 的水域范围处于 1.0~3.0m 的较深区域，仅有 8.5% 的水域范围处于 0.3~0.6m 的较浅区域；流速整体较缓，大部分均处于 0~0.1m/s 的范围内；适宜作为宽鳍鱲越冬场的面积约占 21%，其中 6 号坑适宜范

(a) 工况1　　　　　　　　(b) 工况2　　　　　　　　(c) 工况3

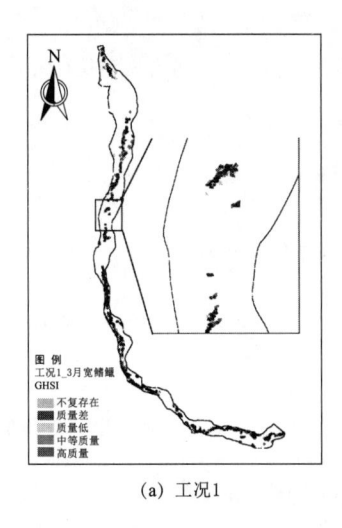

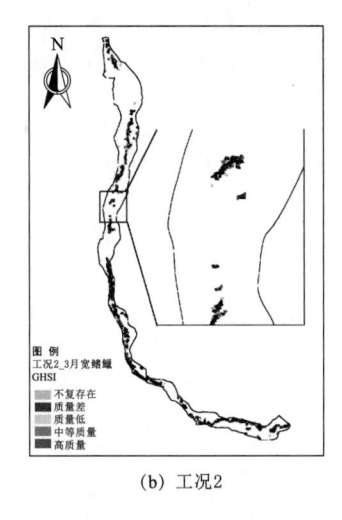

图10　三种工况下宽鳍鱲栖息地分布

围较大，约占45%以上。

（2）基于永定河平原南段MIKE 21模型的研究，宽鳍鱲主要分布于1号坑、6号坑和7号坑之间及金门闸至崔指挥营之间的河床较窄、交错纵横的河道；其中6号坑内流速较缓，几乎不存在宽鳍鱲的有效栖息地，但其深度分布非常适宜作为宽鳍鱲越冬期的场所。

（3）永定河平原南段MIKE 21模型针对提出的3种永定河生态水量调度方案进行模拟后，利用栖息地适宜性综合指标GHSI进行评价，在工况3的水文节律条件下宽鳍鱲的有效栖息地面积最大，更适宜构建宽鳍鱲的栖息地。

参考文献

[1] 杨宇，严忠民，乔晔．河流鱼类栖息地水力学条件表征与评述[J]．河海大学学报（自然科学版）．2007（2）：125-130．

[2] 孙志毅．基于栖息地生态适宜度指数模型的河流鱼类生境模拟分析[J]．水利规划与设计．2020（6）：86-90．

[3] 李友光，刘士峰，王慧亮，等．基于多物种栖息地适宜度模型的河道生态流量确定方法与应用[J]．灌溉排水学报．2022，41（5）：139-146．

[4] 马里，白音包力皋，许凤冉，等．鱼类栖息地环境评价指标体系初探[J]．水利水电技术．2017，48（3）：77-81．

[5] 姜跃良，孙大东，喻卫奇．雅砻江中下游鱼类栖息地评价与保护方案[J]．水生态学杂志．2015，36（6）：80-85．

[6] 董谋．栖息地适宜度模型在鱼类生境中的应用[J]．江西水产科技．2021（5）：9-11．

[7] Naman S M, Rosenfeld J S, NEUSWANGER J R, et al. Bioenergetic Habitat Suitability Curves for Instream Flow Modeling: Introducing User-Friendly Software and its Potential Applications [J]. Fisheries. 2020, 45 (11): 605-613.

[8] Kim S K, Choi S. Prediction of suitable feeding habitat for fishes in a stream using physical habitat

simulations [J]. Ecological Modelling. 2018, 385: 65 - 77.

[9] 李曰嵩, 白松麟, 余为, 等. 基于个体的西北太平洋柔鱼冬春生群生活史早期生态模型构建 [J]. 海洋学报. 2021, 43 (9): 33 - 47.

[10] 杨小凤, 孙锋. 论永定河流域生态补水平台功能拓展 [J]. 中国水利. 2022 (14): 13 - 15.

[11] 邱颖, 贾东民, 刘心远, 等. 永定河北京段生态补水现状问题及对策 [J]. 北京水务. 2023 (1): 38 - 42.

[12] 郝增超, 尚松浩. 基于栖息地模拟的河道生态需水量多目标评价方法及其应用 [J]. 水利学报. 2008 (5): 557 - 561.

[13] 孟子豪, 李学梅, 王旭歌, 等. 汉江上游支流堵河宽鳍鱲的年龄与生长特征研究 [J]. 淡水渔业. 2020, 50 (5): 55 - 61.

[14] 邢迎春, 赵亚辉, 张洁, 等. 北京地区宽鳍的生长及食性 [J]. 动物学报. 2007 (6): 982 - 993.

[15] 杨泽凡. 基于水流过程的河沼系统生态需水与调控措施研究 [D]. 北京: 中国水利水电科学研究院, 2019.

[16] 唐肖峰. 黄颡鱼越冬期管理要点 [J]. 渔业致富指南. 2021 (24): 38 - 40.

[17] Akter A, Tanim A H. A modeling approach to establish environmental flow threshold in ungauged semidiurnal tidal river [J]. Journal of Hydrology. 2018, 558: 442 - 459.

[18] 易雨君, 张尚弘. 水生生物栖息地模拟方法及模型综述 [J]. 中国科学: 技术科学. 2019, 49 (4): 363 - 377.

[19] 丁琪, 陈新军, 汪金涛. 阿根廷滑柔鱼 (Illex argentinus) 适宜栖息地模型比较及其在渔场预报中的应用 [J]. 渔业科学进展. 2015, 36 (3): 8 - 13.

[20] 易雨君, 张尚弘. 水生生物栖息地模拟 [M]. 北京: 科学出版社, 2019: 204 - 205.

水旱灾害防御

北京城市内涝模拟与防治对策研究

李永坤[1,2] 周宇飞[1,3] 张晋[1,3]

(1. 北京市水科学技术研究院,北京 100048;2. 北京市非常规水资源开发利用与节水工程技术研究中心,北京 100048;3. 河海大学,南京 210098)

【摘要】 高强度城市化进程下的洪涝事件有增多趋势,依托洪涝模拟模型技术识别洪涝风险对于提升防汛应急管理能力具有重要的现实意义。本文针对城市洪涝灾害复杂性和不确定性的实际特点,提出了北京城市精细化洪涝模型构建技术框架,通过系统诊断河道行洪能力、管网排涝能力、应急管理能力等方面的内涝症结,从多层次内涝防控、海绵城市建设、应急管理等方面提出内涝防治的对策与建议。

【关键词】 城市化进程;洪涝模型;河道行洪能力;管网排涝能力

The study of inundation modeling and management in Beijing urban area

LI Yongkun[1,2] ZHOU Yufei[1,3] Zhang Jin[1,3]

(1. Beijing Hydyaulic Research Institute, Beijing 100048; 2. Beijing Unconventional Water Resources And Water Saving Engineering Technology Research Center, Beijing 100048; 3. Hohai University, Nanjing 210098)

【Abstract】 There is an increasing trend of extreme rainfall events in the background of high intensity urbanization process, it is of great practical significance to address the watershed flood risk characteristics based on urban flood model. Considering the complex and uncertainty of urban flood disasters, this paper proposes a technical framework of urban flood model, The river flood diversion capacity and the pipeline network drainage capacity is rechecked. The emergency management capability is diagnosised. This study would provide suggestions of multi-level waterlogging control, sponge city construction and emergency management.

【Key words】 High intensity urbanization process; Urban flood model; River flood diversion capacity; The river flood diversion capacity

1 城市化对城市暴雨洪水过程的影响

北京市位于华北平原西北部，暴雨中心沿燕山、西山山前迎风带分布，属典型半湿润半干旱区大陆性季风气候，降雨季节性差异显著，汛期降雨量占全年的85%以上。山前区地面坡陡，难以拦蓄，加重了平原河道泄洪压力，中心城坐落在山前迎风区，地势平坦，下垫面受高强度城市化影响，极易形成洪涝灾害。城市化是社会发展的重要阶段，主要表现在城市面积急剧膨胀、人口迅速集中和产业规模不断扩大，直接改变了城市自然、文化和生态系统，其中包括局地气候条件和水文循环过程。

城区地表热容量增大，与郊区温差较大，绝对湿度及相对湿度逐渐减少，即出现"热岛效应"。受城市热岛效应、凝结核效应以及高层建筑物阻碍效应的综合影响，城区能够明显增加或诱发降雨，特别是主汛期7月下旬至8月上旬的一两场突发性强降雨直接决定了汛期降雨总量[1]。2012年7月21日，北京发生了一次极端降雨过程，全市平均降雨量170mm，占汛期降雨总量的33%。2016年7月20日，北京市又发生了一场特大暴雨事件，全市累积降雨量213mm，占汛期降雨总量的43%。虽然近年汛期降雨总量具有明显下降趋势，但局地强降雨却在不断增强，具有突发性、局地性、强度大、历时短等特点，常伴有雷电、冰雹、大风等灾害性天气，常出现城郊大雨城中无雨或东城有雨西城晴的现象。如2015年7月20日，全市平均降雨量仅15mm，暴雨中心顺义奥运水上公园170mm。

城市不透水下垫面比例增加，土壤入渗量减少、地下水位持续下降，河道基流量不能维持，改变流域的产流过程。此外，河流渠化多建有防洪堤坝等水利工程改变了河道汇流过程，使流域径流量增加，汇流时间缩短，洪峰流量增大。以2016年"7·20"凉水河大红门闸为例，从降雨开始到河道水位明显上涨时间约为30min，洪峰出现在雨峰后1h内，且随着雨势减弱而洪峰迅速回落，洪水过程表现出典型的峰尖、瘦高的城市水文特点。2016年"7·20"凉水河大红门闸洪水过程线如图1所示。

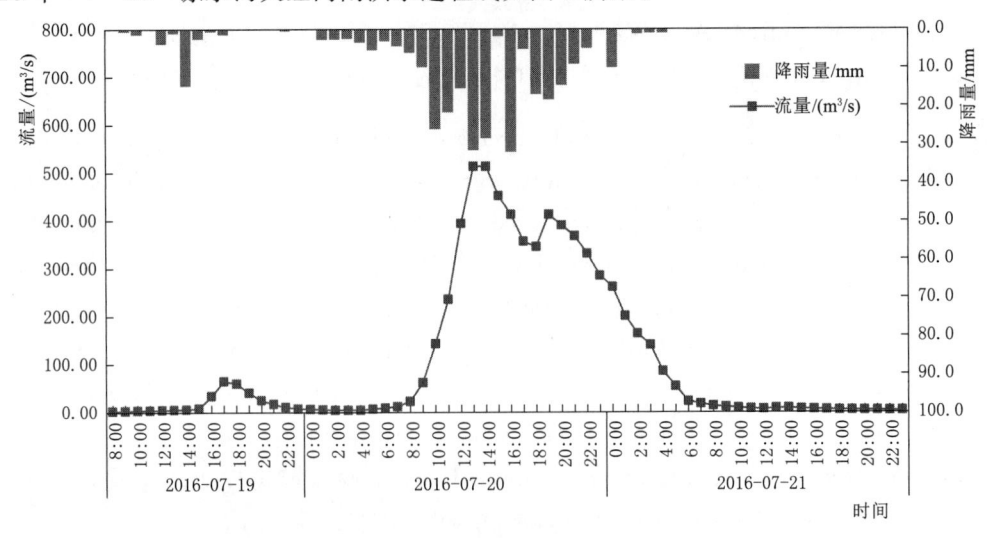

图1 2016年"7·20"凉水河大红门闸洪水过程线

2 城市内涝灾害频发多发

北京市主要洪涝风险为流域性洪水、山洪地质灾害以及城市内涝[2]。城市内涝是内河和建设区强降雨期间产生积水灾害的现象。近年来，受强对流天气预见期短、排水设施设计运维不合理以及整体规划理念滞后等多因素影响[3]，城市内涝灾害频发多发。2004年以来，全市共遭遇极端暴雨104次，城区内涝积水点多达134处，发生了莲花桥"水淹汽车"，南二环、南三环"积水断路"，香泉环岛"山洪围困"，机场路"交通瘫痪"，安华桥"水漫车顶"等内涝事件。2012年"7·21"特大暴雨，全市内涝积水点数量多达426处，中心城区积水断路63处，造成严重的经济损失和社会影响。针对"7·21"特大暴雨灾害中暴露出的问题，全市统筹开展了雨水泵站改造、中小河道治理、雨水利用与排水调蓄等一系列措施，使内涝积水情况得到有效缓解。2016年7月20日，北京市又发生了一场特大暴雨过程，中心城区积水断路17处，较"7·21"减少74处。但由于"7·20"降雨过程历时长、最大降雨强度小，降雨过程较平稳，小频率高强度降雨仍然是制约汛期城市安全运行的重大考验。2004—2016年北京城区典型暴雨事件见表1。

表1　　　　2004—2016年北京城区典型暴雨事件列表

年份	全市汛期降雨量/mm	暴雨次数	城区最大场次降雨			城区内涝积水点数量/处
			发生时间	城区降雨量/mm	暴雨中心降雨量/mm	
2004	441	5	7月10日	81	111（天安门）	41
2005	374	4	7月22日	73	223（房山张坊）	—
2006	357	8	7月24日	46	88（车道沟）	—
2007	341	10	7月30日	60	86（鹰山公园）	—
2008	500	11	8月10日	69	107（车道沟）	—
2009	354	9	7月30日	44	141（南长街）	—
2010	353	7	7月9日	51	112（箭亭桥）	—
2011	479	12	6月23日	73	215（模式口）	29
2012	532	7	7月21日	215	541（房山河北镇）	63
2013	457	11	7月14日	26	127（树村）	—
2014	353	6	9月1日	45	155（房山葫芦垡）	—
2015	447	1	9月4日	62	180（香山）	—
2016	519	1	7月20日	291	454（门头沟东山村）	17

3 城市精细化洪涝模型构建方案

城市排水系统主要包括雨箅子、排水管线、雨水方沟、泵站、调蓄设施及行洪河道等。内涝积水的直接原因是排水设施排水能力不足，在一定重现期降雨下，实际径流量远大于排水设施容许的排泄量，多余径流便形成积水。北京内涝灾害频发主要是由于城区河道汇水范围、下垫面状况、排水单元和沟渠等发生改变，造成流域降雨-径流关系的较大变化，内涝积水越发严重的实际情况是开展城市精细化洪涝模型构建的现实需求。城市河道洪水起涨速度快、流速快、流量大，现状为确保洪水安全平稳下泄，河道闸坝往往敞泄或坍坝待洪，不利于闸坝拦蓄效益的充分发挥，不利于与北运河干流洪水的错峰调度，且城市排水管线等设施埋深，管内流速、流态波动大，监测站点布控难度大，现状无监测网络，通过构建城市精细化洪涝模型可提升预报预警能力，实现防汛减灾与雨洪利用的双重目标[4]。此外，为在全市建成区开展海绵城市建设，在规划设计阶段需要明确控制指标，通过量化不同海绵措施布置方案对洪涝灾害的影响，筛选最优化方案。在后期运行管护阶段需要开展效益分析与评估，开展城市精细化洪涝模型构建是确定海绵城市控制指标、评估工程建设效果的必然要求[5]。

北京市提出了构建城市精细化洪涝模型，支撑城市防汛应急指挥决策的总体思路，借助数学模型的精细化技术手段，系统诊断河道及管网的防洪排涝能力，构建一套洪水影响评价的标准与方法，建立流域防洪排涝安全措施体系。

北京城市洪涝模拟模型以中心城区清河、凉水河、通惠河、坝河以及城市副中心五大排水流域为研究区，通过分区域构建中心城区精细化洪涝模型。以收集流域河网、管网、下垫面、雨洪利用工程、阻水建筑物等高精度数据为重点，以河道关键闸坝工程为节点，以河段为雨洪汇聚口，划分子流域，基于流域排水主干管网分布，划分管网排水分区，建立管道、排水分区、子流域、河道之间的拓扑关系，构建覆盖地表产汇流、河网汇流、管网汇流、二维地面漫流模型，以及城市河湖闸坝、排水泵站等防洪排涝工程调度耦合计算的精细化洪涝模拟模型，采用实测资料验证和多模型相互辅证的方式，对模型参数进行率定和验证[6]。北京城市精细化洪涝模型建设技术框架如图2所示。

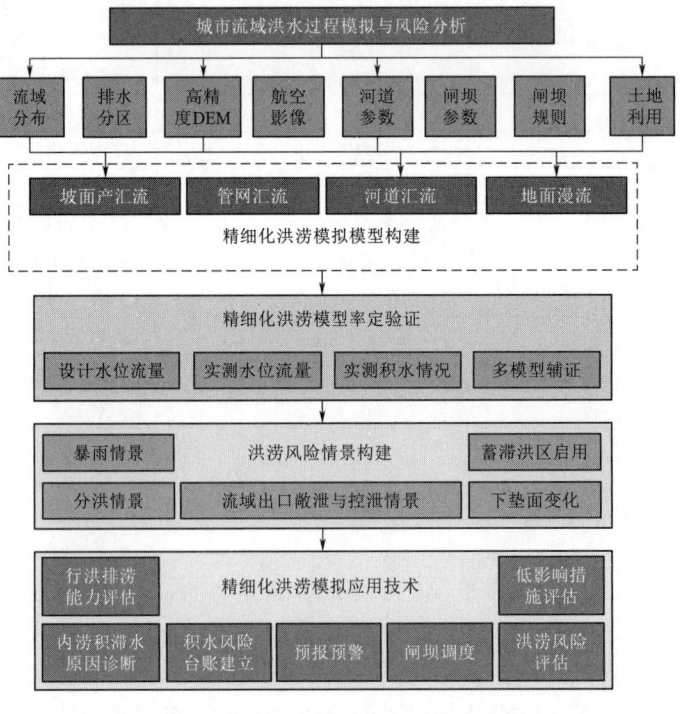

图2 北京城市精细化洪涝模型建设技术框架

基于构建的中心城区精细化洪涝模型，量化流域在不同重现期降雨、河道闸坝调度、管网排水顶托等情景下的河道行洪能力和管网排涝能力。明确不同降雨下流域重点易积水区域的积水水深、淹没范围、淹没历时等特征参数，构建流域内涝积水台账。从管网排水能力、河道行洪能力以及二者衔接关系上，诊断不同情景下造成局部内涝积水的原因，诊断分析内涝积水的应急管理问题，提出内涝问题的系统解决方案。

4　城市内涝原因诊断

4.1　北京城区中小河道未全面达标

依据模型评估结果，中心城区主干排水河道基本达到 50 年一遇防洪标准，仍有部分中小河道尚未按规划标准完成治理。清河流域干支流基本达到规划治理标准，但部分下拉槽区域防洪标准低，淹没风险大。在凉水河流域的丰草河、旱河、小龙河、通惠排干等支流，部分河道功能原为农田灌渠，现承担城市排水任务，直接影响到道路和桥区的正常退水。已治理完成的干流河道仍存在大成桥、岳家楼桥等过流能力不足的阻水断面，且部分道路、桥梁及暗涵阻水严重。"7·20"特大暴雨中，流域降雨量超过 20 年一遇，但上游万泉寺橡胶坝水位超过 50 年一遇，丰草河、马草河支流河道满槽，洪水造成部分岸坡、堤防损毁，巡河路下拉槽积水断路，河道水位以下两岸雨水口、管网排水压力出流。

4.2　城区配套管网建设滞后

通过对清河流域管网排水能力进行评估，对比精细化洪涝模型模拟结果与道路设计标准，流域范围内城市主次干道排水管网总长度为 245.6km，评估不达标路段约为 161.1km，主要分布在安宁庄路、北苑路等 114 个路段，约占 66%。整个中心城区排水标准普遍偏低，评估结果表明有 66% 的雨水管道排水标准低于 1 年一遇。中心城区雨污合流管道分布较为广泛，城区多数排水管网为新中国成立前设计的，比如城南前门地区，还有大部分老城区属于雨污合流管道，如西坝河路、六铺炕一巷，排水管网极易淤塞，如不及时疏通清淤，会大大降低排水能力。管网标准与区域发展定位不协调，随着一般地区升级为重点地区，一般道路升级为主干道路，但配套排水设施改造往往滞后。部分立交桥区与重点道路雨水箅子密度不足，且入水口极容易被树叶、垃圾堵塞形成排水不畅。城乡接合部等区域排水系统亟待完善。断头管问题依然突出，存在由断头路或待拆迁区影响形成的断头管线，如田村东路铁路桥管网受拆迁影响，致使管网排水不畅，汛期桥下经常积水。

4.3　城市防洪系统与排水系统协调不畅

城市防洪排涝分属于水务与市政两个部门管理。水务部门负责河道闸坝、河道行洪管控。市政部门主要负责管网排水，城市排涝防洪管理协调能力不足，调洪调度体制未建立。北京城市排水属于多部门共同管理，其中，排水集团主要负责大流域主干线及污水截流。市政工程管理处主要负责城区内大部分排水管线及一些防汛设施。北京市公联公路联络线有限责任公司主要负责二环、三环、四环主路的排水。河道管理处负责出水口的设置和管理等。其余支管均由所在区属地管理。各单位在管理内容、管理空间上既有区分，又有交叉，这种各自为政的管理局面给城市防洪排涝组织协调附加了很多不必要环节。比如现状雨污合流管线，自北京推行"河水还清"计划后，不同程度地封堵了一部分出水口，六里桥、莲花桥处积水较深，主要由于入河口被封堵。

4.4 城市防洪排涝应急响应能力有待提升

城市暴雨突发性强、局地性强，河道水位上涨速度快，相应地预警响应时间较短，这必然要求防汛指挥部门在极短时间内综合调配各类资源，做出关键决策和紧急处置。防洪排涝应急组织部署涉及部门多、层级多，相互割据，缺乏高效的协同联动。

近年来，社会媒体、公众市民高度关注城市防洪排涝工作，北京日报等媒体全方位跟踪报道，市民、社会志愿者主动承担雨水箅子清掏等任务。但2001年实施的《中华人民共和国防洪法》中未规定社会组织、社会公众参与防汛的权利与义务，且公众安全与减灾意识的宣传教育普及率不高，社会公众的应有力量未得到充分发挥。

5 内涝防治措施与建议

5.1 统筹兼顾，建立多层次内涝防治管理体系框架

建立涵盖"源头控制体系""排水管网系统体系"和"内涝防治体系"的城市排水系统标准体系框架。明确城市排水和内涝防治目标，提高现有排水管网设计标准，制定内涝防治标准，并将其与城市排水标准和防洪标准相衔接。

科学编制城市防洪排涝规划，规划布局遵循自然径流体系，充分考虑管网淤塞、老化、断头管、雨污合流等历史遗留问题，对不同下垫面类型采用不同重现期，对随道路而建、重建、扩建较为困难的排水干管、分干管，管径设计要按规划区、规划水平年的汇水区域及用地性质来设计，定期复核规划与落实情况。

5.2 因地制宜，确立以防治内涝为目标的海绵城市建设指标

海绵城市建设主要目标是径流总量控制[7]，北京地区控制具体指标是85%的年径流总量控制率。相应于北京城市低影响开发雨水措施（LID）的设计降雨量仅有8~44mm，即通常情况下可使8~44mm的日降雨量就地消纳和利用。当降雨量超过设计降雨量时，将产生径流外排。此时，LID的调蓄容积基本达到饱和，后期降雨将大部分以径流形式外排。仅以85%年径流总量控制率为目标建设海绵城市，将只能应对中小重现期降雨，应对洪涝能力有限。

以海绵城市试点建设为契机，因地制宜，制定以内涝防治为目标的考核指标。通过构建建筑屋面-绿地-硬化地面-雨水管渠-城市河道五位一体的水源涵养型城市下垫面，使城市降雨能够自然积存、自然渗透、自然净化，并通过疏导、滞蓄、预警、应急等措施最大限度降低洪涝风险[8]。使北京"海绵城市"当能够应对从小到大的各种重现期降雨，在不

发生洪涝灾害同时又能合理地资源化利用雨洪水和维持良好水文生态环境。

5.3 理顺体制，实施流域防洪排涝一体化管理

城市防洪与城市排涝分属于水务、市政、应急等独立部门，是制约城区积水问题有效解决的体制性障碍，导致规划和运行管理相互脱节、河道与管网衔接关系相互脱节、闸坝调度与管道排水相互脱节。从根本上解决城区积水问题，必然需要流域防洪排涝一体化管理，将市政部门纳入流域防汛指挥体系，建立涵盖排水管道入河口、主干管道、重点部位支管的水位流量监测网络，实时共享河道与管网监测信息，加强流域闸坝工程错峰调度，以最大限度地保障闸坝在削减洪峰的同时有效保障排水。

5.4 滚动更新，完善城市流域洪涝模拟模型

推动完善中心城区与城市副中心五大排水流域的精细化洪涝模型建设，基于包括河流水系和排水管网的全系统模型，虚拟展示暴雨过程及不同分洪调度下的产汇流过程，模拟流域河道上、中、下游的峰现时间、洪峰流量、洪水总量，模拟区域可能形成的沥涝范围、积水量，在此基础上研究优化闸坝调度规则，并进行各种条件下的洪涝风险分析，绘制城市洪水风险图，合理布控防汛应急抢险力量、合理设定避险转移场所。每五年持续更新模型数据，率定模型参数，使模型保持生命力。

5.5 科技创新，深化"互联网＋"在防汛工作的应用

内涝灾害是防汛要素相互作用的结果，具有收敛性和发散性[9]。收敛性表现为影响内涝灾害因素在空间上是多维度的，如影响排水管道流量的因素有降雨强度、管道坡降、排水分区面积等。在时间上是多进程的，如积滞水深度与前一段时间的降雨特征有关。发散性表现为内涝灾害后续影响也具有多维度性和多进程性。基于大数据的内涝灾害风险评估不仅表现为当前状态的统计分析，更重要的是对作用因素进行统计分析，探索提炼出规律性成果进行指挥决策，这就需要应用多部门数据进行综合分析。2011年百度公司发布公共区域的热力图服务产品，根据智能手机用户访问百度产品的位置信息，结合全国大中型城市公共区域的高精度边界范围，计算区域人群密度与人流速度，并进行渲染聚类。同时，随着公众市民高度关注汛情动态，微博、微信等自媒体舆情信息中包含积水深度等有价值的防汛信息。

5.6 社会动员，规范引导在防汛工作中的社会力量

市民是防汛的主体，市民参与是城市内涝防范的关键。坚持法治思维，规范引导社会力量。通过修订《北京市实施〈中华人民共和国防洪法〉办法》，规范社会动员的主体、客体、方式、手段与内容，将社会组织、社会公众参与防汛的权利与义务纳入法律框架[10]，明确各级政府、部门在资源调用、信息共享、统一指挥中的权责[11]。创新制定社会动员管理机制，推行河长制、雨水口门前双包、网格化管理机制，将防洪排涝防控纳入河长制考核范围。通过互联网＋技术合作，打造多渠道网络信息收集矩阵，及时发布权威信息，引导公众主动避灾减灾，提升防汛工作的透明度与参与度，挖掘社会力量在防洪减

灾中的重要作用。

参考文献

［1］ 初亚奇，王曦，曹晓妍，等．城市内涝风险模拟与预警研究进展及展望［J］．沈阳建筑大学学报（社会科学版），2023，25（2）：180-185.
［2］ 时艳婷，赵建超，丁国尚．城市内涝治理与雨污分流改造措施［J］．中国住宅设施，2023（3）：121-123.
［3］ 焦胜，马伯，黎贝．中国城市内涝成因和防控策略研究进展［J］．生态经济，2019，35（7）：92-97.
［4］ 张伟，庄子孟，孙慧超，等．我国城市内涝风险图编制关键问题和发展展望［J/OL］．水资源保护：1-13［2023-04-25］.
［5］ 孙英英．国外城市内涝治理和救灾纵览［J］．中国安全生产，2022，17（10）：72-73.
［6］ 王毅，刘洪伟，潘兴瑶，等．北京城市洪涝模型建设与典型示范［J］．中国防汛抗旱，2015，25（4）：33-36.
［7］ 卢进波，李子健．海绵城市和城市生态修复耦合机理述评［J］．亚热带水土保持，2023，35（1）：50-54.
［8］ 李烨．海绵城市内涝控制可靠性研究［J］．重庆建筑，2022，21（S1）：108-111.
［9］ 万海斌，杨昆，杨名亮．"互联网+"背景下我国防汛抗旱信息化的发展方向［J］．中国防汛抗旱，2016，26（3）：1-4.
［10］ 李会安，王娜，刘洪伟．系统思维下的北方城市内涝问题及防治对策［J］．中国水利，2022，No.935（5）：35-38.
［11］ 胡笔雄．城市内涝成因与相关应急救援工作研究——以丽水市为例［J］．今日消防，2022，7（4）：115-117.
［12］ 李阳，蒋洁．以郑州"7·20"特大暴雨为例探讨城市气象灾害应急响应处置机制［J］．中国防汛抗旱，2023，33（4）：61-65.

北京山区洪水精细化模拟系统应用

胡晓静[1]　张　焜[1]　胡宏昌[2]　李永坤[1]　陈腊娇[3]　周　猛[1]

(1. 北京市水科学技术研究院，北京　100048；2. 清华大学，北京　100038；
3. 中国科学院空天信息创新研究院，北京　100094)

【摘要】　本文开发了基于物理机制的北京山区洪水精细化模拟系统，以 CSharp 语言编码，采用并行算法和 WebGIS，形成兼具山区洪水模拟预报和山洪灾害预警服务的系统应用工具。该系统由数据层、模型层、应用层组成，具有水文模拟、定制计算、淹没模型和系统管理四个功能模块，实现山区洪水的实时模拟预报和定制模拟分析计算，具有可定制、可扩展、轻量级等特征，可为山区洪水预报和山洪灾害防御管理提供有效方法和实用工具。

【关键词】　洪水模拟；系统应用；北京山区

Application of refined flood simulation system for mountainous areas in Beijing

HU Xiaojing[1]　ZHANG Kun[1]　HU Hongchang[2]　LI Yongkun[1]
CHEN Lajiao[3]　ZHOU Meng[1]

(1. Beijing Water Science and Technology Institute，Beijing　100048；2. Tsinghua University，Beijing　100038；3. Chinese Academy of Sciences Aerospace Information Innovation Research Institute，Beijing　100094)

【Abstract】　This article discusses the development of a refined flood simulation system for mountainous areas in Beijing. The system is coded in CSharp language and uses parallel algorithms and WebGIS to form a system application tool that combines mountain flood simulation forecasting and flash flood disaster warning services. The system is composed of a data layer, model layer, and application layer, with four application modules: hydrological simulation, customized calculation, submergence model, and system management. The system can perform real-time simulation forecasting and customized simulation analysis calculations for mountain floods.

【Key words】　Flood simulation；System application；Mountainous areas of Beijing

---

基金项目：国家重点研发计划课题——山洪多尺度精细化预报预警平台和应用示范（2022YFC300290）；北京水务科技开放项目——北京北部山区典型山洪沟流域产流机理研究（11000022T000000491687）。

1 引言

北京市作为我国首都和现代化超级大都市，受地质环境条件复杂、极端气候频发及人为活动加剧的影响，局地山洪灾害时有发生。2012年"7·21"、2017年"6·18"、2018年"7·16"等局地暴雨形成的山洪给全市造成了严重的人员伤亡和经济损失。目前北京山洪预报模拟工作受限于流域源短流急的下垫面情况，缺乏对山区洪水预报成果的精细化模拟，如何进一步提高山区洪水模拟的精准度是当前水旱灾害防御工作中的重点和难点。在此背景下，本文通过构建北京山区洪水精细化模拟系统，基于水文水动力模型详细刻画山区洪水过程，进一步提升山区洪水预报精度，为山洪灾害防御提供技术路径和解决方案。

2 系统架构与功能设计

2.1 系统架构

山区洪水精细化模拟系统包含前端展示、服务器两个部分，涉及数据层、模型层、应用层。山区洪水精细化模拟系统总体架构如图1所示。

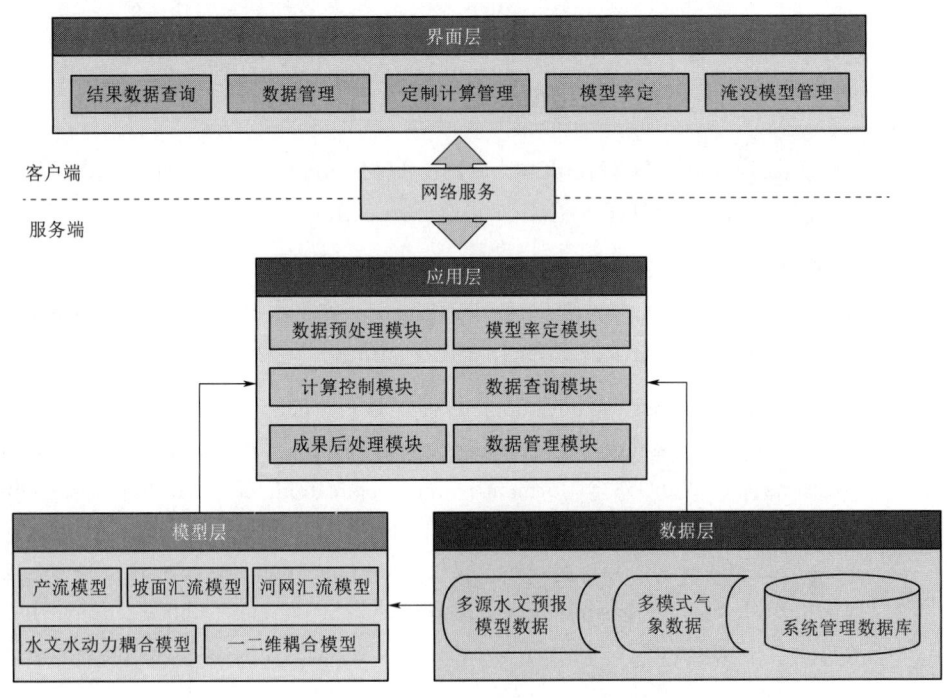

图1 山区洪水精细化模拟系统总体架构

系统数据层作为算据，存储于服务器端，分为非结构化数据和结构化数据。非结构化数据采用文件形式存储，涉及山区各种尺度空间数据（一级子流域、计算子流域、河沟道、河沟段、子流域计算节点），下垫面（数字高程模型DEM、土壤含水特征、土地覆盖、蒸散发），雨量站和水文站（或水位站）的位置、模型参数、遥感影像数据等。结构化数据用关系型数据库存储，包括预报、实测的气象和水文数据、模拟输出、系统运行日志等。

系统模型层是算法核心，包含水文水动力耦合模型，以 CSharp 语言编码，采用并行算法，部署在服务端的服务器上，可以在 Windows 和 Linux 系统运行。模型层通过接收数据层的降雨、水文等数据，数据处理（读取流域空间、拓扑关系、模型参数、流域下垫面以及气象等数据后进行数据判断、格式转换、数据加工）后输入模型，以刻画后的子流域为计算单元，调用各类模型算法模块，可进行产流计算、汇流计算、参数率定、水文模拟等工作，同时可实现自由耦合构建区域的一维、二维水动力模型，实现基于水文节点流量的洪水演进过程模拟，并将模拟结果按照预定格式输出[1]。

系统应用层负责系统的调度以及用户操作指令的响应，分为客户端（网页端）展示和服务器端自动计算两部分。在服务器端，应用层负责定时启动模型计算流程，包括各类数据的预处理、调用模型层、完成计算、成果数据的处理和发布。应用层通过网络服务对外提供各类操作的接口，如各类成果数据的查询、数据的存取、响应用户指令完成各类处理等。界面层则运行在网页端，实现各类数据的展示，完成与用户的人机交互，获取用户操作指令并返回结果。

2.2 功能模块

系统主要涉及水文模拟、定制计算、淹没模型和系统管理 4 个模块。

水文模拟模块包含产流结果、坡面汇流结果、河道汇流结果和数据管理 4 项，其中产流结果可实现降水、径流深、子流域产流、水量平衡和土壤水分 5 个产流结果展示功能；坡面汇流可展示每个子流域地表径流、壤中流、地下径流的模拟结果；河道汇流可实现河道演进流量的展示查询；数据管理可实现子流域加密和参数管理 2 项功能。

定制计算模块包含方案管理、数据处理、模型率定、定制模拟和定制方案展示 5 项，方案管理实现方案的建立和管理功能，数据处理实现入流、出流点设置和流域提取功能；模型率定可实现基于上传观测站点数据的模拟与实测结果的自率定；定制模拟可以实现基于不同降雨情景定制区域的模拟计算；定制方案展示同水文模拟模块，可实现定制区域的模拟结果的展示功能，涉及子流域产流、水量平衡、土壤水分及河道演进流量和水位等。

淹没模型模块包含区域管理、一维建模、二维建模、耦合计算和结果展示五项，区域管理实现工程的建立和管理，工程模拟区域边界绘制、导入导出及编辑等功能；一维建模可实现河网提取和数据编辑功能，通过设置入口点、出口点自动提取和编辑河网数据，基于河网实现上传河道断面、编辑河道属性等功能；二维建模具有网格自动剖分和参数设置等功能；耦合计算具有水文、一维、二维水动力实时设置计算的功能；结果展示可实现水深淹没展示查询和单元网格的计算结果展示的功能[2-3]。

系统管理包括图层管理、查询时间设置和监测站点设置，图层管理是设置系统展示的图层，用户可以根据需要选择或者去除相关图层，包括水文模型、一维模型、淹没模型、基础图层等相关图层；水文模型的相关图层包括河道、子流域、流域出口点等信息图层，基础图层包含影像底图、矢量底图、地形晕渲、矢量注记、山洪沟道、流域等基本信息。

3 模型模拟系统应用

3.1 模型构建

模型以北京山区区域为构建范围,涵盖 352 条山洪沟道及所属流域,面积约 10032km²。其中水文模拟通过降雨、水文输入数据预处理,子流域、河沟段精细化刻画,植被、土壤、蒸散发参数设置等构建流程后,模拟计算各子流域节点的流量过程;一维水动力模拟通过提取河沟道、输入河沟道断面和设置属性,耦合水文模型开展模拟;二维水动力模拟通过网格剖分、参数设置,可实现自由耦合水文模型、一维水动力模型的自动模拟计算。

3.1.1 数据处理

1. 降雨数据

预报降雨数据采用北京气象部门预报的睿思降雨数据,预报时效为未来 24h,逐小时更新。需对实时下载后的睿思数据进行数据重采样、格式转换等处理。处理后的降水数据空间分辨率为 30m,时间分辨率为 1h,数据以 tif 格式进行存储。

实测降雨数据采用 txt 格式文件,需处理监测站点实时数据为逐小时的数据文件输入系统,实现特定场次降雨情景的模拟与率定。

2. 水文数据

实测水文数据同样需要处理水文监测站点的实时数据为逐小时 txt 数据文件输入,数据起始时间系统内设定,数据文件内包含 1 列数值字段。数据文件涉及的位置站点文件采用 shp 格式矢量文件,投影 WGS_1984 或是 CGS_2000,关联字段值与数据文件名称一致。

3.1.2 子流域刻画

基于 30m 格网的 DEM 数据、水流流向数据提取形成北京山区范围内洪水计算的各级子流域单元。通过设置一级出口点并划分形成一级子流域,在一级子流域提取的数字水系基础上,通过演算给定河道合理阈值 1000,提取生成计算的子流域单元。对比提取的子流域与现实中山洪沟所在流域范围边界,核定后在研究区范围内共刻画形成 4197 个子流域、3719 段河(沟)段、3737 个河道节点。刻画后的子流域、河(沟)段、节点具有拓扑关系,可支撑实现基于物理机制的水文模拟。

3.1.3 参数设置

1. 水文模拟参数设置

基于水量平衡原理,水文模拟过程中包含植被、土壤、产汇流等关键参数,基于收集的数据和模拟区域实测情况,设置各类参数。

植被参数中需要设置叶面积指数和根系深度。叶面积指数基于 MODIS LAI(MODIS Leaf Area Index)产品处理获取。对数据产品进行投影校正、切割、插值、滤波等处理,通过开发的 Python 算法,并调用 MRT(MODIS Reprojection Tool)算法,生产基于北京山区的多年月均 LAI 数据,由于原始的 LAI 数据空间分辨率为 1km,结合模型模拟数据精度,重采样生成 30m 的 LAI 数据。确定植被在每层土壤中的分配比例(即根系参数)

是估算各层土壤内植物蒸腾的关键前提。计算过程中根据计算的土壤深度,可以动态的调整活跃的土壤根系分布。推求每层根系的分布,参考公式如下:

$$\frac{R_i}{R_{\max-i}}=\frac{1}{1+\left(\dfrac{d}{d_{50}}\right)^c} \tag{1}$$

式中 R_i——至某层根系生物量的累积分布;

$R_{\max-i}$——某层根系的生物量;

d_{50}——生物量累积到50%的土壤深度;

c——形状系数;

d——土壤深度。[4]

土壤参数主要涉及土壤饱和导水率、饱和含水量、残余含水量、田间持水量、饱和土水势。收集不同数据库的土壤参数,按照模型要求进行加工处理,包括田间持水量、饱和导水率、饱和含水量、残余含水量饱和水势。对数据进行了矫正和插补,编辑形成模型所需的土壤参数文件。

产汇流参数主要包含土壤水分特征曲线模型 Brooks-Corey 模型参数和地下水释水系数,结合北京实际,模型系统提出了2个参数的取值范围,同时可实现基于率定验证结果更新参数和修改参数设置。其中土壤水 BC 模型系数 B 阈值范围为 4.18～8.82,地下水释水系数阈值范围为 0.246～0.256[5-6]。

2. 水动力模拟参数设置

一维水动力和淹没模型关键参数为糙率,模型系统默认河道糙率取值范围为 0.025～0.035,网格糙率取值范围为 0.01～0.80,可根据实际情况设置模拟区域合理的糙率数值[7]。

3.2 率定验证

模型选取北部山区白马关河 2017—2021 年间 6 个场次的洪水过程进行了率定与验证。率定期 3 场洪水模拟的纳什系数均达到 0.8 以上,洪水过程线的变化趋势基本一致,洪峰流量、洪量、洪峰峰现时间均与实测过程有较高的一致性,其洪峰流量误差达 20% 以内,洪量误差在 15%,峰现时差在 1h 以内,根据水文情报预报规范的规定,这 3 场洪水的模拟结果是符合要求的,同样可见验证期的 3 场洪水过程纳什系数也达到了 0.8 以上。典型区域洪水率定验证结果见表 1。

表1 典型区域洪水率定验证结果

模拟区间	洪水编号	洪峰流量 实测值/(m³/s)	洪峰流量 模拟值/(m³/s)	误差/%	洪量 实测值/m³	洪量 模拟值/m³	误差/%	峰现时差/h	纳什系数
率定期	20170822	36.6	30.9	15.6	1535.5	1572.52	2.4	1	0.96
	20180716	141	120.59	14.5	3072.9	2877.69	6.3	0	0.93
	20210712	359.4	369.53	2.8	5156.66	4446.7	13.7	0	0.89

续表

模拟区间	洪水编号	洪峰流量 实测值/(m³/s)	洪峰流量 模拟值/(m³/s)	误差/%	洪量 实测值/m³	洪量 模拟值/m³	误差/%	峰现时差/h	纳什系数
验证期	20170802	21.6	20.54	4.9	537.84	516.61	3.9	1	0.92
	20180722	157	129.74	17.3	5081.4	4985.4	1.9	1	0.81
	20190809	45.5	41.8	8.1	1506.93	1529.88	4.5	0	0.89

4 结论与建议

本研究开发了具有物理机制、系统化和并行化的北京山区洪水精细化模拟系统，基于WebGIS和并行算法，系统具有可定制、可扩展、轻量级等特征，通过系统架构与开发，提供可应用于北京山区洪水实时预报的工具和手段。总结系统应用主要包含以下几方面：

（1）模型系统可实现基于实测和预报数据融合的北京山区水文、水动力洪水过程实时模拟与结果展示，水文模拟逐小时、水动力模拟逐3h滚动更新。

（2）系统兼具水文水动力模型用户构建定制计算、参数自率定及淹没模型用户构建、实时模拟耦合计算应用等个性化功能，系统实现水文实时预报、展示、查询等管理功能，同时可提供用户应用模型模拟与率定验证等功能[8]。

北方地区洪水预报系统受区域地形、北方地区降雨径流特征等因素影响较大，部分山区区域存在系统模拟结果不尽理想的问题，后续需结合精细化的地形数据和监测频率高的水文数据不断优化完善模拟系统的率定与验证工作，同时通过优化算据、算法和算力，进一步完善和迭代升级北京山区洪水精细化模拟系统，以期更好地服务于山区洪水模拟与预报工作。

参考文献

[1] 邢贞相，王丽娟，王欣，等．基于改进模拟优化方法的水文模型的参数异参同效性及径流模拟研究[J]．应用基础与工程科学学报，2020，28（5）：1091-1107．

[2] 田福昌，张兴源，苑希民．溃堤山洪淹没风险评估水动力耦合模型及应用[J]．水资源与水工程学报，2018，29（4）：127-131．

[3] 余富强，鱼京善，蒋卫威，等．基于水文水动力耦合模型的洪水淹没模拟[J]．南水北调与水利科技，2019，17（5）：37-43．

[4] 朱迪恩，徐小军，杜华强，等．基于MODIS时间序列反射率数据的雷竹林LAI反演[J]．应用生态学报，2018，29（7）：2391-2400．

[5] 邢旭光，赵文刚，马孝义，等．土壤水分特征曲线测定过程中土壤收缩特性研究[J]．水利学报，2015，46（10）：1181-1188．

[6] 王愿斌，王佳铭，樊媛媛，等．土壤水分特征曲线模型模拟性能评价[J]．冰川冻土，2019，41（6）：1448-1455．

[7] 水利部水利信息中心．SL 250—2000水文情报预报规范[S]．北京：中国水利水电出版社，2010：18-22．

[8] 戴健钊，许剑辉，钟凯文．基于WebGIS空间数据管理平台的应用研究[J]．地理空间信息，2020，18（6）：65-69，7．

基于预案结构化的防洪作战理念及其应用

薛志春[1,2]　李永坤[1,2]　姜雪娇[1,3]　周星[1,2]

(1. 北京市水科学技术研究院，北京　100048；2. 北京市非常规水资源开发利用与节水工程技术研究中心，北京　100048；3. 首都师范大学，北京　100048)

【摘要】　预案是水务部门用于开展防洪决策、调度执行以及责任制管理的重要工具。为更加直观、便捷发挥预案的指导作用，本文参照军事作战的理念，运用预案结构化的处理手段，将致灾因子、孕灾环境、承灾体、工程及措施等要素进行科学整合，再利用美化工具进行专业标识的设计，通过分类、分层的耦合衔接，达到简单直观的应用效果，用于流域洪水防御的快速调度决策技术支撑。

【关键词】　预案结构化；防洪作战；洪水调度

Concept and application of flood control operations based on structured contingency plans

XUE Zhichun[1,2]　LI Yongkun[1,2]　JIANG Xuejiao[1,3]　ZHOU Xing[1,2]

(1. Beijing Water Science and Technology Institute, Beijing　100048; 2. Beijing Unconventional Water Resources Development and Utilization and Water-Saving Engineering Technology Research Center, Beijing　100048; 3. Capital Normal University, Beijing　100048)

【Abstract】　The contingency plan is an important tool used by the water management department for flood prevention decision-making, dispatching and execution, and responsibility management. In order to more intuitively and conveniently guide the use of contingency plans, the concept of military operations is referenced, and structured processing methods are used to scientifically integrate disaster-causing factors, disaster-prone environments, disaster-bearing bodies, engineering and measures, and other elements. Professional identification design is then carried out using beautification tools. Through the coupling of classification and stratification, a simple and intuitive application effect is achieved, providing technical support for rapid dispatching and decision-making for flood prevention in river basins.

【Key words】　Structured contingency plans; Flood control operations; Flood regulation

1　前言

预案是防汛部门开展调度、决策等相关工作的重要基础，特别是近年来在国家提出进行"四预"能力建设之后，作为"四预"措施中的最后一环，也是预报、预警、预演等成果进行具体应用的最核心抓手，预案的科学性、落地性、实操性等要求便更加突出。

用图的方式来传递洪水风险等信息是一种常用的表达手段，洪水风险图在过去一段时间以来的洪水风险防范中发挥了重要的作用，但随着机构改革与防洪相关技术的迭代升级，新的需求和技术不断涌现，特别是新时期防洪减灾理念的提出，调度作为非工程措施中最重要的手段，成为城市防洪排涝的核心抓手。2020 年水利部要求各大流域及全国范围内有条件的省市编制洪水防御"作战图"，长江水利委员会、淮河水利委员会等流域以及武汉等城市随后便开展了"作战图"的编制工作；2023 年水利部下发的水旱灾害防御工作要点中再次提出通过展示手段形象化的方式持续强化水旱灾害防御"四预"能力；文字数字化、数字直观化的要求和趋势越来越明确。

本文通过研究国内外在相关领域中取得的一些好的经验与做法，结合当下正在大力推广应用的知识图谱、数值模拟、虚拟仿真等信息技术，考虑各地的不同实际需求和要求，借鉴军事作战的战场调度、作战目标等的设计思路，利用预案结构化、指标直观化、调度流程化等方式将承载体基础底数、监测预报能力、预警指标以及分布、可能的风险发生场景、工程的调度指标与决策流程、抢险救灾与避险转移的目标群体等信息进行充分融合，形成具有应用范围广、直观性强、调度决策快等特点的防洪"作战图"，为洪水的防御与预案的应用提供新的途径与工具手段，提高综合防灾减灾与救灾的效能效率。

2　国内外相关技术及应用

国外相关图集的应用以洪水风险图为绝对多数。美国自 20 世纪 50 年代开始编制风险图，是世界上最早编制洪水风险图的国家，在支撑洪水保险政策的实施和洪泛区土地开发及建设行为的管理中发挥重要作用；日本从 20 世纪 80 年代开始研究探索洪水风险图的编制与应用，到 21 世纪初，形成编制技术和技术标准，洪水风险图主要用于指导避洪转移和明确安置地点；借鉴美国洪水风险图编制与应用经验，欧洲各国根据各自的洪水风险管理具体需求，从 20 世纪 80 年代起相继制定法规，开展洪水风险图编制，并将其用于防洪减灾规划、风险评估、土地管理、洪水保险、避洪转移、公众参与及洪水风险意识普及等方面。Garrote Julio 等[1] 以西班牙萨莫拉市为对象编制的概率洪水图对城市潜在危害分布进行管理。英国的防洪风险成果图从 1998 年局部手绘到形成电子图，被广泛应用于防汛应急、国土规划、洪水保险等方面[2]；Oubennaceur Khalid 等[3] 使用 GARI（用于再现图像的遗传算法）技术生成洪水风险和气候地图，对未来洪水产生的影响进行初步设想。进入 21 世纪后，亚洲的韩国、泰国、印度、越南、菲律宾等国家也陆续开始编制并发布洪水风险图,用于规范土地开发、应急管理和强化公众洪水风险意识等。

20 世纪 80 年代中期我国也开始了洪水风险图的研究与编制。程时宏、路效兴[4]应用防洪调度图解决了四川省二滩水库防洪和发电之间的矛盾,不仅实现汛期水库调度的指导同时减少闸门启闭次数,而且延长了水库的使用寿命。席秋义等[5]通过优化防洪预报调度图并实际应用于陕西省石泉水电站,调度过程水位变化平缓,且解决了闸门启闭频繁的问题。周冉等[6]依据水库设计报告成果和下游实际情况绘制的调度图,使山东省济南市卧虎山水库最大程度发挥兴利和防洪作用。图集应用除了指导水库、水电站防洪调度,还可应用于城市防洪、抢险救援中。张小稳等[7]以无锡市城区洪水风险为研究对象,基于 InfoWorks ICM 模型构建城市动态洪水风险图,洪水风险图的应用极大提高了城市防汛决策水平。

综合来看,国内外目前主流应用的依然是洪水风险图,但受多种因素限制,其应用效果有限。因此,一种更具有指导作用和实际功能,在防洪调度各级管理单位和一线人员中可普遍应用的图集的需求较为强烈。

3 人类社会面临的严峻形势

多项研究结果表明 21 世纪全球气温继续上升,气候将会持续变暖,随之而来的便是降水增多,不确定性加剧,过去的 100 年观测数据已经对上述趋势进行了验证,根据预测,未来整个人类社会将可能面临一个进一步恶化的气候环境[8-9]。

据统计全球干旱半干旱地区暴雨洪涝灾害呈现快速上升的趋势,造成了极为严重的人员伤亡和经济损失。尤其是 2000 年以来,全球不到半数(约 47%)的暴雨山洪致死事件发生的干旱半干旱地区,却造成了全球近 3/4(74%)的因灾死亡。绝大多数的暴雨山洪灾害事件(87%)及因灾死亡人数(97%)发生在中低收入国家和地区。从印度洋沿岸的印度、孟加拉国、缅甸等国家,到人口密集的东亚、东南亚等季风气候区,以及欧洲、日本、美国等发达国家和地区近年来发生的暴雨和洪水频率明显增加;2021 年 7 月 15 日欧洲西部的局部地区发生 100 年一遇暴雨导致 170 余人死亡,一千余人失踪的严重洪涝灾害。

气候的持续变化正在以肉眼可见的速度不断加剧,尹家波等人分析水-热-碳通量与极端降水之间的响应关系发现,极端降水事件往往伴随着剧烈的水-热交换,随全球变暖发生动态迁移,21 世纪末极端降水强度可能增长 10%~40%[10];舒章康等人基于 CMIP6(第六次国际耦合模式比较计划)的 11 种全球气候模式进行分析发现,预计到 21 世纪中期,我国极端降水将普遍增多趋强,其中华北和东北地区极端降水事件增幅较大,西北地区强降水量将进一步增加[11](图 1);秦汉等人对 2021 年河南 7·21 特大暴雨洪涝时间进行分析发现,本次极端降雨主要归因于极端的天气形势影响[12]。

综合来看,未来人类社会面临的将会是一个降雨时空分布剧烈变化、降水时空局地性更加明显、极端性更加显著的不确定性环境。

水旱灾害防御

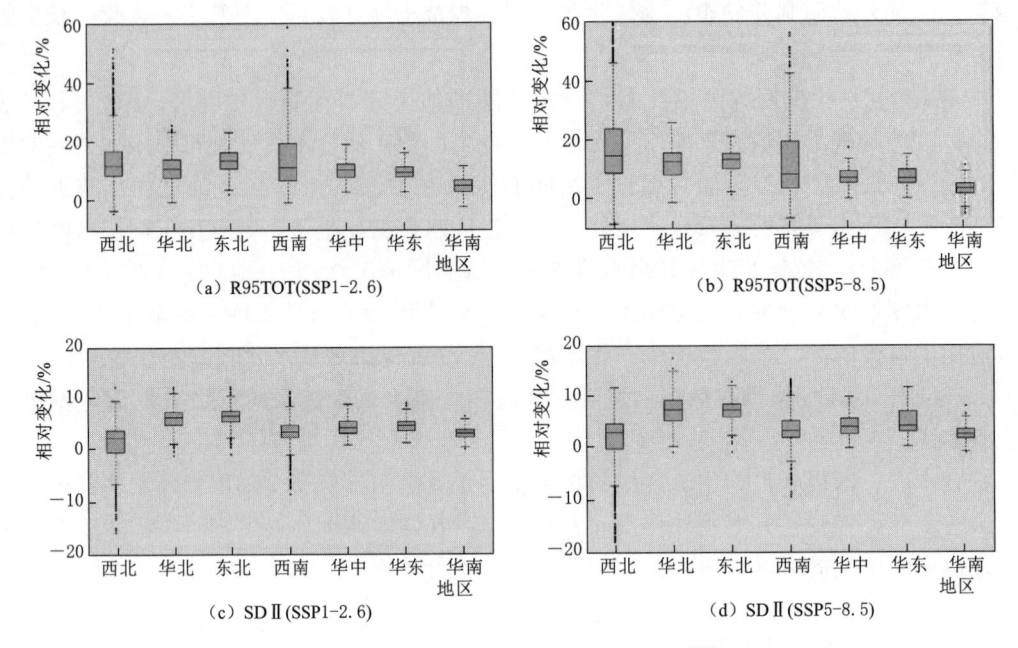

(a) R95TOT(SSP1-2.6)

(b) R95TOT(SSP5-8.5)

(c) SDⅡ(SSP1-2.6)

(d) SDⅡ(SSP5-8.5)

图 1　基于 CMIP6 的未来降水预测图[11]

4　北京市洪涝灾害特点

北京市位于华北平原西北部，山区面积占全市国土面积的 62%，平原面积占 38%，西北部为群山环抱，东南部是平原，形成西北高、东南低的特殊地形，有利于暴雨的增幅，并触发强烈的对流天气，使暴雨的高值区沿山前分布。北京地区的暴雨中心多发区沿燕山、西山的山前迎风带分布，其中枣树林、漫水河等地是特大暴雨发生地。山前区坡度大、植被差，并广泛分布着泥石流易发区，如遇暴雨，极易发生山洪、泥石流。山区与平原区地形高差大，坡陡流急，山区洪水大量涌入平原，而平原区地势平坦，又多低洼地区，排水不畅，易受洪涝灾害。

北京地区多年平均年降雨量为 585mm，降水年内分配不均，年际变化很大。如 1869 年降水量为 242mm，1959 年降水量为 1406mm，相差 4.8 倍。

汛期雨量约占全年降水量的 85%，汛期降水又常集中在 7 月下旬和 8 月上旬的几场大暴雨，一两场突发性暴雨往往决定了本市降水量的多与少，一两天内发生旱涝急转，干旱和暴雨交替发生概率较大。如 2012 年汛期总降雨量为 519mm，"7·21"降雨量为 170mm，占汛期总降雨量的 33%；2016 年汛期总降雨量为 490mm，"7·20"降雨量为 213mm，占汛期总降雨量的 43%。从实际情况来看，暴雨导致的洪涝灾害主要有三类：流域性洪水、山洪灾害及城市内涝。自中华人民共和国成立以来北京已有 600 多人死于洪涝灾害。

针对北京市洪涝灾害的发生特点以及山洪、流域洪水和城市内涝几个主要灾害类别，科研工作者们进行了大量的研究工作，为北京洪涝灾害的防御提供技术支撑[13-15]。1950 年以来北京市年降雨量变化图如图 2 所示。

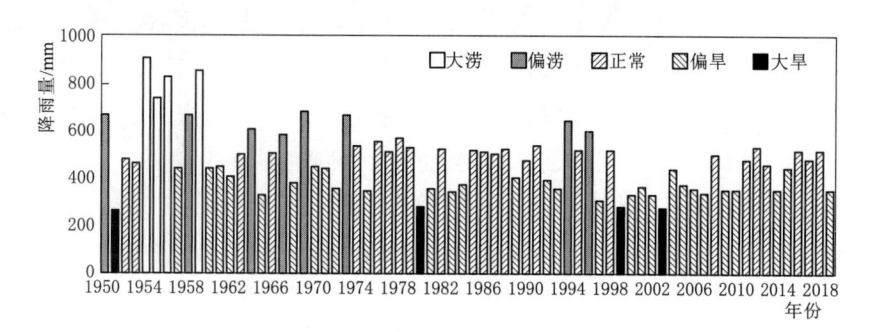

图 2　1950 年以来北京市年降雨量变化图

5　防洪作战理念在北京的应用

5.1　防洪作战的主要内涵与思路

水务部门历来重视对防洪工程的建设与管理，在机构改革以来，重点加强了对水利工程的精细化调度和管理等手段，包括水库、水闸分洪枢纽、滞洪水库、蓄滞洪区、河道堤防等重要的防洪工程均参与进行流域防洪调度。长期以来，我国在洪涝灾害防御方面自上而下形成了一套完备的预案调度与管理手段，工程的调度、抢险预案，河道的洪水防御预案、山洪灾害防御预案等多套预案形成的预案管理体系在水务部门汛期的防洪调度与管理中发挥重要的决策参考作用。然而，随着气候变化加剧以及不确定性增加，静态的、冗杂的预案管理方式以及传统的本文式预案逐渐难以适应信息化等技术加持下的新时期防洪减灾任务，知识图谱、预案结构化等新技术与水务防洪减灾的行业融合不断深入。

参照军事作战决策的思路与模式，通过结构化的方法将各类指标参数进行结构化处理，将防洪的目标、要素、措施、风险等在内的核心要素等进行系统集成与融合，形成可供局领导、专业处室以及基层各单位均可看明白、用得好、见效快的综合集成图，我们称之为防洪作战图。

防洪作战图一般以流域为单元，在此基础上可开展分区分段的详细局部精细化专题作战图的设计与制作，通过 1 张流域总图＋N 张专题图进行配合的模式，实现重要工程节点、关键河道沿线洪水的精细化调度防御与风险的全面管理。

5.2　形成的主要成果

结合北京的实际洪涝特点以及流域的洪涝分布现状，主要通过预案结构化方法将水库、水闸、河道、蓄滞洪区等工程的各类各级调度预案进行去粗取精，形成指标化的、简单化的、数字化的核心预案指标，然后利用专业工具进行防洪作战图的设计与加工制作，最终进行产品的应用与效果评价。

5.2.1　系统预案结构化

基于知识图谱技术，将河道、水库、防洪枢纽、蓄滞洪区等的调度运用预案进行系统梳理，按照流域、城市河湖、大中型水库三大类防洪工程预案进行结构化设计，通过关联分析建立上下游工程、风险、调度措施等之间的关系，将防洪工程结构化预案进行系统耦合，最后形成以流域为单元的结构化预案，主要的预案结构化过程流程如图3所示。

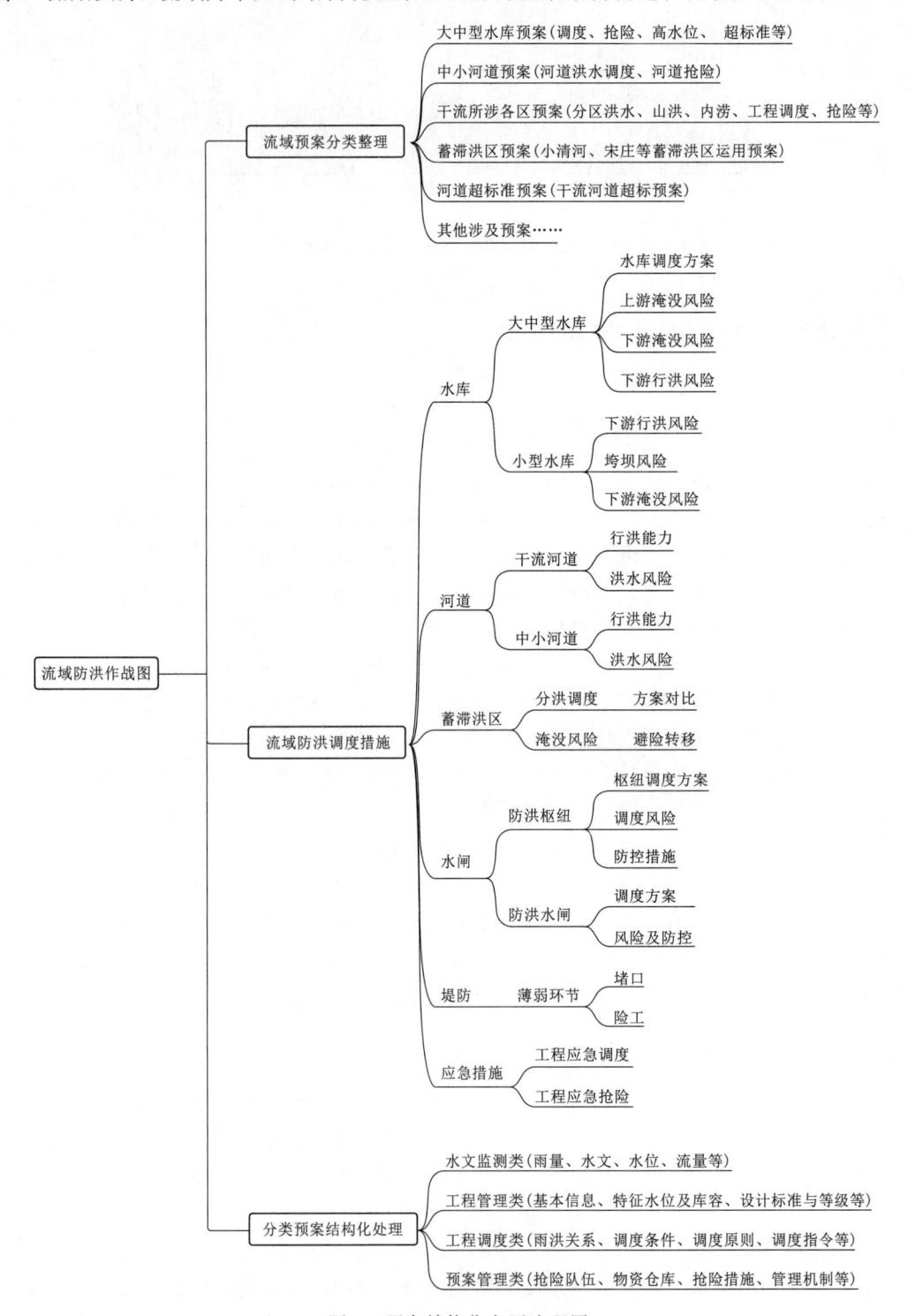

```
流域防洪作战图
├── 流域预案分类整理
│   ├── 大中型水库预案（调度、抢险、高水位、超标准等）
│   ├── 中小河道预案（河道洪水调度、河道抢险）
│   ├── 干流所涉各区预案（分区洪水、山洪、内涝、工程调度、抢险等）
│   ├── 蓄滞洪区预案（小清河、宋庄等蓄滞洪区运用预案）
│   ├── 河道超标准预案（干流河道超标准预案）
│   └── 其他涉及预案……
├── 流域防洪调度措施
│   ├── 水库
│   │   ├── 大中型水库
│   │   │   ├── 水库调度方案
│   │   │   ├── 上游淹没风险
│   │   │   ├── 下游淹没风险
│   │   │   └── 下游行洪风险
│   │   └── 小型水库
│   │       ├── 下游行洪风险
│   │       ├── 垮坝风险
│   │       └── 下游淹没风险
│   ├── 河道
│   │   ├── 干流河道
│   │   │   ├── 行洪能力
│   │   │   └── 洪水风险
│   │   └── 中小河道
│   │       ├── 行洪能力
│   │       └── 洪水风险
│   ├── 蓄滞洪区
│   │   ├── 分洪调度 — 方案对比
│   │   └── 淹没风险 — 避险转移
│   ├── 水闸
│   │   ├── 防洪枢纽
│   │   │   ├── 枢纽调度方案
│   │   │   ├── 调度风险
│   │   │   └── 防控措施
│   │   └── 防洪水闸
│   │       ├── 调度方案
│   │       └── 风险及防控
│   ├── 堤防 — 薄弱环节
│   │   ├── 堵口
│   │   └── 险工
│   └── 应急措施
│       ├── 工程应急调度
│       └── 工程应急抢险
└── 分类预案结构化处理
    ├── 水文监测类（雨量、水文、水位、流量等）
    ├── 工程管理类（基本信息、特征水位及库容、设计标准与等级等）
    ├── 工程调度类（雨洪关系、调度条件、调度原则、调度指令等）
    └── 预案管理类（抢险队伍、物资仓库、抢险措施、管理机制等）
```

图3 预案结构化主要流程图

5.2.2 构建和制作防洪作战图

以北京市为研究对象,进行防洪排涝作战图的制作,步骤如下:

(1) 将防洪排涝基础要素数字化,形成涵盖防洪减灾所有要素的承灾体信息库。

(2) 梳理责任制信息,形成主体责任清晰、分层分级明确的责任管理架构。

(3) 进行风险模拟与梳理,形成涵盖风险点出险范围、村庄、人口、重要社会资产、企事业单位等的全要素风险信息。

(4) 构建风险-资源-责任关联分析,实现人力和物力高效利用,避免重复与低效保障,在防洪抢险的最基本要素上实现扁平化配置与管理,进而在市级层面实现真正的垂直化、扁平化调度与管理。

(5) 整合利用现有的成果,充分利用现有规划,对流域防洪体系、工程建设布局、工程的调度运行管理、监测预报预警等非工程措施的综合运用等进行系统梳理。

按照以上步骤,得到集防灾减灾所有要素、责任制、水利工程调度措施于一体的北京市防洪排涝作战总图。

5.3 成果的应用效果分析

5.3.1 防洪调度应用

基于流域作战图成果,快速生成上游梯级水库调度以及下游河道梯级水闸的分段槽蓄方案,实现削峰减灾与洪水资源化利用等多方面目标,提高水库调度决策效率与整体效益。

5.3.2 现场调研应用

在汛前准备和汛期应对防洪排涝时,水库、山洪、河道、蓄滞洪区等各级水工程检查工作中,作战图作为掌中宝可随身携带,多次在外出调研与场次洪水调度决策中发挥了重要作用,其信息全、灵活轻便携带等优势明显。在常看常新、活学活用上发挥重要作用,同时也加深了各级工作人员对防洪工程体系和调度体系的直观认识。

5.3.3 助力管理工作

在 2022 年汛期历次暴雨和洪水的应急调度决策过程中,作战图,汇集"四预"于一体,作为决策重要依据支撑了水利工程洪水调度方案的制定,受到各级水管单位的认可,取得了初步的应用效果。

6 结论

基于作战理念提出来的防洪作战图,其核心思想内涵以及所涉及的人员范围之广及复杂程度远超其他任何行业,通过作战图的编制,可大幅减少非专业高层管理者对城市防洪减灾的整体决策与判断出现失误所带来的损失,同时图文结合的表达方式将专业指标直观化处理,减少了调度决策过程中对复杂预案的再梳理与翻阅等事件,提高预案的决策效率与速度,各种优势非常明显。作战图在北京的落地实现可以极大提高对首都核心区等重要区域的防洪保护能力,是一种值得推广应用的防洪调度与管理实用新技术。

参考文献

[1] Garrote Julio, Pena Evelyng, DíezHerrero Andrés. Probabilistic Flood Hazard Maps from Monte Carlo Derived Peak Flow Values—An Application to Flood Risk Management in Zamora City (Spain) [J]. Applied Sciences, 2021, 11 (14): 6629.

[2] 张念强, 黄海雷, 徐美, 等. 英国洪水风险图编制应用及对我国的借鉴 [J]. 中国防汛抗旱, 2018, 28 (3): 62-67.

[3] Oubennaceur Khalid, Chokmani Karem, El Alem Anas, etal. Flood Risk Communication Using ArcGIS Story Maps [J]. Hydrology, 2021, 8 (4), 152.

[4] 程时宏, 路效兴. 防洪调度图在二滩水库调度中的应用 [J]. 水利学报, 2007, (S1): 559-562.

[5] 席秋义, 刘招, 洪华, 等. 水电站防洪预报调度图绘制及应用研究 [J]. 水电能源科学, 2011, 29 (7): 29-32, 96.

[6] 周冉, 张永平, 刘璐. 下游河道过流能力不满足防洪标准时大型水库防洪调度图绘制探讨 [J]. 陕西水利, 2022, (7): 69-71, 76.

[7] 张小稳, 刘国庆, 范子武. 动态洪水风险图在无锡市城区防洪中的应用研究 [J]. 水资源开发与管理, 2019, (5): 10-17.

[8] 陈发虎, 段炎武, 郝硕, 等. 全新世温度大暖期模式与持续升温模式: 记录-模型对比问题及其研究展望 [J]. 中国科学: 地球科学: 1-19.

[9] 杨海军, 石佳琪, 李洋, 等. 多百年际气候变率: 观测、理论与模拟研究 [J]. 科学通报, 2023, 68 (16): 2037-2045.

[10] 尹家波, 郭生练, 王俊, 等. 全球极端降水的热力学驱动机理及生态水文效应 [J]. 中国科学: 地球科学, 2023, 53 (1): 96-114.

[11] 舒章康, 李文鑫, 张建云, 等. 中国极端降水和高温历史变化及未来趋势 [J]. 中国工程科学, 2022, 24 (5): 116-125.

[12] 秦汉, 袁为, 王君, 等. 2021年河南极端降水的气候变化归因: 对流组织的影响 [J]. 中国科学: 地球科学, 2022, 52 (10): 1863-1872.

[13] 孔锋, 王一飞, 吕丽莉, 等. 北京 "7·21" 特大暴雨洪涝特征与成因及对策建议 [J]. 人民长江, 2018, 49 (S1): 15-19.

[14] 张书函, 郑凡东, 邸苏闯, 等. 从郑州 "2021.7.20" 暴雨洪涝思考北京的城市内涝防治 [J]. 中国防汛抗旱, 2021, 31 (9): 5-11.

[15] 王毅, 刘洪伟, 潘兴瑶, 等. 北京城市洪涝模型建设与典型示范 [J]. 中国防汛抗旱, 2015, 25 (4): 33-37.

典型海绵设施降雨入渗过程中的污染物浓度变化规律研究

杨思敏[1]　潘兴瑶[1,2]　杨默远[1]　于　磊[1]　欧阳友[1,3]

(1. 北京市水科学技术研究院，北京　100048；2. 北京市水务应急中心，北京　100038；
3. 首都师范大学，北京　100048)

【摘要】 生物滞留设施适用范围广，径流控制效果良好，被广泛应用在海绵城市建设中。为准确分析生物滞留设施内部分层水质变化，本文构建了基于蒸渗仪的生物滞留设施精细化监测系统，分别提取、种植土层、填料层、砾石层、原状土层等内部分层水质，研究入渗过程中设施内部纵向分布规律，探究生物滞留设施不同组成部分对污染物去除的效果。分析结果表明，生物滞留设施对 COD、NH_3-N 和 TP 去除效果良好。对于 COD 的去除，种植土层、填料层、原状土层均起到重要作用，主要去除机制为微生物降解作用。对于 TP、NH_3-N 的去除效应，种植土层起到重要作用，去除以物理化学反应为主。

【关键词】 生物滞留设施；蒸渗仪；污染物去除；入渗过程

Study on pollutant concentration changes in the rainfall infiltration process of typical sponge facilities

YANG Simin[1]　PAN Xingyao[1,2]　YANG Moyuan[1]　YU Lei[1]　OUYANG You[1,3]

(1. Beijing Water Science and Technology Institute, Beijing　100048;
2. Beijing Water Emergecy Center, Beijing　100038; 3. College of Resource
Environment and Tourism, Beijing　100048)

【Abstract】 The use of bioretention facilities is extensive in sponge city construction, which has a good effect on runoff control. To accurately analyze the stratified water quality changes within bioretention facilities, a refined monitoring system based on the lysimeter was constructed. The system extracts and plants the water quality of different layers, such as soil layer, filler layer, gravel layer, and original soil layer, to study the vertical distribution law of the facility's internal infiltration and explore the effect of different components of the bioretention facility on pollutant removal. The analysis

---

基金项目：国家水体污染控制与治理科技重大专项（2017ZX07103-002）。

results show that the bioretention facility has a good effect on COD, NH_3-N, and TP removal. For COD removal, soil layer, filler layer, and original soil layer play important roles, and the main removal mechanism is microbial degradation. For TP and NH_3-N removal, the soil layer plays a significant role, and removal is mainly achieved through physical and chemical reactions.

【Key words】 Bioretention facility; Lysimeter; Contaminant removal; Infiltration

城市化的迅速发展带来一系列城市水环境问题,如不透水下垫面的增加导致雨水径流流量增加,而增加的径流会冲刷挟带更多的污染物,使得受纳水体的水质变差[1]。城市地表径流污染是仅次于农业污染的第二大面源污染,已成为制约受纳水体水质进一步提高的主要因素[2]。

雨水作为一种宝贵的资源,在城市水循环系统和流域水环境系统中起着十分重要的作用,对城市小区产生的雨水合理地加以利用不仅是解决城市缺水问题的措施之一,而且是解决城市雨水径流面源污染问题的一个有效手段。

生物滞留池于20世纪90年代由美国马里兰州首次提出,几十年来已迅速成为世界许多地区应用最广泛的雨水最佳管理方法(best management practice,BMP)之一,是低影响开发系统的核心工程措施之一,在能源和环境设计方面具有领先地位(leadership in energy and environmental design,LEED)认证[3]。关于生物滞留设施的研究主要有:水文效应研究[4-6]、水质效应研究[7-13]、水力模型和水质模型研究[14-17]等。

大量研究表明,生物滞留设施对雨水径流中悬浮固体、有机物、重金属等污染物有良好的去除效果,然而对氮和磷的去除存在不稳定性。关于生物滞留设施对雨水径流污染物净化效果研究手段主要包括天然降雨监测和模拟人工降雨实验两种。Davis 等[18]对马里兰大学校园内两个不同设计的生物滞留设施进行监测,研究表明 TP 去除率为77%~79%,NO_3-N 去除率为90%~95%。Hunt 等[19]对美国北卡罗来纳州的三个生物滞留设施进行了污染物去除能力和水文性能研究,结果表明 TN 总去除率40%,NO_3-N 去除率为13%~75%,NH_3-N 去除率为-0.99%~86%,TP 去除率为-240%~65%。米秋菊等[20]对一个$12m^2$的生物滞留池监测了2013年5—7月的6场降雨,分析了其对径流中主要污染物的去除能力,结果显示,生物滞留池对 TN 有较好的去除效果,去除率在22%~45.39%,对 TP 和 NO_3-N 的去除效果很不稳定,去除率分别为-9%~20.2%、-86.3%~76%,对 COD 有较明显的去除效果,去除率为35.1%~91.4%。李俊奇等[21]对北京某办公大楼附近的雨水花园进行了连续3个月的监测分析,对6场典型暴雨事件分析结果表明,COD 出水浓度在 51.00~211.61mg/L 时,COD 去除率为35%~92.6%。

郭娉婷等[22]对生物滞留池进行了水质水量的处理效果研究,人工配置模拟道路雨水径流 NO_3-N、NH_3-N、TP、COD 浓度分别为 6.8mg/L、2.4mg/L、0.5mg/L、150mg/L,对应平均去除率为 62.6%、80.9%、83.3%、63.9%。张鹍等[23]采用土柱模拟实际生物滞留池,研究不同入水浓度时的处理效果,试验结果表明 TN 入水浓度为 2mg/L、9.4mg/L 和 35mg/L 时,去除率分别为 74.8%、75.5%、81.0%。

综上所述,虽然针对影响生物滞留池净化效果因素的研究被广泛关注,但大多集中在生物滞留池结构对污染物净化效果的影响,而针对入流污染物浓度对生物滞留池处理效果影响、设施内部污染物纵向削减效果等方面的研究并不充分。此外,目前大多数研究关注于砾石层出流水质变化情况,而缺乏对深层下渗后原状土层出流水质情况的研究。

本文针对上述研究存在的问题,在北京西郊砂石坑建立了基于称重式蒸渗仪的生物滞留设施实验区,以COD、TP、氨氮为评价指标,开展人工降雨条件下的深层下渗出流污染物浓度随时间变化研究,分析研究其污染物去除能力及净化规律,为生物滞留设施作为地下水补给安全性提供理论依据。并研究不同设施深度污染物浓度变化研究,获取不同情景下水质变化过程数据,为生物滞留设施降雨-径流-产污过程的定量研究提供数据支撑,进而指导径流减控与污染物削减计算模型的构建。

1 材料与方法

1.1 实验装置

实验生物滞留设施被布设在蒸渗仪中2m×2m的铁箱中,它的来水面为21m² 的凉亭屋面,分层结构从上至下依次为:第一层为150mm蓄水层;第二层为50mm的树皮覆盖层;第三层为300mm的砂、草炭和黏土含量为75%、20%和5%的混合物;第四层为300mm砂、壤土、蛭石和珍珠岩含量为75%、10%、5%和10%的混合物,用透水土工布与砾石层隔开;第五层为300mm的砾石层;第六层为400mm的原状土层;最底层为200mm的反滤层。

为精确监测生物滞留设施中水质纵向变化情况,在蒸渗仪中分别布设了8个土壤溶液提取装置,可定点定位连续采集土壤水。水质效应研究用生物滞留设施示意图如图1所示。

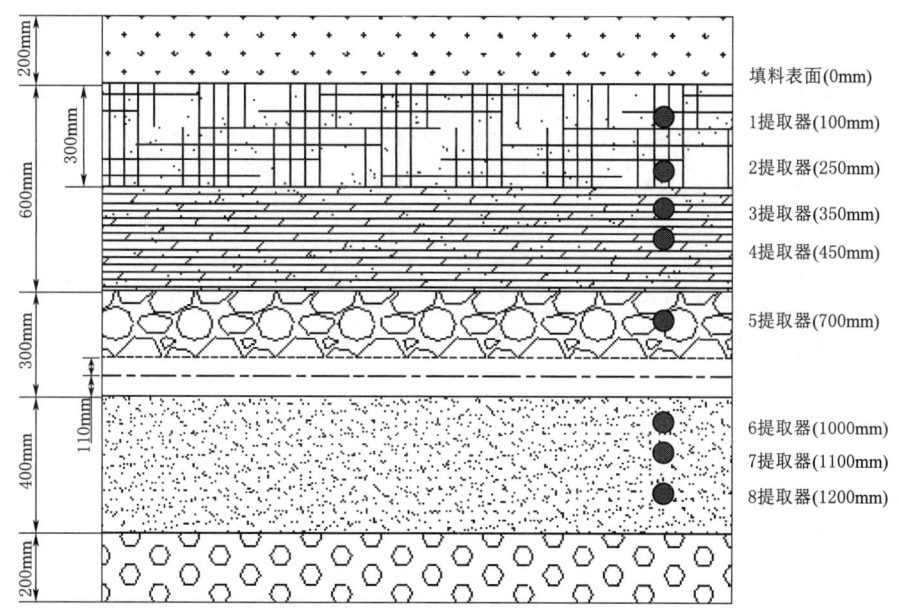

图1 水质效应研究用生物滞留设施示意图

土壤溶液提取点位分别为距生物滞留设施土面100mm、250mm、350mm、450mm、700mm、1000mm、1100mm、1200mm处，即1号提取器出水流经了100mm过滤层，2号提取器出水流经了250mm过滤层，3号提取器出水流经了350mm过滤层，4号提取器出水流经了450mm过滤层，5号提取器出水流经了600mm过滤层和100mm排水层，6号提取器出水流经了整个生物滞留设施和100mm原状土层，7号提取器出水流经了整个生物滞留设施和200mm原状土层，8号提取器出水流经了整个生物滞留设施和300mm原状土层。

本次实验用水采用人工配水，由于天然雨水具有不稳定性，且各个区域差别较大，不易获取。通过分析天然降雨水质数据，得出实验区天然降雨污染物浓度范围，见表1。

表1　　　　　　　　　实验区实测屋面雨水水质　　　　　　　　　单位：mg/L

项目	COD	TP	氨氮
最小值	5	0.03	0.18
最大值	297	0.5	10.6
平均值	57	0.17	2.36

此外，依据《雨水控制与利用工程设计规范》（DB11/685—2013），北京地区屋面雨水初期径流水质指标参考值为COD 1500～2000mg/L、TP 0.4～2.0mg/L、氨氮 10～25mg/L。

综合考虑实验区实际测量雨水水质与规范建议水质，设置污染物浓度区间为COD 50～500mg/L、TP 0.2～1.5mg/L、氨氮 1～5mg/L。通过添加化学药品 NH_4Cl、$C_6H_{12}O_6$、KH_2PO_4 来分别模拟氨氮、COD、TP等指标，设计一系列浓度梯度的实验，使用药品均为分析纯。

1.2 实验方案

实验方案设计以研究生物滞留设施滞蓄和净化雨水的能力为主。实验采用水泵供水的方式模拟雨水输入，重点关注入水浓度对生物滞留设施净化效果的影响，其中，重现期根据《室外排水设计标准》（GB 50014—2021）选用较小重现期，汇水面积依据实际设计情况为5.25倍。

实验情景设计中采用的公式有以下两个：

（1）《城市雨水系统规划设计暴雨径流计算标准》（DB11/T 969—2013）计算小重视期降雨暴雨强度公式：

$$q = \frac{2021(1+0.811\lg P)}{(t+0.8)^{0.711}} \quad (适用范围: t \leqslant 120\min, P \leqslant 10 年) \tag{1}$$

式中　q——设计暴雨强度，$L/(s \cdot hm^2)$；
　　　P——设计重现期，年；
　　　t——降雨历时，min。

（2）设计流量公式：

$$Q = q\Psi F \tag{2}$$

式中　Q——雨水系统设计流量，L/s；
　　　Ψ——汇水面综合径流系数；
　　　q——设计暴雨强度，L/(s·hm^2)；
　　　F——汇水面积，hm^2。

实验情景设计见表2。

表2　　　　　　　　　　　实 验 情 景 设 计

序号	COD /(mg/L)	TP /(mg/L)	氨氮 /(mg/L)	重现期 /a	进水量 /m^3	汇水面积 /m^2	设计降雨强度 /(mm/min)
1	64	0.35	1.38	0.495	0.722	21	0.287
2	213	0.21	1.29	0.479	0.711	21	0.282
3	489	1.41	4.96	0.544	0.755	21	0.300

实验过程利用水箱开展人工降雨实验，水箱长3m、宽2m、高1m。每次实验配制3m^{3}模拟雨水，为防止水质变化，实验水用前配制，并实验时持续对水箱内的配水搅拌，使溶液混合均匀。采用间歇进水方式，每次进水2h，落干7d。

对进水、8个土壤溶液提取装置、反滤层出水进行取样监测。结合径流雨水特点，自取水口产流时起1h、3h、6h、1d、2d、3d、5d进行采样，直至径流结束或趋于稳定为止。

出水测定污染物浓度，计算污染物去除效率，分析污染物浓度在生物滞留设施垂直方向上的分布，探讨各结构层在水质效应方面的作用。本实验在测定水质参数时，均采用《水和废水监测分析方法》（第四版）[24]规定的国家标准分析方法，方法见表3。

表3　　　　　　　　　　水质指标检测方法及仪器

测定项目	标准（方法）名称及编号	仪器设备型号
COD	《水质 化学需氧量的测定 重铬酸盐法》（HJ 828—2017）	具塞滴定管 25mL
TP	《水质 总磷的测定 钼酸铵分光光度法》（GB/T 11893—1989）	双光束紫外可见分光光度计 UV-1800
氨氮	《水质 氨氮的测定 纳氏试剂分光光度法》（HJ 535—2009）	双光束紫外可见分光光度计 UV-1800

1.3　去除效果评价方法

（1）污染物浓度去除率（R_C）的计算公式为

$$R_C = \frac{C_{in} - C_{out}}{C_{in}} \times 100\% \tag{3}$$

式中　C_{in}——进水汇总污染物浓度，mg/L；
　　　C_{out}——出水汇总污染物浓度，mg/L。

（2）污染物负荷去除率（R_L）的计算公式为

$$R_L = \frac{C_{in}V_{in} - C_{out}V_{out}}{C_{in}V_{in}} \times 100\% \tag{4}$$

式中 C_{in}——进水汇总污染物浓度，mg/L；

V_{in}——进水体积，L；

C_{out}——出水汇总污染物浓度，mg/L；

V_{out}——出水体积，L。

依据《水环境监测规范》（SL 219—2013），当测定结果低于分析方法的最低检出浓度时，用"<DL"表示，并按最低检出浓度值的1/2参加统计处理。

2 结果与讨论

2.1 不同入水浓度处理效果对比

2.1.1 平均去除率

生物滞留设施对不同浓度的污染物削减效果良好，当COD、TP和氨氮三种污染物在高、中、低三种污染物进水情景下，总去除率均在90%左右。当进水COD浓度为83～489mg/L时，反滤层出水中COD平均浓度为7.88～18.25mg/L，去除率为90.51%～96.27%。进水TP浓度为0.21～1.41mg/L时，反滤层出水中TP平均浓度为0.02～0.04mg/L，去除率为88.89%～96.99%。进水氨氮浓度为1.29～4.96mg/L时，反滤层出水中氨氮平均浓度为0.02～0.03mg/L，去除率为97.43%～99.40%。

如图2～图4所示。对于COD、TP和氨氮，高浓度进水情况下的去除率和去除率稳定性都明显较高。COD、TP和氨氮分别在进水浓度高达489mg/L、1.41mg/L、4.96mg/L的情况下，出水浓度分别保持在18.25mg/L、0.04mg/L、0.03mg/L，去除率分别达到96.27%、96.99%、99.40%。因此，对于高浓度COD、TP和氨氮污染物的雨水径流，生物滞留池能保持高效、稳定的去除效果。高晓丽[25]通过模拟人工降雨探究雨水生物滞留系统的填料对污染物的去除效果，得出组合填料对TN、TP、氨氮、COD的去除率最高可以达到82.3%、91.5%、82.8%、91.8%，与本文的去除率相近。

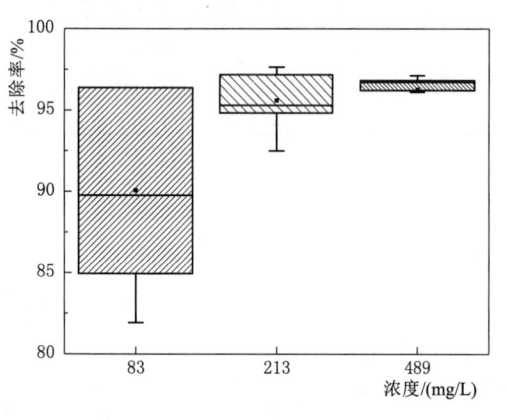

图2 COD去除效果分析　　　　图3 TP去除效果分析

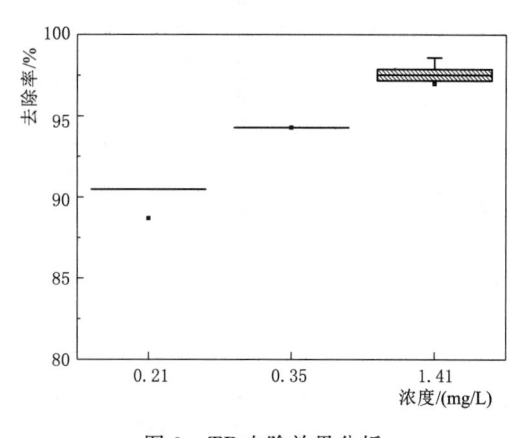

2.1.2 反滤层出水随时间变化规律

生物滞留池由植物层、蓄水层、土壤层、过滤层（或排水层）等组成。表面蓄水层提供空间暂时滞留、调蓄径流；土壤层提供植被和微生物群落生长的载体；过滤层采用级配细砂与有机质的混合料，截留、吸附污染物净化初期径流；排水层采用砾石，传导过滤后的径流至穿孔排水管中；部分生物滞留池不设穿孔排水管，处理后的雨水直接渗入底部土壤[26]。

研究结果表明，对于 COD、氨氮和 TP，高浓度进水的去除率和去除率稳定性都明显高于低浓度情景。其中，氨氮和 TP 的去除效果尤其显著，与张鸥等[23]研究一致。

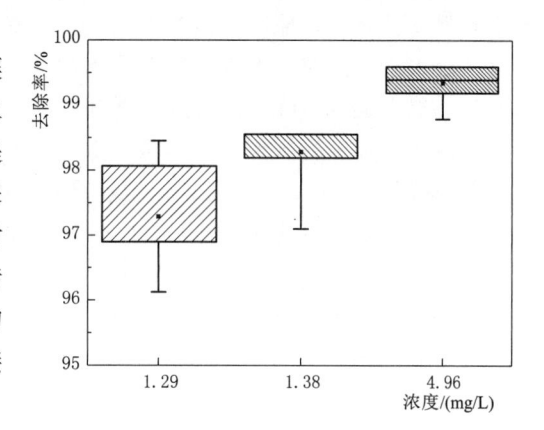

图 4 氨氮去除效果分析

1. COD

生物滞留设施对 COD 的去除效果可通过对图 5、图 6 分析得到。由图 5 可知，当 COD 进水浓度为 83mg/L、213mg/L、489mg/L 时，去除率分别为 81.93%～97.59%、92.49%～97.65%、93.46%～97.14%。相较于高浓度进水，低浓度进水去除率随时间变化较大，表现为自出流开始 6h 内去除率较高（大于 85%），6h 后去除率下降，可能为生物滞留设施内部化学物质被淋洗出来导致的。

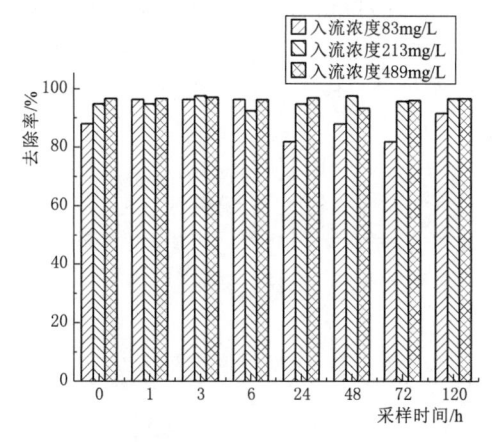

图 5 COD 去除率随时间变化规律

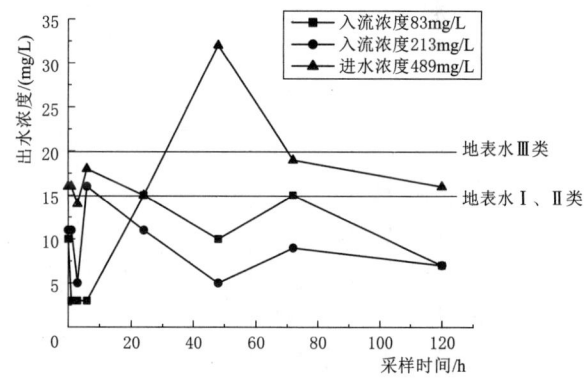

图 6 COD 出水浓度随时间变化规律

生物滞留设施中 COD 的去除是微生物降解与土壤吸附共同作用的结果，且研究表明微生物的降解在 COD 削减方面起到主导作用[27]。污染物进入种植层后，有机颗粒或有机胶体物质先被土壤过滤吸附，利用土壤-植物-微生物生态系统的自净功能和自我调控机制，通过系列的物理、化学和生物过程，使有机物得到降解[28,29]。

通常污水生物处理分好氧和厌氧两大机制。田光明[30]研究表明，对 COD 的生物降解是以好氧生物为主导的生物降解过程。本研究中，3 种 COD 入流浓度去除率随时间均有不同程度的波动,原因可能为降雨初期(0~6h),生物滞留设施中氧气充足,好氧菌不仅从污水中得到充足的营养而且仍有一定的好氧条件,因而迅速生长繁殖,COD去除率增高,出水浓度下降。随着降雨增加(6~72h),设施内部逐渐被水充满,好氧菌因氧气不足使生长繁殖受到抑制,数量下降,72h后,设施内部落干,通气条件改善,好氧菌又以土壤截留的COD为碳源得以迅速增长,并使其得到分解,去除率升高。

由图6可知,生物滞留设施对COD净化效果良好。当进水COD浓度为83mg/L、213mg/L、489mg/L时,出水浓度分别为<4~15mg/L、5~16mg/L、14~32mg/L。当进水COD浓度为83~213mg/L时,自出流起24h后出水可达到地表水Ⅰ类标准(15mg/L);当进水COD浓度为489mg/L时,自出流起72h后出水可达到地表水Ⅲ类标准(20mg/L)。

2. TP

生物滞留设施对TP的去除效果可通过对图7、图8分析得到。由图7可知,当进水TP浓度为0.21mg/L、0.35mg/L、1.41mg/L时,生物滞留设施的去除率分别介于71.43%~95.24%、91.43%~97.14%、92.20%~98.58%之间,去除率随时间变化波动较小。降雨产流的磷主要分为颗粒态磷(PP)和溶解态磷(DP)。在生物滞留设施中,磷的去除主要由系统的渗透、过滤、吸附离子交换、植物吸收、微生物摄取、挥发、蒸发等联合作用。对雨水径流中磷的去除可分为两个方面:介质层的物理化学作用和生物的吸收同化作用。对雨水径流中磷的去除可分为两个方面:介质层的物理化学作用和生物的吸收同化作用。通常介质层吸附磷的过程分为快反应和慢反应。填料表面吸附捕获PP以及介质中的金属离子与DP结合成磷酸盐,最后更换介质表层即可去除滞留的磷。生物的吸收同化作用则主要为微生物通过好氧过程和厌氧过程对径流雨水中的磷进行降解转化无机盐,植物生长发育过程将吸收利用这部分无机盐[11],最后固化在植物中的磷元素则可通过收割植物的方式得到去除。由于生物吸收同化作用较慢,而本文中TP去除率随时间变化不大,说明在本文设计的整个生物滞留设施中,物理化学反应为去除TP的主要反应。

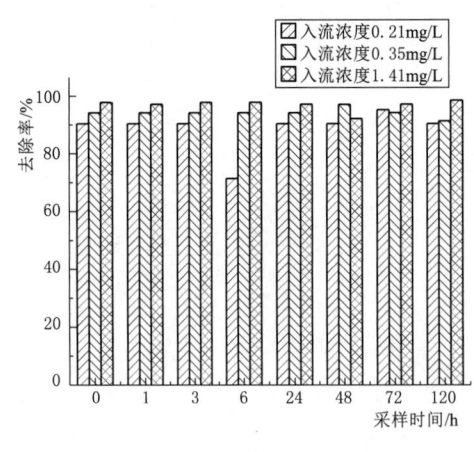

图7 TP去除率随时间变化规律 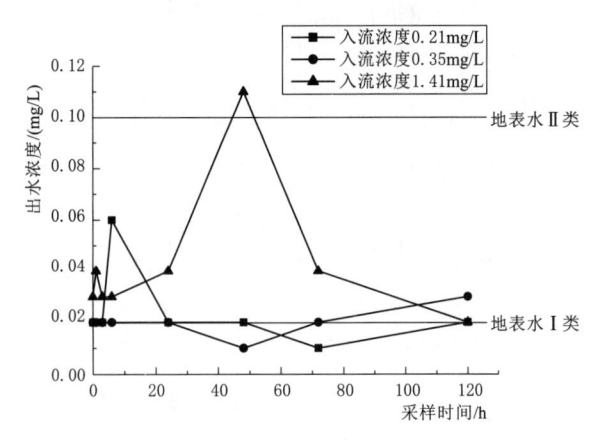　　图8 TP出水浓度随时间变化规律

由图6可知,生物滞留设施对TP净化效果良好。当进水TP浓度为0.21mg/L、0.35mg/L、1.41mg/L时,出水浓度分别介于0.01~0.06mg/L、0.01~0.03mg/L、0.02~0.11mg/L之间。当进水TP浓度为0.21mg/L时,自出流起24h后出水可达到地

表水Ⅰ类标准（0.02mg/L）；当进水 TP 浓度为 1.41mg/L 时，自出流起 120h 后出水可达到地表水Ⅰ类标准；进水 TP 浓度为 0.21～1.41mg/L 时，自出流起 72h 后出水均可达到地表水Ⅱ类标准（0.1mg/L）。

3. 氨氮

生物滞留设施对氨氮的去除效果可通过对图 9、图 10 分析得到。由图 9 可知，当进水氨氮浓度为 1.29mg/L、1.38mg/L、4.96mg/L 时，生物滞留设施的去除率分别介于 96.12%～99.03%、97.10%～99.09%、98.79%～99.75%之间，自反滤层开始产流起，去除率几乎没有变化，且在高浓度进水条件下波动最小。

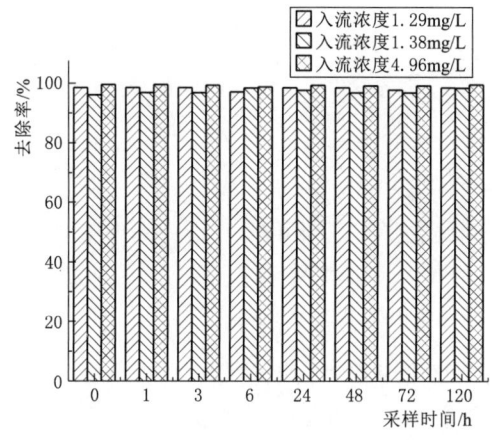

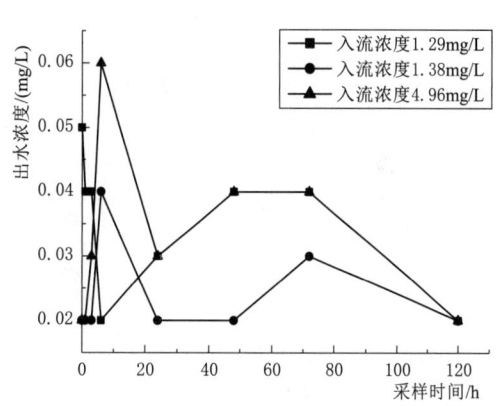

图 9　氨氮去除率随时间变化

图 10　氨氮出水浓度随时间变化规律

氨氮的去除主要依靠硝化作用将氨氮转化为硝酸盐氮，此外由于土壤胶粒带负电[30]，氨氮带正电，氨氮被吸附除去。本实验中氨氮去除效果良好且稳定，出水几乎监测不到氨氮，原因一是填料层空隙较多，硝化作用较好；原因二是人工模拟降雨未加入重金属元素，土壤胶粒对钙、铁、锰等金属离子吸附较少，从而增加对氨氮的吸附。

由图 10 可知，生物滞留设施对氨氮净化效果良好。当进水氨氮浓度为 1.29mg/L、1.38mg/L、4.96mg/L 时，出水浓度分别为＜0.025～0.05mg/L、＜0.025～0.04mg/L、＜0.025～0.06mg/L。进水氨氮浓度为 1.29～4.96mg/L 时，自反滤层出水开始，出水浓度最大值不超过 0.06mg/L，远小于地表水Ⅰ类标准（0.15mg/L），且远小于地下水Ⅱ类标准（0.1mg/L）。出流 120h 后，反渗层出水氨氮浓度小于 0.025mg/L。

2.2　不同深度出水污染物浓度

1. COD 分层削减过程

对于 83mg/L、213mg/L、489mg/L 三种 COD 浓度的进水，出水 COD 纵向变化整体规律体现为出水浓度经过种植土层后先下降后增加，到填料层下降，随后在砾石层进一步被去除，直到经过原状土层后浓度大大降低。经种植土层、填料层、砾石层及原状土层后出水浓度分别为 52mg/L、3mg/L、9mg/L。进水浓度 83mg/L 时，砾石层、原状土层出水反而比进水浓度 213mg/L，可能原因一是当进水 COD 浓度低时，生物滞留设施中碳源不充足,微生物生长缓慢,从而分解 COD 较少;原因二是进水浓度 83mg/L 实验为系列实验中的第一场,实验前干期较长,开展人工降雨时可能导致设施内有机物淋洗出而使出水 COD 浓度偏大。COD 出水浓度纵向变化规律如图 11 所示。

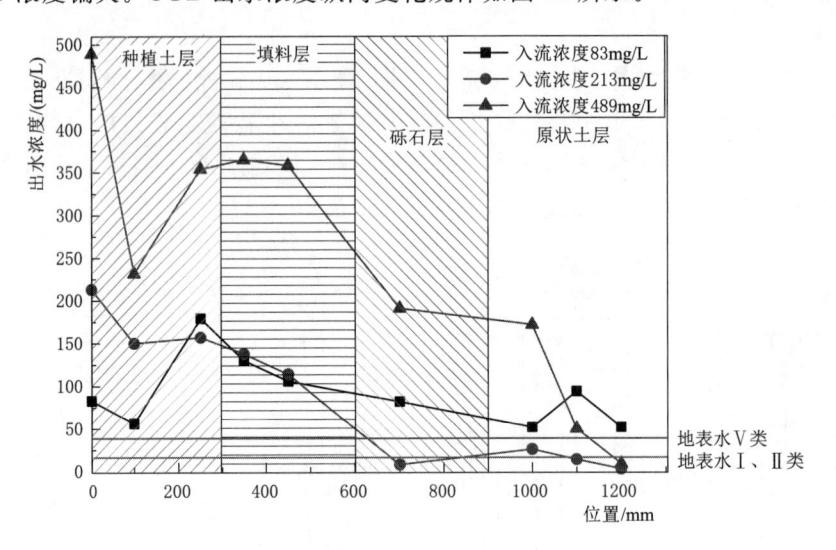

图 11　COD 出水浓度纵向变化规律

由于下渗过程较快,过程中植物对有机物的吸收作用相对较小,但对有机物去除有促进作用,体现在植物庞大的根系为微生物膜提供附着场所,并通过根系供氧、根系分泌物等改变系统的微生境,促进有机物的氧化分解[31-32]。垂直下渗过程中,COD 随着设施内深度的增加而进一步去除,进一步被填料表面的生物膜降解而去除。进水浓度 83mg/L 时,种植土层、填料层、砾石层、原状土层对应的平均去除率分别为 -41.57%、-42.17%、1.20%、20.48%;进水浓度 213mg/L 时,种植土层、填料层、砾石层、原状土层对应的平均去除率分别为 27.93%、40.85%、96.24%、93.27%;进水浓度 489mg/L 时,种植土层、填料层、砾石层、原状土层对应的平均去除率分别为 40.08%、26.07%、60.94%、84.25%。

当进水浓度在 213~489mg/L 时,种植土层、填料层、原状土层在生物滞留设施对 COD 去除中均起到重要作用,径流出水在流经种植土层、填料层后,砾石层出水平均去除率可达到 60%~90%。原状土层在高浓度 COD 进水时起到重要作用,当进水浓度为 489mg/L 时,经过原状土层出水浓度可达到地表水 Ⅰ 类标准,砾石层出水浓度为原状土层出水浓度的 21 倍。可能是因为污染物在反滤层停留时间更长,反应充分。本研究中,砾石层出流平均时间为 10h 之内,而反滤层平均出流时间为 9d。高浓度 COD 进水时,在种植土层和填料层发生一系列物理、生物、化学反应,但由于污染物浓度高、介质疏松,下渗速率较快,反应不充分,而进入原状土层后下渗速度减慢,与土壤中微生物充分反应,达到较好的净化效果。

由此可知原状土层在 COD 去除中的重要作用,因此在关注生物滞留设施对水质中 COD 去除效果时,仅关注砾石层出水是不够的。在进水浓度 83mg/L 时,不同深度出水 COD 去除率呈现部分负值,可能原因为 COD 进水浓度低,下渗过程中种植土层为砂、草炭和黏土的混合物中部分有机物质随雨水淋出。COD去除率纵向变化规律如图12所示。

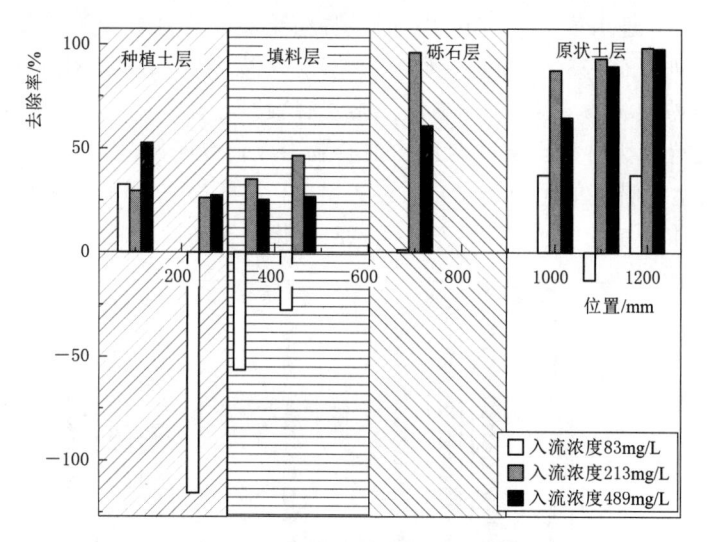

图12 COD去除率纵向变化规律

2. TP分层削减过程

当设计3种不同浓度TP进水时，不同浓度的出水均在填料层达到最小浓度，经过砾石层和原状土层后反而有略微升高。当进水浓度为0.35mg/L及1.41mg/L时，经过种植土层后出水TP浓度均低于0.02mg/L，符合地表水Ⅰ类标准。进入砾石层和原状土层后，原状土层中土壤胶粒带负电，对TP吸附去除作用较小，且土壤中本底氮、磷等营养元素可能随降雨淋洗出，导致出水浓度反而略微上升。TP出水浓度纵向变化规律如图13所示。

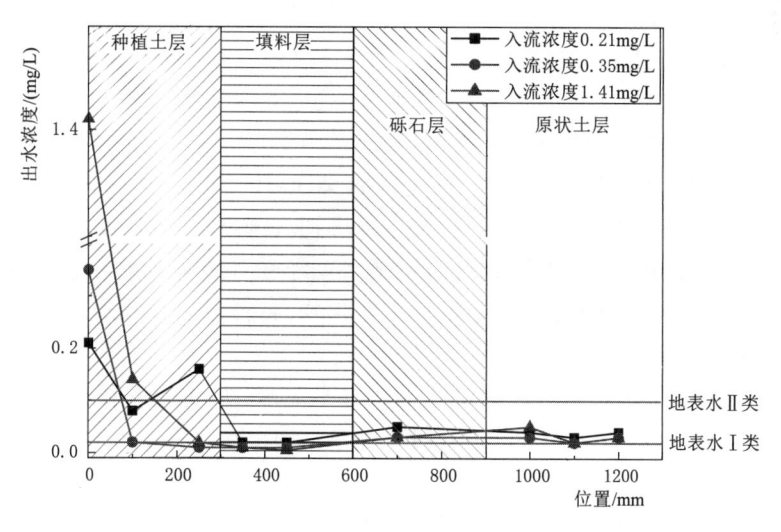

图13 TP出水浓度纵向变化规律

种植土层在TP的去除中起到重要作用，雨水流经300mm的种植土层后进入填料层，达到出水浓度最低值。进水浓度0.21mg/L时，种植土层、填料层、砾石层、原状土层对应的平均去除率分别为42.86%、90.48%、76.19%、82.54%；进水浓度0.35mg/L时，种植土层、填料层、砾石层、原状土层对应的平均去除率分别为 95.71％、97.14％、91.43％、92.38％；进水浓度 1.41mg/L 时，种植土层、填料层、砾石层、原状土层对应的平均去除率分别为 94.33％、99.47％、97.87％、97.64％。实验用生物滞留设施种植土层材料为 75％砂、20％草炭、5％黏土。雨水径流 TP 在经过 300mm 种植土层够去除率接近 95％，这是因为种植土层砂与黏土混合物对 TP 有较好的去除效果。郭娉婷等[22]研究将细沙作为生物滞留单元的填充介质，进水 TP 浓度为 0.5mg/L 时，TP 的去除率可达到 90.1％，与本文结论一致。TP 去除率纵向变化规律如图 14 所示。

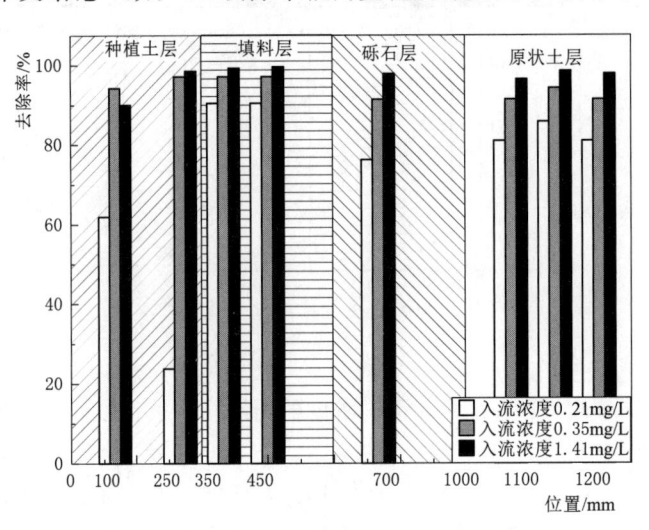

图 14　TP 去除率纵向变化规律

3. 氨氮分层削减过程

当设计 3 种不同浓度氨氮进水时，出水氨氮浓度总体趋势为随着深度的增加，出水浓度减小。进水浓度为 1.38mg/L 时流经 100mm 种植土层去除率达到 72.46％，然而随着继续下渗，去除率反而降低，原因可能为该次实验为人工降雨水质系列实验中的第一场实验，且实验前干期较长，人工降雨后种植土层、填料层中污染物被淋洗出，影响实验结果。当设备稳定运行后，设计进水浓度为 1.29mg/L 及 4.96mg/L 时，未出现较大异常值。

在进水浓度 1.29mg/L、4.98mg/L 时，雨水流经砾石层的出水可达到地表水Ⅱ类标准，原状土层出水可达到地表水Ⅰ类标准，说明生物滞留设施对氨氮有较好的去除作用。氨氮出水浓度纵向变化规律如图 15 所示。

种植土层在氨氮的去除中起到重要作用，雨水流经 300mm 的种植土层后进入填料层，进水浓度为 1.29mg/L 及 4.96mg/L 时，种植土层出水接近于地表水Ⅱ类标准。随后在原状土层进一步净化，达到地表水Ⅰ类标准。进水浓度 1.29mg/L 时，种植土层、填料层、砾石层、原状土层对应的平均去除率分别为 63.95％、63.18％、65.12％及 96.38％；进水浓度 4.96mg/L 时，种植土层、填料层、砾石层、原状土层对应的平均去除率分别为 82.56％、89.72％、95.36％及 94.15％。郭娉婷等[22]研究细沙作为生物滞留单元的填充介质，进水氨氮浓度为 2.4mg/L 时，对氨氮去除率为 78.09％，与本文研究相似。氨氮去除率纵向变化规律如图 16 所示。

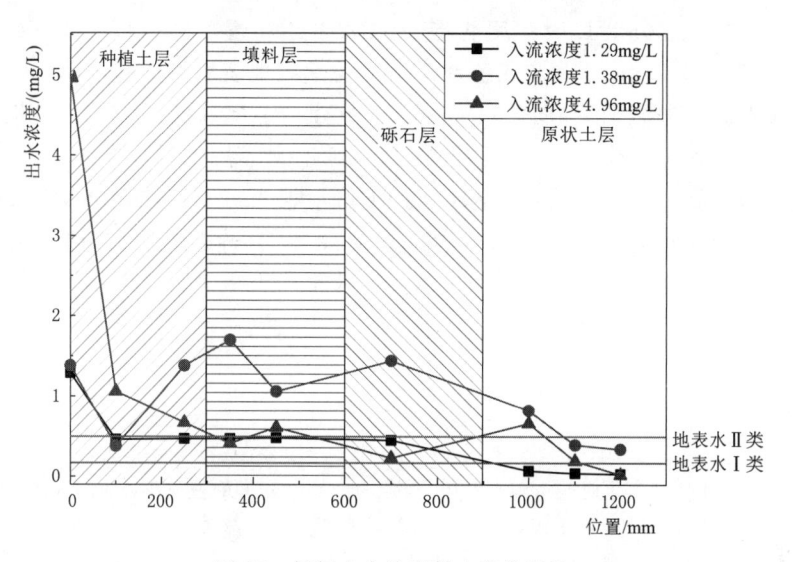

图15 氨氮出水浓度纵向变化规律

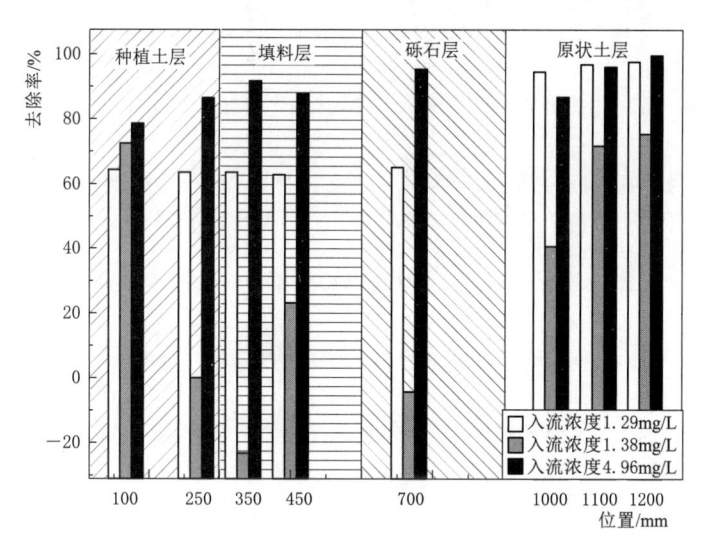

图16 氨氮去除率纵向变化规律

3 结论

生物滞留池通过一系列作用，包括物理、化学、生物等，通过填料的吸附作用，植物根系作用以及生物滞留池里面的微生物作用，使水质得到净化，经底部穿孔排水管排放水体或者收集利用。

基于对生物滞留设施分层监测结果，研究不同浓度污染物入流后深层下渗反滤层出水随时间变化规律。结果表明，实验生物滞留设施在高浓度污染物入流情况下，对COD、氨氮和TP去除率稳定且高效。入流COD浓度为83～489mg/L、TP浓度为0.21～1.41mg/L、氨氮浓度为 1.29～4.96mg/L 时，反滤层出水浓度对应为 7.88～18.25mg/L、0.02～0.04mg/L、0.02～0.04mg/L，自出流起 72h 后可达到地表水Ⅲ类标准。

对污染物浓度在设施内部纵向分布规律研究表明，对于 COD 的去除，种植土层、填料层、原状土层均起到重要作用，主要去除机制为微生物降解作用。在入流浓度 489mg/L 时，砾石层出水浓度为原状土层出水浓度的 21 倍，表明对于高浓度 COD 入流情况，应加强对深层下渗与原状土层出水监测。对于 TP、氨氮的去除效应，种植土层起到重要作用，去除以物理化学反应为主，砾石层出水与原状土层出水差别较小，砾石层出流即可达到地表水Ⅱ类标准。

参考文献

[1] 刘琳琳，何俊仕．城市化对城市雨水资源化的影响 [J]．安徽农业科学，2006 (16)：4077-4078.

[2] 栾忠庆．青岛市雨水径流污染模拟及污染物总量计算 [D]．青岛：中国海洋大学，2007.

[3] Davis A P, Hunt W F, Traver R G, et al. Bioretention Technology: Overview of Current Practice and Future Needs [J]. Journal of Environmental Engineering, 2009, 3 (132): 109-117.

[4] 杨正，郭大炜，张孟强，等．生物滞留设施的水质与水量控制效果分析 [J]．工程建设与设计，2020 (16)：140-141.

[5] 潘国艳，夏军，张翔，等．生物滞留池水文效应的模拟试验研究 [J]．水电能源科学，2012，30 (5)：13-15.

[6] 殷逸虹．生物滞留池对城市雨水径流的影响研究 [D]．武汉：武汉理工大学，2016.

[7] 王俊岭，张雅琦，秦全城，等．一种新型透水铺装对雨水径流污染物的去除试验研究 [J]．安全与环境学报，2019，19 (2)：643-652.

[8] 周龙，姜应和．生物滞留池净化雨水径流中氮磷的研究进展 [J]．山西建筑，2020，46 (14)：146-149.

[9] 胡爱兵，张书函，陈建刚．生物滞留池改善城市雨水径流水质的研究进展 [J]．环境污染与防治，2011，33 (1)：74-77.

[10] 姜应和，律启慧，邓海龙，等．生物滞留池对雨水径流中污染物的净化效果 [J]．武汉理工大学学报，2018，40 (7)：84-90.

[11] 刘早红，蔡官军，徐晨．生物滞留池对氮磷去除的研究 [J]．节能与环保，2020 (9)：68-69.

[12] 许萍，黄俊杰，张建强，等．模拟生物滞留池强化径流雨水中的氮磷去除研究 [J]．环境科学与技术，2017，40 (2)：107-112.

[13] 刘学欣，李珂，陈学平，等．模拟生态种植槽对雨水径流的净化 [J]．环境工程学报，2015，9 (6)：2681-2686.

[14] 田妍，张倩文，李达，等．基于模型评估的生物滞留带效能及参数评价 [J]．环境工程，2019，37 (7)：52-56.

[15] 颜乐，夏自强，丁琳，等．基于 SWMM 模型的生物滞留池水文效应研究 [J]．中国农村水利水电，2014 (4)：25-28.

[16] 王奇凯．基于 HYDRUS-1D 模型的融雪剂对生物滞留池影响研究 [D]．哈尔滨：哈尔滨工业大学，2020.

[17] 李家科，赵瑞松，李亚娇．基于 HYDRUS-1D 模型的不同生物滞留池中水分及溶质运移特征模拟 [J]．环境科学学报，2017，37 (11)：4150-4159.

[18] Davis A P. Field Performance of Bioretention: Water Quality [J]. ENVIRONMENTAL ENGI-

NEERING SCIENCE, 2007, 8 (24): 1048-1064.

[19] Hunt W F, Jarrett A R, Smith J T, et al. Evaluating Bioretention Hydrology and Nutrient Removal at Three Field Sites in North Carolina [J]. Journal of Irrigation & Drainage Engineering, 2006, 6 (132): 600-608.

[20] 米秋菊,米勇. 生物滞留技术去除污染物效果的试验研究 [J]. 水土保持应用技术, 2014 (1): 4-6.

[21] 李俊奇,向璐璐,毛坤,等. 雨水花园蓄渗处置屋面径流案例分析 [J]. 中国给水排水, 2010, 26 (10): 129-133.

[22] 郭婷婷,王建龙,杨丽琼,等. 生物滞留介质类型对径流雨水净化效果的影响 [J]. 环境科学与技术, 2016, 39 (3): 60-67.

[23] 张鹂,梁英,马效芳,等. 混凝泥渣生物滞留池脱氮除磷性能的实验研究 [J]. 环境工程, 2016, 34 (S1): 326-331.

[24] 国家环境保护总局水和废水监测分析方法编委会. 水和废水监测分析方法 [M]. 4版. 北京: 中国环境科学出版社, 2002.

[25] 高晓丽. 道路雨水生物滞留系统内填料的研究 [D]. 太原: 太原理工大学, 2014.

[26] 刘泷. 生物滞留池填料层结构优化试验研究 [D]. 南京: 东南大学, 2019.

[27] 杨周. 雨水径流污染物在生物滞留池中运移规律研究 [D]. 西安: 长安大学, 2018.

[28] 秦伟,王志强,谢建治,等. 分层填料地下渗滤系统处理农村分散生活污水 [J]. 环境工程学报, 2013, 7 (11): 4269-4274.

[29] 罗安程,张春娣,杜叶红,等. 多基质土壤混合层技术研究应用 [J]. 浙江大学学报(农业与生命科学版), 2011, 37 (4): 460-464.

[30] 田光明. 人工土快滤滤床对耗氧有机污染物的去除机制 [J]. 土壤学报, 2002 (1): 121-128.

[31] Taylor C R, Hook P B, Stein O R, et al. Seasonal effects of 19 plant species on COD removal in subsurface treatment wetland microcosms [J]. Ecological engineering, 2011, 37 (5): 703-710.

[32] Ding Y, Wang W, Song X, et al. Effect of spray aeration on organics and nitrogen removal in vertical subsurface flow constructed wetland [J]. Chemosphere (Oxford), 2014, 117: 502-505.

基于主成分聚类分析的北京市水文分区研究

卢亚静[1]　王官豪[1,3]　李永坤[1]　季明锋[2]　高　强[2]　王材源[2]

(1. 北京市水科学技术研究院，北京　100048；2. 北京市水文总站，北京　100089；3. 河海大学，南京　210098)

【摘要】 随着气候变化和人类活动的双重影响，区域降雨产流机理均发生了较大变化，而水文分区作为反映水文规律的重要参考，也随之发生改变。本文基于北京市境内流域下垫面以及地形、土壤、植被、水文、气候因素，通过对FVC（植被覆盖度）、草地比例、林地比例、园地比例、平均坡度、坡度小于1‰面积比例、土壤含沙率、最大高程差、径流深以及多年平均年降雨量共10个特征因子通过SPSS软件进行主成分分析以及K-means聚类分析进行水文分区的初步划分，经过单因素方差分析方法选取FVC（植被覆盖度）、最大高程差、平均坡度、径流深以及北京市多年平均降雨量进行显著性检验之后选择将北京市划为3个水文分区较为合理，即：Ⅰ.主城平原区、Ⅱ.城外半山区、Ⅲ.城外山区。本次水文分区研究为提高北京地区水文规律认识及水文资料移用提供依据。

【关键词】 水文分区；北京市；SPSS；主成分分析；K-means聚类分析

Research of hydrological regionalization of Beijing based on principal component cluster analysis

LU YaJing[1]　WANG Guanhao[1,3]　LI Yongkun[1]
JI Mingfeng[2]　GAO Qiang[2]　WANG Caiyuan[2]

(1. Beijing Water Science and Technology Institute, Beijing　100048;
2. Beijing Hydrology Center, Beijing　10089; 3. Hohai University, Nanjing　210098)

【Abstract】 With the dual impact of climate change and human activities, the mechanisms of regional rainfall and runoff have significant changed. As an important reference for reflecting hydrological rules, hydrological zoning has also changed. Based on the underlying surface and climate factors of the drainage basin in Beijing, the primary division of hydrological division is carried out through the principal component analysis and K-means clustering analysis of 10 characteristic factors including FVC (vegetation coverage), grassland proportion, forest land proportion, garden plot propor-

---

基金项目：北京市科委重点研发课题——北京城市洪涝淹水实时预测预警关键技术研究与示范（Z201100008220005）。

tion, average slope, area proportion with slope less than 1, soil sediment concentration, maximum elevation difference, runoff depth and annual average precipitation by SPSS software, After the significance test of FVC (vegetation coverage), maximum elevation difference, average slope, runoff depth and average annual rainfall in Beijing by one-way ANOVA, it is reasonable to divide Beijing into three hydrological zones, i.e. Ⅰ. main urban plain area, Ⅱ. Semi mountainous area outside the city and Ⅲ. The mountain area outside the city. This hydrological zoning study provides a basis for improving the understanding of hydrological laws and the transfer of hydrological data in Beijing.

【Key words】 Hydrological regionalization; Beijing; SPSS; Principal component analysis; K-means clustering analysis

由于流域的下垫面特征和气候条件的空间差异性，导致流域水文特性也存在着空间差异性，通过水文分区可对流域水文特性进行空间规律分析。水文分区的划分原则是将流域划分成不同的区域，使得区域内下垫面和气候条件相似性最大且差异性最小，而在不同区域之间下垫面和气候条件相似性最小且差异性最大[1]，水文分区不仅是布设水文站网的基础，也是认识规律、解决水文资料移用问题，为水资源合理开发利用提供依据的重要手段[2]，更能为生态水文区划提供基础参考[3]。目前水文分区常用的方法是主成分分析与聚类分析法，通过主成分分析将原有相关原始指标通过空间压缩成为几个相互独立的新指标再通过聚类算法进行不断的迭代聚类得到最优解[4-5]。丁亚明等[6]通过主成分分析与NFC模糊聚类法进行安徽省淮河流域的水文分区研究。姬海娟等[7]通过主成分分析与K聚类分析相结合的方式分析了雅鲁藏布江流域水文分区问题。北京市原有的设计洪水分区，在山区主要根据地形和气候特征等情况，分为背山区、山后区、山前区[8]，近年来，在下垫面变化和人类活动的双重影响下，原有的分区成果是否满足洪涝灾害的监控与预报预警需进一步探讨，本研究旨在通过最新的遥感等技术手段，探讨北京地区水文分区的重新划分，从而提高北京地区水文规律的认识，为无资料地区水文资料移用提供参考。

1 研究区概况与研究方法

1.1 研究区概况

北京市位于华北平原北部，东经115.7°~117.4°、北纬39.4°~41.6°。地势西北高、东南低，西部、北部和东北部三面环山，东南部为向渤海倾斜的平原，境内天然河道自西向东贯穿五大水系：拒马河水系、永定河水系、北运河水系、潮白河水系和蓟运河水系，且多由西北部山地发源，向东南蜿蜒流经平原地区，最后分别在海河汇入渤海；北京的气候为暖温带半湿润半干旱季风气候，夏季高温多雨，冬季寒冷干燥，春、秋短促，降水季节分配很不均匀，全年降水的80%集中在夏季6月、7月、8月三个月；市内地带性植被类型是暖温带落叶阔叶林并间有温性针叶林的分布。

1.2 研究方法

为了使水文分区科学合理，应选择相对独立和灵敏的、能充分反映流域的气象条件、水文特性和自然地理条件的，并且与水文分区的目的具有一定成因联系的划分指标作为分区依据[9]。北京市境内三面环山、降雨季节分配不均并且境内天然水系众多、汛期洪涝灾害频发，并且水文地质与气候条件分布不均，本研究通过 ArcGIS 将《北京市第一次水务普查成果》所划分的 1085 个子流域进行各流域内因子计算，采用主成分分析和聚类分析的方法以划分的 1085 个子流域为划分单元，通过土地利用[10]、土壤、植被覆盖、气候条件等物理影响因子分析相关性进行水文分区，具体实现步骤如下：

（1）本研究考虑径流产生影响因素、水土保持规划参考因素等选定以下因子作为分析对象：

1）地形特征：平均坡度、最大高程差、坡度小于1‰面积比例。
2）水文指标选择：径流深。
3）土地利用：耕地、林地、草地、园地面积比。
4）土壤：土壤平均砂含量。
5）植被覆盖：植被覆盖度平均值。
6）气候条件：多年平均年降雨量。

（2）将所选影响因子进行主成分分析，得到相互不独立且不含重叠信息的主成分，并以此作为聚类分析的变量，采用 K-means 聚类分析[11] 对所有网格进行分组，每一组子网格初步确定为一类水文类型分区，初步构成水文分区图。

（3）通过 SPSS 软件进行水文分区的合理性检验，选择北京市 FVC（植被覆盖度）、最大高程差、平均坡度、径流深以及北京市多年平均降雨量共 5 个影响因素进行单因素方差分析进行水文分区的合理性检验。

2 水文分区的划分

2.1 特征因子要素空间化分析

为了更合理地进行北京市水文分区，在进行主成分分析以及 K-means 聚类分析之前通过 ArcGIS 软件对全市 1085 个小流域所选因子进行计算并将所选取的 10 个特征因子通过空间分布图的形式呈现后进行分析可知：北京市植被覆盖程度由市区向境内西南、西北以及东北地区递增，草地主要分布于市区内、林地分布于境内西北部、园地分布于境内东北部，全市平均地势坡度范围在 0.18％～24.97％之间呈从西部山区向东部平原减小趋势，多年平均年降雨量在 418.3～674.4mm 之间呈中部向两侧递减趋势。

2.2 主成分分析

为避免北京市水文分区研究过程中所选用特征因子之间的相关性产生的影响，研究采用主成分分析法对所选取的 10 个特征因子参数指标进行降维得到两个主成分，通过 SPSS

计算得到所选取特征因子的相关系数矩阵,见表1,通过已获得的相关系数计算因子特征值从而获得主成分个数以及荷载方差贡献率等信息并通过绝对值筛选不同主成分包含的影响因子分别进行解释[7,12]。

表1 相关系数计算表

特征因子	FVC	林地比例	草地比例	园地比例	最大高程差	平均坡度	坡度小于1%面积比例	土壤含沙率	径流深	年降雨量
FVC	1									
林地比例	0.9	1								
草地比例	−0.3	−0.3	1							
园地比例	0.2	−0.1	−0.1	1						
最大高程差	0.8	0.8	−0.4	0.1	1					
平均坡度	0.8	0.9	−0.4	0.0	0.9	1				
坡度小于1%面积比例	−0.8	−0.9	0.4	−0.2	−0.9	−0.9	1			
土壤含沙率	0.2	0.2	0.0	0.0	0.1	0.1	−0.1	1		
径流深	0.2	0.2	−0.1	0.3	0.2	0.2	−0.3	−0.1	1	
年降雨量	0.0	−0.1	0.0	0.4	0.0	0.0	−0.1	−0.1	0.7	1

由表2可知,第一主成分方差贡献率47.543%,累积占初始特征因子特征值的47.543%;第二主成分方差累计贡献率19.846%,累积占初始特征因子特征值的19.846%,两主成分承载初始特征因子累计贡献67.389%。

表2 主成分分析提取荷载方差贡献率

主成分	总计	方差百分比/%	累积/%
第一主成分	4.754	47.543	47.543
第二主成分	1.985	19.846	67.389

由表3可知,第一主成分刻画了FVC(植被覆盖度)、林地比例、草地比例、最大高程差、平均坡度、坡度小于1%面积比例等特征因子指标;第二主成分刻画了园地比例、土壤含沙率、径流深、多年平均降雨量等特征因子指标,综合分析得到第一主成分主要代表了北京市的地形地貌综合特征指数,第二主成分代表了北京市的水文特性以及地质特性。

表3 主成分分析荷载矩阵

影响因子	主成分	
	第一	第二
FVC	0.908	−0.031
林地比例	0.927	−0.225
草地比例	−0.469	−0.056

续表

影响因子	主成分 第一	主成分 第二
园地比例	0.164	0.627
最大高程差	0.925	−0.114
平均坡度	0.952	−0.103
坡度小于1%面积比例	−0.956	−0.035
土壤含沙率	0.187	−0.259
径流深	0.331	0.799
多年平均降雨量	0.069	0.898

2.3 K-means聚类分析

将主成分分析所得结果作为基础，通过K-means空间聚类分析方法对北京市1085个子流域划分为水文特性相近的分区[12,13]。研究过程中，通过SPSS软件对子流域进行不同聚类数的划分，将聚类中心中不存在变动或者仅有小幅变动作为依据得到不同聚类数2～6级的划分结果，经对比后最终选取聚类数为3经过20次迭代后的K-means聚类分析结果作为本研究的水文分区划分依据，将北京市划分为3个水文分区：Ⅰ.主城平原区、Ⅱ.城外半山区、Ⅲ.城外山区，并将聚类数据载入ArcGIS软件中得到北京市水文分区图。

主城平原区主要包括北京市内东城区、西城区、海淀区、朝阳区、丰台区、石景山区以及大兴区、通州区、顺义区、昌平区的部分区域；城外半山区主要包括境内西部房山区、门头沟区、昌平区以及东北部平谷区、顺义区、密云区的部分地区；城外山区主要包括房山区、门头沟区、昌平区、延庆区、怀柔区以及密云区。境内五大流域分布较均衡，大清河流域与永定河流域以城外山区为主少部分地区为城外半山区；潮白河流域呈从城外山区向城外半山区再向主城平原区过渡状态；北运河流域以主城平原区为主，流域内部分地区为城外半山区与城外山区，蓟运河流域以城外山区与城外半山区交叉分布为主。

2.4 合理性检验

研究拟利用SPSS软件通过单因素方差分析法[14]验证水文分区方案的合理性，即通过北京市FVC（植被覆盖度）、最大高程差、平均坡度、径流深以及北京市多年平均降雨量进行北京市3个水文分区之间的显著性差异检验，检验结果见表4～表8。

表4 水文分区FVC（植被覆盖度）差异性分析

项目	平方和	自由度	均方	F	显著性
组间	19.318	2	9.659	1492.682	0
组内	7.001	1082	0.006		
总计	26.319	1084			

表 5　水文分区最大高程差差异性分析

项目	平方和	自由度	均方	F	显著性
组间	109144891.9	2	54572446	1295.476	0
组内	45579701.37	1082	42125.42		
总计	154724593.3	1084			

表 6　水文分区平均坡度差异性分析

项目	平方和	自由度	均方	F	显著性
组间	44213.349	2	22106.68	1887.117	0
组内	12675.113	1082	11.715		
总计	56888.462	1084			

表 7　水文分区径流深差异性分析

项目	平方和	自由度	均方	F	显著性
组间	490319.4	2	245159.7	149.812	0
组内	1770635	1082	1636.446		
总计	2260954	1084			

表 8　水文分区多年平均降雨量差异性分析

项目	平方和	自由度	均方	F	显著性
组间	185547.4	2	92773.69	42.818	0
组内	2344361	1082	2166.692		
总计	2529908	1084			

由上述方差分析可知，上述五个特征因子指标的显著性 $p=0<0.5$，因此可以认为不同水文分区之间的均值具有显著性差异，本研究所采用的 K-means 空间聚类方法所得到的水文分区较为合理。

2.5　水文分区特征与站网规划建议

（1）主城平原区主要分布于北京市西南部，该区域以平原地区为主，分区内植被大多为草地，部分地区分布林地与园地，年降雨量自西南向东北增多在 418.3～575.4mm 之间，径流深在 18.3～118.4mm 之间，平均坡度在 0.18%～4.38% 之间，土壤含沙率在 0.65～0.93 之间。

（2）城外半山区分布于主城平原区与城外山区之间，该分区地势呈由平原向山区过度趋势，植被类型以草地、林地、园地混合分布为主，多年平均降雨 522.3～575.4mm 之间，径流深多数在 18.3～162.1mm 之间，少部分在 162.1～270.6mm 之间，平均坡度在 0.18%～10.96% 之间，土壤含沙率在 0.36～0.93 之间。

（3）城外山区分布于北京市东南部至西北部，该分区以山地为主，分区内植被类型以林地为主，部分区域分布园地，多年平均年降雨量在 418.3～674.3mm 之间，径流深在

18.3～270.6mm 之间，平均坡度在 10.96%～24.97% 之间，土壤含沙率在 0.65～0.93 之间。

（4）对比分析水文分区与北京市境内水文站分布情况可知，水文站整体布设较为合理，各水文站布设均考虑到了北京市境内河流分布情况，但在水文分区中呈从城外山区向主城平原区减少趋势，水文站点多数布设于城外山区，各水文分区内分布站点数量分布不均，主城平原区应在现在水文站布设基础上适量增加区域水文代表站。

3 结论和讨论

本研究通过对影响水文分区的各种因素资料中选取出 FVC（植被覆盖度）、草地比例、林地比例、园林比例、土壤含沙率、平均坡度、最大高程差、坡度小于1%面积比例、径流深以及多年平均年降雨量共计 10 个水文分区指标采用主成分分析法以及 K-means 聚类分析将北京市划分为 3 个水文分区，分别为 Ⅰ . 主城平原区、Ⅱ . 城外半山区、Ⅲ . 城外山区。

参考文献

[1] 冯平，魏兆珍，李建柱. 基于下垫面遥感资料的海河流域水文类型分区划分 [J]. 自然资源学报，2013，28（8）：1350-1360.
[2] 凌旋，徐洁. 重庆市水文分区研究 [J]. 长江技术经济，2021，5（5）：21-25.
[3] 林蔚. 汀江上游流域生态水文分区研究 [J]. 水土保持研究，2017，24（5）：227-232.
[4] 陈旭，韩瑞光. 基于水文分区的海河流域洪水演变影响因素分析 [J]. 中国农村水利水电，2021（11）：69-77.
[5] 刘可新，包为民，阙家骏，等. 基于主成分分析的K均值聚类法在洪水预报中的应用 [J]. 武汉大学学报（工学版），2015，48（4）：447-450.
[6] 丁亚明，赵燕平，张志红，等. 基于主成分分析和模糊聚类的水文分区 [J]. 合肥工业大学学报（自然科学版），2009，32（6）：796-801.
[7] 姬海娟，刘金涛，李瑶，等. 雅鲁藏布江流域水文分区研究 [J]. 水文，2018，38（2）：35-40.
[8] 北京市水务局. 北京市水文手册（洪水篇）[M]. 北京：2005.
[9] 张静怡，何惠，陆桂华. 水文区划问题研究 [J]. 水利水电技术，2006（1）：48-52.
[10] 魏兆珍，李建柱，冯平，等. 土地利用变化及流域尺度大小对水文类型分区的影响 [J]. 自然资源学报，2014，29（7）：1116-1126.
[11] 张国栋，樊东方，李其江，等. 基于主成分聚类分析的青海省水文分区研究 [J]. 人民黄河，2018，40（12）：33-38.
[12] Page R M, Lischeid G, Epting J, et al. Principal component analysis of time series for identifying indicator variables for riverine groundwater extraction management [J]. Journal of Hydrology, 2012, 432/433: 137-144.
[13] 丁亚明. 模糊聚类研究及其在水文分区中的应用 [D]. 合肥：合肥工业大学，2007.
[14] 邹祎. SPSS软件单因素方差分析的应用 [J]. 价值工程，2016，35（34）：219-222.

基于 InfoWorks ICM 模型的北京市西城区排涝能力分析研究

周 星[1,2] 李永坤[1,2] 曹松涛[3]

(1. 北京市水科学技术研究院，北京 100048；2. 北京市非常规水资源开发利用与节水工程技术研究中心，北京 100048；3. 北京市西城区水务局，北京 100048)

【摘要】 为评估北京市西城区行洪排涝能力，本文基于 InfoWorks ICM 软件构建了北京市西城区精细化防洪排涝模型，对不同降雨历时、不同雨型的设计降雨情景下研究区域的管道排水能力、河道行洪能力进行模拟，诊断现状行洪排涝隐患，并分析内涝原因。模拟结果表明西城区管网不足1年一遇的管线长度比例为41%，排水能力较差；西护城河下游100年一遇最高水位距河岸约0.681m；北护城河上游100年一遇最高水位距河岸约0.6m；存在一定程度的超高不足情况，评估结果可为下一步管道提标改造提供判断依据，同时也为城市内涝灾害紧急预警方案的编制及智慧水务平台的搭建提供参考。

【关键词】 InfoWorks ICM；水文水动力模型；排涝能力；西城区；已建老旧小区

Analysis and research on the drainage capacity of Xicheng District in Beijing based on infoWorks ICM model

ZHOU Xing[1,2] LI Yongkun[1,2] CAO Songtao[3]

(1. Beijing Hydyaulic Research Institute, Beijing 100048; 2. Beijing Unconentional Water Resources and Water Saving Engineering TechnologyResearch Center, Beijing 100048; 3. Xicheng District Water Affairs Bureau of Beijing Municipality, Beijing 100006)

【Abstract】 In order to evaluate the flood discharge and drainage capacity of Xicheng District, Beijing, a refined flood control and drainage model was constructed based on InfoWorks ICM software. The model simulates the pipeline drainage capacity and river flood discharge capacity of the study area under different rainfall durations and design rainfall scenarios, diagnoses the current flood discharge and drainage hazards, and analyzes the causes of waterlogging. The simulation results show that the proportion of pipeline lengths with less than a one-year return period in the Xicheng District pipeline network is 41%, and the drainage capacity is poor; The highest water level in the lower reaches of the West Moat with a 100 year return period is approximately 0.681m away from the riverbank; The highest water level in the upper reaches of the North moat with a 100 year return period is about 0.6m away from the riverbank; There is a certain degree of insufficient superelevation, and the evaluation results can provide a judgment basis for the next step of pipeline upgrading and renovation, as well as reference for the preparation of emergency warning plans for urban waterlogging disasters and the construction of smart water management platforms.

【Key words】 InfoWorks ICM; Hydrological and hydrodynamic models; Drainage capacity; Xicheng district; Established old residential area

城市的快速发展使城市不透水面积增加，改变了自然水循环过程，导致降雨过程中洪峰提前，径流量增加，引发内涝洪灾等一系列城市水问题[1,2]。北京市作为典型北方城市，受极端降雨影响因子及高强度城市建设影响，城市内涝问题日益严重，经统计"2012-07-21""2016-07-20""2018-07-16""2020-08-12"北京中心城区积滞水风险点深度超过27cm点位分别为48处、24处、19处和43处，共有21处积滞水点连续发生过2次及以上积水内涝[3]，已建老旧小区管网改造困难，积水现象更为严重。针对老旧小区防洪排涝隐患分析，数学模型已经成为识别风险区域的有效方法[4]，徐袈檬等[5] 从利用数学模型从地块功能尺度判断老旧城区管网排水能力，韩闪闪等[6] 以北京市某公交场站为例，采用数学模型法，对项目建设前后的内涝风险进行模拟评估并结合模拟结果提出不同的内涝防治策略。目前常用的城市雨洪模型有 InfoWorks ICM、SWMM、MIKE 等[7-10]，其中 InfoWorks ICM 实现了一维管网二维地表漫流及河道水力模型的模拟和交互耦合能较为真实地模拟排水管网系统与地表受纳水体之间的相互作用，且具有强大的前后处理能力，已广泛应用于城市排水系统现状评估[11]。

本研究以西城区为研究对象，利用 InfoWorks ICM 对不同降雨历时、不同雨型的设计降雨情景下研究区域的管道排水能力、河道行洪能力进行模拟，诊断现状行洪排涝隐患，并分析内涝原因，为西城区内涝风险预判与防控和应急响应提供科学支撑，为西城区实现网格化内涝灾害风险管理和规划奠定了基础。

1 研究区概况

本文选取北京市西城区为研究区域，西城区地处北京市中心城区的西部，北纬39°52′02″~39°58′23″，东经116°18′54″~116°23′59″，属于首都功能核心区。全区面积50.7km²，为典型的暖温带半湿润半干旱季风气候。降水集中且强度大，主要集中在7月、8两月，西城全区多年平均（1956—2017年）年降水量为575.0mm，1981—2017年平均年降水量为545.6mm，2001—2017年平均年降水量为530.6mm，平均年降水量呈现减少的趋势。降水年际变化较大，年最大降水量为1212.6mm（1959年），年最小降水量为304.8mm（1999年）。降水年内分配不均，汛期降水量约占全年降水量的80%左右。西城区1956—2017年62年逐年降水量如图1所示。2016年"7·20"历史罕见的特大暴雨，最大的陶然亭地区降雨量达 570.7mm，最小的西长街地区降雨量为 471.3mm。

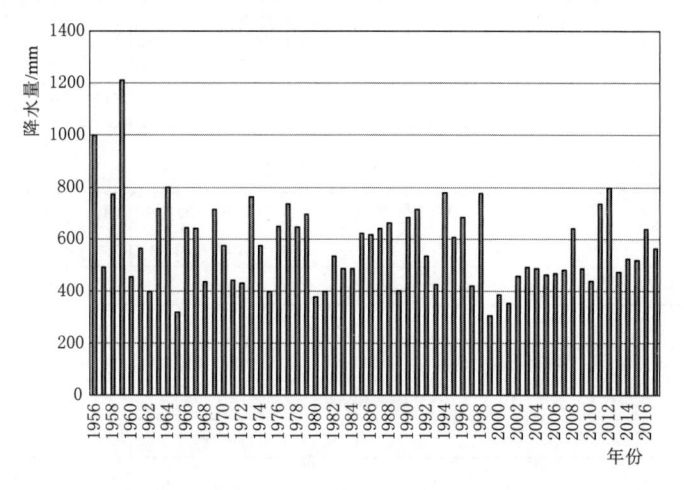

图 1　西城区 1956—2017 年逐年降水量图

西城区目前的排水体制主要为合流制排水系统，60%以上的区域位于旧城，20%以上的区域位于历史文化保护区，市政基础设施改善局限性大，城区内建筑密集，老旧小区与四合院建设错综复杂，排水管线建设时间较早、设计标准较低，相对应的管线布设也极为复杂。研究区域高度城市化，不透水下垫面比例为 62%。

2　模型概况

2.1　模型构建情况

模型构建涉及的基础资料见表 1 和表 2，西城区是典型的已建区，主要下垫面类型在模型中概化分为屋面、道路、绿地、水域、其他（包括裸土、待开发或在开发建设用地）五类，土壤受人类活动影响较大，相比于天然土壤容重较大，并且渗透性能较差。按《城镇雨水系统规划设计暴雨径流计算标准》(DB11/T 969—2016) 的推荐值，绿地稳定入渗率取值为 12.7mm/h，初始入渗率为 200mm/h，衰减系数为 2；其他稳定入渗率取值为 6.3mm/h，初始入渗率为 125mm/h，衰减系数为 2。同时，在产流模型中需要对地表初损值和地表曼宁系数等参数也依据《城镇雨水系统规划设计暴雨径流计算标准》(DB11/T 969—2016) 的推荐值进行设定。

表 1　　　　　　　　　　数　据　资　料　及　来　源

分类名称	数据时效性/年	数据内容	数据精度
基础地理信息	2010	全市地类斑块	矢量数据，1∶10000
	2011	基础地形	栅格数据，1∶2000
	2011	DEM 数据	栅格数据，1m 分辨率
	2013	航空影像图	栅格数据，0.5m 分辨率

续表

分类名称	数据时效性/年	数据内容	数据精度
排水设施信息	2018	排水管线	矢量数据，652.5km
	2018	节点	矢量数据，19938个

表2　　　　　　　　　　　研究区产流参数

产流表面	径流量类型	固定径流系数	初期损失值/m	Horton初渗率/(mm/h)	Horton稳渗率/(mm/h)	Horton衰减率/(1/h)
屋顶	Fixed	0.8	0.001	—	—	—
道路	Fixed	0.85	0.002	—	—	—
绿地	Horton	—	0.005	200	12.7	2
其他	Horton	—	0.005	125	6.3	2
水域	Fixed	0	—	—	—	—

本规划模型中共概化节点19938个，管线20058条，管线总长652.5km，其中雨水管线239.3km、雨污合流126.1km、污水管线287.2km，管径介于0.3～5.6m之间。以雨水、雨污合流检查井为子集水区泰森多边形的划分依据点，在120个排水分区的基础上，共划分子集水区11854个。子集水区划分后对集水区内屋面、道路、绿地、水域、其他五类不同土地利用类型的面积比例进行定量计算，基于GIS空间分析工具提取每个子集水区下垫面面积，以真实反映每个子集水区的下垫面降雨入渗产流条件。

2.2　参数率定

基于所建立的排水系统管网模型，对区域在不同降雨强度下的运行情况进行模拟。根据模拟结果可知，在2年一遇时，有25.13%的节点存在积水现象，存在积水情况的节点中有44.14%的节点积水深度超过0.15m，积水点统计情况与现状基础数据情况一致。同时，实测河道水位数据与模拟结果吻合较好，说明模型具有一定可靠性，能较为准确地对该区域的排水系统进行评估。

2.3　降雨过程设计

2.3.1　短历时设计降雨

短历时暴雨采用北京地方标准《城镇雨水系统规划设计暴雨径流计算标准》（DB11/T 969—2016）的暴雨强度公式计算：

$$q=\frac{591(1+0.893\lg P)}{(t+1.859)^{0.436}}, 1\min \leqslant t \leqslant 5\min \tag{1}$$

$$q=\frac{1602(1+1.037\lg P)}{(t+11.593)^{0.681}}, 5\min < t \leqslant 1440\min \tag{2}$$

式中　q——设计暴雨强度；

　　　t——设计降雨历时；

　　　P——设计重现期。

依据我国《给水排水设计手册》推荐使用的芝加哥雨型进行降雨历时为1h的降雨过

程时程分配，得出设计重现期1年一遇、3年一遇、5年一遇、10年一遇，降雨历时1h的设计降雨过程。不同重现期设计降雨过程如图2所示。

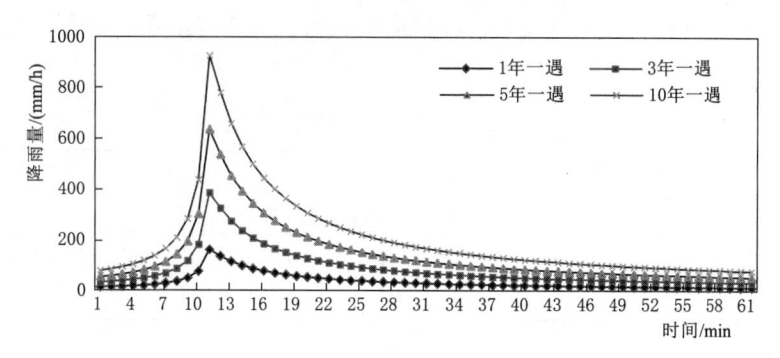

图2 不同重现期设计降雨过程

2.3.2 长历时设计降雨

长历时设计降雨采用24h暴雨，根据《北京市水文手册——暴雨图集》，计算推求西城区不同频率的设计暴雨。其中5年一遇24h暴雨量为151mm，10年一遇24h暴雨量为209mm，20年一遇24h暴雨量为265mm，50年一遇24h暴雨量为340mm，100年一遇24h暴雨量为410mm。在24h暴雨总量的基础上进行细化，得到5min间隔的降雨过程。设计雨型主要依据《城镇雨水系统规划设计暴雨径流计算标准》（DB11/T 969—2016）中的24h每5min雨型分配表。10年一遇、20年一遇、50年一遇和100年一遇24h暴雨过程如图3所示。

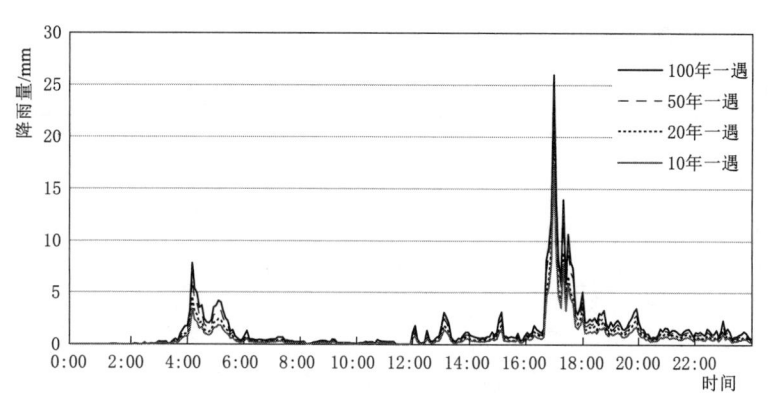

图3 10年一遇、20年一遇、50年一遇和100年一遇24h暴雨过程

3 结果分析

3.1 管网能力评估

3.1.1 雨水管网排水能力评价标准

采用负荷度来表示评估管网的超负荷状况，管道的负荷度是指管道内水流的充满度，选取3个负荷状态阈值（0.5、1、2），其表示的含义见表3。基于西城区排水管网模

型的降雨产汇流模拟结果,可得到每条管线在汇流过程中最大的负荷度,通过统计1年、3年、5年、10年四种重现期降雨情景下每条管线的超负荷情况,计算得到每条管线的现状排水能力。城市排水管道负荷较大会造成排水不畅,下游管道超负荷会导致所连上游检查井积水,严重时会引发检查井积水溢流。

表3　管网负荷度取值释义

负荷度	是否超负荷	释　义	超负荷原因
0.5（<1）	否	管道内水深为管道深度的50%	—
1	是	水力坡度小于管道坡度	由于下游管道过流能力限制
2	是	水力坡度大于管道坡度	由于管道本身过流能力限制

3.1.2　管网排水能力评估结果

综合不同情景下的暴雨对管网负荷的模拟结果评估管网的排水能力,将各重现期降雨情境下管道负荷情况的分析、计算和汇总,得出每条排水管道的排水能力情况见表4,不足1年一遇的管线长度比例为41%,1~3年一遇、3~5年一遇、5~10年一遇、10年一遇的管线长度占比分别为6%、7%、9%、36%,大于10年一遇排水能力的管线多分布于区内的主干路上;对于随降雨重现期的增加、负荷度明显增加的超负荷管线,多集中分布于城市支路及主干管线的汇流支线处。大面积的超负荷管线分布于新街口街道、什刹海街道、西长安街街道、椿树街道、大栅栏街道,该区域多为合流制管线分布区域。此外,该区域四合院、北京胡同等传统的建筑和街道较为集中,商业区和住宅区建设年份较早,因此管道排水能力设计标准偏低也是此块区域管网负荷情况严重的一个重要原因。

表4　排水管网现状排水能力汇总表

管网标准	长度/m	比例/%	段数/段	比例/%
不足1年一遇	265097	41	8178	41
1~3年一遇	42265	6	1791	9
3~5年一遇	47556	7	1276	6
5~10年一遇	60856	9	1485	7
10年一遇	236727	36	7328	37
合计	652501	100	20058	100

3.2　河道防洪能力评估

将重现期分别为10年一遇、20年一遇、50年一遇、100年一遇的24h的降雨过程作为精细化洪涝模型的输入,分析模拟水位与设计水位、校核水位、河岸堤防高程的关系,逐段分析河道的过流能力,为西城区范围内河道洪涝险情直观量化分析和防汛抢险人力、物力资源部署提供依据。

提取不同模拟结果下的转河、南长河、凉水河、通惠河、西护城河、北护城河河道纵断面的最大水位与左岸高程、右岸高程信息,分析三者的关系,在敞泄条件下,10年一遇、

20年一遇、50年一遇、100年一遇洪水最高水位均不会超过左岸和右岸堤防高程，如图4～图9所示。

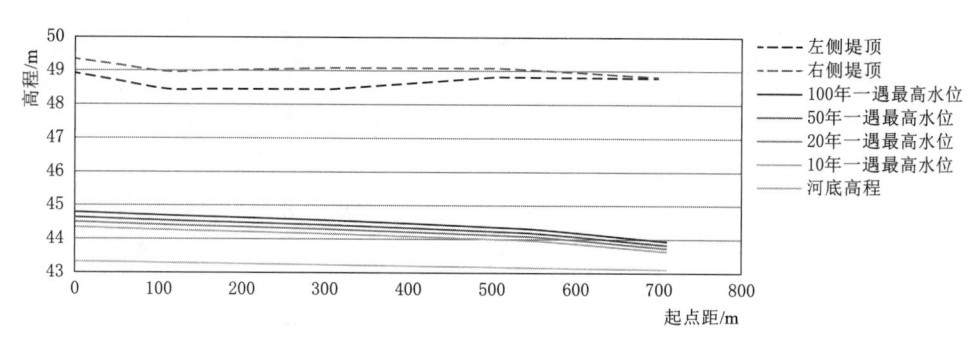

图4 转河河段不同降雨过程最高水位水面线

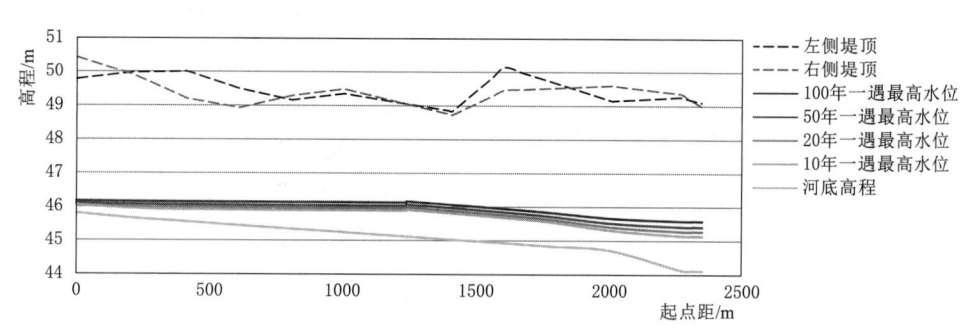

图5 南长河河段不同降雨过程最高水位水面线

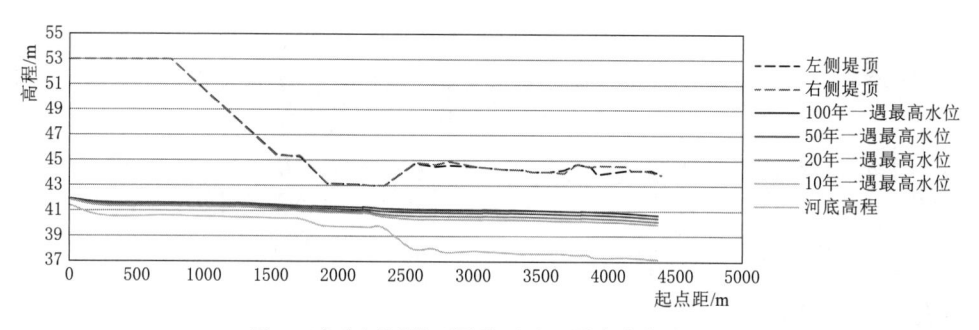

图6 凉水河河段不同降雨过程最高水位水面线

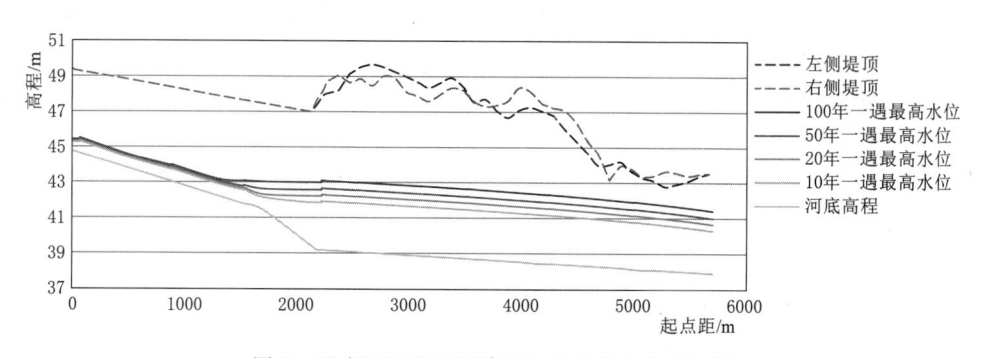

图7 通惠河河段不同降雨过程最高水位水面线

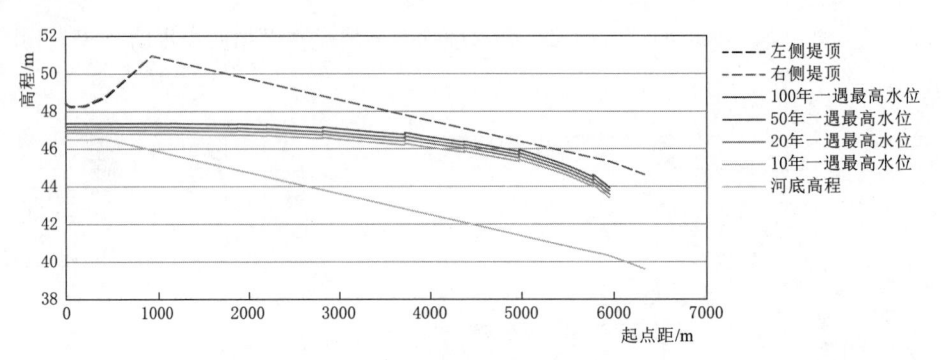

图 8 西护城河不同降雨过程最高水位水面线

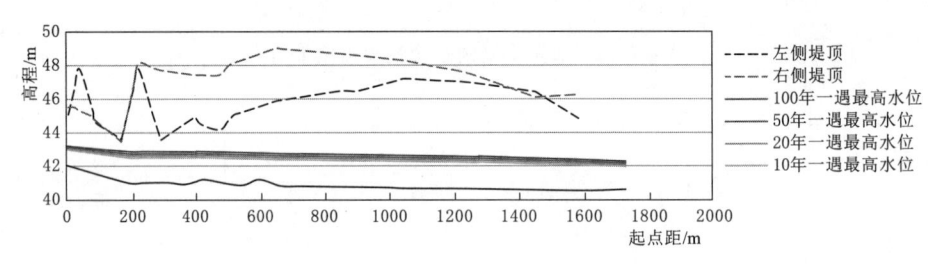

图 9 北护城河不同降雨过程最高水位水面线

承担行洪任务的城市主干河道现状排水标准为 20~100 年一遇；对比河道沿线最高水位模拟结果与河岸、堤防的关系，可得出各河段的行洪能力：

（1）西城区范围内河道抵御暴雨洪水能力较强，现状河道行洪能力满足 100 年一遇校核标准。

（2）发生 100 年一遇洪水时，西护城河下游 100 年一遇最高水位距河岸约 0.681m；北护城河上游 100 年一遇最高水位距河岸约 0.6m；存在一定程度的超高不足情况，极端情况下，容易发生漫溢，建议为防洪重点保护区域。

（3）城市河道沿线道路两岸建有多处下拉槽、观景平台等防汛薄弱点，同时河流沿线道路交通繁忙，人员、车流量较大，一旦发生险情社会影响较大；此外，部分地区河道排水和管网排水过程不能有效衔接，容易诱发周边低洼道路积水问题。

3.3 积水内涝分析

通过 24h 长历时暴雨过程内涝积水的模拟结果表明，随着暴雨重现期由 10a 提高到 100a，积水点最大积水深度从 1.36m 增加到 1.45m，内涝积水量从 36.1 万 m³ 增加到 76.5 万 m³。积水情况见表 5。

表 5　　积水情况

暴雨重现期/a	最大积水深度/m	积水量/万 m³
10	1.54	36.1
20	1.67	45.3
50	1.69	67.8
100	1.71	76.5

3.4 主要因素分析

(1) 管网设计标准低。由于西城区为北京市中心城区的老城区，管网规划设计和建设时间较早，管网设计标准相对较低，此外，老城区的雨水排水管网多以合流制为主，降雨过程中污水占据一定管网排水过流的体积，雨水排放受阻，因此合流制的排水系统也是造成排水能力不达标的重要原因。

(2) 局部管网结构缺陷问题。在现状管网负荷情况评估结果中，在不同重现期降雨情景下有24%～32%长度比例的管线负荷度为1，即此部分管线超负荷的原因是由于下游管道过流能力的限制而超负荷，除上游节点收纳的地表径流量体积或峰值较大的因素之外，排水管径较小、管线坡度较小或负坡现象也是该现象的原因之一。

(3) 不透水下垫面比例较大。由于西城区高度城市化，建筑物密集，下垫面比例较大。新街口街道、大栅栏街道、椿树街道、广内街道等区域，不透水比例较高，此区域的管网排水能力普遍在1年一遇以下。与之相反，天桥街道、陶然亭街道有大块的绿地面积，陶然亭湖公园的水域和绿地对其所在的排水分区的地表径流具有极大的消纳滞蓄作用，同时因地面曼宁系数较大，降低地表径流汇流速度，有利于削峰滞峰。

(4) 河水水位顶托及河水倒灌。由于西城区地势相对平坦，管网设计较早，未充分考虑竖向设计，且研究区内河道多为早期人工沟渠或盖板河，因此管线市政排口的底高程较低、河道断面面积较小等因素是导致在暴雨情景下河道水位顶托市政管线排口甚至引起河水倒灌的一个重要原因。

3.5 防洪排涝隐患分析

根据西城区洪涝灾害的特点，区内主要的防洪排涝隐患为危旧房屋、积水点、危险树木、拆迁区、建筑工程、地下空间。结合数字模型模拟结果以及实际调研结果，防洪排涝隐患主要集中于老旧平房区、老旧楼房区、棚户区及混合区。分布区域为：①新街口、什刹海、大栅栏、广内、展览路、月坛、椿树、德胜等街道；②天桥街道永安路以北、两广路以南、虎坊桥以东、前门大街以西区域；③其他街道的文保区、拆迁问题区域等。

4 结论

(1) 对西城区652.5km的管网进行了模型概化，基于设计的1年一遇、3年一遇、5年一遇、10年一遇短历时降雨过程分析管网的实际负荷情况，评估管网实际排水能力。评估结果不足1年一遇的管线长度比例为41%，1～3年一遇、3～5年一遇、5～10年一遇、10年一遇的管线长度占比分别为6%、7%、9%、36%。

(2) 将重现期分别为10年、20年、50年、100年的24h的降雨过程作为精细化洪涝模型的输入，分析模拟水位与设计水位、校核水位、河岸堤防高程的关系，逐段分析河道的过流能力，西城区范围内河道抵御暴雨洪水能力较强，现状河道行洪能力满足100年一遇校核标准。

(3) 通过24h长历时暴雨过程内涝积水的模拟结果表明，随着暴雨重现期由10年一遇提高到 100 年一遇，积水点最大积水深度从 1.36m 增加到 1.45m，内涝积水量从 36.1 万 m³ 增加到 76.5 万 m³。

（4）结合数学模型模拟结果以及实际调研结果，明确西城区防洪排涝隐患主要集中于老旧平房区、老旧楼房区、棚户区及混合区。

参考文献

[1] 叶超凡，张一驰，程维明，等. 北京市区快速城市化进程中的内涝现状及成因分析 [J]. 中国防汛抗旱，2018，28 (2)：19-25.

[2] 陈建刚，张书函，王海潮，等. 北京城区内涝积滞水成因分析与对策建议 [J]. 水利水电技术，2015，46 (6)：34-36.

[3] 赵小伟，李永坤，张岑，等. 基于中长期降雨预测的北京市城区洪涝风险分析 [J]. 中国防汛抗旱，2021，31 (7)：1-6.

[4] 田鹏飞. 基于情景的上海城区暴雨内涝模拟及对道路和地铁的影响分析 [D]. 上海师范大学，2018.

[5] 徐絜檬，潘兴瑶，李永坤，等. 已建区排水管网评估及多尺度分区改造策略 [J]. 南水北调与水利科技，2019，17 (2)：123-131+139.

[6] 韩闪闪，王艳阳，王乾勋，等. 对城市老城区防洪排涝系统升级改造的思考 [J]. 中国防汛抗旱，2019，29 (6)：23-28.

[7] 宋瑞宁，任梦瑶，刘强，等. 基于 InfoWorks ICM 模型的内涝预警降雨量阈值研究 [J]. 水电能源科学，2021，39 (2)：5-8+73.

[8] 何黎. 基于 InfoWorks ICM-2D 耦合模型的上海某片区排水系统排水能力分析 [J]. 中国市政工程，2021 (4)：36-40+107.

[9] 徐俊. 基于 SWMM 的区域防洪排涝设施布局优化模型构建 [J]. 水利科技与经济，2023，29 (3)：131-134+138.

[10] 于磊，黄瑞晶，李宝，等. 基于层次分析法的北京城市副中心内涝风险评估 [J]. 北京师范大学学报（自然科学版），2022，58 (1)：62-69.

[11] 吴彦成，丁祥，杨利伟，等. 基于 InfoWorks ICM 模型的陕西省咸阳市排水系统能力及内涝风险评估 [J]. 地球科学与环境学报，2020，42 (4)：552-559.

特大城市外洪内涝综合防控关键技术需求与研究展望

陈建刚[1]　郑凡东[1]　徐宗学[2]　庞博[2]　刘舒[3]

（1. 北京市水科学技术研究院，北京　100048；2. 北京师范大学水科学研究院，北京　100875；3. 中国水利水电科学研究院，北京　100038）

【摘要】 本文针对郑州"7·20"暴雨灾害暴露出特大城市在防洪减灾中存在联防联控脱节、监测预警失灵、缺乏重大外洪内涝链生灾害耦合推演技术和动态风险评估技术等问题，开展监测预警能力、灾害推演评估能力和联防联控能力提升关键技术研究，构建特大城市外洪内涝灾害链联防联控技术体系，在监测感知、机理模型、预警发布、模拟推演以及联防联控方面形成突破性成果，以期全面提升我国特大城市外洪内涝防控能力。

【关键词】 城市内涝；洪水；综合防控；关键技术需求；研究展望；特大城市

Key technical demand and research prospect of comprehensive prevention and control technology of flood and waterlogging disasters chain in megacities

CHEN Jiangang[1]　ZHENG Fandong[1]　XU Zongxue[2]　Pang Bo[2]　LIU Shu[3]

(1. Beijing Water Science and Technology Institute, Beijing　100048; 2. Institute of Water Sciences, Beijing Normal University, Beijing　100875; 3. China Institute of Water Resources and Hydropower Research, Beijing　100038)

【Abstract】 Aiming at the "7·20" rainstorm disaster in Zhengzhou, which exposed the disconnection of joint prevention and control, the failure of monitoring and early warning, and the lack of coupling deduction technology and dynamic risk assessment technology of major flood and waterlogging chain disasters in megacities, research on key technologies for monitoring and early warning capabilities, disaster deduction and evaluation capabilities and joint prevention and control capabilities was carried out, and a joint prevention and control technology system for flood and waterlogging disasters in megacities was constructed, and breakthrough results were formed in moni-

---

资助项目：北京市科委重点研发课题——北京城市洪涝淹水实时预测预警关键技术研究与示范（Z201100008220005）。

toring perception, mechanism model, early warning release, simulation deduction, and joint prevention and control. Comprehensively improve the prevention and control capacity of flooding and waterlogging in China's megacities.

【Key words】 Urban waterlogging; Comprehensive prevention and control; Key technical demand; Research prospects; Megacities

1 背景

随着社会经济的发展，我国城市化进程不断加快，城市雨岛效应明显，暴雨中心向高度城镇化地区转移，局地强降雨发生频次增加，城市暴雨引发的洪涝灾害已成为制约城市高质量发展的突出问题。与自然流域产汇流过程相比，城市流域洪涝过程具有高度复杂性、不可预知性，综合防治具有很强的挑战性。例如2021年7月17—23日，郑州市发生特大暴雨，过程面雨量达到534mm，最大小时降雨量达到201.9mm，突破历史极值，造成积水内涝、河道漫溢、地铁进水、地面交通中断、通信和电力设施瘫痪等一系列灾害，死亡失踪380人，直接经济损失409亿元[1]。根据全国洪涝灾害损失资料统计，2001—2020年我国发生洪涝的城市遍及全国31个省（自治区、直辖市），年均约160座以上城市发生洪涝灾害，受灾人口超过1亿人次，直接经济损失超过1678.6亿元[2-3]。特别是对于我国特大城市，城市人口与财富集中、产业高度聚集、交通道路互联互通，城市外洪内涝灾害呈现出爆发性、连锁性、灾难性的特点，对特大城市防灾减灾能力提出了更高要求，也给特大城市外洪内涝灾害预警及防控带来了新的挑战。国内外学者从规划空间管控、海绵城市建设、韧性能力提升、风险管理、应急处置等多个维度提出了洪涝灾害的应对措施和解决思路[4-9]。2021年国务院办公厅印发的《关于加强城市内涝治理的实施意见》中明确提出要"用统筹的方式、系统的方法解决城市内涝问题"，明确指出要加强城市外洪与内涝统筹体系建设，为"十四五"期间城市内涝治理指明了具体方向。

2 关键技术需求

以郑州"7·20"等为代表的暴雨灾害充分暴露出城市防洪排涝监测预警失灵、联防联控脱节以及缺乏推演与动态风险评估等技术短板。因此，亟须在监测预警能力、灾害推演评估能力和联防联控能力上进行突破，以全面提升特大城市洪涝灾害防控能力为目标，在特大城市外洪内涝链生灾害动力学机制解析的基础上，对"监测感知-机理模拟-预警发布-推演预测-联防联控"等灾害防控全过程进行集成创新，研发链生灾害一体化协同监测与早期风险感知技术，开发面向"气象-水文-水动力-社会"链生灾害动力学模型，研发链生灾害智能预警与定向发布技术，建立联合防控场景推演与趋势预测平台，构建联防联控应急指挥决策智能化系统，形成特大城市外洪内涝链生灾害联防联控技术体系（图1），支撑我国城市的可持续发展。

2.1 流域-城市耦合系统外洪内涝一体化协同监测与早期风险感知技术研究

外洪内涝灾害实时监测预警是防灾减灾决策的依据，提高洪涝灾害监测与预警的时效

特大城市外洪内涝综合防控关键技术需求与研究展望

问题需求	技术体系	关键技术

关键技术栏内容：

全过程监测 / 全天候保障 / 关键环节全量程
- 天-空-地一体化监测
- 云边端协同监测
- 局地监测微系统构建
- 动态承灾体监测解析
- 风光互补技术
- 微波链测雨技术
- 生命线状态监测技术
- 多网融合技术
- 监控机器视觉技术

早期感知
- 多模式集合预报
- 降水产品后处理
- 雷达回波外推
- 多源产品融合

↓ 数据基础

模型构建 / 机理辨析
- 耦合城市冠层的城市气象模拟模型
- 链生灾害动力学机制
- 流域-城市跨尺度分布式水文模型
- 外洪内涝链生灾害动力学模型
- 多层立本化城市洪涝演进模型
- 外洪内涝灾害形成机制
- 城市承载体动态脆性模拟模型

↓ 模型基础

承灾体特性 / 风险评估技术 / 定向发布技术
- 生命线灾损逻辑链构建
- 洪涝情景库构建
- 人员移动轨迹识别
- 生命线预警指标体系
- 综合风险动态评估
- 多渠道定向发布
- 三维承载体脆弱性曲线
- 深度学习方法
- 预警电子围栏设定

↓ 技术支撑

- 大尺度精细场景
- 特大城市三维承载体数字孪生底座
- 动态数据接入

趋势分析 / 场景推演
- 多源数据时空尺度标准化技术
- 断链减灾措施交互式设定
- 链生灾害动力学模型嵌套技术
- 典型灾害场景库构建
- 灾害演化过程动态表达技术
- 断链减灾方案分级综合评价

↓ 决策依据

- 风险规避路径优化技术
- 防控资源博弈技术
- 联防联控策略智能决策

应急预案 / 联防联控应急指挥决策智能化系统 / 风险图
- 灾害情景推演与集成分析
- 基于情景分析的风险评估
- 职责清单与合作机制辨识
- 生命线和重要承灾体标识
- 应急预案编制与技术标准
- 灾害链风险图编制技术标准

问题需求栏：
1. 监测预警失灵
2. 重大外洪内涝链生灾害机理不明
3. 缺乏重大外洪内涝链生灾害风险评估与预警信息定向发布技术
4. 缺乏重大外洪内涝链生灾害耦合推演技术
5. 面向特大暴雨灾害暴露出的特大城市联防联控脱节

技术体系栏：
1. 流域-城市耦合系统外洪内涝一体化协同监测与早期风险感知技术
2. 流域-城市耦合系统外洪内涝链生灾害演化机理与动力学模型
3. 特大城市外洪内涝链生灾害智能预警与定向发布技术
4. 流域洪水与城市内涝联合防控场景推演与趋势预测平台
5. 外洪内涝灾害链风险规避与联防联控应急指挥决策智能化系统

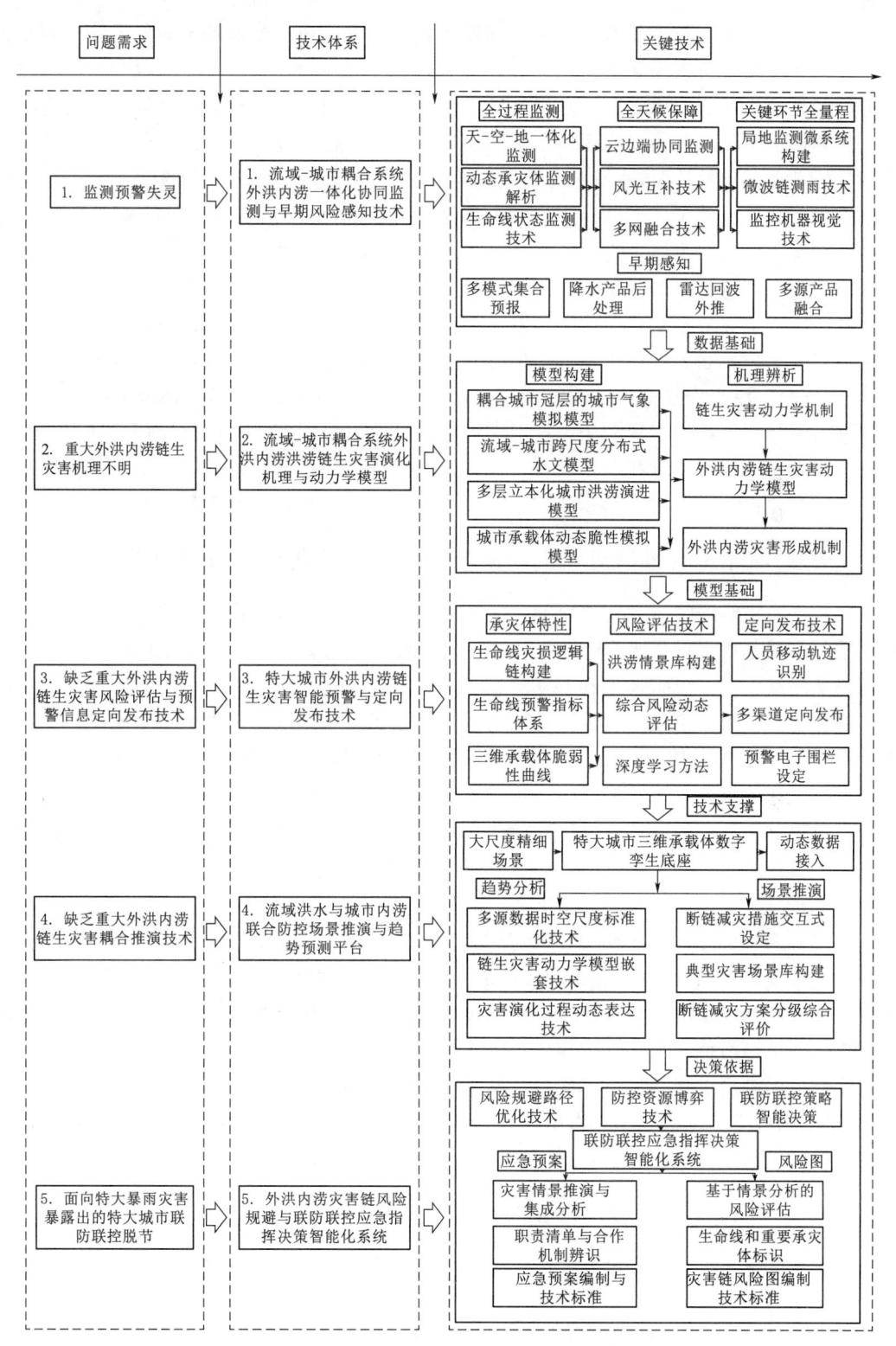

图 1　特大城市外洪内涝链生灾害联防联控技术体系

317

性和精度是城市洪涝防治的迫切需求。随着大数据、人工智能技术的迅猛发展,为城市外洪内涝链生灾害风险感知和监测预警提供了新思路[10]。利用天空地网多源数据与大数据、人工智能技术的融合应用将进一步提升城市外洪内涝监测的时效性和准确性,也将进一步提升预警预报和灾情评估的可靠性。早期的城市洪涝预报研究大多使用实测降雨驱动洪涝模型,但是受到雨量计/雷达站点分布的影响,往往难以准确捕捉降水的时空分布,而且基于落地雨预报的预见期十分有限。城市洪涝信息数据量大,需要较高的传输速度,同时信息的传输还受到城市建筑物的阻挡和干扰,部分信息位于地下深处及管网水中,受极端天气影响,往往造成数据传输效果不佳。

针对全链条灾害早期感知能力提升需求,研究面向外洪内涝灾害链跨领域、多来源一体化协同监测技术和方法;研发流域信息全要素、全时空智能感知技术和关键设备,构建"空—天—地"洪涝灾害立体监测技术体系,形成早期风险感知技术;研究机器学习、知识图谱、图像识别等人工智能相关技术在洪涝灾害全过程识别中的广泛应用,开展极端天气下监测设备持续性保障技术,实现重点环节的精准全量程监测;研究短临雷达反推以及基于极端降雨预报不确定性的多模式集合预报等技术,进行特大城市暴雨的早期预报。

2.2 流域-城市耦合系统外洪内涝洪涝链生灾害演化机理与动力学模型

高精度城市洪涝模型和功能全面的城市洪涝模拟系统是城市洪涝预测预警和灾情全过程评估的重要基础。近年来 SWMM 模型、MIKE 系列模型、Infoworks ICM 模型等一批较为成熟的城市洪涝模拟模型在我国众多城市洪涝管理中得到应用[11]。我国城市洪涝模型研制和智能化模拟系统开发工作也取得了一些成果。中国水利水电科学研究院自主研发的城市洪水分析系统 IFMS Urban 耦合集成了一维管网模型和二维水动力学模型,具备模拟城市排水和地表洪水演进的能力;但特大城市三维承载体内的复杂水流运动以及其与地表漫流过程的交互仍是亟待解决的难题,深入探索地铁、地下商场等三维承载体水流过程及其与地表漫流过程的交互机制,将有助于规避郑州地铁、济南地下商场等类似重大灾害事件的再次发生。

针对特大城市外部洪水和城区内涝灾害同时、同频遭遇等现象,分析流域-城市洪涝灾害跨尺度形成和演化机理,分别建立城市气象模拟模型、跨尺度分布式多过程水文模型、多层立体化城市洪涝演进模型和承载体动态脆弱性模拟模型,通过尺度匹配和过程耦合,构建外洪内涝链生灾害动力学模型,实现地表建筑物、立交桥、下穿隧道、地下空间的精细化尺度洪涝过程的立体化模拟;基于 CPU-GPU 并行计算技术,研究满足实时计算的流域-城市耦合系统外洪内涝演进过程的数值模拟与仿真模型,在此基础上,识别灾害链关键传播路径和断链机制,提出灾害链的快速阻断方法。

2.3 城市外洪内涝链生灾害风险智能预警与定向发布技术研究

快速城市化与人口高密度化并行,作为承载体脆弱性特性之一的暴露度呈快速增长趋势。在以往有关承载体特征研究中,主要是通过构建评估框架和模型,采用不同评价方法从不同时空尺度进行承载体脆弱性相关研究,多采用静态分析的方法,难以反映承载体对灾害演化过程的动态响应[12]。链生灾害综合风险的动态评估,特别是耦合实时人车流信息及三维承载体特性的风险分级定量研究尚不充分，城市洪涝风险的分析评估研究多集中在洪涝自身的特征上，如水深、流速、地形、排水能力等，有些研究虽然考虑承灾体或社会经济因素，但仍处于静态特征表达的程度。国内一些城市通过构建外洪内涝的预报模型，把气象精准化预报跟阈值、风险评估结合起来，将生成的风险预警信息通过信息传播渠道发送给公众或相关机构，但多数预警信息发布处于盲目状态，过度消耗渠道资源以及公信度，暴露出对受众群体区分度不强，冗余信息过多等问题，现有方法仍难以实现对指定区域的受众群体实时地精准发布预警信息。

针对多种承灾体风险动态评估与预警发布能力提升需求，综合考虑承灾体脆弱性、洪涝模拟风险、实时雨水情信息以及不确定性等因素，研究基于不同尺度、不同类型组合的城市下垫面降雨径流关系，建立预报优化参数库；研究基于物理基础和数据驱动的洪涝快速建模技术；构建精准化的洪涝预警指标体系和阈值指标；耦合实时人口热力图、车流实况等社会经济信息，采用空间拓扑分析及缓冲区分析技术，形成预警区域电子围栏和围栏缓冲区；基于手机信令或应用软件等实时位置大数据，研究人员移动轨迹的自动匹配模型，实现预警范围和等级信息的动态分级和精准靶向发布，提高洪涝灾害预警的针对性和精准性。

2.4 流域洪水与城市内涝联合防控场景三维推演与趋势预测平台研究与开发

随着智慧城市和智慧流域的不断推进，数字孪生受到越来越多的关注。水利部明确提出要充分运用数字映射、数字孪生、仿真模拟等信息技术推进水利高质量发展；住房和城乡建设部联合工业和信息化部、中央网信办等部委加快城市信息模型（CIM）平台试点应用；自然资源部大力构建实景三维中国，明确实景三维中国建设任务和技术路线。特大城市外洪内涝承载体的"地表-地下"三维立体化特征[13]，对于洪涝模拟和灾害推演的精度和分辨率提出了更高的要求。但目前在城市洪涝数值模拟中仍存在着具体城市构筑物的刻画不够精细或完整、灾害动力学自然面与社会面未进行深度的有效的耦合。此外，从公开文献和行业经验看，现有洪涝灾害场景推演，仍然局限于洪水风险信息的模拟和表达，还缺乏对洪涝灾害链生系统的模拟预测，也缺乏对应急体系的连接与协同，因此，还远没有形成可覆盖城市外洪内涝全灾害链、支持全应急体系的联防联控综合应用推演平台。

针对跨尺度灾害链仿真预演预测能力提升需求，融合流域空间、气象、水文、工情、经济等多源信息，耦合水文、水力等专业数学模型，构建外洪内涝链生灾害时空动态数据底座以及孪生平台，在此基础上建立联防联控综合应用推演平台，实现数字流域的水流、信息流、业务流、价值流的全过程实时映射、同步仿真、迭代优化；开展基于气象预报的流域洪水与城市内涝联合防控趋势预测以及分散式蓄滞设施-泵站-厂-网-河-蓄滞洪区-水库（湖）等场景推演，以数字化、可视化手段支撑流域洪水与城市内涝联合防控等预测、预演。

2.5 城市外洪内涝灾害链风险规避与联防联控应急指挥决策智能化系统研究与开发

随着气候变化的加剧，和城市化进程的加快，以洪涝灾害为代表的气候灾害事件成为关注重点[14-15]。由于城市化水平不断提高、人口分布密度高、城市空间布局不合理、基础设施建设不配套、城市灾害风险管理体制未健全等原因，使得综合风险呈现出复杂性、连锁性和放大性等特点，亟须通过风险规避、联防联控等技术，提升城市应对外洪内涝灾害的韧性与能力。目前外洪内涝灾害链风险规避主要通过工程设防、雨洪调蓄、避难转移、监测预警、应急预案等措施[16]，联防联控主要通过部门协作、机制构建、法律保障等来实现。传统的灾害风险规避思路和联防联控机制已不能完全满足特大城市外洪内涝灾害风险综合防控的需求，主要表现在外洪内涝灾害链风险规避关键节点不清晰、风险规避技术体系不健全，联防联控制度化水平不高、框架标准化不够以及协作机制不健全，应急预案编制体系不完整，预案编制不灵活、操作性不强等问题。如何实现灾害链断链减灾，满足区域防灾减灾的需求，成为目前迫切需要解决的科学和技术问题。

针对极端暴雨洪涝应急管理联防联控智慧化决策能力提升需求，精准量化气候变化和城市化对洪涝风险的综合影响，研究灾害链风险规避路径优化方法；集成防控资源博弈、防控策略智能决策等功能，研发联防联控应急指挥决策智能化系统，提出适应防洪减灾联防联控系统化策略，探索避险扁平指挥和快速规避模式；通过典型灾害场景的推演，明晰灾害链防控的责任分工和协同机制；凝练形成应急预案和联防联控指南与标准；建立特大城市风险图编制技术标准体系，探索社会化防灾模式。

3 研究展望

在全球气候变化和城市化快速发展的共同影响下，水循环过程及其要素发生了剧烈变化，极端洪涝灾害呈现增多增强的趋势，"城市看海"近乎年年发生。特别是我国特大城市多滨水而建，人口产业聚集，外洪内涝灾害更趋链生性和传递性，危害更为巨大。围绕特大城市外洪内涝灾害链联防联控关键技术开展研究，在特大城市外洪内涝灾害链联防联控的关键科学问题和关键技术方面实现重大突破，为我国特大城市流域-城市洪涝灾害防控提供强有力的技术支撑。

（1）揭示特大城市外洪内涝灾害跨尺度形成与遭遇机制，针对平原型城市的洪水顶托漫溢与内涝排水相互叠加，山区型城市的山洪下泄和城市积涝相互叠加，沿海型城市的洪、涝、潮多碰头遭遇等不同的外洪内涝遭遇格局，识别外洪内涝灾害的驱动要素，辨析外洪内涝灾害的遭遇概率与组合机理，探索特大城市外洪内涝灾害的孕育、发生、演化、传播、影响的全过程动力学机制。

（2）通过研发三维承载体动态数字孪生底座，实现洪涝灾害链生过程的三维立体动态展示，解决特大城市复杂承载主体和城市生命线灾害动态响应特征的数字映射难题，基于多源数据标准化和断链减灾措施的交互式设定，嵌套链生灾害动力学模型，实现灾害链生过程的实时推演与预测。

（3）通过全链条监测感知、全渠道数据管理、全过程模型构建和全融合通信连接，形成系统化的灾害监测和早期感知能力、精准化的灾情预警和靶向发布能力、可视化的趋势研判与辅助决策能力、数字化的应急预案与行动部署能力、智能化的应急响应与指挥调度能力和扁平化的灾害处置与任务分发能力，形成集早期感知、精准预警、快速响应、处置有序的特大城市外洪内涝联防联控机制与技术体系。

（4）依托联防联控智能化指挥系统实现物理联动、通信联动、数据联动和业务联动的市、区、街道多层级，应急、水务、住建多部门联动指挥与扁平化指挥模式；建立统一指挥与分级响应相结合、专业处置与部门联动相结合，以及政府管理与社会参与相结合的特大城市外洪内涝联防联控应急管理机制。

参考文献

[1] 国务院调查组. 河南郑州"7·20"特大暴雨灾害调查报告 [R]. 2022.

[2] 水利部. 中国水旱灾害防御公报 [R]. 2020.

[3] 李莹, 赵珊珊. 2001—2020 年中国洪涝灾害损失与致灾危险性研究 [J]. 气候变化研究进展, 2022, 18 (2): 154-165.

[4] 王浩. 新形势下我国城市洪涝防治的几点认识 [J]. 中国防汛抗旱, 2019, 29 (8): 1-2.

[5] 谌舟颖, 孔锋. 河南郑州"7·20"特大暴雨洪涝灾害应急管理碎片化及综合治理研究 [J]. 水利水电技术（中英文）, 2022, 53 (8): 1-14.

[6] 张建云. 城市洪涝应急管理系统关键技术研究 [J]. 中国市政工程, 2013, S1 (168): 1-5.

[7] 俞茜, 李娜, 王艳艳. 基于韧性理念的洪水管理研究进展 [J]. 中国防汛抗旱, 2021, 31 (8): 19-25.

[8] 张书函, 郑凡东, 邸苏闯, 等. 从郑州"2021.7.20"暴雨洪涝思考北京的城市内涝防治 [J]. 中国防汛抗旱, 2021, 31 (9): 5-11.

[9] 刘家宏, 裴羽佳, 梅超, 等. 郑州"7·20"特大暴雨内涝成因及灾害防控 [J]. 郑州大学学报（工学版）, 2023, 44 (2): 38-44.

[10] 程麒铭, 陈垚, 刘非, 等. 基于气象雷达图信息处理的短时降雨预报方法 [J/OL]. 水文: 1-6 [2023-04-25].

[11] 张红萍, 李敏, 贺瑞敏, 等. 城市洪涝模拟应用场景及相应技术策略 [J]. 水科学进展, 2022, 33 (3): 452-461.

[12] 杨佩国, 靳京, 赵东升, 等. 基于历史暴雨洪涝灾情数据的城市脆弱性定量研究——以北京市为例 [J]. 地理科学, 2016, 36 (5): 733-741.

[13] 刘家宏, 梅超, 刘宏伟, 等. 特大城市外洪内涝灾害链联防联控关键科学技术问题 [J]. 水科学进展, 2023, 34 (2): 172-181.

[14] 张建云, 王银堂, 贺瑞敏, 等. 中国城市洪涝问题及成因分析 [J]. 水科学进展, 2016, 27 (4): 485-491.

[15] 宋晓猛, 张建云, 贺瑞敏, 等. 北京城市洪涝问题与成因分析 [J]. 水科学进展, 2019, 30 (2): 153-165.

[16] 程晓陶, 刘昌军, 李昌志, 等. 变化环境下洪涝风险演变特征与城市韧性提升策略 [J]. 水利学报, 2022, 53 (7): 757-768+778.

基于排水单元的城市内涝风险分析

赵飞[1] 葛俊[1,2] 李虎[1,2] 杨思敏[1]

(1. 北京市水科学技术研究院,北京 100048;2. 河海大学,南京 210000)

【摘要】 受城市排水管网分布的影响,以排河口为最终出口的排水单元,承担着区域内排水除涝的重要作用,是分析城市降雨径流关系、积水内涝特征以及排水过程的重要单元。本研究选取典型流域,以排河口为基点梳理排水分区形成分析单元,通过构建精细化洪涝模型,分析不同降雨情景下排水单元管网排水状态、下游水位顶托影响、地形影响等内涝特征与情况。结果表明,管网能力大小是影响区域涝水排除的重要瓶颈;研究区排口淹没状态对上游管网排水会有一定的影响,但影响幅度不大;局部低洼地区叠加排水能力不足,将是形成短时滞水甚至内涝的重要影响因素。

【关键词】 城市积水内涝;风险;排水单元

Urban flood risk analysis based on stormwater catchment

ZHAO Fei[1]　GE Jun[1,2]　LI Hu[1,2]　YANG Simin[1]

(1. Beijing Water Science and Technology Research Institute, Beijing 100048;
2. Hohai University, Nanjing 210000)

【Abstract】 Affected by the distribution of urban drainage pipe network, the drainage unit with the the final oufall undertakes the important role of drainage and urban flooding in the region, and is an important unit for analyzing the relationship between urban rainfall runoff, the characteristics of flooding and the drainage process. In this study, typical river basins were selected, drainage zones were sorted out to form analysis units based on outfall, and flooding characteristics and conditions such as drainage network drainage status, downstream water level and topographic influence under different rainfall scenarios were analyzed. The results show that the capacity of the pipe network is an important bottleneck affecting the elimination of regional flooding. The flooding state of the discharge outlet in the study area will have a certain impact on the drainage of the upstream pipe network, but the impact is not large. The insufficient drainage capacity of local sunk areas will be an important influencing factor for the formation of short-term stagnant water or even flooding.

【Key words】 Urban flooding; Risk; Stormwater catchment

随着城市的不断发展，以及极端天气状况的增多，积水内涝问题逐渐成为城市安全所面临的重要挑战之一。有文献表明[1]，降水变化、城市扩张、排水系统、防涝管理四个方面是城市内涝主要形成因素。其中直接反应区域自身内涝应对禀赋与特点的就是排水系统。据《城乡建设统计年鉴》统计，截止到2020年全国建成区管网密度为1.17km/km^2，而美、日两国城市平均排水管道密度（2002—2004年）分别为15km/km^2、20～30km/km^2，差距明显[2]。受城市排水管网分布的影响，以排河口为最终出口的排水单元，承担着区域内排水除涝的重要作用，是分析城市降雨径流关系、积水内涝特征以及排水过程的重要单元。孙晓博等[3] 从全过程内涝防治体系入手，提出应分别从排水分区和城市尺度对内涝治理工程体系和保障体系的建设情况进行评估，其中以排水分区为单元进行整体评估，可以较为准确地反映出内涝风险和内涝治理工程体系的情况。姚淑娣等[4] 在排水分区排口进行在线监测，对海绵城市片区尺度径流量控制评价，以用于指导海绵城市建设的完善优化。美国山地城市匹兹堡实施的"绿色优先计划"，采用了将绿色雨水基础设施（GSI）融入排水分区城市设计框架的规划策略[5]，"绿色优先计划"以排水分区为单元进行水文模拟，并以此为依据制定分级措施。由此可见，对城市内涝开展分析与评估，应首先从排水分区尺度入手，范围过小则不足以反映雨水径流的上下游关系，范围过大则容易忽略局部地形、设施对径流的阻碍或控制作用。基于此，本研究选取北京市水衙沟明渠段流域为典型研究区域，以排河口为基点梳理排水分区形成分析单元，通过构建精细化洪涝模型，分析不同降雨情景下排水单元管网排水状态及内涝情况。

1 数据与方法

1.1 研究区域

水衙沟系凉水河支流，发源于石景山区衙门口，丰台区境内起点位于卢沟桥街道小瓦窑村水衙沟路与小屯路交汇处。流经小瓦窑村、郑常庄村、靛厂村、六里桥村，于马连道北出丰台区，最终于南蜂窝路与广莲路交汇处汇入凉水河。水衙沟在万丰路以西河道为明渠，汇流面积为11.49km^2，流域不透水面积比例为78.33%，周边地形40.22～70.78m，西南高东北低。区域内所包含的雨水管道全长72231m，共计4625段管道，其中800mm及以下的管道数据占了3285段管道，总长37381m，占比51.8%。图1为水衙沟区域的管网示意图。

本研究收集了研究区域内的下垫面类型、DEM、排水管网、检查井、入河排水口、河道断面等数据，用以支撑构建精细化数值模型并分析排水分区内的积水内涝特征。

根据土地利用数据，将下垫面进一步概化为道路广场、水体、建筑物、绿地四个类型，依据《城镇雨水系统规划设计暴雨径流计算标准》（DB11/T 969—2016）分别设置相应的径流系数。

1.2 研究方法

本研究采用Infoworks ICM模型耦合城市排水管网、河道及二维地表漫流模型，分

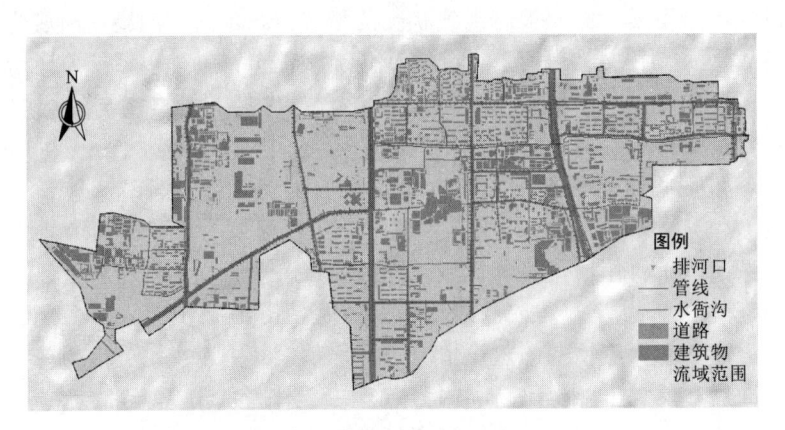

图 1　模型管网示意图

别开展研究区域管网排水能力、内涝特征及河道顶托影响的分析。模型将研究区域根据地形及管网分布情况划分为19个排水分区，针对检查井划分4605个子流域，梳理排水管段共72231m，检查井4612个，排河口19个，划分地表二维网格29297个。研究区排河口对应排水分区图如图2所示。

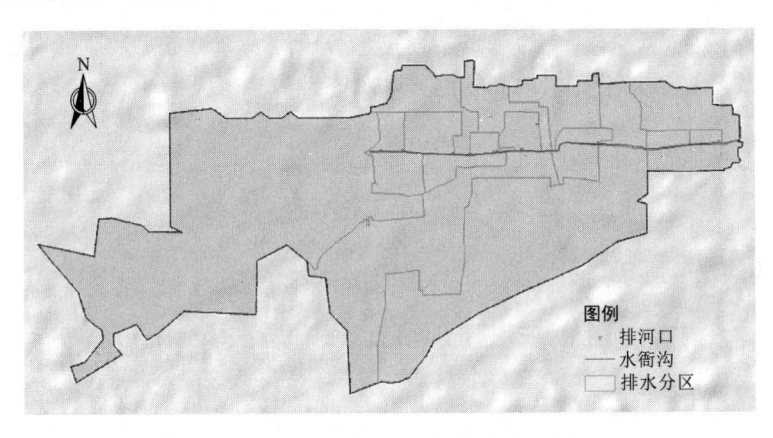

图 2　研究区排河口对应排水分区图

1.3　情景设置

分别设置长、短历时降雨情景，用以分析管网排水能力及排水区域内涝特性。长历时降雨采用《城镇雨水系统规划设计暴雨径流计算标准》（DB11/T 969—2016）中的24h设计雨型，考虑研究区内涝防治标准为50年一遇，因此共设置3～50年一遇共5种情景，时间步长5min。降雨过程线如图3所示。

短历时降雨采用1h芝加哥雨型，雨峰系数为0.389，参照《城镇雨水系统规划设计暴雨径流计算标准》（DB11/T 969—2016）中对管网重现期的要求，以及现状管网可能的能力范围，共设置1～10年一遇的5种情景，时间步长1min，降雨过程线如图4所示。

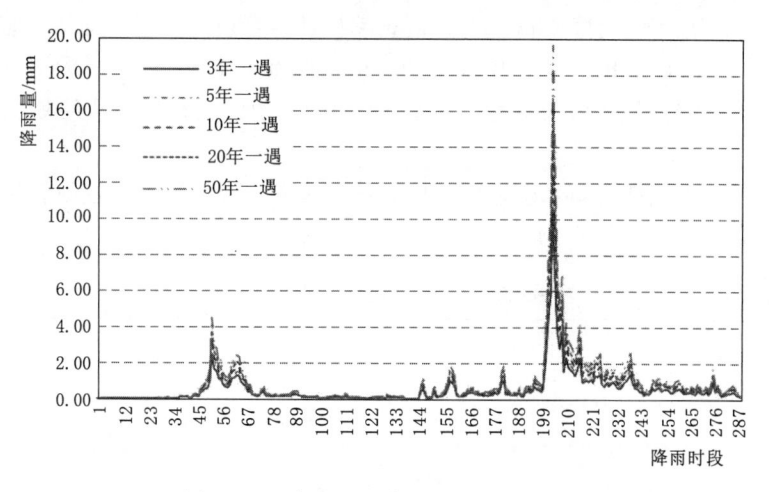

图 3 24h降雨过程线（时间步长5min）

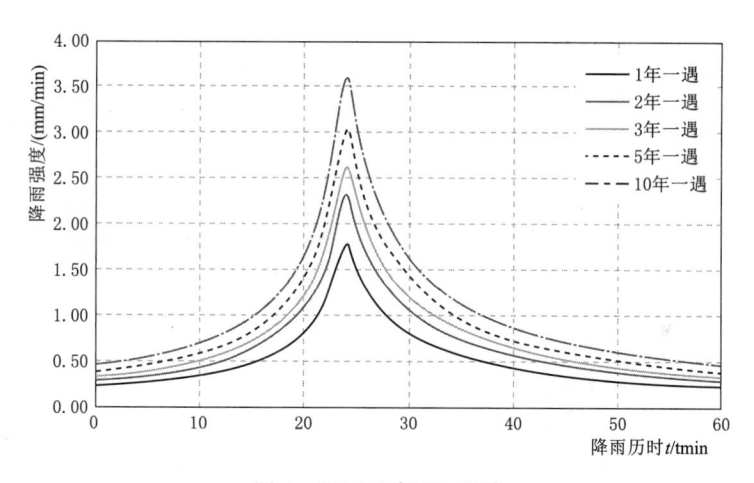

图 4 短历时降雨过程线

2 结果分析

基于精细化模型情景模拟，分析不同降雨条件下管网排水能力、易涝节点特征、积水风险区域及风险特征。分别考察长、短历时降雨情景下的排水除涝特征，充分分析管网能力不足的节点、地势低洼排水不畅的节点、下游顶托的节点等，并通过地表漫流模拟，得到不同情景下的积水风险区域范围、积水过程等特征，量化分析流域尺度的排水除涝特征，为积水内涝治理提供支撑。

2.1 管网能力影响分析

在研究区内依次对不同重现期设计降雨事件下的雨水排水模型运行结果进行分析，因为管网能力主要关注峰值流量时的管网负荷状态，因此降雨事件采用短历时芝加哥雨型。

利用InfoWorks ICM进行管道排水能力评估，模拟短历时1年一遇、2年一遇、3年一遇、5年一遇、10年一遇降雨情况下管道充满程度，管道充满了，即认为管道能力无法应对对应重现期的降雨。ICM模型中即认为"max负荷状态"为1、2的情况下，管道排水能力不足。（1：满管且水头线坡度小于水面线坡度，2：满管且水头线坡度大于水面线坡度）。

分析汇总各个重现期的雨水管道的长度，结果见表1。水衙沟流域的管网能力评估如图5所示。

表1　　　　　　　　　丰台水衙沟片区管道排水能力评估表

管网能力	段数	长度/m	占比/%
不足1年一遇	2142	32886.8	46
1～2年一遇	533	8993.4	12
2～3年一遇	257	4620.8	6
3～5年一遇	271	4913.7	7
大于5年一遇	371	6674.8	9
大于10年一遇	1051	14141.5	20
总计	4625	72231	100

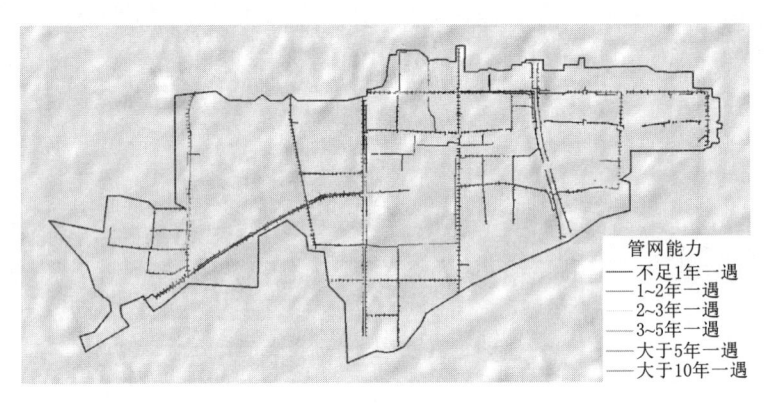

图5　水衙沟流域的管网能力评估

2.2　内涝特性分析

不同重现期降雨模拟结果如图6所示。可以看出，随着重现期的增加，内涝风险点位逐渐增多，5年一遇及以下降雨时主要集中在岳各庄桥北、青塔西路、水衙沟路、梅市口路、小屯路、小瓦窑西路等区域，10年一遇及以上降雨时，积水风险区域扩大到芳秀路、吴家村路、衙门口北街等区域。

如图7所示，以柱状图的形式直观显示了不同重现期积水范围总面积及最大积水深度变化情况。

2.3　河道水位顶托状态影响分析

从图8中不同重现期降雨条件下河道纵剖图可以看出，研究区域内的排河口在3年一

（a）3年一遇　　　　　　　　　　　　（b）5年一遇

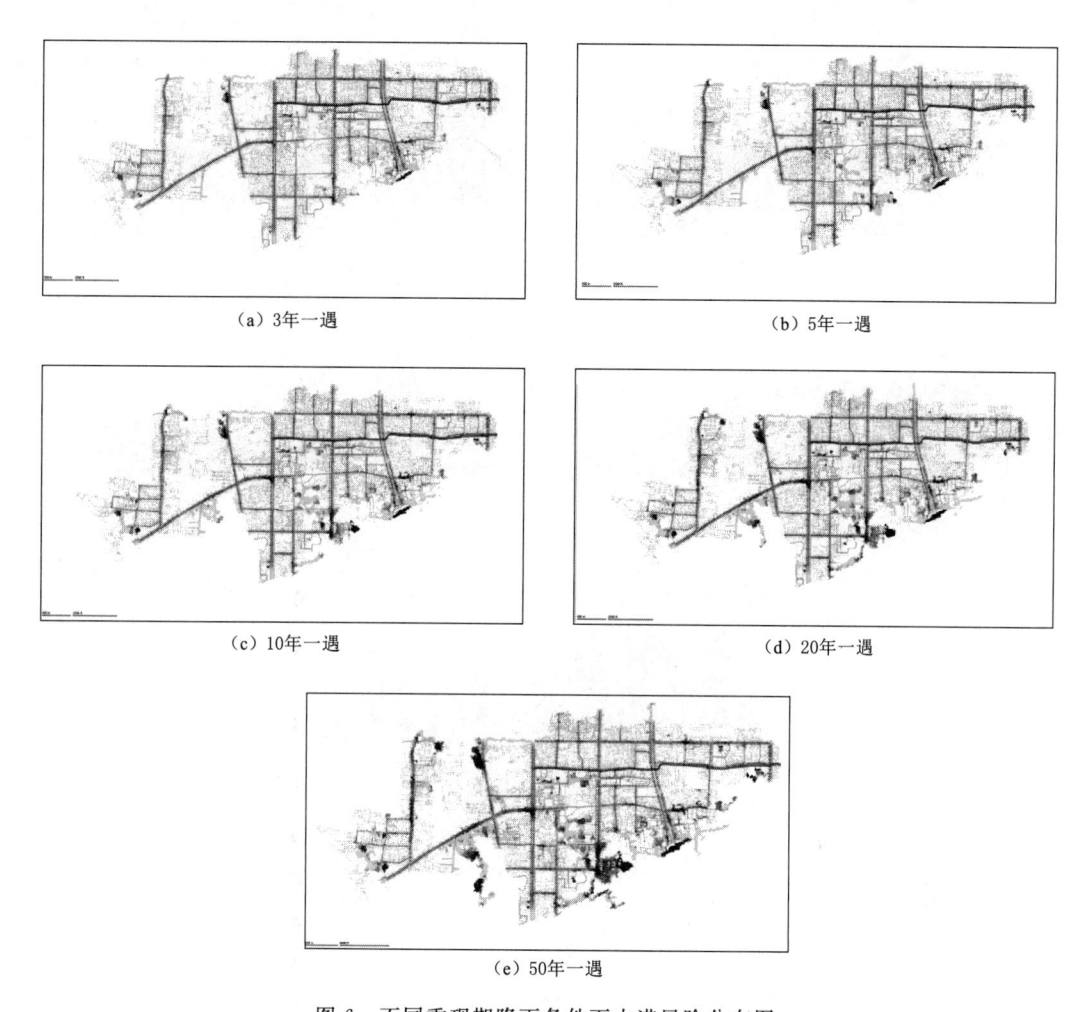

（c）10年一遇　　　　　　　　　　　　（d）20年一遇

（e）50年一遇

图6　不同重现期降雨条件下内涝风险分布图

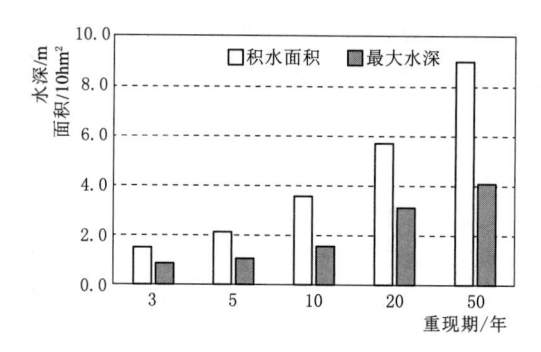

图7　不同重现期降雨条件下积水范围总面积及最大积水深度

遇到50年一遇时都处于部分淹没（水位高于管底）或完全淹没（水位高于管顶）状态。对比表2可知，随着重现期的增加，排河口处于完全淹没状态的数量也在增加。

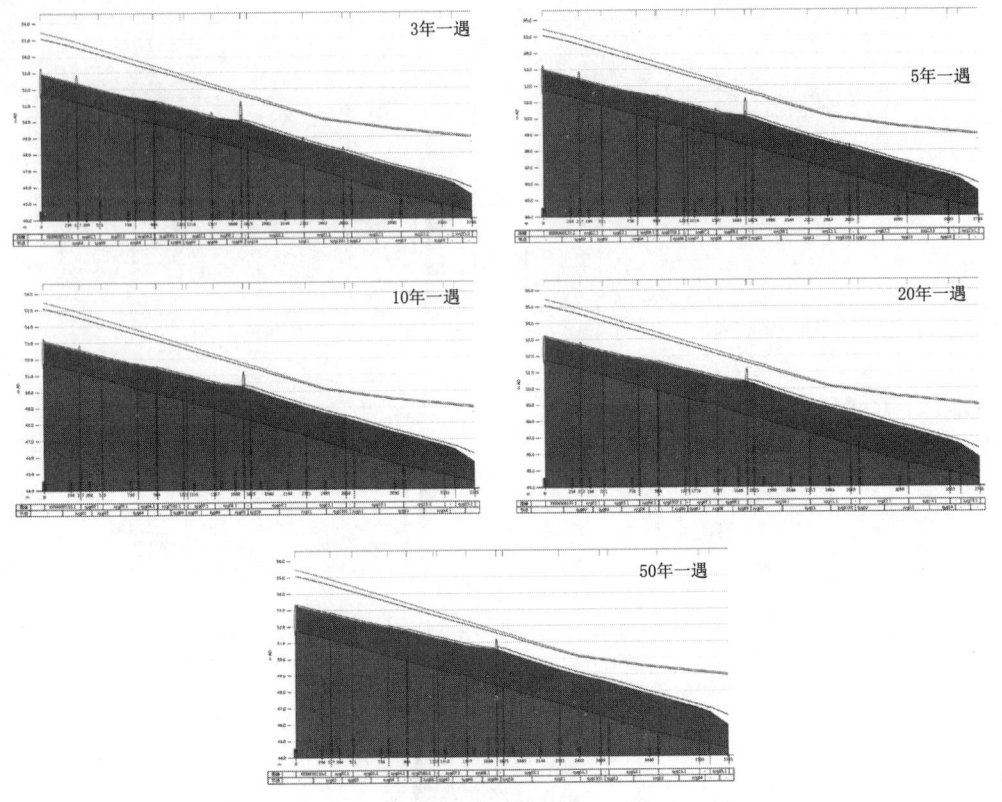

图 8　不同重现期降雨条件下排口淹没状态纵剖图

表 2　　　　　　　　　　不同重现期情景下排口淹没状态对比表

重现期/年	部分淹没/完全淹没	重现期/年	部分淹没/完全淹没
3	8/9	20	5/12
5	8/9	50	4/13
10	7/10		

通过设置排口为自由出流状态，可以考察排口淹没对上游排水除涝能力的影响，结果见图9及表3所示。自由出流情景下，积水面积和水深对比淹没出流情景有一定的变化，面积减少幅度为1.1%~6.4%，水深降低幅度为6%~19.9%。可见排口淹没状态对上游管网排水会有一定的影响，但影响幅度不大。

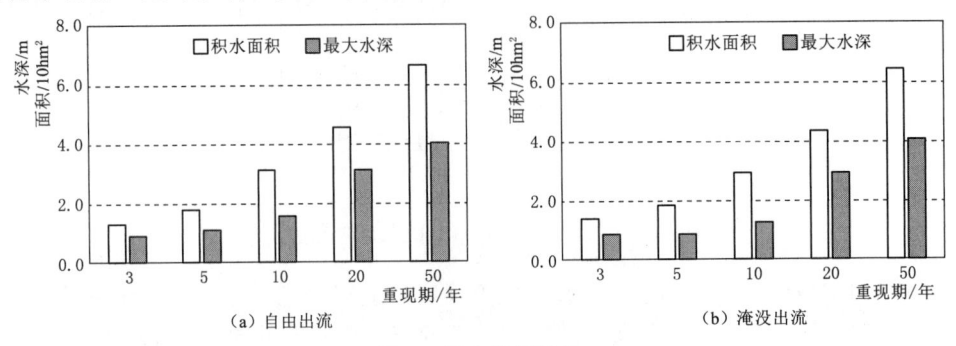

（a）自由出流　　　　　　　　　　　　（b）淹没出流

图 9　积水特征统计

表3　　　　　　　　　　自由出流与淹没出流积水情况对比表

重现期/年	面积变化		水深变化	
	10hm²	比例/%	m	比例/%
3	0.08	6.1	0.05	6.1
5	0.02	1.1	0.20	19.9
10	0.20	6.4	0.29	19.1
20	0.18	4.0	0.19	6.0
50	0.26	3.8	0.00	0.0

2.4　地形影响分析

采用研究区域高精度DEM数据，水平分辨率2m，垂直分辨率0.1m。利用ArcGIS填洼工具（图10，来源为ArcGIS 10.2 for Desktop帮助文件），通过调整填洼阈值Z限制进行两次填洼计算。首次填洼计算，设置填洼阈值Z为0.1m，修正DEM数据系统误差。二次填洼计算，填充所有地表洼地得到填补后的无洼地中心城区DEM。借助栅格计算器将两次填洼结果相减即得到项目区洼地栅格[6]。统计得项目区所识别的潜在内涝风险区域（洼地）面积为29.5hm²。

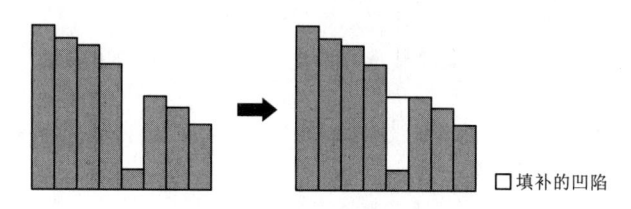

图10　栅格填洼原理示意图

由洼地分布图（图11）可以看出，研究区域内存在有多处低洼路段，如：芳秀路、岳各庄桥北、青塔西路、水衙沟路、梅市口路、小屯路、吴家村路、小瓦窑西路、衙门口北街等。其中芳秀路、岳各庄桥北为主要历史积水点位。

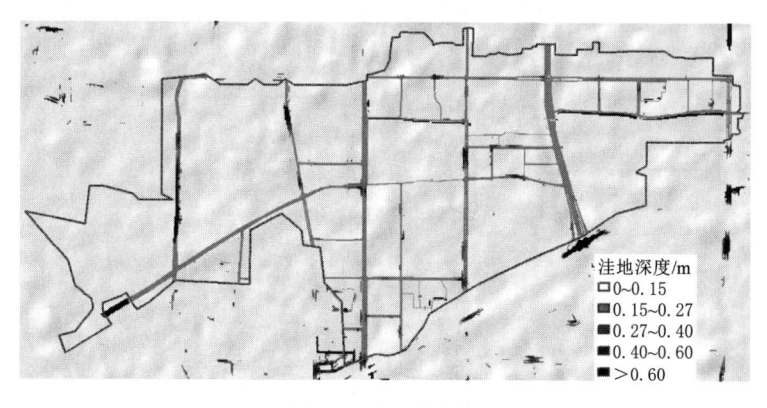

图11　洼地分布图

3 结论

本研究选取了水衙沟流域作为典型流域及典型排水单元，通过构建精细化洪涝模型，分析了不同降雨情景下排河口对管网排水状态及内涝影响的情况。从管网能力来看，现状管网不足1年一遇的占比较大，是影响区域涝水排除的重要瓶颈。通过情景设置对比分析排口淹没状态对上游排水除涝能力的影响，结果表明自由出流（无淹没）情景下，积水面积和水深对比淹没出流情景有一定的变化，面积减少幅度为1.1%～6.4%，水深降低幅度为6%～19.9%。可见排口淹没状态对上游管网排水会有一定的影响，但影响幅度不大。从地形影响分析可以看出，研究区域内存在天然或既有建设造成的局部低洼地区，如果低洼区域排水能力不足，将是形成短时滞水甚至内涝的重要影响因素。

参考文献

[1] 赵超辉，万金红，张云霞，等. 城市内涝特征、成因及应对研究综述 [J]. 灾害学，2023，38 (1)：220-228.
[2] 盛广耀. 勿让城市内涝成为城市通病 [J]. 人民论坛，2020 (19)：92-94.
[3] 孙晓博，白静，肖月晨，等. 全过程内涝防治体系视角下的城市内涝风险评估研究 [J]. 建设科技，2022，453 (10)：15-19.
[4] 姚淑娣，黄海伟，崔寅，等. 海绵城市片区尺度径流量控制评价 [J]. 给水排水，2021，57 (S2)：68-73.
[5] 宫聪，吴竑，胡长涓. 灰绿雨水基础设施协同规划——美国山地城市匹兹堡"绿色优先计划"之借鉴 [J]. 中国园林，2022，38 (5)：62-67.
[6] 金潮森，邸苏闯，于磊，等. 北京中心城区内涝风险区快速识别技术研究 [J]. 北京规划建设，2022 (4)：9-13.

北京市各区多年年降水量特性分析

陈建刚　薛志春　胡小红　李永坤

（北京市水科学技术研究院，北京　100048）

【摘要】　本文采用SPSS分析工具，对北京市各区67年系列年降水量进行特征参数统计，运用正态检验以及t检验来判断各区多年降水量均值与北京市年平均降水量差异性；通过线性趋势法拟合分析得到各区年降水量变化趋势均呈缓慢下降；运用MK检验，进行年降水量突变分析，找到突变年份。研究成果将为北京市中长期降水的研究、分析提供科学依据。

【关键词】　年降水量；趋势分析；突变；t检验；MK检验；北京市

Analysis of long-term annual precipitation characteristics in various districts of Beijing municipality

CHEN Jiangang　XUE Zhichun　HU Xiaohong　LI Yongkun

(Beijing Water Science and Technology Institute, Beijing　100048)

【Abstract】　The SPSS analysis tool was used to make statistical analysis of the characteristic parameters of the annual precipitation in the series of 67 years in each district of Beijing. The normal distribution test and t test were used to judge the difference between the annual average precipitation in each district and the annual average precipitation in Beijing. Through the fitting analysis of linear trend method, the variation trend of annual precipitation in each region showed a slow decline. MK test was used to analyze the mutation of annual precipitation and find the mutation year. The research results will provide scientific basis for the research and analysis of medium and long term precipitation in Beijing.

【Key words】　Annual precipitation; Trend analysis; Mutation; t-test; MK test; Beijing

1　前言

北京市位于华北平原西北，地处海河流域，属暖温带半湿润半干旱季风气候，多年平

资助项目：北京市科委重点研发课题－北京城市洪涝淹水实时预测预警关键技术研究与示范（Z201100008220005）、北京市第一次全国自然灾害综合风险普查水旱灾害部分市级项目。

均降水量为 585mm，降水年际变化大，年内分配不均，70%～80%的降水集中在 6—9 月。2021 年，北京市经历了 122 天 79 场降水的超长汛期，年降水量为 924mm，与 2019 年的 506mm、2020 年 560mm 对比，年降水量呈上升趋势。而进入 2022 年，年降水量仅为 482mm，比 2021 年减少 48%，比多年平均同期偏少 18%。这是否意味着北京市将进入丰枯突变时期？

多位学者对北京市降水分布特征、变化特征等进行了相关研究。在北京市降水分布特征研究方面，孙振华等[1] 基于北京市 16 个雨量站 1950—2005 年降水资料，分析了北京市降水时空分布特征，发现北京市降水年际年内分布极不均匀，空间分布呈西北低、东南高的特征，降水峰值点在怀柔、密云、平谷一带，门头沟三家店地区是暴雨多发区。同时，Song 等[2] 基于北京市 43 个雨量站 1950—2012 年的降雨数据，北京市各区降雨变化的空间异质性不显著，但由于城市和地形的影响，市区（平原）的降水量略多余周边郊区（山区）。王佳丽等[3] 将北京市分为城区、郊区、南部山区及北部山区 4 个区域，利用 14 个观测站 1978—2010 年的月降水资料，分析了 4 个区域间降水差异。李建等[4] 利用北京市 1961—2004 年 6—8 月逐时自记降水资料，分析了北京市夏季降水日变化特征，该研究结果对汛期加强防范下午至前半夜强降雨带来的积水内涝等灾害具有重要意义。

在北京市降水变化特征研究方面，任大朋等[5] 以北京站为代表站，采用线性倾向估计法和 Mann-Kendall 检验法等多种数理统计方法，开展降水量变化趋势研究，认为维持偏枯水平，有增多趋势；但只是对北京站一个站的数据进行分析，不能代表北京市总体降水趋势，有一定的局限性；朱龙腾等[6] 采用经验模态分解（EMD）方法，分析北京市 1951—2009 年降水变化情势，降水序列整体上呈减少趋势；于淑秋[7] 基于北京市 20 个站 1960—2000 年降水资料讨论北京地区降水的年际变化和城市化对降水的影响，发现年降水量每 10 年以 1.197% 速度减少，40 年共减少了 27.82mm。左斌斌等[8] 基于通州区两个水文站 1966—2016 年逐日降水资料，运用 5 年滑动平均、小波变换等方法，探究通州区降水的分布及变化趋势特性；但基于两个雨量站的分析无法体现降水的空间特性。李永坤等[9] 基于北京市 1950—2012 年降水资料，采用改进的有序聚类法、MK 趋势分析等 4 种方法进行趋势、突变及周期分析，但仅限于单站点数据，无法表现区域的特点和差异性。邱淑伟等[10] 采用自相关系数、轮次分析法等对怀柔区 1960—2017 年降水特征及变化规律进行了分析，研究发现怀柔区降水量整体呈下降趋势，突变年份包括 2002 年及 2005 年，后期序列呈微弱上升趋势。但为克服单一检验方法带来的不确定，应采用多方法结果对比验证。王亦尘等[11] 选取 2015—2019 年 10 月的 3 场典型降水，从雨情、水库水情、河道水情及水资源量计算等方面进行分析，发现研究期内北京市 10 月的降水具有降水规模大，雨势平缓，3 场降水均未导致明显洪水过程，形成的水资源量不足降水量的 30%。研究选取典型降水的场次数量较少，代表性不够，且时间尺度较小。本文将对北京市 16 个区 67 年序列年降水量进行统计分析，研究不同区多年年降水量特性，探讨年降水量变化趋势以及突变情况。

2 数据来源与处理

对北京地区 16 个行政区年降水数据进行收集整理，时间序列为 1956—2022 年。数据来源于《北京市水务统计年鉴》以及北京市第三次水资源调查评价成果。年降水数据采用SPSS26.0以及水文时间序列趋势与突变分析系统[12]等软件进行处理计算。

3 特征统计参数分析

根据北京市16个行政区67年年降水量数据进行统计分析，利用SPSS分析工具中的描述统计计算样本均值、标准差、最大值、最小值、标准偏差、偏度、峰度等特征统计参数，见表1。

表1　　　　　　北京市各行政区多年系列年降水量统计参数表

行政区	最小值统计/mm	最大值统计/mm	均值统计/mm	标准偏差统计	偏度统计	峰度统计
通州	286.50	1087.20	563.96	157.46	0.94	1.30
大兴	268.40	1040.40	537.41	154.34	0.82	1.16
房山	316.20	1069.20	579.14	152.42	0.80	0.93
门头沟	300.20	954.80	516.09	126.42	0.93	1.40
昌平	343.90	1002.00	564.66	149.44	0.83	0.46
顺义	316.20	1040.60	600.77	154.17	0.75	0.53
延庆	334.80	791.30	498.58	108.80	0.73	0.02
怀柔	375.40	1021.00	575.56	133.92	1.03	1.24
密云	363.60	1104.00	636.63	150.65	0.66	0.43
平谷	373.70	1061.30	654.31	160.10	0.71	0.01
海淀	347.40	1050.00	583.55	164.42	0.90	0.61
朝阳	301.40	1165.20	588.13	160.85	0.89	1.37
丰台	298.50	1217.50	578.02	175.02	1.00	1.80
石景山	344.30	1102.50	590.02	174.89	1.02	1.15
西城	304.80	1212.60	579.03	166.91	1.10	2.10
东城	298.00	1197.10	574.64	159.40	1.07	2.37

从表1中可知，年降水量最小值发生在大兴区，为268.40mm，最大值发生在丰台区，为1217.50mm；从年降水量均值来看，最大为平谷区，654.31mm，最小为延庆区，498.58mm；从标准偏差来看，丰台区、石景山区离散程度较大，而延庆区相对离散程度较小；从偏度来看，均为正偏态，年降水数值大多位于均值的左侧；从峰度来看，均大于0，除延庆区、平谷区峰度接近正态分布外，其他区总体数据分布与正态分布相比较为陡峭，表现为尖峰。

3.1 正态检验

对统计样本数据进行柯尔莫戈洛夫-斯米诺夫（K-S）和夏皮洛-威尔克（S-W）正态检验，假设"样本来自的总体与正态分布无显著性差异"，置信区间为95%，结果见表2。

表 2　　　　　　　北京市各行政区多年系列年降水量正态检验结果

行政区	K-S正态检验 統計	自由度	显著性	S-W正态检验 統計	自由度	显著性
通州	0.095	67	0.200	0.949	67	0.008
大兴	0.089	67	0.200	0.958	67	0.023
房山	0.087	67	0.200	0.960	67	0.030
门头沟	0.092	67	0.200	0.945	67	0.005
昌平	0.130	67	0.007	0.941	67	0.003
顺义	0.128	67	0.008	0.952	67	0.011
延庆	0.101	67	0.090	0.949	67	0.008
怀柔	0.093	67	0.200	0.933	67	0.001
密云	0.109	67	0.046	0.968	67	0.077
平谷	0.102	67	0.082	0.952	67	0.011
海淀	0.104	67	0.069	0.927	67	0.001
朝阳	0.097	67	0.197	0.954	67	0.015
丰台	0.094	67	0.200	0.942	67	0.003
石景山	0.101	67	0.089	0.921	67	0.000
西城	0.130	67	0.007	0.934	67	0.002
东城	0.096	67	0.200	0.940	67	0.003

因统计样本数量为 67，以柯尔莫戈洛夫-斯米诺夫（K-S）检验结果为准。从表 2 中可以得到，通州、大兴、房山、门头沟、延庆、怀柔、平谷、海淀、朝阳、丰台、石景山、东城等 12 个区的显著性 P 值均大于 0.05，认为原假设成立，服从正态分布；而昌平区、顺义区、密云区、西城区 4 个区显著性 P 值小于 0.05，因此结合直方图、Q-Q 图进一步检验，如图 1、图 2 所示。

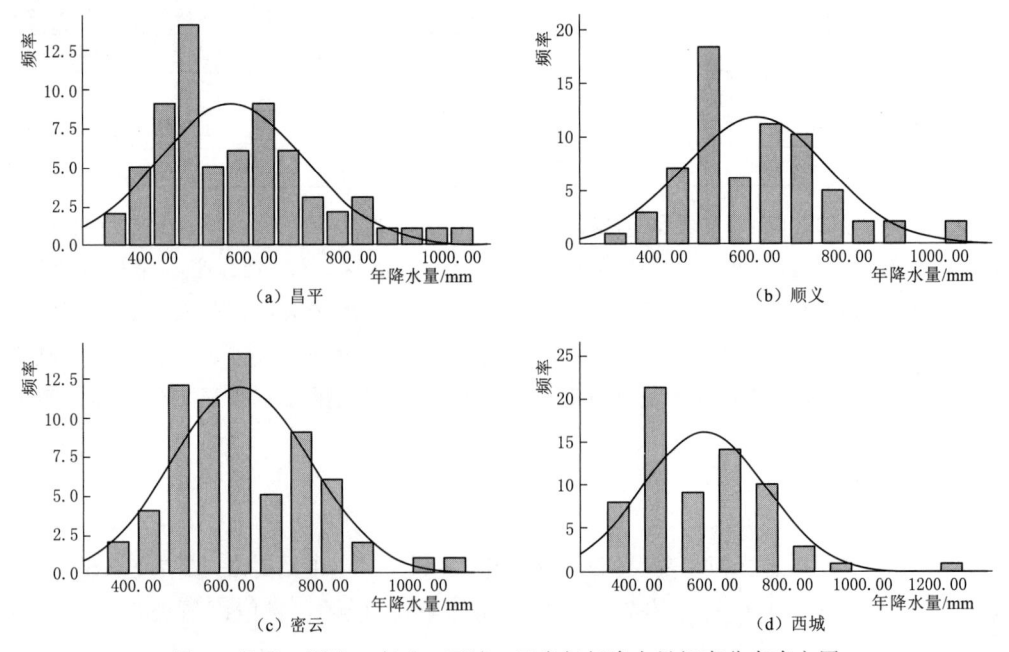

（a）昌平

（b）顺义

（c）密云

（d）西城

图 1　昌平、顺义、密云、西城 4 区多年年降水量概率分布直方图

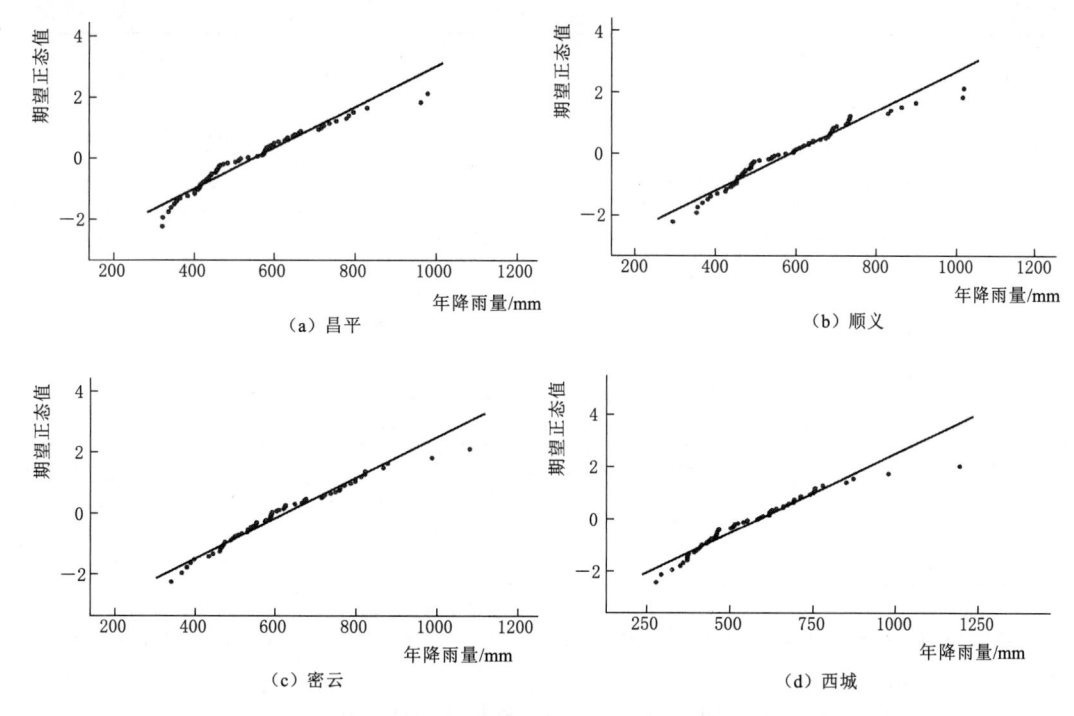

图 2　昌平、顺义、密云、西城 4 区多年年降水量正态检验 $Q\text{-}Q$ 图

从图 1 可以看出，昌平、顺义、密云、西城 4 区年降水量概率分布在直方图基本对称分布；从图 2 可以得知，昌平、顺义、密云、西城 4 区年降水量在 $Q\text{-}Q$ 图中期望正态值基本沿趋势线分布；因此可以认为 4 个区的多年年降水量近似于正态分布。

3.2　t 检验

检验各行政区多年年降水量均值与北京市总体均值是否有差别。根据《北京市水务统计年鉴》得知北京市多年平均降水量为 585mm。经 S-W 检验以及直方图、Q-Q 图结果显示，16 个行政区多年年降水量数据服从正态分布，故采用单样本 t 检验，置信区间为 95%，结果见表 3。

表 3　北京市各行政区多年系列年降水量单样本 t 检验结果表

行政区	t	自由度	Sig.（双尾）	平均值差值	差值 95% 置信区间 下限	差值 95% 置信区间 上限
通州	−1.094	66	0.278	−21.04030	−59.4488	17.3682
大兴	−2.524	66	0.014	−47.58955	−85.2365	−9.9426
房山	−0.315	66	0.754	−5.86418	−43.0416	31.3132
门头沟	−4.462	66	0.000	−68.90597	−99.7418	−38.0701
昌平	−1.114	66	0.269	−20.34030	−56.7905	16.1099
顺义	0.837	66	0.405	15.77164	−21.8334	53.3767

续表

行政区	t	自由度	Sig.（双尾）	平均值差值	差值95％置信区间 下限	差值95％置信区间 上限
延庆	−6.502	66	0.000	−86.42388	−112.9623	−59.8855
怀柔	−0.577	66	0.566	−9.43881	−42.1048	23.2272
密云	2.805	66	0.007	51.63134	14.8851	88.3776
平谷	3.544	66	0.001	69.31343	30.2623	108.3646
海淀	−0.072	66	0.943	−1.45224	−41.5574	38.6529
朝阳	0.159	66	0.874	3.12687	−36.1070	42.3607
丰台	−0.327	66	0.745	−6.98358	−49.6750	35.7078
石景山	0.235	66	0.815	5.02090	−37.6384	47.6802
西城	−0.293	66	0.771	−5.96866	−46.6802	34.7429
东城	−0.532	66	0.597	−10.35821	−49.2388	28.5224

从表3中可以看出，t值出现双尾概率$P>0.05$的行政区有通州、房山、昌平、顺义、怀柔、海淀、朝阳、丰台、石景山、西城、东城等11个区，且差值95％置信区间上下限区间包括0，不拒绝原假设，认为多年年降水量均值与北京市多年平均降水量无差异。而大兴、门头沟、延庆、密云、平谷等5个区，t值出现双尾概率$P<0.05$，且差值95％置信区间上下限区间不包括0，拒绝原假设，认为多年年降水量均值与北京市多年平均降水量存在显著性差异。

4 趋势分析与突变分析

4.1 趋势分析

将北京市16个行政区多年系列年降水数据点绘成图，采用线性趋势法分析，得到线性拟合公式以及变化趋势，结果见表4。

表4　　北京市各行政区多年系列年降水量趋势分析

行政区	线性拟合公式	趋势	年均下降量/mm
通州	$y=-1.5175x+3582.3$	下降	1.52
大兴	$y=-1.2295x+2983$	下降	1.23
房山	$y=-1.427x+3417.4$	下降	1.43
门头沟	$y=-1.4186x+3337.7$	下降	1.42
昌平	$y=-1.4902x+3528.6$	下降	1.49
顺义	$y=-1.6726x+3927.6$	下降	1.67
延庆	$y=-0.8742x+2237.3$	下降	0.87

续表

行政区	线性拟合公式	趋势	年均下降量/mm
怀柔	$y=-0.8085x+2183.6$	下降	0.81
密云	$y=-1.2507x+3124.3$	下降	1.25
平谷	$y=-1.8139x+4262.2$	下降	1.81
海淀	$y=-1.4732x+3513.8$	下降	1.47
朝阳	$y=-1.3304x+3234.2$	下降	1.33
丰台	$y=-1.7781x+4114.6$	下降	1.78
石景山	$y=-1.651x+3873.9$	下降	1.65
西城	$y=-1.4301x+3423.6$	下降	1.43
东城	$y=-1.3963x+3352$	下降	1.40

从表 4 中可以得到，北京市 16 个行政区年降水量变化趋势一致，均呈缓慢下降，年均下降量为 0.81~1.81mm，最大为平谷区 1.81mm；最小为怀柔区 0.81mm。

4.2 突变分析

采用 MK（Mann-Kendal）突变检验法，置信区间设置为 95%，对北京市 16 个区多年系列年降水量进行分析，以探究是否发生突变。从图 3 中可以看出，16 个行政区的 UF 值均小于 0，表明年降水量呈下降趋势，与趋势分析的结论一致；从位于置信区间的 UF 与 UB 曲线相交点可以得到各个行政区年降水量突变年份，见表 4。

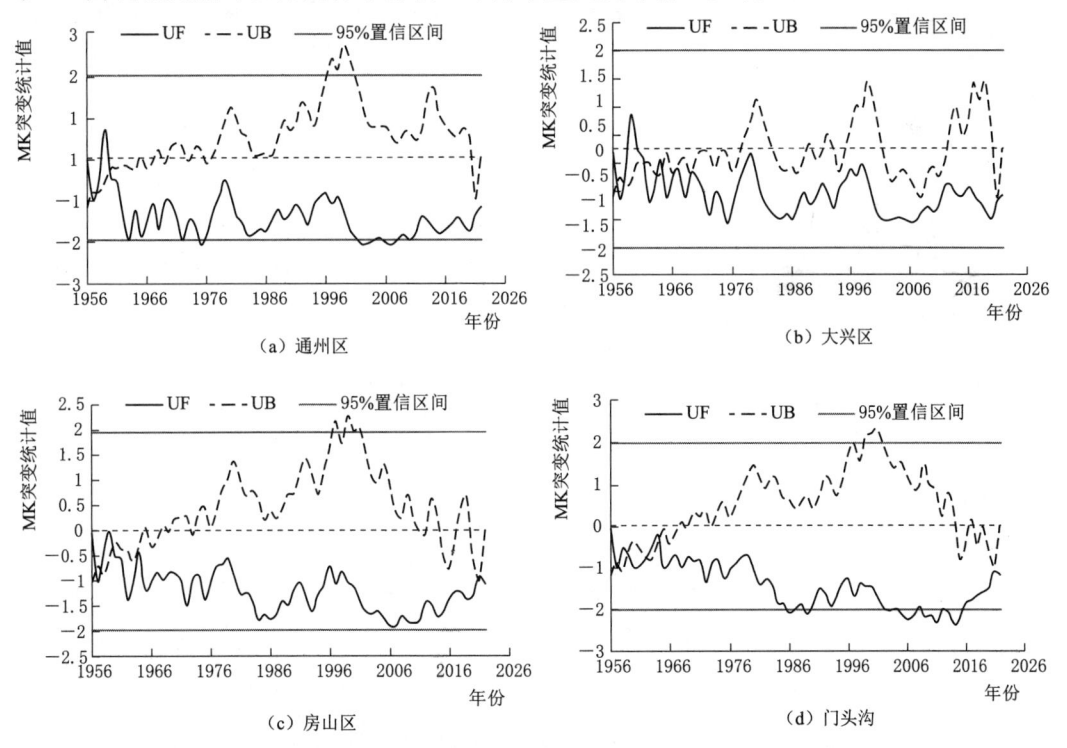

图 3（一） 北京市 16 个行政区多年系列年降水量 MK 突变检验曲线

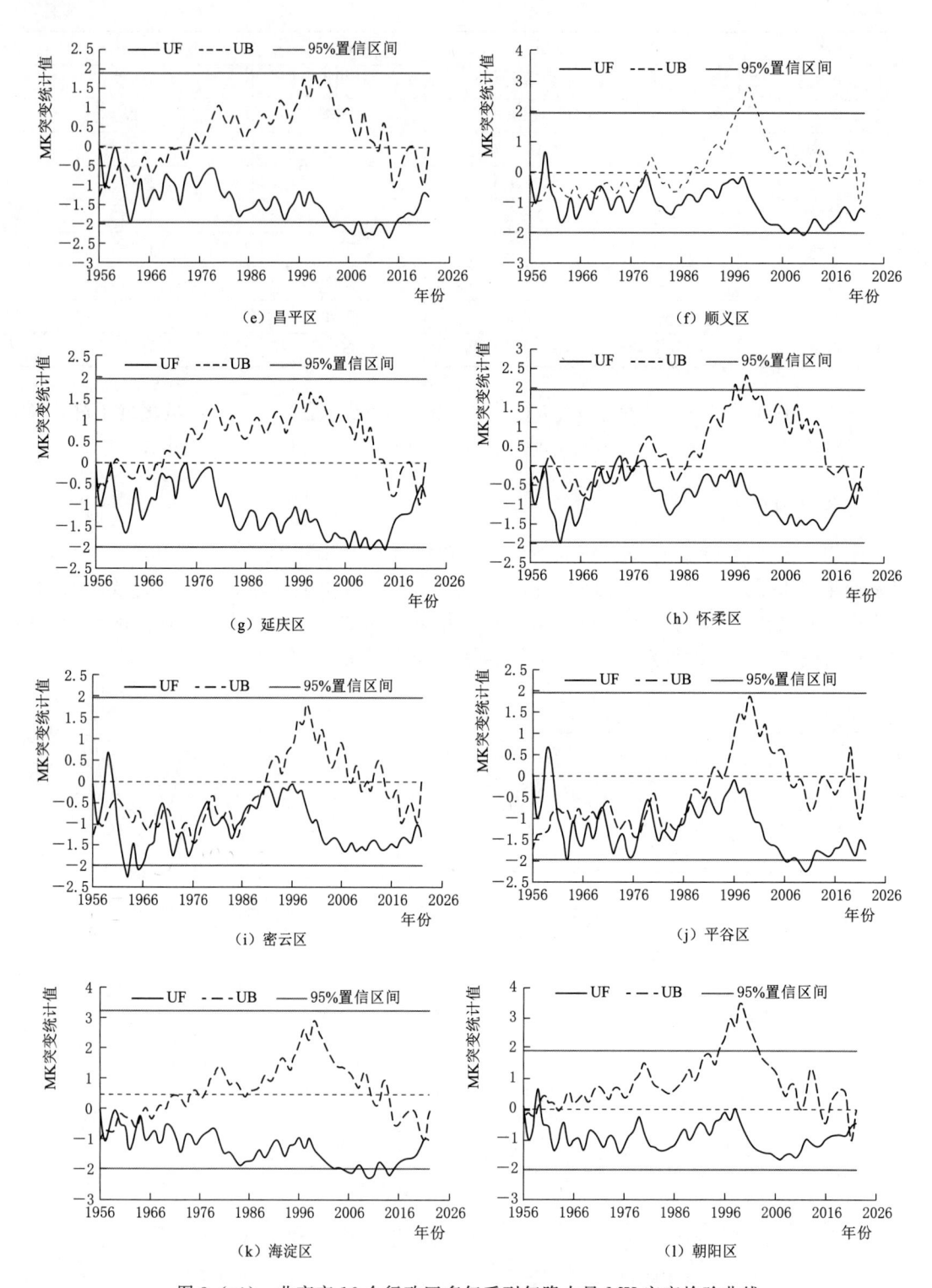

图3（二） 北京市16个行政区多年系列年降水量MK突变检验曲线

北京市各区多年年降水量特性分析

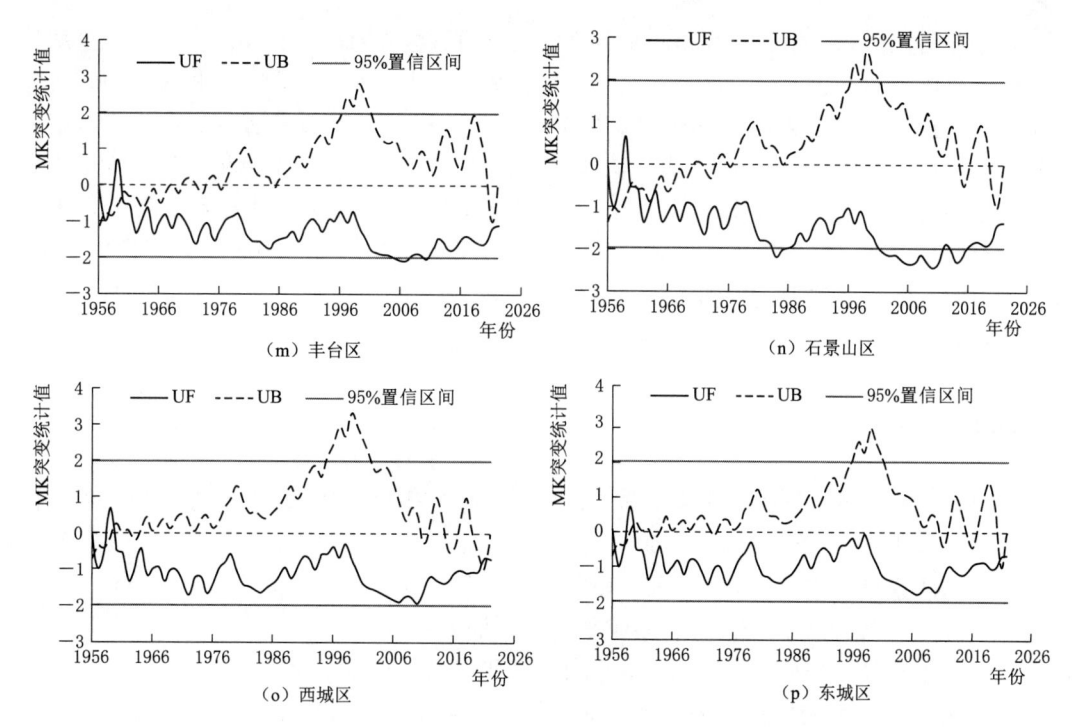

图 3（三） 北京市 16 个行政区多年系列年降水量 MK 突变检验曲线

表 5　　北京市各行政区多年系列年降水量突变年份汇总表

行政区	突 变 年 份
通州	1957/1958/1960
大兴	1957/1958/1961/1963/1965
房山	1957/1958/1960/2021/2022
门头沟	1957/1959/1963/1964
昌平	1957/1958/1960
顺义	1957/1958/1960/1969/1970
延庆	1957/1958/1959/2021/2022
怀柔	1957/1958/1959/1969/1970/1972/1974/1977/2021/2022
密云	1957/1960/1969/1970/1973/1976/1979/1982/1985/1988/1990/1991
平谷	1961/1964/1969/1970/1977/1980/1985/1986/1988
海淀	1957/1958/1960/1963/1964/2021
朝阳	1956/1958/1960/2021/2022
丰台	1957/1958/1960
石景山	1960/1964
西城	1957/1958/1960/2021/2022
东城	1957/1958/1960/2021/2022

从表5可以得到，密云、怀柔、平谷区突变年份数量相对较多，年降水量年际波动较大；而石景山、丰台、通州、昌平突变年份数量相对较少，年降水量变化相对较小。将北京市16个行政区67年系列（1967—2022年）年降水量突变年份概括为三个阶段：第一阶段为20世纪50年代末至60年代初，16个行政区均有所反映，表明北京市总体从丰水期向枯水期的转变；第二阶段为20世纪70年代至80年代，主要集中怀柔、密云、平谷等3个行政区，此阶段年降水量丰枯变化较大；第三阶段为2021—2022年，房山、延庆、怀柔、海淀、朝阳、西城、东城等7个行政区受2021年降雨偏多、2022年降雨偏少的影响，出现突变。

5 结语

（1）通过柯尔莫戈洛夫－斯米诺夫（K-S）、直方图以及 Q-Q 图等方法进行正态性检验，北京市16个行政区67年系列年降水量满足正态分布。

（2）与北京市多年降水量均值相比较，大兴、门头沟、延庆、密云、平谷等5个区未通过 t 检验，其他11个区与北京市多年平均降水量无差异。

（3）线性趋势法分析结果表明，北京市各区年降水量整体呈现下降趋势。

（4）采用MK突变检验方法，对北京市年降水量序列进行突变分析，突变年份主要集中在1957—1960年，近几年的突变主要发生在2021年的超长汛期以及降水偏少的2022年。

参考文献

[1] 孙振华，冯绍元，杨忠山，等. 1950—2005年北京市降水特征初步分析[J]. 灌溉排水学报，2007，26（2）：12-16.

[2] Xiaomeng S, Jianyun Z, Amir A, et al. Rapid urbanization and changes in spatiotemporal characteristics of precipitation in Beijing metropolitan area [J]. Journal of Geophysical Research：Atmospheres，2014，119（19）：11250-11271.

[3] 王佳丽，张人禾，王迎春. 北京降水特征及北京市观象台降水资料代表性[J]. 应用气象学报，2012，23（3）：265-273.

[4] 李建，宇如聪，王建捷. 北京市夏季降水的日变化特征[J]. 科学通报. 2008，53（7）：829-832.

[5] 任大朋，杨金鹏，张建涛. 北京市降水量变化趋势分析[J]. 水利水电技术（中英文），2021，52（S1）：155-158.

[6] 朱龙腾，陈远生，李璐，等. 1951—2009年北京市降水变化情势分析[J]. 水资源保护. 2012，28（3）：42-46.

[7] 于淑秋. 北京地区降水年际变化及其城市效应的研究[J]. 自然科学进展，2007，17（5）：632-638.

[8] 左斌斌，徐宗学，任梅芳，等. 北京市通州区1966—2016年降水特性研究[J]. 北京师范大学学报（自然科学版），2019，55（5）：556-563.

[9] 李永坤，丁晓洁. 北京市降水量变化特征分析[J]. 北京水务，2013（2）：9-12.

[10] 邱淑伟,柯昱琪,吴亚敏,等.北京市怀柔区1960年—2017年降水特征及演变趋势研究[J].河北地质大学学报,2019,42(4):60-65.
[11] 王亦尘,刘晨阳,高强,等.北京市2015—2019年10月份典型场次降水对比分析[J].北京水务,2020(2):48-52.
[12] 王毓森.水文时间序列趋势与突变分析系统开发与应用[J].甘肃科技,2016,32(9):36-37+11.

北京市山洪沟道临界雨量值确定方法探讨

龚应安　陈建刚　张　焜

（北京市水科学技术研究院，北京　100048）

【摘要】 雨量预警指标作为山洪沟道的重要预警指标之一，在山洪沟道的预警工作中极为重要，本文以郊区部分山洪沟道为研究对象，进行了临界雨量值的计算确定，以期为山洪沟道的预警提供参考。

【关键词】 山洪沟道；临界雨量；Nash 瞬时单位线

Discussion on the method for determining critical rainfall value of mountain torrent gully in Beijing

GONG Ying'an　CHEN Jiangang　ZHANG Kun

(Beijing Institute of Water Science and Technology, Beijing　100048)

【Abstract】 As one of the important early warning indicators of mountain torrent gullies, rainfall warning indicators are extremely important in the early warning of mountain torrent gullies. In this paper, some mountain torrent gullies in the suburbs are taken as the research object, the critical rainfall values are calculated and determined, so the reference for the early warning of mountain torrent gullies is provided.

【Key words】 Mountain flood gully; Critical rainfall; Nash instantaneous unit line

1　概述

为贯彻落实习近平总书记"两个坚持、三个转变"防灾减灾救灾理念，按照补齐短板、确有所需、突出重点、因地制宜的原则，2020年10月水利部组织编制了《全国山洪灾害防治项目实施方案（2021—2023年）》，方案提出到2023年，全国山洪灾害防治体系进一步健全，监测预警能力进一步提升，努力补齐山洪灾害防治当前存在的明显短板，最大程度减少人员伤亡和财产损失。在这种背景下，提升山洪沟道的监测预警能力、完善山洪预警指标体系等日益为社会所关注[1]。

当前山洪沟道的预警指标，主要包括雨量指标和水位指标，何秉顺等[2-4]研究认为，采用雨量指标预警具有如下特点：

（1）预见期长。大多数山洪灾害由于强降雨引发，当降雨达到一定强度时会引发山洪灾害，若利用雨强指标进行预警，则可延长预见期，增加响应、转移时间。

（2）覆盖面广。我国目前在山区建立了10万座自动雨量站点，可基本实现局地降雨的实时监测覆盖。

而采用水位指标预警则具有如下特点：

（1）物理概念比较直接。一般而言，对于当地群众而言，较为熟悉的指标是本地河流上涨幅度，相较而言，雨量预警指标的物理概念相对直接。

（2）可靠性强。降雨发生、发展至径流产流、汇流、洪峰传播、成灾为一系列复杂的水文过程，当采用雨量预警时，因受降雨预报不准确、水文模型不合理、人为活动等因素影响，而水位预警则可省去由雨量转换为洪水的过程，可靠性较强。

而在选取雨量指标预警和水位指标预警的选择上，其建议现阶段对于省级、县级山洪灾害监测预警系统以雨量指标预警为主。而对于年降水量达到800mm以上，沿河村落人口集中的区域可根据山洪沟沿线保护对象的分布增加配置水位预警站，形成以雨量预警指标和水位预警指标相互补充的体系。

怀柔区基于国家和北京市山洪灾害防治工作的总体部署，于2015年开展了山洪灾害调查评价工作，完成了全区160个重点沿河村落的分析评价工作，包括设计洪水、山洪预警指标等，其山洪预警指标采用雨量预警指标。但由于受时间等因素影响，分析评价工作未覆盖全区的全部沿河险村，未覆盖的这些沿河险村的山洪灾害预警工作因缺乏雨量预警指标等而受到影响。本文结合调研情况，选取部分未列入评价工作范围的山洪沟道沿河险村，进行了临界雨量值的分析确定工作，以期为山洪沟道的雨量预警工作提供参考。

2　山洪沟道临界雨量值确定

2.1　研究区概况

怀柔区是北京市的远郊区，地处燕山南麓，位于北京市东北部，东经116°17′～116°63′、北纬40°41′～41°4′之间。东临密云区，南与顺义、昌平相连，西与延庆区搭界，北与河北省赤城县、丰宁满族自治县、滦平县接壤。距北京东直门50km，全区总面积2122.6km²。其中：山区面积1894.3km²，占88.9%；平原区236.4km²，占11.1%。

为提升全区的山洪灾害防御能力，怀柔区在全区建立了雨水情监测系统，据统计，截至2021年怀柔区内共有山洪、泥石流易发区村级遥测雨量站76处，人工雨量监测站26处，水位站5处，山区285处，水库视频站10处。并建立了以怀柔区水旱灾害防御监测系统为核心，以怀柔区山洪灾害防御系统、远程会商系统、水库视频监控系统等为辅的综合信息服务系统。

2.2　确定范围

选取怀柔区的5条山洪沟道进行雨量预警指标的确定，5条沟道的基本情况见表1。

表1　　　　　　　　　　　　怀柔区复核山洪沟道基本情况表

序号	沟道名称	流域面积/km²	沟长/km	比降/‰
1	卜营沟	14.36	8.11	0.03
2	古洞沟	31.15	12.45	0.04
3	琉璃庙南沟	42	14	0.03
4	崎峰茶东沟	34	10	0.03
5	琉璃河2上游	58	36	0.03

2.3　现场资料收集

现场资料收集主要包括检验复核对象的补充和完善、沿河村落成灾水位和断面布设测量情况复核、河道洪水调查和灾害情况调查等。

（1）根据基础资料和现场实际情况，对检验复核对象进行现场复核，对遗漏或多余的对象进行补充完善和修改。

（2）复核沿河村落的成灾水位和断面布设测量情况。依据《山洪灾害调查技术要求》，选取部分沟道的沿河险村进行测量断面，包括横断面、纵断面等。

（3）调研沿河险村的山洪灾害情况，主要包括是否发生山洪灾害、人员伤亡等信息。

2.4　临界雨量值确定

2.4.1　水位流量关系分析

采用曼宁公式建立水位流量关系。

$$Q = \frac{1}{n} J^{1/2} R^{2/3} A \tag{1}$$

式中　Q——洪峰流量，m³/s；
　　　n——糙率；
　　　J——比降，‰；
　　　R——河段平均水力半径，m；
　　　A——断面面积。

以控制断面上开口水位（高程）作为临界水位，推求临界流量。

研究过程中，对上述沟道进行了现场断面测量，测量以沟道沿河险村为对象按照《山洪灾害调查技术要求》进行山洪沟道断面测量，一个险村测量3个横断面（控制断面、控制断面上下游各1个）、1个纵断面，进行现场测量的部分沟道水位流量关系如下。

1. 卜营沟水位流量关系

卜营沟的沿河险村为卜营村，其控制断面的水位流量关系见表2。

表2　　　　　　　　　　　　卜营沟临界流量推求表

山洪沟名称	控制断面坐标	临界水位高程（北京高程）/m	临界流量/(m³/s)
卜营沟	475348.14，4513119.75	352.81	80

2. 古洞沟水位流量关系

古洞沟的沿河险村为古洞沟村，其控制断面的水位流量关系见表3。

表 3　　　　　　　　　　　　　　古洞沟临界流量推求表

山洪沟名称	控制断面坐标	临界水位高程（北京高程）/m	临界流量/(m³/s)
古洞沟	482114.90，4517936.67	374.96	175

3. 琉璃庙南沟水位流量关系

琉璃庙南沟的沿河险村为后山铺村，其控制断面的水位流量关系见表4。

表 4　　　　　　　　　　　　　　琉璃庙南沟临界流量推求表

山洪沟名称	控制断面坐标	临界水位高程（北京高程）/m	临界流量/(m³/s)
琉璃庙南沟	471971.73，4493379.14	471.01	312

4. 崎峰茶东沟水位流量关系

崎峰茶东沟的沿河险村为崎峰茶村，其控制断面的水位流量关系见表5。

表 5　　　　　　　　　　　　　　崎峰茶东沟临界流量推求表

山洪沟名称	控制断面坐标	临界水位高程（北京高程）/m	临界流量/(m³/s)
崎峰茶东沟	466197.29，4494448.59	439.10	280

5. 琉璃河 2 上游水位流量关系

琉璃河 2 上游沟的沿河险村为梁根，其控制断面的水位流量关系见表6。

表 6　　　　　　　　　　　　　　琉璃河 2 上游临界流量推求表

山洪沟名称	控制断面坐标	临界水位高程（北京高程）/m	临界流量/(m³/s)
琉璃河 2 上游	455205.60，4488127.04	858.90	407

2.4.2　降雨流量关系分析

设计降雨，根据《北京市城镇雨水系统规划设计暴雨径流计算标准》（DB11/T 969—2016），复核的山洪沟道分别位于暴雨Ⅰ区（包括宝山镇、汤河口镇、长哨营乡、喇叭沟门乡）、暴雨Ⅱ区（琉璃庙、怀北镇、雁栖镇），按标准对应的公式分别计算各分区的设计暴雨参数。

2.4.3　水文计算分析

水文分析计算采用 Nash 瞬时单位线编制的软件计算方法，该方法与用瞬时单位线手工计算法计算的洪峰流量及流量过程基本一致，可用于上述山洪沟道的水文计算。

2.5　临界雨量值确定

根据山洪沟道控制断面的临界流量[5]，与不同重现期（5年、10年、20年、50年）下设计暴雨的对应流量，通过相交得出在降雨－流量关系线中获取1h、3h、6h、12h对应的降雨量，即为断面1h、3h、6h、12h的雨量预警指标。按照这种方法计算得出各沟道不同重现期下临界降雨量。

2.5.1　卜营沟不同重现期临界雨量

经计算，卜营沟沿河险村卜营村控制断面临界雨量如图1所示，图1中1h、3h、6h、

12h 系列线分别代表 5 年一遇、10 年一遇、20 年一遇、50 年一遇重现期下沟道控制断面的流量，控制断面的临界流量线与 5 年一遇、10 年一遇、20 年一遇、50 年一遇的流量线的交点所对应的雨量就选取为 1h、3h、6h、12h 的临界雨量值（下同）。

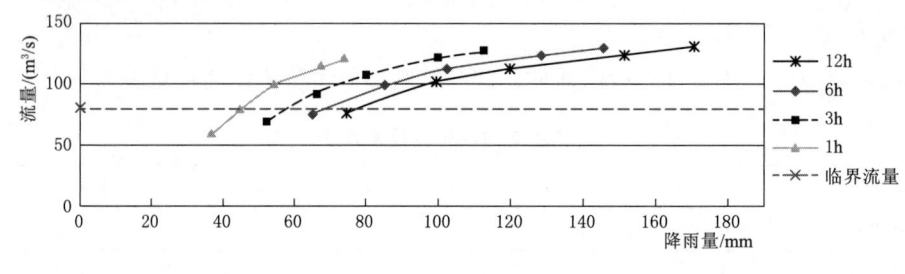

图 1 卜营沟临界雨量成果图

2.5.2 古洞沟不同重现期临界雨量

经计算，古洞沟沿河险村古洞沟村控制断面 1h、3h、6h、12h 临界雨量值，如图 2 所示。

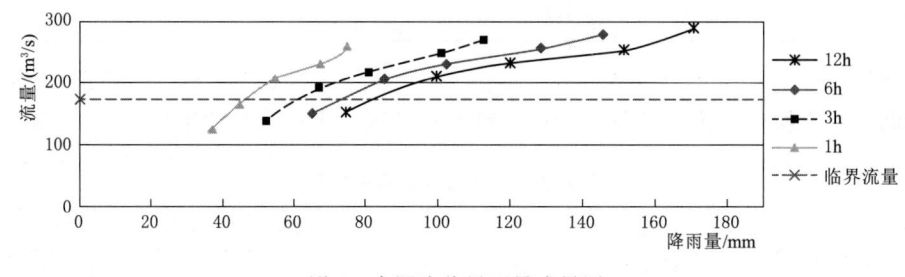

图 2 古洞沟临界雨量成果图

2.5.3 琉璃庙南沟不同重现期临界雨量

经计算，琉璃庙南沟沿河险村后山铺村控制断面 1h、3h、6h、12h 临界雨量值，如图 3 所示。

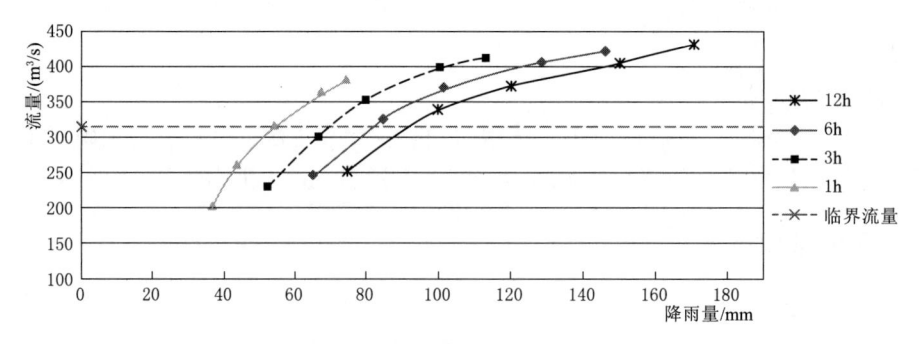

图 3 琉璃庙南沟临界雨量成果图

2.5.4 琦峰茶东沟不同重现期临界雨量

经计算，琦峰茶东沟沿河险村崎峰茶村控制断面 1h、3h、6h、12h 临界雨量值，如图 4 所示。

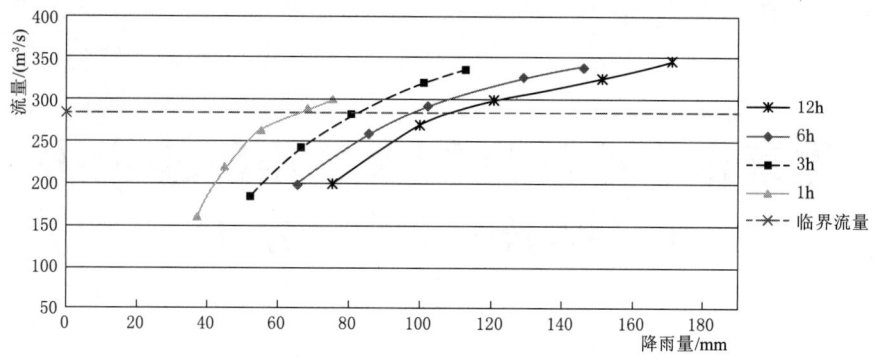

图4 琦峰茶东沟临界雨量成果图（琦峰茶村）

2.5.5 琉璃河2上游不同重现期临界雨量

经计算，琉璃河2上游沿河险村梁根控制断面1h、3h、6h、12h临界雨量值，如图5所示。

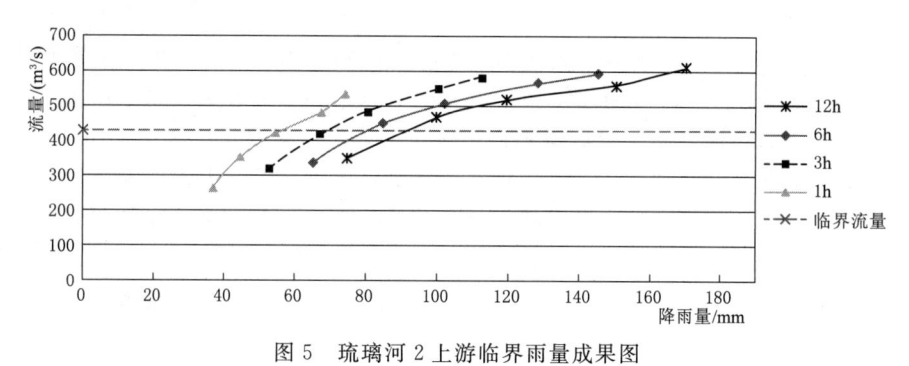

图5 琉璃河2上游临界雨量成果图

3 结语

（1）本文采用Nash瞬时单位线等方法，分析计算了怀柔区5条山洪沟道沿河险村庄控制断面1h、3h、6h、12h的临界雨量值，为上述沟道的雨量预警指标确定提供了参考。

（2）山洪沟道雨量预警指标的检验复核是一项长期的工作，应结合已有的实际洪水资料，对预警指标进行适时修订，分析验证预警指标的合理性，使预警指标趋于完善。

参考文献

[1] 李红霞，覃光华，王欣，等．山洪预报预警技术研究进展[J]．水文，2014，34（5）：12-16．
[2] 何秉顺，郭良，刘昌军．浅谈山洪预警[J]．中国防汛抗旱，2018，28（5）：17-21．
[3] 何秉顺，郭良．浅谈山洪预警[J]．中国防汛抗旱，2018，28（12）：78-80．
[4] 刘志雨，杨大文，胡健伟．基于动态临界雨量的中小河流山洪预警方法及其应用[J]．北京师范大学学报（自然科学版），2010，46（3）：317-321．
[5] 何秉顺，马美红，李青，等．我国山洪灾害防治现状与特点探析[J]，中国农村水利水电，2021（5）：133-138．

北京市中心城区特大暴雨洪涝灾害情景构建与风险分析

胡小红　李永坤

（北京市水科学技术研究院，北京　100048）

【摘要】郑州"7·20"特大暴雨灾害给城市安全运行带来新挑战，北京与郑州在天气背景、地形地势、洪涝风险等方面极其相似，本文按照"暴雨移植—情景构建—风险分析"思路，按最不利、最可能原则，设置城区暴雨及北运河下泄组合情景，量化洪涝风险等级并提出对策建议。研究结果表明：①中心城区淹没范围约占总面积的27%，城区西部、西南部、东北部区域淹没严重，城区123处地铁口存在倒灌风险；②综合地铁、低洼院落、人口经济、道路积水等多要素，危险高值区位于朝阳区东部，暴露高值区位于丰台区，主要风险区域集中在丰台中部、朝阳东部和海淀东部；③提出"31631"防御模式，即提前3天作出防汛形势预测，提前1天进行工作部署，提前6h发布预警信息，提前3h工作到位，每1h报告1次汛情险情信息。研究成果可为特大城市极端洪涝灾害风险管理提供参考。

【关键词】极端暴雨；韧性城市；暴雨移植；风险评估

Risk assessment of flood disaster based on extreme rainstorm transposition in central Beijing

HU Xiaohong　LI Yongkun

(Beijing Water Science and Technology Institute, Beijing 100048)

【Abstract】The catastrophic rainstorm that occurred on July 20th in Zhengzhou has brought new challenges to the city's safety operations. Beijing and Zhengzhou are extremely similar in terms of weather conditions, topography, and flood risk. Following the approach of "transplanting rainstorms-scenario construction-risk analysis" and applying the principles of worst-case and most likely scenarios, a combination of scenarios for urban rainstorms and the North Canal discharge were designed to quantify the level of flood risk and propose countermeasures. The research results show that: ① the

---

基金项目：北京市重点研发计划资助项目（北京城市洪涝淹水实时预测预警关键技术研究与示范，Z201100008220005）。

flooded area in the central urban area accounts for about 27% of the total area, with severe flooding in the western, southwestern, and northeastern parts of the city. There is a risk of backflow at 123 subway entrances in the city. ② Based on multiple factors such as subway systems, low-lying courtyards, population and economy, and road waterlogging, the high-risk areas are located in the eastern part of Chaoyang District and the exposed high-value areas are in Fengtai District. The main risk areas are concentrated in the central part of Fengtai, the eastern part of Chaoyang, and the eastern part of Haidian. ③ The "31631" defense mode is proposed, which means making flood prevention situation predictions 3 days in advance, deploying work 1 day in advance, releasing warning information 6 hours in advance, and ensuring work is in place 3 hours in advance, with a flood risk report every hour. The research findings can provide reference for the risk management of extreme flood disasters in mega-cities.

【Key words】 Extreme rainstorm; Resilient city; Rainstorm transportation; Risk assessment

随着全球气候变化加剧，极端天气事件在全球范围内愈发频繁，为人类社会带来巨大的安全隐患与经济损失。特别是在大型城市中，密集的建筑和基础设施使暴雨洪涝灾害影响更为严重。暴雨的时空分布和下垫面建设状况直接影响洪水的产生、发展及影响程度。暴雨移植对现实的暴雨事件进行重采样和空间移植，在最大可能降雨分析、降雨频率分析及洪水频率分析中具有广泛应用[1-2]，能模拟特定暴雨情景下特定目标地区的洪涝灾害，为洪涝灾害防治提供理论支撑。尤其对极端暴雨情景的移植，可为具有相似水文气象条件的地区提供参考，减轻极端暴雨洪涝事件的影响。

风险管理通过降低洪涝灾害的危害性、暴露性和脆弱性来减轻影响[3]。在气候变化和城市化背景下，城市洪涝风险评估取得了重大进展[4]，主要包括数理统计方法、指标体系方法和基于综合模型的风险评估方法[5-6]。随着水文水动力模型、GIS技术和遥感技术的发展与应用，基于综合模型的风险评估在城市地区应用广泛，众多学者对城市洪涝灾害风险评估展开了丰富的研究[7]。彭建等[8]采用CLUE-S模型、SCS模型及等体积淹没算法对深圳市茅洲河流域多情景下城市暴雨洪涝灾害风险进行定量模拟；黄奕轩等[9]构建了基于致灾因子、孕灾环境、承灾体与防灾减灾能力的风险指标体系，对沿海城市洪涝灾害风险进行分析。然而，现有研究多关注设计暴雨情况下的洪涝灾害风险评估，缺乏对极端暴雨情景下城市洪涝灾害风险的综合性评估。2021年7月20日郑州特大暴雨灾害的发生暴露出城市基础设施在应对极端洪涝灾害方面的薄弱之处，给城市洪涝灾害风险管理提出了新的挑战，对于其他具有类似地理条件和洪涝风险的城市，如北京，了解其可能面临的洪涝风险并制定相应的防御措施显得尤为重要。

鉴于此，本文以中国特大城市北京市为研究对象，分析北京市与郑州市在天气背景、地形地势、洪涝风险等方面的相似性，采用"暴雨移植—情景构建—风险分析"的思路，根据最不利、最可能原则，设置城区暴雨及北运河下泄组合情景。建立城市暴雨洪涝灾害风险评估模型，量化北京市在极端暴雨情景下的洪涝风险等级，并识别淹没范围和重点风险区域。分析地铁口、低洼院落、人口经济、道路积水等多要素的综合风险，提出"31631"防御模式，并结合实际情况提出具体防范措施建议。研究结果有助于政府部门和相关机构制定更有效的防范措施，降低极端天气事件对城市安全运行的影响，为北京市及其他特大城市在极端洪涝灾害风险管理方面提供参考。

1 研究区概况

1.1 北京市中心城区概况

北京中心城区西邻永定河，东至定福庄，北达凉水河，南抵南苑，包括东城、西城、朝阳、海淀、丰台及石景山大部分地域，面积1085km^2。中心城区地形地势西高东低，地面高程介于9.11~743.69m。西部为西山，属太行山脉，地貌从西山逐渐过渡到平原。中心城区属于温带大陆性季风气候，受区域气候变化和城市热岛效应的影响，具有典型的降雨时空分布不均、极端降雨频发的特点[10]，中心城区面临的洪涝灾害包括永定河洪水、西山洪水和暴雨内涝，2004年以来，相继发生了莲花桥"水淹汽车"，南二环、南三环"积水断路"，香泉环岛"山洪围困"，机场路"交通瘫痪"，安华桥"水漫车顶"等内涝事件[11]。

中心城主要防洪河道为永定河，涝水下泄河道为北运河干流，排水河道总长近500km，包括清河、坝河、通惠河、凉水河4条主要排水河道及70余条支流河道。中心城区防洪标准为200年一遇，河道治理标准按50年一遇洪水设计，中心城区河道防洪标准示意图如图1所示。一般地区防涝标准为50年一遇，局部重要地区防涝标准为100年一遇。

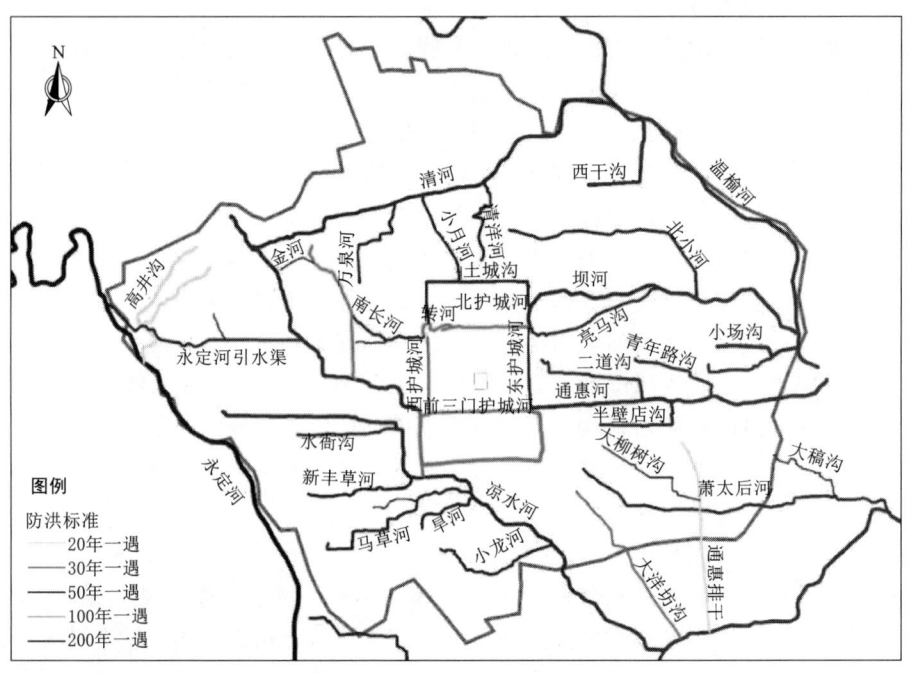

图1 中心城区河道防洪标准示意图

1.2 北京市与郑州市城市特点对比

郑州市与北京市在地势及大气环流上相似，首先，郑州市地处中原，西南部是伏牛山，西北部是太行山，东南部是平原，郑州处于伏牛山与太行山交汇处，而北京西南部是太行山，北部是燕山，东南部是平原，处于太行山与燕山交汇处。同时，河南省和北京市都易受到副热带高压北抬过程中外围气流影响，东南急流或西南急流携带东南沿海或孟加拉湾大量水汽北上，在南下冷空气的共同作用下，极易产生暴雨。因此，将郑州市暴雨移植到北京市是合理的。表1从自然地理、社会经济、排水排涝、组织人员这四个方面对比了北京市与郑州市的城市特点。

表1 北京与郑州城市特点对比

类型	因素	北京中心城区	郑州市辖区	对比幅度
自然地理	区域面积	1378km²	1063km²	偏多30%
	地形因素	西北高、东南低，西部永定河（悬河）	西南高、东北低，北部黄河（悬河）	—
	气候因素	低涡切变	东风急流、低涡切变	—
	河流水系	排入北运河	排入贾鲁河	—
	山区高程	741m	1200m	偏低459m
	年降雨量	585mm	641mm	偏多8%
社会经济	人口规模	2188.6万人	1260万人	偏多74%
	GDP总量	40269.6亿元	12003亿元	约3.4倍
排水排涝	排水管网	5326km	2400km	约2.2倍
	排涝标准	50～100年一遇（334～400mm/24h）	50年一遇（199mm/24h）	偏高
组织人员	组织体系	1市＋7专项＋5流域＋16区防指	1市＋1城市＋1气象灾害防御＋1地质灾害防指	—
	防办职数	56		约1.6倍

2 数据来源与研究方法

2.1 数据来源

构建中心城区综合化洪涝模型所需数据包括基础地理数据、遥感数据、排水设施数据、水文气象等数据，见表2。进行洪涝灾害风险分析所需数据包括历史道路积水数据、地铁、低洼院落与地下室等重要基础设施分布，人口密度，社会经济数据，管网排水能力、泵站排涝能力，避险转移安置规模、抢险单元排水能力等数据。

表 2　　　　　　　　　　　　　　中心城区基础数据资料

数据类型	数据内容	数据描述	数据来源
基础地理数据	基础地形	栅格数据，1∶2000	北京市测绘院
	DEM 数据	栅格数据，5m 分辨率	
	用地类型	栅格数据，2m 分辨率	
	河道数据	矢量数据	
遥感数据	卫星地图影像	栅格数据，4m 分辨率	水经注软件
排水设施	雨水管线	矢量数据	第一次水务普查成果
	检查井	矢量数据	
	排水口	矢量数据	
水文气象数据	站点降雨数据	数据步长 1h	北京水文信息化平台
	河道流量水位数据	数据步长 1h	
人口与经济数据	人口密度	—	北京区域统计年鉴
	社会经济数据	—	北京区域统计年鉴
城市洪涝防控能力数据	管网排水能力	—	相应管理单位
	泵站排涝能力	—	相应管理单位
	避险转移安置规模	—	相应管理单位
	抢险单元排水能力	—	相应管理单位

2.2　ICM 模型介绍

InfoWorks ICM 是由华霖富公司基于 Wallingford 模型开发的城市综合流域排水模型。模型耦合一维管网水力和二维城市洪涝淹没模拟，基于城市内部地形特征设置网格化区间，适用于城市流域复杂水文水力学过程模拟，广泛应用于城市洪涝灾害评估[12]。

2.3　洪涝风险评估方法

基于 IPCC 第五次会议关于城市洪涝风险评估的框架"危险性-暴露性-脆弱性"，危险性包括积水的危险性和下垫面的危险性；暴露性指承灾体的暴露性，即受内涝影响的人、建筑和财产等信息；脆弱性指承灾体的脆弱性，即对内涝发生的不利影响的倾向性，包括易损性和恢复能力。洪涝风险计算公式为

$$R = \sum_{i=1}^{n} W_i H_i + \sum_{i=1}^{m} W_i E_i + \sum_{i=1}^{s} W_i V_i \tag{1}$$

式中　　R——洪涝灾害风险值；

　　　　H、E、V——危险性、暴露性和脆弱性；

　　　　H_i、E_i、V_i——第 i 项指标数值；

　　　　W_i——第 i 项指标权重；

　　　　n、m、s——各指标数量。

本研究的权重计算方法为层次分析法（analytic hierarchy process，AHP），根据研究区的实际情况和指标的可获取性，构建了包括道路积水情况、地铁、低洼院落与地下室、区域人口密度、GDP经济指标、管网排水能力、泵站排涝能力、避险转移安置规模、抢险单元排水能力这9个洪涝风险评估指标体系，通过构建各层次重要性判断矩阵、检验矩阵一致性、确定各指标权重，具体的方法可参照相关研究[13]。洪涝风险评估指标体系见表3。

表3　　　　　　　　　　　　　洪涝风险评估指标体系表

目标层	准则层	指标层
洪涝灾害风险	危险性	道路积水深度
		地铁站点积水深度
		低洼院落与地下室倒灌积水深度
	暴露性	区域人口密度
		区域GDP经济指标
	脆弱性	管网排水能力
		排水泵站个数
		避险转移安置规模
		抢险单元排水能力

3　暴雨洪涝模型模拟

3.1　模型构建

综合中心城区地面高程、排水管线以及调蓄设施分布，共划分945处排水分区、24919个子集水区。针对透水面和不透水面分别构建产流模型，构建河道汇流及管网汇流模型，划分302492个三角形网格，下沉道路网格化区间0.15m、抬升建筑网格化区间10m，构建地表漫流模型。

3.2　模型率定与验证

分别对河道水位、区域积水情况进行率定及验证。首先，选取沙窝闸为关键节点，利用2020年"8·12"场次及2021年"7·12"场次降雨的水位过程数据与模型模拟结果进行对比，由图2可知，洪水起涨过程及洪峰均有不错的拟合度，在洪水退水阶段，由于缺失下游温榆河水位顶托数据，模拟水位低于实测水位。

其次，利用2020年"8·12"场次及2021年"7·12"场次降雨引起的积水情况及中心城区积水台账，从积水深度及空间分布两个角度综合评定模型精度。由表4可知对这两场降雨的积水点位及积水深度模拟效果较好，同时，坝河流域10年一遇设计暴雨情景下积水分布情况及历史积水点位具有较高重合度，因此综合认为模型在区域积水情况模拟上较为准确。

(a) 2020年8月12日

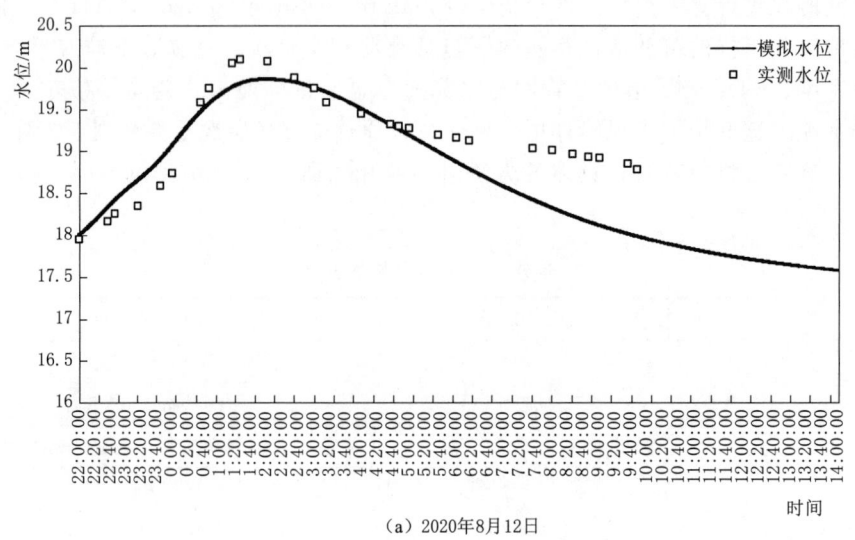

(b) 2021年7月12日

图 2　沙窝闸洪水过程实测模拟对比

表 4　两场降雨收集到的内涝积水样本验证结果

降雨场次	积水点	模拟最大深度/m	调研最大深度/m
2020年"8·12"	酒仙桥北路	0.24	0.20
	安贞桥	0.28	0.30
2021年"7·12"	将台东路	0.26	0.20
	南影路	0.12	0.15

3.3　暴雨移植情景

对北京市城区典型暴雨规律分析可知：强热岛下降雨集中在高温中心区域，弱热岛下西南风向下降雨受城市建筑物阻挡，降雨集中在城市两侧，总的来说，四环外北部和二环西南为暴雨极值中心。

按照最不利、最可能原则,将北运河洪水顶托、城区涝水难以排除作为最不利条件,暴雨落区在城区西部、西南部及东北部作为最可能情景,移植的最大24h雨量移植结果如图3所示,降雨强度移植结果分布图4所示。中心城区面雨量471mm,超200年一遇,朝阳来广营697mm(最大雨强202mm/h),石景山模式口650mm,丰台新发地646mm,该3处区域雨量、雨强全部刷新历史极值纪录;城区四大排水流域暴雨移植情况见表5。同时,北运河沙河闸最大下泄流量1260m³/s,城区雨峰较沙河闸洪峰提前12h,沙河闸下泄洪水与城区洪水相互叠加,组成此次特大暴雨洪水组合情景。

表5　　　　　　　　　流域暴雨移植情况

序号	流域	面积/km²	降雨总量/mm	平均雨强/(mm/h)
1	清河	174.84	440	64
2	坝河	173.93	560	129
3	通惠河	277.58	523	100
4	凉水河	677.40	432	110

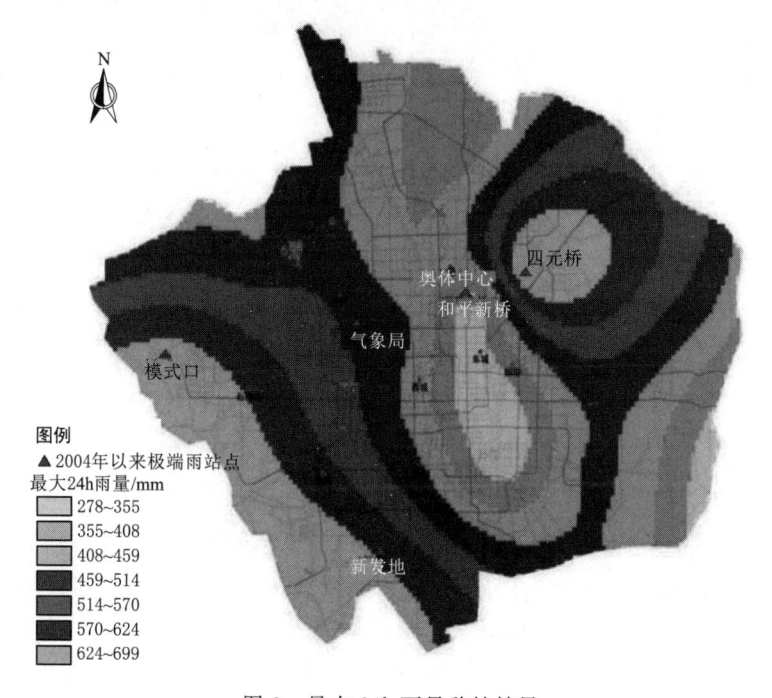

图3　最大24h雨量移植结果

3.4　洪涝灾害分析

通过构建的水文水动力模型,得到河道流量、淹没范围及淹没深度等。中心城区四大流域洪水总量为2.8亿 m³,除清河、凉水河上段外,其余河道均存在于不同程度漫溢,排水顶托作用严重。其中,北运河北关闸洪峰流量4669m³/s,洪水总量4.65亿 m³,中心城区四大流域的洪峰流量及洪水总量见表6。

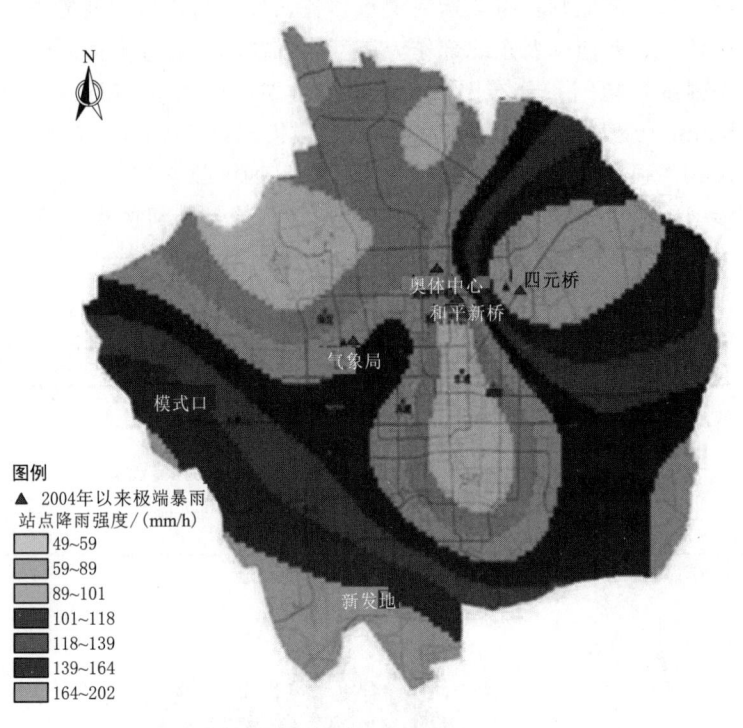

图 4 降雨强度移植结果

表6 流域内洪峰、洪水模拟结果

序号	流域	面积/km²	洪峰流量/(m³/s)	洪水总量/万m³	备 注
1	清河	174.84	848	4653	含祁家豁子闸、安河闸北分洪量631万m³
2	坝河	173.93	535	5560	含造纸厂闸、坝河分洪闸北分洪量1484万m³
3	通惠河	277.58	384	5081	
4	凉水河	677.40	2618	12685	含分洪道闸南分洪量1510万m³

西山区域的洪水淹没范围分布及统计见表7，洪水淹没范围总面积为12km²，受影响道路长度为34km，其中，万安公墓最大淹没水深1.2m，自在香山公寓区最大淹没水深1.4m，香山高尔夫球场最大淹没水深0.7m，门头馨村最大淹没水深0.9m等；洪水淹没区的道路主要包括闵庄路、清琴路、北辛庄路、巨山路、团城路等。

表7 不同洪水淹没深度下淹没范围、居工地和道路统计表

类 别	单 位	淹没深度分级				合 计
		0.1~0.5m	0.5~1.0m	1.0~1.5m	>1.5m	
淹没区面积	km²	8.00	3.01	0.64	0.18	11.83
居工地面积	hm²	128.11	37.79	4.95	0.85	43.59
淹没区道路长度	km	22.71	8.7	1.97	0.79	34.17

中心城区积水范围面积约占总面积的27%，大部分区域积水深度小于0.5m，积水深度较大区域主要位于温榆河右岸以及坝河、凉水河下游入北运河处，主要是由于河道漫溢导致，分级淹没水深面积统计见表8。

表8　　　　　　　　　　　　分级淹没水深面积统计表

最大水深/m	面积/km²	面积占比/%
<0.3	152.25	38.50
0.3~0.5	91.13	23.10
0.5~1.0	83.22	21.10
1.0~2.0	40.6	10.30
>2.0	28	7.10

暴雨引起的积水内涝对交通的影响主要包括对道路的淹没及对地铁站点的威胁，其中，中心城区受影响的道路超1300km，大部分水深在0.5m以下，70km的道路淹没深度超1.5m，包括西部、南部、东部环路等主要交通干线；中心城区123个地铁站点处于高风险区域，其中，风险较大的站点包括1号线的4个站点，2号线的7个站点，4号线的5个站点，4号线的1个站点，6号线的通州北关、朝阳门、北运河西、金台路、褡裢坡，7号线的珠市口，8号线的天桥、安华桥、西小口、什刹海，9号线的国家图书馆、丰台科技园，10号线的莲花桥、潘家园、农业展览馆、西土城，13号线的回龙观、光熙门、大钟寺、西二旗、北苑、柳芳、知春路、芍药居、五道口，14号线的枣营、郭庄子、朝阳公园、西局、东湖渠等站点。

4　洪涝风险评估

4.1　评估指标体系及分级标准

根据北京洪涝灾害发育规律和特征，提出洪涝灾害各评价指标的分级标准。其中，危险性指标包括地铁站点积水深度、低洼院落与地下室倒灌积水深度及道路积水深度，具体的危险性指标划分标准见表9，中心城区灾害危险性等级分布如图5所示，可见石景山区西北部、朝阳区北部的地铁积水风险较高，朝阳区东南部、东西城区南部及丰台区北部的低洼院落与地下室倒灌风险较高，朝阳区西北部、海淀区南部及丰台区东部的道路积水风险较高。

表9　　　　　　　　　洪涝灾害危险性指标划分标准　　　　　　　　　单位：m

洪涝灾害危险性评价指标	危险度分级标准			
	低风险	中风险	较高风险	高风险
地铁站点积水深度	<0.15	0.15~0.30	0.30~0.45	>0.45
低洼院落与地下室倒灌点积水深度	0.15~0.40	0.40~0.60	0.60~1.00	>1.00
道路积水深度	0.15~0.40	0.40~0.60	0.60~1.00	>1.00

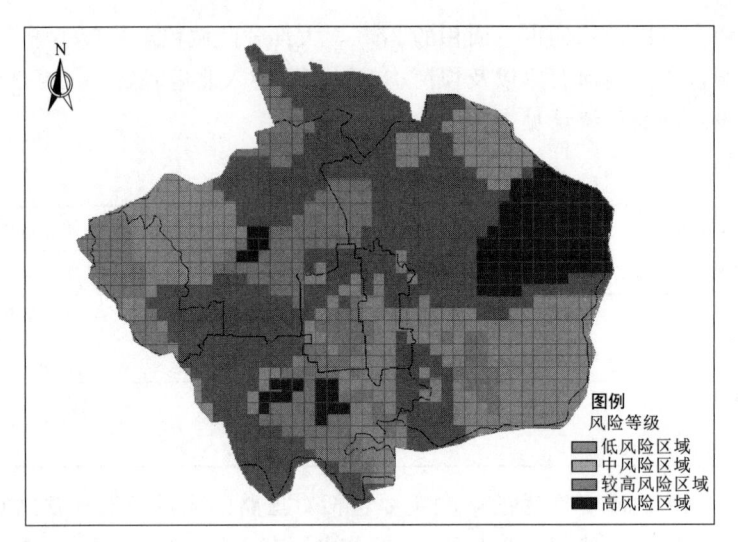

图 5　北京市中心城区灾害危险性等级分布图

暴露性指承灾体的暴露性，即受内涝影响的人、建筑和财产等信息，暴露性指标包括区域人口密度、区域GDP经济指标、管网排水能力（设计标准低于1年一遇排水管网长度），具体的指标等级划分标准见表10，中心城区暴露性等级空间分布如图6所示，可见东、西城区人口密度最大，海淀区及朝阳区GDP经济等级最高，海淀区及丰台区管网排水标准低于1年一遇的长度最多。

表 10　　　　　　　　　　　洪涝灾害暴露性指标划分标准

暴露性指标	危险度分级标准			
	低度风险	中度风险	较高风险	高度风险
区域人口密度/(人/万 m^2)	1~107	107~237	237~459	459~991
区域GDP经济指标/亿元	5408.1~8504.6	3193.1~5408.1	1493~3193.1	959.9~1493
管网排水能力/km	0~3.53	3.53~41.77	41.77~145.29	145.29~381.27

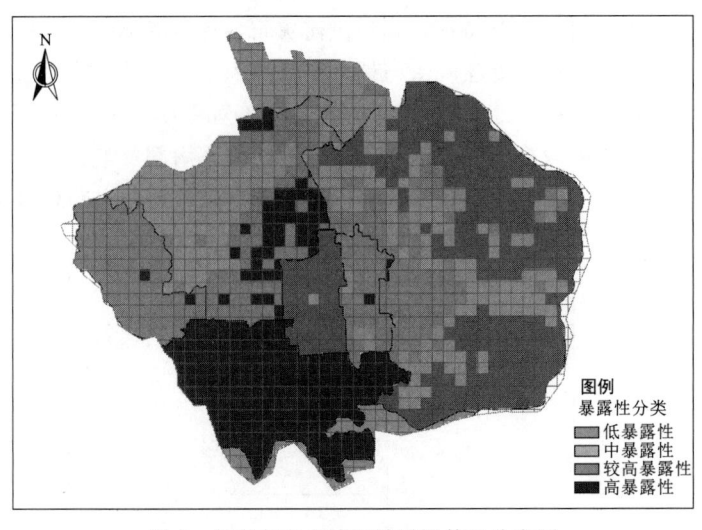

图 6　北京市中心城区暴露性等级分布图

脆弱性指承灾体的脆弱性，即对内涝发生的不利影响的倾向性，包括易损性和恢复能力，统称应急救灾能力，脆弱性指标包括避险转移安置规模、区域排水泵站个数、抢险单元排水能力指标，指标等级划分标准见表11，中心城区应急救灾能力空间分布图如图7所示，可见全域应急救灾能力大多为低救灾能力，中级以上救灾能力较为均匀。

表 11　　　　　　　　　　应急救灾能力指标划分标准

应急救灾能力评价指标	危险度分级标准			
	低度风险	中度风险	较高风险	高度风险
避险转移安置规模/万人	6.4~20	3~6.4	0.8~3	0~0.8
区域排水泵站个数/个	1			0
抢险单元排水能力/m³	2600~3000	1500~2600	0~1500	0

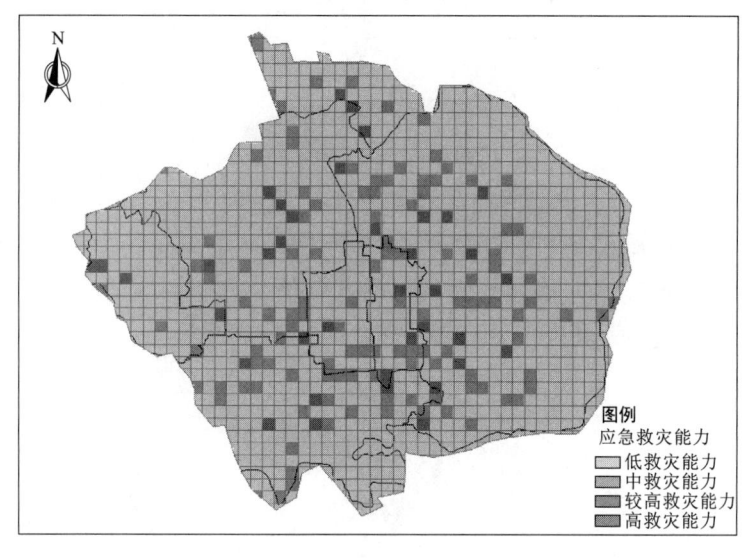

图 7　北京市中心城区应急救灾能力等级分布图

4.2　综合风险评估及防御建议

采用层次分析法对指标权重进行计算，得到的各指标权重分配结果见表12。其中道路积水情况，泵站排涝能力，人口密度，抢险单元及低洼院落与地下室分布为影响最大的5个指标。

表 12　　　　　　　　　　指　标　权　重　表

目标层	一级指标层	权重	二级指标层	权重
内涝风险	危险性	0.46	道路积水深度	0.28
			地铁积水深度	0.08
			低洼院落与地下室倒灌点积水深度	0.10

续表

目标层	一级指标层	权重	二级指标层	权重
内涝风险	暴露性	0.23	区域人口密度	0.14
			区域GDP经济指标	0.03
			低于1年一遇管网长度	0.06
	脆弱性	0.31	泵站个数	0.17
			避险转移安置规模	0.04
			抢险单元排水能力	0.10

对各指标层进行栅格叠加分析，得到暴雨移植情况下，北京市中心城区综合风险等级区划，如图8所示，结果表明中心城区风险等级区域性分布较为明显，高风险和较高风险区域主要集中在丰台区中部、朝阳区东部和海淀区东部，这主要是由于朝阳区东部、丰台区中部及海淀区东部的危险性较高，丰台区、海淀区东部暴露性较强处。

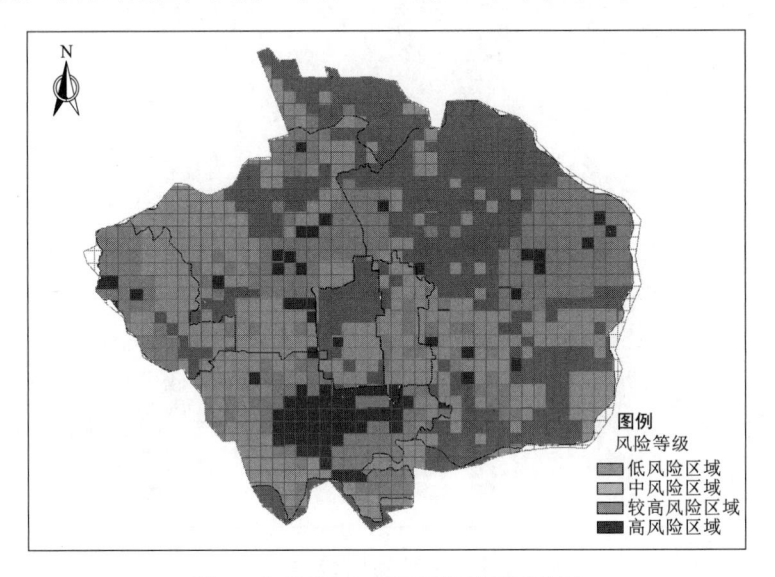

图8 北京市中心城区风险等级评估图

洪涝灾害风险评估结果可以为分级分类制定防御指引提供参考，在发生极端大暴雨时，需要强化暴雨、洪水、山洪、城市内涝的动态监测，加密滚动预报预警频次，加强对中心城区河湖水系一体化洪水调度，实施清河、凉水河和坝河分洪，充分利用西郊砂石坑、蓄滞洪区、湖泊、城市立交桥雨水泵站等工程蓄滞洪水。针对高风险区的危险路段提前做好引导和交通管制，保障城市交通运输安全，对低洼院落、地下室倒灌区域涉及居民，就近转移安置到学校、体育馆等避险转移安置点，加强城市水、电、气等城市生命线保障与应急抢修，加强对低洼路段、下凹式立交桥、地下通道等风险地区的排水工作。

在预报预警方面，加强极端天气预报预警工作，重点要针对可能出现特大暴雨，围绕"灾前、临灾、灾中、灾后"关键时间点，积极采取"31631"滚动预报服务模式。坚持"31631"的防御工作模式，提前3天作出防汛形势预测，提前1天进行应对工作部署，提前6h发布预警提示信息，提前3h工作全部落实到位，每1h报告1次汛情险情等工作信息。

水务部门提前3天对水库、河道来水风险作出评估，对城市主要下凹式立交桥等城市易涝区域内涝风险作出预判，对山洪灾害风险、内涝风险预判；提前1天做出河道、水库的洪水趋势预报，城市主要下凹式立交桥等城市易涝区域积水预测和山洪、内涝风险分析；提前6h，向社会发布洪水、内涝预警和山洪灾害风险预警，要求社会公众小心洪水、远离河道、远离积水区域；提前3h作出河道、水库洪水调度安排，提前1h各项调度措施全部就位。

气象部门提前3天加密区域天气会商，发布重大气象信息快报；提前1天预报精细到区的风雨落区、具体量级和重点影响时段；提前6h进入临灾精细化气象预警状态，定位高风险区；提前3h发布分区预警和分区风险提示，滚动更新落区、过程累计雨量、最大雨强等雨情信息；提前1h发布精细到街道的定量预报。

5 结论

本文基于Inforworks ICM模型构建北京市中心城区洪涝淹没模型，评估了在郑州"7·20"大暴雨移植情况下的洪涝灾害风险，主要结论如下：

（1）在郑州"7·20"特大暴雨移植情景下，北京市中心城区约27%的面积处于淹没范围，主要分布于城区西部、西南部、东北部区域，另外，城区123处地铁口存在倒灌风险。

（2）"危险性-暴露性-脆弱性"风险评估框架中综合考虑了道路积水、泵站排涝能力、人口经济、重要基础设施等多要素指标，绘制了特大暴雨洪涝灾害情景下的北京市中心城区洪涝风险分布图，为中心城区洪涝灾害管理提供依据。

（3）中心城区风险等级区域性分布较为明显，危险高值区位于朝阳区东部，暴露高值区位于丰台区，主要风险区域集中在丰台区中部、朝阳区东部和海淀区东部。

（4）提出"31631"防御模式，即提前3天作出防汛形势预测，提前1天进行工作部署，提前6h发布预警信息，提前3h工作到位，每1h报告1次汛情险情信息。研究成果可为特大城市极端洪涝灾害风险管理提供参考。

参考文献

[1] Zhuang Q, Zhou Z, Liu S, et al. Bivariate rainfall frequency analysis in an urban Watershed: Combining copula theory with stochastic storm transposition [J]. Journal of Hydrology, 2022, 615: 128648.

[2] Wright D B, Yu G, England J F. Six decades of rainfall and flood frequency analysis using stochastic storm transposition: Review, progress, and prospects [J]. Journal of Hydrology, 2020, 585: 124816.

[3] Kreibich H, Van Loon A F, SCHRÖTER K, et al. The challenge of unprecedented floods and droughts in risk management [J]. Nature, 2022, 608 (7921): 80-86.

[4] Yin J, Ye M, Yin Z, et al. A review of advances in urban flood risk analysis over China [J]. Sto-

chastic Environmental Research and Risk Assessment,2015,29(3):1063-1070.

[5] Li C,Cheng X,Li N,et al. A Framework for Flood Risk Analysis and Benefit Assessment of Flood Control Measures in Urban Areas [J]. International Journal of Environmental Research and Public Health,2016,13(8):787.

[6] 黄国如,罗海婉,卢鑫祥,等. 城市洪涝灾害风险分析与区划方法综述 [J]. 水资源保护,2020,36(6):1-6+17.

[7] 徐宗学,陈浩,任梅芳,等. 中国城市洪涝致灾机理与风险评估研究进展 [J]. 水科学进展,2020,31(5):713-724.

[8] 彭建,魏海,武文欢,等. 基于土地利用变化情景的城市暴雨洪涝灾害风险评估——以深圳市茅洲河流域为例 [J]. 生态学报,2018,38(11):3741-3755.

[9] 黄亦轩,徐宗学,陈浩,等. 深圳河流域内陆侧洪涝风险分析 [J]. 水资源保护,2023,39(1):101-108.

[10] 赵小伟,李永坤,杨忠山,等. 超大型城市洪涝演变规律与调度模式分析 [J]. 水文,2022,42(3):1-7+13.

[11] 化全利,吴海山,白国营. 2004年7月10日北京城区暴雨分析及减灾措施 [J]. 水文,2005(3):63-64.

[12] 郑建春,张岑,李永坤,等. 基于InfoWorks ICM模型的地铁场站内涝积水防控研究 [J]. 北京师范大学学报(自然科学版),2019,55(5):648-655.

[13] 邓雪,李家铭,曾浩健,等. 层次分析法权重计算方法分析及其应用研究 [J]. 数学的实践与认识,2012,42(7):93-100.

MIKE 模型和 HH 模型在雁栖河上游流域适用性分析

张 焜[1] 邢梦璇[2] 胡晓静[1] 周 猛[2] 卢雪琦[2]

(1. 北京市水科学技术研究院，北京 100048；2. 河海大学，南京 210098)

【摘要】 应用水文模型开展山区沟道洪水模拟预报，能够有效降低山洪灾害造成的生命财产损失。为提高山区洪水的模拟预报精度，本文以北京市雁栖河上游流域为研究对象，分别构建 MIKE 11-NAM 耦合模型和 HH 水文模型，进行参数率定验证和对比分析。结果表明，MIKE 11-NAM 耦合模型和 HH 水文模型对雁栖河上游流域均可适用，且 MIKE 11-NAM 耦合模型的模拟效果相对更好。同时，研究提出两种模型的参数取值范围，可为当地山区水文模型参数优化及洪水预报提供依据。

【关键词】 MIKE 模型；HH 水文模型；雁栖河上游；模型参数

Analysis of the suitability of MIKE model and HH model in the upper Yanqi River basin

ZHANG Kun[1] XING Mengxuan[2] HU Xiaojing[1] ZHOU Meng[2] LU Xueqi[2]

(1. Beijing Water Science and Technology Institute, Beijing 100048; 2. Hohai University, Nanjing 210098)

【Abstract】 The application of hydrological model to carry out flood simulation and early warning of mountain gully can effectively reduce the loss of life and property caused by mountain floods. In order to improve the simulation and prediction accuracy of mountain flood, MIKE 11-NAM coupling model and HH hydrological model were constructed in the upper reaches of Yanqi River in Beijing, respectively, for parameter rate determination verification and comparative analysis. The results show that both the MIKE 11-NAM coupling model and the HH hydrological model are suitable for the upper Yanqi River basin, and the MIKE 11-NAM coupling model is relatively better. At the same time, the parameter value range of the two models is proposed,

---

基金项目： 国家重点研发计划课题-山洪多尺度精细化预报预警平台和应用示范（2022YFC300290）；北京水务科技开放项目-北京北部山区典型山洪沟流域产流机理研究（11000022T000000491687）。

which can provide a basis for the parameter optimization and flood prediction of the local mountain hydrological model.

【Key words】 MIKE model; HH hydrological model; Upper reaches of Yanqi River; Parameters

山丘地区降雨达到一定量后易引发山洪灾害，山洪灾害具有突发性强、成灾快、破坏性大、预报难等特点，是防洪减灾工作的薄弱环节[1,2]。北京市作为我国首都，受地质环境条件复杂、极端气候频发及人为活动加剧的影响，局地山洪灾害时有发生，严重威胁人民生命财产安全及经济社会发展，因此，开展北京山区沟道洪水模拟预报研究十分必要。文章通过构建北京市雁栖河上游流域 MIKE 11-NAM 耦合模型和 HH 水文模型，进行典型场次暴雨洪水率定验证，探讨 MIKE 11-NAM 耦合模型和 HH 模型在研究区域的适用性，并提出参数取值范围，以期为提高北京北部山区沟道洪水模拟精度、动态预警指标分析及预报预警应用提供参考。

1 研究区概况与数据来源

1.1 研究区概况

雁栖河上游流域位于北京市怀柔区雁栖镇，主沟道长 20.55km，沟道比降 0.0295，流域面积 65.69km^2。沿沟道涉及西栅子村、八道河村、交界河村、石片村、神堂峪村 5 个行政村，另有神堂峪自然风景区。

该区域属于暖温带大陆性半湿润季风气候，受季风影响，区域形成四季分明的气候特点，常年主导风向为西南风，冬季为东北风，夏季持续高温而多雨，秋季和冬季持续时间长而干旱。根据本区域的历年气候资料统计，年平均气温为 10~20℃，最高温度 40℃，最低 -20℃，7月最热，月平均气温 25.8℃；1月最冷，月平均气温 -5.1℃。区域内降雨随年际的变化较大，多年平均降水量为 638.4mm，降水量大部分集中在 6—8 月。区域内年平均相对湿度为 59%，7月、8月较大，为 78%。

1.2 数据来源

数字高程数据来源于地理空间数据云，下载分辨率为 30m 的数字高程地图（DEM）；通过测绘获取雁栖河上游横、纵断数据（比例 1∶200）；降雨、流量数据来源于北京市水文总站柏崖厂自动雨量站、水文站监测的逐日摘录资料。

2 研究内容与方法

针对研究区域，分别构建 MIKE 11-NAM 耦合模型和 HH 水文模型，选取典型场次暴雨径流过程进行模型率定和验证，获取参数范围，并通过目视比较和定量指标相结合的方法对模型模拟效果进行评价。

2.1 MIKE 11 – NAM 耦合模型简介

MIKE 模型是由丹麦水资源与水环境研究所（Danish Hydraulic Institute，DHI）开发[3]，一维水动力模块 HD 是 MIKE 11 的主要构成部分，通常 MIKE 11 HD 模型需要添加研究区域的河网文件、边界文件、断面文件和参数文件作为运行的输入条件[4]。MIKE 11 河流水动力模型基于一维明渠非恒定流方程，其理论基础是圣维南方程组，包括水流连续方程和动量方程[5]：

连续方程：

$$\frac{\partial A}{\partial t} + \frac{\partial Q}{\partial x} = q \tag{1}$$

动量方程：

$$\frac{\partial A}{\partial t} + \frac{\partial}{\partial x}\left(\alpha \frac{Q^2}{A}\right) + g\frac{Q|Q|}{C^2 AR} + gA\frac{\partial A}{\partial x} = 0 \tag{2}$$

式中 Q——流量，m³/s；

q——侧向入流，m³/s；

t——时间，s；

x——沿水流方向的距离，m；

A——过水断面，m²；

h——水位，m；

α——动量修正系数；

R——水力半径，m；

C——谢才系数；

g——重力加速度，m/s²。

NAM 模型属于集中式、概念模型，可模拟坡面流、壤中流和基流及土壤含水率变化[6]。通过连续计算积雪储水层、地表储水层、土壤或植物根区储水层以及地下储水层四个不同且相互影响的储水层的含水量来模拟产汇流过程，这几个储水层代表了流域内不同的物理单元[7]。

在水动力模型与 NAM 模型二者均可独自成功模拟计算的前提下，可将二者耦合。在耦合模型中，NAM 模型模拟的出流量视为旁侧入流进入河网[8]。

2.2 HH 水文模型简介

HH 模型基于物理机制模拟各个水文过程及过程间的交互作用，包括截留、蒸发、下渗、土壤水分运动、坡面产流、坡面汇流、河道汇流等，服务于流域管理、洪水预报预警、全球变化影响研究等。HH 模型将流域划分为网格单元，在垂直结构上，又将网格划分为不同的水平层，包括冠层、地表层、土壤层、地下水层（图 1），其中，土壤层又进一步划分为多

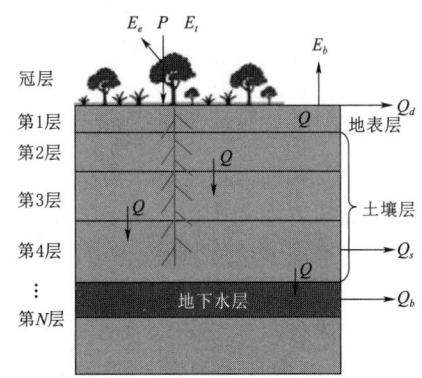

图 1　HH 模型垂向分层

个土层（最多 10 层）。模型的每一个模拟步长始终遵循水量平衡原理，即

$$\frac{\partial s}{\partial t} = P - E - R \tag{3}$$

式中 $\frac{\partial s}{\partial t}$、$P$、$E$、$R$——区域储水量的变化量、降雨量、蒸散发量和径流量，mm。

HH 模型采用模块化的结构，根据产汇流过程分为 3 个模块，分别为地表产流模块、坡面汇流模块、河网汇流模块。地表产流模块又进一步划分为 3 个子模块：蒸散发、土壤水分运动、地表产流。蒸散发模块考虑三种类型的蒸发：冠层截留蒸发，植被蒸腾和裸土蒸发，三者之和作为每个网格总的实际蒸散发。土壤水分运动模块基于一维 Richards 方程求解土壤水分运动。地表产流根据实际下渗率和表层土壤含水量的情况来计算。坡面汇流模块采用退水系数法将网格单元的产汇流汇到水系，作为主河道的入流。河网汇流模块主要采用马斯京根方法，该方法使用方便，精度相对较高，在生产实践中得到广泛应用。

2.3 模型率定和验证

MIKE 11-NAM 模型的参数代表流域范围内的平均值，基本上都无法通过对流域特性的定量测试得到，因此模型参数需要率定[9]。该模型参数自动率定采用的是全局优化（shuffiled complex evolution，SCE）优化算法，并通过人工的方式，对模型参数进行了微调[10]。参数率定的过程，实际上就是不断调整各参数值，直到计算的径流与流域出口实测流量达到较好的拟合。NAM 模型参数见表 1。

表 1   NAM 模型参数

参数	参数含义	参数	参数含义
U_{max}	地表储水层最大含水量	TIF	壤中流临界值
L_{max}	土壤层/根区最大含水量	$CK_{1,2}$	坡面流壤中流时间常数
C_{QOF}	坡面流系数	TG	地下水补给临界值
C_{KIF}	壤中流排水常数	CK_{BF}	基流时间常数
TOF	坡面流临界值		

HH 水文模型的参数率定采用 ε-NSGA Ⅱ多目标优化算法。ε-NSGA Ⅱ是带精英策略的快速非支配排序遗传算法（NSGA Ⅱ）的基础上，增加了 ε 支配调整策略，它降低了非劣排序遗传算法的复杂性，具有运行速度快、解集收敛性好的优点。HH 水文模型参数见表 2。

表 2   HH 水文模型参数

参数	参数含义	参数	参数含义
$Rootdepth$	根系深度	$soilwatersat$	饱和含水量
$Gwst$	地下水释水系数	$soilwaterres$	残余含水量
B	土壤水 BC 模型系数	$soilwaterfield$	田间持水量
$Ksat$	饱和导水率	$Hasat$	饱和时土水势

根据已有的降雨流量数据，选取 2012 年 7 月 27 日至 8 月 1 日、2017 年 7 月 6—11 日、2021 年 7 月 11—16 日 3 个典型场次降雨洪水过程作为模型率定期。1989 年 7 月 21—26 日、2020 年 8 月 12—17 日 2 个典型场次降雨洪水作为模型验证期。

2.4 效果评价

模型模拟效果的评价采取目视比较和定量指标相结合的方法。

确定性系数 R^2 和 Nash‐Sutcliffe 效率系数 E_{NS} 对率定期模拟精度进行评价。决定系数 R^2 和 Nash‐Sutcliffe 效率系数 E_{NS} 表达式为

$$R^2 = \frac{\left[\sum_{i=1}^{n}(Q_{m,i}-\overline{Q_m})(Q_{s,i}-\overline{Q_s})\right]^2}{\sum_{i=1}^{n}(Q_{m,i}-\overline{Q_m})^2 \sum_{i=1}^{n}(Q_{s,i}-\overline{Q_s})^2} \tag{4}$$

$$E_{NS} = 1 - \frac{\sum_{i=1}^{n}(Q_m-Q_s)^2}{\sum_{i=1}^{n}(Q_m-\overline{Q_m})^2} \tag{5}$$

式中 $Q_{m,i}$——i 时刻的模拟径流，m³/s；

$Q_{s,i}$——i 时刻的实测径流，m³/s；

$\overline{Q_m}$——模拟径流的算术平均值，m³/s；

$\overline{Q_s}$——实测径流的算术平均值，m³/s。

确定性系数 R^2 和 Nash‐Sutcliffe 效率系数 E_{NS} 越接近于 1，率定期间模型表现效果越好。

洪峰流量相对误差和峰现时差对验证期模拟精度进行评价。当洪峰流量相对误差和峰现时差越小，验证期间模型表现效果越好。

3 结果与分析

3.1 率定结果与分析

3.1.1 MIKE 11‐NAM 耦合模型率定结果

选取 2012 年 7 月 27 日至 8 月 1 日、2017 年 7 月 6—11 日、2021 年 7 月 11—16 日 3 场典型暴雨洪水过程对 MIKE 11‐NAM 模型进行率定，率定结果详见表 3 和图 2，率定效果分析见表 4。

表 3　　　　　　　　　　模型参数自动率定结果

洪水场次	U_{max}	L_{max}	C_{QOF}	C_{KIF}	$CK_{1,2}$	TOF	TIF	TG	CK_{BF}
20120727—0801	7.438	6.059	0.143	299.917	9.306	0.049	0.380	0.650	3778.086
20170706—0711	10.130	121.612	0.175	352.194	6.464	0.004	0.368	0.125	2032.563
20210711—0716	13.716	119.156	0.234	576.860	10.066	0.295	0.466	0.848	1146.583

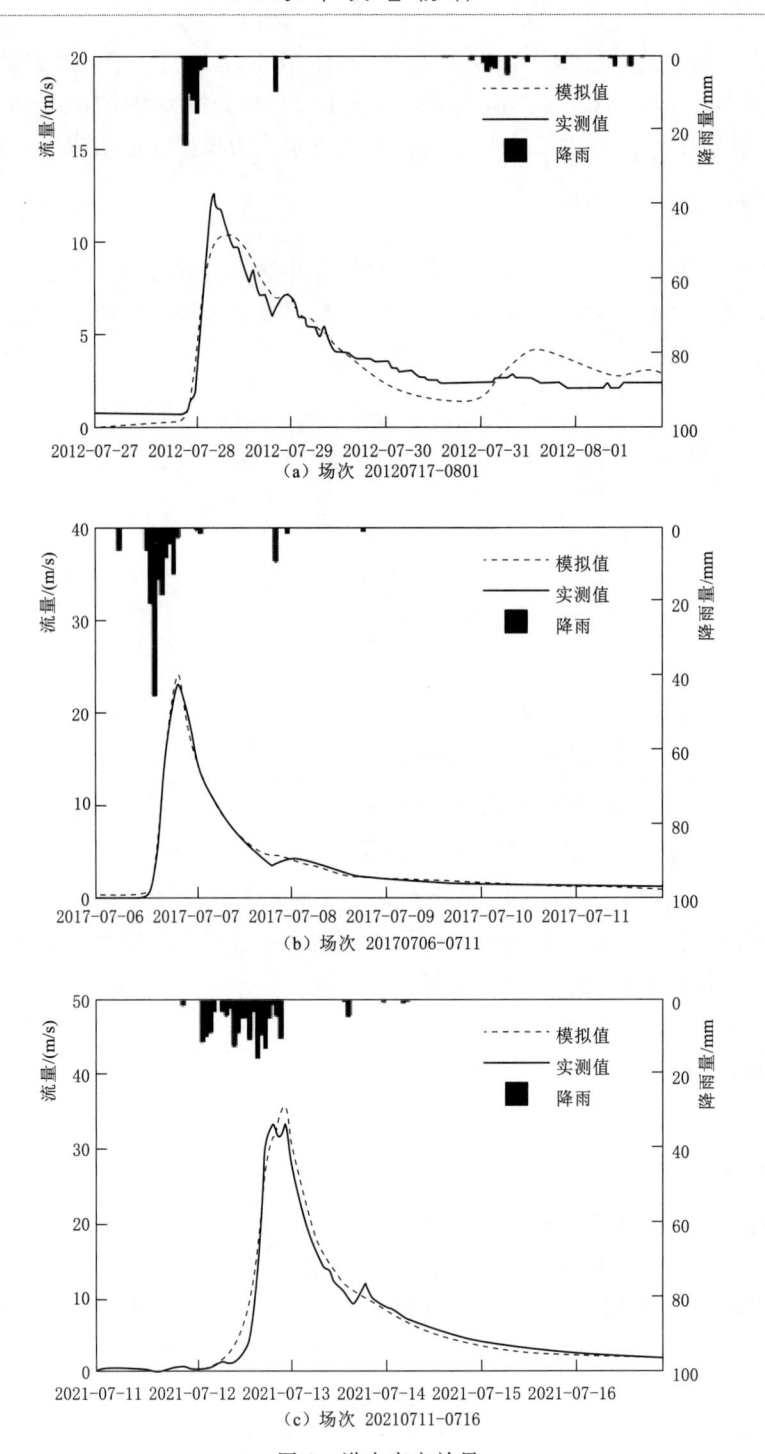

图 2 洪水率定效果

由表 3 可知，参数土壤层根区最大含水量（L_{max}）、地下水补给临界值（TG）和基流时间常数（CK_{BF}）的变化幅度较大，参数范围分别为：6.059~121.612mm、0.125~0.848、1146.583~3778.086h；参数地表储水层最大含水量（U_{max}）、坡面流系数

（C_{QOF}）、壤中流排水常数（C_{KIF}）、坡面流壤中流时间常数（$CK_{1,2}$）、坡面流临界值（TOF）和壤中流临界值（TIF）的变化幅度相对较小，参数范围分别为：7.438～13.716mm、0.143～0.234、299.917～576.860h、6.464～10.066h、0.004～0.295、0.368～0.466。

表4　　　　　　　　　　　洪水率定模拟结果

模拟区间	洪水场次	洪峰流量 实测值/(m³/s)	洪峰流量 模拟值/(m³/s)	相对误差/%	峰现时差/h	R^2	E_{NS}
率定期	20120727-0801	12.6	10.3	-18.25	3	0.894	0.893
	20170706-0711	24.4	23.4	-4.10	1	0.959	0.958
	20210711-0716	33.3	35.3	6.01	2	0.979	0.978

由图2和表4知，MIKE11-NAM耦合模型率定期表现效果较好：率定结果的确定性系数R^2达到0.894～0.979，Nash-Sutcliffe效率系数E_{NS}达到0.893～0.978，洪水过程线的变化趋势基本一致，洪峰流量、洪峰峰现时间均与实测过程有较高的一致性，其洪峰流量相对误差达-18.25%～6.01%，峰现时差为1～3h。

3.1.2　HH水文模型率定结果

选取2012年7月27日至8月1日、2017年7月6—11日、2021年7月11—16日3场典型暴雨洪水过程对HH水文模型进行率定，率定结果详见表5和图3，率定效果分析见表6。

表5　　　　　　　　　　　模型参数率定结果

洪水场次	参数 Rootdepth	Gwst	B	Ksat	soilwatersat	soilwaterres	soilwaterfield	Hasat
20120727-0801	505.697	0.295	8.051	2.62×10⁻³	0.532	0.179	0.378	-248.569
20170706-0711	225.295	0.298	3.372	5.42×10⁻³	0.425	0.149	0.397	-183.893
20210711-0716	357.491	0.270	7.253	4.24×10⁻³	0.259	0.224	0.472	-83.192

(a) 场次 20210711-0716

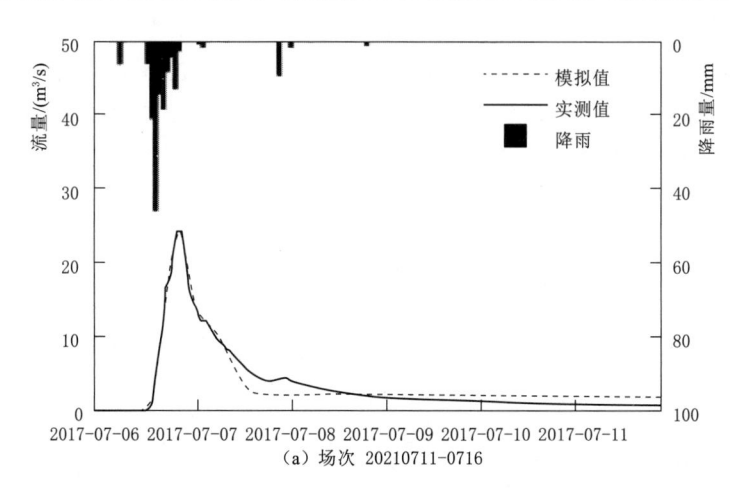

图3（一）　洪水率定效果

(b) 场次 20120727—0801

(c) 场次 20210711—0716

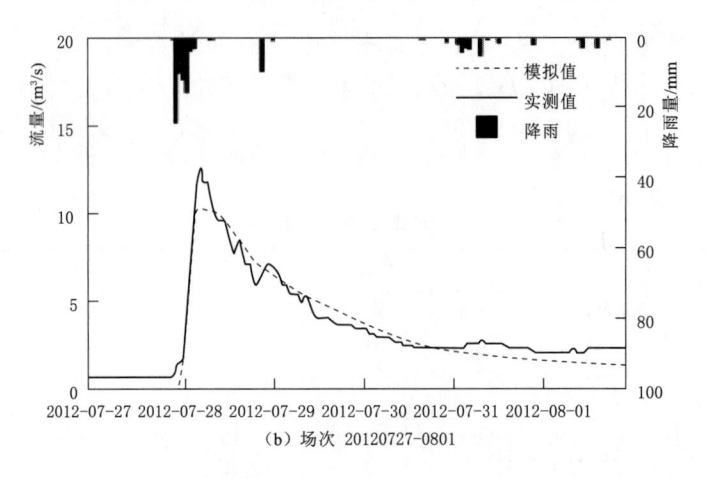

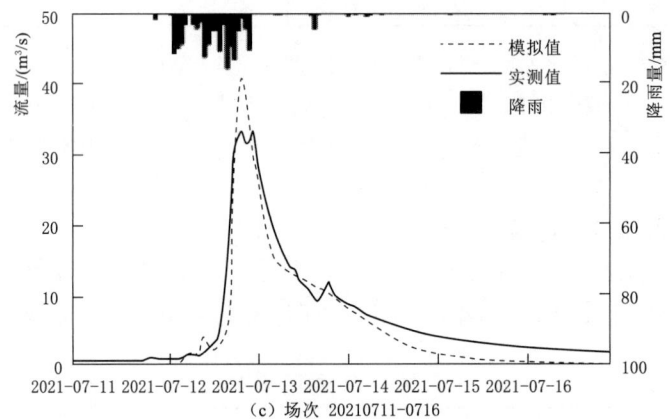

图3（二） 洪水率定效果

由表5可知，根系深度（Rootdepth）、地下水释水系数（Gwst）、土壤水 BC 模型系数（B）、饱和导水率（Ksat）、参数饱和含水量（soilwatersat）、残余含水量（soilwaterres）、参数田间持水量（soilwaterfield）、饱和时土水势（Hasat）的变化幅度较大，参数范围分别为：225.295～505.697mm、0.270～0.298、3.372～8.051、2.62×10^{-3}～5.42×10^{-3} mm/sec、0.259～0.532cm³/cm³、0.149～0.224cm³/cm³、-248.569～-83.192kPa，率定参数分别为初始参数的0.563～1.264倍、1.349～1.488倍、0.625～1.491倍、0.753～1.561倍、0.551～1.132倍、1.242～1.869倍、1.510～1.888倍、0.445～1.332倍。

表6 洪水率定模拟结果

模拟区间	洪水场次	洪峰流量 实测值/(m³/s)	洪峰流量 模拟值/(m³/s)	相对误差/%	峰现时差/h	R^2	E_{NS}
率定期	20120727—0801	12.6	10.4	-17.46	0	0.955	0.945
	20170706—0711	24.4	24.1	-1.23	0	0.957	0.954
	20210711—0716	33.3	41.1	23.42	0	0.915	0.871

由图 3 和表 6 知，HH 水文模型率定表现效果较好：率定结果的确定性系数 R^2 达到 0.915～0.957，Nash-Sutcliffe 效率系数 E_{NS} 达到 0.871～0.954，洪水过程线的变化趋势基本一致，洪峰流量、洪峰峰现时间均与实测过程一致性也较高，洪峰流量相对误差达 －17.46%～23.42%，峰现时差均为 0h。

3.2 验证结果与分析

3.2.1 MIKE 11-NAM 耦合模型验证结果

选取 1989 年 7 月 21—26 日、2020 年 8 月 12—17 日 2 场典型暴雨洪水对 MIKE 11-NAM 耦合模型进行验证，验证结果详见图 4，验证效果分析见表 7。

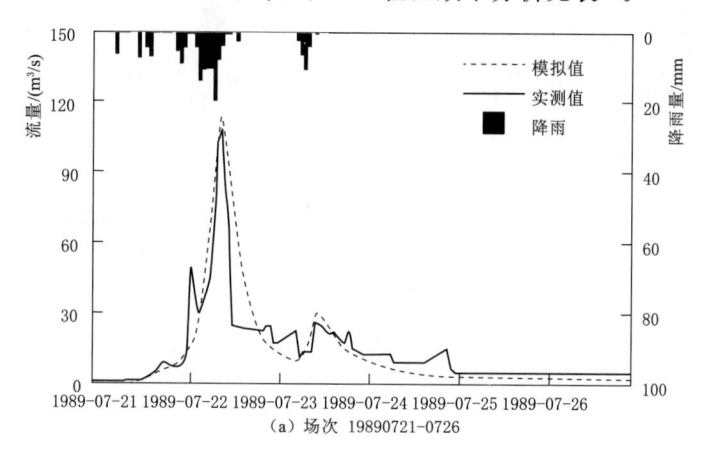

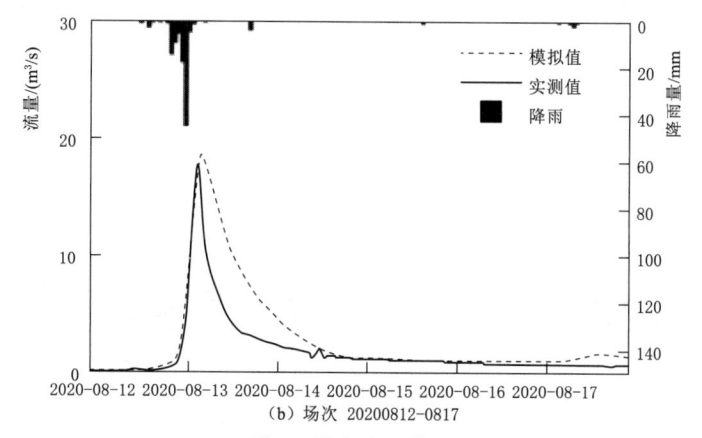

图 4 洪水验证效果

表 7 洪水验证期模拟结果

模拟区间	洪水场次	洪峰流量 实测值 /(m³/s)	洪峰流量 模拟值 /(m³/s)	相对误差/%	峰现时差/h
验证期	19890721-0726	109.0	114.2	4.771	0
	20200812-0817	17.7	18.6	5.085	1

由图 4 和表 7 知，MIKE 11-NAM 耦合模型验证期表现效果较好：验证结果的洪峰流量相对误差为 4.771% 和 5.085%，峰现时差为 0h 和 1h，洪水过程线的变化趋势基本一致，洪峰流量、洪峰峰现时间均与实测过程有较高的一致性。

3.2.2 HH 水文模型验证结果

选取 1989 年 7 月 21—26 日、2020 年 8 月 12—17 日 2 场典型暴雨洪水对 HH 水文模型进行验证，验证结果详见图 5，验证效果分析见表 8。

(a) 场次 19890721-0726

(a) 场次 20200812-0817

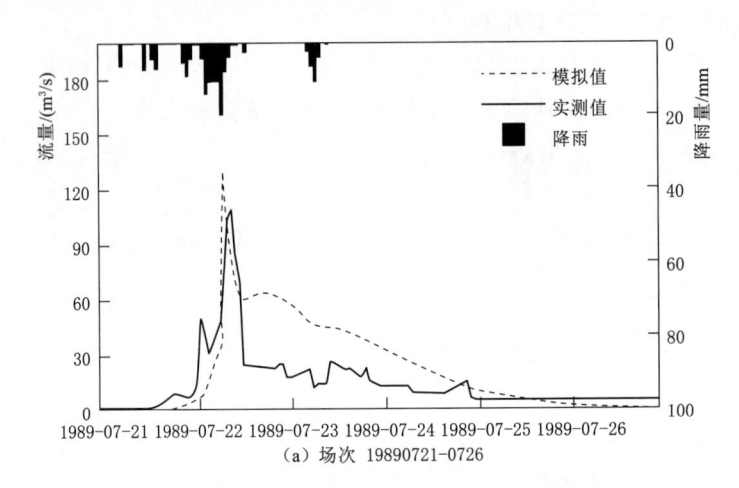

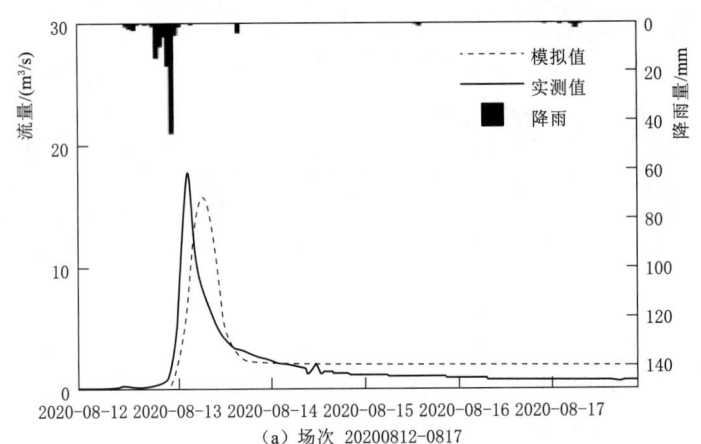

图 5 洪水验证效果

表 8 水验证期模拟结果

模拟区间	洪水场次	洪峰流量 实测值 /(m³/s)	洪峰流量 模拟值 /(m³/s)	相对误差 /%	峰现时差/h
验证期	19890721-0726	109.0	130.7	19.900	2
	20200812-0817	17.7	16.0	-9.600	4

由图5和表8知，HH水文模型验证期表现也基本可靠：洪水验证结果的洪峰流量相对误差为19.900％和－9.600％，峰现时差分别为2h和4h，洪水过程线的变化趋势基本一致，洪峰流量、洪峰峰现时间与实测过程也基本一致。

3.3 适用性分析

从率定期看，MIKE 11 - NAM 耦合模型和 HH 水文模型的表现效果均较好，两个确定性系数 R^2 和 Nash - Sutcliffe 效率系数 E_{NS} 均达到 0.87 以上；从验证期看，MIKE 11 - NAM 模型表现效果较好，洪峰误差在 5％ 左右，峰现时差在 1h 以内，HH 水文模型表现效果也能够适用，其洪峰误差在 20％ 以内，峰现时差为 2～4h。因此，MIKE 11 - NAM 耦合模型和 HH 水文模型在雁栖河上游流域均表现出较好的适用性，且 MIKE 11 - NAM 耦合模型的适用性相对更高。

4 结论

（1）MIKE 11 - NAM 耦合模型和 HH 水文模型率定期的确定性系数 R^2 和 Nash-Sutcliffe 效率系数 E_{NS} 均达到 0.87 以上，MIKE 11 - NAM 耦合模型验证期的洪峰误差在 5％ 左右，峰现时差在 1h 以内，HH 水文模型验证期的洪峰误差在 20％ 以内，峰现时差为 2～4h，两个模型均表现出较好的适用性，且 MIKE 11 - NAM 耦合模型的效果相对更好。

（2）针对典型流域构建不同的水文模型，基于实测多场次降雨径流数据率定验证，分析比较模型的适用性并提出参数范围，可为山区河沟道洪水预报奠定基础。当然，水文模型模拟水文过程的精度会受到水文资料完整性及模型结构等因素影响，后续仍需积累更多实测降雨径流数据，持续对模型参数进行迭代，以不断提高模拟预报精度。

参考文献

［1］ 靳宏昌. 基于GIS的山东省山洪灾害调查与防治研究［D］. 南京：河海大学，2005.
［2］ 魏永强，盛强，董林垚，等. 山洪灾害防治研究现状及发展趋势［J］. 中国防汛抗旱，2022，32（7）：30 - 35.
［3］ 刘强，陈琳，周霄. MIKE11HD和NAM耦合模型在浑河流域沈抚段区域的应用［J］. 科技展望，2015，25（31）：62 - 63.
［4］ 牛亚男. MIKE 11 - NAM 耦合模型在小流域洪水模拟中的应用［J］. 浙江水利水电学院学报，2021，33（3）：22 - 30.
［5］ 张明，王玲玲，张凤山，等. 淮河蚌埠-洪泽湖段水文水动力模型的建立与验证［C］//《水动力学研究与进展》编委会，中国造船工程学会，江苏大学. 第二十九届全国水动力学研讨会论文集（下册）. 海洋出版社（China Ocean Press），2018：549 - 554.
［6］ 周旭，黄莉，王苏胜. MIKE 11 模型在南通平原河网模拟中的应用［J］. 江苏水利，2016，No.225（1）：52 - 55+60.
［7］ 郭清，李云鹏. 大凌河流域Nam模型构建与应用预测［J］. 东北水利水电，2008（6）：18 - 21.
［8］ 孙嘉辉，梁藉，曾志强，等. 耦合水动力模型的NAM模型在青狮潭流域的应用［J］. 中国农村

水利水电,2018,No.432(10):161-164.
[9] MADSEN H. Automatic calibration of a conceptual rainfall-runoff model using multiple objectives [J]. Journal of Hydrology, 2000, 235 (3): 276-288.
[10] 林波, 刘琪璟, 尚鹤, 等. MIKE 11/NAM 模型在挠力河流域的应用 [J]. 北京林业大学学报, 2014, 36 (5): 99-108.

延庆冬奥设施山洪风险防治措施分析

杨淑慧　杨晓春

（北京市水科学技术研究院，北京　100048）

【摘要】 北京成功举办了2022年冬奥会，冬奥延庆赛区在赛后将建成国家级高山滑雪、雪车雪橇专业赛场、北京的雪上训练基地及雪上群众运动中心。冬奥延庆赛区场馆设施位于延庆山区小海坨峰，佛峪口河流域，存在山洪风险。本文根据延庆赛区场馆设施所在区域的布设及特点，进行山洪影响分析，提出山洪防御措施；延庆冬奥设施山洪防御措施除了进行佛峪口沟道治理防护等工程措施外，还需制定实用的防汛预案、建立山洪预警系统、做好防汛安全管理等非工程措施，防御山洪灾害的发生，保障延庆赛区场馆设施的防洪安全，为推进延庆区"后冬奥时代"的发展保驾护航。

【关键词】 后冬奥时代；水文分析；山洪风险；非工程措施；监测预警系统

Analysis on risk prevention measures of flash flood for winter Olympic facilities in Yanqing

YANG Shuhui　YANG Xiaochun

（Beijing Academy of Water Science and Technology，Beijing　100048）

【Abstract】 The 2022 Olympic Games have been successfully held in Beijing. After the 2022 Olympic Games, the Winter Olympics Yanqing area will be built as a nationally professional venue for alpine skiing and bobsledding, Beijing's snow training base and snow mass sports center. The venue facilities of the Winter Olympic Games in Yanqing are located in the mountainous area of Yanqing at the peak of Xiaohaituo and in the watershed of the Fuyukou River, where there is a risk of flash floods. According to the layout and characteristics of the area where the venues and facilities in Yanqing competition area are located, flash flood impact analysis is carried out and flash flood defense measures are proposed. In addition to carrying out the protection engineering measures of the Fayukou ditch management, practical flood prevention plans, establishment of flash flood warning system, flood safety management and other non-engineering measures should be developed to defend against flash floods and guarantee the flood safety of the venues and facilities in Yanqing competition area, so as to promote the development of Yanqing area "Post-Winter Olympic era".

【Key words】 Post-Winter Olympics era; Hydrological analysis; Flash flood risk; Non-engineering measures; Monitoring and early warning system

1 概述

2022年第24届冬奥会和冬残奥会由北京市和河北省张家口市联合举办，这是我国首次举办冬奥会。冬奥会分北京市奥林匹克中心赛区、北京市延庆赛区和河北省张家口市崇礼赛区。北京延庆赛区主要包括国家高山滑雪中心、国家雪车雪橇中心、奥运村、媒体中心、工作人员住宿区及配套服务设施、道桥工程等，设施布置如图1所示。2022年北京冬奥会整体项目分为两大类：冰上竞技项目和雪上竞技项目，一共设置了7个大项、15个分项、109个小项；其中延庆赛区承办了雪车、雪橇2个大项以及高山滑雪1个分项。

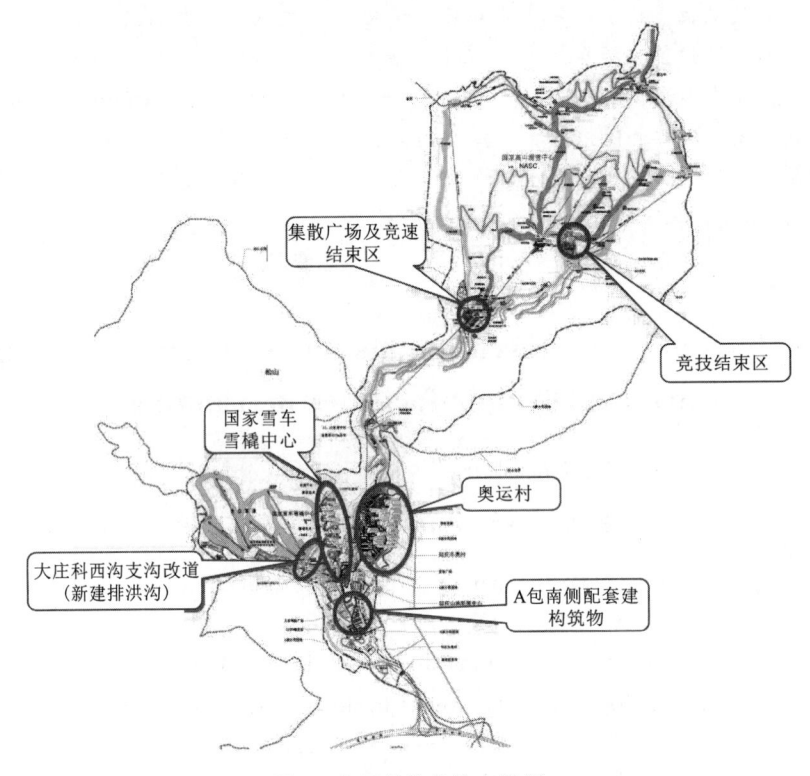

图1 奥运场馆设施布设图

北京2022年冬奥会已经圆满落下帷幕，给延庆留下了难忘的冬奥记忆和珍贵的冬奥遗产。冬奥延庆赛区在赛后将建成国家级高山滑雪、雪车雪橇专业赛场、北京的雪上训练基地及雪上群众运动中心。

延庆赛区位于北京市延庆区西北约18km海坨山，赛区的基础设施建设基本上位于佛峪口沟上游沟道两侧，其汇水区全部为山区，该区域山高林密、地形复杂，汛期易受山洪影响。山区由于流域面积小和沟道的调蓄能力小，坡降较陡，因此山洪具有历时短、涨幅大、洪峰高、水量集中、成灾迅速、破坏力大等特点，对人民生命财产造成严重危害[1]。

山洪灾害具有以下特征：山洪汇流很快，河水陡涨，水流湍急，暴发历时很短，其破坏形式主要有冲刷、溃决、撞击、淤埋、淹没，往往对房屋、交通、电力、通信等基础设施造成毁灭性的破坏。山洪灾害是山区常见的一种自然灾害，并且大多发生于暴雨区，山洪频繁发生成为防汛抗灾中最突出的问题和严重威胁人民生命财产安全的心腹之患。

本文根据 2022 年冬奥会延庆赛区场馆设施所在区域的特点，分析延庆赛区设施是否受山洪影响，提出相应的对策和措施，预防山洪灾害的发生，保障延庆赛区场馆设施的防洪安全，推进冬奥遗产后续利用，最大限度释放冬奥效应。

2 水文分析计算

应用改进推理公式法进行项目所在流域的山区小流域的产汇流计算，确定不同频率山洪流量，模拟计算佛峪口沟洪水演进过程，分析山洪对奥运场馆设施的影响。

2.1 降雨计算

延庆赛区所在佛峪口沟段汇水总面积 23.42km²，全部为山区面积，行政区划属延庆区张山营镇。区域气候属大陆季风气候区，是温带与中温带、半干旱与半湿润的过度地带。年内降水主要集中在汛期 6—9 月，汛期 4 个月降水量占全年水量的 70%~80%。据延庆站降水资料统计，多年平均降水量为 474.7mm。

佛峪口河发源于海坨山南麓，主河道长约 15km。冬奥会延庆赛区属佛峪口河流域，位于佛峪口水库上游。项目区汇水区域总面积为 23.42km²；最高点高程为 2233m，最低点高程为 797m。

由于项目所在佛峪口沟小流域缺乏系列降雨资料，本文根据《北京市水文手册》（第一分册）暴雨图集，内插查出多年平均最大 10min、30min、1h、6h、24h 雨量、雨量变差系数 C_v 及多年平均最大雨量 $\overline{H_t}$，北京地区采用偏差系数 $C_s=3.5C_v$，由皮尔逊Ⅲ型曲线的模比系数 K_p 值表，计算得出 20 年一遇、50 年一遇、100 年一遇频率下项目区流域的值 K_p，根据公式（1）计算出各频率的点暴雨量。

$$H_{tp}=K_p\overline{H_t} \tag{1}$$

式中 H_{tp}——某一历时、某一设计频率暴雨量，mm；

K_p——模比系数；

$\overline{H_t}$——某个标准历时暴雨量均值，mm。

根据《城镇雨水系统规划设计暴雨径流计算标准》（DB11/T 969—2016）Ⅰ区 1440min 雨型分配过程表[2]，时间间隔为 5min，得到不同频率降雨过程线，如图 2 所示。

2.2 设计洪水计算

在没有实测洪水资料地区，一般采用设计暴雨推求设计洪水的方法，包括推理公式法、经验公式、模型计算法等。本项目所在的佛峪口沟小流域内，无实测资料，采用改进推理公式法进行本项目所在小流域汇流量计算。

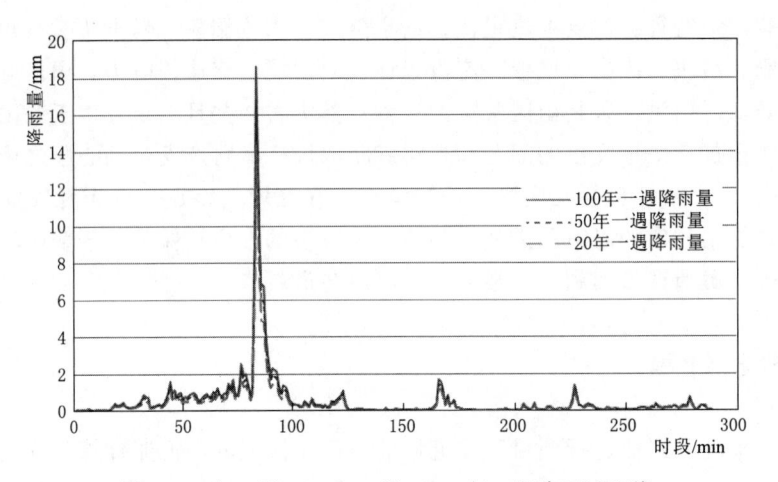

图 2　20年一遇、50年一遇、100年一遇降雨过程线

根据《北京市水文手册》（第二部分）洪水篇，北京山区可以采用地区经验公式法、推理公式法等计算设计洪水的洪峰流量。经对比分析改进推理公式法适用于小于20km²的流域，且计算成果偏于安全；项目区以上流域面为15.24km²，采用改进推理公式法计算项目区以上汇水面积20年一遇、50年一遇、100年一遇设计流量。

山区改进推理公式基本形式如下，洪峰流量 Q 可通过联解式（2）、式（3）求得

$$Q_t = 0.278 F H_t / t \tag{2}$$

$$\tau = 0.278 \theta / (m Q_\tau^{1/4}) \tag{3}$$

式中　Q_t、Q_τ——流量，m³/s；

　　　h_t——净雨量，mm；

　　　F——流域面积，km²；

　　　t——降雨历时，h；

　　　τ——汇流时间，h；

　　　θ——地理参数，$\theta = L / J^{1/3}$；

　　　m——汇流参数。

采用改进推理公式法分别计算佛峪口沟各节点和大庄科西沟流域的洪峰流量，计算结果见表1。

表1　　　　　　　　　　　不同频率洪峰流量成果表

河道		断面桩号	汇水面积/km²	20年一遇洪峰流量/(m³/s)	50年一遇洪峰流量/(m³/s)	100年一遇洪峰流量/(m³/s)
佛峪口沟	汇合口以上	2+891.462	10.61	120	150	173
		5+979.894	15.25	165	208.5	242
	汇合口以下	6+200	23.43	243	316	358

注　洪峰流量：为各节点以上流域面积内的洪峰流量；
　　断面桩号：自上游至下游河道治理桩号高山滑雪赛道结束区附近为0+000。

2.3 河道水力计算分析

采用 HEC‐RAS 模型计算佛峪口沟 20 年一遇、50 年一遇、100 年一遇洪水演进过程，HEC‐RAS 为恒定非均匀流方法分段计算水面线，其水力计算基本方程式：

$$z_2 = z_1 + h_f + h_j + \frac{\alpha v_1^2}{2g} - \frac{\alpha v_2^2}{2g} \tag{4}$$

式中　z_1——下游断面的水位高程；

　　　z_2——上游断面的水位高程；

　　　h_f——沿程水头损失；

　　　h_j——局部水头损失；

　　　v_1——下游断面的平均流速；

　　　v_2——上游断面的平均流速。

采用 HEC‐RAS 模型计算治理后佛峪口沟和大庄科西沟 20 年一遇、50 年一遇、100 年一遇洪水水位、流速。根据现状佛峪口沟及大庄科西沟不同频率洪水相应水位、流速以及淹没范围，分析延庆赛区内各项设施受山洪影响。

3　山洪影响分析

鉴于奥运会场馆设施的重要性，经专家论证咨询，奥运场馆设施以 100 一遇洪水作为防洪标准进行分析，分析山洪对冬奥设施影响。

经计算分析，高山滑雪赛道结束区包括观众区、运动员区、媒体区、场馆运营、竞赛管理区、缆车站、停车场等位于佛峪口沟（自上游至下游河道治理桩号 0+000～0+300）两岸，该段 100 年一遇水位为 1466.45～1401.53m。经分析，部分设施位低于河道 100 年一遇水位，位于河道淹没范围内；该河段纵坡比降为 16％～26％，河道坡陡流急，最大流速达 7.95m/s，淹没范围内的建筑物存在冲刷风险。

高山滑雪赛道媒体区位于佛峪口沟桩号 0+500～0+700 处，包括媒体区和停车场。该段 100 年一遇洪水水位为 1369.49～1336.44m，部分设施位于河道淹没范围内；该河段纵坡比降为 15％～18％，最大流速达 7.2m/s，淹没范围内的高山滑雪赛道媒体区存在冲刷风险。

国家高山滑雪中心综合服务区位于佛峪口沟桩号 1+100～1+550，100 年一遇水位为 1264.02～1200.52m，部分场馆运营区、奥运大家庭、竞赛管理区、观众区、运动员区、缆车站、停车场、供热用地位于河道淹没范围内，防洪安全受到威胁。

奥运村区域、国家雪车雪橇中心等区域位于佛峪口沟 100 年一遇洪水淹没范围外，100 年一遇标准内洪水对其基本无影响。

4　山洪影响防治措施

4.1　工程措施

为了减小山洪对项目的影响，冬奥延庆赛区设施基础考虑了满足防冲要求外，对沟道采取多项工程治理措施,包括:佛峪口沟治理、新建排洪沟、桥梁上下游沟道护砌等。

(1) 佛峪口沟道治理。

1) 因势利导,疏挖沟道5.61km,河道治理标准20年一遇;通过梳挖沟道,使标准内洪水在沟道内下泄,对冬奥设施的防洪安全影响不大。

2) 为了减小流速对沟道的冲刷破坏,有防护对象段的沟道采用贴坡式浆砌石挡墙护砌或直接利用雪道衡重式挡墙边墙作为河道边坡护砌。浆砌石护砌均采用花岗岩、玄武岩等允许不冲流速大的岩石。

3) 集散广场及竞速结束区等采用钢筋混凝土U形槽护砌,为减小U形槽内流速较大造成冲刷破坏,U形槽内设置消能墩。

4) 回村雪道与佛峪口沟有几处交叉点,交叉点雪道穿越沟道处埋设管涵,满足标准内洪水下泄。

5) 为调整沟道纵坡,降低沟道洪水流速,拦截泥砂,沟道内布设拦砂坝。

(2) 新建排洪沟。由于雪车雪橇中心占用了原有山洪排除沟道,为了排除原有山洪沟流域产生的下泄洪水,保障雪车雪橇中心防洪安全,沿雪车雪橇西侧新建排洪沟380m。

(3) 桥梁上下游防护。为防止冲刷影响跨沟道桥梁的基础安全,桥梁下部结构除了加大基础埋深,在桥位上下游各30m范围内采用30cm厚M10浆砌石护砌进行护砌。同时山区洪水易携带较大的砂石和较大漂浮物,建议桥梁设计需做好桥墩防冲撞安全设计。

4.2 非工程措施

冬奥会延庆赛区场馆设施位于佛峪口沟及西大庄科沟沟道两侧,其汇水区全部为山区,在大暴雨情况下山洪泥石流对场馆设施的防洪安全影响较大,因此必须做出相应的预防措施,应对山洪风险。山洪泥石流灾害的防御策略是"以防为主,防重于抢",防御防治的方法是既要采取工程措施,提高工程防洪标准,也要采取非工程措施,建立综合防洪减灾体系,提高防灾抗风险能力。

(1) 构建山洪泥石流监测预警系统[3]。建立山洪泥石流预报预警系统,是防治山洪灾害的一项重要的非工程性措施。山洪泥石流预报预警系统就是由水雨情监测系统实时监视水雨情状况,查询统计出水雨情信息,之后由数据汇集系统提供实时天气预报、实时雨量信息、实时/历史台风路径、实时卫星云图等气象信息,滑坡、泥石流等隐患点基本信息及监测信息,并结合群测群防监测到的水雨情信息进行汇集统计,预报给决策子系统,决策子系统经过判断后将危险信息传于预警系统,最后预警系统将信息发给防汛人员,之后传给社会公众,从而启动山洪灾害预警。

山洪泥石流监测预警系统建设包括山洪泥石流监测站网建设、山洪泥石流监测预警平台建设等。

(2) 制定冬奥延庆赛区防汛预案。防汛预案是指针对洪水可能引起的灾害,事先编制的进行防汛抢险、减轻灾害的对策、措施和应急部署,主要内容包括防汛工程设施的基本情况、预案的启用条件、防汛抢险措施和组织指挥体系等内容。防汛预案的编制和实施有利于促进防汛工作的正规化、规范化、制度化建设,使得防汛工作有章可循。防汛预案是各级防汛指挥部门进行防汛准备、实施指挥决策、防汛抢险救灾的依据。

冬奥会及冬残奥会延庆赛区防汛预案的主要内容包括：①防御洪水的原则、依据和适用范围；②洪水调度权限以及防御洪水安排；③防洪抢险职责、抢险队伍、物资准备情况、易出险部位及相关责任人、转移路线及责任人、灾情统计上报、灾后重建；④河道基本情况、防洪体系建设情况等。

防汛预案中洪水调度、洪水淹没范围、险工承受能力等涉及的每个数据，均需要进行科学研究确定，采用科学数据支撑防汛预案的编制，使其更加准确、实用，从而加强预案的可操作性。

（3）加强回村雪道管理措施。由于回村雪道位于佛峪口沟底，个别段平行于治理后的佛峪口沟槽，超 20 年一遇标准洪水漫溢后直冲雪道；而且雪道穿沟处采用涵管连通，涵管存在滚石、树枝淤堵风险较大，因此，回村雪道内汛期严禁人员车流通行，并做好标识。

（4）预防泥石流。佛峪口沟小流域坡度陡，存在极大的泥石流风险，为泥石流易发区，建议做好地质灾害评估与泥石流评估并采取相应措施。

（5）做好宣传及管理。积极开展防汛宣传，加强群测群防建设，及时进行防汛巡查，出现险情及时疏散群众，并及时做好安置工作。

5 结论及建议

作为北京 2022 年冬奥会三大赛区之一的延庆赛区，为冬奥会和冬残奥会的成功举办贡献了坚实力量。北京冬奥会和冬残奥会落幕后，经国际奥委会批准，延庆赛区挂牌"延庆奥林匹克园区"；2022—2023 赛季在延庆赛区的国家雪车雪橇中心成功举办了全国雪车锦标赛、全国钢架雪车锦标赛、全国雪橇冠军赛，延庆区承办国家级赛事，旨在通过引进高端体育赛事，提升冬奥场馆利用率。北京冬奥会之后的第一个雪季过后，延庆区将持续推动骑行、徒步、露营等户外项目发展，实现户外运动场地四季运营，助力京张体育文化旅游带建设。冬奥会延庆赛区场馆设施位于佛峪口沟上游沟道两侧，地处山区，区域短时暴雨大，沟道汇流时间段，洪峰流量大，水流流速高，山洪风险较大。山洪灾害防治目前仍是防洪减灾体系中的薄弱环节，而冬奥会延庆赛区场馆设施的防洪安全，是关系到延庆区"后冬奥时代"发展的基本条件，因此在进行沟道治理防护的同时，必须加强延庆赛区防洪安全的非工程措施，制定实用的防汛预案，建立山洪预警系统，做好防汛安全管理，为实现冬奥会的"长尾效应"，打造最美冬奥城保驾护航。

参考文献

[1] 陈真莲. 小流域山洪灾害成因及防治技术研究 [R]. 广州：华南理工大学. 2014：2-3.
[2] DB11/T 969—2016 城镇雨水系统规划设计暴雨径流计算标准 [S].
[3] 北京山洪泥石流预测预警关键技术研究与示范技术报告 [R]. 北京市水科学技术研究院. 北京市地质研究所. 2016.9：365-396.

水利工程管理

水利设施运行管理综合风险评估方法研究

王晓慧[1]　关　彤[2]　刘　野[3]　黄　悦[1]　邵　靖[2]　樊　宇[2]　陈　新[1]

(1. 北京市水科学技术研究院，北京　100048；2. 北京市北运河管理处，北京　101125；
3. 北京市南水北调团城湖管理处，北京　100195)

【摘要】 为了有效防范化解水利工程安全风险，从源头预防和减少突发性事故的发生概率和危害程度，本文对水利设施运行管理的自然灾害、事故灾难、公共卫生和社会安全等四类风险因素进行识别与提取，采用风险矩阵法对风险等级进行评估，并提出有针对性的管控措施，为提升首都风险防控能力提供技术支撑。

【关键词】 风险矩阵法；安全；评估

Research on comprehensive risk assessment method for water resources project operation management

WANG Xiaohui[1]　GUAN Tong[2]　LIU Ye[3]　HUANG Yue[1]　SHAO Jing[2]
FAN Yu[2]　CHENG Xin[1]

(1. Beijing Water Science and Technology Institute, Beijing　100048;
2. Beijing Management of North Canal, Beijing　101100; 3. Beijing South-to-North
Water Diversion Tuanchenghu Management office, Beijing　100097)

【Abstract】 In order to effectively prevent and resolve the safety risks of water resources projects, prevent and reduce the occurrence probability and hazard degree of sudden accidents at source, identify and extract four types of risk factors such as natural disasters, accident disasters, public health and social security in the operation and management of water resources projects, use RiskMatrix method to evaluate the risk level, and propose targeted control measures, provide technical support for improving the capital's risk prevention and control capability.

【Key words】 Risk matrix; Safety; Assessment

　　为了认真落实《北京市国民经济和社会发展第十四个五年规划和二〇三五年远景目标纲要》关于"提升首都风险防控能力，立足防范在先，开展前瞻治理，强化全周期风险防控和全链条安全管理，定期对重要设施目标、重点区域开展评查"的工作要求，本研究开展水库、水闸、堤防等水利设施目标综合风险评估方法进行研究，帮助决策者更准确地认识和掌握可能影响工程运行安全的风险隐患，有效降低重特大突发事件，降低人员伤亡和经济损失，为水利工程安全运行提供技术支撑。

1 风险因素识别与提取

风险源应由在工程运行管理和安全管理方面经验丰富的专业人员进行识别，并进行分类和分级，汇总风险源清单。《水利水电工程（水库、水闸）运行危险源辨识与风险评价导则》将危险源分为构（建）筑物、金属结构类、设备设施类、作业活动类、管理类和环境类等六个类别，其中水库重大风险源26项，一般风险源100项；水闸重大风险源18项，一般风险源106项；堤防重大风险源11项，一般风险源51项。《大中型水电工程运行风险管理规范》（DL/T 2154—S2020）中提出水工建筑物风险源20项、机电设备风险源36项、水库风险源8项、专项风险源4项。水利部办公厅《关于印发水利工程生产安全重大事故隐患清单指南（2021年版）》（办监督〔2021〕364号）的通知中提出运行管理重大风险源20项。

综合以上资料，基于水利设施风险评估工作要求，对以上因素进行汇总整理，提出自然灾害类、事故灾难类、公共卫生类和社会安全类等四类风险：

1.1 自然灾害类

北京市面临的主要自然灾害包括以下内容：

（1）气象灾害：由暴雨、降雪、寒潮、大风、沙尘暴、低温、高温、雷电、冰雹、大雾以及其他气象条件引起的灾害。

（2）地质灾害：自然因素或者人为活动引发的危害人民生命和财产安全的山体崩塌、滑坡、泥石流、地面塌陷、地裂缝、地面沉降等与地质作用有关的灾害。

（3）地震灾害：地震造成的人员伤亡、财产损失、环境和社会功能的破坏。

（4）水旱灾害：洪涝灾害和干旱灾害的统称。洪涝灾害是因降雨、溃坝等造成的流域性洪水、山洪、城市内涝等灾害以及由其引发的次生事件。干旱灾害包括农业干旱灾害和城市干旱灾害。

（5）森林和草原火灾：人为火、自然火和外来火等因素导致的林地和草原上的非控制性燃烧。

（6）生物灾害：有害生物对人体健康、自然环境、农作物、林木、绿地、草地、养殖动物及设施造成损害的自然灾害。

结合北京市水利工程运行特点，提出寒潮、暴雨、雪灾、大风、高温、低温、雷电、冰雹、大雾、沙尘、霾、地面塌陷、地面沉降、地裂缝、地震、洪涝灾害、水生生物、地下水位变化、水质异常等19项重点自然灾害类风险源。

1.2 事故灾难类

事故灾难类风险源涉及内容较多，数量占比最大。为提高工作效率，减少重复性工作，防止缺项、漏项，事故灾难类风险评估应以日常巡视检查记录、安全监测成果、安全评估报告、安全生产检查等已有成果为基础，重点对管理和技术制度体系、人员、资金、应急响应能力等方面进行评估，评估过程应充分考点周边加油站、上游水利设施等周边环境因素对工程运行安全的影响。

为便于风险排查和辨识，首先将评估对象划分如下排查单元：

水闸工程排查单元：闸室段（闸门、启闭机、闸室、工作桥、交通桥）；上下游连接段；水闸周边建筑物及绿化区域；辅助配套设备设施及场所（变配电室、发电机房、配电箱柜等）；生活办公区域（中控、办公、会议室，信息机房、展室、一般物品库房、活动室等）；作业活动部位（涉水作业、高处作业、有限空间作业、巡检作业、带电作业、检修作业、绿化作业等）。

水库工程排查单元：挡水建筑物（大坝）；泄水建筑物（溢洪道、泄洪洞）、输水建筑物（输水管）；水库周边建筑物及绿化区域；辅助配套设备设施及场所（变配电室、发电机房、配电箱柜等）；生活办公区域（中控、办公、会议室，信息机房、展室、一般物品库房、活动室等）；作业活动部位（涉水作业、高处作业、有限空间作业、巡检作业、带电作业、检修作业、绿化作业等）。

堤防工程排查单元：堤顶、堤肩、堤身、堤基；堤脚、护脚、护岸；防渗及排水设施、铺盖、盖重；穿堤结合部、周边建筑物；作业活动部位（涉水作业、巡检作业、检修作业、绿化作业等）。

风险识别过程中，需重点关注以下因素：

（1）物的因素：临时起重设备、变配电室、发电机房等敏感或危险区域，以及移动式电动工具、手持式电动工具、车辆、船只等设备设施所处的状态，是否存在物理性能的缺陷、老化，缺少防护装置，设防水平低等。

（2）人的因素：涉水作业、高空作业、有限空间作业等风险发生概率较高的行为，是否存在违章违规施工作业、误操作行为等；作业人员身体健康、能力水平等因素。

（3）管理因素：防汛抢险、巡视检查、维修养护、控制运用、安全管理制度和各类设施设备操作规程的建立健全、执行落实与监督检查，以及各方面的组织管理及应急管理等。

1.3 公共卫生类

（1）传染病疫情。第三方人员、外来人员进入场区时可能携带病毒感染内部人员。工作人员在非工作期间与患病人员产生时空交集可能被感染。传染病在管理单位传播并扩散，工作人员的到岗人数无法得到保证，影响工程的正常运行及调度管理，严重时造成工程阶段性运行瘫痪。

（2）食品安全。食品把控不严格，检验不到位，食材采购、加工不当，食品过期、被细菌毒素污染、含有毒素、存在寄生虫、生物性毒素等均可能导致食物中毒、食源性疾病。不安全食品致使食用人组织器官产生急性、亚急性或慢性损害，严重时危及生命，造成群体性事件，引起恐慌，造成不良的社会舆论及影响。

（3）动物疫情。随着我国生态环境持续恢复，野生动物种类、数量大幅增加。野生飞禽、动物携带病毒进入河流或河道堤防，通过粪便、分泌物等污染水质，导致疫情扩散传播，进而引发群体性人员感染，危及人民群众生命。动物疫情风险可能性等级为可能，风险严重性等级为较大。

目前，低致病性禽流感、狂犬病等常见多发病是畜禽主要发病病种。非洲猪瘟疫情风险较高，国内流行毒株呈多样性，变异毒株临床症状不典型、不易被早期发现，且感染病程长、排毒不规律。高致病性禽流感家禽免疫密度和免疫抗体水平较高，但个别禽群存在隐性带毒情况，野禽病毒污染面大，候鸟迁徙线、水禽和家禽混养区域家禽高致病性禽流感发病概率加大。

（4）病虫害。水利工程周边植被覆盖率普遍较高，乔木、灌木和地被植物等品种较多。不同植物在不同时期可能病虫害，常见病虫害包括立枯病（土壤湿度大时，乔木类植物易发生）、白粉病（植物生长期）、刺蛾（6—9月）、夜蛾（6月高发，主要危害草坪）等。植物病虫害爆发严重，引起大面积植物枯死，破坏水利工程周边绿化生态环境，造成水质变化。

（5）职业危害。水利行业职工需要野外作业，常见职业危害主要是由高温导致中暑休克、头痛、头晕、眼花、呕吐等。

1.4 社会安全类

群体性事件大多由拆迁、移民等问题产生，特定群体或不特定多数人聚合临时形成的偶合群体，通过没有合法依据的规模性聚集、对社会造成负面影响的群体活动、发生多数人语言行为或肢体行为上的冲突等群体行为的方式，或表达诉求和主张，或直接争取和维护自身利益，或发泄不满、制造影响，因而对社会秩序和社会稳定造成重大负面影响的各种事件。

近年来，以云计算、大数据、人工智能、物联网为代表的新兴技术的快速发展，智慧水利也应运而生，网络安全风险全面泛化，复杂程度也在不断加深。网络安全问题日趋严峻，各地发生多起重大网络安全事件，既有公民信息遭泄露，也发生多起因为遭遇勒索软件攻击而被迫停工停产事件。因此，应将网络与信息安全风险源列为重要研究对象。

此外极端分子人为制造的非法盗采、民族宗教安全事件、恐怖袭击事件、涉外突发事件等黑天鹅事件也应引起充分重视，纳入风险评估工作中来。

2 风险评估

《风险管理风险评估技术》（GB/T 27921—2011）中推荐了风险矩阵法、保护层分析法、事件树分析、德尔菲法、贝叶斯分析、马尔可夫分析法等23种评估技术，各类技术的适用性被描述为非常适用、适用或不适用。综合考虑水利工程运行风险评估所需资源（包括时间、专业水平、资料需求等评估成本）和技术的不确定性、复杂程度等，以及水利工程运行管理实际，选择风险矩阵法进行风险评估。本方法在后果分析、可能性判定、风险等级划分方面均较适用，所需资源能力、技术的不确定性和复杂程度均较低，且能给提供清晰的定量结果，利用后续开展决策。

综合分析安全状况、使用情况、管控措施设置和执行情况、现有人员资质技能四个影响因子，对风险发生的可能性（L）给予几乎肯定（5）、很可能（4）、可能（3）、较不可能（2）、基本不可能（1）五种等级判定，取各项的最高分值作为最终分值。应综合考虑设计和除险加固标准是否符合现行规范、历史险情出现频次、安全鉴定结论、人员能力、管理水平、监测和巡查效果等因素，酌情提高判定等级。

根据风险可能造成的伤亡人数、直接经济损失、功能影响、社会影响等严重性分析（S），给予特别重大（5）、重大（4）、较大（3）、一般（2）、很小（1）等五种等级判定，取各项的最高分值作为最终分值。风险等级按照可能性等级和严重性等级的乘积确定风险值：

$$R=LS$$

式中　R——风险值；

　　　L——可能性等级；

　　　S——严重性等级。

风险等级从高到低划分为重大风险（17～25）、较大风险（10～16）、一般风险（5～9）和低风险（1～4）。

3　风险控制措施

依据风险评估结果，综合分析水利工程运行过程中管理制度、人员能力、资金支撑、制度落实等因素存在的问题和薄弱点，提出有针对性的控制性措施，包括明确各方责任，加强日常巡查和维修养护等日常工作，加强安全管理，加强内外协调联动，细化应急保障工作等，以达到消除、转移或降低风险危害。

4　结语

风险管理是一个完整的、动态的过程，风险评估工作作为其中重要一环，与风险应对、监督检查、沟通记录等其他管理工作紧密关联并相互推动。管理者应在做好风险评估的基础上，针对风险的影响范围和次生衍生事件、潜在后果等明确风险关键控制点和控制措施，落实主体责任部门、监管部门。同时加强风险的常态化管理，对风险控制措施的落地程度进行及时跟踪监督，并定期对风险因素的动态变化进行研判，相应调整风险管理策略。

参考文献

[1]　GB/T 27921—2011 风险管理风险评估技术 [S].

密云水库调蓄工程安全监测自动化系统测试结果分析

鲍维猛[1]　智泓[1]　房艳梅[2]　翟栋[2]　项娜[2]　化全利[2]　刘秋生[2]

(1. 北京市水科学技术研究院，北京　100048；2. 北京市南水北调团城湖管理处，北京　100097)

【摘要】　密云水库调蓄工程是北京市南水北调配套工程的重要组成部分，工程包括9座泵站及PCCP输水管道。本文介绍了该工程安全监测自动化系统传感器、采集单元的技术指标和布置方式，阐述了采集系统关键性指标的考核测试方法和测试结果。通过对测试结果与控制要求的比较，对安全监测自动化采集系统的工作状态进行评价和分析。

【关键词】　南水北调；安全监测；调蓄工程；自动化采集系统

Analysis of test results of safety monitoring automatic system for Miyun Reservoir storage project

BAO Weimeng[1]　ZHI Hong[1]　FANG Yanmei[2]　ZHAI Dong[2]　XIANG Na[2]
HUA Quanli[2]　Liu Qiusheng[2]

(1. Beijing Water Scicenc and Technology Institute，Beijing　100048；2. Beijing South-to-North Water Diversion Tuanchenghu Management Office，Beijing　100097)

【Abstract】　The Miyun Reservoir Storage Project is an important part of Beijing's South-to-North Water Diversion Project，which includes nine pumping stations and PCCP water pipelines. This paper introduces the indicators and layout methods of the sensors and acquisition units for safety monitoring，and explains the assessment test methods and test results of the key indexes of the acquisition system. By comparing the test results with the control requirements，the working status of the automatic acquisition system for safety monitoring is evaluated and analyzed.

【Key words】　South-to-North Water Diversion；Safety monitoring；Storage project；Automatic acquisition system

北京市南水北调配套工程密云水库调蓄工程是构建北京市安全供水格局的重要一环，工程将南水北调来水剩余水量加压输送至密云水库，确保实现密云水库补偿调节任务，提高北京水资源战略储备，提高供水保证率。密云水库调蓄工程输水线路全长103km，总扬程132.85m，沿线设置9座梯级泵站和22km长PCCP输水管道[1]。泵站和PCCP管道关键节点位置安装监测仪器，进行工程安全监测，为提高长距离输水线性工程安全监测的效率，沿线监测仪器接入自动化系统，进行监测数据的自动化采集。为保证安全监测自动化系统可靠性，正式投入运行前须进行系统考核测试，以检验自动化设备的基本功能和系统性能指标是否满足要求。

1 安全监测自动化采集系统

1.1 安全监测仪器

密云水库调蓄工程各泵站监测项目为进水闸、前池、进水池、主副厂房的基础扬压力和厂区地下水位，9座泵站接入自动化系统的监测仪器共90支。PCCP输水管道工程重点监测穿越道路的浅埋暗挖施工段和管道镇墩等关键部位，监测项目包括渗压、土压力、接缝变形等，6个自动化测量单元接入监测仪器48支。本工程监测仪器全部为振弦式传感器，监测仪器类型包括渗压计、土压力计和测缝计，监测仪器基本技术指标如表1所示。

表1 密云水库调蓄工程已埋设监测仪器主要技术指标

仪器类型	型号	量程	分辨率	精度	线性度
渗压计	BGK4500AL	170kPa	0.025%FS	0.1%FS	≤0.5%FS
	BGK4500S	350kPa			
土压力计	BGK4800	2MPa	0.025%FS	0.1%FS	≤0.5%FS
测缝计	BGK4420	50mm	0.025%FS	0.1%FS	≤0.5%FS

1.2 测量单元

密云水库调蓄工程安全监测数据采集采用分布式网络测量单元，每个测量单元配置1个主测量模块，内含CPU、时钟、存储器等，用于实现测量控制、数据存储、数据通信和内部电源管理等。主测量模块自带8个测量通道，最多可增配4个扩展模块，每个扩展模块同样为8个通道，最大通道容量为40路，每通道接入1支监测仪器。测量单元主要技术参数如表2。

表2 测量单元主要技术参数

通道容量	测量精度		分辨率		每通道测量时间	数据存储容量	工作温度
	频率	温度	频率	温度			
40	0.05Hz	0.1℃	0.01Hz	0.03℃	<3s	256K	−10~60℃

通过测量单元的配套软件可进行单元编号、测点编码、自动巡测和数据传输控制等设置，同时具备实时在线测量功能，便于及时了解监测量的变化情况。采集到的监测数据存储于采集单元，经传输网络定时上传至上位机服务器，以数据库的形式进行数据的组织、存贮和

管理。原始监测数据和计算物理量可以生成监测过程曲线，并以数据报表的形式输出结果。

1.3 数据传输

测量单元与上位机之间的控制连接和数据传输根据距离和应用环境选择不同方式，包括 RS-232/RS-485 通信端口直连、光缆连接、无线电或 GPRS 无线网络连接。泵站工程安全监测区域集中，具备稳定电源和有线光缆的连接条件，采用专用局域网络进行连接控制和数据传输。PCCP 管道区监测断面位于野外，不具备稳定供电和有线连接条件，采用太阳能供电和 GPRS 无线网络通信。安全监测服务器设置于6号泵站，对监测系统进行集中控制和管理。密云水库调蓄工程安全监测自动化系统连接通信方式如图1所示。

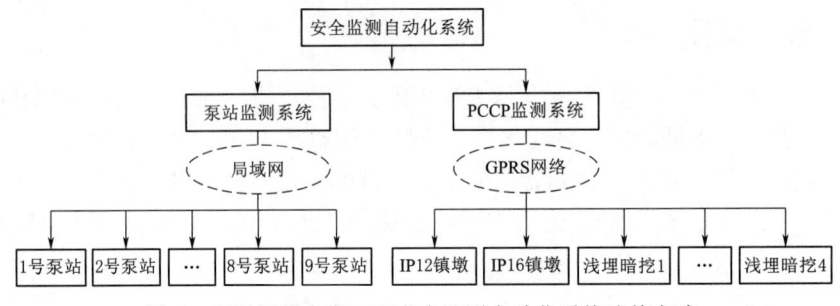

图1 密云调蓄水库工程安全监测自动化系统连接方式

2 自动化系统测试指标

密云水库调蓄工程安全监测仪器采用振弦式传感器，原始测值分别为模数和温度，其中模数量直接反应物理量的变化，自动化系统考核测试主要针对模数量。通过对各单元采集到的模数数据进行统计、计算，对每个数据采集单元独立考核测试。从安全监测数据采集系统的可靠性和数据准确性方面选择以下关键性指标进行考核测试。

平均无故障时间：自动化采集系统在两相邻故障间隔期内正确工作的平均时间，用于检验系统各单元的运行可靠性和稳定性，故障是指采集装置不能正常工作，造成所控制的测点测值异常或停测。

数据缺失率：固定时段内未能测得有效数据个数占应测得的数据个数的百分比，用以评价系统的可靠性，错误测试数据或超过一定误差范围的测值均属无效数据。

数据偏差：以人工测读数据为基准，比较自动化采集测值与人工测值的差值是否满足控制限值的要求，用以评价自动化系统测值的准确性。

3 测试结果分析评价

3.1 平均无故障时间

平均无故障时间测试对每个测量单元独立进行评价，泵站工程和 PCCP 输水管道工程安全监测自动化系统的试运行期不同，系统的平均无故障测试时间分别为 8760 小时（1年）和 4570 小时，测试期内数据采集频次为 1 小时 1 次和 4 小时 1 次。每个测量单元取测试期全部测点的所有监测数据，分别绘制各测点监测数据与时间的过程曲线，根据过程曲线筛选出异常突变和测值间断的数据，结合数据变化范围、变化趋势、外部环境量和运行工况，进一步判断每个测点的有效数据。当测点在某时段内未取得有效数据或取得的数据明显错误时，计为发生 1 次故障，其持续时间即为故障时间，按下式计算该测量单元的平均无故障时间[2]。

$$MTBF = \frac{\sum_{i=1}^{n} \frac{t_i}{r_i}}{n} \quad (1)$$

式中 $MTBF$——自动化测量单元平均无故障时间；

t_i——考核期内第 i 个测点正常工作时数；

r_i——考核期内第 i 个测点出现故障次数，未发生故障时取 $r_i=1$；

n——每个测量单元内测点总数。

安全监测自动化单元 1 年（8760 小时）考核期内平均无故障时间大于 6300 小时即评定为合格[2]，测试结果表明泵站工程 9 个自动化测量单元的平均无故障时间指标均达到要求，其中 7 个自动化测量单元 1 年考核期内未发生运行故障，平均无故障时间为 8760 小时，其余 2 座泵站平均无故障时间为 8030 小时和 8718 小时。

PCCP 管道工程设置自动化测量单元 6 个，平均无故障时间考核期为 4570 小时，其中 4 个测量单元考核期内未发生故障，IP12 镇墩和 IP16 镇墩测量单元的平均无故障时间分别为 4316 小时和 3775 小时。PCCP 管道工程平均无故障时间考核期未满 1 年，因此不做结果评定。

3.2 数据缺失率

数据缺失率测试选择环境和运行工况相对稳定期，根据每个测量单元接入的仪器数量和测试频率计算应测数据个数，统计考核期内缺失和错误数据占应测得数据的比例，计算每个测量单元的数据缺失率。因监测仪器损坏且无法修复而造成的数据缺失，以及系统受到不可抗力及非系统本身原因造成的数据缺失不进行统计。

泵站工程和 PCCP 管道安全监测数据缺失率测试考核期为 1 周，结果表明 9 座泵站工程的测量单元中，屯佃泵站和溪翁庄泵站的数据缺失率分别为 8.3% 和 10.0%，其他 7 个测量单元在考核期内取得全部完整监测数据，且监测数据无错误测值。PCCP 管道工程中 IP16 镇墩和西统路浅埋暗挖测量单元存在数据缺失，缺失率分别为 0.9% 和 7.6%。根据数据缺失率不得大于 2% 的控制标准[2]，屯佃泵站、溪翁庄泵站和 PCCP 管道西统路浅埋暗挖段 3 个测量单元的数据缺失率指标不满足要求。

3.3 数据偏差

工程运行过程中，在不同时间有不同的工作形态，反映在监测数据上即产生不同的测值，为保证数据比测结果的合理性，两种测量方式的时序应尽量保持一致，且在比测数据获取过程中无显著的运行工况和环境因素变化。因此自动化与人工监测数据测读选择在同一时间段进行，自动化数据读取利用软件程序的在线测量和自动存储功能，人工监测数据为现场人员利用读数仪读取并记录。人工测读用振弦式仪器读数仪频率分辨率为 0.01Hz，频率精度 0.05Hz。每支仪器用两种方式交替进行 2～3 次，取各自平均值分别组成自动化测值序列 x_{zi} 和人工测值序列 x_{ri}，计算两者差值的绝对值。

安全监测自动化相关规范中数据偏差控制标准定量为方差分析法[2]，采用自动化测量精度 σ_z 和人工测量精度 σ_r 按下式计算方差：

$$\sigma=\sqrt{(\sigma_z^2+\sigma_r^2)} \tag{2}$$

数据差值 $\delta_i=|x_{zi}-x_{ri}|$ 按如下标准进行控制：

$$\delta_i\leqslant 2\sigma \tag{3}$$

实际比测中发现，采用短时序测量数据获得自动化测量精度 σ_z 和人工测量精度 σ_r，计算所得的控制限值 2σ 一般小于 1 个模数值，该值已小于监测仪器自身的测量精度。因此采用以上只基于测读设备精度进行限值定量的方差分析方法，控制标准过严，并不适用于自动化系统的人工比测。

精度指标法[3] 基于监测传感器的类型、精度和量程等技术指标确定数据偏差比测控制标准，相对于方差分析更为合理。密云调蓄水库工程安全监测仪器精度为 0.1%FS，按仪器类型和量程采用精度指标法计算的模数精度为 5 个模数，本次比测以此作为数据偏差的控制标准。

测试结果表明，泵站工程 9 个自动化测量单元中 6 个单元的监测数据偏差均满足限值要求，1 号、3 号和 9 号泵站测量单元各有 1 个通道接入仪器的数据偏差较大，不满足限值要求；PCCP 管道工程 6 个自动化测量单元接入仪器的数据偏差均满足限值要求。

3.4 系统评价与分析

密云水库调蓄工程安全监测自动化系统的测试结果汇总如表 3 所示。泵站工程的 9 个测量单元平均无故障时间均满足不小于 6300 小时的合格标准，合格率 100%；15 个测量单元中存在 3 个测量单元的数据缺失率指标不满足不大于 2% 的要求，合格率 80%；接入自动化测量单元中的 138 支安全监测仪器，存在 3 支仪器的数据偏差超过 5 个模数的限值标准，数据偏差合格率 97.8%。

表 3　密云水库调蓄工程安全监测自动化系统测试结果汇总

工程部位	采集单元	平均无故障时间/小时	数据缺失率/%	比测偏差超限通道数/支
泵站工程	1 号屯佃泵站	8030	8.3	1
	2 号前柳林泵站	8760	0	0
	3 号埝头泵站	8760	0	1
	4 号兴寿泵站	8760	0	0
	5 号李史山泵站	8760	0	0
	6 号西台上泵站	8760	0	0
	7 号郭家坞泵站	8760	0	0

续表

工程部位	采集单元	平均无故障时间/小时	数据缺失率/%	比测偏差超限通道数/支
泵站工程	8号雁栖泵站	8760	0	0
	9号溪翁庄泵站	8718	10.0	1
PCCP管道工程	IP12镇墩	4316	0	0
	IP16镇墩	3775	0.9	0
	京加路浅埋暗挖	4570	0	0
	西统路浅埋暗挖	4570	7.6	0
	密西路浅埋暗挖	4570	0	0
	密关路浅埋暗挖	4570	0	0

注 表中PCCP管道工程平均无故障时间考核期未满1年。

以上评价结果表明安全监测自动化采集系统测试指标的合格率较高，但也存在部分测量单元和通道的关键性技术指标不满足要求，分析其原因主要有以下几个方面：

（1）测量单元个别通道存在故障，使得接入的传感器不能正常工作，无法采集到有效的数据。

（2）PCCP管道工程采用GPRS网络连接和太阳能供电，因电源和网络信号不稳定，部分时段内测量单元无法正常工作，造成数据缺失。

（3）个别监测仪器安装埋设质量和线路屏蔽存在问题，周边电磁环境对采集单元工作状态产生影响，使得自动化测值出现不稳定，与人工测读数据的比测偏差超限。

4 结语

安全监测自动化系统可以有效提高安全监测的效率，保证监测信息的及时反馈，对于长距离输调水线性工程，安全监测设施布置不集中，采用自动化系统进行数据采集更有其优势。本文针对密云水库调蓄工程安全监测自动化采集系统的测试得出以下结论：

（1）密云水库调蓄工程安全监测数据自动化采集系统各项指标的总体合格率较高，但存在部分测量单元的个别指标不满足要求。

（2）测量单元性能指标不合格的原因主要由以下三方面引起：一是测量单元个别通道存在故障；二是采用GPRS网络连接和太阳能供电系统不稳定；三是监测仪器安装埋设质量和线路屏蔽存在问题。

（3）安全监测自动化系统的运行状态检验和技术指标考核工作是必不可少的，试运行期须进行相关指标的考核测试，正式运行阶段同样须定时进行各项技术指标的检验，以保证监测数据的完整性和有效性。本文所采用的测试方法对于已建和在建的安全监测自动化系统考核与测试具有借鉴作用。

参考文献

[1] 李启升,石维新,杨进新,等.密云水库调蓄工程总体设计方案研究[J].人民黄河.2019,41(4):92-96.

[2] DL/T 5272—2012 大坝安全监测自动化系统实用化要求及验收规程[S].

[3] 卢正超,姜云辉,黎利兵.大坝安全监测自动化系统人工比测的精度指标法[J].水利发电.2018,44(3):94-97.

北京市农村供水工程消毒设施问题和工艺选择

顾永钢[1] 杜婷婷[2] 朱晓峰[3] 于 磊[1] 孟庆义[1]

(1. 北京市水科学技术研究院,北京 100048;2. 北京市供水管理事务中心,北京 100073;
3. 北京市排水管理事务中心,北京 100053)

【摘要】 农村饮用水安全也是重点民生工程。北京市农村地区供水保证率始终在95%以上,但农村地区供水水质不稳定,水源井运行管理经验不足问题依然存在,农村用水消毒是农村供水安全有效屏障。本文通过全市及典型区域通州区消毒设施调研,分析消毒技术及设备应用存在的问题,筛选适宜的消毒设施,提出标准化的运维方法及管理建议。为农村供水保障水平持续提高,逐步实现农村供水水质监测全覆盖,加强行业监管,建立考核机制提供技术支撑。

【关键词】 农村供水工程;消毒设施;存在问题;工艺选择;解决对策

Disinfection facilities and process selection of Beijing rural water Supply project

GU Yonggang[1] DU Tingting[2] ZHU Xiaofeng[3] YU Lei[1] MENG Qingyi[1]

(1. Beijing Institute of Water Science and Technology, Beijing 100048; 2. Beijing Water Supply Management Center, Beijing 100073; 3. Beijing Municipal Drainage Management Center, Beijing 100053)

【Abstract】 Drinking water safety in rural areas is also a key livelihood project. The water supply guarantee rate in the rural areas of Beijing is always above 95%, but the water quality in the rural areas is not stable, and the lack of experience in the operation and management of water source Wells still exist. The disinfection of rural water is an effective barrier to the safety of rural water supply. Through the investigation of disinfection facilities in Tongzhou District and Tongzhou District, the problems existing in disinfection technology and equipment application were analyzed, suitable disinfection facilities were screened, standardized operation and maintenance methods were proposed. To provide technical support for the continuous improvement of rural water supply security level, gradually realize the full coverage of rural water quality monitoring, strengthen industry supervision, and establish an assessment mechanism.

资助项目:北京水务科技开放项目:北京市农村地区供排水设施及基层水务运行管理机制研究。

【Key words】 Rural water supply works; Disinfection facilities; Problem; Process selection; Solution countermeasure

1 引言

农村供水工程是水利工程建设的重要组成部分，农村饮用水安全也是重点民生工程。加快提升农村供水水平，提高供水质量是农村基础设施顺利运行的必然要求。水利部等五部委发布了《关于进一步加强农村饮水安全工作的通知》（水农〔2015〕252号）[1]，提出强化水源保护和水质保障，持续提高农村饮水安全保障水平；水利部《关于进一步强化农村饮水工程水质净化消毒和检测工作的通知》（水农〔2015〕116号）[2] 强调农村饮水安全工程应按照有关要求配备水质净化消毒设施，规范了水质净化消毒设备技术要求，推动了各地区对农村供水净化消毒和检测工作的重要性和紧迫性认识。北京市持续推动农村饮用水安全工作。2008年率先完成农民安全饮水工程建设。"十二五"期间，北京市加快城乡供水设施建设，强化了农村供水设施消毒净化设备的运行和水质监测工作；"十三五"期间，北京市推动农村供水站净化消毒设备安装，强化农村饮用水卫生监测，农村地区供水条件得到进一步改善，稳步推进农村饮水安全向农村供水保障转变；2023年初北京市出台了《推进供水高质量发展三年行动方案》（2023年—2025年）[3]，提出北京市农村供水设施运行专业化管理水平不高，个别农村地区出现了供水水量不足、水质下降等现象。农村供水事关城乡供水高质量发展大局，后续工作应补齐农村供水短板，全面提升农村供水设施建设水平和服务保障能力。

多年来，北京市农村地区供水保证率始终在95%以上，自来水普及率长期保持在99%以上[4-5]。但农村地区供水水质不稳定，水源井运行管理经验不足问题依然存在[6]。消毒设备的运行更是薄弱环节，设施未配备消毒设备，消毒工艺不规范对出水水质有着极大影响[7]。农村用水消毒是农村供水安全有效屏障。农村供水工程微生物指标不达标是消毒率低导致[8]，全国各地区农村集中供水消毒微生物指标、消毒剂指标状况各有不同，四川农村以二氧化氯和加氯方式为主，消毒设备配备率、使用率，微生物指标合格率是影响水质的主要原因[9]；辽宁农村有39.9%的水源用漂白粉进行消毒，其次是二氧化氯，存在大量的水源点不消毒情况[10]；广西农村集中式供水设施消毒设备配备率低，消毒以二氧化氯为主，但微生物指标合格率仅为69%[11]；河南农村供水二氧化氯消毒设施占31%，消毒设施正常运行仅为14.9%[12]；消毒技术选择不合理直接影响出水的效果。国内外学者对消毒工艺开展了大量的研究。李文[13] 提出小规模单村集中供水工程宜采用紫外线或与臭氧联合消毒；段春青等[14] 分析了紫外线、臭氧、二氧化氯、次氯酸钠四种消毒方式特点，提出了不同类型村镇适宜供水消毒模式；贾燕南等[15] 从不同类型地下水源角度提出了农村供水工程适宜消毒设备；赵翠等[16] 应用层次分析法和灰色关联度综合评价方法，对小型供水工程消毒技术进行了综合排序；Sun et al.[17] 研究了紫外线消毒后农村配水系统的生物安全性，紫外线消毒在饮用水处理没有消毒残留物，总细菌计数（TBC）均低于100 CFU/mL；Aziz. F et al.[18] 开展摩洛哥马拉喀什地区农村地区水库生活用水的质量和消毒试验，氯消毒仅在1h后就去除了所有研究的细菌；不同地区的农村供水消毒分析为后续有针对性型研究提供了经验和技术支撑。

本文通过全市及典型区域通州区消毒设施调研,分析消毒技术及设备应用存在的问题,筛选适宜的消毒设施,提出标准化的运维方法,为农村供水保障水平持续提高,逐步实现农村供水水质监测全覆盖,加强行业监管,建立考核机制提供技术支撑。

2 北京市农村及典型区域供水工程消毒现状

2.1 全市农村供水工程消毒现状

截至2020年8月,全市13个区182个乡镇3269处农村集中供水工程已全部配备消毒设施,累计安装消毒设施3817台(套),供水工程消毒设施配备率达到100%[19]。但从近几年运行效果来看,部分村庄存在饮水设施消毒设施故障、饮水井口防护不到位等问题。在全市消毒方式普查基础上,针对各区的消毒设备运行情况进行了抽样调查,并对典型平原区区县重点调研。

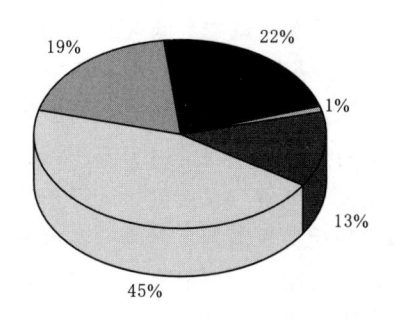

图1 全市消毒工艺占比

全市有3269个村级供水站,消毒工艺每个区选择及占比有极大不同,如图1所示。二氧化氯消毒是主要的消毒方式,占所有供水工程的45%;其中丰台区未采用二氧化氯消毒;19%的供水工程采用了氯消毒(包括液氯、次氯酸钠、漂白粉),其中朝阳区、大兴区、平谷区未采用氯消毒模式;22%的供水工程采用了臭氧消毒,主要分布在通州区、大兴区、顺义区、房山区、门头沟区、延庆区、密云区;采用紫外线消毒的供水工程很少,仅为1%,主要分布在通州区、大兴区、顺义区、房山区、门头沟区、延庆区;13%的工程采用两种或以上混合消毒,主要分布在顺义区、门头沟区、昌平区、延庆区、密云区。

全市抽样调查的81个村庄消毒设施运行情况统计如图2所示。抽样调查81个村庄均配备了消毒设备,正常运行的消毒设施共59座(占73%),但仍有22个村庄设备未正常运行,未正常运行率为27%。从各区消毒设备运行情况分析,昌平、朝阳、大兴、通州和平谷等实现专业化运维行政区消毒设备运行率较高,密云等区虽然实现了专业化运维,因巡查周期过长等原因,消毒设备运行化率不高。运行维护成本低、操作简单方便、设施运行稳定仍是各级政府选择上述消毒设施的主要因素。

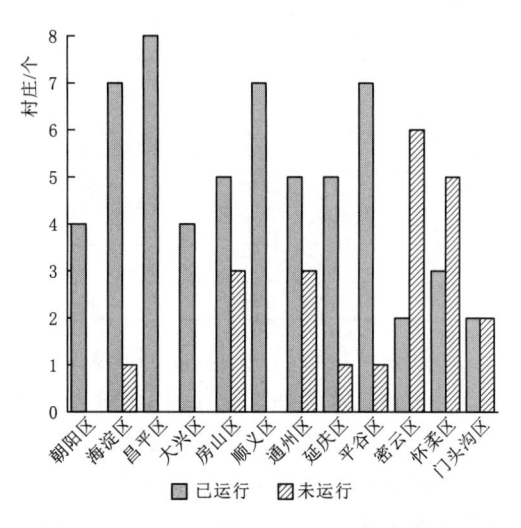

图2 全市各区消毒设施运行情况抽样统计图

2.2 典型区域农村供水设施消毒现状

通州区是北京市城市副中心，通州区农村工作为全市的平原区典型代表。通州区共有14座乡镇集中供水厂，服务人口约40万人。14座乡镇水厂由12家基层水务所管理，处于分散经营状态，供水规模、水厂设施、管理水平以及管护标准等都参差不齐。村级的供水设施管理中涉及水源防护、消毒设施配备、厂站环境卫生、配套制度建立、运行机制保障、人员业务水平更是差距很大。此次调研主要针对分散式农村供水设施（水源井）消毒安装及运行情况。

通州区调查的农村分散供水414眼水井中有391眼有安装消毒设施（占比约94.4%，表1），其中永乐店镇安装率达到了100%，台湖镇的安装率在9个乡镇中最低（占比84%）。在已安装的391眼水源井中，约80%的正常工作，有20%因为各种原因未运行，其中漷县镇、潞城镇和永乐店镇的运行率超过了90%，宋庄镇和台湖镇的运行率较低，需要加强对设施运行检测。通州区宋庄镇消毒设施主要是次氯酸钠，运行率较低主要是由于宋庄镇一些水源井处于改造阶段，设备未安装完成；台湖镇消毒设施主要是电解二氧化氯，运行率较低主要是因为设备损坏，没有及时维修；于家务有很多水源井使用臭氧消毒，消毒设备也没有正常运行，主要是由于臭氧柜工作时味道较大，一些水管员会关闭臭氧消毒柜，还有一些使用次氯酸钠消毒的水源井，村民反映自来水出水浑浊，这主要是在使用次氯酸钠消毒时，这种氧化消毒剂会和水中的锰元素等发生氧化，形成氧化锰沉淀，使水变浑浊。

表1　　　　　　　　通州区9个乡镇农村水源井消毒设施情况　　　　　　　单位：座

乡镇名称	是否有消毒设施				合计
	是			否	
	运行	维修/停运	合计		
漷县镇	70	3	73	3	76
潞城镇	28	2	30	2	32
马驹桥镇	39	14	53	2	55
宋庄镇	20	20	40	4	44
台湖镇	13	8	21	4	25
西集镇	37	5	42	2	44
永乐店镇	28	3	31		31
于家务回族乡	21	11	32	1	33
张家湾镇	55	14	69	5	74
总计	311	80	391	23	414

在已经安装消毒设施的391眼水源井（表2），漷县镇的消毒设施类型主要为二氧化氯或者二氧化氯加紫外线两种消毒设施；马驹桥镇、台湖镇的消毒设施类型主要为二氧化氯；潞城镇、宋庄镇、永乐店镇的消毒设施类型主要为次氯酸钠；西集镇的消毒设施类型主要为紫外线；于家务回族乡的消毒设施类型主要为臭氧或者次氯酸钠；张家湾镇的消毒设施类型主要为臭氧、二氧化氯或者次氯酸钠。因此，通州区9个乡镇的水源井采用的消毒设施类型主要为臭氧、二氧化氯、次氯酸钠以及紫外线。另有部分水源井采用两种的组

合方式进行水源井的消毒。

表 2　　　　　　　通州区 9 个乡镇农村水源井消毒设施类型情况

乡镇名称	臭氧	二氧化氯	次氯酸钠	紫外线	二氧化氯+紫外线	臭氧和次氯酸钠	臭氧和二氧化氯	电解食盐	总计
潞县	1	46			25		1		73
潞城		1	29						30
马驹桥	1	46	5				1		53
宋庄	1		39						40
台湖		20						1	21
西集				42					42
永乐店	2		26	2		1			31
于家务	17		15						32
张家湾	16	30	22			1			69
总计	38	143	136	44	25	2	2	1	391

3　农村供水设施消毒主要问题分析

3.1　消毒设施运行率低

全市农村供水消毒设施总体运行率良好，各区抽样调查 81 个村正常运行的消毒设施共 59 座（占 73%），但仍有 22 个村庄设备未正常运行，未正常运行率为 27%。通州区正常运行的消毒设施共 311 座（占 79.5%），运行率低的原因主要是水源井改造、设备损坏、臭氧散逸、消毒气味不习惯、出水浑浊停用等。

3.2　消毒设施工艺选择不规范

因早期未能建立良好的消毒设备市场准入制度，消毒设备的技术性能均来自厂家宣传，各区的消毒设备及工艺均为自行采购，采购价格为主要因素，未进行水源水质、供水规模系统分析，采购标准不统一，未能对消毒设备进行良好的系统评估。消毒工艺选择五花八门，消毒设施使用过程中极易出现出水不合格情况。

3.3　消毒设施运行未能实现标准化

未建立专业化运维的分散村级供水消毒设施日常管护由村委会负责，管理人员基本为本村村民，要兼顾水泵、供电设备、消毒设备运行管理，运维水平不高，有的管理人员对消毒工艺不熟悉，消毒运行操作不规范；村内管理人员重视程度不高、缺乏专业培训、人员经常更换、设施需要投入人力物力财力管理维护等原因影响消毒设备的稳定运行；通州虽然初步建立了农村供水专业化运营服务体系，各种消毒工艺标准化运维还不完善。尤其在冬季消毒设备低温运行不稳定，目前二氧化氯和氯消毒设备正常运行温度需要稳定在

5℃以上，井房内需要通过 24 小时开启 1～2 台电暖气等采暖设备保证消毒设施正常运行，在无人值守的井房存在较大的安全隐患，消毒设备在冬季被冻坏或停用的较多。村内设施管理人员日常巡查率不高，巡查过程中，主要检查药液是否缺液，加药的管道是否有泄露。仅 37% 的村庄管理人员每日进行常规巡查并严格登记设备运行情况。其余村庄未按巡查标准要求进行巡查或记录，有的村庄甚至 1～2 周进行一次日常巡查。巡查的频次太低，直接影响后续农村供水设施安全稳定运行。

3.4 消毒设施监管水平有待提高

农村供水设施规范化管理评价标准、农村供水健康、消毒安全评价标准尚未建立，未能建立有效的消毒不达标水质预警机制，定期监督检查效果有待提升，供水规范化管理的长效机制有待健全。水质监测报告不完善。本次调研的 81 个村庄中，无水质监测报告的村庄占全部村庄 37%。其中通州区无水质检测报告村庄占本区调研村庄数的 44%。供水设施消毒后水质是否达标，只能通过镇水务或卫生管理部门确认后再分析。加强分散式农村饮用水水源的水质监测，开展监测人员技能培训，加强自动在线监测建设，密切关注水源水质和水位状况，建立水源地监测指标、监测频次动态调整机制，明确水源地优先监控指标、重点监控指标，有针对性地开展水源地管理工作。

4 区域供水设施消毒工艺选择

全市抽样调查的 81 个村庄以氯消毒和二氧化氯消毒为主。典型区域通州也是以氯消毒和二氧化氯消毒为主要消毒工艺。其中氯消毒 34.8%，二氧化氯消毒 36.6%，从消毒工艺分布来看，通州区消毒工艺选择倾向性很强。基本上是以镇为单位水管部门自行采购，例如潞县基本上为二氧化氯工艺，永乐店为氯消毒（次氯酸钠）工艺，而西集全部为紫外线消毒工艺。因此不论什么区域，消毒设备的选择应该具备科学性，应充分考虑水源特点、供水规模、管网长短、运行成本等因素，同时建立相应的水质检测制度，这样才能得到很好的消毒效果。

通州区农村供水消毒中二氧化氯消毒占比最高，但二氧化氯消毒存在原料购置途径不通畅、操作和投加不规范、安全隐患大、纯度低等问题[20]；二氧化氯消毒适用于规模较小的地下水源水厂；且水源中 COD_{mn} 小于 5.0；村级水厂设施如果无调节构筑物，不能保证接触时间[21]。

氯消毒（次氯酸钠）投加方便，成本低廉，但是氯消毒杀灭病菌过程中会产生一系列副产物，包括三卤甲烷、溴仿等挥发性卤代有机物，还有卤代乙酸、卤代羟基呋喃酮等非挥发性卤代有机物。挥发性卤代有机物浓度达到 1mg/L 时，人们对溴味就很难承受，这就是消毒气味不习惯的原因[13]。以管网末梢水的菌落总数、总大肠菌群等微生物指标分析，次氯酸钠法的消毒可以确保微生物达标，运行成本及管理方便程度方面优于二氧化氯法[22]。台湖镇使用的电解食盐法也是氯消毒，实际上为次氯酸钠发生器。该方法自动化程度高、成本低、消毒方式简单、杀菌效果较好，是非常适宜的村镇供水消毒技术[23,24]。次氯酸钠非常适合供水规模不大（200m³/d 以内）的农村供水消毒工程[25]。

臭氧消毒在通州区于家务、张家湾使用比例较大，但其他镇村应用较少，部分村零星采用。近年臭氧消毒在农村供水工程应用较为广泛，当原水中有溴离子存在时，会产生2B级潜在致癌物溴酸盐风险，通州区地下水水样溴离子浓度低于0.01mg/L，臭氧加量低于0.35mg/L，溴酸盐出现了超标现象[26]；北京很多地区的地表水及地下水的溴离子含量都在10~20μg/L之间，部分浓度超过20μg/L[27]；但现阶段农村供水中副产物溴酸盐超标及检测问题却没有引起足够的重视，农村供水臭氧消毒法还是应该在出水的溴酸盐浓度综合评估后再进行选择。

紫外线消毒法主要应用于西集。紫外线消毒只有瞬时杀菌效果，不易产生消毒副产物，但无持续杀菌能力，且易受到二次污染无法抑制水中细菌的增殖，紫外光照射计量并非越高越好，超过限值反而影响消毒效果[28]。适合原水水质较好，管网长度低于1000m的小型供水工程。

混合消毒主要是二氧化氯＋紫外线法，其他臭氧＋次氯酸钠、臭氧和二氧化氯应用较少。紫外线协同二氧化氯法可解决供水消毒中对水体中微量有机污染物无法有效去除问题，这个混合消毒法应根据水源水质选择。

四种主要消毒方式对消毒管理的要求不同，紫外线消毒无需加药，次氯酸钠加药相对简便，对管理者水平要求低，运行维护费用较低，经营主体负担小，运行维护费用落实对其影响小；而二氧化氯其制取设备相对复杂，操作使用要求高，臭氧设备运行控制和维护管理要求高，二者对管理者管理水平要求高，同时二者运行维护费用高，经营主体负担重，运行维护费用落实对其影响大。

典型区域通州区的消毒设备选择应加强科学性适用性指导。通过通州区的分析，可以把消毒设备选择推广到全市。①对于经济水平相对较好，运维资金保障性强的朝阳区和海淀等区，需要氧化处理时，可优先选择二氧化氯消毒；②对于经济水平一般、管理薄弱且供水管网相对集中的通州和房山、大兴等平原新城，可优先选用次氯酸钠和紫外消毒；③对于经济水平差、管理薄弱且管网较分散的门头沟区、密云区、平谷区、怀柔区优先选用混合和次氯酸钠消毒方式，而原水水质好、输水管路较短的村庄也可选用紫外消毒；④对于短时间内无法更换消毒方式替代的，建议加强水源密封等防护管理和消毒设施设备巡查管理，提高管理水平，满足消毒适用条件。

5 消毒设施标准化运维

明确运维公司运维特点和运维范围。消毒运维公司应熟悉各种消毒设备的工艺。运维过程中，要对整个供水工艺、用水人口、消毒设备综合考虑，确定好消毒药剂投加量以及药剂更换频率；针对不同消毒设备的原料、工艺，投加量、副产物等，能够保证消毒设备正常运行，能够有效的维修和维护。现状无专业技术经验的村民运营维护供水消毒设施的状况应改变。

消毒设施专业化运维工作，包括消毒药剂添加、紫外灯管、易损件配件更换；定期进行巡查；巡查时需检测消毒剂余量并记录；确保冬季消毒设备也能正常运行；巡查发现的其他隐患及时上报；能够保证发生突发事件后1~3小时到达现场，并完成处置。

除对消毒设备本身进行巡查检查外，尽可能对水源井卫生、井房用电、水泵运行、清水池等与消毒设备运行紧密相关的运维对象进行辅助检查，确保消毒设备和其他农村供水设施设备的安全稳定运行。

6 结论

北京市绝大多数村庄均配备了消毒设备，但消毒工艺选择五花八门，消毒设施使用过程中极易出现出水不合格情况；对于经济水平相对较好，运维资金保障性强区，需要氧化处理时，可优先选择二氧化氯消毒；对于经济水平一般、管理薄弱且供水管网相对集中的区，可优先选用次氯酸钠和紫外消毒；对于经济水平差、管理薄弱且管网较分散的区优先选用混合和次氯酸钠消毒方式，而原水水质好、输水管路较短的村庄也可选用紫外消毒。

应加大对消毒设备工程采购的监管。包括消毒设备、技术参数、出水标准，加强政府准入制度对设备进行综合评估，建立良好的消毒设备市场准入制度，形成不同水源特点、不同处理规模合格的消毒设备名录。出水水质指标为消毒设备评判首要因素，对不适合的工艺应进行更换，建立不合格产品退出机制。

强化水源地监管能力，加强分散式农村饮用水水源的水质监测；加强供水设施问题处置能力，建立相应的标准化的运维机制，开展监测人员技能培训，大力提升环境监测能力，加大水质检测的监管；推动供水水质水量自动在线监测建设，可有效提升风险防范能力及应急反应水平。

参考文献

[1] 水利部、发改委、财政部、卫计委、环保部．关于进一步加强农村饮水安全工作的通知：水农（2015）252号[A]．北京：水利部，2015.

[2] 水利部．关于进一步强化农村饮水工程水质净化消毒和检测工作的通知：水农（2015）116号[A]．北京：水利部，2015.

[3] 北京市推进供水高质量发展三年行动方案发布[EB/OL]．http：//www.gov.cn/xinwen/2023-02/11/content_5741132.htm 2023-02-11.

[4] 市水务局举行两个"三年行动方案"新闻通报会[EB/OL]．http：//swj.beijing.gov.cn/swdt/swyw/202302/t20230217_2918681.html. 2023-02-17.

[5] 事关首都污水治理和供水！这场通报会有答案[EB/OL]．https：//mp.weixin.qq.com/s?__biz=MzA4MzE2NzQ5Mw==&mid=2650482044&idx=1&sn=ddf88cec2992b4757dbe4225bd06833c&chksm=87f51516b0829c00302491f05436ebfd5fd8ba5b76c789953071692fa741324d0fc06f12e7fc0&scene=27. 2023-02-16.

[6] 王云辉．北京市怀柔区农村供水工程调查与管理研究[J]．北京水务 2019（4）：52-55.

[7] 毛德发．北京市村镇供水消毒现状分析与对策[J]．北京水务 2016（5）：29-32.

[8] 李雯婷．广西农村集中式供水存在问题及对策研究[D]．广西医科大学，2014.

[9] 金立坚，黄轩，李张，等．2015年四川省农村集中式供水消毒状况调查分析[J]．预防医学情报杂志．2017，33（9）：882-886.

[10] 李继芳，纪忠义，纪璎伦，等．辽宁省农村集中式供水水质消毒状况调查[J]．中国消毒学杂志．

2014, 31 (2): 202-203.

[11] 钟格梅, 唐振柱, 刘展华, 等. 2009年广西农村集中式供水消毒现况调查 [J]. 环境与健康杂志. 2010, 27 (9).: 810-813.

[12] 张杰, 祝刚, 张丁. 河南省农村集中式供水工程消毒现状调查 [J]. 中国消毒学杂志. 2015, 32 (4): 396-397.

[13] 李文. 适宜村镇供水的消毒技术研究 [D]. 邯郸: 河北工程大学: 2012.

[14] 段春青, 毛德发. 浅谈村镇供水消毒模式选择及案例分析 [J]. 微量元素与健康研究 2020, 37 (6): 52-55.

[15] 贾燕南, 胡孟, 邬晓梅, 等. 农村供水工程消毒技术选择与应用要点分析 [J]. 中国水利. 2016 (19): 53-56.

[16] 赵翠, 杨继富, 潘丽雯, 等. 农村供水消毒技术评价指标与方法研究 [J]. 中国农村水利水电. 2015 (10): 104-206+111.

[17] Sun, WJ; Liu, WJ; Cui LF; The biological safety of distribution systems following UV disinfection in rural areas in Beijing, China [J]. Water Supply (2013) 13 (3): 854-863.

[18] Aziz. F; Mandi, L; Boussaid, A; Quality and disinfection trials of consumption water in storage reservoirs for rural area in the Marrakech region (Assif El Mal) [J]. J Water Health (2013) 11 (1): 146-160.

[19] 北京市农村集中供水工程100%配齐消毒设施 [EB/OL]. http: //swj. beijing. gov. cn/swdt/swyw/202008/t20200824_1990055. html 2020-08-24.

[20] 岳银玲, 鄂学礼, 凌波, 等. 二氧化氯消毒技术在北京农村水厂应用现状调查 [J]. 中国卫生检验杂志, 2009 (11): 2670-2671.

[21] 王明辉. 常用农村供水消毒技术应用要点对比分析 [C]. 2017年学术年会论文集. 沈阳: 辽宁省水利学会 2017. 9-11.

[22] 贾燕南, 邬晓梅, 李晓琴, 等. 次氯酸钠与液氯消毒在农村供水中的应用效果对比研究 [J]. 水利水电技术. 2017, 48 (11): 194-198+205.

[23] 万根春, 李昂, 万琪. 电解食盐法次氯酸钠消毒技术的应用前景和运管模式探索 [J]. 中国水运 (下半月). 2022, 22 (8): 105-106+112.

[24] 李慧娴, 梁森, 沈庆平. 电解食盐消毒技术在农村饮水工程中的应用 [J]. 江苏建筑职业技术学院学报. 2018, 18 (2): 45-47+66.

[25] 贾燕南, 杨继富, 赵翠, 等. 农村供水消毒技术及设备选择方法与标准 [J]. 中国水利. 2014 (13): 47-50.

[26] 贾燕南, 魏向辉, 刘文朝, 等. 农村供水臭氧消毒副产物溴酸盐生成的初步研究 [J]. 中国农村水利水电. 2013 (2): 41-44.

[27] 王心宇, 魏建荣, 郭新彪, 等. 北京市农村饮水现状、安全风险、对策及可视化地理信息平台研究 [R]. 北京: 北京市疾病预防控制中心. 2010: 52-55.

[28] 付婉霞, 张保霞. 农村生活供水臭氧和紫外线消毒应注意的问题 [J]. 给水排水 2010, 46 (S1) 67-71.

[29] GB/T 14848—2017 地下水质量标准 [S].

北京市农村供水设施运行管护政策研究

邱彦昭 韩 丽 蔡 玉

(北京市水科学技术研究院,北京 100048)

【摘要】 本文旨在探讨农村供水设施运行管护政策的重要性和必要性,分析国家及相关部委的现状政策要求,借鉴其他省市的运行管护经验,并针对北京市农村供水现状提出相应政策建议。首先,强调农村供水设施对于保障居民生活用水、促进农村经济发展和维护社会稳定等方面的重要作用;其次,分析完善农村供水设施运行管护政策的必要性,以提高供水质量、运行效率和可持续性;进而梳理国家及相关部委的政策要求,并从浙江省、宁夏回族自治区等地的管护经验中获取启示;最后,针对北京市农村供水现状,提出政策建议,包括加强政策设计、规范运行管理,落实管护主体和管理责任,完善规章制度、提升管理效能,建立管护基金、破解资金瓶颈,畅通反映渠道、强化应急抢修,以及推进信息化建设、提升管理效率等。通过综合研究与分析,本文旨在为农村供水设施运行管护政策制定和实施提供参考和借鉴。

【关键词】 农村供水;经验分析;政策研究

Research on operation management and protection policy of rural water supply facilities in Beijing

QIU Yanzhao HAN Li CAI Yu

(Beijing Water Science and Technology Institute,Beijing 100048)

【Abstract】 This study aims to explore the significance and necessity of rural water supply facility operation and maintenance policies, analyze the current policy requirements of national and relevant departments, draw on the operation and maintenance experience of other provinces and cities, and propose pertinent policy recommendations based on the current situation of rural water supply in Beijing. Firstly, it emphasizes the vital role of rural water supply facilities in ensuring residents' domestic water usage, promoting rural economic development, and maintaining social stability. Secondly, it analyzes the importance of refining rural water supply facility operation and maintenance policies to enhance water quality, operational efficiency, and sustainability. Furthermore, it scrutinizes the policy requirements of national and relevant departments, extracting insights from the management experience of Zhejiang Province and

Ningxia Hui Autonomous Region. Lastly, targeting the rural water supply status in Beijing, the study presents policy suggestions, including strengthening policy design, standardizing operation management, implementing management responsibilities, perfecting rules and regulations, elevating managerial effectiveness, establishing maintenance funds to break financial bottlenecks, smoothing feedback channels, reinforcing emergency repairs, and advancing information technology to boost management efficiency. Through comprehensive research and analysis, this paper aims to provide guidance and reference for the formulation and implementation of rural water supply facility operation and maintenance policies.

【Key words】 Rural water supply; Experience analysis; Policy research

1 引言

1.1 农村供水设施的重要性

农村饮用水工程是农村重要的公益性基础设施，农村居民最关心的是饮水是否安全，因为这直接关系到健康和生命安全[1]。农村供水设施是确保农村居民生活用水安全的基础，提供稳定、安全、可靠的供水，满足饮水、洗涤、灌溉等日常生活用水需求。稳定的水资源供应有助于农村经济发展，提高农作物产量和质量，促进农村养殖业和乡村旅游等产业发展[2]。优质的农村供水设施改善农村居民生活质量，提高安全、卫生饮用水，降低疾病发生率，减轻妇女和儿童取水负担。现代化的农村供水设施有助于保护水资源和生态环境，优化供水网络，降低漏水损失，提高用水效率。良好的农村供水设施提高农村居民满意度和信任度，增强农村社会的凝聚力和稳定性，为农村社会的和谐稳定创造良好基础[3]。

1.2 完善农村供水设施运行管护政策的必要性分析

运行管护政策对农村供水设施的可持续发展和管理至关重要，具有确保供水质量与安全、提高运行效率、保障可持续发展、提升居民满意度与参与度以及推动技术创新和经验交流等多重作用[4]。通过制定和实施有效的政策，可以提供安全、卫生的水源，降低运行成本，保障设施长期稳定运行。同时，加强沟通机制，提高居民对政府和供水企业的信任和支持。借鉴国内外先进经验，结合本地实际，优化政策和管理水平，以确保农村供水设施发挥最大效益。

（1）确保供水质量和安全。良好的运行管护政策有助于确保农村供水设施提供安全、卫生、可靠的水源。通过定期监测水质，及时发现和解决水质问题，可以降低农村居民的健康风险，保障饮水安全[5]。

（2）提高供水设施的运行效率。适当的运行管护政策可以提高供水设施的运行效率，减少能源消耗和运营成本。通过对设备进行定期维护、更新换代，以及采用节能技术，可以有效降低运行成本，提高设施的使用寿命[6]。

（3）保障供水设施的可持续发展。运行管护政策对于保障农村供水设施的可持续发展具有重要作用。通过制订合理的投资、运营和维护计划，确保供水设施在长期内具有稳定的运行资金，提高供水设施的发展可持续性。

（4）提升农村居民满意度和参与度。有效的运行管护政策可以提高农村居民对供水服务的满意度和参与度。通过建立健全的沟通机制，及时解决居民的供水问题，可以增强农村居民对政府和供水企业的信任和支持。

2 国家及相关部委现状政策要求

农村供水安全是国家高度关注的公共基础设施领域。自 2004 年以来，中央 1 号文件和政府工作报告多次部署农村饮水安全工作。在全面建成小康社会的基础上，国务院和各部委还发布了多项政策文件，从多个方面和角度对农村供水工程的管理提出了明确的要求[7]。

2019 年 10 月 19 日，国家发展改革委、财政部印发《关于深化农村公共基础设施管护体制改革的指导意见》（发改农经〔2019〕1645 号），明确了地方政府、行业部门、村级组织、运营主体、农户等 5 类管护主体，并逐一明确了各类主体的管护责任，要求地方政府承担农村公共基础设施管护的主导责任，各级行业主管部门对农村公共基础设施管护负有监管责任，村级组织对所属公共基础设施承担管护责任，运营企业要全面加强对所属农村公共基础设施的管护，广大农民群众既要增强主动参与设施管护的意识，也要自觉缴纳有偿服务和产品的费用。

2019 年 1 月 2 日，水利部印发《关于建立农村饮水安全管理责任体系的通知》（水农〔2019〕2 号），通知要求：农村饮水安全管理要落实"三个责任"：地方政府的主体责任、水行政主管部门的行业监管责任和供水单位的运行管理责任。健全农村饮水工程运行管理的"三项制度"，加强省级农村饮水安全管理能力建设，并确保农村饮水工程有机构和人员管理，有政策支持和经费保障。创新农村饮水工程运行管理模式，引入市场机制，积极推进城乡一体化供水工程，按照产权清晰、权责明确、政企分开的要求建立供水公司进行专业化管理。地区有条件的话，鼓励对供水管网覆盖的农村居民生活饮用水水价进行合理的财政补贴。

2019 年 8 月 26 日，水利部印发《农村供水工程监督检查管理办法（试行）》（水农〔2019〕243 号），明确了农村供水工程的监督检查单位及建设单位（含参建单位）和运行管理单位的职责、监督检查内容等，加强农村供水工程监督管理，提升农村供水保障水平。

2020 年 5 月 26 日，水利部办公厅印发《农村供水工程水费收缴推进工作问责实施细则》（办农水〔2020〕120 号），明确省级水行政主管部门是指导农村供水工程建设和管理的牵头部门，在农村供水工程水费收缴推进方面有六项工作职责。《细则》还明确了水费收缴工作存在下列情形的，水利部视问题严重程度，对相关省级水行政主管部门启动问责程序。

2019 年 9 月 30 日，《村镇供水工程技术规范》（SL 310—2019），规定集中供水工程供水单位应落实运行维护人员和经费。应建立健全生产运行、水质检验、计量收费、维修养护、安全生产和卫生防护等各项规章制度并严格执行。应建立日常保护、定期维护和大修理三级维护检修制度。应建立健全财务管理制度。

3 部分省市运行管护经验分析

3.1 浙江省农村供水设施管护经验概述

浙江省近年来采用多重方式，创新探索的形式，各市在水源管理、单村供水设施专业化管理和数字化管理等方面均进行了有效的探索，积累了农村供水设施管护经验。

1. 水源管理——龙泉模式

浙江省农村饮用水水源点多面广，为加强水源地保护管理，减少水资源的污染，确保"水杯子"供给安全，近几年来，浙江省积极开展饮用水水源地保护工作，水源地保护工作取得显著成效。一是建立一源一档，大力加强水源地标准化建设；二是开展一测一管，设立检测中心，建立轮检制度，在单村供水设施中做到行政村的10%轮流监测，及时将监测评价信息通报相关部门、水源地管理单位及供水企业，用于指导水源地水质管理保护工作。三是切实压实水源地监管责任，出台《龙泉市饮用水水源保护区管理办法》明确保护范围，并开展不定期抽查，防止供水水源受到污染和人为破坏[8]。

2. 单村管理——温岭模式

为有效破解农村供水站管理薄弱难题，温岭市以农村饮用水工程县级统管为抓手，着力构建运行管理、净化消毒、水质检测的"三统一"管理机制。一是统一运行管理，健全农村饮用水工程县级统管机制，明确水源保护、制水管理、水质检测、宣传培训等规定，为实行统管提供政策依据，强化管理人员、经费保障，确保供水站的长期稳定运行。二是统一净化消毒，温岭市全面实行"统一采购、统一管理、统一投放"的农村供水站水质净化制度，由市水务集团负责农村供水站的药剂采购、存储管理、设备运行等净化全过程工作，确保药剂的质量安全和管理安全，同时安排专职技术人员及时调整药剂投放数量、频次、品种等，并做好台账记录，确保水质净化规范安全。三是统一水质检测，建立"日自检、月送检、卫生抽检"的农村供水站水质检测体系，及时准确掌握水质情况。

3. 数字管护——常山模式

加强农村饮用水工程长效运行管护，常山县实行水务集团县级统管，着力推进智慧水务进乡入村。具体做法是：建立农村饮用水管理服务平台，增设自动化设施，构建五大系统，实现对供水工程远程视频监控和水质监测；同时配置人员专岗监控，发现问题实时预警，第一时间提供专业化服务，确保农村供水安全。一是实现一张图管理，利用GIS系统，全县所有的管道、阀门、消防栓、水表、水厂及泵站等供水设施可在一张图上展示，特别目前GIS系统已纳入所有用户的水表信息，实现了用户控件定位和坐标信息收集。二是实现一张网监控，分区计量系统将供水区域分为若干个计量大区和若干个计量小区，通过系统实现了实时预警、科学分析、准确判断管道的实际运行状况。三是实现一条龙管控，巡检系统将巡视、检漏、抢修三块核心业务实现全过程、全流程的管控，便于公司管理人员及时、准确掌握情况及事后落实追踪。四是实现"零跑腿"服务，利用蒲云系统对用户办理接水合同、代扣签署的协议和详细信息等内容进行拍照存档，提升用户档案管理水平。五是实现"自动化"控制，开发水厂生产自控系统，以现场控制单元和操作员站实现对自来水加药、过滤、吸泥等制水工艺的自动控制运行，同时配备余氯、浊度、pH值等在线监控仪表，保证水质达到相关标准。

3.2 宁夏回族自治区

宁夏回族自治区利用互联网思维改革和创新了城乡供水管理体制机制，创新建立了城乡供水云服务模式，初步形成适应社会主义市场经济体制要求、符合城乡供水工程特点、产权归属明确、职责清晰、职能到位、服务优质、可持续发展的运行管理新体系，显著提升了城乡供水行业的政府与市场结合的准市场活力。

为确保全区城乡供水一体化工程项目落地落实、早日见效，自治区实行省部合作、领导包抓、部门协力、一抓到底的工作机制，着眼加快现代水网体系建设和供水产业发展，立足全域推行"互联网＋城乡供水"数字治水模式，编制完成了《宁夏"十四五"城乡供水规划》，以自治区政府文件印发了《宁夏回族自治区"互联网＋城乡供水"示范省（区）建设实施方案（2021年—2025年）》，提出了"12345"的示范省（区）建设总体目标任务。

（1）落实县级政府主体责任，明确各级各部门管理权责。按照农村供水保障地方行政首长负责制的要求，宁夏城乡供水实行"省负总责、市县抓落实"的工作机制，建立政府首责、部门担责、责权统一的管理体制，确保责任落实到位。

（2）创新建管模式，推进城乡供水"投建管服"一体化。结合当地水利发展实际和经济社会发展基础，针对区域城乡供水产业发展能力不强、居民满意度不高等问题，统筹考虑事权划分、收益特征、受益群体等因素，宁夏在工程建设模式、运营模式等方面进行了探索创新。

（3）拓宽资金来源渠道，形成多元化投融资机制。宁夏按照《农村饮水安全工程建设管理办法》等相关政策文件的要求，建立健全财政资金投入机制，鼓励社会资本投资，形成城乡供水工程建设和运行管理资金多渠道来源、多元化融资的基本格局[9,10]。

3.3 经验启示

1. 明确权责，实施统一管理

根据《关于做好农村供水保障工作的指导意见》的要求，各地积极推进农村供水保障的地方人民政府负责制。各级政府、各部门、各方管理权责得到落实。按照"省负总责、市县抓落实"的工作机制，以县为单位，建立管护机构，形成省级主导、县级主责的责任体系，实现农村供水工程的统一管理。全面落实农村供水管理的地方人民政府的主体责任、水利主管部门的行业监管责任、供水单位的运行管理责任。

2. 政府督查，社会监督，构建双重监管体系

一方面加强政府部门的督查和监管，通过建立专职机构进行督查，实行月调度、季督查制度，加强机构能力建设，保证监管效果。另一方面鼓励农民参与，参与工程运行管

护，监督工程运行情况，提高热情，形成人人关心、共同努力的氛围，保证农村供水工程长效运行。浙江开化县还创新思路，引入观察员制度，聘请民间志愿者监督工程，探索"全民皆兵"的监督方式。

3. 顶层设计，高位推进改革

各地政府高度重视农村供水工作，作为重大民生工程统筹规划，推进城乡供水一体化改革。宁夏以"互联网＋城乡供水"为主，发布了实施方案和规划，提供指导性意见。江西省政府发布指导意见，要求建立健全工程运管体系。江西景德镇推进城乡供水一体化，浙江省委省政府将农村供水摆在重要位置。福建省水利厅与其他部门印发意见，以设区市或县为单元，解决了城乡供水问题。各地出台农村供水工程运行管理办法，完善标准化规范化管理制度。

4. 创新管护模式，实施规模化专业化管理

农村供水工程的标准化管理被各地政府高度重视，通过不断加大农村供水工程的建设和改造力度，将城镇水厂的供水管网延伸到农村地区，并在完善农村供水工程体系的基础上实施标准化管理，以提高农村供水服务质量和水平。各地制定了包括管理责任、安全评估、运行管理、维修养护、监督检查、隐患治理、应急管理、制度建设等各个环节的工程管理制度，保证农村供水工程的运行管护有序、标准化。

5. 推动农村供水工程运维管理的集中化管理

在实施农村供水工程标准化管理的基础上，进一步运用市场机制，通过政府资助或购买服务等方式引入专业市场主体，进行农村供水工程的集中化管理。通常是在县级层面统筹域内所有农村供水工程管理工作。浙江临安制定了地区水投公司作为全区农村饮用水工程的统管单位，并成立了农村水务公司，负责农村饮用水工程的运维管理工作，通过统一招聘、培训、考核员工确保工作规范专业化管理。

4 北京市农村供水现状

截至 2021 年年底，北京市共有农村供水设施 3301 座，总供水能力 135.28 万 m^3/d，覆盖 2704 个行政村，覆盖人口 441.45 万人。其余绝大部分行政村通过"城带村、镇带村"的方式，实现中心城区、副中心和新城的城镇公共供水设施供水管网延伸供水和乡镇集中供水设施供水，城镇优质供水对农村地区的覆盖范围越来越广。按照水利部评价标准，北京市农村地区自来水普及率已达到 99％以上，位居国内前列。

近年来，北京市结合美丽乡村建设，加大集约化供水设施建设及村级供水设施改造力度，强化农村饮用水卫生监测，农村地区供水条件得到进一步改善。从 2019 年起，北京市水务部门压实农村饮水安全管理"三个责任"，建立农村饮水工程的运行维护机制，推动农村供水站净化消毒设备安装，实现了全市 3301 处农村集中供水工程消毒设施 100％配备，同时为有效保证已安装的消毒设施能够持续发挥作用，市水务局指导各区建立专业化维护机制，以各区、各乡镇为单元，通过委托第三方提供社会化服务、建立专业化管护队伍等形式，专业负责消毒药剂的更换和设施设备维修工作，使全市农村集中供水工程水质保障能力和专业化管理水平得到大幅提升，农村居民安全饮水程度得到强力保障，农村

供水专业化、规范化管护成效渐显。

5 村镇供水设施运行管护政策建议

5.1 加强政策设计，规范运行管理

将农村饮水安全工作重心从工程建设转向建后运行管理，不断加强工程运行管护工作。从强化政策设计着手，出台制度措施，指导各县区建立健全管理长效机制，制定了农村供水管理人员考核奖惩办法，严格执行人员薪资与水费收缴情况相结合的量化考核制度，充分调动了基层管理人员的工作积极性。

5.2 落实管护主体，靠实管理责任

建立健全农村饮水安全工程专业化管理机构和乡镇、区域水管机构，落实编制、人员、经费，积极培育和发展农民用水者协会等村民组织，统筹安排公益性岗位村级供水管理员，明晰农户用水管理义务，签订供水协议自行负责户内设施管护，构建农村饮水安全工程"专管"＋"群管"管理模式。

5.3 完善规章制度，提升管理效能

出台农村供水管理办法和供水应急预案，明确管理职责，建立微信公众号，受理群众反映供水问题，并随时发布信息通知，公开停水原因、停水周期、计划恢复供水时间，在政府门户网站公布市县乡村各级农村饮水安全责任人信息，在村委会及村级广场公示牌公开管理机构、管护人员联系方式，逐户发放用水户明白卡，实现省市县各级水行政主管部门监督电话和各级水管单位、水管人员服务电话"户户知"。

5.4 建立管护基金，破解资金瓶颈

逐步探索建立了农村饮水安全工程区级维修养护基金，按照水费提取和政府补贴相结合的办法落实日常维修养护基金，其中水费提取部分在当年所收取总水费的10％提取，有效提高了工程运行及维修管护能力。设立专项基金储存账号，每年安排资金经费专门用于农村供水工程建后管理及维修养护，并逐年增加维护费用，为工程正常维修养护提供了资金保障。

5.5 畅通反映渠道，强化应急抢修

全面建立供水问题信访投诉处理机制，通过微信公众号、网络、电话、来信和走访等多种渠道受理群众反映问题，立即转办、专人盯办，办理结果及时反馈群众；健全应急抢修机制，完善县级供水应急抢修预案，成立专业维修队伍，落实人员、维修车辆，基层水管单位分片区设立供水维修材料储备库，按照划片包干、责任到人，向群众发放服务卡，公布抢修热线，确保管网破损、漏水等问题第一时间抢修。

5.6 推进信息化建设,提升管理效率

大力推进农村饮水安全信息化项目建设,逐步建成了市级-区级-水厂三大调度平台,实现了千吨万人以上规模化水厂、大中型及部分小型提水泵站自动化运行,规模化以上供水工程建成了水源、管网及重要控制点的流量、水质(余氯)、水压监测站点。逐步实现规模化农村集中供水工程正在逐步实现水源、生产、输水、用水等环节的自动化、信息化管理。对供水不稳定问题实行台账销号管理,为农村饮水安全工程精细化动态管理提供了可靠的数据支撑,为农村饮水安全工作决策部署提供了科学依据。

参考文献

[1] 张美贞.国外农村供水 [J].小城镇建设,1988(4):30+23.
[2] 郑晓云.国外节水面面观 [N].中国水利报,2019-09-19(007).
[3] 杨继富,李斌.我国农村供水发展现状与发展思路探讨 [J].中国水利,2017(7):23-25.
[4] 刘来胜,周怀东,刘玲花,等.我国农村供水工程运行管理经验 [J].中国农村水利水电,2012(9):136-137.
[5] 王丽艳.农村供水工程的属性与投资主体分析 [J].水利发展研究.2006(6):28-29+32.
[6] 程勇.加强农村饮水工程运行管理 保障农民群众长期受益 [J].中国农村水利水电.2004(5):15-16.
[7] 翟浩辉.农村供水安全与饮水工程管理 [J].中国水利.2003(23):6-10.
[8] 李仰斌.加强农村饮水工程建后管理 确保工程长期发挥效益 [J].中国农村水利水电.2003(5):9-11.
[9] 闫东晗.我国农村供水法规及标准分析 [J].法制与社会,2020(22):155-156.
[10] 刘洪先.加强农村供水政策体系建设 保障农村供水事业健康发展—关于建立健全农村供水政策体系框架的思考 [J].水利发展研究,2012,12(6):12-15.

水务改革发展

北京市水生态保护补偿指标体系与核算方法研究

居 江

(北京市水科学技术研究院,北京 100044)

【摘要】 本文立足国家和北京市关于建立水生态保护补偿制度的要求,结合北京市水生态保护补偿存在的突出问题,遵循水生态系统自然规律,以坚持目标导向与问题导向相统一,探讨了水生态保护的内涵,研究提出了水生态保护补偿指标体系,各指标考核补偿范围、目标值和补偿标准确定方法,以及保护补偿核算方法,为北京市建立水生态保护补偿制度,用经济手段激励和约束引导各区加强水生态环境保护修复提供技术支撑。

【关键词】 生态系统;水生态系统;水生态保护;水生态补偿;水生态健康

Research on the compensation index system and accounting method for water ecological protection in Beijing

JU Jiang

(Beijing Institute of Water Science and Technology, Beijing 100044)

【Abstract】 Based on the requirements of the country and Beijing for establishing a compensation system for water ecological protection, combined with the prominent problems in Beijing's water ecological protection compensation, following the natural laws of the water ecological system, and adhering to the unity of goal orientation and problem orientation, this paper explores the connotation of water ecological protection, and proposes a compensation index system for water ecological protection. The compensation scope, target value, and compensation standard determination method for each index are evaluated, And the calculation method for protection compensation, providing technical support for the establishment of a water ecological protection compensation system in Beijing, using economic means to motivate and constrain various districts to strengthen water ecological environment protection and restoration.

【Key words】 Ecosystem; Water ecosystem; Water ecological protection; Water ecological compensation; Water ecological health

1 背景情况

良好生态环境是实现中华民族永续发展的内在要求,是增进民生福祉的优先领域,是建设美丽中国的重要基础。国家对提升生态系统多样性、稳定性、持续性，建立水生态保护补偿制度提出了明确要求。党的二十大报告提出要"深入推进环境污染防治"，"提升生态系统多样性、稳定性、持续性"。"加快健全有效市场和有为政府更好结合、分类补偿与综合补偿统筹兼顾、纵向补偿与横向补偿协调推进、强化激励与硬化约束协同发力的生态保护补偿制度"。北京市政府有关文件明确提出健全完善水生态区域补偿制度，用经济手段激励和约束引导各区加强水生态环境保护修复，进一步完善我市水生态环境政策体系。

北京市"十四五"规划纲要提出要推动水污染防治向水生态保护转变。水生态保护中溢流污染、密云水库总氮超标以及部分河流有水河长不足、流动性阻断、生境生物多样性相对单一等现阶段亟待解决的问题需要补偿机制发挥导向作用。

开展水生态保护补偿指标体系与核算方法研究，可为北京市建立水生态保护补偿制度，完善水生态环境政策体系，用经济手段激励和约束引导各区加强水生态环境保护修复提供技术支撑。对进一步压实区政府水生态保护主体责任，推动解决本市面临的有水河长不足、河流流动性阻断、生境生物多样性恢复困难等水生态保护突出问题，具有重要的现实意义。

2 水生态保护补偿指标体系探讨

2.1 水生态保护的内涵

2.1.1 水生态系统的范畴

（1）生态系统。由生物群落与它的无机环境相互作用而形成的统一整体，包括生物和非生物两部分。生物部分包括植物-生产者、动物-消费者、细菌、真菌-分解者；非生物部分包括阳光、空气、水、温度、土壤等。生态系统的空间范围有大有小，地球上全部的生物及其无机环境的总和，构成了地球上最大的生态系统——生物圈。

（2）水生态系统。以水域为基础构成的生态系统。水生态系统的要素包括水流、水环境和生境生物，三者是相互依存的有机的整体。水流是水生态系统生物群落繁育和物质、能量传递及转化的基础条件，水环境对水生态系统形成、演化起重要作用，生境生物是水生态健康程度的集中体现。

（3）水生态系统边界。北京市水生态系统主要是河湖（库）市生态系统，核心范围是水生态空间，包括水域及岸线。以流域为单元的陆域生态系统通过水循环和生化循环对水生态系统产生重大影响。

2.1.2 水生态保护的内涵

（1）总体目标。北京市水生态保护的最终目标是促进人与自然和谐共生，不断增强人民群众的获得感、幸福感、安全感，为建设国际一流的和谐宜居之都提供更加坚实的水安全和生态安全保障。

（2）具体目标。注重保持生态系统的原真性、完整性，更加注重生物多样性保护，不断提升水生态系统质量和稳定性，实现水体流动、水环境洁净、水生态健康。

（3）实施途径。遵循水的自然循环和社会循环规律，从生态整体性和流域系统性出发，立足山水林田湖草沙一体化保护修复，坚持以河流为骨架、以分水岭为边界、以流域为单元，统筹治水与治山、治林、治田、治村（镇/城）的关系，统筹上下游、左右岸、干支流、地表和地下，加强源头治理、系统治理、综合治理。

（4）保障措施。加强规划引领，强化空间管控。充分发挥政府在水生态保护修复工作中的主导作用，同时注重发挥市场机制和社会力量作用，推进共建共治共享。探索建立水生态产品价值实现机制。加快推进水流自然资源确权登记。创新工作推进机制，完善资金投入政策。

2.2 补偿指标体系

遵循水生态系统自然规律，坚持目标导向与问题导向相统一、延续发展与创新探索相衔接、系统谋划与简便易行相结合的原则，按照生态保护"使用者付费、保护者受偿、损害者赔偿"的利益导向机制，聚焦北京市水生态保护中存在的突出问题，设置水流、水环境、水生态三大类考核指标，涉及13项核算指标，如图1所示。

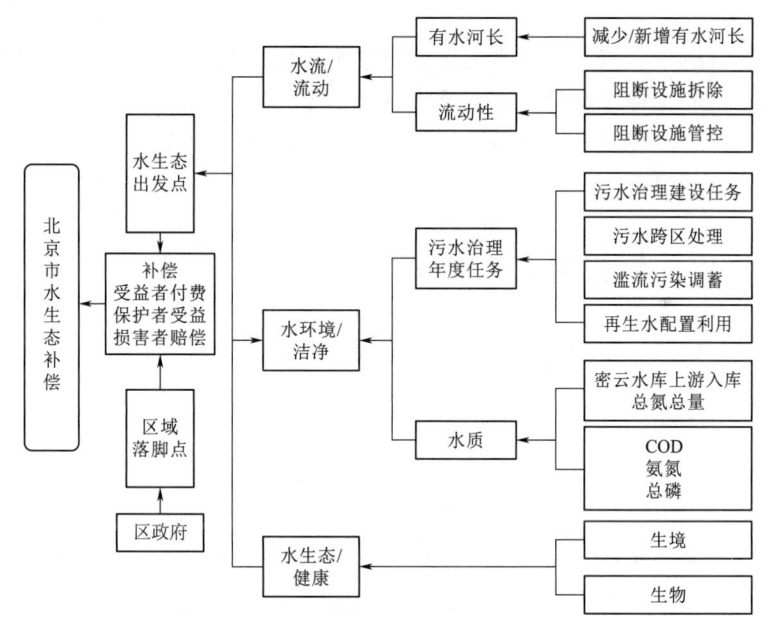

图1 北京市水生态补偿指标体系框架图

2.2.1 水流类指标

水流类指标重点考虑通过有水河长和阻断流动性考核保障生态水流、增加河流连通性。考核内容包括有水河长和流动性，共两项核算指标。其中，流动性包括阻断设施拆除和河流阻断管控两项核算指标。

（1）有水河长。有水是维持水生态系统的前提条件。北京市自然禀赋决定了不能搞大水面，采用有水河长指标来反映水流的保有量符合本市实际。该指标考核鼓励区政府通过优化水源配置或建设连通设施增加管辖区域内的有水河长。

（2）流动性。河流的生命在于流动。新时期水生态修复工作需要对历史上各个时期在河流上修建的水流阻断设施进行管控，以增加河流流动性。为此设置流动性指标鼓励相关区政府对塘坝、节制闸、堰坝等阻断河流流动性设施实施拆除或采取运行管控措施，降低因阻断河流流动性对水生态造成负面影响。

2.2.2 水环境类指标

水环境类指标，可从水质目标管控和水环境治理项目管控两方面设置补偿指标。一方面通过目标管理倒逼水质达标；另一方面，通过对治理项目的管控，促进水质目标达标。水质目标管控包括河流跨区断面污染物浓度和重点水源水库入库总氮总量控制指标；水环境治理可设置水污染治理建设和污水资源化利用指标。

（1）水质目标管控。一是针对河流鼓励相关区政府采取措施促进河流跨区断面污染物浓度主要指标值达到该断面考核目标。二是针对重点水源水库推动上游相关区削减河流入库总氮负荷。

（2）水环境治理项目管控。主要是对各区按期保质保量完成污水治理项目绩效建立激励约束机制，可结合实际设置污水治理建设、污水跨区处置、溢流污染调蓄和再生水配置利用等考核指标。

2.2.3 水生态类指标

引导相关区政府采取措施提高水生态健康水平，促进水生态系统稳定向好。生境指标为水生态系统中的非生物环境指标，生境指标重点考虑河流流态、底质、岸线、植被覆盖等因素。生物指标为环境质量监测与评价中的生物学特性和参数，生物指标考虑水生动植物的多样性、丰度等因素。

3 水生态保护补偿核算方法研究

水生态保护补偿核算方法包括确定考核范围、考核目标、补偿标准和补偿方法。

3.1 考核范围确定

3.1.1 水流类指标

（1）有水河长。考核清单每3年调整一次，确定方法如下：

一是以北京市第一次水务普查425条河流为基础，筛选出前3年3月均有水的河段作为考核初选清单。在考核初选清单的基础上，扣除无闸坝、水库、再生水补水口等补水条件的河段，以及各区不可控的市管河段，形成3年考核期有水河长考核清单。

二是以此类推确定下一个3年考核期有水河长考核清单。

三是如遇特殊干旱年份，涉及区域的相关河段不考核有水河长指标。3年考核期内如遇不考核的特殊干旱年份，考核清单自动后延，满3年后调整。

（2）阻断设施拆除与管控。考核清单每年调整一次。确定方法是将有水河道内已不具备防洪、水资源配置等功能的阻断河流流动性的设施纳入阻断设施拆除清单，其他阻断河流流动性的设施纳入阻断设施管控清单。

3.1.2 水环境类指标

（1）跨区断面污染物浓度考核断面。确定方法原则上设置在各区行政区域交界处附近，经经相关方协商提出。

（2）水库入库河流考核清单及考核断面。确定方法原则上包括所有入库的有水河流，并在水库回水变动区影响范围外设置入库考核断面，经相关方协商提出。

（3）污水治理年度任务年度考核范围。可按照政府相关规划和文件以及"河长制责任清单"等确定。

3.1.3 水生态类指标

水生态类指标考核范围原则上应与有水河长考核清单一致。

3.2 补偿目标值确定

3.2.1 水流类指标

（1）有水河长。有水河长年度考核目标值设置方法：一是以考核河段前3年3—6月有水河长长度算术平均值设置为该河段年度考核目标值。二是区域如遇干旱年份，不考核该区域有水河长指标，当年的有水河长数据也不计入，其后年份年度考核目标值计算和考核河段滚动更新核算。

（2）阻断设施拆除与管控。根据阻断设施拆除清单制定阻断设施年度拆除计划作为当年考核目标，上年度未完成拆除的阻断设施，应顺延至下一年度拆除计划。阻断设施管控以维持管控清单内阻断设施下游河流流动性为考核目标。

3.2.2 水环境类指标

（1）跨区断面污染物浓度考核断面。考核断面水质目标原则上与所在流域国家地表水生态环境质量考核有关要求、所在水体水功能区水质要求相衔接。

（2）水库入库河流考核清单及考核断面。考核目标值确定方法为：一是确定初始基准值，为该断面前3年总氮浓度的平均值。二是确定考核目标值，按初始基准值每年递减2%确定。

（3）污水治理年度任务年度考核目标。可按照政府相关规划和文件以及"河长制责任清单"等确定的各区任务目标。

3.2.3 水生态类指标

参考国标或地标中水生态等级为"健康"的最小分值确定。

3.3 补偿标准确定

补偿标准确定的方法包括生态产品价值法、生态保护成本法，综合考虑支付意愿和能力等。

3.3.1 水流类指标

（1）有水河长。采用成本估算法，考虑水资源配置和消耗成本，按山区河流和平原河流两种情况，分别估算为每年20万元/km和60万元/km。

（2）阻断设施拆除与管控。采用拆除成本估算法，考虑水资源配置和消耗成本，估算阻断设施未拆除年补偿金标准为150万元/处。综合考虑支付意愿和能力，估算阻断流动补偿金标准为30万元/次。

3.3.2 水环境类指标

（1）跨区断面污染物浓度。综合考虑支付意愿和能力，估算每个水质浓度指标距离水质目标值变差 1 个类别补偿金标准 30 万元/个。

（2）水库入库总氮。采用成本估算法，将需削减的 1 吨总氮稀释到地表水湖库Ⅲ类标准 1mg/L，需要的水资源量 100 万 m^3，按水资源费 1.57 元/m^3 计算需要 157 万元。

（3）污水治理年度任务年度。采用成本估算法，估算补偿金标准为 2.5 元/m^3。再生水配置利用补偿标准按输配成本估算为 1 元/m^3。

3.3.3　水生态类指标

采用治理成本估算法，估算生境指标补偿金标准为 200 万元/分，生物指标补偿金标准为 300 万元/分。

3.4　核算方法

3.4.1　水流类指标

（1）有水河长。某河段有水河长考核应缴纳的补偿金 CP_{hc}（万元）计算公式为

$$CP_{hc}=(T_{hc}-L)S_{hc} \tag{1}$$

式中　T_{hc}——某河流有水河长年度考核目标值，km；
$\quad\quad L$——某河流有水河长年度监测值，km；
$\quad\quad S_{hc}$——有水河长补偿金标准。

（2）阻断设施拆除与管控。未完成阻断设施年度拆除计划任务应缴纳的补偿金 CP_{cc} 计算公式为

$$CP_{cc}=N_{cc}S_{cc} \tag{2}$$

式中　N_{cc}——该区阻断设施未完成拆除的总数，处；
$\quad\quad S_{cc}$——阻断设施未拆除年补偿金标准。

阻断设施管控应缴纳的补偿金 CP_{gk} 计算公式为

$$CP_{gk}=N_{gk}S_{gk} \tag{3}$$

式中　N_{gk}——该区阻断设施阻断流动的总次数，次；
$\quad\quad S_{gk}$——阻断流动补偿金标准。

3.4.2　水环境类指标

（1）跨区断面污染物浓度。超标断面水质为Ⅴ类及以内时，断面当月超标扣缴补偿金按照化学需氧量或高锰酸盐指数超标补偿金、氨氮超标补偿金、总磷超标补偿金累加，计算公式为

$$CP_{SZ}=CP_{G/M}+CP_{AD}+CP_{TP} \tag{4}$$

式中　CP_{SZ}——断面当月差于水质目标的扣缴补偿金，万元；
$\quad\quad CP_{G/M}$——化学需氧量或高锰酸盐指数超标补偿金，万元。当断面水质目标为Ⅳ、Ⅴ类时按化学需氧量计；当断面水质目标为Ⅱ、Ⅲ类时按高锰酸盐指数（COD_{Mn}）计。

$CP_{G/M}$ 计算公式为

$$CP_{G/M}=N_{G/M}S_{SZ} \tag{5}$$

式中　$N_{G/M}$——化学需氧量或高锰酸盐指数（COD_{Mn}）距离水质目标值变差的类别个数（至Ⅴ类为止），个；

S_{SZ}——水质补偿金标准。

CP_{AD}——氨氮超标补偿金，万元；CP_{AD} 计算公式为

$$CP_{AD} = N_{AD}S_{SZ} \qquad (6)$$

式中　N_{AD}——氨氮（NH_3-N）距离水质目标值变差的类别个数（至Ⅴ类为止），个；

CP_{TP}——总磷超标补偿金，万元；计算公式为

$$CP_{TP} = N_{TP}S_{SZ} \qquad (7)$$

式中　N_{TP}——总磷（TP）距离水质目标值变差的类别个数（至Ⅴ类为止），个。

（2）水库入库总氮。水库某个入库考核断面总氮总量考核应缴纳的补偿金 CP_{TN}（万元）计算公式为

$$CP_{TN} = 0.01(C_{TN} - T_{TN})V_{TN}S_{TN} \qquad (8)$$

式中　C_{TN}——入库考核断面总氮浓度年均值，mg/L；

T_{TN}——入库考核断面总氮浓度年度考核目标值，mg/L；

V_{TN}——入库考核断面年水量，万 m^3；

S_{TN}——入库总氮总量补偿金标准。

（3）污水治理年度任务年度。包括污水治理年度任务、污水跨区处理、溢流污染治理、再生水配置利用等。

1）未按期完成污水处理设施建设项目应缴纳的补偿金 CP_{js} 计算公式为

$$CP_{js} = \sum(Q_i\rho_iD_i)S_{js} \qquad (9)$$

式中　Q_i——该项目设计日处理能力，万 m^3/日；

ρ_i——该项目负荷率，%。第一年为50%，第二年及以后为70%；

D_i——该项目延期日数，日；

S_{js}——该指标补偿金标准。

2）跨区污水处理指标应缴纳的补偿金 CP_{cl} 核算公式为

$$CP_{cl} = (E \times \eta - \sum V_{cl})S_{cl} \qquad (10)$$

式中　E——该区或区域污水排放量，万 m^3；

η——市政府确定的该区污水处理率年度目标，%；

V_{cl}——该区某个污水处理设施污水处理量，万 m^3；

S_{cl}——跨区污水处理补偿金标准。

3）未完成溢流调蓄建设任务应缴纳的补偿金 CP_{ylj} 核算方法为

$$CP_{ylj} = \sum V_{tx}S_{yl} \qquad (11)$$

式中　V_{tx}——应调蓄的水量，万 m^3，为该区大于15mm小于33mm雨量的降雨过程次数与设施设计调蓄规模的乘积；

S_{yl}——溢流污染补偿金标准。

4）未达到再生水配置利用年度目标应缴纳补偿金 CP_{zs} 计算公式为

$$CP_{zs} = (T_{zs} - V_{zs})S_{zs} \qquad (12)$$

式中　T_{zs}——该区再生水配置利用量年度目标，万 m^3；

V_{zs}——该区或区域再生水配置利用量实际值，万 m^3；

S_{zs}——再生水利用补偿标准。

3.4.3 水生态类指标

（1）生境指标。当评分低于目标值时，某河段应缴纳的补偿金 CP_{sj} 计算公式为

$$CP_{sj}=\sum(TG_{sj}-G_{sj})S_{sj} \tag{13}$$

式中　TG_{sj}——该区某河段生境指标考核目标值，分；

　　　G_{sj}——该区某河段生境指标考核评分值，分；

　　　S_{sj}——生境指标补偿金标准。

（2）生物指标。当评分低于目标值时，某河段应缴纳的补偿金 CP_{sw} 计算公式为

$$CP_{sw}=\sum(TG_{sw}-G_{sw})S_{sw} \tag{14}$$

式中　TG_{sw}——该区某河段生物指标考核目标值，分；

　　　G_{sw}——该区某河段生物指标考核评分值，分；

　　　S_{sw}——生物指标补偿金标准。

北京市水流资源所有权委托代理改革研究

韩 丽[1] 范秀娟[1] 韩中华[1] 郑 科[2]

(1. 北京市水科学技术研究院,北京 100048;2. 河海大学水文水资源学院,南京 210098)

【摘要】 水流自然资源所有权体制机制改革是自然资源资产产权制度建设的一项重要内容。北京市是国家确定的全民所有自然资源资产所有权委托代理机制试点省市之一。本文通过梳理自然资源资产产权制度改革要求,分析改革过程中形成的共识、存在的问题以及相关启示,以理顺所有权、管理权权责及相互间关系为重点,以明确资源清单为核心,提出改革思路和原则,明确改革重点任务,为自然资源资产管理体制改革提供了可借鉴经验。

【关键词】 水流资源;北京市;所有权委托代理;权责关系

Pilot study on the reform of principal-agent system of water flow property rights in Beijing

HAN Li[1] FAN Xiujuan[1] HAN Zhonghua[1] ZHENG Ke[2]

(1. Beijing Institute of water science and technology, Beijing 100048; 2. College of Hydrology and Water Resources, Hohai Univercity, Nanjing 210098)

【Abstract】 The reform of ownership system of natural water resources is an important part of the construction of property right system of natural resources assets. Beijing is one of the pilot provinces and cities of the national commission – agent mechanism for the ownership of natural resources assets owned by the whole people. By combing the requirements of the reform of the property right system of natural resource assets, this paper analyzes the common understanding, the existing problems and the relevant enlightenment in the process of the reform, and puts the emphasis on straightening out the rights and responsibilities of ownership, management and the relationship among them, the core of this paper is to make clear the list of natural resources, put forward the ideas and principles of reform, and make clear the key tasks of reform.

【Key words】 Water flow resource; Beijing; Principal – agent of ownership; The relationship between power and responsibility

水流自然资源所有权体制机制改革是自然资源资产产权制度建设的一项重要内容。北京市是国家确定的全民所有自然资源资产所有权委托代理机制试点[1]省市之一。所有权委托代理改革是以水流确权为基础,以理顺所有权、管理权权责及相互间关系为重点,以明确资源清单为核心,通过完善管理制度和配套机制,逐步构建有利于落实所有权人权益[2]、保障使用权人权利的体制机制。

1 改革部署要求

党的十八大以来,国家大力推进自然资源资产产权制度建设和自然资源资产管理体制改革。国家对健全国家自然资源资产管理体制的总体要求是,整合分散的全民所有自然资源资产所有者职责,组建对全民所有的矿藏、水流、森林、山岭、草原、荒地、海域、滩涂等各类自然资源统一行使所有权的机构,负责全民所有自然资源的收益出让等[3]。从横向上,要求健全国家自然资源资产管理体制,此项改革,通过深化党和国家机构改革、组建自然资源部,已经基本实现。从纵向上,要求探索建立分级代理行使所有权的体制机制,此项改革是一个循序渐进、逐步发展的过程。

2013年《中共中央关于全面深化改革若干重大问题的决定》提出健全国家自然资源资产管理体制,统一行使全民所有自然资源资产所有者职责。2014年中央财经领导小组第五次会议上首次提出"所有权人职责由中央直接行使还是地方政府行使"的命题。2015年《生态文明体制改革总体方案》提出探索建立分级行使所有权的体制,分清全民所有中央政府直接行使所有权、全民所有地方政府行使所有权的资源清单和空间范围。2019年《关于统筹推进自然资源资产产权制度改革的指导意见》进一步明确"探索建立委托省级和市(地)级政府代理行使自然资源资产所有权的资源清单和监督管理制度"。2020年《中央全面深化改革委员会2020年工作要点》明确要求"组织开展全民所有自然资源资产委托代理试点"。2022年中办国办印发了《全民所有自然资源资产所有权委托代理机制试点方案》,对开展全民所有自然资源资产所有权委托代理机制试点作出具体部署。北京市为落实中央及国家要求,相应出台了制度文件和实施方案,按照总体部署,正在推进自然资源所有权委托代理及确权登记等工作。

2 改革共识与面临的问题

2.1 改革形成的共识

从现行法律和部门"三定"规定看,目前水流资源所有权管理体制尚未成熟和定型。一方面,现行法律尚未对自然资源管理部门统一行使水资源资产所有者职责作出规定;另一方面,自然资源管理和水行政管理部门如何划分及行使所有者职责[4],还有待探索明确。对于水流自然资源所有权委托代理改革,目前基本形成三点共识。

一是自然资源部门和水行政主管部门都承担水流自然资源所有者的部分职责。自然资源部门是全民所有自然资源资产统一行使的部门,也应当是水流自然资源资产所有权的代表[5]。水行政主管部门根据"三定"规定也行使水流自然资源资产所有权的部分权责,包括水量分配、取水许可、水资源有偿使用等。

二是在部门职责划分上，自然资源部门重点行使所有权管理的"一头一尾"，即水资源调查、确权登记和水资源资产报告；其他职责仍重点由水行政主管部门行使。

三是水流自然资源所有权的行使具有高度技术性和专业性，在相关法律法规制定或修改过程中，水行政主管部门对水资源的统一管理和监督职责应予以保留，但同时也应增加水流自然资源资产所有者职责。

2.2 改革面临的问题

此外，水的流动与时空不确定性、不完全排他性、利害双重性、水与"盆"的不可分割性、循环与系统性等特点都决定了水流自然资源所有权改革应当具有自己的特殊性，改革也面临着诸多的困难。

一是改革明确由自然资源部门统一代理行使自然资源所有者职责，但是水行政主管部门的三定职责也已经明确了部分所有权职责，三定职责是由国务院直接授权的，不需要再由自然资源部门委托水行政主管部门代理行使，自然资源部门、水行政主管部门所有者权责划分、行权模式的确定还需要进一步研究和探索。

二是由自然资源部门行使的水资源确权登记，主要是针对所有权，重点是明确河库湖泊的空间范围，关联记载河库湖泊多年平均的水资源数量、实际上是水生态空间的范畴[6]，但是法律中尚未明确水生态空间所有权。

三是所有权确权后，行使权利是履行所有者职责的关键所在，探索所有权的多种实现形式，推进所有权与使用权、收益权和处分权分离，才能实现所有权权能，但是目前所有权确权与流域水权、区域水权及取用水户的取用水权是脱节的。

四是从具体工作推进层面，自然资源部门开展的工作体系主要包括水资源调查监测评价、水流自然资源所有权确权登记、水资源资产所有权委托代理机制试点等。水行政主管部门牵头开展的工作体系包括江河水量分配、取水许可、水资源费（税）征收、用水权改革、水资源资产收益管理制度改革等。这些开展的工作都属于产权制度的重要组成部分，但是目前相关工作缺乏有效衔接，需要统筹考虑水流自然资源所有权行使和管理中面临的问题，统筹加以推进。

3 改革经验与启示

所有权改革形成的共识、面临的问题及已有的改革经验表明，开展水流自然资源资产所有权改革应该突出问题导向。水流自然资源所有权管理改革也不能为了改革而改革，而要在符合中央改革总体形势和要求的情况下，围绕自身存在的问题开展改革。从国家水安全保障格局看，应当站在新老水问题解决的高度，统筹考虑水流自然资源所有权行使和管理中面临的问题，统筹加以推进。应该尊重历史路径。改革应充分尊重既有的水流自然资源所有权管理格局。特别是对于中央政府与地方政府历年通过区域用水总量控制指标分解、江河水量分配等形成的不同层级政府间水资源所有权管理格局，应当予以充分尊重。在此基础上结合中央改革要求予以积极稳妥地推进分级代理行使水流自然资源所有权管理改革。应该注重改革措施统筹。水流资源所有权管理改革要从水流自然资源特殊属性出发,从水资源数量和水生态空间两方面入手,明确政府间分级代理行使所有权的资源清单,并在此基础上建立健全相关管理制度,特别是完善流域、各级政府和取用水户之间围绕水资源资产行使的各项制度,并建立健全资产收益分配机制和配套机制建设。

4 改革思路和原则

构建北京市水流自然资源所有权委托代理机制,是推进改革的重点工作,需要遵循以下基本思路。

一是符合改革精神。水流自然资源是自然资源的重要组成,国家改革决策部署是北京市推进分级代理行使水流自然资源所有权改革的基本遵循。目前国家层面水流自然资源所有权改革围绕着两套体系同时在推进。北京市应当统筹兼顾所有权和使用权这两套工作体系,并在改革过程中逐步实现两套体系的有效衔接、通过权属分离[7,8],提高水流资源利用效益和效率。

二是突出水流特性。水流自然资源具有重要的经济功能、社会功能和生态功能,同时具有公益性和经营性。推进水流自然资源委托代理改革,要从水流自然资源资产功能出发,公益性方面主要由水行政主管部门宏观调控,维护市民享受民生保障及良好生态的权益。经营性方面主要通过微观层面的所有权、用水权分离,由取用水户通过市场交易用水权的方式,发挥水流自然资源的资产功能[9]。

三是尊重客观规律。推进北京市水流资源所有权委托代理改革,必须尊重水流自然资源的特殊属性[10],尊重我国水流自然资源的价值管理尚处于起步阶段的实际方位,尊重水流资源所有权行使的特殊性,水流自然资源所有权的行使在纵向上涉及各级政府之间的关系,在横向上涉及自然资源、水行政主管部门之间的关系。

四是借鉴相关经验。土地、矿产、森林等资源在开展分级代理行使所有权方面进行了一定探索,其中矿产资源、森林资源的分级代理行使所有权改革探索起步较早、已经取得阶段性进展[11]。水流资源应注重吸收相关自然资源资产所有权分级改革经验。

5 改革重点任务

5.1 所有权委托代理主体及权责

北京市水流自然资源所有权的行使主体涉及北京市规划和自然资源委员会和北京市水务局。北京市规划和自然资源委员会代表北京市政府,统一行使包含北京市水流在内的各类自然资源资产所有者职责;然而,具体到水流自然资源,北京市政府直接授权北京市水务局行使部分所有者职责,因而在性质上,这种授权属于法定"授权代理"而不是来自北京市规划和自然资源委员会的"委托代理",换而言之,北京市政府对水流资源所有者的职责中,一部分是由北京市规划和自然资源委员会代理行使,另一部分由北京市水务局法定代理行使,二者相互补充,共同构成北京市水资源所有权代理行使模式。其中,由北京市规划和自然资源委员会代理行使的所有者职责,主要是水资源调查、水资源确权登记管理,以及水资源资产报告等职责。北京市水务局代理行使的所有者权责,重点内容在于配置权、收益权和所有者监督权。其中配置权即包括宏观层面,对流域区域的配置,也包括微观层面,对取用水户的配置;收益权主要体现为指导水资源税的核定、税收返还和使用等,此外随着水资源资产管理制度重大变革的推进,如对用水权实行有偿取得,通过市场配置方式提高用水效益和效率,那么届时北京市水务局将代表市政府实行政府有偿出让用水权,并依法收取用水权有偿使用费等[12];所有者的监督权体现为配合编制水资源资产负债表,指导开展水资源资产离任审计,指导对超用水地区和超过许可水量用水的责任追究等。

5.2 所有权委托代理的河流水库湖泊清单和水资源清单

目前自然资源部门明确的资源清单范围仅包括河流、水库、湖泊,确权登记明确的是河库湖泊的空间范围,关联记载其多年平均的水资源数量、并且正在探索将取水权纳入不动产登记。然而,水流自然资源包括水资源(盆中的水)和河流水库湖泊水库(盛水的盆),从符合水流特性及立足实际的角度出发,资源清单应分别明确河库湖泊清单和水资源清单[13]。其中,河库湖泊清单应充分尊重多年形成的管理格局,与现行河湖管理体制相衔接,即市管26条河道、10座水库、20个湖泊由市政府代理行使所有权,区管水系由各区政府代理行使所有权,并且将河湖水库管理范围作为确权范围"登簿",推进将"河道两岸堤防之间范围内不适宜稳定利用的耕地"进行整改补划,将不符合水生态空间管控的村庄、林木、建筑物等逐步解决,从而进一步强化河湖管理工作。

确权登记记载的水资源数量,河库湖泊多年平均来水量不等同于区域的水资源数量,更不等同于区域的可用水量。区域水资源数量既有本地自产水,也包括过境水和外调水。因此水资源清单记载的区域用水权利边界应包括流域水量分配方案确定的可用水量、地下水管控指标确定的地下水可用水量、外调水工程或方案规定的可用水量。具体到工作层面,即是由区域用水权作为区域所能享有的所有权人权益边界。《关于加强"十四五"时期全市生产生活用水总量管控的实施意见》确定了各区"十四五"时期用水总量上限。这些都是区域用水权的体现,也体现了市区政府分级代理行使水资源所有权的资源清单。

不动产是指依照其物理性质不能移动或者移动将严重损害其经济价值的有体物。水资源具有流动性,随着水循环系统不断更新,水资源的水量、水质、流速都是时空变化的,具有不确定性,因此取水权不属于不动产,不建议将取水权纳入不动产登记法。

5.3 管理制度

在明确委托代理模式、分级代理行使水流自然资源所有权的资源清单基础上,应建立健全不同层级地方政府之间、政府与取用水户之间,围绕权属配置、权属确定、权属转让、权属管控等各项管理制度,以及不同层级政府之间在权属配置和权属转让等过程中的收益分配机制。所有权制度方面,近期重点是建立健全水资源调查监测评价、水流自然资源所有权确权登记、水资源资产报告、河湖水域岸线空间管控等制度。用水权制度方面,重点是建立健全用水权初始分配和市场化交易、探索开展公共供水管网内用户的用水权明晰工作。水资源资产收益分配方面，重点从水资源税、水资源出让金、用水权有偿取得等方面分别展开。

参考文献

[1] 焦思颖. 深化改革为生态文明建设夯实基础性制度——自然资源部综合司负责人解读《关于统筹推进自然资源资产产权制度改革的指导意见》[J]. 国土资源, 2019, No.213 (4): 32-35.

[2] 陈曦. 中国自然资源资产收益分配研究 [J]. 中央财经大学学报, 2019 (5): 109-120.

[3] 中办国办印发《全民所有自然资源资产所有权委托代理机制试点方案》[J]. 中国集体经济, 2022, 701 (9): 5-6.

[4] 自然资源资产负债编制研究课题组. 全民自然资源资产所有权委托代理机制优化的思考 [J]. 中国乡镇企业会计, 2022 (9): 57-59.

[5] 李强. 新产权分类与资源管理探析 [J]. 云南社会科学, 2012 (2): 40-43.

[6] 王冠军, 廖四辉, 戴向前, 等. 水生态空间确权试点总结与思考 [J]. 中国水利, 2020, 899 (17): 34-36.

[7] 郭贯成, 崔久富, 李学增. 全民所有自然资源资产"三权分置"产权体系研究——基于委托代理理论的视角 [J]. 自然资源学报, 2021, 36 (10): 2684-2693.

[8] 袁居瑾, 肖攀, 刘燕萍. 自然资源确权登记中水流登记单元划分规则探讨 [J]. 自然资源情报, 2022 (6): 44-50.

[9] 石玉波, 李楠. 推进用水权市场化交易 促进水资源节约和优化配置 [J]. 中国水利, 2022 (23): 25-27.

[10] 袁居瑾, 肖攀, 刘燕萍. 自然资源确权登记中水流登记单元划分规则探讨 [J]. 自然资源情报, 2022 (6): 44-50.

[11] 杨曦. 审批视角下的分级代理行使自然资源所有权研究 [J]. 大连理工大学学报（社会科学版）, 2019, 40 (1): 89-97.

[12] 景晓栋, 田贵良, 胡豪, 等. 我国水权交易市场改革实践探索：演进过程、模式经验与发展路径——兼析全国统一用水权交易市场建设实践 [J]. 价格理论与实践, 459 (9): 83-88.

[13] 潘惠, 童梅. 丹江口水库水流产权确权试点探索 [J]. 人民长江, 2022, 53 (2): 54-60.

北京生态涵养区与平原区生态补偿协作机制研究

马东春[1] 郑 华[2] 范秀娟[1] 于宗绪[3]
李丽娟[2] 高晓龙[2] 张小侠[4]

（1. 北京市水科学技术研究院，北京 100048；2. 中国科学院生态环境研究中心城市与区域生态国家重点实验室，北京 100085；3. 中国科学院地理科学与资源研究所，北京 100101；4. 北京市西城区水务局，北京 100044）

【摘要】 科学的生态补偿协作机制是解决外部性问题、促进生态产品持续供给和提升民生福祉的重要保障。首都经济社会生态协调发展，需要正确处理好生态服务供给区与受益区之间的关系，发挥生态保护补偿政策的激励与约束作用。本文根据北京城市总体规划，依据生态保护补偿理论成果，以水质、水量控制为研究重点，结合涵养区保护成本（机会成本）、提供的服务强度、下游受益程度、支付意愿，探索生态涵养区与受益区生态补偿协作机制，对帮扶主体与对象、帮扶标准、补偿方式进行探讨。在核算水生态系统服务和发展机会成本的基础上，依据补偿效率确定生态保护补偿优先级，分别是优先补偿区、次级优先补偿区、次级补偿区、临界补偿区和潜在补偿区或可能补偿区。此外，帮扶方式、阶段、考核依据的提出可对北京开展生态保护补偿提供科学指导。

【关键词】 生态涵养区；生态补偿；协作机制；北京

Study on the collaborative mechanism of ecological compensation in Beijing ecological conservation area and plain area

MA Dongchun[1] ZHENG Hua[2] FAN Xiujuan[1] YU Zongxu[3] LI Lijuan[2]
GAO Xiaolong[2] ZHANG Xiaoxia[4]

（1. Beijing Water Science and Technology Institute, Beijing 100048; 2. State Key Laboratory of Urban and Regional Ecology, Research Center for Eco-Environmental Sciences, Chinese Academy of Sciences, Beijing 100085; 3. Institute of Geographic Sciences and Natural Resources Research, CAS, Beijing 100101; 4. Beijing Xicheng District Water Authority, Beijing 100044）

【Abstract】 Scientific ecological compensation cooperation mechanism is an important guarantee to solve external problems, promote the sustainable supply of ecological products and improve the well-being of people's livelihood. The coordinated development of economy, society and ecology in the capital needs to correctly deal with the relationship between ecological service supply areas and beneficiary areas, and give full play to the incentive and restraint role of ecological protection compensation policy. According to the Beijing Urban Master Plan (2016—2035), based on the theoretical results of ecological protection compensation, focusing on the control of water quality and quantity, combined with the protection cost (opportunity cost), service intensity provided, downstream benefit degree and willingness to pay of the conservation area, the research explores the ecological compensation cooperation mechanism between the ecological conservation area and the beneficiary area, and provides guidance for the main and object of assistance The assistance standard and compensation mode are discussed. Based on the calculation of water ecosystem service and development opportunity cost, the priority of ecological protection compensation is determined according to the compensation efficiency, which are priority compensation area, secondary priority compensation area, secondary compensation area, critical compensation area and potential compensation area or possible compensation area. In addition, the proposal of assistance methods, stages and assessment basis will provide scientific guidance for Beijing to carry out ecological protection compensation.

【Key words】 Ecological conservation area; Ecological compensation; Cooperation mechanism; Beijing

1 前言

生态涵养区是首都重要的生态屏障和水源保护地，在城市空间布局中生态涵养区作为首都城市的大氧吧和后花园，地位和作用极为重要。同时也应该客观认识到，发展与保护之间存在一定的矛盾。首都要实现协调可持续发展，需要确保生态产品持续供给，需要建立受益者付费、保护者受偿的激励机制。平原区与生态涵养区生态补偿协作机制是构建科学利益分配机制的重要举措，是解决外部性、改善民生福祉的重要手段。通过完善生态涵养区与平原区生态补偿机制，不断推进完善市场化、多元化的生态保护补偿机制，巩固首都水安全保障水平，提升生态涵养区综合发展能力，为美丽中国建设、生态文明建设提供北京方案。

2 生态涵养区内涵与作用

生态涵养区是组成京津冀协同发展格局的重要部分，是北京的大氧吧，是保障首都可持续发展的关键区域[1]。北京市生态涵养区是首都重要的生态屏障，同时也是重要的水源保护地，是城乡一体化发展的敏感区域，应当作为保障首都生态安全主要任务。生态涵养区应坚持走绿色发展的道路，建设宜业、宜居、宜游的生态发展示范区，应能展现优美的生态环境、悠久的历史文化和美丽的自然山水。

2.1 坚持生态屏障,尽显绿水青山

坚持把生态保育、生态建设和生态修复放在同样重要的位置上,加强水源保护区、风景名胜区、自然保护区、森林公园、风沙防护区的保护、野生动物栖息地的保护,把控制水土流失落到实处,加强对小流域水质水量的综合治理。建立相关国家公园体制,创新资源保护、区域管理、资金投入和社区发展模式,推动水文化遗产和自然生态保护相互促进,大力推进区域之间生态协同与合作,建设森林湿地公园环绕首都。

2.2 培育内生动力,彰显生态价值

坚持将保护生态环境与改善农民生活条件两者相协调,与山区乡镇生态化相互促进、协调发展,发挥纯天然山水优势与民俗文化特色,促进山区特色生态农业与旅游休闲服务相互融合发展。依托特色资源和原有的发展基础,在一定程度上承接与绿色生态发展相适应的科技创新、会议会展、国际交往、健康养老、文化服务等部分功能,逐渐形成具备深厚的文化底蕴、协调优美的山水风貌、宜业宜居宜游的绿色发展示范区。

2.3 落实生态补偿,缩小城乡差距

强化城乡发展与生态保护之中存在的共同责任,建立多元化生态补偿机制,并将其作为重要屏障,促进山区可持续发展,在生态保育、水资源保护、危村险村搬迁安置、污染治理、基本公共服务提升等方面提供重点支持,将改善乡村地区生产生活条件落到实处。

在北京市各区形成共识的前提下开展生态涵养区与平原区统筹建设,规划、建设和保护生态环境,实现生态、经济、社会的可持续发展;把生态保护优先作为原则第一位,建立生态补偿机制,促进生态资本的增长,采取限制砍伐树木、保护林区植被的措施;控制水污染发展趋势,从源头保护水源;监测并控制大气污染,保护首都"大氧吧";建立区级自然保护区,保护生态资源,涵养首都水源,利用科技手段营造延庆区景观生态体系,尽全力建设生态化的首都周边旅游卫星城市;加强对小流域的综合治理,坚持水土保持工程。从生态环境建设出发,逐步实现对生态环境的改善,为实现环境保护与经济建设的和谐统一,在经济建设方面,提倡发展生态旅游相关产业,建议发展低污染工业和可持续发展性的农业。

3 生态涵养区与平原区的生态补偿协作政策

面对资源约束趋紧、环境污染严重、生态系统退化的严峻形势,党中央、国务院对生态文明和环境保护作出了一系列重大决策部署。党的十八大将生态文明建设纳入中国特色社会主义事业"五位一体"总体布局,提出"把生态文明建设放在突出地位,融入经济建设、政治建设、文化建设、社会建设各方面和全过程,努力建设美丽中国,实现中华民族永续发展"。

2015年,中共中央、国务院印发了《生态文明体制改革总体方案》。该方案提出了绿水青山就是金山银山的理念,自然生态是有价值的,保护自然应得到合理回报和经济补偿[2]。2016年,全国两会审议批准"十三五"规划纲要,将生态环境质量改善作为全面建成小康社会目标,提出加强生态文明建设的重大任务举措。其中,在《国务院办公厅关

于健全生态保护补偿机制的意见》中明确了"谁受益、谁补偿"的原则，强调加快形成受益者付费、保护者得到合理补偿的运行机制[3]，将水流列为建立多元化生态保护补偿机制的重点领域，要完善重点生态区域补偿机制，推进横向生态保护补偿，健全生态保护补偿标准体系、监测评估指标体系、生态保护补偿理论和生态服务价值等配套制度体系。

2019年初，国家发展和改革委员会等九部门联合印发了《建立市场化、多元化生态保护补偿机制行动计划》，进一步明确了推进市场化、多元化生态保护补偿机制建设的总体要求、重点任务和配套措施[4]。

为推进多元化生态保护补偿机制建设，贯彻落实中央生态文明建设重大决策部署，北京市落实加快建设国际一流的和谐宜居之都的首都城市战略定位，按照高质量发展的要求，北京市人民政府办公厅印发《关于健全生态保护补偿机制的实施意见》，明确了实施生态保护补偿是调动各方积极性、保护好生态环境的重要举措。切实保障生态涵养区的基本权益和发展权益，按照"少取、多予、放活、管好"的原则，优化完善体制机制，进一步完善市场化、多元化生态保护补偿机制，巩固提升生态涵养保护水平和生态环境质量，推动生态保护投入保障由政府"一家扛"转为政府、企业和社会"多家抬"，实现多元主体共建共治共享[6]。

2021年4月16日，北京市第十五届人民代表大会常务委员会第三十次会议通过了《北京市生态涵养区生态保护和绿色发展条例》，为生态涵养区生态保护提供法律制度上的保障，北京生态建设迈上新的台阶。

4　生态涵养区与平原区生态补偿协作机制框架设计

4.1　生态补偿协作研究框架设计

水作为重要的生态要素，在山水林田湖草生态系统中起着决定性和基础性作用，北京作为极度缺水的超大型城市，贯彻落实"四水四定"，将水作为生态涵养区与平原区生态补偿机制的考量指标，以水质、水量控制为研究重点，结合生态涵养区保护成本（机会成本）、提供的服务强度、下游受益程度、支付意愿，探索生态涵养区与受益区生态补偿协作机制，对帮扶主体与对象、帮扶标准、补偿方式进行探讨，最终确定生态涵养区与受益区的生态补偿协作研究框架。生态补偿协作研究框架设计如图1所示。

4.2　生态补偿协作机制中的主体与对象

在涵养区与受益区责任关系界定中，不能简单地要求受益区给予生态涵养区帮扶与补偿，生态涵养区和受益区都负有保护生态环境的责任、执行环境保护法规的责任。生态涵养区与受益区应采用区域内流域水质、水量协议的模式，确定划分生态涵养区与受益区责任的水质、水量阈值，其中水量的阈值依据地方政府确定的分水比例（80%）来确定，而水质的阈值根据国家及地方水环境功能区划划定的流域水体功能和目标水质（Ⅲ类水）来确定；对过界断面水量、水质进行监测。受益区在生态涵养区达到规定的水质、水量目标的情况下给予补偿。在生态涵养区没有达到规定的水质、水量目标，或者造成水污染等环境事故时，受益区则停止补偿生态涵养区，甚至生态涵养区要反过来对受益区给予补偿或赔偿。

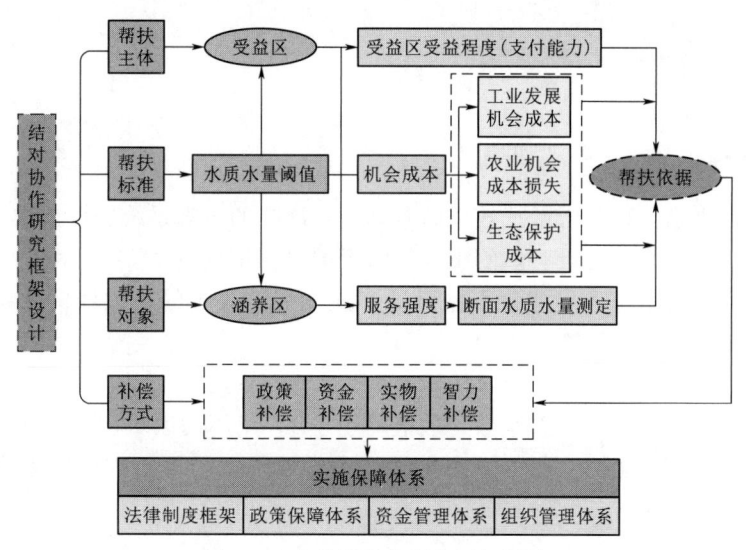

图1 生态补偿协作研究框架设计

在掌握流域水量、水质演变情况的基础上,结合水资源、水环境等规划,核定流域(主要是跨界断面)的水量、水质考核标准,分析生态涵养区与受益区存在的损益关系。如果由于生态涵养区的生态环境保护,为受益区提供了优良的水资源,促进了受益区经济发展,作为受益方应该对生态涵养区进行补偿。但是,如果生态涵养区的水量水质不达标,对受益区造成了危害,则生态涵养区必须对受益区造成的损失进行赔偿。具体帮扶思路如图2所示。

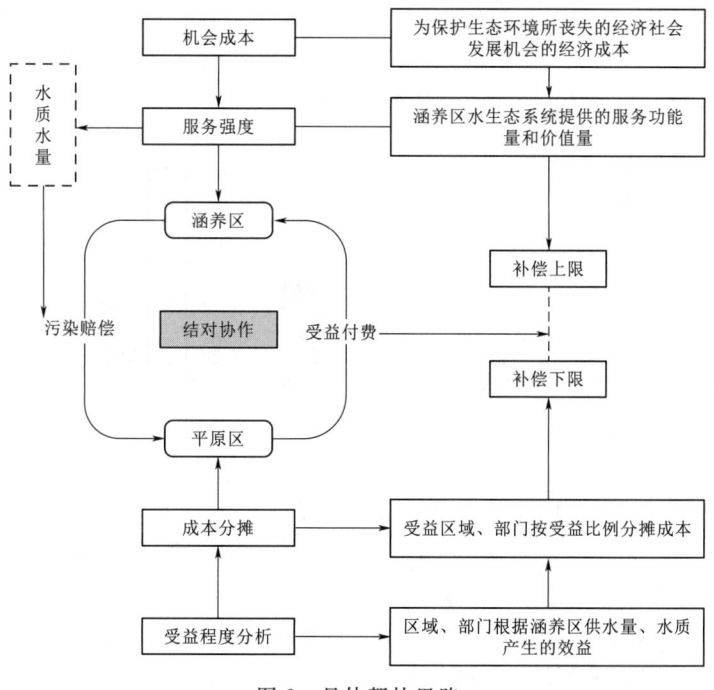

图2 具体帮扶思路

5 实现路径分析

5.1 帮扶目标识别

帮扶目标识别是一种基于帮扶效率的考虑,在潜在的生态系统服务提供者中,依据其区域或个体条件差异,确定最有效的服务供给者的空间定位技术。

把生态涵养区为生态环境建设而放弃的产业发展、失去的最大经济效益作为机会成本,作为保护补偿标准。计算公式为

$$P=\alpha(R_0-R)N_t+\beta(S_0-S)N_f \tag{1}$$

式中 α、β——区域差异的调整系数,数值均小于 1,由不同区域生态本底差异、需求方的需求能力、供给方的供给能力,需求方与供给方面两者之间的博弈来综合确定;

P——补偿金额,万/年;

R_0——参照地区城镇居民人均纯收入,元/人;

R——保护区城镇居民人均纯收入,元/人;

N_t——保护区城镇居民人口,万人;

S_0——参照地区农民人均纯收入,元/人;

S——保护区农民人均纯收入,元/人;

N_f——保护区农业人口,万人。

运用成本效益分析法计算后得出生态涵养区(农业)生态服务总值为 2489.49 亿元(北京市统计局 统计专报 2020〔57〕号),占全市生态服务总值的 63.9%。涵养区总人口为 309.9 万人,公式计算得到生态涵养区为保护生态环境而丧失的机会成本约为 510.7 亿元。2019 年北京全市生态服务价值(年值)如图 3 所示。

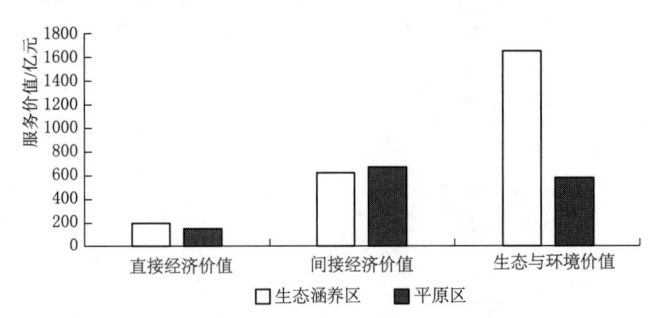

图 3 2019 年北京全市生态服务价值(年值)

对生态涵养区区域补偿优先度进行了估算和排序后,运用 ArcGIS 按照补偿优先度进行层次聚类分析,将涵养区分为 5 个帮扶等级:①优先帮扶区;②次级优先帮扶区;③次级帮扶区;④临界帮扶区;⑤潜在帮扶区或可能帮扶区。

生态帮扶等级示意图中,平谷区北部和延庆区东南部区域为优先帮扶区;密云区西南部和延庆区山区部分为次级优先帮扶区;怀柔区、门头沟区和密云区东北部大部分区域属于次级帮扶区;昌平区和房山区属于潜在帮扶区。不同帮扶区可采用不同的帮扶方式和政策进行帮扶。

5.2 帮扶方式

要综合运用政府公共政策和市场机制手段，积极引导社会各方参与，探索多渠道、多形式的帮扶方式，拓宽生态补偿市场化、社会化运作的路子。

（1）政策帮扶。政策帮扶是指上级政府对下级政府的权力和机会补偿，政策帮扶在生态补偿协作帮扶中是十分重要的。帮扶对象在授权的权限内，利用制订政策的优先权和优惠待遇，制订一系列创新性政策，扶持和培育生态涵养区新的经济增长点，重点加强投资环境的改善，大力支持发展生态型产业、环保型产业，加大对异地开发、生态移民等的支持力度，激发保护生态环境的主动性和积极性，统筹推进生态涵养区生态环境保护、生态建设与经济社会的协调发展。

（2）资金帮扶。资金帮扶是指直接或间接向帮扶对象提供资金支持，具体的资金帮扶方式有补偿金、赠款、减免税收、退税、信用担保的贷款、补贴、财政转移支付、贴息等。资金帮扶能够使生态涵养区的生态环境建设投入和经济社会发展有一定的资金来源。对生态涵养区的生态建设予以资金补偿，激励当地的生产经营者增加对生态环境建设的投入。

（3）实物帮扶。实物帮扶是指帮扶主体运用物质、劳力和土地等进行补偿，解决生态涵养区帮扶对象的部分生产要素和生活要素问题，改善帮扶对象的生活状况，增强保护和建设生态涵养区生态环境的能力。

（4）智力帮扶。智力帮扶是指开展智力服务，向受帮扶地区提供技术咨询和指导，培养生态涵养区的技术人才和管理人才，输送各类专业人才，提高受帮扶者的知识技能、科技含量和组织管理水平，从智力方面消除不利于生态环境保护和经济社会发展的消极影响。进行智力帮扶，有利于促进逐渐由"输血式"帮扶转变为"造血式"帮扶，加速形成生态涵养区的知识技能积累能力和自我发展能力。

5.3 帮扶阶段

根据生态涵养区生态环境保护实施的进程、需要完成的任务和生态与经济可持续协调发展的目标，生态帮扶可分为三个阶段来实施，不同阶段采用不同的帮扶方式。

（1）基本帮扶阶段。基本帮扶阶段是帮扶的最初阶段，首先要保障参与者最基本的生活水平不下降，对于生态环境的建设与保护持有一定的积极性。因此，生态涵养区的直接损失和花费，如原有土地利用方式上作物产出的损失、生态环境保护的初始投入等。这一阶段以资金帮扶为主，予以适当的实物帮扶。

（2）中期帮扶阶段。基本帮扶仅仅能维持生态涵养区原有的生活水平，中期帮扶阶段在原有基础上进行产业结构调整，优化升级原有产业结构，淘汰落后的产业，引进新的产业，结合当地实际发展优势产业。该阶段的帮扶包括农户原有生产工具和劳动力闲置的损失，发展新产业所需的设施、设备投入，农民获取新的生产技能和技术的培训费用等。如果第一阶段为"输血"阶段，这一阶段则是由"输血"转化为"造血"的重要阶段。此阶段以产业帮扶和智力帮扶为主。

（3）高级帮扶阶段。产业结构调整完成后，生态涵养区的社会经济系统与生态环境系统逐渐进入良性循环，生态效益产生外溢，此时，为保证生态服务的持续供给，还需继续支付生态涵养区生态系统的维护和管理费用。

5.4 考核依据

（1）设置过界断面。纳入帮扶范围的共有7个交界断面，全面实施了水质自动在线监测和信息公开制度，较好地满足了考核要求。

（2）水质监测考核。将水质考核内容设定为水质目标考核和水质动态考核。水质目标奖罚以Ⅲ类水质为合格水质，"奖优罚劣"。水质动态奖罚根据考核水域所有出、入境断面平均水质类别的升降变化，"奖升罚降"水质监测考核指标为《地表水环境质量标准》（GB 3838—2002）中依据地表水环境质量标准基本项目标准限值选择相应的水质参数（COD、溶解氧、氨氮等）、水质标准。

通过对2013—2018年北京市生态涵养区和平原区主要河流水质进行统计（图4、图5），呈现出涵养区水质较好，平原区水质较差的空间分布趋势。生态涵养区内除妫水河下游至官厅水库段、关沟、东沙河、南沙河、北沙河和位于生态涵养区与平原区交界处的怀河、潮白河中下游段，其余地表河流水质均符合地表水环境质量Ⅳ类及以上标准，潮白河流域及永定河流域北部个别河流水质达到Ⅱ类及以上标准；平原区内北小河、萧太后河、凉水河、天堂河等为地表水环境质量Ⅴ类标准，温榆河、大龙河、小龙河等超过地表水环境质量Ⅴ类，水环境质量较差，达到黑臭水体标准。

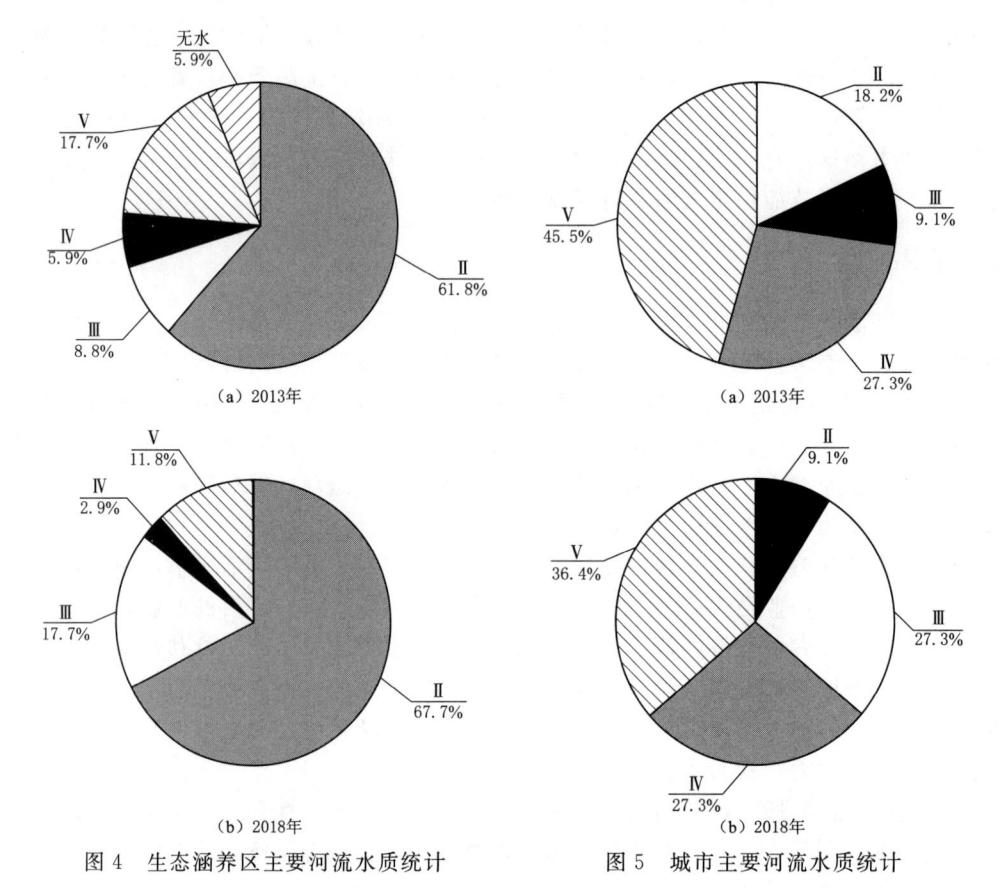

图4 生态涵养区主要河流水质统计

图5 城市主要河流水质统计

（3）水量监测考核。以子流域为基本单元，基于生态涵养区提供的生态系统服务流（水资源供给、水质净化）的强度与质量，建立生态涵养区与受益区的连接，依据生态涵养区提供生态系统服务流的机会成本、贡献大小以及受益区对水生态系统服务的利用方式、强度和效益，建立生态涵养区与受益区的生态补偿协作机制。

根据北京市水务局公布数据显示（图6、图7），2014—2018年，生态涵养区历年用水量呈下降趋势，2018年总用水量为8.7亿 m^3，其中房山区和昌平区总用水量较多，门头沟区和延庆区总用水量较少；而受益区历年用水量呈上升趋势，截止到2018年，受益区总用水量为26.3亿 m^3，其中朝阳区和海淀区总用水量较高，经济技术开发区总用水量最少。

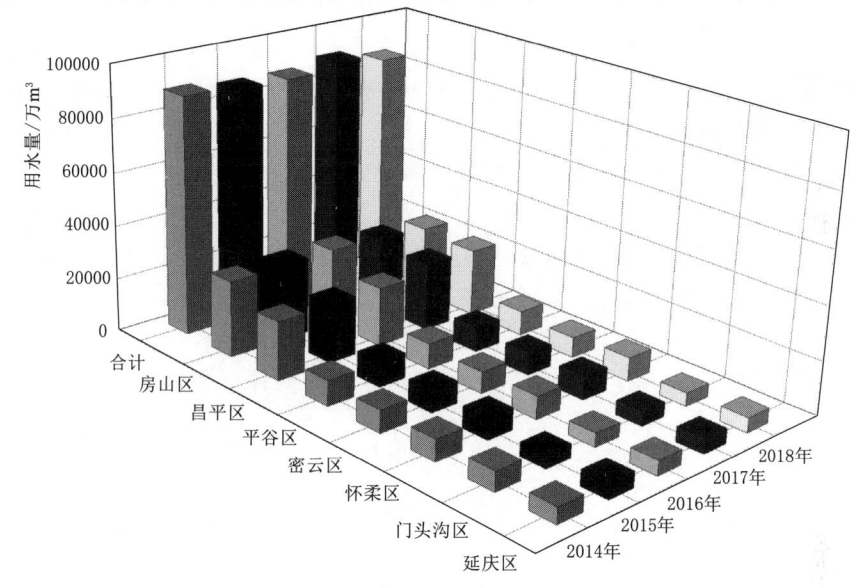

图6 生态涵养区历年用水量

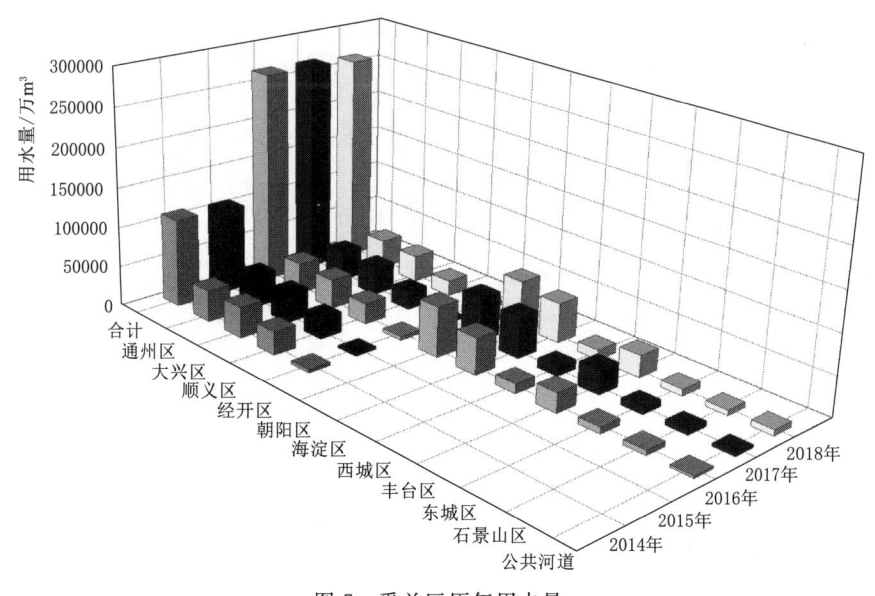

图7 受益区历年用水量

6 结论

综合生态涵养区的服务强度、机会成本、受益区受益程度、以及帮扶方式、阶段和策略分析，确定受益区对生态涵养区进行帮扶方式和策略。在生态帮扶中，涉及昌平区、房山区、怀柔区南部区域应在资金帮扶基础上，辅以政策倾斜和政府提供或支持技术培训等方式；延庆区应在保证现有生计的基础上，为当地居民提供技术培训并进行一定程度的引导，促使其在当地开展一定规模的可持续发展生计，或者保持生态补偿政策成效而不去破坏；门头沟区、怀柔区、延庆区具有独特自然风光，有发展旅游业的潜力，但是现有经济实力较弱，因此需要分阶段帮扶：第一阶段以货币帮扶为主，保证其基本生活条件，第二阶段在交通条件等基础设施，也就是物质资本相对完善的情况下，通过税收优惠等方式促进其发展生态旅游等新兴产业。

在北京市生态涵养区与平原区之间形成以稀缺的水资源为主要考核对象、水量水质为考核标准的横向补偿机制，改善了北京市生态涵养区的生态补偿主要以政府转移支付的纵向补偿方式，在有效缓解北京市财政的压力的同时，生态涵养区与平原区之间的生态补偿协作可以缩小区域之间的贫富差距，促进区与区之间的协调发展、共同进步，在保证生态涵养区生态环境不被破坏、生态资源不发生大规模损失的前提下，促进以水资源这种生态资源为基础的经济效益最大化，并使其在生态涵养区与平原区之间得以合理流转和公平分配。

参考文献

[1] 北京市人民政府. 北京城市总体规划（2016年—2035年）[Z]. 2017.
[2] 中华人民共和国国务院. 生态文明体制改革总体方案[EB/OL]. [2015-09-21]. http://www.gov.cn/guowuyuan/2015-09/21/content_2936327.htm.
[3] 中华人民共和国国务院. 国务院办公厅关于健全生态保护补偿机制的意见[EB/OL]. [2016-05-13]. http://www.gov.cn/xinwen/2016-05/13/content_5073185.htm.
[4] 李云燕，黄姗，张彪，等. 北京市生态涵养区生态服务价值评估与生态补偿机制探讨[J]. 中国环境管理，2019，11（5）：94-99，106.
[5] 杜倩倩，张瑞红，马本. 生态系统服务价值估算与生态补偿机制研究——以北京市怀柔区为例[J]. 生态经济，2017，33（11）：146-152，176.
[6] 北京市人民政府. 北京市人民政府办公厅关于健全生态保护补偿机制的实施意见[EB/OL]. [2018-05-30]. http://www.beijing.gov.cn/zhengce/zhengcefagui/201905/t20190522_61196.html.

"双碳"背景下水务碳减排实施路径

蔡 玉　邱彦昭　韩 丽　杨兰芹

(北京市水科学技术研究院,北京　100048)

【摘要】　气候变化是当今人类面临的重大全球性挑战。随着经济的快速发展,无节制的能源消耗,过量的碳排放会导致温室气体污染和全球气候变暖。本文通过对水务重点碳排放行业开展碳排来源分析,把握关键环节,总结现行典型做法和经验,提出水务行业碳减排实施路径与政策建议,为落实生态优先与绿色发展要求贡献水务力量。

【关键词】　碳减排;碳排放;温室气体

Implementation path of carbon emission reduction in water industry under the background of "double carbon"

CAI Yu　QIU Yanzhao　HAN Li　YANG Lanqin

(Beijing Water Science and Technology Institute, Beijing　100048)

【Abstract】　Climate change is a major global challenge facing humanity today. With the rapid development of the economy, uncontrolled energy consumption and excessive carbon emissions can lead to greenhouse gas pollution and global climate change. By conducting carbon emission source analysis on key carbon emission industries in the water industry, grasping key links, summarizing current typical practices and experiences, the paper puts forward implementation paths and policy recommendations for carbon emission reduction in the water industry, contributes to the implementation of ecological priority and green development requirements.

【Key words】　Carbon reduction; Carbon emission; Greenhouse gases

气候变化是当今人类面临的重大全球性挑战[1]。过量的碳排放会引起温室效应,它不仅会导致地球变暖,还会导致极端恶劣天气,其中温室效应是最为直接且严重的问题。因此,控制碳排放、低碳可持续发展引起国际社会广泛关注。2020年9月22日,习近平总书记在第七十五届联合国大会一般性辩论上宣布"中国CO_2排放量力争于2030年前达到峰值,努力争取2060年前实现碳中和[2]",在多次国际会议上,习近平总书记反复强调了中国实现碳达峰、碳中和目标的决心[3],同时在中央经济工作会议等多次会议中对我国碳达峰碳中和提出了具体要求。通过推出一系列有力的政策措施,中国不仅践行着作为大国的责任，而且为全球减少温室气体排放作出了重要贡献，彰显出中华民族追求可持续发展的决心。

水务行业是国民经济发展的基础性行业，在碳达峰、碳中和的进程中责无旁贷。北京水务行业碳减排应按照习近平总书记的要求，以首都碳达峰、碳中和与水务高质量发展协同实施为关键，以污水处理与再生水利用、自来水生产及供应和水利工程运行管理三个领域为重点，以设施运行维护排放量为核算边界，分析从重点排放领域提效降碳、技术降碳、管理降碳、碳汇提升等方面开展北京水务碳减排相关工作，实现北京水务行业碳排放量持续下降的目标。

1 水务碳排放重点行业运行管理概况

2020年北京市现有规模以上城镇污水处理厂和再生水厂共计70座，污水处理能力为687.9万 m^3/d，全市年度污水处理量为19.41亿 m^3，污水处理率为95%，污水管道长14920km。北京市共有18座污泥处理处置厂，污泥处理率目前基本达到100%，实现了"十三五"规划中京津冀区域污泥无害化处理处置率达到95%的要求。

"十三五"时期，北京市稳步推进自来水厂及供水管网新建改造、自备井置换、农村饮水安全巩固提升等工程，城乡供水安全保障能力进一步提高，城乡供水布局进一步优化，基本形成了1+1+9+N供水格局（即1个中心城区、1个城市副中心、9个郊区新城、多个乡镇与村庄供水工程优势互补的供水分区）。到"十三五"期末，全市供水设施共计9164个，供水总能力达到900余万 m^3/d，年度供水总量高达185811万 m^3。

北京市水利工程包含85座水库、11座水电站、1097个水闸、163座橡胶坝、367座泵站、2601处塘坝、6836处窖池以及引调水等工程。南水北调中线工程的总干渠从丹江口开始，一直延伸到北京团城湖，全程共计1276km，北京市境内总长80km，起点为惠南庄泵站到团城湖，包含9处沿线分水口[4]。

2 水务行业重点碳排放环节

2.1 污水处理领域

污水处理设施温室气体排放以各污水处理单元排放为主。各环节包含直接排放和间接排放，直接排放主要来源于预处理、一级处理、二级处理以及三级处理的各阶段现场消耗的油、煤、气等能源材料燃烧，以及污水收集、处理过程中发生的生化反应外排温室气体。间接排放主要来源于预处理过程格栅、泵房、沉砂池等基础设施建设、运行过程中耗材、耗能、药剂产生的间接碳排放；一级处理主要设施是初次沉淀池，用来去除污水中呈悬浮状态的固体污染物质，二级处理主要设施是生物反应池和二次沉淀池，用来去除污水中呈胶体和溶解状态的有机污染物质，三级处理是为了进一步处理难降解的有机物、磷和氮等，主要方法有生物脱氮除磷法、混凝沉淀法、活性炭吸附法等[5]，碳排放主要来源均与预处理间接排放相似。

污水管道系统是一种用于收集和处理城市污水的设备，它包括支管、主干管以及相关的设施。这些设施能够有效地将污水转移到污水处理厂进行进一步处理。在污水管道中，由于处于厌氧环境，水中大量有机物经微生物作用转化为温室气体进行直接排放；同时，运行维护过程中提升泵站和清掏污物等耗能会产生直接排放；加药和运输等过程耗材和耗能也会产生间接碳排放。

污泥是污水处理过程中的主要产物。在污泥处理过程中可以通过多种不同的技术手段来进行有效处理，包括：降低排放（如浓缩、脱水）、稳定处理（如厌氧消化、好氧消化）、实现资源的有效循环（如消化气再生、污泥堆肥等）以及实现资源的有效回收（如干燥燃烧、填地投海、水泥等）。处理处置过程会释放大量的温室气体，它是污泥处置碳排放的主要来源。

2.2 自来水生产与供应领域

自来水生产与供应领域碳排放主要包括直接排放和间接排放两种形式。自来水企业的直接排放量包括车辆使用的燃油消耗、燃煤或天然气锅炉能源消耗以及天然气灶具消耗等；间接排放则是由于各种材料运输和机械设备的使用所产生的碳排放，其中包括水泵、鼓风机、搅拌机等，这些设备在提高水位、曝气和生物处理过程中都会产生碳排放。在供水领域主要包含取水、净水、配水三大流程。

水源开采是一种利用电力设施的技术，它可以从河流、湖泊、水库和地下水中获取水源；而水处理则包括初沉池、沉砂池、砂滤池、消毒等多种净化步骤，这些步骤都需要消耗大量的能源和药剂；输水和配水则需要利用水泵来提高水头或增压，以便将水资源输送到水厂或终端用户，这些步骤也会消耗大量的电能；最后，终端用水单元的加热、冷却、存储或净化等活动也会消耗一定的能量。

取水环节是供水系统的重要组成。工作过程主要是从水源中提取水，并将其输送到水厂或最终用户。在取水过程中，建设所需的原材料的生产和运输，建造施工设备和抽水泵站运行时耗能产生的直接碳排放，以及运输、施工和泵站运行等活动所消耗的能源，这些都会对环境造成碳排放。

进入自来水厂后，净水系统同样是核心工程。净水系统主要在设施建设耗材、处理工艺耗材过程产生直接碳排放，设备运行电力、热力能源消耗会产生间接碳排放。

配水工程的碳排放不仅涉及材料的生产、运输、施工建设和泵站运行产生的耗能，还涉及材料运输、外购材料导致的温室气体排放。

2.3 水利工程运行管理领域

水利工程中防洪调蓄和水资源调度工程设备运行产生能源消耗。对于水库等防洪调蓄和水资源调度工程，其能源消耗主要来自设备运行消耗的化石能源和电能。因此，设备运行能耗核算主要是水利工程运行所需的电能。

泵站和引调水工程大部分均需要通过提升泵站等形式提升调水，提升泵站采用大功率水泵实现水位提升或水压增加效果，因此电能消耗较大。泵站和引调水工程主要核算主体为引调水工程水泵等设备的能源消耗。

除此之外，日常办公的化石能源消耗、电能消耗和热能消耗等也是水利工程碳排放核算体系的一部分。

3 重点领域碳减排措施

3.1 污水处理领域

目前北京市中心城区部分再生水厂安装并有效使用的水源热泵，为水厂办公区和生产区域提供夏季制冷和冬季供暖。在污泥综合利用方面，再生水厂热电联产项目基本建成，可充分利用污泥在厌氧消化过程中产生的沼气，通过直接燃烧或发电方式，转化为电能，以抵消能量消耗，减少碳排放量。

北京市污水处理厂可再生能源利用方式主要有分布式光伏发电、厌氧氨氧化技术以及好氧颗粒污泥技术。分布式光伏发电技术目前已在北京多家再生水厂应用，已建成的光伏发电站，年平均发电量约 2400 万 kWh，年减少二氧化碳排放约 1.5 万 t。自主创新厌氧氨氧化技术，作为目前较为先进的污水生物脱氮技术，与传统污水处理工艺相比，可节省占地、投资和运行费 20% 以上，节约能耗 30% 以上，节约药剂 90% 以上，减少碳排放 50% 以上，为未来实现城市污水处理厂能源自给和能源供给提供支撑[5]。此外，好氧颗粒污泥技术也得到应用，与传统絮状活性污泥法相比，好氧颗粒污泥技术生化反应高效，占地面积比传统工艺节省 20% 以上，可降低 50% 以上的药剂费用，节省能耗达 15% 以上。

3.2 自来水生产与供应领域

在自来水生产与供应领域北京市非常重视推广节能新技术、新工艺，积极实施可再生能源利用建设项目。截至 2021 年，部分自来水供应单位安装了水源热泵系统、空气源热泵系统，节能效果突出，部分自来水供应单位安装了太阳能热水器和太阳能路灯，均达到了很好的节能效果。此外，北京市多年来积极有序探索研究推进多种合作模式的光伏发电项目建设，2016 年启动了水厂光伏电站项目，2017 年一期分布式光伏发电系统成功并网发电，全力推进可再生能源高效利用。

3.3 水利工程运行管理领域

水利工程运行管理领域的直接排放来源主要为煤、石油气、液化气、汽油、天然气等消耗排放，间接排放包括闸门、启闭机、水泵等设备以及办公的电力消耗。部分水利工程管理单位通过将供暖的燃煤锅炉改造为燃气锅炉、电锅炉来减少直接碳排放，同时及时排查、评估，将能效低、耗能过大的水泵和电机更换为符合节能要求的设备，以此来减少间接碳排放。

4 水务行业碳减排路径

在全面推进首都治水高质量发展的进程中，对标"双碳"目标，谋划提出水务行业减少碳排放、增加碳汇的对策建议和实施路径。

4.1 科学谋划重点领域碳减排

（1）推进污水处理领域低碳化。挖掘清洁能源替代潜力，大力推广污泥沼气发电，推动再生水源热泵等技术与常规能源供热系统融合发展；加大污水厌氧氨氧化等新技术的研究、应用和推广，实现技术降碳；扩大再生水使用范围，逐步扩展到市政、园林、工业、服务业，提升水资源利用率；同步拓展污泥资源化回用；依托大数据技术，探索污水处理智能化控制，利用精密传感器以及控制设备对数据采集加以处理分析，全面提升污水处理效率与效能。

（2）聚焦自来水生产与供应领域提效降碳。持续推进行业内不符合国家能效标准的老旧设备更新，提高设备运行效率；鼓励各单位根据厂区条件开展分布式光伏建设，将浅层水源热泵等可再生能源设备用于厂区制冷供热，以减少耗能；加大节水管控，通过强化用水计量、减少管网漏损、实施阶梯水价等节约用水措施从源头减少用水需求，从而减少生产与供应的压力，达到减排目的。

（3）持续推进水利工程能效提升。落实老旧设备更新替换，加快推进水源热泵或空气源热泵替换为主要供暖制冷设备；结合智慧水务推动水利工程调度运维智慧化转型；持续推进专业化管理队伍建设，实现提效降能。

4.2 稳固提升水生态空间碳汇能力

严守水生态空间红线，通过建设项目水影响评价、建设过程和验收监督检查、日常监管等途径，防止各类侵占水生态空间的违法违规行为。推进水生态空间增量，继续实施水生态系统保护和修复重大工程，形成以河流为脉络、湖泊为点缀、生物多样性丰富的水生态系统。加强水生态系统保护修复，提高水生态系统的碳汇水平。

4.3 健全水务碳减排政策标准保障体系

发挥标准约束引领作用，开展污水处理、供水和水利工程运行管理等重点二氧化碳排放量核算标准研究，推进水务行业运行管理能效和核算标准制（修）订工作。提升污水处理、供水和水利工程运行管理等重点领域能耗计量、监测和统计能力；建立水务生态空间范围内碳汇监测核算体系，开展水生态空间范围内本底调查和碳储量评估，实施生态保护修复碳汇成效监测评估；构建水务行业碳减排目标考核评估体系，建立健全水务行业碳减排工作进展动态评估机制。

5 结语

为保证首都碳达峰碳中和工作与水务高质量发展协同实施，实现水务行业内碳中和目标，需着重分析水务系统重点排放环节，抓住全流程碳排放影响因素，深挖碳减排潜力，切实通过提效降碳、技术降碳、管理降碳、增加碳汇等手段，科学谋划、统筹管控，为北京实现双碳目标作出水务贡献。

参考文献

[1] 丁忠毅,江蓉.碳达峰碳中和进程中西部边疆地区的空间优势与战略匹配[J].云南师范大学学报(哲学社会科学版),2022,54(3):34-45.

[2] 中共中央 国务院关于完整准备全面贯彻新发展理念做好碳达峰碳中和工作的意见[EB/OL]. http://www.gov.cn/zhengce/2021-10/24/content 5644613.htm.

[3] 赵绍华,王英歌,张海鹏,等.线性调水工程安全防护措施实践与应用[J].北京水务,2022(5):57-62.

[4] 秦华鹏,袁辉洲,等.城市水系统与碳排放[M].北京:科学出版社,2014.

[5] 常纪文,井媛媛,耿瑜,等.推进市政污水处理行业低碳转型,助力碳达峰、碳中和[J].中国环保产业,2021(6):9-17.

基于用水权交易的北京市绿色金融市场探析

陈瑞晖　韩　丽　孙桂珍　唐摇影

(北京市水科学技术研究院，北京　100048)

【摘要】 全球绿色转型是新时代发展的必然趋势。我国绿色金融在顶层设计、绿色金融产品、服务监管机制等方面发展迅速。用水权交易是绿色金融发展的重要组成部分，通过用水权交易市场化调节，促进城市节水，保障城市高质量发展，已经成为绿色金融科技的重要创新。本文以北京市用水权交易为基础探究北京市绿色金融市场，提出北京市绿色金融市场发展路径。

【关键词】 用水权；绿色金融；北京

Exploration of Beijing's green financial market based on water rights trading

CHEN Ruihui　HAN Li　SUN Guizhen　TANG Yaoying

(Beijing Water Science and Technology，Institute，Beijing　100048)

【Abstract】 Global green transformation is an inevitable trend under the development of the new era. China's green finance is developing rapidly in terms of top-level design, green financial products and service regulation mechanism. Water right trading is an important part of the development of green finance, and it has become an important innovation in green finance technology to promote urban water conservation and guarantee high-quality urban development through market-based regulation of water right trading. This paper explores the green financial market based on water use rights trading and proposes the development path of green financial market in Beijing.

【Key words】 Water right；Green finance；Beijing

0　引言

绿色发展是当今世界发展的主题，并逐渐成为全社会的重要共识。金融是现代经济的核心支柱，绿色金融创新是时代发展的主要方向。中央发布的《生态文明体制改革总体方案》和人民银行、财政部等七部委联合发布的《关于构建绿色金融体系的指导意见》等明确了中国绿色金融的发展思路。后经中央顶层设计及各部委共同努力发布了多项指导政策，为我国绿色金融发展提供了政策制度体系，有效促进了我国绿色金融的飞速发展。

用水权是指用水户获得特定水量和水质的水资源的使用和收益的权利，是水资源资产所有权权益主体在水资源资产上设立的用益物权类型，是水资源资产全民所有权的实现形式。用水权交易可以优化水资源配置，促进水资源集约节约利用，是市场决定资源配置的典型范例。《中华人民共和国国民经济和社会发展第十四个五年规划和2035年远景目标纲要》中也明确提出要推进用水权等权属的市场化交易。在此基础上积极探索用水权绿色金融，拓宽企业投融资渠道，金融机构也积极开发用水权质押、抵押、担保、租赁等绿色金融产品，进一步开拓了用水权绿色金融市场，在优化水资源配置、节约水资源的同时促进了用水权绿色金融市场的繁荣，丰富了企业发展方向[1]。

北京是全国的政治、文化、国际交往和科技创新中心，也是世界著名古都和现代化国际城市。北京水资源与人口环境之间的矛盾突出，全市用水处于"紧平衡"状态，水资源紧缺是北京长期面对的基本市情水情。开展用水权交易，一方面能够促进北京集约节约用水，另一方面能够积极开拓绿色金融市场，提升用水权金融市场创新活跃度，拓宽用水大户企业金融融资渠道。北京用水权交易的发展，是水资源优化配置的重要手段，也是绿色金融市场的重要抓手。综上，以往研究往往聚焦于单一的用水权市场或绿色金融产业，并未基于城市用水权发展研究绿色金融市场，研究角度过于单一。因此，本文从北京市层面探究用水权交易与绿色金融市场和城市高质量发展之间的关系，并提出北京市用水权绿色金融发展的建议。

1 北京用水权市场分布

从国际角度分析，用水权交易在20世纪80年代从澳大利亚、美国和智利兴起，后逐渐发展到日本、俄罗斯、西班牙和南非等国家。《中华人民共和国水法》规定"用水户申请取水许可证，取得取水权"，但并未对用水权及用水权交易给出明确法律定义。本文用水权交易指用水户取得用水权利后对用水权利的交易变更，包括取水权、灌溉水权、区域水权和用水权等交易[2]。北京市经济发展水平较高，用水权交易主要是区域之间和企业之间的用水权交易。北京市区域用水权交易发展迅速，在中国水权交易中心官方统计中，北京市交易水量排名第三[3]。2016年，水利部、北京市、河北省、山西省交易各方代表共同商定永定河上游集中输水区域水权交易，交易水量5741万 m^3；同年，北京市白河堡水库与河北省张家口云州水库交易水量1300万 m^3；2018年官厅水库与大同市册田水库交易水量4190万 m^3。

目前来看，北京市用水权交易以区域用水权交易为主，企业之间的用水权交易并未真正开展，但潜力巨大。用水权交易市场的大小决定用水权绿色金融发展的顺利与否。2021年，北京市全年实现地区生产总值40269.6亿元，其中，第二产业和第三产业增加值分别是7268.6亿元和32889.6亿元，增长率分别是23.2%和5.7%。稳步快速增长的工业服务业导致用水量激增，在节约用水的同时，企业用水户之间的用水权交易也能够极大丰富用水权市场，扩增用水权绿色金融服务范畴，为北京绿色金融市场的稳步增长提供发展动力。

"十三五"以来，北京市通过产业结构调整、用水总量控制，在经济总量增长的情况下，实现了"农业用水负增长、工业用水零增长、生活用水控制增长、环境用水适度增长"的水资源管理目标。工业经营性服务业生产规模在不断扩增的同时要保持工业用水零增长，这就需要企业用水户在保持经营增长的基础上节约用水提升水效。但若企业在无法节水的情况下需要扩大生产规模，新入驻企业也需要水量来促进发展，这就为能够通过技术改造节约用水的生产企业开展用水权出售提供了空间，也为用水权价值奠定了基础，有力支持了用水权绿色金融服务相关业务的开展。本文以北京市超计划用水户、超取水许可户为重点分析对象，梳理北京市企业用水户超额用水需求。2021年，全市共有规模以上（年实用量1万 m^3 以上）超计划用水户超过1300家，合计超计划水量超过1500万 m^3，通州区、大兴区、顺义区、经济技术开发区等经济发展迅速的区域超计划用水用户数量多且平均超计划水量较大。庞大的用水权需求为用水权交易提供了空间，也是支持北京市集约节约用水的重点方向。

2 北京用水权交易绿色金融市场

据中国金融学会绿色金融专业委员会预测，中国未来30年内的绿色交易需求累计将达到487万亿元，这意味着绿色产业发展需求缺口巨大[4]。用水权作为水资源使用权的重要可交易权益，在金融融资方面具有得天独厚的优势。目前，用水权金融业务领域金融科技的市场参与主体主要有金融机构及其子公司、专业绿色金融服务公司、专业水务公司等[5]。金融机构及其子公司的主要优势是能够直接掌握用水权交易业务的信息，设计符合用水权金融交易业务发展需求的金融科技产品，但其金融科技专业化能力背景不足，存在一定的水务专业技术壁垒；专业绿色金融服务公司的优势是能够绝对聚焦用水权金融交易服务领域，专业针对性较强，但对于大型金融交易服务平台和结算系统的研发能力有限，不能够有效支撑用水权金融业务开展；专业水务公司的优势是具有强大的场景设计能力和水务系统开发能力，能够通过模型和水务经验研发功能模块强大的综合水务管理平台，但是其并不能针对性开展金融业务服务工作，不能有效解决金融科技产品开发困局。

北京作为中国北方金融经济中心和全国政治中心，金融业务和水务业务发展一直处于全国领先地位，两者的结合将为用水权金融市场发展提供坚实基础。北京市商业银行金融系统利用数字优势，搭建用水权金融交易业务综合管理系统。北京商业银行众多，基于大数据集成数据，集合多层次用水户企业的用水量数据，综合运用前沿数据综合分析技术，为用水权绿色金融发展潜力提供可靠性评估[6]。北京专业商业金融机构可搭建用水权金融管理平台，基于地理信息系统框架，将企业用水户用水权详情、行业类别、贷款状况、资金状况、节水信息、股权资金信息等绿色金融相关大数据显示在地理信息系统上，综合运用知识图谱技术和大数据分析技术对用水权金融项目进行精准识别和精准投放[7]。与此同时，利用工厂模型以及智慧风险控制平台全面监控用水权交易及金融质押等业务，对企业、区域和用水权交易进行风险管控和预警[8]。

中国水权交易所是北京市用水权交易的代表性企业，同时具有较大的用水权金融市场空间，是未来北京用水权金融市场的重要交易用户。2021年，中国水权交易所成交单数突破 1500 单，成交水量为 13.3 亿 m³，已经初步形成多种形式的用水权交易。北京市产业发展迅速的多区域企业用户，在高强度快速发展的同时，一方面需要水量，一方面需要资金，这些条件都成为北京市用水权金融市场规模化形成的主要驱动力。此外，北京市用水主要通过自来水管道供水，为用水权交易提供了便利条件，也为用水权金融市场的形成奠定了基础。随着我国经济由高速发展阶段转向高质量发展阶段，用水权绿色金融发挥着促进节约用水、促进绿色发展、创造经济新增长点、挖掘经济增长潜力的作用。2023 年 3 月 1 日《北京市节水条例》开始实施，进一步表明了北京市推动社会绿色进步、追求科学技术创新、实现高质量发展的决心，更为用水权金融交易市场的形成奠定了坚实基础。《北京市节水条例》中"本市依照国家有关规定推进用水权改革，探索对公共供水管网内符合条件的用水户明晰用水权，依法进行交易"的规定是用水权金融市场发展的支撑。《北京市节水条例》的出台，在进一步促进北京市大中小型企业在企业发展的同时，投入资金节约用水出售用水权和投入资金购买用水权两者必取其一，这将进一步培育用水权市场，促进北京用水权绿色金融产业的发展。

3 北京绿色金融市场发展路径

3.1 构建用水权绿色金融框架

绿色金融是中央政府工作报告中的内容，《关于构建绿色金融体系的指导意见》（2016年）、《银行业金融机构绿色金融评价方案》（2021年）、《绿色债券支持项目目录》（2021年）等多项国家政策性文件陆续出台，初步形成包含银行和证券的绿色金融体系。这些绿色金融方案文件的出台，为用水权绿色金融发展提供了法律依据。地方层面上，贵州、浙江、江西和广东等七省十地设立绿色金融改革创新试验区，积极探索绿色金融发展。结合其他省市的非改革试验区的绿色金融发展，共同构成了目前我国的绿色金融发展框架。北京市应在国家政策方针支持及地方经验案例借鉴双重协助下，构建北京市用水权绿色金融交易指导体系。该体系应充分考量北京市的市情水情，在区域用水权、行业用水权、企业户用水权的基础上，积极稳步推进用水权的绿色金融业务。在用水权质押融资、用水权担保融资、用水权租赁等方面开展相应指导业务，助力区域、行业和企业在稳健发展的同时，践行北京市集约节约用水，促进用水效率和用水效益的长效提升和城市高质量发展。

3.2 研发用水权绿色金融产品

绿色发展目标的确立为绿色金融产品发展提供了契机，我国绿色金融产品数量逐年攀升、金融规模越来越大[9]。例如相对成熟的碳排放交易，截至 2022 年 9 月，我国碳排放交易已有易方达中和 ETF、富国碳中和 ETF 等 9 家碳中和指数基金上市交易，为投资者提供了多样化的金融投资选择[10]。而用水权交易相对碳交易成熟期较晚，交易量和交易规模较小，因此相应金融产品开发相对滞后。北京市作为中国北方经济中心，应充分利用丰富的金融资源，利用政策鼓励手段积极引导相关金融企业开展用水权绿色金融产品的研发[11]。北京用水权绿色金融交易市场潜力巨大，政府应该充分调动市场的积极性，鼓励企业开发用水权绿色金融产品。用水权作为一种体量较大具有稀缺性的水流资源使用权益,应该能够为企业的金融融资带来高估值和等价现金[12]。除此之外,北京各类金融机构和水务专业公司应该优势结合,开发探索用水权绿色保险、用水权绿色担保和其他用水权绿色金融衍生工具等产品,丰富北京绿色金融交易品种,扩大投资人的投资范围,真正为用水权绿色金融市场的形成提供强有力工具。

3.3 探索用水权绿色国际金融

用水权金融科技的探索是未来绿色金融市场发展的必然方向。北京是全国的政治、文化和国际交往中心,鉴于此,北京金融科技企业能够更方便地与国际金融机构交流。国际金融行业发展迅速,金融产品迭代更新速度快,金融机构和金融科技人才数量众多,北京用水权绿色金融开发企业应充分利用这些便利条件完善激励机制,鼓励开发人员开发新型用水权绿色国际金融产品,提升用水权绿色金融产品的活跃度,充分释放用水权绿色金融活力,助力北京高质量发展[13]。

3.4 完善约束激励机制,培养金融科技人才

北京用水权绿色金融的快速发展是多层次绿色金融市场和多元化用水权绿色金融产品共同作用的结果。由于用水权绿色金融投资具有风险性,需要政府加强管控,出台更多更全面的监管规则:一方面出台财政货币激励约束政策积极调动用水权绿色金融市场主体的积极性,另一方面强化监管,规避用水权绿色金融产品可能会引发的金融市场风险。此外,用水权绿色金融是一项综合工程业务,需要的人才不仅要掌握水务方面的专业知识,还需要具有法律、计算机、经济等多方面的知识储备,这就需要培养大量的用水权绿色金融科技人才,并逐步拓宽国际人才交流培养合作,提升用水权绿色金融产业发展的业务能力,为北京用水权绿色金融发展奠定坚实基础。

4 总结与启示

金融产业是现代经济发展的核心动力,是推动社会高质量发展的重要支柱力量。用水权绿色金融与高质量发展内涵契合,发展用水权绿色金融是实现绿色发展的重要举措。北京绿色金融市场发展需要从政策设计到实践落实双重并举稳步推进,促进用水权等绿色产业的成熟与完善,激励北京用水权绿色金融产业等形成规模效应,实现各项绿色产业快速发展,更好助力经济高质量发展。

参考文献

[1] 张建斌. 金融支持水权交易:内生逻辑、运作困境和政策选择 [J]. 经济研究参考, 2015 (55): 9-16.

[2] 马骏. 论构建中国绿色金融体系 [J]. 金融论坛, 2015, 20 (5): 18-27.

[3] 王亚华. 水权和水市场:水管理发展新趋势——水管理研究综述 [J]. 经济研究参考, 2002

(20): 2-8.
[4] 李铮. 关于水权及水权交易的若干法理思考 [J]. 水土保持学报, 2002 (6): 151-153.
[5] 李维安, 崔光耀. 从绿色金融到绿色治理: 推动金融机构绿色治理转型 [J]. 金融市场研究, 2023 (2): 97-104.
[6] 汪淑娟, 谷慎. 科技金融对中国经济高质量发展的影响研究: 理论分析与实证检验 [J]. 经济学家, 2021 (2): 81-91.
[7] 钱水土, 王文中, 方海光. 绿色信贷对我国产业结构优化效应的实证分析 [J]. 金融理论与实践, 2018 (1): 7-14.
[8] 刘世庆, 巨栋, 林睿. 跨流域水权交易实践与水权制度创新——化解黄河上游缺水问题的新思路 [J]. 宁夏社会科学, 2016 (6): 99-103.
[9] 安国俊. 碳中和目标下的绿色金融创新路径探讨 [J]. 南方金融, 2021 (2): 3-12.
[10] 周亮, 吴艳媚. 我国绿色金融发展的现状与建议 [J]. 天津商业大学学报, 2021 (1): 39-46.
[11] 王志强, 王一凡. 绿色金融助推经济高质量发展: 主要路径与对策建议 [J]. 农林经济管理学报, 2020 (3): 389-396.
[12] 苏静. "双碳"背景下绿色金融发展的现状、挑战及路径 [J]. 技术经济与管理研究, 2022 (9): 79-82.
[13] 崔耕瑞. 数字金融能否提升中国经济韧性 [J]. 山西财经大学学报, 2021 (12): 29-41.

智慧水务

北京市逐月土壤水分微波遥感反演估算与应用研究

邸苏闯[1,2]　马春锋[3]　肖冰琦[4]　易维懿[4]
李星贵[3]　纪彬彬[5]　李雪敏[1,2]　昝糈莉[1,3]
齐艳冰[1,2]　张　岑[1,2]　林跃朝[1,2]　王　越[1,4]

(1. 北京市水科学技术研究院，北京　100048；
2. 北京市非常规水资源开发利用与节水工程技术研究中心，北京　100048；
3. 中国科学院西北生态环境资源研究院，兰州　730000；
4. 河海大学水文水资源学院，南京　210098；
5. 北京市延庆区节约用水管理中心，北京　102100)

【摘要】　土壤水分是影响植物生长、生态系统稳定和农业生产等方面的重要因素，因此对其开展区域尺度的准确遥感反演具有重要意义。但受植被、土壤、数据源获取方式等方面的影响，现有方法存在反演结果精度、监测频率有待提升等问题，需要基于高频次获取的数据进一步优化反演方法。本文旨在探讨基于哨兵系列卫星数据的土壤水分反演方法，为提高土壤水分反演精度提供一定的理论参考和实践指导。本研究基于遥感技术，结合多项数据源，包括卫星数据、气象数据、土地利用类别数据等，对北京市范围内的土壤水分进行了反演。具体方法包括：从多个数据源中提取所需的土壤水分敏感信息，将不同敏感数据信息合并，建立遥感反演方法，利用该方法计算得到土壤水分指数，并进行数据验证。通过本文的实验结果，得到了北京市范围内土壤水分含量的精确反演数据。结果表明，基于多源遥感卫星数据的土壤水分反演方法能够较好地提高其反演精度并具有精度稳定性，具有实用价值和推广意义。本文通过探究多源遥感卫星数据的土壤水分反演方法，为提高土壤水分反演的精度、稳定性提供理论基础和指导方向。未来可通过进一步完善相关技术和数据源，进一步深化土壤水分反演应用研究，为农业生产和生态保护等领域提供更多的理论和技术支持。

【关键词】　土壤水分反演；变化检测算法；水云模型

Monthly soil moisture estimation and application using microwave remote sensing in Beijing municipality

DI Suchuang[1,2]　MA Chunfeng[3]　XIAO Bingqi[4]　YI Weiyi[4]　LI Xingze[3]
JI Binbin[5]　LI Xuemin[1,2]　ZAN Xuli[1,3]　QI Yanbing[1,2]　ZHANG Cen[1,2]
LIN Yuechao[1,2]　WANG Yue[1,4]

(1. Beijing Water Science and Technology Institute, Beijing　10048; 2. Engineering Technique Pesearch Centre for Exploration and Utilization of Non-Conventional Water Resources and Water use Efficiency, Beijing　10048; 3. Northwest Iustitute of Eco-Environment and Resources, CAS, Lanzhou　730000; 4. College of Hydrology and Wather Resources, Hohaiuniversity, Nanjing　210098; 5. Water Conservation Management Center of Yanqing District, Beijing　102100)

【Abstract】 Soil moisture is an important factor that affects plant growth, ecosystem stability, and agricultural production, making accurate remote sensing inversion at a regional scale crucial. However, existing methods face challenges in terms of the accuracy of inversion results and monitoring frequency due to factors such as vegetation, soil, and data acquisition. Therefore, there is a need to further optimize inversion methods based on high-frequency data acquisition. This study aims to explore a soil moisture inversion method based on Sentinel satellite data, providing theoretical references and practical guidance to improve the accuracy of soil moisture inversion. Using remote sensing technology and integrating multiple data sources including satellite data, meteorological data, and land use category data, soil moisture within the Beijing area was inverted. The specific methodology involved extracting soil moisture-sensitive information from various data sources, merging different sensitive data information, establishing a remote sensing inversion method, calculating the soil moisture index using this method, and validating the data. The experimental results of this study obtained accurate inversion data of soil moisture content within the Beijing area. The results demonstrate that the soil moisture inversion method based on multi-source remote sensing satellite data can effectively improve the accuracy and stability of the inversion, providing practical value and applicability. By investigating the soil moisture inversion method using multi-source remote sensing satellite data, this paper establishes a theoretical foundation and provides guidance for improving the accuracy and stability of soil moisture inversion. Future research can focus on refining relevant technologies and data sources to further advance the application of soil moisture inversion, thereby providing more theoretical and technical support for agricultural production and ecosystem conservation.

【Key words】 Soil moisture inversion; Change detection algorithm; Water-cloud model

土壤水分是连接水循环、能量循环和生物地球化学循环的关键变量，在陆地水循环中扮演着极其重要的角色[1]。它是确定的气候环境因素，明确描述了土壤的干湿状况，控制土壤水热通量的交换[2]。传统的土壤水分监测方法需要在野外设置大量的观测站点，费时费力，并且在空间覆盖范围上存在限制[3-4]。近年来，随着遥感技术的发展，可以通过卫星遥感数据实现土壤水分的广覆盖和高精度监测。目前，国内外已有许多研究探索遥感技术在土壤水分反演中的应用。遥感反演方法可分为光学—热红外反演和主被动微波遥感反演[5-7]。光学—热红外遥感主要利用土壤表面的反射特性、表面温度、光谱指数、热惯量等信息，建立与土壤水分的关系进行估算[8]。此类方法虽然简单易实现，但其内在的缺陷使其难以满足植被覆盖区土壤水分的反演要求，也存在有云覆盖情况时大量数据缺失及探测深度有局限性等问题。微波遥感则克服了光学—热红外遥感的不足，具有全天时、全天候观测的优点，且具有一定的穿透能力，能够探测植被覆盖下的土壤信息，被认为是能够真正意义上进行土壤水分反演最具潜力的方法[9-10]。其中，被动微波遥感反演土壤水分的研究起步较早，算法相对成熟，且已发展了多套基于被动微波遥感的土壤水分产品。然而，被动微波由于其空间分辨率较粗，其产品很难直接应用于精细尺度。相反，主动微波遥感则具有很高的空间分辨率，能够在精细尺度上捕捉土壤水分的空间细节特征，从而有望量化精细尺度土壤水分的空间变率和异质性。

因此，本文综合应用高时空分辨率哨兵系列卫星的主动微波和多光谱数据对北京市的土壤水分进行反演研究，优化现有土壤水分反演算法，以此提高土壤水分反演算法的准确性和时空分辨率，增强土壤水分反演方法的普适性。本文探索出一种适合北京市土壤水分反演的改进算法，并且基于改进算法开展了北京市全域土壤水分规律研究分析，以期为旱情监测和水文观测等提供相应的理论与实践指导。

1 研究区域概况

研究区域为北京市行政区，包括 16 个市辖区，总面积 16411km^2，其中平原面积 6338km^2，山区面积 10072km^2。研究区地处暖温带半湿润地区，气候属暖温带半湿润大陆性季风气候，市内四季分明，春季多风和沙尘，夏季炎热多雨，秋季晴朗干燥，冬季寒冷且大风猛烈；多年平均气温 11.7℃，夏季最高气温可达 42.6℃，冬季最低气温可达 −27.4℃。平原地区多年平均年降雨量为 600mm，降雨时空分布极不均匀，年际变化悬殊，全年 60% 以上降水集中在夏季的 7—8 月，而其他季节降雨很少，空气干燥。

2 数据来源与方法

2.1 数据来源

2.1.1 Sentinel-1 SAR 影像数据

本文所采用的主动微波遥感数据为哥白尼计划数据官网发布的 Sentinel-1 卫星系列 GRD 产品，Sentinel-1 共有两个轨道覆盖研究范围，轨道号分别为 142、69。由于研究区范围过大，142号轨道仅能够覆盖研究区大部分区域，需要将两幅影像进行拼接，故以142号轨道影像为主，用69号轨道影像补充空余部分。轨道过境日期见表1。

表 1 Sentinel-1 卫星过境时间

142轨道过境日期	69轨道过境日期	
2022-01-06	2022-06-23	2022-01-01
2022-01-18	2022-07-05	2022-01-25
2022-01-30	2022-07-17	2022-02-06
2022-02-11	2022-07-29	2022-03-14
2022-02-23	2022-08-10	2022-03-26
2022-03-07	2022-08-22	2022-04-07
2022-03-19	2022-09-03	2022-04-19
2022-03-31	2022-09-15	2022-05-01
2022-04-12	2022-09-27	2022-05-25
2022-04-24	2022-10-09	2022-07-24
2022-05-06	2022-10-21	2022-08-05
2022-05-18	2022-11-02	2022-09-10
2022-05-30	2022-11-14	
2022-06-11		

2.1.2 Sentinel-2 光学影像数据

Sentinel-2 同样由双星组成，其中 Sentinel-2A 于 2015 年 6 月 23 日发射，Sentinel-2B 于 2017 年 3 月 7 日发射，单星的重访周期约为 10 天，双星的重访周期可缩短至 5 天。Sentinel-2 搭载了多光谱成像仪，能够覆盖可见光到短波红外 13 个波段，空间分辨率从 10m 到 60m。本文需要计算 NDVI 进而对植被散射组分进行处理，因此仅需用到 Band 4（665nm，红色波段）和 Band 8（842nm，近红外波段），两者的空间分辨率均为 10m。Sentinel-2 数据的处理和 NDVI 的计算均在 GEE 平台上完成，计算 NDVI 后下载到本地以供后续使用。

2.1.3 土地利用与土地覆被数据

基于《土地利用现状分类和编码》（GB/T 21010—2017）和 Sentinel-2A 光学影像数据，将土地利用类型分为农田、草地、林地、裸地、水体、建设用地六个大类，形成土地利用/土地覆被数据集（Land-use and Land-cover Change，LUCC）。使用数据将 SAR 影像的建设用地和水体掩膜掉，对林地进行特殊处理后反演土壤水分。

2.2 土壤水分反演方法构建

基于 Sentinel-1 的土壤水分反演流程如图 1 所示。主要过程包括对遥感影像进行预处理、结合地面实测数据确定干湿参考值、通过解译的高分辨率 LUCC 数据对城市建筑和水体掩膜，再对植被区和非植被区进行分区域处理。对于非植被区直接进行土壤水分的反演，对于植被区需要用到 Sentinel-2 光学影像在水云模型[11]框架下处理植被散射组分后再进行土壤水分反演。

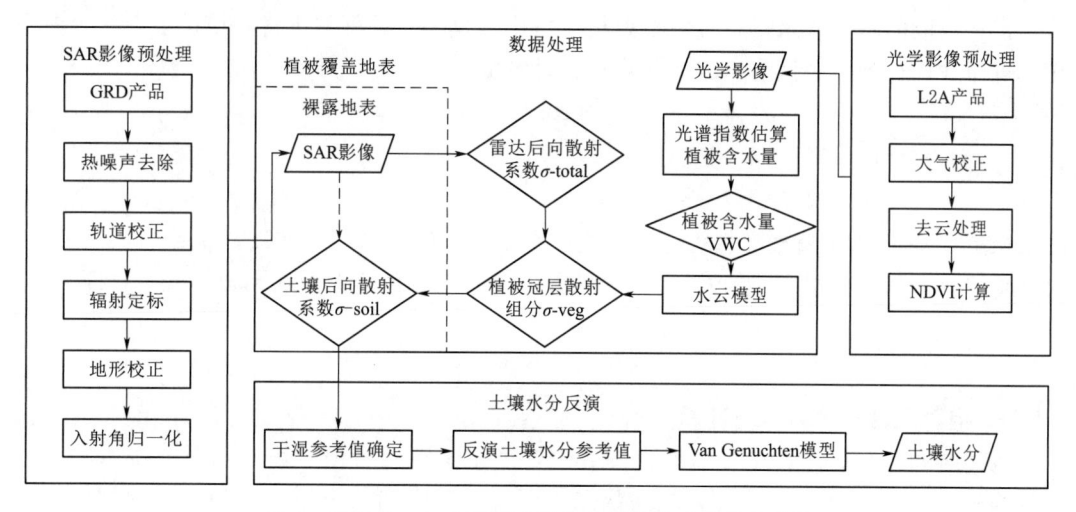

图 1 基于 Sentinel 系列卫星的土壤水分反演技术路线

2.2.1 角度归一化

本次用到的 Sentinel-1A SAR 影像入射角范围都为 30°～46°，为抑制局地入射角对后向散射系数时间序列变化的影响，需将后向散射系数进行角度归一化处理。基于后向散射系数和入射角间线性相关的假设，采用线性回归的方法将后向散射系数归一化至 38°，公式如下：

$$\sigma^0(38) = \sigma^0(\theta) - \beta(\theta - 38) \tag{1}$$

式中 θ——局地入射角；

β——归一化系数，是单一像元上后向散射系数与其局地入射角之间的一次线性回归系数。

2.2.2 分区域处理

通过 LUCC 数据，掩膜去除建筑用地、水体，当植被覆盖类型为草地和农作物时，相较于土壤水分变化，植被变化对后向散射系数的影响很小。但北京市内北部和西部存在大量的林地，因此需要特殊考虑。对 SAR 影像的水体、城镇部分掩膜去除后，再提取林地进行单独处理。

2.2.3 对植被区进行处理

对北京市范围内的林地进行处理，采用 NDVI 计算植被含水量 [式（2）]，然后依据水云模型中植被散射组分的计算方法估算植被散射组分。完成估算后，使用掩膜处理后的 SAR 影像减去植被贡献的后向散射能量，就可得到北京市范围内土壤的后向散射能量影像。

$$VWC = (1.9134 NDVI^2 - 0.3215 NDVI) + f \frac{NDVI_{max} - NDVI_{min}}{1 - NDVI_{min}} \tag{2}$$

式中 VWC——植被含水量；

$NDVI$——归一化植被指数，其最大值 $NDVI_{max}$ 和最小值 $NDVI_{min}$ 由时间序列数据提取；

f——植被净含水量的估算因子，值取 12.77。

计算获取的植被含水量在微波散射模型（水云模型）的框架下进行植被散射组分参数化，进而计算得到植被散射组分的估算值，计算如下：

$$\sigma_{veg}^0 = A \cdot VWC \times \cos\theta (1-e^{-2B \cdot VWC \cdot \sec\theta}) \tag{3}$$

式中 σ_{veg}^0——植被冠层的散射组分；

θ——雷达入射角；

A、B——依赖于植被类型的经验参数，本项目取值为 $A=0.0012$，$B=0.091$。

将式（6）计算获取的植被散射总分从总的雷达观测的后向散射系数中减去，即

$$\sigma_{soil}^0 = (\sigma_{total}^0 - \sigma_{veg}^0) / \tau^2 \tag{4}$$

$$\tau^2 = e^{-2B \cdot VWC/\cos\theta} \tag{5}$$

2.2.4 相对土壤水分参考值计算

运用时间序列算法，结合地面实测数据，确定干湿参考值。假定相对土壤水分小于 10% 为极干状态，而大于 90% 为饱和状态。在长时间序列的影像数据和地面数据中找到对应土壤水分最干和饱和状态下对应的后向散射系数作为干湿参考值，其他像元的土壤水分则在 0~100% 中线性变化。以 10% 和 90% 分位找到对应土壤水分最干和饱和状态下对应的后向散射系数作为干湿参考值（本研究中的干湿参考值分别为 −14.2 和 −7.8），进而获得土壤水分参考值，计算公式如下：

$$m(t) = (\sigma^0(38,t) - \sigma_{dry}^0) / (\sigma_{wet}^0 - \sigma_{dry}^0) \tag{6}$$

式中 $\sigma^0(38,t)$——t 时刻归一化到 38°的后向散射系数；

σ_{dry}^0、σ_{wet}^0——干、湿参考值。

2.2.5 土壤水分计算

利用 Van Genuchten 方程[12] 计算绝对土壤水分，公式如下：

$$SM = m_s(\theta_s - \theta_r) + \theta_r \tag{7}$$

式中 SM——土壤水分，即体积含水量；

m_s——土壤水分参考值；

θ_s——饱和体积含水量；

θ_r——土壤残余含水量。

由于缺乏整个北京市范围内的土壤饱和含水量以及土壤残余含水量，用土壤孔隙率等效代替土壤饱和含水量，土壤残余含水量用地面观测数据的最小值代替，则公式如下：

$$SM = m_s\left[\left(1-\frac{\rho_b}{\rho_s}\right) + \theta_{rt}\right] + \theta_{rt} \tag{8}$$

式中 SM——土壤水分绝对值，即体积含水量，cm^3；

m_s——土壤水分参考值；

ρ_b——土壤容重；

ρ_s——土粒密度；

θ_{rt}——地面观测最小土壤含水量。

土壤容重数据来源于世界土壤数据库发布的 HWSD 土壤数据集。

3 主要结果

3.1 土壤水分反演结果及精度验证

采用收集到的研究区站点观测,对土壤水分的反演结果进行了对比验证。一共获取 10 期反演结果并进行了验证(其中 1—4 月每月 2 期,7 月 2 期),1—4 月的验证采用顺义柏树庄站等 8 个站点的观测数据进行验证,7 月 2 期成果的验证分别采用表 2、表 3 站点的观测数据。结果显示,总体最大相对误差为 53.17%,最小相对误差为 0.22%,平均相对误差为 7.63%。下面选取站点观测资料较多的 7 月反演结果进行讨论及验证,如图 2、图 3 所示。

表 2   7 月 5 日反演与实测结果对比

站 名	站点监测值/(m^3/m^3)	遥感反演/(m^3/m^3)	遥感反演—监测值/(m^3/m^3)	相对误差/%
密云石城站	0.183	0.168	−0.015	−8.20
怀柔桥梓站	0.212	0.179	−0.033	−15.50
顺义龙湾屯	0.271	0.220	−0.051	−18.80
顺义北郎中	0.253	0.192	−0.061	−24.10
平谷西峪站	0.243	0.201	−0.042	−17.30
昌平景文屯	0.296	0.214	−0.082	−27.70
昌平王家园	0.283	0.218	−0.065	−23.00
门头沟雁翅	0.300	0.272	−0.028	−9.30
门头沟龙凤岭	0.239	0.224	−0.015	−6.30
通州牛堡屯	0.255	0.207	−0.048	−18.80
房山漫水河	0.293	0.258	−0.035	−11.90
大兴青云店	0.343	0.210	−0.133	−38.80
大兴长子营	0.167	0.179	0.012	7.20
房山吉羊站	0.240	0.248	0.008	3.30
平均值	0.256	0.214	−0.042	−16.40

表 3   7 月 17 日反演与实测结果对比

站 名	站点监测值/(m^3/m^3)	遥感反演/(m^3/m^3)	遥感反演—监测值/(m^3/m^3)	相对误差/%
密云石城站	0.170	0.152	−0.018	−11%
密云太师屯	0.224	0.154	−0.070	−31%
怀柔桥梓站	0.202	0.150	−0.052	−26%

461

续表

站 名	站点监测值/(m^3/m^3)	遥感反演/(m^3/m^3)	遥感反演—监测值/(m^3/m^3)	相对误差/%
顺义龙湾屯	0.240	0.194	−0.047	−19%
顺义北郎中	0.206	0.199	−0.007	−3%
平谷西峪站	0.215	0.187	−0.028	−13%
顺义柏树庄	0.163	0.140	−0.024	−14%
昌平十三陵	0.159	0.211	0.052	33%
昌平景文屯	0.267	0.220	−0.047	−18%
顺义张镇站	0.255	0.233	−0.022	−9%
昌平王家园	0.277	0.196	−0.080	−29%
门头沟雁翅	0.282	0.254	−0.029	−10%
门头沟龙凤岭	0.227	0.223	−0.004	−2%
通州牛堡屯	0.238	0.248	0.011	4%
房山漫水河	0.230	0.198	−0.032	−14%
大兴青云店	0.288	0.190	−0.098	−34%
大兴长子营	0.149	0.169	0.020	13%
房山十渡站	0.203	0.251	0.048	24%
房山吉羊站	0.217	0.211	−0.006	−3%
房山三座庵	0.224	0.205	−0.019	−8%
均值	0.222	0.199	−0.023	−10%

图2 7月5日反演与实测结果散点图

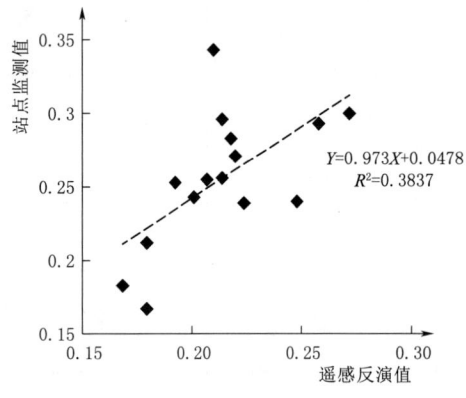

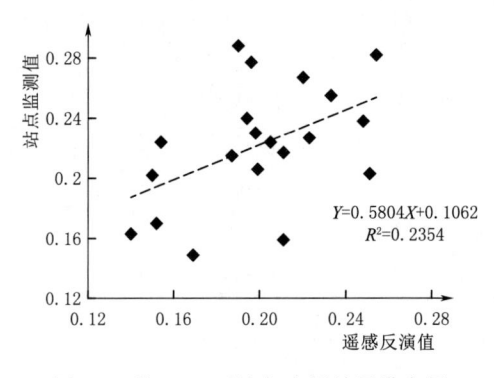

图3 7月17日反演与实测结果散点图

由图2、图3可知，遥感反演和站点实测的土壤水分有一定的相关性，能够反演土壤水分的变化趋势和部分特征。但反演结果与站点观测也存在一定的差异，引起这一误差的主要原因有：

（1）反演结果与观测土壤水分深度不匹配，C波段雷达信号对地表穿透深度为2～3cm，地面验证数据的观测深度为10cm。根据以往经验来看，10cm层土壤水分会高于表层土壤水分，从反演结果来看，反演值也大多小于观测值。

（2）复杂地面情况，观测站点部分架设于建筑物附近，在20m×5m的空间分辨率研究尺度上，地面建筑的存在导致雷达信号二次散射，增大反演的不确定性。

（3）遥感反演和站点观测的尺度及代表性差异。基于该项工作的需求和现有数据情况，选择了时间序列算法，该算法虽然简单，但对数据质量的依赖性极高，且干湿参考值的选择限定了土壤水分的上下界，是一种较为保守的算法。

3.2 北京市2022年逐月平均土壤水分空间分布

为了整体了解北京市土壤水分的空间分布特征，根据反演结果绘制了北京市2022年平均土壤水分空间分布图。整体来看，大部分区域土壤含水量在$0.2\sim 0.35\mathrm{m}^3/\mathrm{m}^3$之间，东部和南部局部部分区域偏低，在$0.1\sim 0.2\mathrm{m}^3/\mathrm{m}^3$之间，大部分农田和林地的土壤水分偏高，河道滩地、裸地和裸岩区域土壤水分偏低。

为了直观地了解不同下垫面土壤水分的时相变化特征，本文选取5个典型点，包括农田、草地、林地、裸地等。

从空间变化特征来看，不同下垫面土壤水分呈现明显的差异：农田的土壤水分变化相对剧烈，林地变化相对平缓，裸地土壤水分变化趋势介于两者之间。这与农田灌溉和作物耗水、林地的土壤水分涵养功能等因素息息相关。从时间变化特征来看，研究区的土壤水分变化特征可分为以下几个阶段（图4）：第一阶段1—3月，由于部分地区地表冻结，液态水含量低，对应的土壤水分反演结果也较低；第二阶段4—6月，冻土融化、部分地区进行春耕灌溉导致液态水逐渐增加，土壤水分反演结果相应增大；第三阶段6—9月，由于降水多集中于此阶段，土壤水分含量明显增大；最后一个阶段10—12月，由于降水量减少以及冬季部分区域的表层土壤开始冻结使得部分液态水转化为固态水，土壤水分反演结果开始下降。总体来看，反演的土壤水分结果在不同下垫面能够反映出土壤干湿状况的地域性变化，也一定程度上反映了土壤水分季节性的变化，捕捉到降水与灌溉的特征。但由于变化检测算法本身的保守性，所反演的土壤水分变化幅度结果与夏季集中降水的实际情况相比较平缓。这将是下一步算法改进的重点和方向。

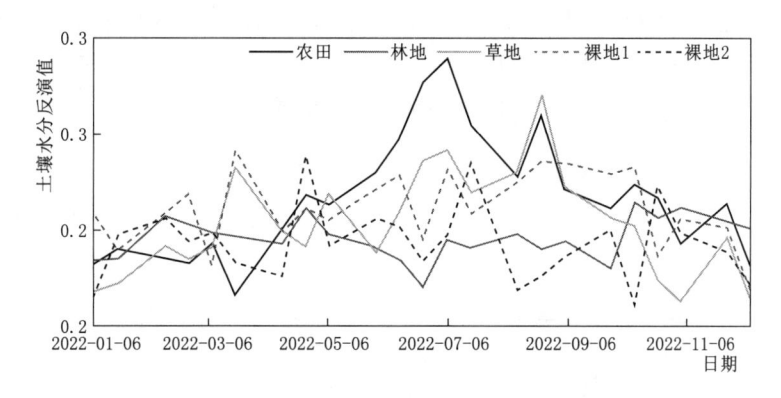

图4 典型下垫面土壤水分时相变化特征

为了了解北京市逐月土壤水分空间分布，详细分析了结果，截至12月上半月。如前所述，1—3月由于部分区域土壤处于冻结状态，土壤水分含量相对较低；4—6月开始土壤水分含量逐渐增大；但由于5—6月出现短暂干旱，土壤水分含量稍有降低；6—9月为降雨集中季，土壤水分含量全面增至最大值，但其增幅较实际降水变化幅度稍弱；10—12月部分区域开始冻结，土壤水分逐渐回落。因此，可以看出，土壤水分反演结果呈现明显的季节性变化。具体而言，春季冻土消融，土壤水分含量逐渐增大，到汛期前降到最低，到夏季降雨集中季达到最大值，秋季由于降水量及农田灌溉的减少使土壤水分含量慢慢降低，直至冬季土壤冻结，土壤水分含量降至最低值。

3.3 土壤水分反演结果下的北京市旱情评估

根据气象干旱等级国家标准[13]，土壤相对湿度是反映干旱程度的指标之一（表4），适用于监测某时刻土壤水分盈亏。

表4　　土壤相对湿度、干旱指数和干旱等级划分

等级	类型	土壤相对湿度 R	干旱影响程度
1	无旱	$60\% \leqslant R$	地表湿润或正常，无旱象
2	轻旱	$50\% \leqslant R < 60\%$	地表蒸发量较小，近地表空气干燥
3	中旱	$40\% \leqslant R < 50\%$	土壤表面干燥，地表植物叶片有萎蔫现象
4	重旱	$30\% \leqslant R < 40\%$	土壤出现较厚的干土层，地表植物萎蔫，叶片干枯，果实脱落
5	特旱	$R < 30\%$	基本无土壤蒸发，地表植物干枯、死亡

根据反演得到北京市平均土壤相对湿度（表5），1—10月平均土壤相对湿度变化范围不大，均在48%~53%之间，在一定程度上能够反映出干旱程度，但变化幅度不大，这可能与变化检测算法的保守性特征有关，下一步将计划进一步改进。此外，本次计算的相对湿度与干旱气象指数并不完全相同，该参数仅可作为在一定程度上判断干旱程度的参考依据。反演得到北京市土壤相对湿度分布与气象干旱对比。随机选取了5月、7月和9月的反演结果与气象干旱指数分布图进行对比分析，气象干旱指数分布图显示北京市在5月轻旱，7月和9月为中旱，即土壤相对湿度为50%~60%以及40%~50%。反演的土壤水分在此三个月的平均值分别是0.53、0.50和0.49，反演结果与干旱指数分布基本吻合。更重要的是反演的土壤水分空间分辨率更高，能够反映出全市干旱分布的细节特征，有望应用于农田小尺度的精细干旱监测，指导农田灌溉和进行干旱预警。

表5　　北京市平均土壤相对湿度

日期	土壤相对湿度	日期	土壤相对湿度
2022-01-06	0.47	2022-06-11	0.49
2022-01-18	0.47	2022-06-23	0.51
2022-02-11	0.48	2022-07-05	0.53
2022-02-23	0.47	2022-07-17	0.50
2022-03-07	0.49	2022-08-10	0.51
2022-03-19	0.50	2022-08-22	0.54

续表

日期	土壤相对湿度	日期	土壤相对湿度
2022-04-12	0.50	2022-09-03	0.52
2022-04-24	0.51	2022-09-27	0.49
2022-05-06	0.53	2022-10-09	0.48
2022-05-30	0.49	2022-10-21	0.49

4 结语

研究结果表明，基于新发展的变化检测算法和高分辨哨兵遥感数据反演得到的土壤水分反演结果能够较好地刻画土壤水分的空间分布和时相变化特征，尤其能够较好地抓住土壤水分对降水时间的响应特征。通过结合相应的土壤水文参数，本研究能够有效地实现对北京大多数区域进行连续的大范围干旱监测。但是，本研究尚且存在以下不足：地面站点观测资料对比分析表明土壤水分反演结果还存在误差，主要表现在与站点观测值之间存在空间尺度差异、C波段雷达信号的穿透深度（不足5cm）与10cm的地面观测深度存在差异以及不同地表类型对反演结果的影响等方面。针对上述问题，下一步将继续改进反演算法，以提升反演精度。此外，在下一步研究工作中，除了从土壤水分含量方面对干旱做出评价外，还应从气象干旱、农业干旱、水文干旱等几方面全方位评价北京市干旱程度。

参考文献

[1] 陈书林，刘元波，温作民. 卫星遥感反演土壤水分研究综述［J］. 地球科学进展，2012，27（11）：1192-1203.

[2] Steven Banwart, Stefano M. Bernasconi, Jaap Bloem, et al. Soil Processes and Functions in Critical Zone Observatories: Hypotheses and Experimental Design［J］. Vadose Zone Journal, 2011, 10（3）.

[3] 邓小东，王宏全. 土壤水分微波遥感反演算法及应用研究进展［J］. 浙江大学学报（农业与生命科学版），2022，48（3）：289-302.

[4] BABAEIAN E, SADEGHI M, JONES S B, et al. Ground, proximal, and satellite remote sensing of soil moisture［J］. Reviews of Geophysics, 2019, 57（2）: 530-616.

[5] 马春芽，王景雷，黄修桥. 遥感监测土壤水分研究进展［J］. 节水灌溉，2018（5）：70-74+78.

[6] 蒋瑞瑞，甘甫平，郭艺，等. 土壤水分多源卫星遥感联合反演研究进展［J/OL］. 自然资源遥感：1-13［2023-04-15］.

[7] 李伯祥. 基于光学与微波遥感数据的植被覆盖区农田土壤水分反演［D］. 南昌：东华理工大学，2020.

[8] 李艳，张成才，恒卫东. 基于深度学习的多源遥感反演麦田土壤墒情研究［J］. 节水灌溉，2023，330（2）：57-64.

[9] 杜绍杰，赵天杰，施建成，等. Sentinel-1和Sentinel-2协同反演地表土壤水分［J］. 遥感技术与应用，2022，37（6）：1404-1413.

[10] 潘宁，王帅，刘焱序，等. 土壤水分遥感反演研究进展［J］. 生态学报，2019，39（13）：

4615-4626.
[11] 杨嘉辉,陈鲁皖,王锐欣,等.基于改进水云模型的土壤水分反演研究[J].科技创新与应用,2020(10):13-15.
[12] Jabro Jalal David, Stevens William Bart. Pore Size Distribution Derived from Soil-Water Retention Characteristic Curve as Affected by Tillage Intensity [J]. Water,2022,14(21).
[13] GB/T 20481—2017 气象干旱等级[S].

变化环境下北运河防洪风险识别与防控研究

张 岑[1]　刘 勇[2]　李雪敏[1]　昝糈莉[1]　王 晨[2]　高 涛[3]

(1. 北京市水科学技术研究院，北京　100048；2. 北京市北运河管理处，北京　101100；
3. 北京市延庆区水旱灾害防御中心，北京　102100)

【摘要】　受北运河堤防不均匀沉降、河道通航、宋庄蓄滞洪区建设、武窑新桥建设等影响，北运河流域防洪调度条件和目标均发生了较大变化。本文基于InSAR遥感沉降数据和水文水动力模型，识别了不同降雨情景下堤防沉降前后北运河超高变化，提出应重点关注尹各庄、北关分洪枢纽及3km不连续堤段；分析了通航条件下北关闸至杨洼闸段河道特征水位，提出最低通航水位和预泄调度建议；分析了百年一遇洪水情景下，武窑断面水位较武窑新桥建设前下降了0.51m，宋庄蓄滞洪区启用后北关闸前水位可削减、56cm、洪峰可削减289m³/s。

【关键词】　北运河；通航；武窑桥；宋庄蓄滞洪区；防洪影响评估

Research on flood control risk identification and control of the Beiyun River under changing environments

ZHANG Cen[1]　LIU Yong[2]　LI Xuemin[1]　ZAN Xuli[1]　WANG Chen[2]　GAO Tao[3]

(1. Beijng Water Science and Technology Institute，Beijing　100048；2. Beijing Management of North Canal，Beijing　101100；3. Flood and Drought Disaster Prevention Center of Yanqing District，Beijing　102100)

【Abstract】　With the uneven settlement of the Beiyun River embankment, the navigation of the river, the construction of the Songzhuang flood storage and detention area, and the construction of the Wuyao New Bridge, there have been significant changes in the flood control scheduling conditions and objectives of the Beiyun River basin. This study is based on InSAR remote sensing settlement data and hydrological and hydrodynamic models, identifying the changes in the super elevation of the Beiyun River before and after embankment settlement under different rainfall scenarios. It is proposed to focus on the Yingezhuang and Beiguan flood diversion hubs, as well as the 3km discontinuous embankment section; Analyzed the characteristic water level of the river channel from Beiguan Gate to Yangwa Gate under navigation conditions, and proposed the lowest navigation water level and pre discharge scheduling suggestions; Under the once-in-a-century flood scenario, the water level at the section of Wuyao has decreased by 0.51m compared to before the construction of Wuyao New Bridge. After the opening of the Songzhuang flood storage and detention area, the water level in front of Beiguan Gate can be reduced by 56cm, and the flood peak can be reduced by 289m³/s.

【Key words】 Beiyun river; Water transport; Wuyao bridge; Songzhuang retention area; Flood impact assessment

北运河是北京市五大水系中的一条重要河道，承担着北京城区90%的防洪排涝任务[1]。受北运河堤防不均匀沉降、河道通航、宋庄蓄滞洪区建设、武窑新桥建设等影响，北运河流域防洪调度条件和目标均发生了较大变化[2]。为保障流域防洪调度安全和通航安全，需针对新形势下北运河的防洪调度条件，提出科学合理的防洪调度措施和建议，以保障中心城区、城市副中心和流域防洪安全。

北运河流域洪水调度工作主要分为汛前预泄调度和汛中洪水调度，同时洪水调度应充分考虑流域地理环境变化和工程调度条件变化。流域地理环境变化方面，受流域地面不均匀沉降影响，北运河宋庄、北关等重点防洪工程及沿河堤防均发生了不同程度的沉降，一旦发生设计标准洪水，河道行洪能力及防洪枢纽分洪能力均不能达到原设计要求，存在行洪风险隐患。工程调度条件方面，2021年6月，甘棠、榆林庄2座船闸建设完成后，北运河北关闸至杨洼闸段河道正式全线通航，河道通航后，为满足通航船只吃水深度要求，需增加河道蓄水量，同时汛期河道预泄时间增加，为保障汛期北运河流域防洪安全和通航安全，需提出科学合理的预泄调度建议；2021年汛前武窑新桥建成通车，原有武窑桥及桥墩拆除，据北运河防洪抢险预案，武窑旧桥桥面与堤顶齐平，引桥压缩了河道行洪断面，武窑桥的实际过流能力仅为1100m³/s左右，过流能力不足20年一遇，武窑新桥建成后，拓宽了河道行洪断面，但对北运河主干河道的行洪能力影响尚待评估；宋庄蓄滞洪区于2021年初建成交付，遇50年一遇洪水需启用上游新建的宋庄蓄滞洪区，蓄滞洪区目前尚未经历洪水考验，可蓄滞洪量和对主干河道的洪峰削减效果有待分析。

本文以北运河流域为研究对象，在对现状充分调研的基础上，充分利用水文气象资料、历史洪涝资料、流域下垫面和地形数据、河道断面数据、工程建设资料等，构建北运河流域防洪调度模型；在模型构建的基础上，结合合成孔径雷达干涉测量技术（interferometric synthetic aperture radar，InSAR）遥感沉降数据，充分考虑堤防沉降、北运河通航、武窑新桥建设和宋庄蓄滞洪区启用等新的防洪条件影响，提出新形势下北运河流域防洪建议，以支撑北运河流域水利工程调度运行管理和风险管控。

1 研究区概况

北运河水系属海河流域，位于永定河与潮白河水系之间，地理坐标为东经115°25′~117°30′、北纬39°28′~41°05′，发源于北京太行山脉的西山与燕山山脉的军都山相会处，流经北京、河北、天津三省（直辖市），全长142.7km，总流域面积6166km²。北京市界内河道长89.4km，流域面积4293km²，流经昌平、朝阳、顺义、通州四区，于通州区境内穿过北京城市副中心。

北运河自沙河闸至杨洼闸总长约 89.4km，主河道支流众多，其中中心城区主要包括清河、坝河、通惠河和凉水河 4 条支流，干流主要拦河闸坝 12 座，包括新建成的宋庄蓄滞洪区的尹各庄拦河闸和尹各庄分洪闸。北运河流域示意图如图 1 所示。

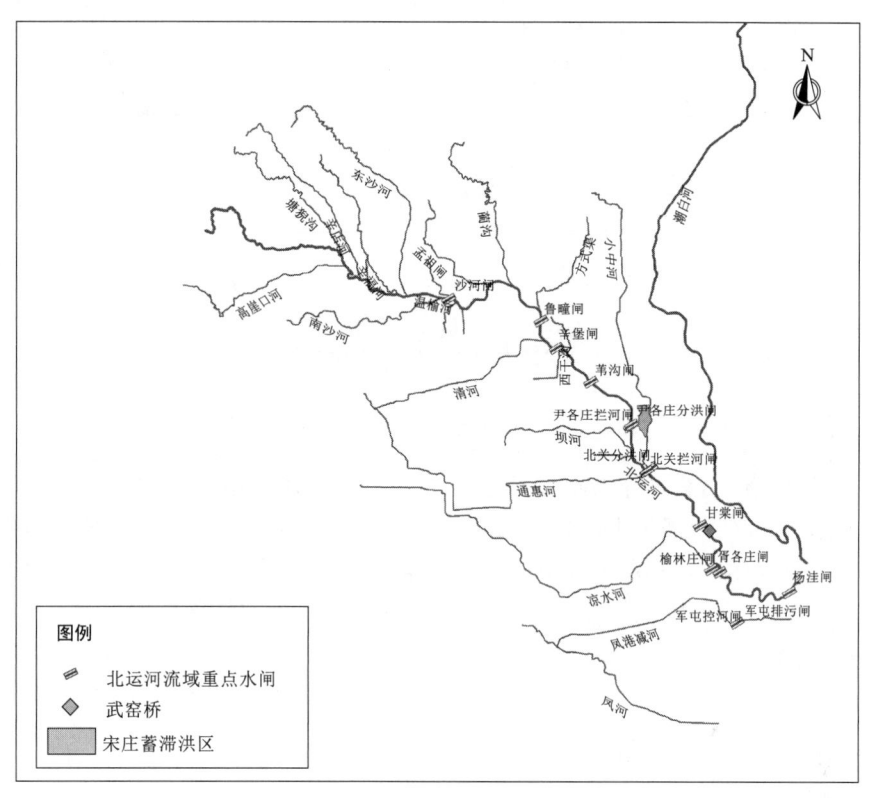

图 1 北运河流域示意图

北运河通航段主要为北关闸至杨洼闸段，河道全长约 41.9km。通航船只船长 19.29m，船宽 4.5m，型深 1.15m，乘客定额 80 人，通航时最低水位需满足船只吃水深度要求，最高水位需满足船只通过桥梁净空要求，同时为减小汛期预泄调度压力，按照船只最小吃水深度 1.5m 考虑，北关闸至杨洼闸三段航道的通航水位如图 2 所示。

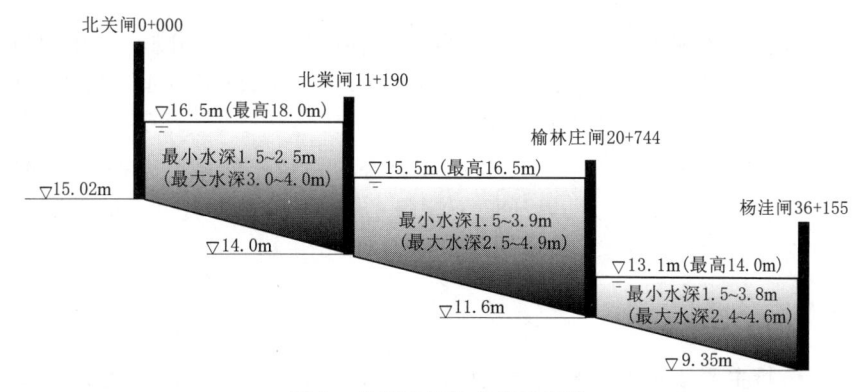

图 2 北运河通航水位示意图

武窑新桥位于甘棠闸下约 2km 处，新桥桥墩于 2021 年汛前基本建设完成。因武窑旧桥引路阻水（滩地以下过水断面宽约 40m），遇 20 年一遇洪水时需扒开引路增加河道过流能力（图 3），武窑新桥采用多跨连续钢箱梁（滩地以下过水断面宽约 100m），从根本上解决了这一问题。

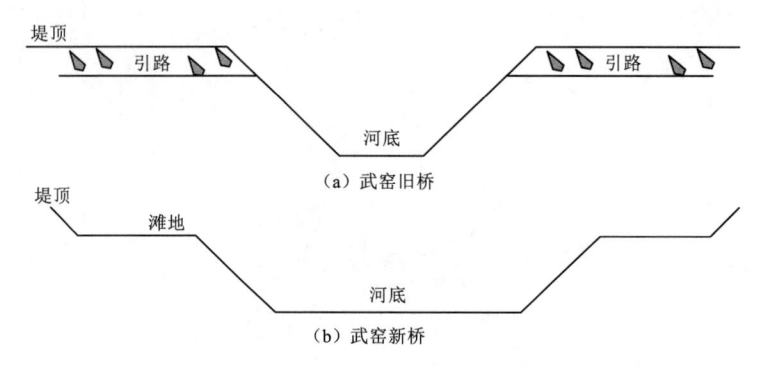

图 3 武窑旧桥及武窑新桥断面示意图

宋庄蓄滞洪区位于北关分洪枢纽上游约 7km，工程建设用于滞蓄消纳温榆河北关分洪枢纽以上超过 50 年一遇洪水的多余水量，设计蓄洪库容达 900 万 m^3。宋庄蓄滞洪区二期工程已完成围堤建设，一期工程围堤尚处于建设中。

2 研究方法

2.1 InSAR 遥感沉降分析

InSAR 在工程形变监测中广泛使用，研究采用 InSAR 遥感技术，获取北运河干流及主要一级支流周边沉降时间序列、沉降形变速率、累积沉降量等。InSAR 数据资源为欧洲航天局（European Space Ageny，ESA）TerraSAR-X 和哨兵 Sentinel-1 系列卫星数据源，沉降监测可达毫米级形变监测精度。对 InSAR 数据进行处理，包括后续图像配准、干涉处理（InSAR）和差分干涉处理（D-InSAR），获取 2012—2019 年不同时期 SAR 数据相位差。

将 InSAR 遥感沉降数据与日常建筑物沉降监测数据进行对比分析：2018 年遥感沉降数据与实测数据差值基本在 2.0cm 以内；2019 年遥感沉降数据与实测数据差值基本在 1.0cm 以内，沉降精度基本能够满足计算要求。

分析结果表明，北运河流域 2015—2018 年沉降中心位于朝阳区东部与通州区北部交界区（宋庄蓄滞洪区以西区域），累计最大沉降量 0.54m，最大沉降速率为 0.135m/a。流域沉降速度分布如图 4 所示。

2.2 数值模拟分析

数值模拟分析主要依托水文水动力模型，通过梳理堤防沉降情况修改堤防高度，分析堤防不均匀沉降情景下流域防洪风险；通过来水条件和闸门调度分析通航情景下的水流调

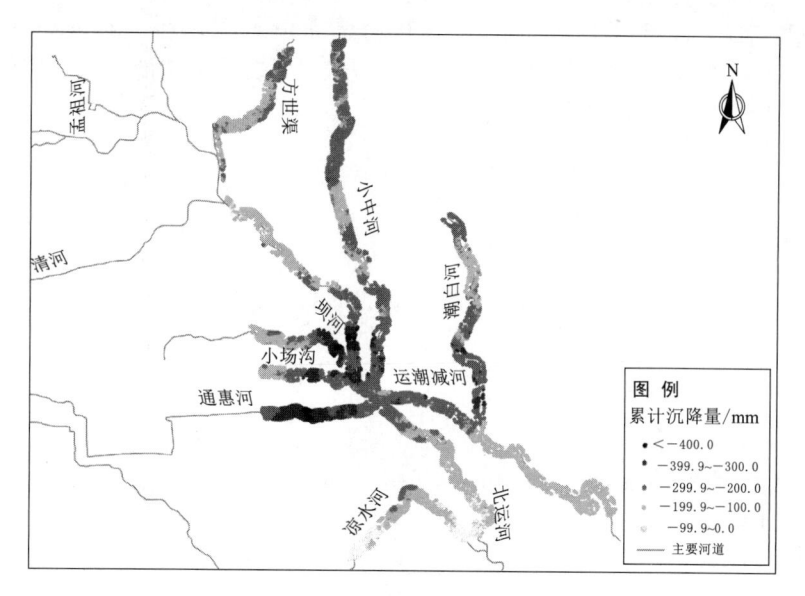

图 4 北运河流域沉降速率分布图

度过程，提出预泄调度建议；通过增加蓄滞洪区调度规则和调整断面数据，分别分析宋庄蓄滞洪区启用前后及武窑新桥启用前后的河道行洪条件，提出新形势下北运河流域防洪建议。

2.2.1 模型选取

目前国内外的防洪影响研究主要采用物理模型与数学模型两类分析方法，物理模型能够模拟大量复杂的水流问题，并具有直观、精准、精细的优点，但是针对流域模型建设和对工程条件变化的模拟费时、费工且占地面积大；数值模型虽然无法精确模拟现实水流的动态，但具有模型建设周期短、多情景模拟便捷等优点，能够为流域洪水风险防控提供科学依据[3]。

目前在防洪研究中应用较为广泛的数值模型主要有 SWAT、InfoWorks ICM、MIKE 等模型。SWAT 模型为半分布式的流域尺度降雨径流模型，包括了水文过程、泥沙运移、植被生长、营养物质运移等基本过程，具有很好的物理机制，但是模型中无法实现闸坝等工程调度模拟。InfoWorks ICM 模型由英国华霖富公司开发，实现了管网系统、河道模型和地表漫流模型的耦合，已广泛应用于排水系统现状评估、城市内涝积水模拟及城市洪涝灾害风险分析等[4-5]。MIKE 系列模型在国内外暴雨内涝模拟中都有比较广泛的应用，主要包括用于河道水力学计算的 MIKE 11 模型和用于地表二维淹没模拟的 MIKE FLOOD 模型，能够开展河道行洪演算、闸坝与蓄滞洪区等水利工程调度运算[6-8]，对本研究内容具有较好的适用性。

2.2.2 模型简介

DHI MIKE 系列软件是丹麦水利研究院开发的适用于与水相关领域的数值模拟分析工具，MIKE11 是其中的一维水动力计算模块，主要用于模拟河流、河网等的水量水质。MIKE11 主要适用于河口、河流、沟渠以及其他水体和水工建筑物的模拟运算，具有广泛的适用性、可扩充性和软件界面友好性等优点[9-12]。

MIKE11 包含了基于垂向积分的物质和动量守恒方程，即一维非恒定流圣维南（Saint-Venant）方程组来模拟河流或河口的水流状态。其方程组的具体形式如下：

质量守恒方程（连续方程）：

$$Bs\frac{\partial h}{\partial t}+\frac{\partial Q}{\partial x}=q \tag{1}$$

动量方程：

$$\frac{\partial Q}{\partial t}+\frac{\partial}{\partial x}\left(\frac{\alpha Q^2}{A}\right)+gA\frac{\partial h}{\partial x}+\frac{gQ|Q|}{C^2AR}=0 \tag{2}$$

$$\alpha=\frac{A}{Q^2}\int_A u^2 \mathrm{d}A$$

式中　x——计算点空间坐标，m；

　　　t——计算点时间，s；

　　　B_s——河宽，m；

　　　A——过水断面面积，m^2；

　　　Q——过流流量，m^3/s；

　　　h——水位，m；

　　　q——旁侧入流流量，m^3/s；

　　　C——谢才系数，$m^{1/2}/s$；

　　　R——水力半径，m；

　　　α——垂向速度分布系数；

　　　u——断面平均流速，m/s；

　　　g——重力加速度，m/s^2。

MIKE11 模型中降雨径流模块主要包括 NAM 模型和 Urban 模型，NAM 模型为集中式、概念式水文模型，可模拟坡面流、壤中流和基流及土壤含水率变化，适用于山区及山前平原；Urban 模型则包含了用于快速估算城市地区径流的时间-面积计算方法（等流时线法），适用于城市建成区[13-15]。

3　北运河防洪调度模型构建

北运河防洪调度模型以 MIKE11 模型为基础，主要建立降雨径流模型、河道模型和水工构筑物模型，利用实测降雨径流资料和设计降雨及水位对模型进行参数率定与验证。

3.1　模型构建

3.1.1　降雨径流模型

基于一级支流进行流域分区，共划分北沙河、南沙河、东沙河、孟祖河、蔺沟、方氏渠、温榆河、小中河、清河、坝河、通惠河、凉水河、小场沟、北运河、凤港减河共计

15个子流域。其中清河、坝河、通惠河、凉水河4个中心城区流域采用NAM模型构建，其余流域采用Urban模型构建。

3.1.2 河道模型构建

基于掌握的15条河道基础信息和断面资料，构建北运河流域河道一维模型。具体包括河流拓扑编号、断面桩号、断面坐标及高程（图5）。

3.1.3 水工构筑物模型构建

基于河道桩号信息设置闸门位置信息，依据北运河闸门调度规则、闸门底高程和闸门高度等信息完成主要水闸模型构建（图5），具体包括沙河闸、尹各庄分洪枢纽、北关分洪枢纽、甘棠闸、榆林庄闸和杨洼闸。

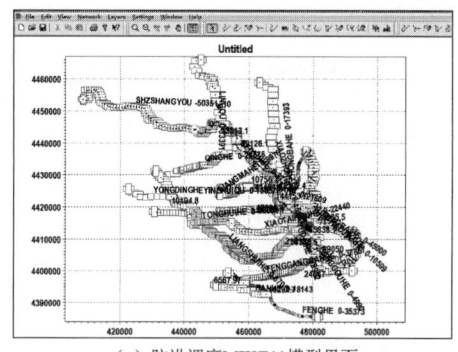

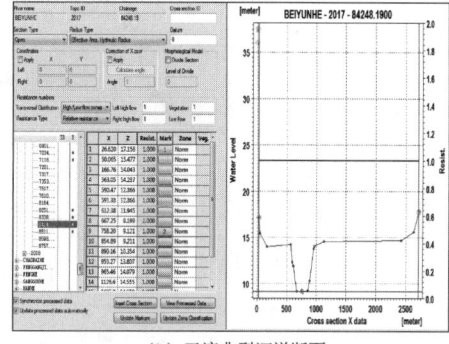

（a）防洪调度MIKE11模型界面　　　　　（b）干流典型河道断面

图5　北运河防洪调度MIKE11模型界面和北运河干流典型河道断面

3.2 模型参数率定与验证

3.2.1 水量结果

模型中降雨径流以线源分布方式汇流到MIKE11河道模块中，以2008—2010年6场次降雨径流资料开展北运河流域降雨径流模型的参数率定与验证，北运河典型场次降雨模型模拟值与实测值对比结果见表1和图6。

表1　基于实测降雨径流数据的模型模拟结果（水量）

流域	日期	时段	洪水总量 实测/万 m³	洪水总量 模拟/万 m³	误差/%	洪峰 实测/(m³/s)	洪峰 模拟/(m³/s)	误差/%	纳什效率系数
温榆河	2010-07-09	率定期	159.9	153.8	3.8	221.0	121.2	−45.2	67.1
通惠河	2010-07-09	率定期	29.9	33.4	−11.5	167.0	176.3	5.6	75.1
凉水河	2010-06-01	率定期	44.9	45.6	−1.6	37.2	32.7	−12.2	65.8
温榆河	2008-07-04	检验期	740.7	794.3	−7.2	375.0	394.2	5.1	88.7
通惠河	2009-07-30	检验期	24.6	19.8	19.7	124.0	131.8	6.3	57.1
凉水河	2010-08-21	检验期	96.0	76.8	20.0	150.0	105.0	30.0	70.2

(a) 模型参数率定

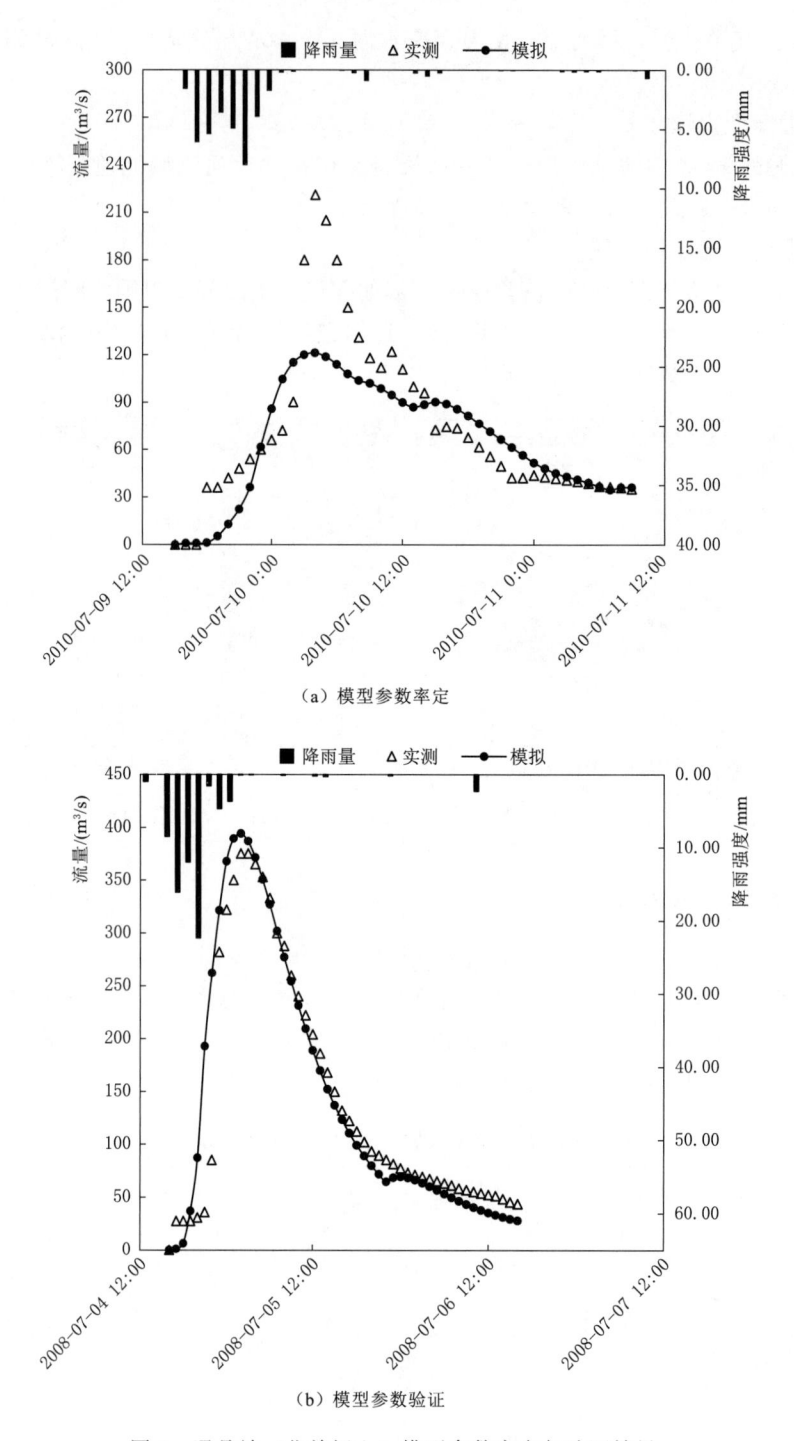

(b) 模型参数验证

图 6 通县站（北关闸上）模型参数率定与验证结果

3.2.2 水位结果

基于《北京市水文手册——暴雨图集》和《城镇雨水系统规划设计暴雨径流计算标准》（DB11/T 969—2016）计算 24h 长历时 20 年、50 年一遇设计暴雨过程，输入

MIKE11降雨径流模块中得到不同频率的设计洪水过程线，以不同子流域设计洪水过程线作为模型边界条件计算20年一遇与50年一遇重现期情景下北运河不同闸前模拟水位，并与设计水位进行对比，具体结果见表2。

表2　　　　　　　　　　　基于设计降雨径流的模型模拟结果

重现期/年	名称	水位设计值/m	水位模拟值/m	误差/m	误差比/%
20	鲁疃闸	28.84	28.03	0.81	2.79
	辛堡闸	26.31	26.76	−0.45	−1.72
	苇沟闸	24.53	25.11	−0.58	−2.35
	北关拦河闸	21.00	20.97	0.03	0.13
	榆林庄闸	18.55	18.07	0.48	2.58
	杨洼闸	14.44	14.49	−0.05	−0.33
	北关分洪闸	21.00	20.90	0.10	0.48
50	鲁疃闸	29.49	28.11	1.40	4.70
	辛堡闸	27.13	27.26	−0.13	−0.50
	苇沟闸	24.65	24.59	0.07	0.30
	北关拦河闸	22.37	22.42	−0.05	−0.20
	榆林庄闸	18.2	18.18	0.02	0.10
	杨洼闸	15.47	14.98	0.49	0.03
	北关分洪闸	22.37	22.74	−0.37	−0.01

模拟结果表明，模型水量模拟纳什效率系数均值为71%，水位相对误差均在5%以内，模型模拟结果较好，可以满足模型分析评估要求。

4　防洪多目标影响评估

4.1　堤防沉降影响分析

基于北运河干流及主要一级支流堤防及闸坝2012—2019年遥感沉降数据，运用流域水文水动力模型评估了20年、50年和100年一遇降雨情景下，沉降前后堤防超高情况如图7～图8所示。结果表明，各河道断面中尹各庄拦河闸附近断面20年、50年、100年一遇降雨情景下堤防超高降低较大，超高降低最大值为0.32m，与流域整体沉降漏斗区形势较为吻合。20年、50年、100年一遇降雨情景下北运河北关闸下左堤3km不连续堤段和北关闸前附近河道行洪峰值流量增加较多，最大洪峰流量分别增加118m³/s和293m³/s。堤防及闸坝沉降后，应重点关注尹各庄分洪枢纽、北关分洪枢纽及3km不连续堤段。

4.2　通航情景下防洪调度评估

根据《北运河甘棠船闸建设工程初步设计报告》《北运河榆林庄船闸建设工程初步设

计报告》和北运河河道警戒线划定等成果[2,16-18]，通航段特征水位梳理结果见表3：甘棠闸上游设计通航水位为16.5m，低于警戒水位2.66m，高于通航前主汛期控制水位1.0m。榆林庄闸上游设计通航水位为15.5m，低于警戒水位2.6m，高于通航前主汛期控制水位1.5m。杨洼闸上游设计通航水位为13.1m，低于警戒水位1.3m，低于通航前主汛期控制水位0.4m。北关—甘棠段、甘棠—杨洼闸段通航设计水位最低值均高于通航前主汛期控制水位，增加了预泄调度压力。

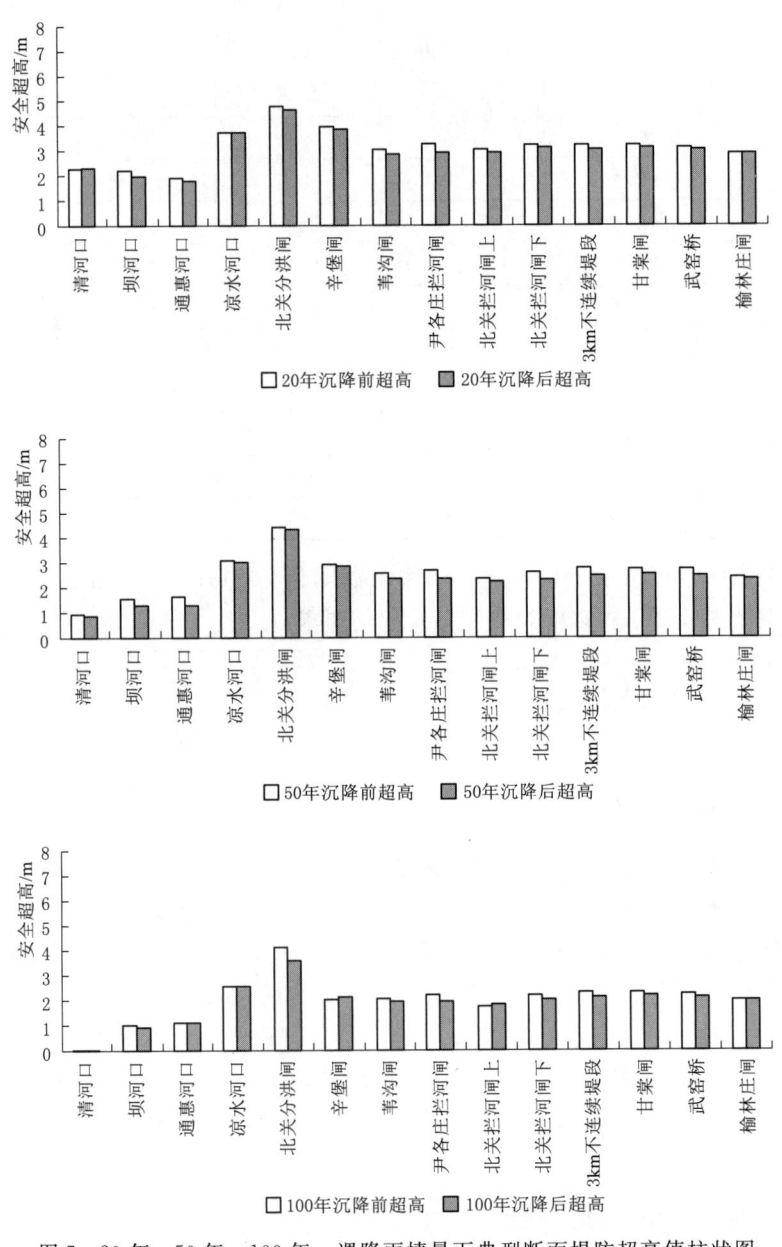

图7 20年、50年、100年一遇降雨情景下典型断面堤防超高值柱状图

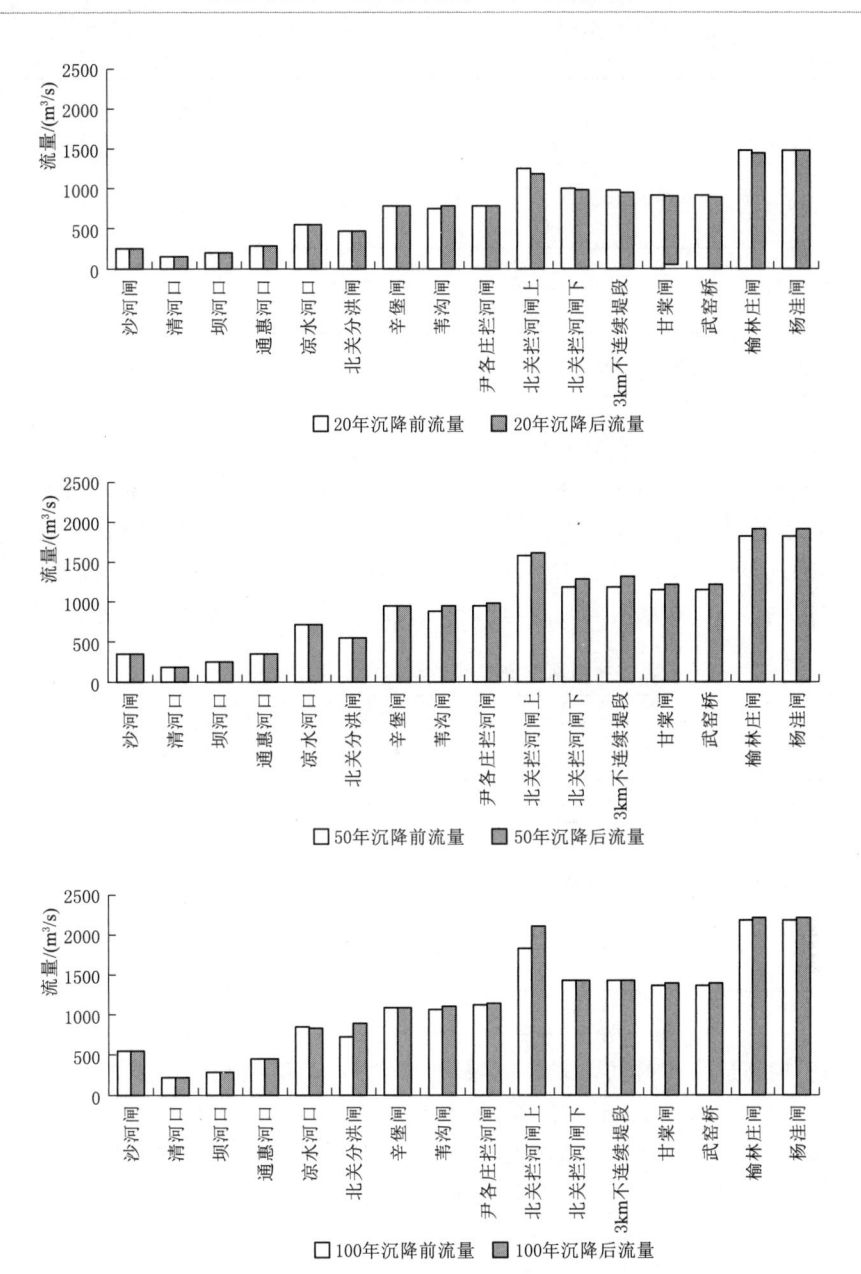

图 8 20年、50年、100年一遇降雨情景下典型断面洪峰柱状图

表 3 北运河通航段特征水位统计表

名 称	北关拦河闸	甘棠闸	榆林庄闸	杨洼闸
闸底高程/m	15.02	14	11.6	9.35
闸顶高程/m	20.77	18	17	14.4
汛期控制水位/m	18.5	16	14.5	14
主汛期控制水位/m	18.5	15.5	14	13.5

续表

名 称	北关拦河闸	甘棠闸	榆林庄闸	杨洼闸
设计通航水位/m	—	18.0~16.5	16.5~15.5	14~13.1
警戒水位/m	21 （20年一遇）	19.16 （20年一遇）	18.1 （儒林村高程）	14.4 （杨家洼村高程）
保证水位/m	22.75 （50年一遇）	20.25 （50年一遇）	19.3 （50年一遇）	15.65 （50年一遇）

基于河道水位库容曲线和MIKE11河道模型分别用两种方法核算河道需水量和预泄调度时间。基于水位库容曲线法按最低通航水位计算，北关至杨洼总库容为1560.8万m^3，按最高通航水位计算，北关至杨洼总库容为2607.9万m^3；基于模型分析统计按最低通航水位计算，北关至杨洼总库容为1419.6万m^3，按最高通航水位计算，北关至杨洼总库容为2335.3万m^3。基于水位库容曲线和河道模型两种方法计算，按最大时间取偏安全预泄时间值，最低通航水位下，按200m^3/s预泄至汛期控制水位约5h，至主汛期控制水位约6h，完全泄空约22h，蓄水恢复时间与预泄调度时间相当。具体计算见表4。

表4　　　　　北运河通航段蓄水库容及预泄调度时间统计表

预泄情景	库容 /万m^3	按100m^3/s 预泄/h	按200m^3/s 预泄/h	按300m^3/s 预泄/h
最高至汛期水位	1025.7	28.49	14.25	9.50
最高水位至主汛期水位	1436.2	39.90	19.95	13.30
最高水位至泄空	2607.9	72.44	36.22	24.15
最低水位至汛期水位	330.5	9.18	4.59	3.06
最低水位至主汛期水位	389.2	10.81	5.41	3.60
最低水位至泄空	1560.8	43.36	21.68	14.45

为缩短汛期河道预泄时间，减轻流域防洪压力，汛期控制水位应按最低通航水位控制，即北关—甘棠段为16.5m，甘棠—榆林庄段为15.5m，榆林庄—杨洼段13.1m。为保证汛期河道防洪调度，通航段建议至少按200m^3/s下泄洪水，同时根据北运河水情信息报送制度，泄流时应及时告知北运河香河段和天津段相关防御部门。

4.3　武窑桥行洪能力评估

武窑桥行洪能力评估主要基于武窑旧桥和武窑新桥2种河道断面，利用MIKE11模型分析了20年、50年和100年一遇设计降雨情景下武窑桥新桥建设前后该断面的行洪能力，结果表明，武窑新桥建设后，三种设计降雨情景下武窑断面水位分别下降了0.394m、0.448m和0.51m（图9），过流流量分别增加了30.922m^3/s、31.279m^3/s和45.336m^3/s（图10），但武窑新桥建设对城市副中心段的水位、流量削减效果并不明显。

4.4　宋庄蓄滞洪区启用效果评估

宋庄蓄滞洪区最高蓄水位23.8m，四周围堤设计高程25m。应用ArcGIS中的表面体

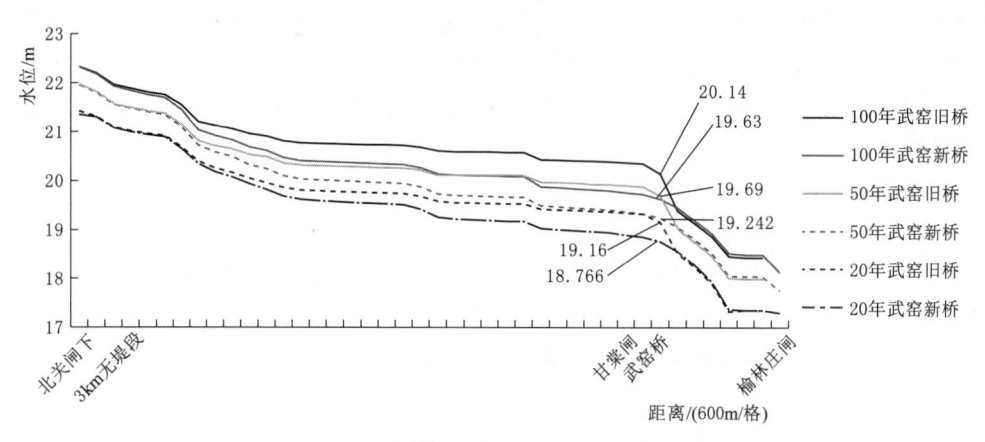

图9 不同设计降雨情景下武窑新桥建设前后河道断面最大水位变化

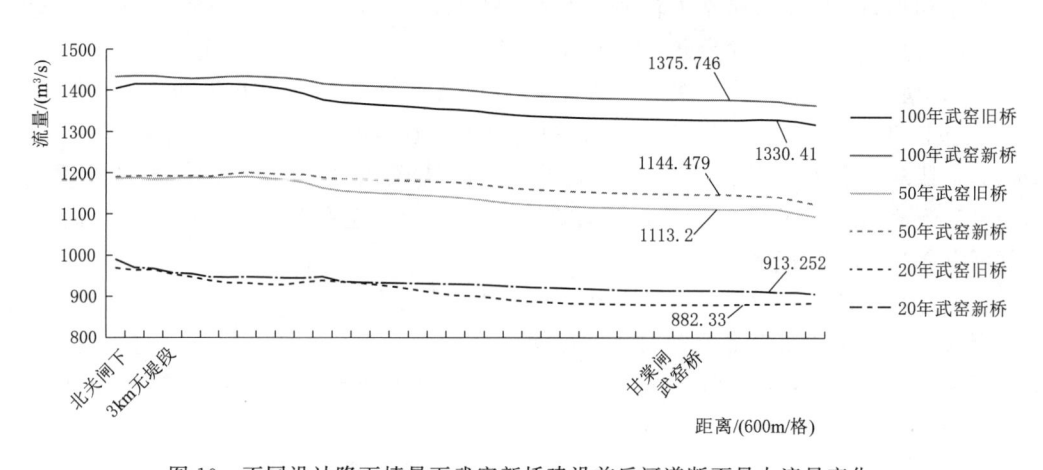

图10 不同设计降雨情景下武窑新桥建设前后河道断面最大流量变化

积计算工具和现状地形高程数据（图11）开展蓄滞水量复核计算，分析结果表明：一期工程，有围堤情景，以最高水位23.8m计算蓄水体积为675.5万m^3，以最大高程25.0m计算蓄水体积为1193.2万m^3；二期工程，有围堤情景，以最高水位23.8m计算蓄水体积为265.7万m^3，以最大高程25.0m计算蓄水体积为436.6万m^3。如宋庄蓄滞洪区达到正常蓄水位23.8m条件，可满足941.2万m^3的蓄洪条件。

通过MIKE11模型构建宋庄蓄滞洪区模型，以水位-库容关系为基础构建蓄滞洪区概化模型，并在模型中设置尹各庄分洪枢纽调度条件，即当尹各庄分洪闸闸上水位达20年一遇洪水位22.70m时，分洪200万m^3；当北关枢纽闸上流

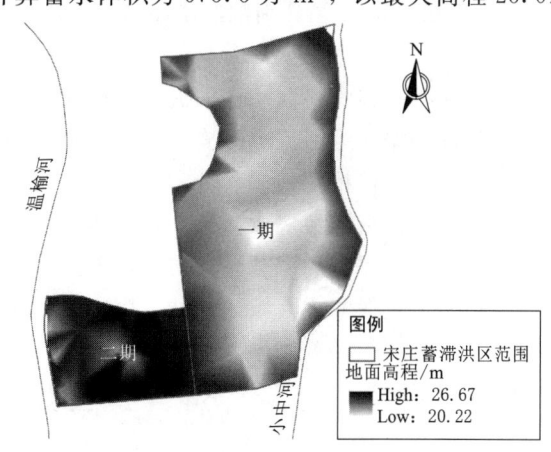

图11 宋庄蓄滞洪区一期和二期工程设地面高程

量达到1870m³/s时，再次开启尹各庄分洪700万 m³。利用模型分析50年一遇和100年一遇降雨结果表明，宋庄蓄滞洪区启用后可分别削减北关闸前水位47cm、56cm，分别削减洪峰流量257m³/s、289 m³/s，宋庄蓄滞洪区启用有效降低了北关枢纽的防洪压力。

5 结论及建议

本文充分考虑了现状北运河流域河道通航、武窑新桥建设和宋庄蓄滞洪区建设带来的防洪调度条件变化，通过构建北运河流域防洪调度模型，分析了不同降雨情景下河道预泄调度方案、武窑断面行洪能力和宋庄蓄滞洪区启用效果。主要结论如下：

（1）分析了北运河干流及主要一级支流2012—2019年沉降前后堤防超高情况。结果表明，20年、50年、100年一遇降雨情景下北运河北关闸下左堤3km不连续堤段和北关闸前附近河道行洪峰值流量增加较多，最大洪峰流量分别增加118m³/s和293m³/s。堤防及闸坝沉降后，应重点关注尹各庄分洪枢纽、北关分洪枢纽及3km不连续堤段。

（2）分析了通航条件下北关闸至杨洼闸段河道特征水位，为缩短汛期河道预泄时间、减轻流域防洪压力，建议汛期控制水位应按最低通航水位控制，即北关—甘棠段为16.5m，甘棠—榆林庄段为15.5m，榆林庄—杨洼段为13.1m；建议通航段雨前按200m³/s下泄洪水，5h左右可预泄至汛期控制水位，6h左右可预泄至主汛期控制水位，22h可完全泄空河道水量。

（3）分析了武窑新桥建设前后武窑断面行洪能力变化，20年、50年和100年一遇三种设计降雨情景下武窑断面水位分别下降了0.394m、0.448m和0.51m，过流流量分别增加了30.922m³/s、31.279m³/s和45.336m³/s，但武窑新桥建设对城市副中心段的水位、流量削减效果并不明显。

（4）基于ArcGIS空间分析复核了宋庄蓄滞洪区蓄滞洪量，宋庄蓄滞洪区达到正常蓄水位23.8m条件，可满足941.2万 m³ 的蓄洪条件；基于宋庄蓄滞洪区设计蓄洪条件和尹各庄分洪枢纽调度规则，通过MIKE11模型分析宋庄蓄滞洪区启用后可分别削减北关闸前水位47cm、56cm，分别削减洪峰流量257m³/s、289 m³/s，可有效降低北关枢纽防洪压力。

囿于现状数据资料和北运河流域工程建设变化，还需在现状成果基础上进一步深入研究：①建议根据北运河流域历史场次降雨径流和工程防洪调度资料，进一步率定和完善模型，提升模型模拟精度；②充分考虑现状北运河闸坝及堤防沉降情况及宋庄蓄滞洪区后续工程建设、温榆河湿地建设和温潮减河建设情况，不断完善北运河防洪调度模型，通过多情景的模拟分析评估，识别流域防洪调度风险，以支撑北运河流域防洪调度方案和应急抢险方案的制定，保障中心城区、城市副中心和北运河流域的防洪安全。

参考文献

[1] 武晓媛. 北运河河道管理的思考——基于北京"7·21"与"7·20"强降雨[J]. 水利发展研究, 2018, 18 (8): 54-57.

[2] 刘洪涛. 关于北运河恢复通航的方案思考 [J]. 水利发展研究, 2016, 16 (1): 63-65.

[3] 王远航, 王理许, 杨淑慧, 等. 北运河榆林庄闸至杨洼闸段综合治理工程模型试验研究 [J]. 北京水务, 2018 (2): 1-5.

[4] 王诗婧. 基于 InfoWorks ICM 的城市排水管网排水能力评估 [J]. 绿色科技, 2018 (18): 156-159.

[5] 高婷, 张发. 基于 InfoWorks ICM 模型的排水系统能力分析 [J]. 三峡大学学报 (自然科学版), 2018, 40 (3): 15-18.

[6] 马盼盼, 于磊, 潘兴瑶, 等. 排水模型不同概化方式对模拟结果的影响研究——以 MIKE URBAN 软件为例 [J]. 给水排水, 2019, 55 (3): 132-138.

[7] 刘兴坡, 王天宇, 张倩, 等. EPA SWMM 和 Mike Urban 等流时线模型比较研究 [J]. 中国给水排水, 2017, 33 (24): 30-35.

[8] 安莉莉. 基于 HEC-RAS 和 MIKE11 的水面线对比分析 [J]. 人民黄河, 2021, 43 (S1): 11-12.

[9] 冯金鹏, 王凯, 张利. MIKE11 模型的北沙河河道防洪能力评估研究 [J]. 水土保持应用技术, 2018 (2): 35-37.

[10] 王恺祯. 基于 MIKE 11、21 的淮河干流六坊堤段河道过流能力分析 [J]. 人民珠江, 2020, 41 (8): 15-20.

[11] 尹京川. 基于 MIKE11 可控建筑物的泄洪闸方案比选分析 [J]. 江淮水利科技, 2020 (2): 3-4.

[12] 张林. 基于 MIKE11 模型的河道防洪能力评价研究 [J]. 黑龙江水利科技, 2019, 47 (12): 70-72.

[13] 黄志龙. MIKE11 水动力模型在河道防洪规划中的应用 [J]. 陕西水利, 2021 (4): 21-23.

[14] 刘俊萍, 郑施涵, 吴正中, 等. 基于 MIKE11 模型的某海岛地区洪水演进模拟 [J]. 浙江工业大学学报, 2021, 49 (1): 60-65.

[15] 赵蕾蕾, 张玉杰. 基于 Mike11 一维河道溃决模型的暗渠洪水风险分析 [J]. 河南水利与南水北调, 2020, 49 (9): 24-25.

[16] 张雅卓, 李绍武. 北运河通航开发及综合治理方案初探 [J]. 水利水电技术, 2011, 42 (10): 30-35.

[17] 袁鸿鹄, 范子训, 顾小明, 等. 北运河榆林庄船闸基坑降水方案分析研究 [J]. 水利水电技术 (中英文), 2021, 52 (S2): 435-440.

[18] 邱苏闽, 李尤, 潘兴瑶, 等. 城市河道防汛特征水位划定方法研究 [J]. 水利水电技术, 2019, 50 (10): 32-41.

耦合遥感数据和 PM 模型的区域遥感蒸散发估算研究

李雪敏[1]　唐荣林[2]　王君蕊[2]　龙伟贤[3]

（1. 北京市水科学技术研究院，北京　100048；2. 中国科学院地理科学与资源研究所，北京　100101；3. 北京市延庆区供排水管理中心，北京　102100）

【摘要】　本文以北京市为研究区，构建了基于 FAO-PM 公式、气象再分析数据以及高分辨率的 Sentinel-2 发射率数据的地表蒸散发反演模型。该模型利用 10m 分辨率的土地利用数据建立了作物系数 K_c 与 Sentinel-2 NDVI 数据之间的对应关系，能够处理不同下垫面的影响。通过模型得到了 2022 年逐日北京市 10m 分辨率日蒸散发产品，验证了其精度，分析了其时空规律。

【关键词】　蒸散发；Sentinel-2；Penman-Monteith 模型

A regional evapotranspiration evaluation model coupling Penman and remote sensing data

LI Xuemin[1]　TANG Ronglin[2]　WANG Junrui[2]　LONG Weixian[3]

(1. Beijing Water Sicence and Technology Institute, Beijing　10048; 2. Institute of Geographic Sciences and Natural Resources Research, Chinese Academy of Sciences, Beijing　100101; 3. Water Supply and Drainage Management Center of Yanqing District, Beijing　102100)

【Abstract】　This study employs a FAO-PM formula-based inversion model to evaluate remotely sensed ET. The model combines FAO-PM formula, meteorological reanalysis data and high resolution Sentinel-2 emissivity data. To handle different underlying surfaces, the corresponding relationship between the crop coefficient K_c and Sentinel-2 NDVI data is established based on the 10m land use data. In this paper, the daily ET products of Beijing in 2022 with a resolution of 10m are obtained, and the model is validated by observed ET.

【Key words】　ET Sentinel-2；Penman-Monteith formula

1　引言

随着我国社会经济的发展，城镇化进程不断加快，城市建筑和道路网等人工地表不断增多，我国生态环境、水资源、城市下垫面等发生了巨大的变化，对热岛效应、水文过程等带来了极大的影响[1]。北京水资源短缺且分布不均对区域用水及节水能力提出了极大的挑战[2]。

地表蒸散发（ET）是陆地表层系统能量平衡和水量平衡的主要过程参量，包括土壤蒸发、植被蒸腾和冠层截流蒸发，通过控制地表和大气之间水分和能量转移，在水文循环以及地表和大气能量交换与水分传输中起着重要作用。70%～90%的降雨量最终将通过蒸发蒸腾返回大气[3]。准确估计 ET 在气候变化预测和诊断、水资源管理和分配、灌溉管理、干旱监测和粮食生产等实际应用中具有重要价值[4]。然而，目前公开可获取的地表蒸散发产品不能同时满足高空间分辨率及高时间分辨率的要求，例如 GLASS ET 产品的时间分辨率为 8 天，空间分辨率有 1km 或 5km；MOD16 为 8 天合成产品，空间分辨率为 1km；GLEAM 为逐日产品，空间分辨率为 0.25°，远远不能满足实际应用的需求。近年来再分析数据已在气候监测和季节预报、气候变化、全球和区域水循环等诸多研究领域中得到了广泛应用，也常用作卫星数据的补充，其一般具有高时间分辨率和低空间分辨率[5-7]。Sentinel-2 号卫星是高分辨率多光谱成像卫星，其携带一枚多光谱成像仪（multi-spectral instrument，MSI），可用于陆地监测，能提供植被、土壤和水覆盖、内陆水路及海岸区域等图像。同时，联合国粮食及农业组织（FAO）提出利用气象数据和作物系数基于 Penman-Monteith 公式计算参照作物蒸发量（ET_0）以得到作物蒸发量（ET_c）的方法，该方法克服了之前 Penman 公式的不足，且使用有限的气象数据即能够计算得到参考蒸散发值。

因此，基于 FAO-PM 公式、再分析数据中的气象数据以及高分辨率的 Sentinel-2 发射率数据获取高时空分辨率的蒸散发产品，对于量化区域蒸散发值、区域用水及节水潜力，管理区域水资源以及改善区域用水等具有重要意义。

2 研究过程

2.1 研究区概况

北京市位于北纬 39°6′～41°6′，东经 115°25′～117°30′，北靠燕山，西临西山，位于华北平原北部。北京东南部与天津相邻，其余部分与河北省相连。总面积为 16410.54km²，其中山区面积 10200km²，约占总面积的 62%；平原区面积为 6200km²，约占总面积的 38%。地形西北高，东南低。平原的海拔在 20～60m，山地一般海拔 1000～1500m，平均海拔 43.5m。北京的土地利用类型主要包括林地、草地、农田、湿地、水面、建筑用地及裸土等，其空间分布规律基本为林地、水面多分布于山区，草地、农田、建筑用地主要分布于平原区。北京气候为典型的北温带半湿润大陆性季风气候，四季分明，冬季寒冷干燥，春季多风，夏季高温多雨，秋季晴朗温和，年平均气温为 10～12℃。全年无霜期为 180～200 天，西部山区较短。1956—2016 年平均降雨量为 569mm，降水季节分配不均匀，并存在一定的地区差异，山区降水量大，平原降水量小，北部平原降水量大于南部平原区。全年降水的 80% 集中在夏季 6—8 月三个月，7—8 月有大雨。年平均日照时数为

2000~2800h。

2.2 数据来源

本研究所用数据包括 Sentinel-2 多光谱遥感影像数据、气象再分析数据、北京市土地利用数据以及站点蒸发皿观测数据。

Sentinel-2 是高分辨率多光谱成像卫星，数据来源于 Google Earth Engine 平台，主要使用红光和近红外波段计算归一化植被指数 NDVI，通过时间插值得到北京市 2022 年逐日 10m 的 NDVI 数据。气象再分析数据是利用数据同化系统把各种类型与来源的观测资料与短期数值天气预报产品进行重新融合和最优集成的过程，本研究主要涉及北京市 2022 年逐日 5km 分辨率的气温、太阳辐射、大气压、风速等变量数据。本研究采用的土地利用数据是北京市全市不同区域的土地利用数据。本研究使用 2022 年北京站和密云站蒸发皿测量数据对反演的 ET 值进行验证和评估。站点实测数据为密云站及北京站，分别位于北京市密云区（40.3833N，116.8667E，海拔 71.8m）及大兴区（39.8N，116.4667E，海拔 31.3m）。

2.3 研究方法

本文基于气象再分析数据和 Sentinel-2 数据利用 FAO-PM 公式的高分辨率地表蒸散发反演模型的构建过程主要包括以下步骤：

（1）通过 Sentinel-2 近红外（NIR）和红光波段（Red）计算归一化植被指数 NDVI，其计算公式为

$$NDVI = \frac{NIR - Red}{NIR + Red} \tag{1}$$

（2）利用逐日气象再分析数据中的气温、大气压、太阳短波辐射、风速等数据基于 FAO-PM 公式计算得到北京市 5km 参考蒸散发值，并将其重采样至 10m 分辨率。

参考蒸散发 ET_0 通过 FAO-PM 计算得到：

$$ET_0 = \frac{0.408(R_n - G) + r\frac{900}{T + 273}u2(e_s - e_a)}{\Delta + r(1 + 0.34u^2)} \tag{2}$$

其中

$$\gamma = \frac{CpP}{\varepsilon\lambda} = 0.665 \times 10^{-3} P \tag{3}$$

$$e_s = \frac{e^0(T_{max}) + e^0(T_{min})}{2} \tag{4}$$

$$e^0(T) = 0.6108\exp\left[\frac{17.27T}{T + 237.3}\right] \tag{5}$$

$$e_a = 0.6108\exp\left[\frac{17.27T_{min}}{T_{min} + 237.3}\right] \tag{6}$$

$$\Delta = \frac{4098\left[0.6108\exp\left(\frac{17.27T}{T + 237.3}\right)\right]}{(T + 237.3)^2} \tag{7}$$

式中 ET_0——参考蒸散发,mm/d;
R_n——作物表面上的净辐射,MJ/(m² · d);
G——土壤热通量,MJ/(m² · d);
T——2m 高处日平均气温,℃;
u_2——2m 高处的风速,m/s;
e_s——饱和水汽压,kPa;
e_a——实际水汽压,kPa;
$e_s - e_a$——饱和水汽压差,kPa;
Δ——饱和水汽压曲线的倾率;
γ——湿度计常数,kPa/℃;
P——大气压;
T_{max}、T_{min}——最高、最低气温。

除此之外,值得注意的是,由于再分析数据中不包含地表净辐射,因此地表净辐射由其他数据进行估算,估算方法如下:

$$R_n = (1-\alpha)R_s - \sigma \left[\frac{T_{max}^4 + T_{min}^4}{4}\right](0.34 - 0.14\sqrt{e_a})\left[1.35\frac{R_s}{R_{S0}} - 0.35\right] \tag{8}$$

式中 R_s——入射的太阳辐射;
α——反射率或冠层反射系数,以草为假想的参考作物时,α 值为 0.23(无量纲);
σ——斯蒂芬-玻尔兹曼常数 4.903×10^{-9} MJ/(K⁴ · m² · d);
R_{S0}——计算出的晴空辐射,MJ/(m² · d),等于 $0.75R_a$;
R_a——日尺度天顶辐射,计算公式如下:

$$R_a = \frac{24(60)}{\pi}G_{sc}d_r[\omega_s\sin(\varphi)\sin(\delta) + \cos(\varphi)\cos(\delta)\sin(\omega_s)] \tag{9}$$

式中 R_a——太阳天顶辐射,MJ/(m² · d);
G_{sc}——太阳常数,$G_{sc} = 0.0820$ MJ/(m² · min);
d_r——日地间相对距离的倒数,$d_r = 1 + 0.033\cos\left(\frac{2\pi}{365}J\right)$;
ω_s——太阳时角,rad,$\omega_s = \arccos[-\tan(\varphi)\tan(\delta)]$;
φ——地理纬度,rad;
δ——太阳磁偏角,rad $\delta = 0.409\sin\left(\frac{2\pi}{365}J - 1.39\right)$;
J——年内某天的日序数。

(3) 基于北京市 10m 土地利用数据,建立不同地类对应的作物系数 K_c 值与 10m 分辨率的 Sentinel-2 号高分辨率 NDVI 数据间的对应关系。根据 FAO 提供的不同生育期不同作物对应的作物系数值,以及生育期对应的 Sentinel-2 卫星的 NDVI 数据,建立了作物系数与 NDVI 之间的线性关系。其中耕地为 $K_c = 1.15 \cdot NDVI - 0.08$;果园为 $K_c = 0.89 \cdot NDVI + 0.06$;其他园地为 $K_c = 0.9 \cdot NDVI + 0.07$;乔木为 $K_c = 0.75 \cdot NDVI +$

0.15；灌木为 $K_c=1.13 \cdot NDVI-0.04$；其他林地为 $K_c=0.93 \cdot NDVI+0.13$；草地为 $K_c=0.83 \cdot NDVI+0.22$；公园与绿地为 $K_c=0.87 \cdot NDVI+0.02$。对于城市建成区部分，若该区域的植被指数 $NDVI$ 大于 0.1，则认为该区域有植被，即有地表蒸散发，因此将其作为草地处理，反之则认为地表为水泥混凝土等人造地表，无地表蒸散发。除此之外，由于1月和2月北京地区地表温度基本低于0℃，因此土壤属于冰冻状态，土壤蒸发认为为 0，根据双作物系数，确定 1 月和 2 月耕地对应的 K_c 为 0.15；果园、其他园地、乔木林地、其他林地草地、公园和绿地对应的 K_c 为 0.35；灌木林地对应的 K_c 为 0.2；水体及建筑用地对应的 K_c 为 0。

（4）将重采样后的 10m 参考蒸散发乘上对应的 K_c 值得到北京市 10m 分辨率逐日地表蒸散发产品。

具体实现流程如图 1 所示。

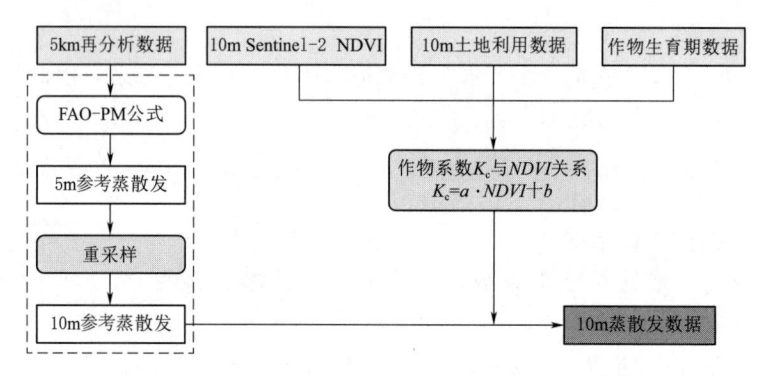

图 1　基于再分析数据和 Sentinel-2 数据的地表蒸散发反演流程

3　结果与讨论

3.1　反演精度验证

本研究选取平均偏差（mean bias error，MAE）和均方根误差（root mean square error，$RMSE$）2项指标作为验证依据，其定义如下：

绝对平均值：

$$MBE = \sum_{i=1}^{n}(P_i - O_i)/n \tag{10}$$

均方根误差：

$$RMSE = \left[\sum_{i=1}^{n}(P_i - O_i)^2/n\right]^{1/2} \tag{11}$$

式中　n——验证所用像元个数；
P_i、O_i——模型估算所得结果和对应观测值。

利用北京站和密云站两个气象站蒸发皿测量的 ET 数据对该模型得到的 10m 分辨率蒸散发数据进行了验证。两个站点所有观测数据的验证精度 $RMSE$ 是 2.35mm/d，MBE

是 0.1mm/d，其中北京站的 $RMSE$ 是 2.70mm/d，MBE 是 0.36mm/d，密云站的 $RMSE$ 是 1.43mm/d，MBE 是 -0.17mm/d，验证散点图如图 2 所示。

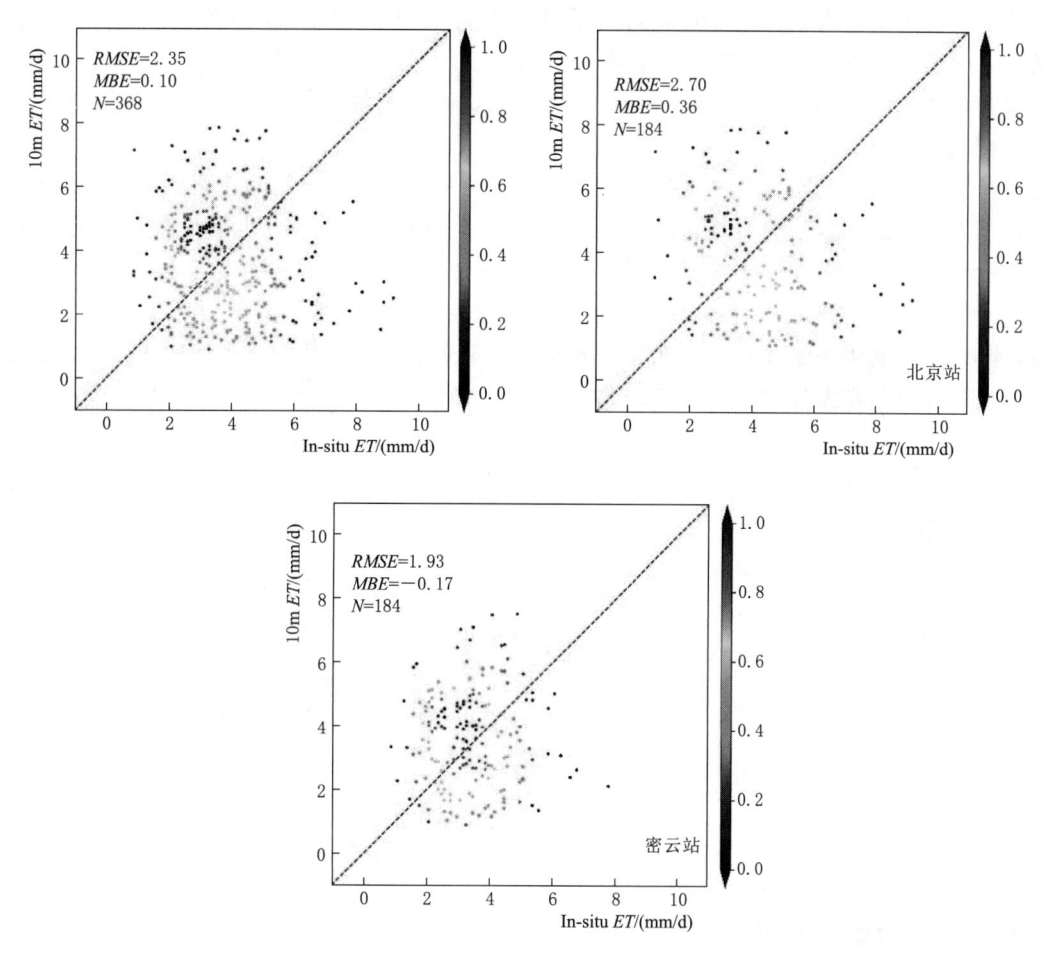

图 2　基于再分析数据和 Sentinel-2 数据的地表蒸散发产品站点验证精度图

除此之外，比较了站点观测的 4—9 月的累计观测值与该 10m 分辨率地表蒸散发的年累积数据，其中密云站站点观测累积地表蒸散发为 636.2mm，10m 分辨率地表蒸散发对应的累积数据为 667.17mm，相对精度为 4.87%；北京站站点观测累积地表蒸散发为 781mm，10m 分辨率地表蒸散发对应的累积数据为 714.42mm，相对精度为 8.52%。

3.2　蒸散发时空分布

3.2.1　不同尺度蒸散发分析

研究选取了部分日期（2022 年 1 月 15 日，2022 年 2 月 15 日，2022 年 3 月 15 日，2022 年 4 月 15 日，2022 年 5 月 15 日，2022 年 6 月 15 日，2022 年 7 月 15 日，2022 年 8 月 15 日，2022 年 9 月 15 日，2022 年 10 月 15 日，2022 年 11 月 15 日，2022 年 12 月 15 日）地表蒸散发反演结果，1 月 15 日和 2 月 15 日北京市地表蒸散发整体较小。相较于 1 月 15 日和

2月15日地表蒸散发产品数据,3月15日和4月15日的蒸散发值有显著的提升,从图中可以明显地看出河流分布。5月15日和6月15日蒸散发值总体上更高,7月的地表蒸散发达到了最大值,为8.0mm/d,8月开始蒸散发持续减小。除了1月和2月水体为冰冻状态,地表蒸散发较低外,整体上,密云水库中心点蒸散发值先增大后减小,其中最大值出现在7月15日左右,接近8mm/d,除去1月、2月蒸散发值为0外,最低值位于11月、12月,小于1mm/d。

月尺度蒸散发时空分布格局基本与日尺度格局一致,表现出季节变化特征,并与植被生长季物候特征基本一致,月蒸散发量分布曲线呈单峰型(图3),夏季蒸散量达到峰值,7月蒸散发最大,为83mm,2月最小,为11mm。

研究区年平均蒸散量450mm,全年蒸发值总体上表现出水体具有最大的蒸散发累积值,其次是西北生态涵养林区的地表蒸散发值高于东南部农田高于城市建成区。陆面蒸散发的空间分布呈现差异性,受下垫面的空间分布影响较大。

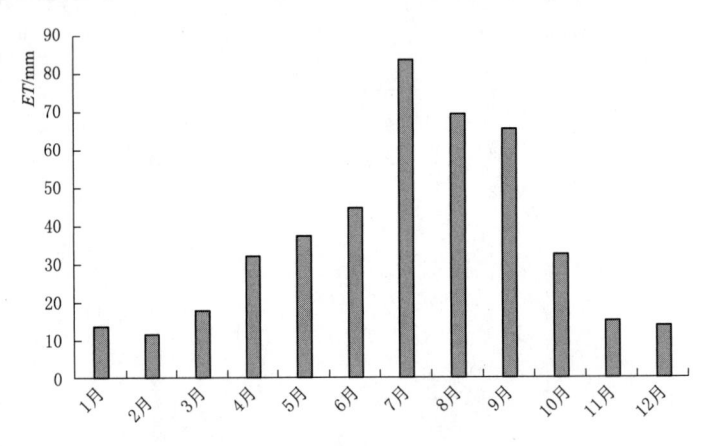

图3 月蒸散发变化情况

3.2.2 不同地类蒸散发分析

选择了密云水库、温榆河公园(下垫面为草地)、东南部农田、西北生态涵养林四个下垫面蒸散发反演结果,进一步分析反演得到高分辨率地表蒸散发在不同下垫面类型上的表现特点,其10m分辨率蒸散发时间序列折线图如图4所示,从图中可以看出,密云水库水体的ET总是高于其他下垫面类型;其次是西北生态涵养林区,由于下垫面为林地,因此整体上ET高于温榆河公园的草地下垫面ET和东南部农田;温榆河公园草地和东南部农田的ET在整体上较为接近,3—7月两个下垫面类型ET基本接近,7—10月草地的ET略高于农田的ET。

4 结论

本研究开展了10m分辨率地表蒸散发反演研究,建立了基于逐日5km分辨率气象再分析气象数据、10m分辨率Sentinel-2多光谱数据和10m分辨率土地利用数据的10m分辨率地表蒸散发反演模型,相对精度分别为4.87%(密云站)和8.52%(北京站)。研究

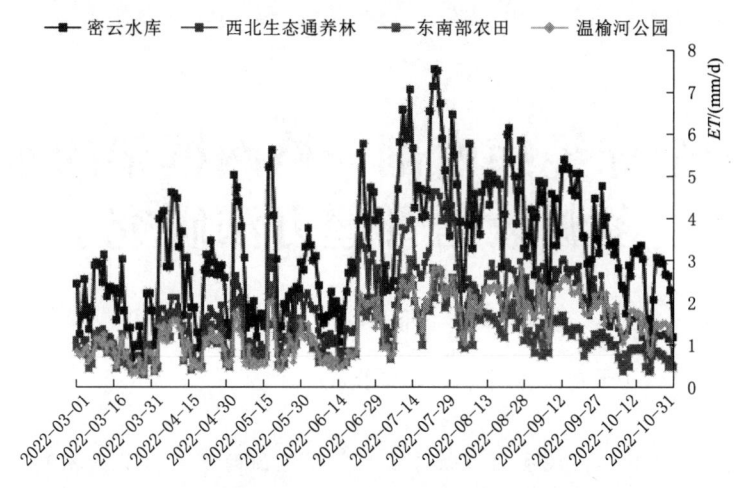

图 4　典型下垫面地表蒸散发时序变化分析

结果显示：城区和有植被地区蒸散发对比明显，城区地表蒸散发基本较低，有植被地区较高；从 1 月到 9 月，地表蒸散发值先增大后减少，反映了蒸散发的时间变化特征；密云水库等水体的地表蒸散发值较高，基本高于其他区域；林地、农田和公园的 ET 值基本高于城市建成区；空间分布合理，细节描述清晰，可以较好地展现出北京市地区地表蒸散发分布的全局和区域差异性。下一步将结合气候特征、地形因素、人类变化等数据进一步分析其影响因素，为农业、园林绿地灌溉水量估算提供更精确的算法支撑。

参考文献

[1] 刘家宏，刘创，周晋军，等. 城镇化和功能疏解对北京市蒸散发的影响 [J]. 清华大学学报（自然科学版），2022，62（12）：1964-1971.

[2] 邸苏闯，吴文勇，刘洪禄，等. 基于遥感技术的绿地耗水估算与蒸散发反演 [J]. 农业工程学报，2012，28（10）：98-104.

[3] 郑荣伟，程明瀚，张航. 北京市 2005—2015 年植被覆盖变化对蒸散发量的影响 [J]. 水电能源科学，2020，38（2）：22-25.

[4] 胡倩，谢丁兴，潘岩，等. 区域作物蒸散发时空变化及水分利用效率分析 [J]. 东北农业大学学报，2022，53（9）：26-34.

[5] 丁光旭，郭家力，汤正阳，等. 多种降水再分析数据在长江流域的适用性对比 [J]. 人民长江，2022，53（9）：72-79.

[6] 何创国. 基于再分析数据反演全球对流层延迟精度评估 [J]. 北京测绘，2021，35（6）：741-745.

[7] 喻雪晴，穆振侠. 降水资料匮乏地区不同再分析数据降尺度效果的评价 [J]. 水电能源科学，2020，38（9）：5-8，23.

基于全球经纬度剖分格网框架的水务多源数据管理方法研究

昝糈莉　邱苏闯　张　岑

(北京市水科学技术研究院，北京　100048)

【摘要】　当前，随着传感器设备的不断升级及监测范围的扩大，水务相关业务资料呈现出数据量大、来源广、组织形式多样的特点，传统的资料管理方式出现了数据分散杂乱、命名不规范以及使用效率低等问题。针对这一问题，本文从数据分类、存储、管理角度出发，设计了水务多源分类体系，并在此基础上，根据数据时空唯一性特点，通过全球经纬度剖分格网框架设计了空间位置编码和时间编码，并对应生成数据多维编码；同时建立了相应的数据检索方法，实现了多源异构水务数据的高效管理和利用。

【关键词】　全球经纬度剖分格网；水务多源数据；时空多维编码；数据检索

Research on multi-source data management methods for water affairs based on geographic coordinate subdividing grid

ZAN Xuli　DI Suchuang　ZHANG Cen

(Beijing Water Science and Technology Institute, Beijing　100048)

【Abstract】　With the continuous upgrading of sensor equipment and the expansion of monitoring scope, water related business data presents the characteristics of large data volume, multi-sources, and diverse organizational forms. Traditional data management methods have encountered problems such as data dispersion, non-standard naming, and low usage efficiency. For this issue, this article designs a multi-source classification system for water affairs from the perspectives of data classification, storage, and management. On this basis, according to the unique characteristics of spatiotemporal data, multi-dimensional coding is generated by GeoSOT (Geographical coordinates subdividing grid with one-dimension integral coding on 2n-Tree) spatial location coding and time coding, and data retrieval method is established. The method proposed in this paper realizes the efficient management and utilization of multi-source heterogeneous water data.

【Key words】　Geographical coordinates subdividing grid with one-dimension integral coding on 2n-Tree; Water multi-source data; Spatiotemporal multi-dimensional encoding; Data retrieval

1 引言

水务重点业务工作包括水资源管理、水旱灾害防御、水生态环境监管等，涵盖水位、水质、流量等监测数据，水网、水利工程、供水工程等基础数据，水文水资源、防洪减灾、流域生态分析成果等业务数据，以及行政区划、土地利用、遥感影像等地理空间数据。这些来源不同、组织存储各异的数据是开展水务领域相关科学研究、业务分析工作的基石。

近些年，随着我国在地面传感器、卫星遥感等感知设备研究上的不断发展，对水务业务的监测范围逐步扩大，监测频率也得到了提升。数据量的增长使得模型构建、数据分析的粒度更加精细，这虽然能够精准反映真实情况，但也与传统的、分散的数据管理方式产生了冲突，例如数据分散管理中易出现数据重购、杂乱堆放、命名不规范、利用效率低等问题。传统数据模型包括矢量、栅格、矢量栅格一体化数据模型[1]、面向对象数据模型[2-3]、基于事件的数据模型等。这些模型是以矢量要素、影像、实体为对象设计的，无法满足来源广泛、格式复杂的水务时空大数据整合需求。

因此，为了盘活数据资源，提升数据检索利用效率，实现大量、异构、非结构化数据的统筹管理，亟需研究水务多源数据高效存储与组织管理技术。

2 水务多源数据管理架构

水务多源数据管理架构设计包括数据汇聚、数据表达、数据管理、数据检索四部分内容。数据汇聚的目的是掌握不同来源的数据类型、数据总量，对数据资源有整体的认知；然后在此基础上参考信息分类和水利对象分类准则，设计数据划分体系，实现各类数据的精准归纳表达；数据管理即按照一致性、集约性和完整性的整合原则，检查数据质量，整理数据入库；数据检索是通过不同查询方式的经纬度解析，并与数据的唯一编码进行匹配，找到相关数据。

2.1 水务多源数据分类体系设计

2.1.1 数据分类规则

遵循已有的国家水务对象术语及信息管理标准，包括《信息分类和编码的基本原则和方法》（GB/T 7027—2002）、《水资源管理信息对象代码编制规范》（GB/T 33113—2016）和《水文基本术语和符号标准》（GB/T 50095—2014）；参考水利部批准发布的水利行业相关标准《水利对象分类和编码总则》（SL/T 213—2020）和《水利信息分类与编码总则》（SL/T 701—2021），梳理水务管理工作中的全流程数据资源，并构建类别层级体系。

2.1.2 水务多源数据分类体系

汇总各业务流程中涉及的原始数据和成果数据，构建数据清单，按照数据主体内容、组织形式等，以分类维度完整不交叉、分类特征或属性稳定且类目代码可扩展为原则，将水务数据分为监测数据、基础数据、业务数据和共享数据四大主分类类别。其下划分4个类别等级，共包含12个一级类别和45个二级类别（表1），这里需指出的是个别主分类类别下不存在三级、四级类别。

表1 水务多源数据分类体系

数据类别	一级分类	二级分类	三级分类	四级分类（数据来源）
监测数据	雨水情监测	雨情监测	实测降水量	气象雨量站、水文雨量站、各区雨量站、管理单位自建雨量站
			预报降水量	北京周边主观预报数据、京津冀Rmapsin数据
		水情监测	河道或水库水位	水文水位站、各区水位站、管理单位自建水位站实测水位数据
			地下水水位	国家自动水位监测井、市级自动水位监测井、人工水位监测井
			河道流量	水文流量站、各区流量站、管理单位自建流量站实测流量数据
		墒情监测	土壤含水量	
		水质监测	地表水水质	河道断面水质监测数据、大中型水库水质监测数据
			地下水水质	市级监测井水质监测数据
		积水监测	积水	积水监测站水深、视频监测数据
	取供用排监测	取水监测	流量	取水监测站（含取水机井）实时流量监测数据
			取水量	取水监测站（含取水机井）日、小时取水量数据
			地下水水质	取水机井水质监测数据
		供水监测	供水测压	供水管网及设施测压点压力监测数据
			进出厂水量	城镇公共供水厂、乡镇集中供水厂、自建供水设施、村级供水站进出厂水量监测数据
			水厂水质	城镇公共供水厂、乡镇集中供水厂、自建供水设施、村级供水站水质监测数据
		用水监测	用水量	用水水表监测数据
		排水监测	进出厂水量	污水处理厂进出厂水量监测数据
			进出厂水质	污水处理厂进出水水质监测数据
		工情监测	水库（大坝）监测	渗流	
				变形	
			闸坝监测	闸门开度	
				变形	
				扬压力	
		堤防监测	沉降	

续表

数据类别	一级分类	二级分类	三级分类	四级分类（数据来源）
基础数据	基础水务数据	流域基础数据	河流水系	
			湖泊	
			小流域	
		监测站数据	雨量站	气象、水文、区、管理单位自建雨量站
			水文站	
			水质测站	
			墒情站	
			积水监测站	
			水位监测井	国家级、市级
			水质监测井	水利部、环保部、区县
			取水监测点	
			水厂监测点	
			水表	
			排水监测点	
		水利工程	水库	
			水闸	
			堤防	
			橡胶坝	
		供水工程	供水管线	
			城镇公共供水厂	
			乡镇集中供水厂	
			村庄供水站	
			城镇自建供水设施	
		排水工程	排水管网	
			雨水管网	
			污水管网	
			雨污合流管网	
			排水口	
			积水点	
			污水处理厂/站	城乡、村庄
			再生水管网	
			再生水厂站	

续表

数据类别	一级分类	二级分类	三级分类	四级分类（数据来源）
基础数据	地理空间数据	行政区划数据	省（直辖市）级	
			市（区）级	
			县乡（街道）级	
			村级	
			功能区划边界	
			山区平原边界	
		下垫面数据	土地利用数据	国土二调、国土三调、二级分类体系（L）、9种类型（L）、中心城区17种类型、建成区22种类型、城市绿地、海绵城市
			地形数据	DEM、DSM
			土壤数据	
			遥感影像数据	高分、哨兵、资源卫星、航拍
			地质数据	水文地质、基岩地质
		水利工程空间数据	工程倾斜摄影	
			工程激光点云	
			工程BIM模型	
			河道断面数据	
业务数据	水文水资源	降雨过程分析成果		
		水文分析成果	主要水文站、干流及一级支流水文站	
		水位变化分析成果	地下水	
		水质监测分析成果	地表水、地下水	
	海绵城市建设	海绵规划资料		
		重点海绵片区		
		管控资料		
		标准规范	规划、设计、施工验收、监测	
	防洪减灾	洪水、泥沙分析成果	场次洪水	
		摄像头数据		
		防洪调度方案	文档、图册	
		防洪宣教视频		
		历史防洪减灾数据	防汛预案、防汛演练	

续表

数据类别	一级分类	二级分类	三级分类	四级分类（数据来源）
业务数据	流域生态	动植物数据		
		流域生态评估成果		
		生态小流域成果		
	水务监管	水务基础图件		
		水生态管控空间范围		
		河湖四乱遥感成果数据		
		黑臭水体遥感成果数据		
共享数据	社会经济数据	人口数据		
		经济数据		
	业务协同数据	生态环境数据		
		气象数据		
		应急数据		
		规划自然资源数据		
		交通数据		

2.2 水务数据资源整合

按照一致性、集约性和完整性的整合原则，对水务管理工作涉及的数据资源进行整合，包括监测数据、基础数据、业务数据和共享数据（详见表1），整合技术流程图如图1所示，包括数据准备、质量检查、数据整理以及数据入库流程。

2.2.1 数据源质量检查

对待整合的数据进行数据完整性、有效性以及空间定位准确性检查。完整性指数据资料的文件无缺失，表文件的必填列无空值，图文件地理要素齐全；有效性指数据反应的整体趋势、局部细节需与监测对象的实际情况匹配；空间定位准确性特指地理空间数据需具备合理的地理坐标和投影坐标。

2.2.2 数据整理

1. 数据空间参考转换

由于各项目业务开展时对于坐标参考的要求存在差异，为了方便后续时空多维编码的设计，需要对所有具有空间信息的数据进行空间参考转换，可统一到如 CGCS 2000 坐标系或者 WGS 84 坐标系。

2. 据源梳理分析

对待整合的数据资源进行梳理分析，获取规范命名的数据和元数据列表。元数据列表

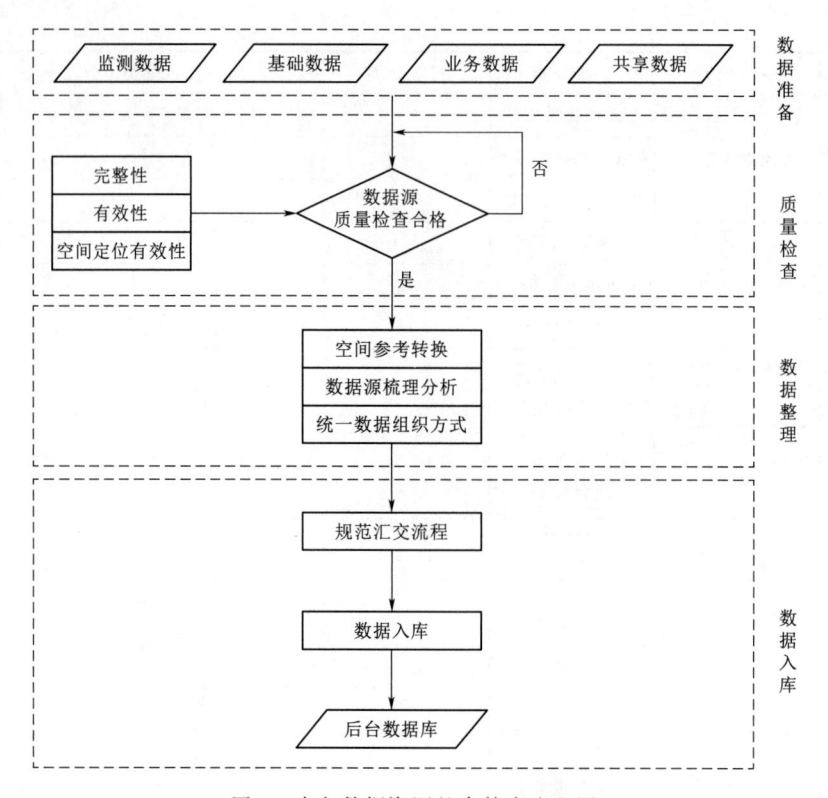

图 1　水务数据资源整合技术流程图

包括"数据资源名称""数据内容""空间覆盖范围""数据获取时间""数据来源""密级"等相关信息，见表 2。

表 2　元数据列表示例

数据名称	数据内容	空间覆盖范围	数据获取时间	数据来源	密级
北京市小卫星影像数据 20220600	卫星遥感影像数据	（115.41682667，41.05896425）（117.50825136，39.44207842）	20220600	北京市智慧水务研究院	秘密
北京市城区主要积水点 20050000	积水监测站	（116.10422356，40.03696614）（116.63624999，39.80735059）	20050000	北京市水务信息管理中心	秘密

元数据列表中"数据资源名称"的规范命名方式为："空间位置＋主体内容＋获取时间"，例如"北京市海淀区行政边界 20000100"；"数据内容"为属性分类体系中对应的属性编码；"覆盖范围"为面状对象包络矩形或单点位置的经纬度，经纬度表达规则为：（（面状对象左上角经度，面状对象左上角纬度），（面状对象右下角经度，面状对象右下角纬度））或（单点经度，单点纬度），经纬度小数点后保留 8 位。如数据管理员无法获取经纬度信息，则提供数据资源对应的详细地名；"数据获取时间"是指数据的采集时间，而非数据处理、制图等时间，表达形式为：YYYYMMDD，分别表示年、月、日，时间中的缺失项用"00"补位；"数据来源"写明数据所属单位或部门名称；"密级"包括"秘

密"和"公开"两类。由于相关单位前期都有一套数据命名、存储方法,所以已汇交且统一管理的数据不需要重命名数据名称,但要补充元数据列表中其余的字段。

如属性分类体系中没有与待整合数据匹配的类目,由数据录入人员在对应数据类型和级别下增加该类目,并编译新类型数据的属性编码。

3. 统一数据组织方式

按照统一的数据组织方式,对规范化命名的数据按目录组织存储,即以表 1 为标准,将数据归纳整理至以属性编码命名的文件夹中。

2.2.3 数据入库

经系统信息填报→数据清单上传→后台审批→数据汇交流程完成整合工作。后台审批环节主要核对新建数据类目的合理性以及待汇交数据元数据列表的翔实性。

2.3 时空多维编码设计

在全球经纬度剖分格网框架（geographical coordinates subdividing grid with one-dimension integral coding on 2n–Tree,GeoSOT）下[4],根据水务数据资源整合获取的元数据列表信息,利用区位标识模型统一编码来表达数据的空间位置、区域范围,并结合属性和时间特征生成数据唯一编码,形成包含数据绝对存储路径和时空属性编码的数据清单。后续可通过系统后台获取汇交数据任务进度,一旦有新的数据汇入数据库即触发数据清单更新任务。

水务数据资源的时空多维编码由 3 个编码段构成,包括变长的空间编码（GeoSOT 编码）、8 位属性编码和 8 位时间编码。其编码结构如图 2 所示。

$$Gdddddddddmmmmmmssssss\text{-}C_1C_2 \text{-} A_1A_2A_3A_4A_5A_6A_7A_8 \text{-} YYYYMMDD$$

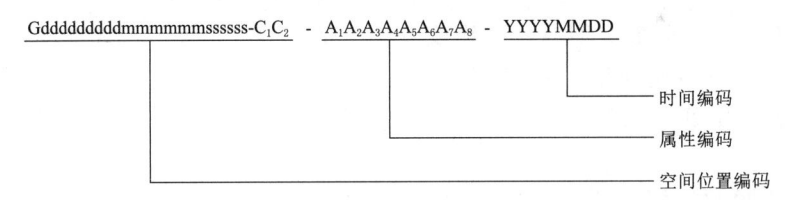

- 时间编码
- 属性编码
- 空间位置编码

图 2 时空多维编码结构图

2.3.1 水务多源数据的 GeoSOT 组织结构

GeoSOT 格网框架是对全球全域空间信息的精准化编码表达[5],通过三次地球扩展,采取四进制一维编码方式,实现全球等度数剖分,形成一个上至全球（0 级）、下至 1.5cm 级（32 级）的全球四叉树系统。如图 3 所示,GeoSOT 是对上一层级区域进行等度数四分,子区域按照逆 Z 形顺序增长编码,不同区域分别用"0""1""2""3"区分。地球的三次扩展即是指:第 1 次将地球空间范围扩展至 512°×512°;第 2 次是指第十次剖分时,将上一层级 1°×1° 的区域大小扩展为 64′×64′;第 3 次是指第 16 次剖分时,将上一层级 1′×1′ 的区域大小扩展为 64″×64″。因此,GeoSOT 编码的一般表达为"Gddddddddd -

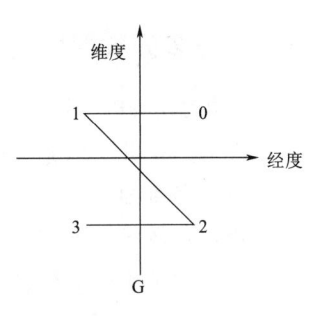

图 3 全球经纬度剖分格网编码顺序（东北半球）

mmmmmm＝ssssss.uuuuuuuuuu"，G 代表"Global"，即全球尺度，d、m、s、u 分别代表度（共包含 9 级）、分（共包含 6 级）、秒（共包含 6 级）、秒以下单位（共包含 11 级）四者取值都为 0、1、2、3。由此可见，不同空间位置、覆盖范围的数据具有不同长度的 GeoSOT 编码，数据覆盖范围越广，对应的编码长度越短。例如北京市的编码为"G0013102"，北京市中心城区水系的编码为"G0013103222"。

水务多源数据的 GeoSOT 编码结构设计为 Gddddddddmmmmmmssssss－C1C2，由 GeoSOT 编码和 2 位面片数量编码组成。虽然在 GeoSOT 编码组织结构在设计时，最细粒度（即 32 级）的编码能达到厘米精度，但在实际使用中没有这样高精度的必要，同时为了优化编码长度，此处水务多源数据的 GeoSOT 编码最细仅到 21 级，其对应的空间分辨率精度为 32m；在保证数据描述准确的前提下，为精简空间编码长度，在 GeoSOT 编码后用"C1""C2"两位数分别代表数据在纬度方向和经度方向上的面片数量，并用"－"与 GeoSOT 编码相连。

2.3.2 水务多源数据的时间编码结构

数据的时间编码指数据的采集时间，对应格式为 YYYYMMDD，由 4 位年份编码、2 位月份编码和 2 位日期编码组成。如年份缺失用"0000"表示，月份和日期缺失则用"00"补位。

2.3.3 水务多源数据的属性编码结构

参照水务多源数据分类体系，属性编码设计为 8 位，包括 4 个类别等级维度，每个等级采用 2 位等长的递增顺序码，值域范围均为"00"～"99"，编码"00"固定表示当前数据不属于该维度分类下的任一类目，即做补位码使用。如表 XX 中的 XX 数据，其属性编码如图 4 所示。

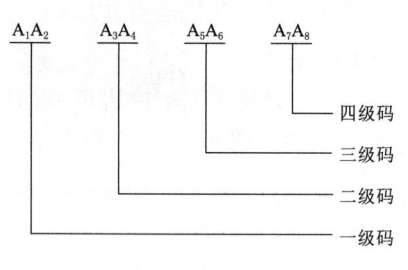

图 4 属性编码结构图

3 水务多源数据管理方法应用

3.1 水务多源数据检索

通过建立逻辑索引与物理地址的关系，解译检索条件对应的空间范围、数据采集时间以及属性信息，并映射到编码体系，匹配关联数据记录即可调取到其对应的源数据。本文创建的时空多维编码依赖 GeoSOT 编码框架，该编码为基于二进制移位运算的一维整型编码结构，相较于传统的经纬度记录格式的浮点型运算，可以大幅度地减少数据检索时间[6]。图 5 为基于测试样例数据的检索示例，利用 2.3 节构建的水务对象时空多维编码技术，通过 Python 语言在后台实现样例数据的自动解译、编码，用户在前端发出搜索请求后，后台即刻按条件触发响应，根据用户前端输入的查询内容，解译其对应的编码，并与后台数据清单比对，利用向上、向下两种检索策略，返回相匹配的结果（返回与查询条件有空间关联关系的所有数据）。

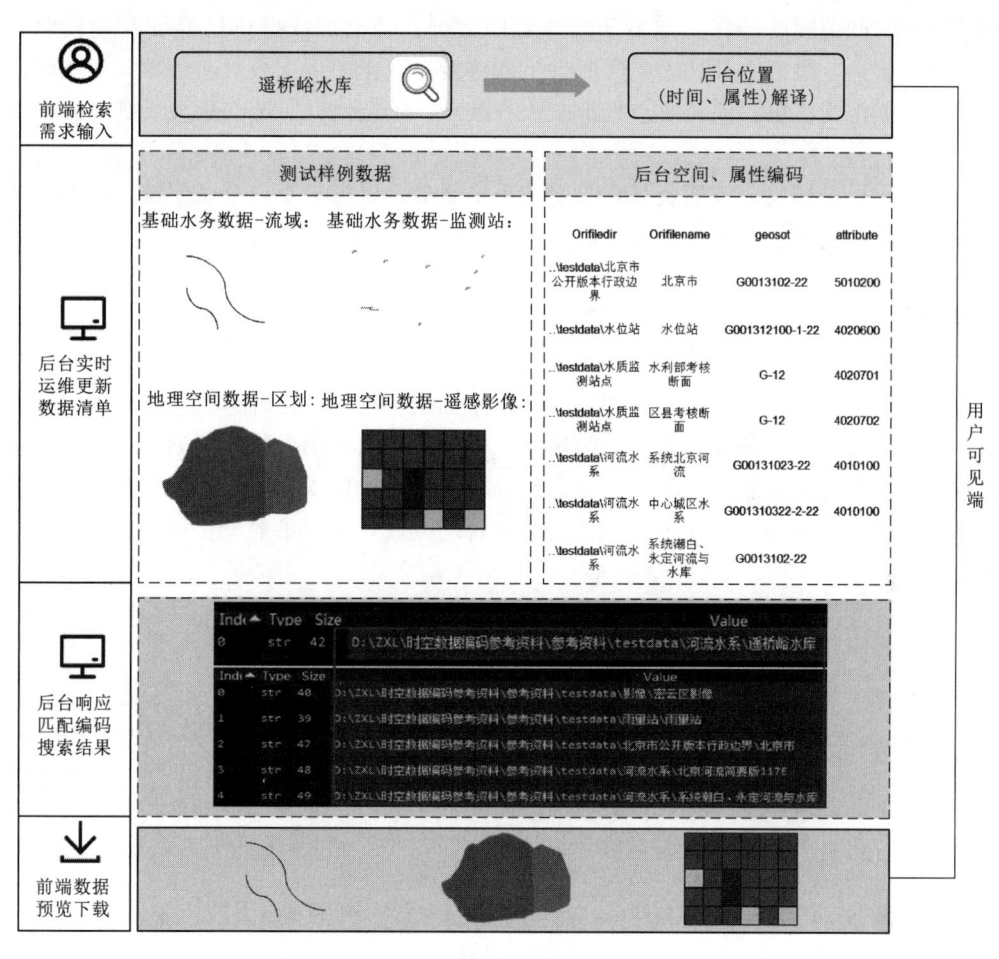

图 5 数据资源检索示例图

（注：图中样例数据为人工绘制的示例数据，不代表真实情况）

3.2 水务多源数据管理平台设计

数据管理平台是用户和后台数据交互的媒介，可通过该界面快速了解数据资源，检索查询感兴趣的数据，预览数据详情，下载管理数据等，因此根据实际应用需求设计了水务多源数据管理平台，包括首页展示、数据检索、数据汇交以及个人中心模块。

（1）首页展示模块。以地图服务的形式，将数据产品进行服务发布，利用数据分块瓦片、数据压缩等技术，对各类数据产品进行了可视化展示；界面左侧以菜单栏的形式展示数据分类体系，可以点击加载、查看数据详情；界面右侧设置了图层管理功能，可以控制图层的上下关系，移除图层，以及修改图层透明度等；同时展示平台数据总量、迄今下载数据总量、分部门统计数据。

（2）数据检索模块。用户可根据数据关键词、数据时间、空间位置等元数据信息进行全数据范围检索，快速定位、检索所需数据资源。设计包括文字检索（如 2022 年北京市遥感影像数据）和下拉选择菜单式检索两种方案。其中，下拉菜单式检索包括数据类型、空间位置、时间范围的选择。点击所要查看的数据，会出现数据详情界面，包括数据描述、元数据信息、数据文件列表，同时有下载链接，点击即可下载对应的数据源文件。

（3）数据汇交模块。该模块包括汇交流程展示、汇交入口、汇交模板下载（包括数据分类体系）。

（4）个人中心模块。该模块与职工管理系统联动，以员工身份登录系统，同时可查看汇交数据的处理进展，并可在该界面做出修改。

4 总结

本文面向水务多源数据统筹管理，高效检索利用，遵循已有的国家水务对象术语及信息管理标准，编制了水务多源数据分类体系；在全球经纬度剖分格网框架的基础上，融入水务数据采集的时间信息以及属性表达，建立了水务多源数据的时空多维编码；并且通过检索条件解译、匹配技术，提出了完备的数据管理方法，实现了数据资源的统一组织与高效查询。

参考文献

[1] 苗双喜，程承旗，任伏虎，等. 地球剖分型 GIS 数据模型［J］. 地理信息世界，2020，27（4）：8.
[2] Gong J, Geng J, Chen Z. Real-time GIS data model and sensor web service platform for environmental data management［J］. International Journal of Health Geographics，2015，14（1）：2.
[3] 龚健雅. GIS 中面向对象时空数据模型［J］. 测绘学报，1997，26（4）：10.
[4] 程承旗. 空间信息剖分组织导论［M］. 北京：科学出版社，2012.
[5] 李林，程承旗，任伏虎. 北斗网格码：数字孪生城市 CIM 时空网格框架［J］. 信息通信技术与政策，2021（11）：5.
[6] 吕雪锋，廖永丰，程承旗，等. 基于 GeoSOT 区位标识的多源遥感数据组织研究［J］. 北京大学学报：自然科学版，2014（2）：10.

基于 AHP 和 GIS 的北京市不同季节干旱风险评估与区划

张 娟[1,2] 潘兴瑶[1,2] 李炳华[1,2] 柳 晨[3] 邓艳霞[3] 李晓琳[1,2]

(1. 北京市水科学技术研究院,北京 100048;2. 北京市非常规水资源开发利用与节水工程技术研究中心,北京 100048;3. 北京市通州区水务局,北京 101199)

【摘要】 干旱风险评估可为区域防灾减灾决策提供依据。本文在系统分析北京干旱演变规律的基础上,利用水文气象、地理和社会经济数据,构建了干旱风险评价指标体系。综合运用层次分析法、加权综合评价法及 GIS 空间分析技术,从致灾因子危险性、孕灾环境脆弱性、承灾体暴露性、抗旱能力四个方面建立干旱风险综合评估模型。结果表明,北京西南部、东部区域干旱致灾因子危险性较高,平原及山区耕地分布区域孕灾环境脆弱性较高,房山、大兴、通州、顺义、平谷、密云、延庆承灾体暴露性较高,门头沟、石景山抗旱能力最低。综合评估北京西南、西北、东北部区域不同季节干旱风险均较高,其中延庆、密云、门头沟以及房山东部为高风险区,城六区、通州、顺义及大兴北部、昌平南部干旱风险较低。

【关键词】 干旱;风险评估;区划;北京

Drought risk assessment and zoning for different seasons in Beijing based on AHP and GIS

ZHANG Juan[1,2] PAN Xingyao[1,2] LI Binghua[1,2] LIU Chen[3]
DENG Yanxia[3] LI Xiaolin[1,2]

(1 Beijing Water Science and Technology Institute, Beijing 100048; 2 Engineering Technique Research Center for Exploration and Utilization of Non-Conventional Water Resources and Water Use Efficiency, Beijing 100048; 3 Beijing Tongzhou District Water Authorit, Beijing 101199)

【Abstract】 Drought risk assessment can provide a quantitative basis for regional disaster prevention and mitigation decisions. Based on the systematic analysis of the evolution of drought in Beijing, uses hydro-meteorological, geographic information and socio-economic data to construct a drought risk evaluation index system with regional applicability. By using the hierarchical analysis method, weighted comprehensive evaluation method and GIS spatial analysis technology, a comprehensive drought risk assessment model is established from four aspects: risk of disaster – causing factors, vulnerability of disaster – inducing environment, exposure of disaster – bearing body and drought resistance. The results show that, the risk of drought – causing factors is higher in the southwestern and eastern regions of Beijing, and the areas with higher vulnerability to disaster – preventing environments are concentrated in the plains and arable land in the mountainous areas; the exposure of disaster – bearing bodies is higher in Fangshan, Daxing, Tongzhou, Shunyi, Pinggu, Miyun and Yanqing, and the drought resistance is lowest in Mentougou and Shijingshan. The risk of drought in different seasons is higher in the southwest, northwest and northeast regions, among which Yanqing, Miyun, Mentougou district and eastern Fangshan are high risk areas, while the risk in the six districts of the city, Tongzhou and Shunyi district, as well as northern Daxing and southern Changping are lower.

【Key words】 Drought; Risk assessment; Zoning; Beijing

干旱作为最常见的自然灾害之一，是影响水资源安全的主要因素，不仅会造成农业减产，还会导致环境恶化等一系列问题，严重影响着生产、生态和生活的可持续发展[1]。人类活动的增加和气候变化的加剧导致极端天气时有发生，旱涝灾害发生也更加频繁与复杂[2]。北京地处华北平原西北边缘，属温带大陆性季风气候，其自然地理、水文条件叠加气候变化等自然因素导致旱灾时有发生，加之由于城市大规模扩张加剧土地及水资源过度开发利用，1999年以来北京市遭遇了连续干旱[3-5]。因此，开展北京市历史干旱演变规律分析及干旱风险评估对干旱监测预警和防灾减灾具有重要现实意义。

干旱风险评估与区划是进行干旱灾害风险管理及减少干旱灾害损失的有效途径，近年来国内外相关学者基于灾害系统理论，从致灾因子的危险性、孕灾环境的脆弱性、承灾体的暴露性、抗旱能力等方面建立了干旱风险评价指标体系与评估模型，实现旱灾的风险评估或区划[6-10]。已有的研究中，针对小麦、玉米、大豆等特定农作物干旱风险评估研究较多，主要利用农作物产量、水分亏缺指数以及气象、自然地理要素等构建特定作物干旱评价指标或风险评估模型[11-14]。为综合考虑干旱灾害对社会经济、生态环境等各方面的影响以及由于社会经济因素变化对干旱防灾减灾能力的影响，部分研究基于气象、水文、地理信息、社会经济等多源数据，构建综合评价指标体系，采用层次分析法、信息扩散等模糊评价方法计算影响因子风险指数，基于GIS建立干旱风险模型对广西、石羊河流域、云南、陕西、重庆、山西等地的干旱灾害风险进行了评估及区划[15-20]。目前，针对地区不同季节干旱风险的评估相对较少，有关北京干旱风险综合评估和区划方面的研究鲜有报道，仅有少量针对北方地区冬小麦或夏玉米的农业干旱风险研究涵盖了北京。因此，有必要在北京地区开展此方面的研究。

本文在分析北京地区干旱长期变化的周期性、趋势性和突变性规律的基础上，利用水文气象、地理信息、社会经济等数据，从致灾因子的危险性、孕灾环境的脆弱性、承灾体的暴露性、抗旱能力四个方面分析干旱风险关键因子，综合考虑自然、社会因素，筛选并构建具有区域适用性的干旱风险评价指标体系，利用地理信息系统实现评价结果空间可视化，最终建立基于 AHP 和 GIS 的北京干旱风险综合评估与区划方法，以期为北京市干旱防灾减灾提供决策科技支撑。

1 数据与方法

1.1 数据来源

（1）水文气象数据。包括北京市 1470—2018 年的旱涝等级资料[21-23]，其中 1470—2000 年数据来源于中国气象数据网（http：//data.cma.cn），2001—2018 年数据基于降雨数据根据中国气象科学研究院提出的旱涝等级值的评定方法、分级标准计算。北京市 2011—2018 年土壤墒情监测资料以及降水量、蒸发量、相对湿度、日照、气温、风速等气象数据。

（2）地理信息数据。包括 2018 年数字高程模型（DEM）及坡度资料、土地利用类型等。

（3）社会经济数据。包括 2018 年常住人口密度、地区生产总值、人均 GDP、农业总产值、农作物播种面积、耕地及园林草地面积、有设施条件的灌溉面积、农业机械总动力、农林牧副渔业从业人员等经济发展和农业条件相关的指标，来源于北京市统计年鉴资料整理。

1.2 研究方法

1.2.1 干旱演变规律分析

根据中国气象科学研究院提出的旱涝等级值评定方法、分级标准计算[21]。采用北京市 6—9 月降水量确定旱涝等级值，根据等级值划分为 5 个等级，即 1 级—涝、2 级—偏涝、3 级—正常、4 级—偏旱、5 级—旱。采用累积距平法进行旱涝等级趋势性、突变性及周期性特征分析。

1.2.2 干旱致灾因子选取

根据《气象干旱等级》[24]，相对湿润度指数（M_i）综合降水与需水信息，是比较理想的区域范围内干旱监测指标。有相关研究在计算 M_i 基础上，采用权重递减的思路进行了干旱指标的优化，构建了改进的相对湿润度指数（M_{10i}）[25]，其干旱等级划分见表 1。

表 1　改进的相对湿润度指数（M_{10i}）干旱等级划分

等　级	类　型	相对湿润度
1	无旱	$-0.40 < M_{10i}$
2	轻旱	$-0.65 < M_{10i} \leqslant -0.40$
3	中旱	$-0.80 < M_{10i} \leqslant -0.65$
4	重旱	$-0.95 < M_{10i} \leqslant -0.80$
5	特旱	$M_{10i} \leqslant -0.95$

本文对干旱致灾因子表征指标进行优化改进，统计春旱（3—5月）、夏旱（6—8月）、秋旱（9—11月）、冬旱（12月至次年2月）4个时段 $M_{10i} \leqslant -0.40$ 的天数作为干旱持续时间，将干旱持续时间内的 M_{10i} 总和作为干旱累积强度，将干旱累积强度与干旱持续时间的比值即干旱平均强度作为本次干旱分析中致灾因子的有效指标，该指标综合考虑了干旱发生的强度、持续时间，可较好地反映干旱带来的影响。利用逐日降雨、日照时数、气温、相对湿度等气象数据，计算逐日潜在蒸发量 PET、相对湿润度指数（M_i）、改进的相对湿润度指数（M_{10i}）和干旱平均强度（$\overline{M}$）。

计算公式如下：

$$M_i = \frac{P - PET}{PET} \tag{1}$$

$$PET = \frac{0.408\Delta(R_n - G) + \gamma \dfrac{900}{T_{mean}+273} u_2(e_s - e_a)}{\Delta + \gamma(1 + 0.34 u_2)} \tag{2}$$

$$M_{10i} = \sum_{k=1}^{10} \frac{k}{55} M_{i+k-10} \tag{3}$$

$$\overline{M} = \frac{\sum M_{10i} \leqslant -0.40}{\sum T_{M_{10i} \leqslant -0.40}} \tag{4}$$

式中　P——第 i 天的降雨量；

$\quad\quad PET$——第 i 天的潜在蒸发量，mm/d，采用 FAO（1998年）推荐的彭曼公式（1-2）计算；

$\quad\quad R_n$——地表净辐射，MJ/(m·d)；

$\quad\quad G$——土壤热通量，MJ/(m²·d)；

$\quad\quad T_{mean}$——日均气温，℃；

$\quad\quad u_2$——2m 高处风速，m/s；

$\quad\quad e_s$——饱和水汽压，kPa；

$\quad\quad e_a$——实际水汽压，kPa；

$\quad\quad \gamma$——干湿表常数，kPa/℃；

$\quad\quad \Delta$——饱和水汽压曲线斜率，kPa/℃；

$\quad\quad M_i$——第 i 天的相对湿润度指数；

$\quad\quad M_{10i}$——第 i 天改进的相对湿润度指数；

$\quad\quad T_{M_{10i} \leqslant -0.4}$——$M_{10i} \leqslant -0.40$ 的天数，d。

1.2.3　干旱风险综合评估

根据自然灾害风险评估理论和指标体系构建原则，结合影响发生干旱的风险因子，利用层次分析法计算各项因子权重，并针对各要素单项指标进行归一化处理，根据加权综合评价法、自然间断点分级法等方法，计算干旱风险综合评价值。结合 GIS 空间分析技术，依据干旱风险综合指数进行干旱风险等级区划。

（1）层次分析法。层次结构模型由目标层、准则层（一级指标层）和指标层（二级指标层)构成。本文将目标层定义为干旱风险,准则层包括致灾因子危害性(D)、孕灾环境脆弱性(V)、承灾体暴露性(E)和抗旱能力(P),指标层结合北京市实际情况共选取干旱平均强度、高程、坡度、土地利用类型、农业总产值、人均 GDP 等 13 个指标。

(2)指标归一化及重分类。为了消除指标的量纲影响,使得评价具有统一性与可比性,对各项二级指标进行归一化及重分类处理,使各项指标均处于 1~10 之间。

(3)加权综合评价法。加权综合评价法是干旱风险综合评估的常用方法,依据每个评价指标对总目标的影响程度,利用层次分析法确定权重系数 W_i,然后再与相应的被评价对象各指标的量化值相乘后再相加。计算公式如下:

$$B = \sum_{i}^{m} C_i W_i \tag{5}$$

式中 B——干旱风险因子值;

C_i——各指标归一化和重分类后的值;

W_i——指标 i 的权重系数值。

(4)自然间断点法。自然间断点法是用统计公式来确定属性值的自然聚类方法,是对相似值进行最恰当地分组,并可使各类之间的差异最大化,减少同一级中的差异,增加级间的差异。本文采用 ArcGIS 软件自然间断点法对各影响因子及综合评估结果的风险等级划分进行标准化分类。

2 结果与分析

2.1 干旱历史演变规律分析

1470—2018 年旱涝等级平均值为 3.082,总体略微偏旱。累积距平曲线反映了旱涝等级年际变化的阶段特征,如图 1 所示。根据北京市过去 549 年旱涝交替演变规律,呈现为 6 个集中干旱阶段,分别为 1582—1643 年(62 年)、1669—1692 年(24 年)、1728—1769 年(42 年)、1827—1866 年(40 年),1895—1948 年(54 年)、1960—2018 年(59 年)。其中 1728—1769 年(42 年)系列中,干旱年比例达到 64%,最长连续干旱期为 7 年,旱涝等级平均值达到 3.79,为 549 年中干旱程度最严重的时期;1960—2018 年(59 年)系列中干旱年比例达到 49%,旱涝等级平均值为 3.34。

2.2 干旱风险因子评估

2.2.1 干旱风险评估指标体系构建

将致灾因子危险性(D)、孕灾环境脆弱性(V)、承灾体暴露性(E)和抗旱能力(P)4 个主要风险因子均包含多个二级指标。借鉴已有研究同时结合北京市实际情况共选取 13 个指标构成二级指标层,并通过层次分析法确定了各指标权重,构建了北京干旱风险评估指标体系,见表 2。

致灾因子危险性指形成干旱灾害的自然变异因素及其异常程度,本文基于改进的相对

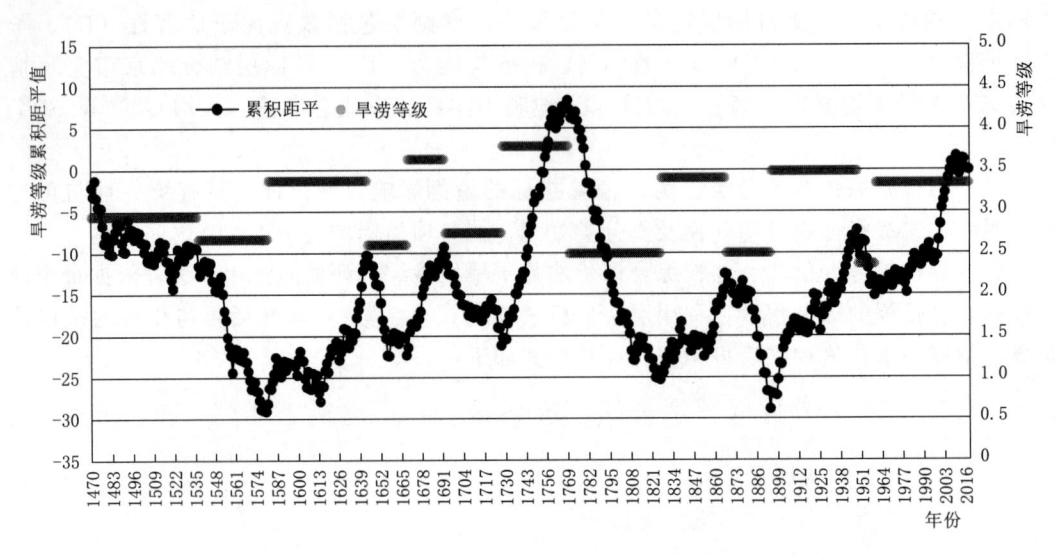

图 1 北京市旱涝等级累积距平曲线

湿润度指数（M_{10i}）优化提出综合考虑干旱强度和持续时间的干旱平均强度作为致灾因子表征指标；孕灾环境脆弱性是衡量自然环境发生灾害可能性大小的因子，根据自然环境对干旱灾害的影响能力结合北京市的孕灾环境，选取高程、坡度、土地利用类型作为评价指标；承灾体暴露性因子主要考虑可能受到干旱威胁的社会经济和自然环境系统主体，选取常住人口密度、农林牧副渔业从业人员、农业总产值、农作物播种面积、耕地及园林草地面积等 5 项评价指标；抗旱能力主要考虑地区生产总值 GDP、人均 GDP、农业机械总动力、具备设施条件灌溉面积等 4 项指标。

表 2　　　　　　　　　　　　北京市干旱风险评估指标体系

目标层	一级指标层	权重	指标正负	二级指标层	权重	指标正负
干旱风险	致灾因子危险性（D）	0.36	+	干旱平均强度	1	+
	孕灾环境脆弱性（V）	0.25	+	高程	0.08	+
				坡度	0.29	+
				土地利用类型	0.63	+
	承灾体暴露性（E）	0.18	+	常住人口密度	0.05	+
				农林牧副渔业从业人员	0.10	+
				农业总产值	0.35	+
				农作物播种面积	0.28	+
				耕地及园林草地面积	0.22	+
	抗旱能力（P）	0.21	+	地区生产总值 GDP	0.22	−
				人均 GDP	0.16	−
				农业机械总动力	0.19	−
				有设施条件的灌溉面积	0.44	−

2.2.2 致灾因子危险性评估

致灾因子危险性越高,干旱灾害风险越大。本文统计计算了全市 20 个站点 2013—2018 年春旱(3—5 月)、夏旱(6—8 月)、秋旱(9—11 月)、冬旱(12 月至次年 2 月)4 个时段的干旱平均强度,对数据进行归一化、重分类处理,利用 GIS 空间插值得到不同季节致灾因子危险性分布情况。结果表明,春旱时段致灾因子危险性指数在 7.26~8.07 之间,北京市西南部和东部为高风险区域。夏旱时段致灾因子危险性指数在 5.17~6.74 之间,北京市中东部以及南部局部为高风险区域。秋旱时段致灾因子危险性指数在 5.67~7.26 之间,北京市中西部、西南部等区域为重旱区域。冬旱时段致灾因子危险性指数在 8.06~8.90 之间,北京市西南部为高风险区域。

总体来说,不同季节北京西南部、东部区域干旱致灾因子危险性较高,易发生干旱风险,而西北部区域的干旱危险性较低。

2.2.3 孕灾环境脆弱性评估

孕灾环境脆弱性越高,干旱灾害风险也越大,对高程、坡度、土地利用类型等三项评价指标进行归一化、重分类处理,根据层次分析法确定的各指标权重,构建孕灾环境脆弱性评估模型,运用 GIS 分析,得到孕灾环境脆弱性指数空间分布。结果表明,孕灾环境脆弱性指数在 1~7.84 之间,孕灾环境的高脆弱区主要集中在平原及山区的耕地区域,包括北京东部、南部、西北局部区域,山区绝大部分区域为中等脆弱性。

2.2.4 承灾体暴露性评估

承灾体暴露于干旱灾害危险因素的价值密度越高,可能遭受的潜在损失也就越大,风险也越高。以区为单元,对常住人口密度、农林牧副渔业从业人员、农业总产值、农作物播种面积、耕地及园林草地面积等 5 项评价指标进行归一化、重分类处理,根据层次分析法确定的各指标权重,构建承灾体暴露性评估模型,运用 GIS 分析,得到承灾体暴露性指数空间分布。结果表明,承灾体暴露性指数在 1.3~7.37 之间,北京市西北部、东部、南部区域为高暴露性区,风险较高;西部区域次之;中部区域为低暴露性区,危险性较低。

2.2.5 抗旱能力评估

抗旱能力越低,承灾体遭受的潜在损失越大,干旱风险就越大。以区域为单元,对地区生产总值(GDP)、人均 GDP、农业机械总动力、具备设施条件的灌溉面积等 4 项评价指标进行归一化、重分类处理,重分类时对数值取反,数值越大,表明风险越大,抗旱能力越低。根据层次分析法确定的各指标权重,构建抗旱能力评估模型,运用 GIS 分析,得到抗旱能力指数空间分布。结果表明,抗旱能力风险指数在 2.21~7.95 之间,北京市西部局部区域抗旱能力最低,东南局部区域抗旱能力最高。

2.3 干旱风险综合评估及区划

在定量分析致灾因子危险性、孕灾环境脆弱性、承灾体暴露性和抗旱能力的基础上,构建干旱风险综合评估模型,计算干旱风险的综合评价值,将干旱灾害风险划分为 5 个等级区,运用 GIS 并结合自然间断点法得出北京市春旱、夏旱、秋旱、冬旱 4 个时段的干旱风险等级区划。结果表明,春旱灾害的高风险区主要集中在北京市东北部以及西南部、西北部区域。夏旱的高风险区主要是在北京市东北部以及西部、西北部区域。秋旱的高风险区与春旱风险分布类似，但干旱风险略有降低。冬旱的高风险区主要为西部、西北局部区域以及东北部区域。

3 讨论

旱涝等级时间序列的累积距平曲线可直观反映干旱变化趋势、持续时段及突变点的范围。北京市近549年旱涝交替出现，且呈现干旱在某时段高度集中的特征，四五十年持续干旱的情况多次发生，最近的一个干旱时段从1960年开始，自1980年干旱趋势日益加重，1999—2007年更是一个长达9年的连续干旱期，平均旱涝等级达到4.33，而2007年以后干旱态势减缓。本研究与常奂宇[26]、卢路[27]等在北京地区、海河流域旱涝演变规律分析中得出的结论基本一致。

本文选取干旱平均强度作为致灾因子，综合考虑了干旱发生的强度、持续时间，评估结果显示，总体上北京春旱、冬旱的危险性高于夏旱、秋旱，更易发生重度干旱，符合《北京志·自然灾害卷·自然灾害志》[28]中"北京的春旱极为频繁，冬季无雪现象也常常出现"的特点，因此该指标对北京市干旱发生有较好的指向性。

总体而言，北京市春旱、夏旱、秋旱和冬旱不同季节干旱风险均在西南、西北、东北部区域风险性较高，中部、东部、东南部以及北部局部区域的风险性均较低。李倩等[29]研究了近60年京津冀地区干旱灾害危险性评估，21世纪以后干旱重心主要在包括北京市在内的京津冀区域中部，且整体呈现出西南部区域为高风险区的状态，这与本文研究结果具有一致性。

由于干旱风险影响因子复杂性、数据精确性及方法适用性等原因，在代表指标选取及各指标权重赋值时均具有一定的主观性和局限性。因此，在对干旱风险因子进行定量评价时，在提高数据分辨率、降低方法不确定性等方面，仍需做更加深入的研究，进一步提高风险评估的精确度与可靠性。

4 结论

（1）北京过去549年旱涝交替演变，存在4个在不同时间尺度上均出现的显著旱涝突变，存在80～150年、45～80年、20～45年、10～20年4类尺度的周期变化规律。从1980年开始北京进入一个逐渐干旱的阶段，同时不同年份之间波动性较大。2007年以后干旱态势减缓，旱涝等级逐渐向偏旱、正常转变。

（2）北京春旱、夏旱、秋旱和冬旱不同季节致灾因子危险性在西南部、东部地区均较高，较容易发生干旱，而中部、北部的干旱危险性相对较低。孕灾环境的高脆弱区主要集中在平原及山区的耕地区域，山区大部分区域为中等脆弱性。承灾体暴露性在房山区、大兴区、通州区、顺义区、平谷区、密云区和延庆区较高，门头沟区、石景山区抗旱能力最低。

（3）干旱风险综合评估结果表明：北京市春旱、夏旱、秋旱和冬旱不同季节干旱风险均在西南、西北、东北部区域风险性较高,其中延庆区、密云区、门头沟区以及房山区东部为高风险区,城高区、城六区、通州区、顺义区以及大兴区北部、昌平区南部的风险性均较低。

参考文献

[1] 屈艳萍,郦建强,吕娟,等. 旱灾风险定量评估总体框架及其关键技术[J]. 水科学进展,2014,25(2):297-304.

[2] Marvel K, Cook B I, Bonfils C, et al. Twentieth-century hydroclimate changes consistent with human influence. [J]. Nature, 2019, 569 (7754): 59-65.

[3] 李双双,杨赛霓,刘宪锋. 1960—2013年北京旱涝变化特征及其影响因素分析[J]. 自然资源学报,2015,30(6):951-962.

[4] 翟家齐,赵勇,裴源生. 北京地区干旱长期演变规律及未来趋势预测[J]. 水电能源科学,2012,30(3):1-4.

[5] 张强,韩兰英,张立阳,等. 论气候变暖背景下干旱和干旱灾害风险特征与管理策略[J]. 地球科学进展,2014,29(1):80-91.

[6] 吕娟. 我国干旱问题及干旱灾害管理思路转变[J]. 中国水利,2013,4(8):7-13.

[7] 姚玉璧,张强,李耀辉,等. 干旱灾害风险评估技术及其科学问题与展望[J]. 资源科学,2013,35(9):1884-1897.

[8] 张存杰. 干旱监测、预警及灾害风险评估技术研究[M]. 北京:气象出版社,2020.

[9] 韩兰英,张强,程英,等. 农业干旱灾害风险研究进展及前景分析[J]. 干旱区资源与环境,2020,34(6):97-102.

[10] Ortega-Gaucin D, Ceballos-Tavares J A, AO Sánchez, et al. Agricultural Drought Risk Assessment: A Spatial Analysis of Hazard, Exposure, and Vulnerability in Zacatecas, Mexico [J]. Water, 2021, 13 (10): 1431-1471.

[11] 张蕾,杨冰韵. 北方冬小麦不同生育期干旱风险评估[J]. 干旱地区农业研究,2016,34(4):274-280.

[12] 吴东丽,王春乙,薛红喜,等. 华北地区冬小麦干旱风险区划[J]. 生态学报,2011,31(3):760-769.

[13] 杨平,张丽娟,赵艳霞,等. 黄淮海地区夏玉米干旱风险评估与区划[J]. 中国生态农业学报,2015,23(1):110-118.

[14] Wei Y, Jin J, Cui Y, et al. Quantitative assessment of soybean drought risk in Bengbu city based on disaster loss risk curve and DSSAT [J]. International Journal of Disaster Risk Reduction, 2021, 56: 102-126.

[15] 李莉,匡昭敏,莫建飞,等. 基于AHP和GIS的广西秋旱灾害风险等级评估[J]. 农业工程学报,2013,29(19):193-201.

[16] 姚玉璧,李耀辉,石界,等. 基于GIS的石羊河流域干旱灾害风险评估与区划[J]. 干旱地区农业研究,2014,32(2):21-28.

[17] 何娇楠,李运刚,李雪,等. 云南省干旱灾害风险评估[J]. 自然灾害学报,2016,25(5):37-45.

[18] 何斌,王全九,吴迪,等. 基于主成分分析和层次分析法相结合的陕西省农业干旱风险评估[J]. 干旱地区农业研究,2017,35(1):219-227.

[19] 刘晓冉,康俊,王颖,等. 基于GIS的重庆地区不同季节干旱灾害风险评估与区划[J]. 自然灾

害学报，2019，28（2）：92-100.

[20] 李娜，霍治国，钱锦霞，等. 山西省干旱灾害风险评估与区划 [J]. 中国农业资源与区划，2021，42（5）：100-107.

[21] 中央气象局气象科学研究院. 中国近五百年旱涝分布图集 [M]. 北京：地图出版社，1981.

[22] 张德二，刘传志.《中国近五百年旱涝分布图集》续补（1980—1992年）[J]. 气象，1993，19（11）：41-45.

[23] 张德二，李小泉，梁有叶.《中国近五百年旱涝分布图集》的再续补（1993—2000年）[J]. 应用气象学报，2003，14（3）：T001-T004.

[24] 中国国家标准化管理委员会. 气象干旱等级：GB/T 20481—2017. 北京：中国标准出版社，2017：8-13.

[25] 李娜，霍治国，钱锦霞，等. 基于改进后相对湿润度指数的山西省气象干旱时空特征 [J]. 生态学杂志，2019，38（7）：2249-2257.

[26] 常奂宇，翟家齐，赵勇，等. 基于马尔可夫链的北京市546年来的旱涝演变特征 [J]. 南水北调与水利科技，2018，16（5）：27-34.

[27] 卢路，刘家宏，秦大庸. 海河流域1469—2008年旱涝变化趋势及演变特征分析 [J]. 水电能源科学，2011，29（9）：8-11.

[28] 北京市地方志编纂委员会. 北京志·自然灾害卷·自然灾害志 [M]. 北京：北京出版社，2012.

[29] 李倩，王瑛，许映军，等. 基于Copula的近60a京津冀地区干旱灾害危险性评估 [J]. 干旱区地理，2019，42（6）：1310-1321.

其他

发挥科技期刊优势 为首都水务高质量发展服务
——以《北京水务》期刊为例

林跃朝　尤　洋　侯　德　邵译贤

（北京市水科学技术研究院　北京　100048）

【摘要】 科技期刊在发展第一生产力的过程中，具有不可或缺的作用。本文以《北京水务》为例，就如何办好科技期刊、为首都水务发展助力进行了阐述，介绍了从约稿、审稿、编辑到出版整个流程的办刊经验，以期为办好同类期刊提供借鉴。

【关键词】 科技期刊；《北京水务》；科技传播；编辑；服务首都

Utilizing the advantages of scientific and technological journals to serve the high-quality development of water affairs in Beijing
——Taking "*Beijing Water*" as an example

LIN Yuechao　YOU Yang　HOU De　SHAO Yixian

(Beijing Water Science and Technologic Institute, Beijing　100048)

【Abstract】 Scientific and technological journals play an indispensable role in the development of the primary productive forces. Taking *Beijing Water* as an example, elaborates on how to run scientific and technological journals well and provide assistance for the development of water affairs in the capital. This article introduces the entire process of publishing, including soliciting, reviewing, editing, and publishing, providing reference for running similar journals well.

【Key words】 Scientific and technological journals; *Beijing Water*; Technology dissemination; Editing; Serving the Capital

《北京水务》是国内外公开发行的科技期刊，它以服务和促进北京水务事业的发展为宗旨，立足北京，辐射全国，兼顾海外。《北京水务》于1976年创刊，47年来，一直致力于传播国内外先进的水务科技和管理技术；总结北京治水管水理论与实践，引领水务事业创新发展；与时代发展共命运，传播弘扬优秀水文化等；总结推广先进的科技成果；交流水务改革经验。《北京水务》在助力推动水治理体系和水治理能力现代化方面发挥了无可替代的作用，取得了不可磨灭的功绩。

1 总结北京治水管水理论与实践，引领水务事业创新发展

当今，科学技术已成为影响国家经济增长、推动社会经济发展的决定性力量。把水务领域中的新技术、新成果、新进展、新理论、新情况及时传播介绍给水务同行业者是《北京水务》责无旁贷的责任和义务。

1.1 及时宣传北京水务的新发展和新成果

科学技术是第一生产力[1]。新型的先进的科技成果如不能及时公布发表于世，不能广泛传播给社会，就不可能发挥其应有的作用。《北京水务》期刊的工作者，多年来密切关注着北京水务工作的新动态、新技术。在得知北京水务有新的规划、新项目实施、设计中有新的技术应用或突破时，即刻向项目技术负责人约稿，并及时将论文发表。20世纪末《北京水利》（即《北京水务》的前身）多次及时介绍了北京市水科学技术研究院内收集雨水至回灌渗水井的雨水利用实例，如今该项技术已发展为通过海绵城市建设解决大城市涉水问题的重要措施；又如，南水北调中线北京段上延到密云水库最早的设想追溯到2000年，《北京水务》发表论文"将南水调至怀柔水库进行调蓄"，取得了较好的效果。《北京水务》多年来刊登的水利工程新技术论文中的成果有许多得到了推广应用。如混凝土连锁板护坡技术不但在北京的永定河大堤广泛应用，还推广到天津引滦工程[2]；再如护城河、转河治理工程是吸收成都府南河治理的生态修复经验，尔后在北京奥运会场区龙形水系规划建设中应用[3]，再到永定河"五湖一线"绿色生态发展带实践中[4]都有借鉴和采用了此项经验。这样的范例还有很多，《北京水务》及时传播新技术、新经验、新做法，引导新技术发展方向，促进了北京水务事业的健康发展。

1.2 充分尊重论文作者的创造性劳动

《北京水务》在向水务工程一线约稿的同时，对论文作者给予的投稿也非常重视。在收到有创新、有新技术成果的论文后，初审通过立即送相关专家外审，再由责任编辑进行论文编辑，力争早期发表。《北京水务》在维护了作者知识产权的同时，也因及时发表优秀论文多而增加了期刊的知名度和影响力，影响因子也有显著提高。如《北京水务》2012年第4期蒋超的《李逢亨是否第一个编纂〈永定河志〉的人》[5]发表后，引起《中国水利史典》海河卷编辑部的重视，填补了相关资料的空白[2]；又如2015年第5期刊登的《都江堰"深淘滩"释读》[6]，揭示了泥沙淤积在凤栖窝的原理，采取在此定期清淤的方法[3]，被《四川西部文献》编辑部研究中心收录；再如，2019年8月收到北京市水利规划设计研究院许光卓等的论文《密云水库第一溢洪道改建设计方案研究》[7]，该论文针对水库安全评价中发现的问题探讨了现状闸室加固的可行性，在现状闸室不满足加固条件的前提下得出了需要改建闸室的结论，进而结合水库运行方式、水流形态、施工条件及工程投资，从总体布置方案、闸室出流方式、闸门门型及泄槽布置等方面进行比选，并根据比选结果确定了"闸下新建＋潜孔出流＋弧形钢闸门＋等宽矩形泄槽"的推荐设计方案。该方案相

对其他比选方案具有水流条件好、施工期安全性高、工期短及投资少等优点，可为今后类似的水库溢洪道工程设计提供参考。笔者审阅后认为该论文十分有价值，编辑部立即刊登在 2019 年第 5 期的《北京水务》上，以供相关单位借鉴。

《北京水务》对基金项目来稿均采取优先采用、及时发表的做法，使之及时发挥第一生产力的作用。

2　开放办刊促发展

2.1　走出去，开阔视野，取他山之石

北京是一座具有三千多年悠久历史的文化名城，同时，也是一座因水而生因水而兴的现代都市。为更好地配合市水务系统的工作，同时也为了更加全面地丰富《北京水务》的栏目内容和获得更多稿源，编辑部与水务系统各单位建立了广泛联系。除设置通讯员外，编辑部多年来还经常不辞辛苦地到郊区和水管单位去调研、约稿、做专版、出专集，只为争取与这些单位多接触、多交流，尽可能多掌握些信息和材料，把专版或专集做细做好，做出精品。在编辑过程中也是多次与作者沟通、充实，反复修改、不断完善，直到双方都满意为止。

47 年来，《北京水务》共做专版 101 次，出专集 10 多本。有的专集堪称精品，如《官厅水库建库 50 年》和《昌平水利》专集等。此外，编辑部还经常走出去，与作者到现场考察，以增加对文稿的理解，提高编辑质量。

2.2　请进来，聚众智，搭作者平台

《北京水务》现有理事会单位 47 家，编委会委员 36 名。这其中的成员绝大多数都是水利工程设计、施工、水土保持、水环境改善、流域治理、水库河湖管理、水利科研院所、大专院校及涉水单位的专家学者。他们有着丰富的实践经验和理论知识。编辑部每年都要召开理事会和编委会，广泛征求大家对《北京水务》工作的要求和建议，并对专家们提出的宝贵意见和建议认真分类进行梳理，把好的建议落实到期刊实际工作中。这对办好《北京水务》起到了很大促进作用，编辑部受益匪浅。

同时，通过与专家密切协作，为广大作者搭建了更好的平台。作者积极投稿，既丰富了稿源，又提高了期刊质量。

3　苦练内功，立志做编辑工作的大国工匠

改革开放以来，尤其是党的十八大以来，我国各行各业涌现出大批的创新人才和能工巧匠，形成了水科技领域的主力军。近年来，国家十分注重培养技能人才，大力提倡大国工匠精神。刊物编辑要想成为一名优秀的水务工作者，必须要有大国工匠精神。

3.1　向文章作者学习，不断充实各学科专业知识

《北京水务》因其办刊宗旨和栏目设定及读者群特点，故刊登内容需做到集学术性、

实用性、导向性和可读性为一体。本刊所涉及的学科专业众多，有水务、农业、林业、生态、环境、水文、气象、地理、地质等工程学科（仅水务就有多种专业），甚至还涉及历史、考古及语言文字逻辑学学科。

收到的文章出现过甲骨文、文言文和繁体字，参考文献经常有英文、俄文和日文等，知识涉及面广，编辑必须不断学习有关知识，才能读懂弄通，再进行编辑工作。

首先，为了迅速了解论文的背景、现状、趋势、前景等情况，编辑必须在很短时间内对论文相关资料进行广泛而全面地快速阅读。掌握其摘要、标题、重要内容及主题句、关键词等，获得对论文的大概了解和整体感受，在短时间内最大限度地把握认为有价值的信息。

编辑文章的过程，实际就是一个不断学习的过程。从阅读文章中获取新知识，从参考文献中获得更多信息，这样才可以掌握该项科学技术的来龙去脉，了解到各家不同观点和最新动态。经过编辑加工的论文，也会使作者的表达更加严谨、合规、流畅、清晰、生动，逻辑性更强，表达更准确，科学技术含量全面增强。在编辑论文过程中，编辑人员通过多次与作者交流沟通，不但能使论文精益求精，也能从作者那里学到许多新知识，双方均有裨益。

随着大数据、云计算、数字孪生等新技术的快速发展与广泛应用，智慧化建设已经成为必然趋势。按照北京城市副中心统一规划，北京市水务局将搬迁至通州城市副中心核心办公区，北京市政务信息系统将全面入云迁移。"集中＋分散'模式已经不能适应水务信息化发展需要。面对此问题，《北京水务》2019 年第 5 期刊登了北京市水务信息管理中心唐锚等人的论文《政务云平台环境下北京水务数据中心建设模式探讨》[8]。论文中提出了解决方案，此方案比之前北京水务数据中心建设和管理的模式更有优势。通过对此论文的编审，编辑部同志了解了更多信息化方面的新成果、新概念，弥补了编辑对原有知识的不足。

3.2　向实践学习，不断丰富编辑的阅历和经验

改革开放以来，国家加大了对北京市水环境治理和水利工程的投入。对于水京市的一些重大水利工程，如六海清淤、永定河生态修复、南水北调入京、官厅水库加固、通州区海绵城市建设等，编辑部为切实弄懂这些工程内涵，与建管单位联系，亲身到施工现场去学习、参观。听技术负责人介绍施工工艺、新技术应用、新材料选取等，从而增加了感性认识，丰富了实际知识。对论文中有些不太了解的技术名词、术语通过现场提问得到了确切解答，做到胸中有数，进一步保证了编辑质量。

3.3　向书本学习，努力提高多学科理论水平

为精通编辑规范，反复学习编辑规范国标[9]；学习新出现的语言文字，使论文用语用词更符合国家语言文字标准；多读各门专业书籍，了解所涉专业术语概念；读哲学、逻辑乃至文学等多种类书籍，从中汲取文化营养，储备语言文字知识。

4　严把质量关，打造精品期刊

《北京水务》科技论文的作者绝大多数都是日夜奋战在工程第一线。他们时间紧、任

务重,腾出时间写论文已实属不易,没有时间精雕细刻、仔细斟酌文字用语和标点符号。因此,文章交到编辑部时,绝大多数情况下不可能没有这样或那样的"毛病",所以编辑工作就成为不可或缺的重要环节。编辑部每一位责编必须认真编辑来稿,严格把关,这既是对作者、读者负责,也是对工作和事业负责。笔者从事编辑工作24年,有如下经验体会:

(1) 纯净语言文字,规范专业词汇,是编审工作的基本要求。由于社会上许多习惯用语带入生产领域,增加了编辑工作量。编辑要起到"过滤"作用,让一些错别字、非专业词汇从期刊中剔除。勘误时以权威的国家标准为准,确保文字质量。如以前被大家常用的"中水"应为"再生水""雨洪"应为"雨水","粘土"应为"黏土","叠水"应为"跌水",等等,名词术语规范参考《水利水电工程技术术语标准》(SL 26—2012)[10]。

(2) 用语不准或词不达意是论文中常见的普遍性毛病。编辑时首先要注意词语的审视、选择和推敲,特别要注意一些概念、术语用词的准确性。

(3) 对文章中的语序颠倒病句要修改为符合汉语语法的句子,句子要修改编辑得通顺、流畅、达意。

(4) 论文结构形式一般为"提出问题、分析问题、解决问题"。编辑工作就是要紧密围绕主题,认真审视和检查全文的结构是否完整、严谨、对称、自然、合体。

(5) 标点符号是文章构成的不可或缺的要素之一,必须认真对待。通过修改校正标点符号,准确体现语意,增强文字的表达效果,提高论文的总体质量。

(6) 加强制度建设,确保期刊编辑质量。本刊对编辑稿件一直执行"三校一读"制度。审稿过程中隐去作者和审稿人的名字,做到"双盲评审"。应用知网提供的不端文献检索系统导入论文进行查重,当重复率超过20%时返回修改,超过30%时直接退稿。

5 结束语

至2023年,《北京水务》已然走过了47年的风雨路程,期间见证、参与、推动了首都水务的建设与发展。今后,作为国内外公开发行的科技期刊,面临的宣传、传播和助推等任务会越来越繁重。新时期面临新使命,《北京水务》任重而道远,编辑部必将以大国工匠精神加倍努力学习,辛勤耕耘,让《北京水务》结出更丰硕的成果,奉献给新时代。

参考文献

[1] 周光召,朱光亚. 共同走向科学——百名院士科技系列报告集(上)[M] 北京:新华出版社,1997.
[2] 张世俊. 混凝土连锁板块护坡的开发与应用[J]. 北京水务,1993 (1):42-44.
[3] 温明霞,杨伽蒂. 成都市府南河整治工程考察[J]. 北京水务,1999 (2):7-8.
[4] 赵晓维. 北京城市河湖环保清淤新技术[J]. 北京水务,2000 (1):19-20.
[5] 蒋超. 李逢亨是否第一个编纂《永定河志》的人[J]. 北京水务,2012 (4):59-62.
[6] 方伟,李善征. 都江堰"深淘滩"释读[J]. 北京水务,2015 (5):61-64.

[7] 许光卓,李万智,王东黎,等.密云水库第一溢洪道改建设计方案研究[J].北京水务,2019(5):35-39.
[8] 唐锚,高雅,张小娟.政务云平台环境下北京水务数据中心建设模式探讨[J].北京水务,2019(5):40-43.
[9] GB/T 7713.2—2022 学术论文编写规则[S].
[10] SL 26—2012 水利水电工程技术术语标准[S].